“十三五”国家重点出版物出版规划项目

伯克利物理学教程（SI 版）

Berkeley Physics Course

第 4 卷

量子物理学（翻译版）

Quantum Physics

［美］ E. H. 威切曼（Eyvind H. Wichmann） 著

（*University of California*，*Berkeley*）

复旦大学 潘笃武 译

机 械 工 业 出 版 社

本书为“十三五”国家重点出版物出版规划项目（世界名校名家基础教育系列）. 全书阐述了量子物理学的基本原理和概念，共9章：导论、量子物理学中物理量的量值、能级、光子、实物粒子、不确定原理和测量理论、薛定谔波动力学、定态理论、基本粒子和它们的相互作用. 作者在书中用了许多实验事实来说明最子物理学理论的根据，并特别着重于澄清对量子物理学的一些误解. 书中还简要叙述了量子物理学在原子物理、分子物理、核物理和基本粒子等领域中的应用.

本书可作为高等院校物理学、应用物理学专业或其他理工科专业的教材或参考书，也可供相关科技人员参考.

Eyvind H. Wichmann
Quantum Physics, Berkeley Physics Course-Volume 4
ISBN 978-0-07-004861-4

北京市版权局著作权合同登记　图字：01-2013-6387 号.

中译本再版前言

“伯克利物理学教程”的中译本自20世纪70年代在我国印行以来已过去三十多年. 在此期间，国内陆续出版了许多大学理工科基础物理教材，也翻译出版了多套国外基础物理教程. 这在相当大的程度上对大学基础物理教学，特别是新世纪理工科基础物理教学的改革发挥了积极作用.

然而，即便如此，时至今日，国内高校从事物理教学的教师和选修基础物理课程的学生乃至研究生仍然感觉，无论是对基础物理的教、学还是应用，以及对从事相关的研究工作而言，“伯克利物理学教程”依旧不失为一套极有阅读和参考价值的优秀教程. 令人遗憾的是，由于诸多历史原因，曾经风靡一时的“伯克利物理学教程”如今在市面上已难觅其踪影，加之原版本以英制单位为主，使其进一步的普及受到一定制约. 而近几年，国外陆续推出了该套教程的最新版本——SI版(国际单位制版). 在此背景下，机械工业出版社决定重新正式引进本套教程，并再次委托复旦大学、北京大学和南开大学的教授承担翻译修订工作.

新版中译本“伯克利物理学教程”仍为一套5卷.《电磁学》卷因新版本内容更新较大，基本上是抛开原译文的重译；《量子物理学》卷和《统计物理学》卷也做了相当部分内容的重译；《力学》卷和《波动学》卷则修正了少量原译文欠妥之处，其余改动不多. 除此之外，本套教程统一做的工作有：用SI单位全部替换原英制单位；按照《英汉物理学词汇》（赵凯华主编，北京大学出版社，2002年7月）更换、调整了部分物理学名词的汉译；增补了原译文未收入的部分物理学家的照片和传略；此外，增译全部各卷索引，以便给读者更为切实的帮助.

复旦大学　蒋平

“伯克利物理学教程”序

赵凯华　陆　果

20世纪是科学技术空前迅猛发展的世纪，人类社会在科技进步上经历了一个又一个划时代的变革．继19世纪的物理学把人类社会带进“电气化时代”以后，20世纪40年代物理学又使人类掌握了核能的奥秘，把人类社会带进“原子时代”．今天核技术的应用远不止于为社会提供长久可靠的能源，放射性与核磁共振在医学上的诊断和治疗作用，已几乎家喻户晓．20世纪五六十年代物理学家又发明了激光，现在激光已广泛应用于尖端科学研究、工业、农业、医学、通信、计算、军事和家庭生活．20世纪科学技术给人类社会所带来的最大冲击，莫过于以现代计算机为基础发展起来的电子信息技术，号称“信息时代”的到来，被誉为“第三次产业革命”．的确，计算机给人类社会带来如此深刻的变化，是二三十年前任何有远见的科学家都不可能预见到的．现代计算机的硬件基础是半导体集成电路，PN结是核心．1947年晶体管的发明，标志着信息时代的发端．所有上述一切，无不建立在量子物理的基础上，或是在量子物理的概念中衍生出来的．此外，众多交叉学科的领域，像量子化学、量子生物学、量子宇宙学，也都立足于量子物理这块奠基石．我们可以毫不夸大地说，没有量子物理，就没有我们今天的生活方式．

普朗克量子论的诞生已经有114年了，从1925年或1926年算起量子力学的建立也已经将近90年了．像量子物理这样重要的内容，在基础物理课程中理应占有重要的地位．然而时至今日，我们的基础物理课程中量子物理的内容在许多地方只是一带而过，人们所说的“近代物理”早已不“近代”了．

美国的一些重点大学，为了解决基础物理教材内容与现代科学技术蓬勃发展的要求不相适应的矛盾，早在20世纪五六十年代起就开始对大学基础物理课程试行改革．20世纪60年代出版的“伯克利物理学教程”就是这种尝试之一，它一共包括5卷：《力学》《电磁学》《波动学》《量子物理学》《统计物理学》．该教程编写的意图，是尽可能地反映近百年来物理学的巨大进展，按照当前物理学工作者在各个前沿领域所使用的方式来介绍物理学．该教程引入狭义相对论、量子物理学和统计物理学的概念，从较新的统一的观点来阐明物理学的基本原理，以适应现代科学技术发展对物理教学提出的要求．

当年“伯克利物理学教程”的作者们以巨大的勇气和扎实深厚的学识做出了杰出的工作，直到今天，回顾“伯克利物理学教程”，我们仍然可以从中得到许多非常有益的启示．

首先，这5卷的安排就很好地体现了现代科学技术发展对物理教学提出的要求，其次各卷作者对具体内容也都做出了精心的选择和安排. 特别是，第4卷《量子物理学》的作者威切曼（Eyvind H. Wichmann）早在半个世纪前就提出："我不相信学习量子物理学比学习物理学其他分科在实质上会更困难. ……当然，确曾有一个时期，所有量子现象被认为是非常神秘和错综复杂的. 在最初探索这个领域的时期，物理学工作者确曾遇到一些非常实际的心理上的困难，这些困难一部分来自可以理解的偏爱对世界的经典观点的成见，另一部分则来自实验图像的不连续性. 但是，对于今天的初学者，没有理由一定要重新制造这些同样的困难."我们不能不为他的勇气和真知灼见所折服. 第5卷《统计物理学》的作者瑞夫（F. Reif）提出："我所遵循的方法，既不是按照这些学科进展的历史顺序，也不是沿袭传统的方式. 我的目标是宁可采用现代的观点，用尽可能系统和简洁的方法阐明：原子论的基本概念如何导致明晰的理论框架，能够描述和预言宏观体系的性质. ……我选择的叙述次序就是要对这样的读者有启发作用，他打算自己去发现如何获得宏观体系的知识."的确，他的《统计物理学》以其深刻而清晰的物理分析，令人回味无穷.

感谢机械工业出版社，正是由于他们的辛勤工作，才为广大教师和学生提供了这套优秀的教材和参考书.

赵凯华　陆果

于北京大学

“伯克利物理学教程”原序（一）

本教程为一套两年期的初等大学物理教程，对象为主修科学和工程的学生．我们想尽可能以呈现在领域前沿工作的物理学家的方式介绍物理．我们旨在编写一套严格强调物理学基础的教材．我们更特别想让学生尽早了解狭义相对论、量子物理和统计物理的思想．同时我们希望我们的表述具有基础的特点，我们从未设想编一套专门面向优等生、尖子生的教材．本教程应该适用于每个在高中学过物理的学生．不过，包括微积分在内的数学课应该同时修读．

本教程共五卷，包括：

Ⅰ．　力学（Kittel，Knight，Ruderman）

Ⅱ．　电磁学（Purcell）

Ⅲ．　波动学（Crawford）

Ⅳ．　量子物理学（Wichmann）

Ⅴ．　统计物理学（Reif）

因为教材本身强调物理原理，令有的老师觉得实验物理不足．使用教材初期的教学活动促使 AlanM. Portis 提出组建基础物理实验室，这就是现在所熟知的伯克利物理实验室．这所实验室里重要的实验相当完善，而且设计得与整套教材很匹配，相辅相成．

现在美国有好几套大学物理的新教材在酝酿、编写．许多物理学家都有编写新教材的想法，原因是科技发展和中、小学日益强调科学．我们这套教材发端于1961 年末 Philip Morrison（现在麻省理工学院）和 C. Kittel 两人之间的一次交谈．我们还受到国家科学基金会的 John Mays 和他的同事们的鼓励，也受到时任大学物理委员会主席的 Walter C. Michels 的支持．我们在开始阶段成立了一个非正式委员会来指导本教程，委员会由 C. Kittel 任主席．1962 年 5 月委员会第一次在伯克利开会，会上确定了一套试验性大纲，大纲包括我们认为既应该又可能教给刚进大学、主修科学与工程的学生的具体内容以及应有的学习态度．后来委员会的成员有所调整，而现在的成员就是在本序言末签名的各位．在教材编写过程中每位作者自行选择以最适合其本人分支学科的风格和方法写作．

编写教材的财政资助来自国家科学基金会，加州大学也给予了巨大的间接支持．财务由教育发展中心（EDC，前身为教育服务公司）管理，这是一家非营利性组织，专门管理各项课程改进项目．我们特别感谢 Gilbert Oakley、James Aldrich 和 William Jones 积极而贴心的支持，他们全部来自 EDC．EDC 在伯克利设立了一个办公室以协助教材编写和实验室建设．最近办公室由 Lila Lowell 夫人负责，她极

其称职.

加州大学同我们的教材项目虽无正式的联系，但却在很多重要的方面帮助了我们. 在这一方面我们感谢物理系主任 Bulton J. Moyer 教授和系里的全体教职员工. 我们特别感谢所有在课堂上试用本教程以及根据各自的经验提出批评和改进建议的我们的同事.

欢迎各位提出更正和建议.

Frank S. Crawford，Jr.	Malvin A. Ruderman
Charles Kittel	Eyvind H. Wichmann
Walter D. Knight	A. Carl Helmholz }主席
Alan M. Portis	Edward M. Purcell }主席
Frederick Reif	

附注

本教程的第 1 卷、第 2 卷、第 3 卷和第 5 卷此前已出版. 本卷对总序作了一些变更，反映本卷编撰出版过程中的一些组织机构性变化.

“伯克利物理学教程”原序（二）

本科生教学是综合性大学现在所面临的紧迫问题之一．随着研究工作对教师越来越具有吸引力，“教学过程的隐晦贬损”（摘引自哲学家悉尼·胡克，Sidney Hook）已太过常见了．此外，在许多领域中，研究的进展所导致的知识内容和结构的日益变化使得课程修订的需求变得格外迫切．自然，这对物理科学尤为真实．

因此，我很高兴为这套“伯克利物理学教程”作序，这是一项旨在反映过去百年来物理学巨大变革的本科阶段课程改革的大项目．这套教程得益于许多在前沿研究领域工作的物理学家的努力，也有幸得到了国家科学基金会（National Science Foundation）通过对教育服务公司（Educational Services Incorporated）拨款的形式给予的资助．这套教程已经在加州大学伯克利分校的低年级物理课上成功试用了好几个学期，它象征着教育方面的显著进展，我希望今后能被极广泛地采用．

加州大学乐于成为负责编写这套新教程和建立实验室的校际合作组的东道主，也很高兴有许多伯克利分校的学生志愿协助试用这套教程．非常感谢国家科学基金会的资助以及教育服务公司的合作．但也许最让人满意的是大量参与课程改革项目的加州大学的教职员工所表现出来的对本科生教学的盎然的兴趣．学者型教师的传统是古老的，也是光荣的；而致力于这部新教程和实验室的工作也正展示了这一传统依旧在加州大学发扬光大．

克拉克·克尔（Clark Kerr）

注：Clark Kerr 系加州大学伯克利分校前校长．

出 版 说 明

为何要采用 SI（国际单位制）?

在印度次大陆所有的使用者都认为 SI（Système Internationale）单位更方便，也更受欢迎. 因此，为使这套经典的伯克利教材对读者更适用，有必要将原著中的单位改用 SI 单位.

致谢

我们要对承担将伯克利教材单位制更改为 SI 单位这一工作的德里大学圣·斯蒂芬学院（新德里）的退休副教授 D. L. Katyal 表示诚挚的谢忱.

同样必须提及的是巴罗达 M. S. 大学（古吉拉特邦瓦多达拉市）物理系的副教授 Surjit Mukherjee 的精准校核.

征求反馈和建议

Tata McGraw-Hill 公司欢迎读者的评论、建议和反馈. 请将邮件发送至 tmh. sciencemathsfeedback@ gmail. com，并请举报和侵权、盗版相关的问题.

前　言

本书是“伯克利物理学教程”的第4卷，论述量子物理学，是为已学过前面几卷大部分内容的读者而写的基础教材. 因而本书设想的读者是理工科二年级学生. 今天，从最近五十年来物理学发展的角度来看，把对量子现象的全面学习推迟到二年级以后，似乎是不合理的和不恰当的. 一本分量适当的入门书无疑应该反映这些发展的某些部分.

我不相信学习量子物理学比学习物理学其他分科在实质上会更困难. 在物理学的每一个领域中，我们既遇到我们认为是简单而明了的现象，也遇到很难用定量方式说明的现象. 当然，确曾有一个时期，所有量子现象被认为是非常神秘和错综复杂的. 在最初探索这个领域的时期，物理学工作者确曾遇到一些非常实际的心理上的困难，这些困难一部分来自可以理解的偏爱对世界的经典观点的成见，另一部分则来自实验图像的不连续性. 但是，对于今天的初学者，没有理由一定要重新制造这些同样的困难. 现已确切知道，经典描述只是近似正确的，而且现在已得到大量实验结果支持和阐明目前理论概念的各个方面. 我坚信一定能够从已知的事实中找到用初等方法处理起来既明确又足够简单，但又能阐明重要思想和原理的讨论题材. 我非常怀疑，指导学生去思考一系列选择得当的、简单而又重要的物理事实时，他们还会感到量子现象比（例如）万有引力现象更神秘.

我写作本书的目的是提供量子现象独特的例子，以使读者了解微观物理学中物理参量的典型数量级，并向他们介绍量子力学的思想. 我力图在我讨论的课题中包括对理解物理学来说特别重要的现象和问题. 同时，我力图使讨论尽可能是基本的. 我从微观物理学的各个领域选择了一些论题，但我并不想对这些领域中的任何一个提出详细而系统的说明. 按照我的意见，这样的说明应留给三、四年级水平的课程.

本书对数学预备知识的要求适度. 我只假定读者已学过微积分，包括常微分方程的初步介绍和一些矢量分析. 为防止把注意力从物理问题转向技术性的数学问题，我已努力避免在这一阶段数学上有困难的论题. 凡是要求了解一些特殊函数性质或偏微分方程理论中分离变量法的课题，我都完全未予讨论. 关于代数，我已颇为遗憾地断定，不应假定读者熟悉矩阵理论，所以，我已避免了以矩阵理论作为惯常的数学工具的一些论题.

我决不认为，要实现教程这一部分的总目标，需要在课堂上讲授本书的所有材料. 相反，在选择讨论题材方面，我想留给教师相当多的自由. 为了帮助教师安排课程，我在后面的“教学说明”中讨论了各章的具体目的，而且试图大致列出那些可以认为是必不可少的内容. 除了在课堂上实际讲授的内容，本书还提供了一些阅读材料，我觉得这没有什么害处，因为总有一些学生想要读一些课堂之外的东西.

E. H. 威切曼
伯克利，加利福尼亚

致　　谢

我极其感谢伯克利物理学教程委员会其他成员在过去几年里对我的持续帮助和鼓励. 我特别要感谢基特尔（C. Kittel）教授、波蒂斯（A. M. Portis）教授和亥姆霍兹（A. C. Helmholz）教授，他们提出了很多改进的建议和建设性的批评.

我们伯克利物理系的许多同事在不同的时候帮助过我，这里要对他们所有人表示我的感激. 我特别要感谢戴维斯（S. P. Davis）教授、弗里特（W. B. Fretter）教授、奈特（W. D. Knight）教授、洛布（L. B. Loeb）教授、雷诺兹（J. H. Reynolds）教授、罗森菲尔德（J. H. Rosenfeld）教授、塞格雷（E. G. Segre）教授、汤斯（C. H. Townes）教授，以及希恩斯（W. Hines）博士，他们给我提供照片并对我的手稿提出意见.

这本书是从我在伯克利和其他地方讲授的这部分教程的早期草稿发展而来. 最早的版本是1964年春季学期我在伯克利教一小班学生时所用的. 我要感谢这些学生，因为他们的兴趣以及他们提出的有益的评论和建议. 后来的版本随后被德兰斯费尔德（K. Dransfeld）、克劳福德（F. S. Crawford）、克尔斯（L. T. Kerth）和亥姆霍兹诸位教授作为同类课程的教材. 感谢这几位同事和我分享了他们教授这门课程的经验.

我的手稿是由莉拉·洛厄尔夫人手打的，我要感谢她无限的耐心和细致的工作. 手稿经芬莱（J. D. Finley）博士和朗道（L. J. Landau）博士批评性地阅读并改正错误，极大地感谢他们有益的评论. 我也要感谢克赖顿（J. Crichton）博士，他同样阅读了初版的手稿.

我要感谢我的妻子玛丽安妮·威切曼（Marianne Wichmann），她启发我用一些生动活泼的图画来阐明我对某些论题的严肃讨论. 所有其他图画的最后形式是由费利克斯·库柏（Felix Cooper）先生完成的. 感谢他的认真工作是我的荣幸.

教 学 说 明

本书分成九章．每一章分成许多顺序编号的小节，每一小节大致对应一个概念或系列思想中的一步．正文中的公式、图和表，均以所在的或有关的节号编号．正文中特定论题的专门参考文献列在脚注中．一般的参考资料在每一章的后面给出．物理数据表列在附录中㊀．每章末列有一些问题供自学参考，认真的学生应做这些问题中的很大一部分．

我的参考读物包括原始论文、其他教科书和可以在《科学美国人》杂志上找到的同类的初等评论文章．我要对我的学生——读者说以下几句话．如果你只限于读教科书，那么你只能得到物理学的扭曲的图像．教科书为有序和系统的学习提供一个框架，但它不可能反映物理学中智力历程的丰富和多样．举例来说，这本书在描述实验过程方面是非常不够的．为了鼓励你们开始对文献有所了解，我的参考读物中包含了报告原始研究工作的文献．我当然不期望你们能读比这些文献的一小部分更多的内容，但当你们遇到一个你们觉得特别有兴趣的主题时，我极力主张你们到图书馆去寻找最初的来源．你们或许会发现另一些文章也令你们感兴趣，并且很快你们就会成为养成习惯的读者．不要去读那些你显然不具备必要准备知识的文章．有许多文章，特别是有关实验的，依照你们现在的训练是可以读的，你们应当从这些文章中选择一些．你们的教师能给你们进一步的指导到哪里去找．读《科学美国人》中的初等评论文章只需要很少的准备，在现阶段也可能是十分有用的．你们可以从那里读到当前的实验和当前有趣的课题．

常数都用两种单位制给出．实验结果用实用单位制表示．在理论讨论中我常把方程式写成无量纲的形式，其中根本不出现单位．

下面我想对每一章的内容做一些评价，以说明我的意图，并指出如何取舍．在正文中有些材料明确地用“提高课题”标出．这些课题并不一定比所讨论的其他课题更高级，也不一定更困难．但它们是离开了本书的叙述主线的论题，因而可以完全略去而不会使其余内容难以理解．

第1章是一般性介绍．其中讨论了量子物理的范围，评论了量子物理历史的某些方面．最重要的启示也许是这样一点，即量子物理关系到**整个**物理学，而不仅仅涉及“微观”现象．在最简大纲中完全可以把第1章的大部分内容留作课外阅读作业，教师可把课堂讲授限于讨论第27~52小节中的材料，这些材料是与普朗克常量进入物理学世界有关的．章末的问题不需要特别的预备知识，在最简大纲范围

㊀（附加说明．）全部手稿是在1967年底送交出版社的，因此这本书中不包含近期工作的参考文献．不过，可以说在这段时间里没有发生对本书内容有重大影响的事件．

内所有问题都可以布置给学生做.

第 2 章讲述微观物理中物理量的量值，其目的是让学生熟悉这些量值，发现物理常量的“自然”组合，并向学生说明如何在简单模型的基础上做简单的估计. 我认为这些目的非常重要，因而本章，包括末尾的问题，值得仔细注意. 在最简大纲中可以略去第 47 ~ 57 节.

第 3 章讨论能级，但不是关于能级出现的理论解释（这个解释放在后面第 8 章中）. 采用这种有些独特的陈述次序的理由是我想让所有需要一些微分方程知识的论题在书中尽可能晚一些出现. 如果学生的预备知识足够，这一次序也可以改变. 在第 3 章中我想给出能级系统和谱项图的实际例子，并说明如何根据自然界中存在能级系统这一经验事实推断出简单的结论. 本章的一部分也可以留作课外阅读作业. 一个应充分讨论的重点是寿命和能级宽度之间的联系（第 14 ~ 26 小节）.

第 4 章论述光子的波动性和粒子性，介绍重要的实验事实，并引导读者按量子力学的观点去思考这些事实. 我认为这一章不应删节.

第 5 章讨论所有实物粒子的波动性. 读过第 4 和第 5 章的学生就会认识到所有自然界中发现的实物粒子都具有波动性，而且他对于这一简单实验事实的直接含义将有一些概念. 他还会认识到粒子的波动性并不与我们关于宏观物理学的经验相矛盾及为什么是这样. 这样第 5 章在很大程度上涉及一些非常基本的问题. 克莱因-戈尔登方程的导出（第 36 ~ 46 小节）不应略去. 波动方程的解解释为矢量空间中的矢量相对应的讨论（第 47 ~ 54 小节）可留作课外阅读作业或完全略去. 波动在周期性结构上衍射的讨论（第 16 ~ 22 小节）在最简大纲中也可略去，尽管略去这么多具有美妙和明确的实验应用的理论是一件遗憾的事.

在**第 6 章**的第一部分中讨论了不确定关系（第 1 ~ 19 节）. 这个内容**至关重要**，不能略去. 第 6 章的其余部分试图系统地阐述并讨论量子力学思想的某些一般法则. 本章介绍了测量理论，讨论了统计系综概念和相干、不相干叠加的概念. 我力图使这种讨论不离开物理，并尽可能具体. 然而不能否认，本章中的讨论远远超出基础教材的常规讨论，许多读者会感到这些内容可以等到以后再讲. 另一方面，我认为本章的一些主要概念，如果用有条理的方式表达，并不特别困难，并且我认为试着尽早介绍这些概念是值得的.

第 7 章和第 8 章是薛定谔理论的引论. 我的目的是稍微详细地说明波动力学理论如何求解实际问题. 第 7 章的第 49 ~ 51 节和第 8 章的第 49 ~ 58 节在最简大纲中可以略去. α 衰变中势垒穿透的讨论（第 7 章第 37 ~ 48 节）或许不应略去，因为理论和实验之间的比较必定会产生深刻印象.

第 9 章论述如何描写基本粒子间的相互作用的问题. 第 1 ~ 18 节是碰撞过程的初步讨论. 关于粒子的某些已知的事实和某些理论概念在第 19 ~ 31 节中讨论. 接着是对量子场论一些基础概念的定性讨论. 这一讨论的明确结果是第 47 ~ 55 节中汤川势的简化推导. 在最简大纲中第 9 章可整个略去，但我认为应在课程中某个地方对相互作用问题做一些讨论．不管第9章的内容是否讲授，我认为这些材料应当提供给感兴趣的学生，毕竟这些问题是现代物理学的焦点．

每章末尾的问题是打算用来进一步说明所讨论的课题的．它们在难易程度上相差颇大．只有比较少的问题属于只要把数值代入书中某处出现的公式的类型．一定数量的这种问题的实际目的是给读者有关数量级的观念．但在我的选择中，我要强调那些真正测验读者对正文的理解的问题，我不想把它们淹没在一大堆琐碎的问题中．我还进一步设想每个教师都将为配合他独特的课程给出一定数量他自己的题目，如果必要，其中有一些完全可以是各种简单的替代数值的题目．如果教师略去了正文的某些部分，他自然要略去相应的问题，或用其他问题来代替．

除了这些关于哪些章节可略去的明确的建议以外，教师可以选择进一步略去某处的一节，缩短或简化讨论，而不违背本书的目的．在最简大纲中可以只讲授本书材料的1/2到2/3．我估计这可能相当于约20个学时，而这是整个课程中应该用于量子物理部分的最少时间．

目　　录

第一章　导　　论

第一章　导　论

一、量子物理学的范围

§1.1　在本教程的这一部分里，我们将学习原子、原子核和基本粒子领域中的物理学．这样做的时候，我们会遇到自然界的新面貌：所谓新意思是指在前几卷里我们尚未系统地讨论过这些问题．自然界的这些面貌通常被归类为量子现象，所以，我们就把这一卷的题目称为量子物理学．现在公认的量子物理学的基本数学理论称为量子力学．

然而，不应该认为“量子物理学”是某种与宏观世界毫无关系的东西．实际上，整个物理学都是量子物理学；我们今天知道的量子物理学定律，是自然界最普遍的定律．

一个量子力学系统的例子．这个电动机（以及用作电源的手电筒电池）的行为受量子力学定律的支配．虽然作者在大约三十年前得到这个电动机时从未想到这一点．

在设计电动机时，可以而且也应该根据经典电磁理论和经典力学，它们是量子力学的极限形式．在正常的思维下，没有工程师会试图用组成这个系统的所有基本粒子间的相互作用来描述这种宏观体系．

§1.2　在“伯克利物理学教程”（Berkeley Physics Course）的前几卷里，我们学习了宏观世界中的物理现象．我们已发现的自然定律都是经典物理学的定律．一般说来，可以认为经典物理学涉及的只是自然界中和物质的基本结构没有直接关系的那些方面．在这一卷里正好相反，我们特别要研究基本粒子，并且要尝试揭示支

配这些粒子行为的定律. 我们的注意力自然会集中在这些定律尽可能明显地显示出来的那些物理情况，这就是说，我们要研究的是每次只有少数几个粒子相互作用的情况. 因此，从这一卷所学到的物理学大部分可以称为*微观物理学*：即研究由少数几个基本粒子构成的“小”系统.

然而，如果知道了支配基本粒子的基本定律，原则上也就可以预言由大量基本粒子构成的宏观物理体系的行为. 这意味着经典物理学的定律来自微观物理学的定律，从这个意义上说，量子力学在宏观世界中也与在微观世界中一样适用.

§1.3　当我们把经典物理学的规律应用于宏观体系时，我们试图描述的仅仅是体系行为的某些总体特征. 例如，我们把“刚体”作为一个整体来考察它的运动，而不去讨论它的所有基本组成部分的运动. 这就是物理学的经典理论应用于宏观体系的特点，即忽略体系行为的细节，并且也不去考虑情况的所有方面. 从这个意义上说，经典物理学的定律是自然界的近似定律. 我们应该将它们看成是更基本和更全面的量子物理学定律的极限形式.

阿尔伯特·爱因斯坦（Albert Einstein），1879 年生于德国乌尔姆，1955 年逝世. 在瑞士苏黎世技术学院（ETH）学习. 1900 年获得学位后在伯尔尼瑞士专利局得到专利审查员的工作. 在这段时间里，他写了三篇著名的论文，都发表在 1905 年出版的《物理学年鉴》（Annalen der Physik）上，论文涉及光电效应、布朗运动，以及狭义相对论. 此后他先后在伯尔尼、苏黎世和布拉格任职，并在柏林威廉皇帝研究所任所长. 1933 年，他成为位于美国新泽西州的，普林斯顿高级研究院的成员，并永久定居于美国. 1921 年他荣获诺贝尔奖.

爱因斯坦被公认为 20 世纪最卓越的物理学家，并且是所有时代最伟大的科学家之一. 他具有领会物理现象本质的超强能力，我们很难用一句简短而又公允的话来概括他对物理学基本问题所做出的数量巨大且影响深远的贡献. 他的广义相对论是所有时代最突出的智力创造物.（照片承蒙 *Physics Today* 杂志惠允.）

换句话说，经典理论是*唯象理论*. 唯象理论只试图描述和概括物理学中某些有限领域内的实验事实. 它不打算描述物理学中的每件事情，但如果它是一个好的唯象理论，它的确可以非常准确地描述有限领域内的一切．有哲学头脑的读者可能会说，每一种物理学理论归根结蒂都是唯象的，基本理论和唯象理论之间的差别只是程度上的问题．不过作为物理学家，我们承认在这两种理论之间有着明显的差别．自然界的基本定律的显著特点是它们的极大的普遍性；对它们所叙述的内容，我们不知道有什么例外．我们把它们看作是正确的、严格的和普遍有效的，除非有明确的实验证据与之抵触．与此相反，我们承认唯象理论的定律不是普遍有效的；我们知道它们只在物理学中有限的一些领域中有效（即足够准确），超出了这个领域，这个唯象理论可能是毫无意义的．

§1.4　当然，我们不应该轻视唯象理论．它们非常有用的目的是概括我们在物理学各个领域中的实际知识．在物理学中有许多例子，我们确信其中有可用的基本理论，不过现象的复杂性使我们不能根据“第一原理”作出准确的预言．在这种情况下，我们就试用一个简化的唯象理论，它部分地直接依据实验事实，部分地是根据基本理论的某些一般特征．换句话说，让“物理体系做我们的某些理论工作”．再者，在物理学里还有许多没有找到基本理论的例子．这时，我们根据某些简单模型所能建立的任何唯象理论，都可以用来作为寻求更全面理论的垫脚石．

当我们试图去了解一种不熟悉的物理现象时，显然合理的方法是首先试用最简单的东西，这就是说，首先试用一个在看上去类似的情况下已经用得很成功的理论或模型．如果我们的模型证明是成功的，我们就学到了一些东西；但如果证明是不成功的，我们同样也学到了一些东西．

重要的是要记住，模型仅仅是模型，而且整个物理学并不需要用单一的模型来描述．

§1.5　人们常常谈论由于量子力学的发现在物理学中引起的“革命”．“革命”是一个引人注目的字眼（它似乎具有奇特的魅力），它意味着某些东西被完全推翻了．然而应该指出，对于指定要用经典理论来描述的那些情况，经典物理学的定律并没有被推翻．举例来说，我们今天描述摆的运动的方法与19世纪所用的方法没有两样．

还有这样的情况，常常可以成功地用经典概念来获得对微观物理现象的某些了解：它们是近似有效的．重要的是要了解经典概念适用性的界限．在本章中我们试图给读者有关这种极限的一个大致概念．当在以后各章了解了更多的量子现象后，读者将对这个重要问题得到更确切的认识．

通过20世纪内完成的许多实验，已令人信服地证实了物理学的经典理论并不普遍有效．在这一卷中，我们将介绍某些有关的实验证据，使读者相信这个基本事实．

§1.6　当我们回顾20世纪物理学所发生的变化时，我们应该记住从来未曾有过一个全面的物质的经典理论．经典物理学定律是很好的唯象定律，但它们并没有

告诉我们有关宏观物体的一切情况. 用这些定律可以描述由弹簧、杠杆、飞轮等组成的机械的行为（运动），只要给出制造这些机械的材料的某些“材料常数”，诸如密度、弹性模量等就可以了. 然而，如果我们问为什么它们有这样的密度、为什么它们的弹性常数有这样的数值，为什么当棒中的张力超过某一极限时棒就会断裂等等，经典物理学就无法回答了. 经典物理学没有告诉我们铜为什么在 1 083 ℃熔化；钠蒸气为什么会发射黄光；氢为什么具有它所有的化学性质；太阳为什么会发光；铀核为什么会自发蜕变；银为什么会导电；硫为什么是一种绝缘体；它也没有告诉我们为什么可以用钢制成永磁体. 我们可以继续问下去，并举出许多每天观察到的事实，对于这些问题，经典物理学告诉我们的很少甚至是零.

§1.7 读者希望知道现在是否有一个关于物质的全面理论？回答是没有；对于我们世界中发生的所有事物还没有一个详尽的理论. 然而，在最近一个世纪内，我们关于自然界的知识已经大大地扩展了. 我们已经发现了以前连做梦也没有想到过的自然界的某些方面，并且还成功地解决了许多老的问题. 例如，可以这样说，现在已经非常好地了解了各种化学事实和大块物质的性质：在物理学的这些领域内，我们可以回答在经典理论范围内无法讨论的问题.

某些早期的自然哲学家很可能想到过晶体的明显地有规则和漂亮的外形反映出它们由小粒子（或者原子）构成的方式. 今天这似乎是一个非常自然的想法. 然而这个思想似乎出现得并不早. 就作者所知，在历史记载中没有表明希腊的原子论者以这种方式考量过晶体.

结晶学作为一门科学是在 18 世纪末开始发展起来的. 在早期的研究者中可以举出 Romé de Lisle 和 Haüy，他们精确地测量了解理面之间的角度. 在他们之前罗伯特 · 胡克（Robert Hooke）和惠更斯（Christian Huygens）曾推测晶体可能是由微小的（不可见的）部分组成.

二、原子和基本粒子

§1.8　让我们谈谈基本粒子的概念．某些古代的希腊哲学家最先在有关物质的理论中引进了原子的概念．（这并不排除在这以前可能还有其他人作过类似的推测．）应该立即指出的是，古人的“原子”与现代的原子肯定不是同样的东西．实际上，要准确地了解希腊哲学家关于这个术语的真正涵义，并不是一件容易的事情．不过，他们关心的中心问题是物质是否无限可分．如果物质不是无限可分的，则在足够小的尺度上我们必定会发现物质的基本组元，或者说“原子”．我们取一块物质，将它一次又一次地分成小而又小的碎片．最后这种分割达到极限，我们发现某种不能再进一步分割的东西，而这就是“原子”（实际上这个词的真实意义是“不可分”）．

希腊原子论者认为所有物质都确实是由“原子”组成的，估计他们觉得物质的极其多样的状态可以用“原子”的不同组态（和运动?）来解释．我们认为有某些想法和现代的有点像．不过在我们的定量理论和古人的模糊推测之间肯定有很大的差异．

§1.9　在本书中我们不打算讨论物质原子理论的早期历史，但极力主张读者仔细思考 19 世纪中根据物质是由原子构成的假设得到的有关自然现象的一些深刻的理解．根据这个假设，我们可以解释化学中的基本事实，即某一给定的化合物总是由某些基本的化学元素组成，而这些化学元素成分固定，比例明确，化学特征也十分明显．特别要考虑这样一个突出的事实，即我们可以用诸如 H_2O，H_2SO_4，Na_2SO_4 和 NaOH 等简单公式来表示化合物．这些公式之所以引人注目，是因为其中出现了一些小的整数，它们告诉我们两个单元的氢和一个单元的氧化合成一个单元的水，等等．如果我们假定物质是由原子组成的，就可以立即理解这些经验事实：化合物由分子组成，分子又是少数原子的复合体系．两个氢原子和一个氧原子

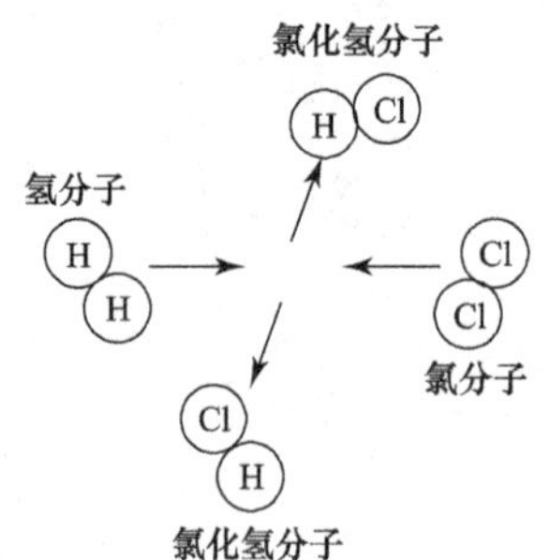

图 9A　化学反应 $H_2 + Cl_2 \longrightarrow 2HCl$ 的一个十分概念化的图，图中一个氢分子和一个氯分子化合成两个氯化氢分子．这个图用符号表示了化学反应就是“基本”组元的重新分配的思想．

当氢气在氯气中燃烧时实际发生的过程的细节是非常复杂的．在这个过程中，释放出能量，其形式为光和反应产物的动能．气体变热导致氢和氯分子中的一部分分解成原子．而这些原子可以化合成氯化氢分子．通过碰撞或由光引起的分子与原子内部激发的其他一些过程也起着重要的作用．

化合成一个水分子，简单而明了.

作为支持原子假设的进一步论据，我们举出主要由麦克斯韦（J. C. Maxwell）和玻耳兹曼（L. Boltzmann）发展的气体动力学理论（气体动理论）的成功. 根据容器中的气体是一群在容器内无序运动着的分子并且它们相互间以及与器壁间不停地碰撞着的假设，这个理论可以解释气体的许多性质. 气体动理论可以进一步用来估计阿伏伽德罗常数；$N_0 = 6.02 \times 10^{23}$，这是在 1 mol 的任何气体中的分子量.（1 mol 的化合物可以理解为一定数量的物质，它以 g 为单位计的质量数值就等于该化合物的分子量.）洛施密特（Loschmidt）在 1865 年第一次粗略地估计了 N_0 的数值.

鉴于这些原子存在的证据，很难理解直到 20 世纪初还有某些学派，他们以不存在物质是由原子组成的直接证据为理由而坚决拒绝原子假设.

§1.10　希腊哲学家提出的“原子”并不对应于我们现代的原子，因为我们所说的原子不是不可分的：它们是由质子、中子和电子组成的. 说得更确切一些，正是质子、中子、电子以及一大群其他的“基本粒子”扮演了希腊人的“原子”的角色. 我们所说的“基本粒子”的涵义是什么呢？这个名称的确切定义至今还有些争论，不过，照我们的想法，可以给这个问题一个简单而实用的回答：如果不能把一个粒子描述为其他更基本实体的一个复合系统，就可以认为这个粒子是基本的. 一个基本粒子没有各个“部分”，它不是由任何更简单的东西“构成”的. 我们想象中的继续分割的企图终结了. 根据这个定义，质子、中子和电子全是基本的，但氢原子或铀核不是基本的.

可以说物质不是无限可分思想的精髓在于：我们不可能无止境地以构成物体的各个部分来剖析物体. 这个过程最终要失去它的意义；我们会遇到不能再简约的实体，这就是我们的基本粒子.

§1.11　我们怎能断言电子是真正基本的呢？是否可能今天认为是基本的粒子到明天就发现是复合的？毕竟，我们今天所认为的原子曾经是 19 世纪时人们认为的基本粒子，难道历史就不会重演吗？

许多实验事实有力地暗示历史将不会重演，从某种意义上讲，我们永远不会在得到氢原子是复合的这一理论的基础上，再去得到诸如电子、质子或中子等粒子也是复合的错误结论. 下面就让我们尝试描述一下这种论据的概要.

如果两个弹子以足够大的相对速度碰撞，它们会破裂成小的碎片. 同样当两个氢分子以很大的相对速度碰撞时，也会破裂成碎片. 除非速度非常大，否则我们将在碎片中发现诸如氢原子或质子或电子等东西；换句话说即组成氢分子的组元. 在这两种情况里可以这样来恰当地描述所发生的事件：碰撞的猛烈性克服了使小球或氢分子的各部分保持在一起的内聚力，所以物体就分裂开来. 对许多核反应可以给出类似的解释、原子核是由质子和中子组成的，如果一个高能质子与核碰撞，就可能从核内敲击出几个质子和中子.

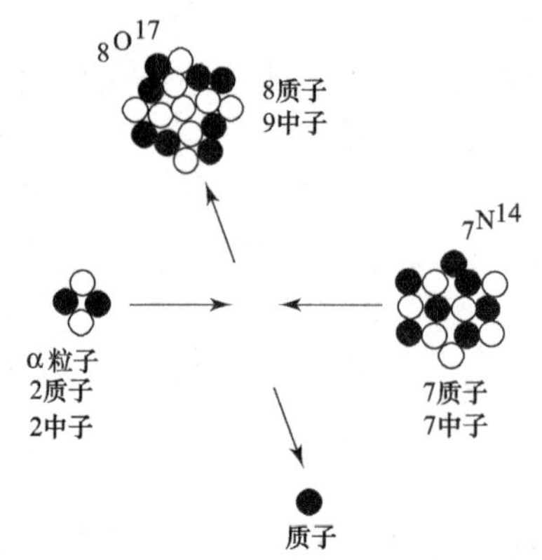

图 11A　核反应示意图，图中一个 α 粒子（氦原子核）同一个氮原子核碰撞产生一个氧原子核和一个质子. 这个由卢瑟福在 1919 年发现的特殊反应是对稳态核嬗变的首次观察.（E. Rutherford, *Philosophical Magazine* 87, 581（1919）.）在卢瑟福的实验中，用来自放射源的 α 粒子轰击氮，并通过观察发射出的质子证实有反应出现.

这个图与图 9A 十分类似，它用符号表示出原子核由质子和中子组成以及（低能）核反应会引起这些粒子在原子核之间的重新组合的思想. 当然，不应该刻板地理解：就核这个字的意义来说决不会“看上去”是这个样子.

§1.12　然而，如果研究两个基本粒子诸如两个质子的猛烈碰撞，我们发现在与上所说的现象性质上不同的一些现象. 例如，如果一个高能质子和另一个质子碰撞，可能在碰撞后两个质子仍然存在，而在反应的产物中却另外发现了一个或几个新的基本粒子，诸如 π 介子. 我们说在反应中产生了 π 介子. 这不是在质子-质子碰撞时唯一可能发生的事情：质子可能消失，而出现许多完全新的粒子，叫作 K 介子和超子. 同样，当两个电子猛烈碰撞时，可能发生这样的情况，最终的反应产

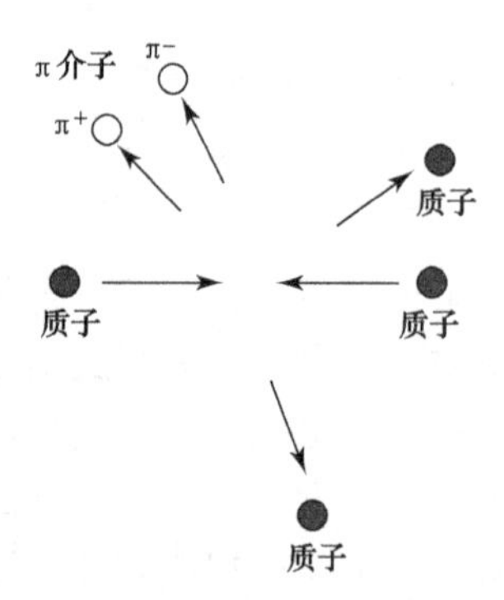

图 12A　在两个质子的高能碰撞中产生两个 π 介子的示意图. 一个 π 介子带 $+e$ 电荷，另一个带 $-e$ 电荷，这里 e 是电子电荷的数值. 在这个事件中总电荷守恒.

由于两个质子在碰撞后继续存在，而且出现了两个新的粒子，很明显图 9A 和图 11A 中所示的这种质朴的模型在这里不能适用了：此事件不可能看作是“两个质子的基本组元的重新组合”.

物包含三个电子和一个正电子.（正电子是一个类似电子的基本粒子，但带相反的电荷.）反之，如果一个电子和一个正电子相互碰撞，可能两个粒子都消失掉.（我们说它们湮没了.）而留下的仅仅是形式为γ射线的电磁辐射.

§1.13　产生过程的一个有趣的例子是当γ射线通过原子中的电场时产生电子-正电子对. 由此可知，物质粒子可以由电磁辐射产生. 图13A是一张所谓“级联簇射”的云室照片，它“显示”了这种现象的许多实例. 对于这张照片上看到

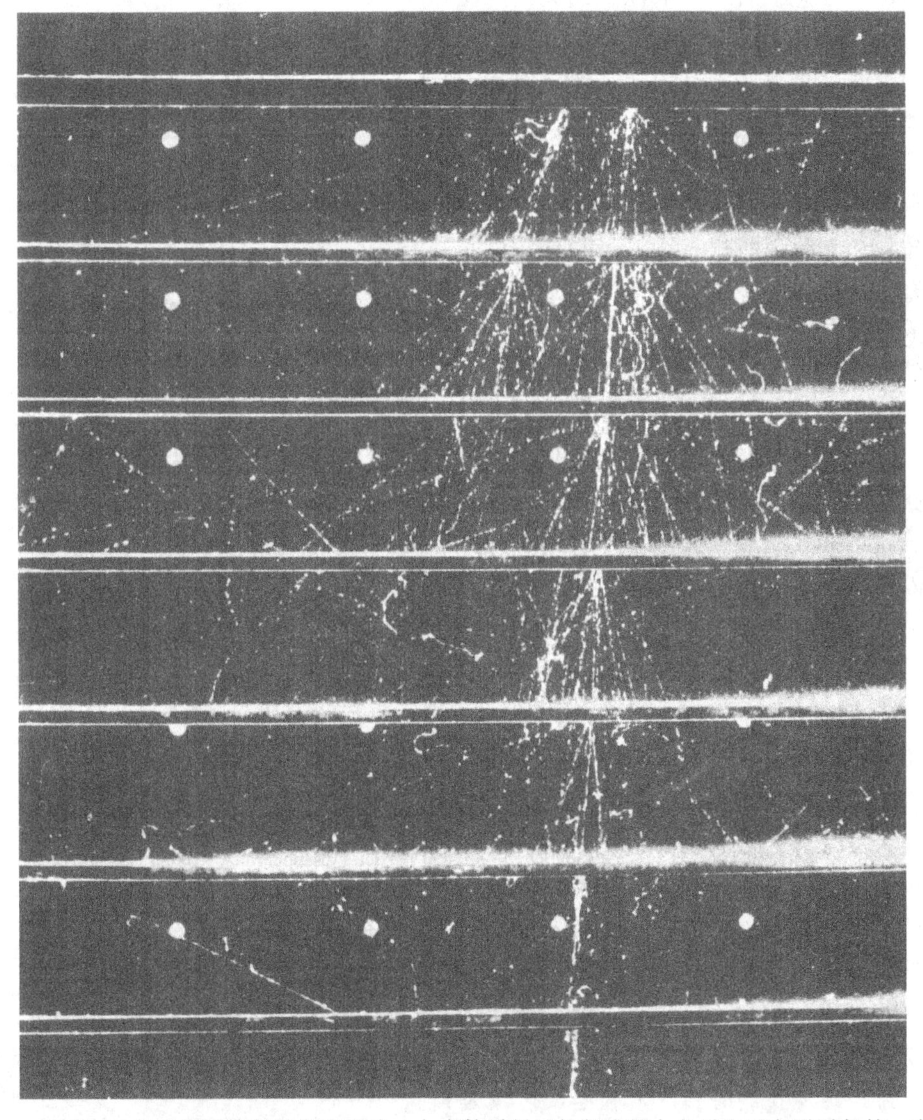

图13A　显示级联簇射的云室照片. 大多数看得见的径迹是由电子和正电子引起的，它们通常朝着图的底部运动. 在右上方进入并穿透了三块铅板而停止于第四块铅板中的粒子可能是一个π介子. 进一步的解释可看正文.（照片承蒙伯克利的W. B. Fretter教授惠允.）

的东西可以做如下解释（亦可参看图13B和图13C）如果一个高能带电粒子，譬如说一个电子或者一个正电子，通过照片中所看到的水平放置的铅板中的一块，它在铅板中某一个原子的场内可能作非常微小的偏转．这一点偏转形成了加速运动，结果是以高能γ射线的形式发射电磁辐射．（当然，粒子可能被一块铅板中的几个原子偏转，在这种情况下将发射几个γ光子．）而以这种方式产生的γ射线，当通过铅板时，在它们所遇到的原子的场内产生电子-正电子对．这些带电粒子在铅板中偏转时又先后产生更多的γ射线，而新的γ射线又产生新的电子-正电子对，等等．因此，一个高能带电粒子或者一个γ射线可以产生一簇γ射线、电子与正电子．带电粒子在云室中留下了可以看得见的径迹；这些就是我们在图13A中看到的径迹．而γ射线在图中是看不见的．

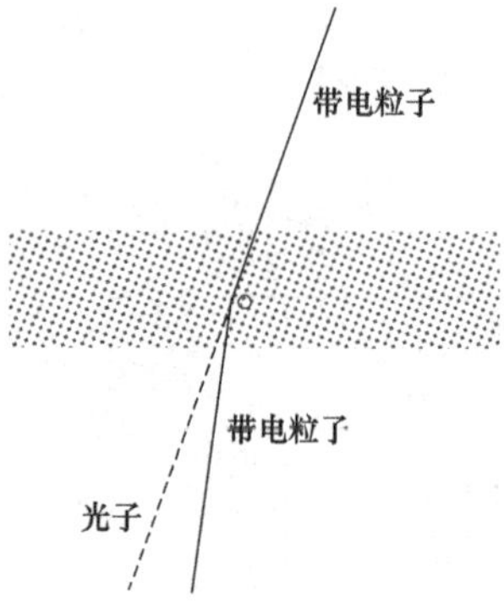

带电粒子

带电粒了

光子

图13B　一个高能带电粒子（譬如说一个正电子或电子）被原子内的电场偏转，这种加速运动的结果是发射出γ射线（即一个高能光子）．这种物理现象叫作轫致辐射．图中的阴影部分代表大块物质，譬如说云室中铅板的一部分．（为了清楚起见图中原子的大小稍微有些夸大．）

照片右边部分的级联簇射看似是由上面入射的γ射线引起的．这个γ射线的能量大概是20 BeV㊀．左边的簇射看来是由一个能量稍为低一些的带电粒子引起的．两组簇射或许都起源于在照片视区之外的云室的墙壁中发生的某些事件．在簇射中看到的大多数粒子都沿着朝下的方向运动．这些过程的特征是大多数高能粒子都倾向于沿着入射粒子的方向发射，能量较小的粒子可以沿其他方向发射．如果仔细地看照片，我们看到由不是沿着主要簇射方向发射的粒子所引起的次级簇射很快就“消失”了．当初始能量分布到如此多的带电粒子和光子上以致它们中没有一个有足够的能量去产生另外的粒子对时，级联簇射自然停止．然后，低能粒子被铅板吸收．

引起簇射的粒子能量可以由它所产生的带电的次级粒子的数目来估计．

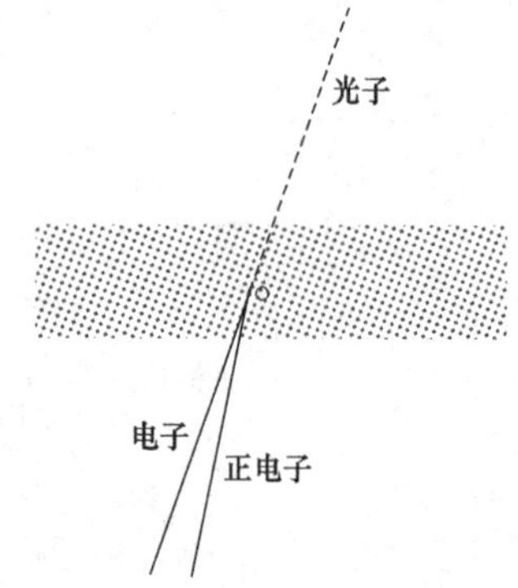

图13C　一个高能γ射线与原子内的电场碰撞产生电子-正电子对：这种物理现象是电子对的产生．上面两个图所示的两种基本过程是图13A中所示的级联簇射发生的原因．

§1.14　我们讲的产生和湮没过程是自然界的重要方面．这些现象明显地一点也不

㊀　1 BeV = 10^9 eV.

像弹子的碎裂或化学反应. 我们可以把化学反应描述为新的分子由其他分子的基本组元形成，为了做这样的描述，认为原子是分子的基本组元. 与此相反，考虑一个碰撞事件，在这个事件中原来就有的两个粒子在碰撞后与碰撞中产生的许多新粒子一起存在. 显然我们不能用初始粒子的基本组元重新排列成新的复合体系，这样的语言来描述这个事件. 而且这种描述也不能应用于有某些初始粒子消失的事件. 后一种现象的一个突出的例子是电子-正电子对的湮没，在这个事件中最初出现的物质粒子完全消失了，留下的只是 γ 射线.

§1.15　为了通过实验确定一个粒子是基本的还是复合的，我们尝试使它与另一个粒子碰撞以砸碎它，并观察反应的产物. 用这种方法可以将分子破碎成原子，并将原子破碎成电子和原子核，因而有理由说明分子是由原子组成的，原子又是由电子和原子核组成的. 当 19 世纪的物理学家还在认为原子是不可破坏和不可分割时，他们实际上已经错了：实际上可以容易将原子击碎. 同样可以使原子核破碎，从而有理由说明原子核是由质子和中子组成的. 然而，砸碎一个原子核比砸碎一个原子需要更多的能量，从这个意义上说，原子核比原子具有较小的“可破碎性”.

用现代的粒子加速器，可以产生能量极高的粒子束，因此如果像质子这样的粒子真是可以砸碎的话，那么我们就已经有了使它们破碎的手段. 但质子不像原子和原子核那样破裂，一些非常不同的事情会发生. 我们必须做出这样的结论，当研究电子、质子、中子等粒子时，我们达到了一个极限：如果再把这些粒子看成是由其他更基本的粒子构成就显得不合理和没有意义了.

§1.16　今天没有人试图在物质是无限可分的这一假设的基础上创立一个全面的物质理论：这样一种工作将是无效的. 然而，让我们稍微考虑一下这种理论可能具有什么特点. 如果取一块铜，将它分成小而又小的碎块，除了小铜块以外我们永远也得不到其他东西. 不论碎块怎样小，仍旧可以认出它们是铜块. 这意味着什么呢，这意味着，同样的物理定律在支配着小铜块和大铜块的行为. 物理体系可以无限地“按比例缩减”. 当然，必须承认我们的理论不一定需要有这种特点，但它会是描述无限可分物质的理论所具有的一个非常自然的特征. 我们注意到经典的物理理论在很多方面确实具有这种特征. 我们用于描述某些上吨重的机械的物理定律和描述手表的定律之间并没有本质上的区别. 因而宏观物理体系可以在相当大的范围内按比例变化.

如果物质是由基本粒子组成的，这种在物质是无限可分时可能显得很自然的“物理定律形式的不变性”肯定是完全不合理的. 一个铜原子一点都不像宏观的铜块；它是某种完全不同的东西. 我们绝对没有先验的理由认为能相当准确地描述宏观体系的物理定律也适合描述原子和基本粒子的结构.

§1.17　不得不承认的是，作为抽象的原则，经典的概念可能不适用于原子，并且电子确实是基本粒子是一回事，而在人们的思想上要完全坚持这个原则又是完全不同的另一回事. 经验表明我们的思想免不了具有偏见，不容易放弃已经接受的概念. 由于最初对物理现象的有意识的观察所涉及的是宏观体系，我们获得了一套

“经典的偏见”，我们想学习量子物理学时必须克服这些偏见㊀．让我们考虑两个密切相关的问题来说明这些讨论的含义，它们曾是20世纪中进行过大量推测的对象．

§1.18　让我们问下面的问题：是什么力使一个电子保持在一起？电子的质量中哪一部分是内禀性质；哪一部分是来自电子的静电场的能量？为了处理这些问题，我们假定一个并非不合理的模型，把电子看成一个半径为 r 的均匀带电小球．这个小球的各个部分之间相互有静电排斥作用．因此必须有使小球保持在一起的另一种力．这种力的性质是什么呢？

在这套教程的第2卷里㊁我们已经知道怎样计算“居住在”静电场中的总能量：将 $\left(\frac{1}{8\pi}\right)\boldsymbol{E}^2$ 对整个空间积分，这里的 $\boldsymbol{E}$ 是局域电场强度．对于我们的模型，得到的静电能的表达式是 $W=\frac{3}{5}\left(\frac{e^2}{r}\right)$㊂，这里的 e 是电子电荷．（表达式 $\frac{e^2}{r}$ 前面的系数与模型的细节有关：对一个均匀带电的球，它的数值正好是3/5．这里重要的不是这个系数的值而是 W 与 $\frac{e^2}{r}$ 成正比．根据量纲，可以直接看出 W 是以这种方式依赖于 e 和 r 的．）现在我们可以将电子的质量写成 $m=m_e+m_i$ 的形式，这里 $m_e=W/c^2$ 是电磁的贡献而 m_i 是“内禀”部分．问题是 m_e 有多大？或者说是否有可能 $m=m_e$，在这种情况下是否全部质量都是来源于电磁呢？如果做这个假定，我们就可以计算半径 r，并得到 $r=1.7\times10^{-15}$ m．许多实验事实暗示电子必定是非常的“小”，因此当我们确实得到一个很小的值 r 时是令人欣慰的．要注意我们不能使 r 更小，除非我们愿意考虑 m_i 为负值的可能性．

由于假设电子是基本的，一个 $r=0$ 的模型显得特别吸引人．在这个模型中电子就是一个没有大小和没有结构的“点粒子”．不过，这将导致一个几乎是没有意义的无限大的电磁自能 W 和负无限大的内禀质量 m_i．（这种情况给数学上简单而吸引人的点电子模型造成了不可逾越的障碍，在文献中称它为“电子无限自能的困难”．）

§1.19　现在让我们批判地考察上述推测：它们真的有意义吗？在提出我们的问题时，显然做了很多反映我们偏见的假定．我们假定电子是一个带电小球，并假定对于这个球的各“部分”可以应用库仑定律．我们怎么知道库仑定律就适用于这种情况呢？关于必须有一个力反抗静电排斥力以使电子的各“部分”保持在一起的想法又怎样呢？我们早先说过电子没有各“部分”，它是基本粒子．是什么力

㊀　不仅是初学物理的学生，就连资深的物理学家也会有这种偏见．思想僵化显然会随年龄而增加，可以说资深的物理学家实际上比初学的学生更易受他的“经典偏见”之害．

㊁　《伯克利物理学教程》第2卷电磁学，第2章2.8节．

㊂　这式子对cgs单位制成立，在MKS制里是 $W=\frac{3}{5}\left(\frac{e^2}{4\pi\varepsilon_0 r}\right)$．

使电子保持在一起，这个问题就意味着我们在考虑电子有可能分裂成“几部分”．但这是一个很成问题的想法．要注意粒子的静电自能等于让粒子的各“部分”完全分散开所做的功；这是我们最初导出任何电荷体系的静电能等于电场强度的平方在全部空间上的积分这一结果所使用的方法．如果粒子不能分散开，则静电自能就是一个值得怀疑的概念．这对于“点电子”的没有意义的无限大的自能更是如此．

目前，大多数物理学家已经领悟到，试图建立电子的某种经典模型是毫无意义的．电子的行为不像一个带电球．关于如果电子像一个带电球，那么是什么原因使它结合在一起；或者它的经典自能可能是多少，这一切讨论在物理上都是不恰当的．我们的经典偏见把我们带到了所答非所问的窘境．

然而，我们要提一下，目前物理学中尚未完全驱除无限自能这一引人发笑的情况．在量子力学中还仍然存在着这个混乱的残余．

三、经典理论的适用限度

§1.20　在狭义相对论里光速扮演了重要角色．速度 $c=3\times10^{8}$ m/s，是任何物质粒子的速度的上限，也是物理空间中能量或信息传输速度的上限．这样一个速度的存在就为我们提供了一个简单和自然的判据，能够根据它决定物理现象什么时候可以“非相对论地”讨论，什么时候必须“相对论地”讨论．粗略地说，当所有有关的速度都比光速小得多时，非相对论的讨论是合适的，即足够精确的．

我们可以问是否存在一个类似的判据，它告诉我们什么时候必须用量子力学，什么时候可以用经典物理学的理论．是否存在一个“类似”常数 c 那样的自然常数，可以用作所要求的判据？

这样一个常数的确是存在的，称为*普朗克常量*．用 h 标记这个常量，其值为

$$
\begin{aligned}
h &= 6.626\times10^{-27}\ \text{erg}^{㊀}\cdot\text{s}\\
&= 6.626\times10^{-34}\ \text{J}\cdot\text{s}
\end{aligned}
$$

所以这个常量的物理量纲是［时间］×［能量］=［长度］×［动量］=［角动量］．这样一个物理量通常称为*作用*，因此普朗克常量亦称为（基本的）*作用量子*．

这个判据大致如下．对一个物理体系如果任何具有作用量钢的“自然”动力学变量㊁具有可以与普朗克常量 h 相比的数值，则该体系的行为必须在量子力学的框架内描述．如果反之，当每一个具有作用量纲的变量用 h 来量度时都非常大，则经典物理学的定律就在足够精确的程度上有效．

我们强调这是一个*粗略*的判据，它仅仅告诉我们什么时候必须小心行事．一个作用变量在任何特殊情况下都很小，并不一定意味着经典理论完全不适用．在很多

㊀ erg（尔格）是 cgs 单位制的计量单位，1 erg = 10^{-7} J．——编辑注

㊁ *动力学变量*是任何表征系统状态的变量．例如某个位置坐标，动量的分量，角动量的分量，速度的分量，总能量等等．

马克斯·普朗克（Max Karl Ernst Ludwig Planck）1858年生于德国基尔（Kiel）；1947年逝世. 在慕尼黑和柏林学习之后，于1879年获得博士学位. 他的学位论文论述热力学第二定律. 在基尔大学得到一份工作以后，1899年他被任命为柏林大学理论物理系的教授. 他于1928年70岁时退休. 曾获1919年诺贝尔奖.

普朗克在他的职业生涯开始时就致力于热力学研究：这也是他一生中始终保持兴趣的课题. 他在柏林时熟悉了陆末、普林格斯海姆、鲁本斯和库尔鲍姆等人所做的有关热辐射的研究工作，他把推导理论的黑体辐射定律作为自己的研究任务. 他的成就标志着量子物理学的开始，现在所说的普朗克常量最早就出现在他1900年的论文中. 在里程碑式的发现以后，普朗克在量子物理学的发展中继续起着积极的作用.（照片承蒙 *Physics Today* 杂志惠允.）

情况下，经典理论至少会给我们有关体系行为的一些窥察，特别是如果掺进了某些量子力学概念的话.

§1.21　我们立即注意到普朗克常量是“小的”，这意味着当用适于描述宏观现象的单位即MKS或cgs单位制来量度 h 时，它的数值是很小的. 或者说，宏观世界中的作用量以 h 为单位量度时，是巨大的数值.

举例来说，我们可以考虑摆钟的摆锤. 为了找出具有作用量纲的量，我们取摆的周期和它在摆动时的总能量的乘积. 周期是1 s的数量级而能量肯定比 10^{-7} J大得多，这意味着这两个量的乘积比 h 的 10^{26} 倍还要大. 按照我们的判据，对摆动着的摆做经典描述应该是、而且确实是完全适当的.

类似地，考虑一个旋转的物体. 设转动惯量是 10^{-7} kg · m^2，并设角速度为1rad/s. 则角动量等于 10^{-7} kg · m^2/s $= 10^{-7}$ J · s $> 10^{26}\,h$，因此这个角动量与 h 相比是一个巨大的量. 即使物体仅仅是一个旋转周期为1 h的小沙粒，它的角动量以 h 为单位来量度时，仍然是极其巨大的.

最后考虑一个小的，但是宏观的谐振子. 设质量为1 g，最大速度为1 cm/s，

最大振幅为 $x=1$ cm. 因此最大的动量是 $p=10^{-5}$ kg · cm/s. 量 $x \cdot p=10^{-7}$ J · s 仍然是一个大于 $10^{26}\,h$ 的作用变量.

当我们在考查这些宏观体系时，以上这些讨论总会告诉我们那些已经知道了的事情，即对于这些体系可以做经典的描述.

§1.22　现在让我们尝试更深入地理解我们的判据究竟意味着什么.

在经典物理学中，我们假定体系的每一个动力学变量都可以被确定和测量到任意的精确度. 这并不是说在实践中总可以做到这一点，应该说我们不认为对精确度有任何原则上的限制. 经典物理学中的许多动力学变量，包括诸如多粒子系统或单粒子的位置坐标、动量的分量、角动量的分量等变量，以及像某个时刻空间某点上的电场和磁场矢量的分量等变量.

然而，对微观物理体系的实际行为的仔细分析表明，对确定和测量这类变量所能达到的精确度有一个*基本的极限*. 对这个极限的非常透彻和漂亮的分析是由海森伯（W. Heisenberg）在1927年完成的. 我们称这种极限的存在为*不确定原理*，而将任何特定情况下这个原理的特殊定量表达式称为*不确定关系*.

一个特殊的*不确定关系*与（q，p）这对变量有关，这里 q 是粒子的位置坐标，而 p 是粒子的动量. 这个关系可表示为

$$\Delta q \cdot \Delta p \geqslant \frac{h}{4\pi} \tag{22a}$$

这里 Δq 是 q 的方均根误差而 Δp 是 p 的方均根误差，因此不等式断言我们知道的 p，q 两个变量的准确程序是受到限制的，这两个变量的“不确定度”的乘积不能比普朗克常量的数量级更小.

我们立即注意到由于普朗克常量 h 很小，不确定关系在宏观物理学里不具有重要性；q 和 p 的其他误差来源总是掩盖了以不等式（22a）表达的基本的不确定性. 所以关系式（22a）虽然与我们关于宏观体系的经典*理论*确实矛盾，但和我们宏观物理学的*经验知识*在任何意义上都不矛盾.

§1.23　对不确定关系常常做如下的“解释”. 动力学变量，诸如位置、动量、角动量等，必须从*操作*的角度（operationally）来定义，即根据测量它们的实验步骤来定义. 现在如果我们分析微观物理学中的实际测量步骤，会发现其测量行为总是要*扰动*该体系；在体系和测量仪器之间存在特有的不可避免的相互作用. 如果我们力图非常精确地测定一个粒子的位置，我们就要去扰动它，使得测量后它的动量非常不确定. 如果我们力图非常精确地测量它的动量，我们就会扰动它使得它的位置非常不确定. 如果我们试图同时测定粒子的位置和动量，则这两个测量必然相互干扰，以至于最后结果的精确度由不等式（22a）决定. 然后，讨论将进而表明在特殊情况下这些扰动是怎样产生的.

对不确定原理含义的这种解释在量子力学的教科书中是非常普遍的. 作者不想

多说这种解释是完全错误的，但确实感到它给人错误的概念，而且可能产生严重的误解．这没有触及问题的本质，就是：*不确定关系规定了一些限度，超过这些限度经典概念就不再适用*．经典动力学变量是时间的确定函数并在原则上能以任意的精确度获得，用这样的经典动力学变量来描述的“经典物理体系”是想象中虚构的事物；它在真实世界里并不存在．已经进行的一些实验告诉我们情况就是这样．如果我们将实际体系描述为“经典体系”，那么我们是做了近似，而不确定关系告诉我们能走多远．

§1.24　为了进一步阐明这些概念，我们考虑粒子的一维运动．按照经典动力学，我们用位置变量 $q=q(t)$ 描述粒子的瞬时位置．如果粒子的质量是 m，并且运动得足够慢，则它的动量 p 由 $p=p(t)=m\,\mathrm{d}q(t)/\mathrm{d}t$ 给出．现在我们可能认为不确定关系仅仅表示我们测量仪器不恰当的性质，它使我们不能以任意的精确度来确定 $q(0)$ 和 $p(0)$，虽然我们完全可以考虑这些变量的准确值以及粒子在此以后的准确的运动．换句话说，我们可以认为我们能够继续使用经典描述，按照这种描述，每一个粒子将沿着一条确定的轨道运动；但要作如下改进，即通过将不确定关系强加在决定轨道的初始条件上，从而在粒子沿哪一条轨道运动这个问题上引入了不确定性．

事实并非如此．实验告诉我们必须以深奥得多的方式修改我们的概念．*必须抛弃经典的轨道运动*；寻求或考虑 $q(t)$ 和 $p(t)$ 在同一时刻的值是毫无意义的．就好像问美国国王的头发是什么颜色一样荒诞．

§1.25　然而，我们的讨论似乎在逻辑上有矛盾．首先我们阐述了不确定关系，然后又宣称在这个关系中出现的变量 q 和 p 没有意义．如果它们没有意义，那么这个关系怎么会有意义呢？这个问题的回答如下．在粒子行为的量子力学描述中我们可以引进某些数学的对象 q 和 p，它们在很多方面对应于经典的位置和动量变量．然而，这些对象并不等同于经典变量．关系式（22a）告诉我们如果试图把量子力学的对象 q 和 p 解释为“位置”和“动量”，从而用经典的术语来解释运动，则在知道“位置”和“动量”所能达到的精确度方面会存在一个基本的极限．换句话说，这个关系告诉我们，如果我们试图引进经典变量，并试图经典地说明运动，则这些变量所能达到的精密度是有限的．

§1.26　应该清楚地意识到的一点，就是我们永远都不可能通过纯粹经典的分析测量得到不确定关系．不确定关系反映了实验发现的有关自然界的事实．出现在自然界里的粒子表现得不像经典的质点，也不像小弹子球[⊖]：它们表现得十分不同，而这就是为什么某些类型的测量不可能进行甚至不可想象的缘故．

后面几章我们将学习真实世界中粒子的特性，那时我们将会意识到看似奇怪的不确定关系是多么自然地符合事物的格局．

⊖　由于某些原因，在一些量子力学教科书中弹子球成了经典粒子的典型．作者当然也默认这个习惯．告诉读者一件可能令你们觉得有趣的事：其实作者从来没有玩过弹子球游戏，他手上也从未拿过弹子球．所以他所说的弹子球的性质都是书本上的知识，是从量子力学教科书上学习到的．

四、普朗克常量的发现

§1.27　现在让我们考察普朗克常量的早期历史，看一看它是怎样被发现的，又是怎样进入物理学的．我们追溯到 20 世纪初，并考虑那个时期物理学中的某些突出的问题，也就是下面的问题：

（ⅰ）黑体辐射定律的问题；

（ⅱ）光电效应的问题；

（ⅲ）原子的稳定性和大小的问题．

这三个问题当然不是当时物理学家研究的仅有的几个问题，我们挑出这三个问题是由于它们以特别明白的方式说明了经典物理学的困境．

读者应该理解我们这里的讨论作为有关历史的叙述是非常不够的；我们不可能期望在几页的篇幅里恰当地处理量子力学的极其有趣的发展史．当我们回顾 20 世纪开始时的情况，容易看出这三个问题是关键问题．然而，如果我们考察 1900 年在《物理学年鉴》（Annalen der Physik）（它是当时物理学界的主要期刊之一）上发表的文章，我们发现大多数物理学家关心着极不相同的问题．从没有价值的东西中分辨出真正有意义的东西的本领确实是一种难得的本领（无论何时），我们完全有理由佩服量子物理学的先驱们的杰出洞察力和想象力．

§1.28　为了使讨论更生动，我们把这三个问题看成是基本的“下落不明的常量的奥秘”的三个不同的方面．这当然不是物理学家在 1900 年习惯的表述他们面临困难的方式，但从这个观点来回顾对于考虑问题是有益的．

约瑟夫·汤姆孙（Joseph John Thomson），1856 年生于英格兰曼彻斯特附近，1940 年逝世．汤姆孙（昵称为“J. J.”）担任剑桥大学卡文迪许实验室教授多年，也是伦敦皇家科学研究所的物理学教授．他对物理学有多方面的贡献，包括气体导电的研究，电子的电荷和质量，以及阳射线的性质．汤姆孙于 1897 年发现电子．他关于阳射线的工作导致氖同位素的发现．他获得 1906 年的诺贝尔奖．（照片承蒙伯克利的洛布（L. B. Loeb）教授惠允．）

这个下落不明的常量就是普朗克常量 h. 在纯粹经典的物理理论中这个常量不会出现. 所以让我们考虑一下在经典的描述中总是起作用的其他一些基本的物理学常量.

（ⅰ）光速，$c=3.00\times10^{8}$ m/s. 这个常量在1900年已经是相当精确的了.

（ⅱ）阿伏伽德罗常量，$N_0=6.02\times10^{23}$，它是1摩尔（mol）的任何气体中的分子数. 在1900年已根据气体动理论得出了这个常数的粗略数值.

（ⅲ）氢原子的质量，$M_{\mathrm{H}}=1.67\times10^{-27}$ kg. 在1/2 000的准确度上这也是质子的质量 M_{p}. 由于1mol氢的质量非常接近2g，我们有

$$N_0M_{\mathrm{H}}\approx N_0M_{\mathrm{p}}\approx10^{-3}\text{ kg} \tag{28a}$$

所以如果我们知道了阿伏伽德罗常量，就可以求出 M_{H}.

（ⅳ）元电荷，$e=1.6\times10^{-19}$ C $=4.8\times10^{-10}$静电单位（esu）㊀. 电子的电荷是 $-e$，质子的电荷是 $+e$. 1 mol带1个电荷的离子（即每个离子带电荷 e）所携带的电荷称为法拉第常量 F. 因此. 我们有

$$F=N_0\cdot e=96\,500\text{ C} \tag{28b}$$

在电解实验中容易测定法拉第常量 F. 例如，F 就是为沉积1g当量的银（即107.88g的银，因为银的原子量是107.88）所必需通过电解槽的电荷量.

（ⅴ）电子的荷质比，$e/m=1.76\times10^{11}$ C/kg，质子的荷质比 $e/M_{\mathrm{p}}=9.6\times10^{7}$ C/kg. 这些常数可由电子束或质子束在电场与磁场中偏转的实验决定. J. J. 汤姆孙（J. J. Thomson）在1897年用这个方法确定了 e/m㊁. 应该看到，

$$\frac{e}{M_p}=\frac{F}{N_0M_p} \tag{28c}$$

因此，这个常数是和前述的一些常数有关的.

还应该注意到，给定了 e/m 和 e/M_{p} 的精确值，即使没有以相应的精密度知道电荷 e，我们也能够求出

$$\frac{M_p}{m}=\frac{e/m}{e/M_{\mathrm{p}}} \tag{28d}$$

的准确值. 当然这里假定了质子电荷和电子电荷的大小相等.

（ⅵ）电子质量 $m=9.11\times10^{-31}$ kg. 这个常数能够由 e 和 e/m 推出.

§1.29 阿伏伽德罗常量 N_0 是连接微观物理学和宏观物理学的纽带. 这个常数的巨大数值告诉我们原子和分子实际上是多么小，以及在宏观世界中为什么物质的颗粒状结构不是十分明显. 如前所述，人们在19世纪末对 N_0 还不十分了解. 然

㊀ 静电单位制（electrostatic unit）是衍生自厘米克秒（cgs）制的一套单位系统，用来量测电荷、电流及电压等电学的物理量. 在静电单位制中，电荷以其对其他电荷所施的力来定义. 虽然CGS制已经被国际单位制（SI）所取代，但在一些特定的物理学领域中仍会用到静电单位制，例如粒子物理学及天体物理学. ——编辑注

㊁ J. J. Thomson，"Cathode Rays"，*Philosophical Magazine* **44**，293（1897）.

而，对常量 F，e/m，m/M_p 的认识已经好得多了．因此，无论是对 N_0 还是对 e 所做的独立且准确的测量，都有助于我们更好地了解基本常数 e，m 和 M_p 的相关知识。正如我们看到的那样，普朗克黑体辐射理论的一个重要方面是使我们能够对 N_0 的数值作一个独立的而且是更好的测定.

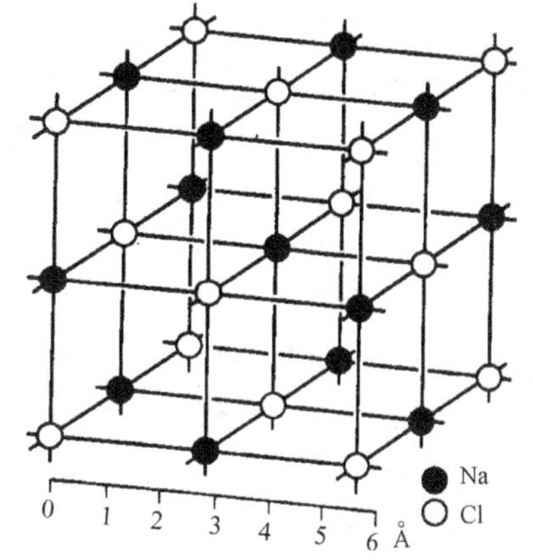

图 30A 氯化钠晶体的结构．晶格是立方形的，氯原子和钠原子交替地位于顶点上．图中小球的中心表示钠和氯原子核的平均位置．这些球的大小并不表示原子或核的大小.

大约 10 年以后，R. A. 密立根（R. A. Millikan）在他著名的油滴实验中，通过观察在重力和电场的联合作用下漂浮在空气中的带电油滴的运动直接测量了 e[一]．虽然很难期望这类实验能够得到精确度很高的 e 值，但作为对这个常数的一个独立的和概念简单的测定还是非常重要的.

§1.30 我们要继续讲我们的故事并且说一说用计算晶体中的原子数目的方法可以直接测得阿伏伽德罗常量 N_0．晶体中的原子排列成规则的晶格，比如说立方晶体，如果我们能够确定晶体中相邻原子间的距离，即晶格常量，显然我们就能够求出 N_0．可以通过 X 射线衍射实验确定这个距离．只要我们已知所用的 X 射线的波长，例如可以用一个机械刻的“宏观光栅”来测定．用这种方法可以最终确定 N_0.

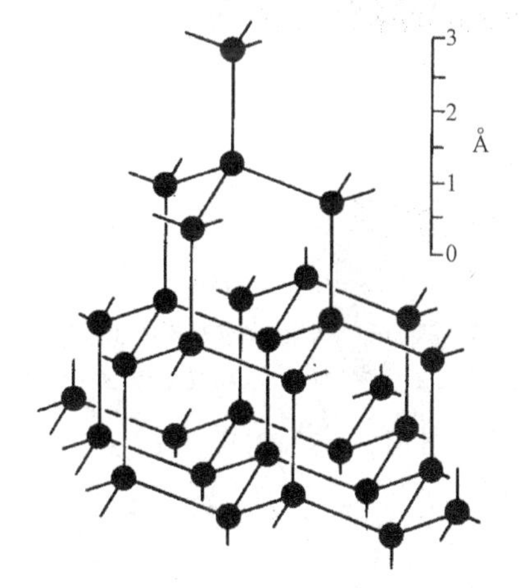

图 30B 金刚石的晶体结构．每个碳原子有四个位于四面体顶点的最靠近原子．（最近的相邻原子间由实线连接.）

自然界以晶体的形式为我们提供现成的衍射光栅，这个聪明的想法是劳厄（M. von Laue）首先想到的．根据他的建议弗里德里希（W. Friedrich）和克尼宾（P. Knipping）在 1912 年进行了晶体上的 X 射线衍射实验[二]．事实上这是对 X 射线是短波的第一次确定性的实验证明.

§1.31 为了能了解与黑体辐射有关的问题，必须离开本题去讨论热和温度[三].

[一] R. A. Millikan, “The Isolation of an Ion, a Precision Measurement of Its Charge, and the Correction of Stokes's Law”, *Physical Review* **32**, 349 (1911).

[二] W. Friedrich, P. Knipping and M. Laue, “Interferenzerscheinungen bei Röntgen-strahlen”, *Annalen der Physik* **41**, 971 (1913).

[三] 在《伯克利物理学教程》第5卷统计物理学中更全面地讨论了这些论题．也可参看 Physical Science Study Committee, *Physics*, Chaps. 9 and 26, 2nd ed. (D. C. Heath and Cempany, Boston, 1965.)

这些概念与热平衡条件下对大块物质行为的描述有关. 这些论题与孤立的原子、分子或原子核的结构或行为毫无关系，但是对于量子现象的许多表现形式，它却是重要的. 原因当然是我们一般不能对孤立的原子、分子或原子核进行测量；我们观察的是这些“埋进”大块物质之中的粒子.

热能是与宏观物体组元的无序运动相联系的能量. 热是传输中的热能（从一个物体到另一个物体）. 温度是什么呢?

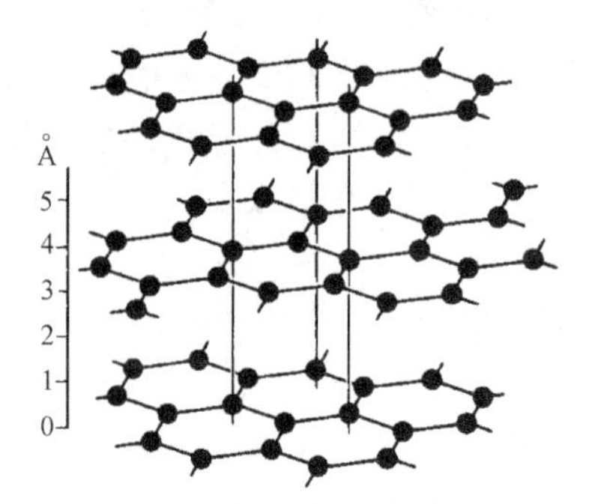

图 30C　石墨的晶体结构. 金刚石和石墨都只含碳. 这两种材料物理性质上的显著差异是由于它们晶格形式不同造成的. 石墨晶格由相等间隔的平行平面组成，在这些平面中的碳原子排列成正六边形图案. 比较一下上面所示的晶格与图 30B 中的金刚石晶格.

§1.32　用一句话给出温度概念的确切定义是不太容易的. 在某种意义上我们都“知道”温度是什么，我们也都知道怎样用温度计测量温度. 温度计可以是任何一个物体或体系，只要温度的变化会使它产生一种容易观察到的变化，例如长度变化、体积变化、电阻变化，等等. 作为一个例子让我们考虑一个水银温度计. 温度是通过观察在均匀横截面的毛细管中水银柱的高度面来读数的. 为了建立温度的标度我们可以规定冰的熔点为0℃，而水的沸点为100℃，然后将毛细管上两个参考点之间的间隔分成一百个等份以定义中间的“度”㊀. 用这种方法我们确实能定义温度的量度，但我们的步骤有严重的缺陷（从基本的物理理论的观点来看），我们的温标取决于任意选取的物质（在这个情况中是水银）的特性. 如果我们根据同样的步骤采用另外的物质，譬如说酒精，我们可能发现酒精温度计上的30℃与水银温度计上的30℃不是同一个温度.

从科学性的角度来考虑，明确要求有与任何特定物质的特性无关的温度测量. 在这套丛书的下一卷（第5卷统计物理学）里，专门讨论热物理学，我们将详细地讨论怎样才能规定这样一种测量. 这样定义的温标是绝对温标，这个温标的温度是以开尔文量度的，记为K㊁. 在绝对温标上0 K是最低的可能温度：这个温度近似地对应 −273 ℃. 为了方便起见，选取开尔文的大小使得温度差在绝对温标和摄氏温标上具有相同的数值，因此由定义可得

$$\text{K 温度} = \text{℃温度} + 273.15$$

§1.33　我们从微观物理学的观点获得温度“含义”的定性概念. 基本的思

㊀ 用这种方法定义的温标称为百分温标或摄氏温标. ——译者注

㊁ 原书写的是°K，1967年第十三届国际计量大会上通过热力学温度单位的名称为开尔文，其代号为K，并废除开氏度这一名称和°K这个代号，本书译本一律用K或汉字“开”表示开尔文. ——译者注

想如下：当温度增加时，与宏观物体的基本组元的无规运动有关的平均能量随之增加. 在温度 0 K 时，所有的无规运动停止，这就是最低可能温度的物理意义.（强调的是“无规”这个词.）

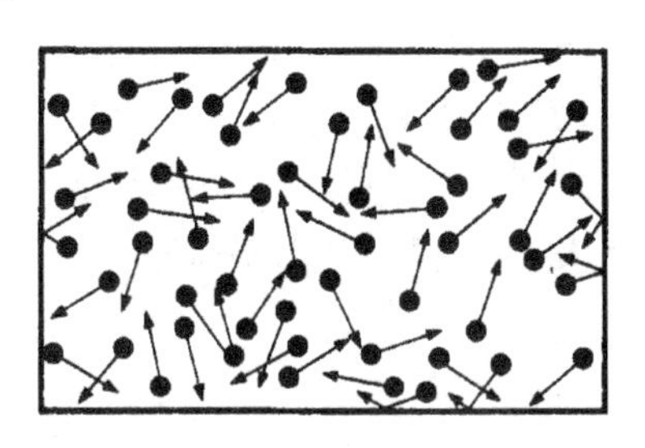

图 33A　可以很容易地理解关系式 $pV=\frac{2}{3}N_0E_{\text{kin}}$. 考察一个体积为 V，有 N_0 个分子的容器. 首先让我们假定所有的分子都以速度 v 向右运动. 单位时间内与单位面积的器壁碰撞的分子数为 v（N_0/V）. 每个分子传给器壁的动量为 $2mv$. 压强 p' 等于单位时间内传给单位面积的总动量. 因此我们有 $p'=2mv^2$（N_0/V）$=4E_{\text{kin}}(N_0/V)$.

实际上，运动的方向是无规的，真正的压强 p 与上面计算的压强 p' 的关系是 $p=\frac{1}{6}p'$，这就得到了等式（33a）的结果.（我们可以这样来理解 1/6 这个因子：如果我们想象分子沿着六个标准的方向运动，沿着三个相互垂直的轴中的每一个各有两个方向，这样只有六分之一的分子会对右边的器壁施加压力.）

在统计力学中我们常常用一个模型将真实气体的性质理想化：我们假定气体由大量微小的无规律运动着的并可忽略相互作用的全同粒子（分子）组成. 这个模型很好地描述了稀薄的真实气体. 如果（模型）气体中的粒子是单原子分子，我们就说是理想的单原子气体. 可以证明对于 1 mol 的理想气体

$$pV=\frac{2}{3}N_0E_{\text{kin}} \tag{33a}$$

这是 p 是压强，V 是容器的体积，而 E_{kin} 是每个（单原子）分子的平均动能.

绝对温度这样定义，在这个模型里的平均“动能”可简单地表述为 $E_{\text{kin}}=\frac{3}{2}kT$，这里比例常数 k 称为玻耳兹曼常量. 所以我们可以将式（33a）写成

$$pV=N_0kT=RT \tag{33b}$$

的形式，这里常数 $R=N_0k$ 是普适气体常量. 实验事实表明对于所有足够稀薄的气体这个定律都精确地成立：亦即对任何真实气体，气体越稀薄这个定律成立得越好. 我们能够利用这个事实制造一个按绝对温度定标的气体温度计.

§1.34　普适气体常量的数值为

$$\begin{aligned}R&=N_0k=8.3\times10^7\ \text{erg (K)}^{-1}\ (\text{mol})^{-1}\\&=1.99\ \text{cal (K)}^{-1}\ (\text{mol})^{-1}=8.3\ \text{J (K)}^{-1}\ (\text{mol})^{-1}\end{aligned} \tag{34a}$$

它是一个宏观常数，可以方便地根据关系式（33b）测得.

玻耳兹曼常量 $k=R/N_0$ 是每个分子的气体常量．倘若 N_0 已知，就可以求出它，它的数值为

$$k=1.38\times10^{-23}\ \mathrm{J\cdot K^{-1}} \tag{34b}$$

k 实际上是从温度到能量的转换因子．不过，温度和能量以这种方式联系着不应使人认为能量和温度是“同样的东西”．

§1.35　对经典物理学的基本常数作了这样的考察后，我们现在来考虑黑体辐射定律问题．下面介绍经验事实．高温物体表面发射各种频率（或波长）的光．如果以单位时间内在单位面积上每单位波长间隔内发射的辐射能量对波长作图，我们得到一条在非常长和非常短的波长上都趋于零的曲线；一般说来曲线在某个波长 λ_{max} 上有一个极大值，λ_{max} 依赖于温度．非常粗略地看，这个最大值的位置和发射的总辐射量对于各种材料的表面大致上是一样的．人们可以观察从保持在一定温度的封闭空腔壁上开的小孔中发射的辐射来代替观察任意材料表面的辐射．在这种测量中我们有一个由某种合适的难熔材料制成的空腔或“炉子”，它的上面有一个小孔（即与空腔的线度相比很小的一个孔）．我们把仪器对准小孔从而测量到来自空腔内部的辐射能．测量发现：

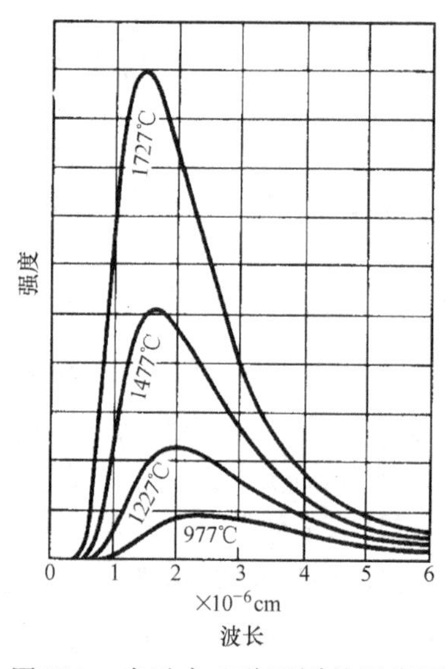

图35A　表示在4种不同的温度下，黑体辐射体每单位面积每单位波长间隔发射功率的曲线．发射的总功率正比于曲线下的面积；它与绝对温度的四次方成正比．注意极大值的位置是如何依赖于温度的；精确的关系由维恩律表示．

（ⅰ）从小孔出射的辐射强度对波长的图（见图35A）是在长波和短波方向都降落到零的光滑曲线，而在波长 λ_{max} 处有一个极大值；λ_{max} 以非常简单的方式依赖于腔壁的温度 T，即

$$\lambda_{max}T=C_0=2.898\times10^{-3}\ \mathrm{m\cdot K} \tag{35a}$$

（ⅱ）发射辐射的光谱分布，即（ⅰ）中所述曲线的形状与腔的形状和制造腔壁的材料无关．因此表达维恩位移律的方程式（35a）中的常数 C_0 是一个普适常量，它描述了空腔的一个引人注意的总体性质．

（ⅲ）来自小孔的各个波长的辐射强度总是大于相应的与腔壁同样温度的材料表面发射的强度；然而强度的数量级是一样的．

§1.36　一个吸收全部入射到它上面的辐射的表面称为*黑体表面*．对于腔外的观察者，空腔壁上的一个小孔有点像黑体表面，尤其在腔内壁是粗糙的或被涂黑的情况下更是如此．理由很简单，任何从腔外入射到小孔上的辐射（光）由于在腔

内的多次反射，几乎完全被吸收；即使内壁不是完全吸收体.

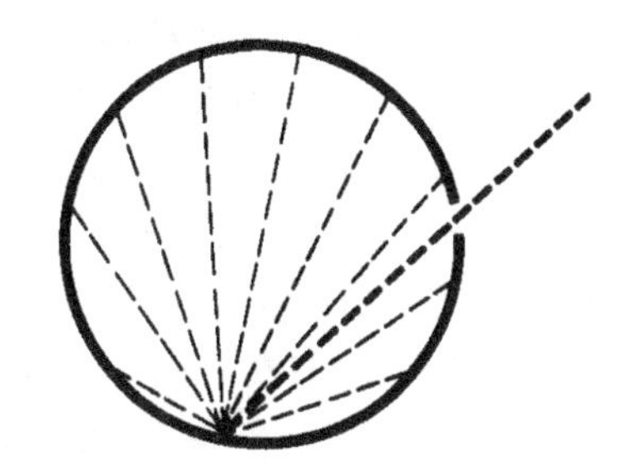

图36A　对一个外部观察者来说，具有内表面为（部分）吸收体的空腔壁上的小孔是一个黑体表面，它几乎完全吸收入射辐射. 通过小孔进去的光线在它碰到内表面时部分被吸收，部分被漫反射. 反射光线再次被部分吸收和部分漫反射，只有很小一部分入射光有机会重新从小孔中出来.

换一种说法：进入腔内的光子只有很小的概率能通过小孔逃掉.

读者自己可以很容易地试一下用这种方法来构造一个黑体表面. 将一个硬纸盒的内部涂黑，并在一边开一小孔. 从外边看小孔，它显得比任何“黑色”的材料表面“更黑”.

由于这个情况，我们将来自腔壁上小孔的辐射称为黑体辐射. 基尔霍夫（G. R. Kirchhoff）从非常普遍的热力学考虑，证明了对任一波长，任意材料表面的发射率与黑体表面的发射率之比等于该材料在这个波长的吸收系数. 因此，黑体表面是一个合适的标准发射体，我们将只限于考虑黑体辐射，即来自腔壁小孔的辐射.

§1.37　19世纪末人们已经对黑体辐射定律进行了仔细的测量，特别是已经建立了关系式（35a），未解决的理论问题是要从基本原理推导出辐射定律. 小孔会发射辐射本身是没有什么可惊奇的；我们知道物质的组元都是带电的，腔壁中组元的热振动自然会导致向腔内发射辐射能. 辐射也可能被腔壁吸收，如果腔壁保持在一定的温度，则腔内和腔壁上的辐射能之间将达到某种平衡，即发射率就等于吸收率. 因此问题就是推导出腔内辐射能密度作为波长和温度函数的表达式.

这里，我们只把注意力集中在这个问题的一个细节，即关系式（35a）上. 为了看出它涉及什么内容，我们把这个等式改写成下列形式

$$\frac{\lambda_{\max}}{c}\times kT = X_1 = \frac{C_0 k}{c} \tag{37a}$$

这里 c 是光速，k 是玻耳兹曼常量，而 X_1 是一个新的常量. 由于式（37a）的左边具有［时间］×［能量］=［作用］的物理量纲，常量 X_1 是一个作用量. 我们怎样才能导出 X_1 的理论表达式呢？我们怎样由常用的自然常数产生具有作用量的量纲的物理量呢？这确实是一个难题，因为很难看出常数 m，M_{H} 和 e 怎么可能会代入 X_1 的表达式. 物理上的情况似乎十分清楚明了，腔内的辐射能与腔壁处于热平衡. 然而，腔所发射的辐射与腔的大小形状无关，而且与腔壁的材料也无关；这样，怎么可能与有关腔壁性质的这些常数如 m 和 e 有关系呢？看来有理由怀疑不可能从已有的常数导出 X_1. 事实上，在经典物理学的基础上不可能理解关系式（37a）.

在普朗克做出这一发现的 1900 年之前，实际情况是令人绝望的. 应用经典统计力学曾得到过荒谬的黑体辐射定律，它意味着辐射强度随频率单调增加，以至于总的辐射能无限大，也就是说辐射在任何温度下都不可能与材料处于热平衡!

§1.38　1900 年 12 月 14 日马克斯·普朗克在柏林德国物理学会的一次会议上提出了黑体辐射定律的推导，这一天可以认为是量子物理学理论的诞辰[⊖]. 在推导辐射强度作为波长和温度函数的理论表达式时，普朗克作了一个本质上全新的假设从而背离了经典物理学，这个假定的精髓可以说明如下. 一个自然频率为 ν 的振子只能够取得或释放成包的能量，每包的大小为 $E=h\nu$，这里的 h 是一个新的自然界基本常数. 普朗克推导出一个关于常数 X_1 的表达式，即

$$\frac{\lambda_{\max}}{c}\times kT=\frac{C_0k}{c}=X_1=0.2014h \tag{38a}$$

而这就是普朗克常量的第一次露面.

普朗克本人在接受这个背离经典物理学的假设时是非常勉强的，在他伟大的发现之后，多年来他非常努力地试图在纯粹经典物理的基础上理解黑体辐射现象. 关于这些无效的努力，他后来说他并不认为它们是无用劳动；正是由于他的重复失败才使他最后确信不可能用经典物理学来说明.

§1.39　普朗克辐射定律的完整形式表述如下：

$$E(\lambda,T)=\left(\frac{8\pi hc}{\lambda^5}\right)\times\frac{1}{\exp(hc/\lambda kT)-1} \tag{39a}$$

这里的 $E(\lambda,\ T)$ 是腔内在温度 T 和波长 λ 处的单位波长间隔中的辐射能量密度. 常数 k 是玻耳兹曼常量，c 是光速.

从腔壁上的小孔发射的辐射强度与腔内的能量密度成正比，因此表达式 (39a) 就是图 35A 所示关系的数学表达式.

为了求出在 T 不变时作为波长 λ 的函数的 $E(\lambda,\ T)$ 的极大值位置，我们令 $E(\lambda,\ T)$ 对 λ 的导数等于零，并解出 $\lambda_{\max}$. 这样便得到了关系式 (38a) 或者与其等价的关系式

$$\lambda_{\max}T=C_0=0.2014\times\frac{hc}{k} \tag{39b}$$

由于可以方便地测量 $\lambda_{\max}$ 和 T，而且 c 是已知的，因此我们可以在关系式 (39b) 的基础上由实验确定 h/k. 进一步，通过详细地比较实验中测得的 $E(\lambda,\ T)$ 和理论表达式 (39a)，我们还能够确定常数 h. 这就可以计算玻耳兹曼常量 k，最后，利用关系式 $N_0=R/k$ 计算 N_0. 普朗克用这种方法得到的 k 值比现代的最好数值大约小 2.5%.

§1.40　普朗克辐射定律的详细历史是引人入胜的. 普朗克在成功地从“微

⊖ M. Planck, “Über das Gesetz der Energieverteilung in Normalspektrum”, *Annalen der Physik* **4**, 553 (1901).

观”观点导出表达式（39a）之前，实际上已经猜出了$E(\lambda, T)$对λ和T的正确的依赖关系. 这个猜测部分基于鲁本斯（H. Rubens）和库尔鲍姆（F. Kurlbaum）的一些仔细的测量，部分基于某些一般的理论上的考虑.［由式（39a）表示的关系显然是太复杂了以至于不能在纯经验的基础上得到.］普朗克在1900年10月19日向德国物理学会提交了他的初步结果. 在这个版本中，他的公式具有两个没有任何物理说明的常数，就是说，我们现在可以将它们写成（$8\pi hc$）和（hc/k）这两个常数. 鲁本斯以及陆末（O. Lummer）和普林格斯海姆（E. Pringsheim）再次将这个公式与实验结果核对，发现它以惊人的准确性与实验事实符合㊀. 因此普朗克面对的是寻找一个显然是正确的公式的某种基本的理论证明. 在紧张地工作了大约八周以后，他成功地完成了这项工作.

五、光电效应

§1.41　在19、20世纪之交，实验上已经知道当可见光或紫外波段的光入射到金属表面上时，会有电子从其表面逸出㊁. 这个现象本身是没有什么可惊奇的. 因为我们知道光是电磁辐射，因此可以预料到光波的电场会对金属表面的电子施加一个力，致使一些电子从表面逸出. 然而，令人惊奇的是，发现逸出电子的动能与光的强度无关，但以非常简单的方式依赖于频率：即随频率线性增加. 如果我们增大光的强度，我们只是增加单位时间内发射的电子数而不是增加它们的能量. 这个观点在经典物理的基础上是非常难理解的；因为我们会预料当光波的强度增加时光波中电场的振幅也会相应地增加，此时应该会使电子加速到较高的速度.

在1905年以前勒纳（P. Lenard）和其他人已证实了这些事实. 直到1916年密立根（R. A. Millikan）非常仔细地研究这个问题之前，人们对光的频率和逸出电子能量间的关系一直没有做过精确的测量.

§1.42　1905年A. 爱因斯坦提出了这些现象的解释㊂. 按照这个解释，一束单色光中的能量是成包到来的，每包大小为$h\nu$，这里的ν是频率；这个能量量子能够全部传递给一个电子. 换句话说，当电子仍在金属里边时，它获得了能量$E = h\nu$. 现在如果我们假定为了将电子从金属中移出必须做一定数量的功W，则电子从金属中逸出后具有动能$E_{\text{kin}} = E - W$，即

$$E_{\text{kin}} = h\nu - W \tag{42a}$$

W称为材料逸出功（亦称功函数），假定它是代表金属特性而与频率ν无关的

㊀ 关于后来对普朗克定律的检验参看 H. Rubens and G. Michel，“Prüfung der Planckschen Strahlungsformel”，*Physikalische Zeitschrift* **22**，569（1921）.

㊁ 参阅 PSSC，*Physics*，Chap. 33.

㊂ A. Einstein，“Über einen die Erzeugung und Verwandlung des Lichtes betreffenden heuristischen Gesichtspunkt”，*Annalen der Physik* **17**，132（1905）.

一个常数.

等式（42a）就是著名的爱因斯坦光电方程. 发射出来电子的能量随频率线性增加，但与光的强度无关.

发射的电子数目自然与入射的量子数成正比，因而也与入射光的强度成正比. 用这个方法爱因斯坦能够说明他当时知道的光电效应的某些定性特征.

§1.43　爱因斯坦得到这个概念是由于注意到：如果假定空腔中的电磁辐射有粒子性，即假定辐射能由大小为 $h\nu$ 的量子组成，就能理解普朗克不可思议的黑体辐射定律的某些方面. 这里我们应该看到，当时普朗克假设的真正含义还是模糊不清的，因此爱因斯坦观察黑体辐射现象的新方式又前进了重要的一步. 然而，这件事的最重要的方面是爱因斯坦能够将他对黑体辐射现象的深入理解应用于一个新的物理情况，即光电效应.

§1.44　方程（42a）是一个精确的理论预测，是可以用实验定量检验的方程. 而且，假定爱因斯坦的概念是正确的，方程（42a）还提供了对普朗克常量作新的测量的机会. 如前所述，R. A. 密立根用一系列非常仔细和漂亮的测量研究了这些极其重要的方程[⊖]，在测量中他发现这些与爱因斯坦的方程（42a）完全符合.

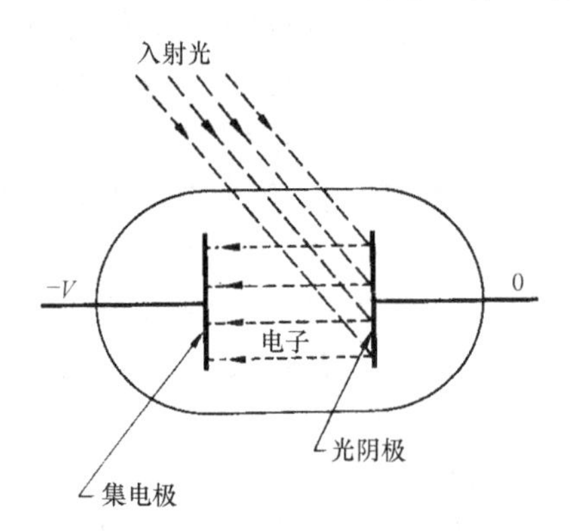

图44A　说明密立根实验原理的很简略的图. 当频率为 ν 的光入射到光阴极上时，电子以能量 $E_{\mathrm{kin}}=h\nu-W$ 射出，这里 W 是表示阴极材料特性的逸出功. 当减速电势 $V>(h\nu-W)/e$ 时，到集电极的电子电流就停止. 观察临界减速电势 $V_0=(h\nu-W)/e$ 随 ν 的变化得出常数 h/e（见图44B）.

图44A中用图解说明了密立根的方法. 单色光入射到金属（通常是碱金属）表面，引起光电子逸出. 在接近光敏表面处安置一个集电极，集电极相对于光阴极可以维持任意的电势差 $-V$，光电子电流就可以测量出来. 现在如果我们假定电子如方程（42a）给出的那样全部以同样的动能 E_{kin} 发射出来，则当 $eV>E_{\mathrm{kin}}$ 时，显然没有电子能够到达集电极. 所以，我们能够观察作为减速电势 V 函数的电流. 如果 V_0 是电流恰为零时的电势，我们有

⊖ R. A. Millikan, "A Direct Photoelectric Determination of Planck's 'h'", *The Physical Review* **7**, 355 (1916).

$$V_0=\left(\frac{h}{e}\right)\nu-\frac{W}{e} \tag{44a}$$

因此截止减速电势 V_0 对频率 ν 的图是一条直线，如从密立根的论文中取来的图 44B 所示．由这条直线的斜率可以求出常数 h/e，由直线与 V_0 轴的截距可以求出材料的常数 W/e.

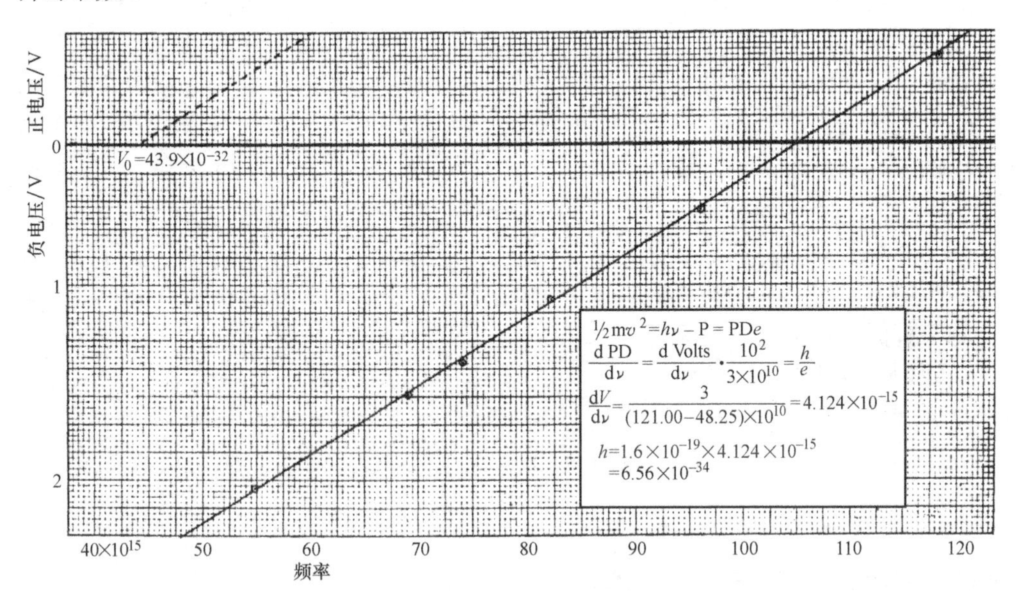

图 44B　从密立根的论文［R. A. Millikan, *Phys. Rev.* 7，355（1916）］中取来的一张图．说明对于钠的光敏表面，临界减速电势 V_0 和光的频率成线性关系．如我们所看到的，根据图上的曲线，密立根给出了他计算的普朗克常量．（图片承蒙 *Physical Review* 杂志惠允.）

这是一个在概念上简单明了的实验，但需要相当小心才能得到精确且可以重复的结果.

§1.45　让我们从数量上考察一下关系式（44a）．用 $h=6.63\times10^{-27}$ erg·s $=6.63\times10^{-34}$ J·s，和 $e=1.60\times10^{-19}$ C，我们得到 $h/e=4.14\times10^{-15}$ V·s．对于可见光，波长在 4 000 Å 到 7 000 Å 的范围内，这里 1Å（Angström）$=10^{-10}$ m．与此对应的频率范围为（4.3 到 7.5）$\times10^{14}$ Hz．蓝色光对应的频率约 7×10^{14} Hz．在这种情况下，我们得到 $(h/e)\nu\sim2.8$ V．因此对可见光或近紫外波段的光，减速电势是 1 V 的数量级．实验表明典型的材料常数 W/e 也是这个数量级．对碱金属这个常数特别小，这就是为什么用于可见光的光电池的光阴极是由这种材料制成的．光电池显然不能响应 $W>h\nu$ 的辐射.

§1.46　1905 年以前发现的光电子发射性质的特点的确是引人注目的，然而，要完全认识这些现象的重要意义，就要求有爱因斯坦的洞察力．如果当时人们已经有了密立根的定量结果，那么这一定会更广泛地被认为是对经典概念的一个重要挑

战．事情的核心显然是这个奇怪的关系式

$$E/\nu = X_2 \tag{46a}$$

这里E是一束频率为ν的单色光可以转移给一个电子的能量，而X_2是一个与光强、光的频率以及电子所处的材料都无关的常数．（发射出的电子的动能小于E，在1905年也不认为是什么神秘的事，正如今天我们的看法也一样：逸出功W仅是代表了材料中电子的束缚能．）要在经典的基础上理解像式（46a）那样的关系式，并把这种理解表示成用经典物理学的一些基本常数来给出神秘常数X_2的公式，这似乎是一件完全没有希望的事．常数X_2的物理量纲是作用量，的确，这样一个量可以由基本常数组成，就是$(1/4\pi\varepsilon_0)(e^2/c) \approx h/860$．现在我们知道$X_2 = h$，因此量$e^2/c$在数量级上是错误的，大约要小1000倍，没有什么希望．然而，按这种方式摆弄量纲来论证实在不会使我们有任何出路，除非我们能提出一个可以导出等式（46a）的经典技巧．没有人做到这一点，而与光电效应有关的事实却非常有力地支持了爱因斯坦的思想，即辐射能量是**量子化**的．㊀

我们以后将知道关系式（46a）表达了量子物理学的一个非常基本的原理，即能量和频率普遍地由$E = h\nu$联系在一起．这样一个关系对于经典物理学来说完全是外来的，而式（46a）中的神秘常数$X_2(=h)$正是那时尚未察觉到的自然奥秘的一种表现．

六、原子的大小和稳定性问题

§1.47　现在让我们转向第三个问题，即原子的稳定性和大小问题，并且特别考虑后一个问题．我们可以将一个原子的“大小”定义为在晶体或液体中相邻原子间的典型距离．实验上已知其大小是$1\text{Å} = 10^{-10}$ m的数量级．这个距离的数量级与阿伏伽德罗常数N_0的数量级有如下的关系．1 cm^3的任何液体或固体大致有1 g质量．任何1g物质大致含有N_0个原子，因此固体或液体中相邻原子间的间隔必定是$(1/N_0)^{1/3}\text{cm} \sim 1\ \text{Å}$的数量级．如前所述，对晶体中原子间距的精确测量可以导出阿伏伽德罗常数的数值．

现在的问题是我们能否在经典物理学的框架内说明原子的大小，我们能否由已知的经典物理学的基本常数算出原子的“半径”．

§1.48　在卢瑟福约于1910年对盖革（H. Geiger）和马斯登（E. Marsden）的α粒子散射实验作了有名的分析之后㊁，原子的确凿图像显现出来，按照这种图

㊀ 这里可以说一下，爱因斯坦在他的论文中对电磁量子没有使用光子这个名词．这个名词是很久以后才引入的．

㊁ E. Rutherford，“The Scattering of α and β Particles by Matter and the Structure of the Atom”，*Philosophical Magazine* **21**，669（1911）．也可看《伯克利物理学教程》第1卷力学，第15章和PSSC，*Physics*，Chap. 32.

像，原子有一个非常小的中心核，周围环绕着一个或许多个电子．有充分理由相信同原子的大小相比，原子核和电子都是非常小的，就是说，至少小于 10^{-13} m．而且，原子的大部分质量看来都集中在原子核内．

在这些情况下，非常自然地尝试建立原子的某种太阳系模型，原子核起了太阳的作用，电子起了行星的作用．这些粒子在它们间的静电相互作用下运动，而原子的大部分则是“空的空间”．原子的大小指的是最外层电子轨道的半径．

为了论证起见让我们暂时接受这个模型，并且开始时还假定粒子的速度足够小，容许在非相对论力学的范围内讨论．现在我们必须回答这个问题：是什么决定了最外层电子轨道的大小？我们注意到在这个模型里没有光速的位置．但这样我们就不能由剩下的基本的经典常数 e，m 和 M_H 来组成物理量纲为长度的量，因此我们可以怀疑这个问题在经典力学的范围内是不可解的．为了非常清楚地看到这一点，我们可以进行如下的讨论：

欧内斯特·卢瑟福（Ernest Rutherford）1871 年生于新西兰纳尔逊附近，1937 年逝世．在加拿大蒙特利尔的麦吉尔大学担任教授以后，卢瑟福于 1907 年在曼彻斯特大学接受了教职，1919 年继 J. J. 汤姆孙任剑桥大学卡文迪许教授．他获得了 1908 年的诺贝尔（化学）奖．

卢瑟福在放射性和核物理学方面做了极其重要的开拓性的工作．他的实验工作以罕见的技巧和独创性为特色，他对实验事实的分析显示出深邃的物理学洞察力．（照片承蒙伯克利的洛布教授惠允．）

§1.49　考虑一个由 Z 个电子组成的原子，每个电子带电荷 $-e$，而原子核带电荷 $+Ze$．在不失一般性的情况下，我们可以假定这些粒子以这样一种方式运动，这一体系的质心保持静止．这样，每个粒子沿着由函数 $\boldsymbol{r}_k(t)$ 规定的某些轨道运动，这个函数给出第 k 个粒子的作为时间 t 的函数的位置矢量．（我们取体系的质心为原点）．

因此函数 $\boldsymbol{r}_k(t)$，$(k=1,\ 2,\ \cdots,\ Z+1)$ 合在一起构成了这一体系的运动方程的一个解．由这一个解，我们能够通过下面简单的标定构成整个一族新的解．如果 q 是任意的非零常数，则由

$$\boldsymbol{r}'_k(t)=q^2\boldsymbol{r}_k(t/q^3) \tag{49a}$$

定义的函数 $\boldsymbol{r}'_k(t)$ 也满足运动方程．换句话说，函数 $r'_k(t)$ 描述了该体系在新的运动状态中第 k 个粒子的轨道．由下面的分析我们可以非常容易地看出这一点．第 j 个粒子作用在第 i 个粒子上的力 $\boldsymbol{F}_{ij}$ 由

$$\boldsymbol{F}_{ij}=Q_iQ_j\frac{(\boldsymbol{r}_i-\boldsymbol{r}_j)}{|\boldsymbol{r}_i-\boldsymbol{r}_j|^3} \tag{49b}$$

给出，这里 Q_i 是第 i 个粒子的电荷，而 Q_j 是第 j 个粒子的电荷. 以 q^2 因子乘以所有的距离可由老的解得到新的解，这就是说，老的运动状态中的力乘以 q^{-4} 因子可得新的运动状态中的力. 这也就是所有的加速度必须以同样的 q^{-4} 因子标定. 由于直线距离以 q^2 因子标定，我们断言所有的速度一定要以 q^{-1} 因子标定，而所有时间必须以 q^3 因子标定. 这正好是等式（49a）所表达的，因此正如所说的那样，这个等式定义了一个新的解.

让我们进一步注意所有的角动量都是以因子 q 标定的，而所有的势能和动能以及总能量都是以因子 q^{-2} 标定.

我们能够由一个给定的解通过上面描述的那种标定方法得出一个新的解，这个事实是开普勒第三定律的推广. 应用到单电子绕固定核运动的特殊情况，我们的论证告诉我们，对两个具有同样离心率的椭圆轨道，两个周期平方的比正比于两个半长轴立方的比.

由于我们可以给 q 以任何我们想给的数值，我们实际上有整个一族解. 我们毫无理由为什么要特别选定它们中的任何一个特殊的解；换句话说，没有一个原理告诉我们为什么要特别选定原子的某一个特殊的“大小”. 当然，人们可以辩解说一个原子的实际大小是由“偶然性”决定的，但这样一个论证很难站得住脚. 对于给定的一种原子，这个“偶然性”怎么可能总会导致同样大小的轨道呢？（譬如说）氢原子的大小为什么不是连续变化呢？

§1.50　鉴于这种困境，我们也许会怀疑试图非相对论地讨论这个问题是否合理. 我们看到如果将光速包括进去，确实有可能用一些经典常数来组成具有长度量纲的表达式，即

$$\frac{1}{4\pi\varepsilon_0}\cdot\frac{e^2}{mc^2}=2.8\times10^{-15}\ \mathrm{m} \tag{50a}$$

这基本上是我们在第 18 节讨论的“电子的经典半径”. 因此，我们应该预期如果相对论真的起了重要作用，即如果电子运动速度与光速可以相比，则原子的大小将是$\left(\frac{1}{4\pi\varepsilon_0}\right)\frac{e^2}{mc^2}$长度的若干倍. 然而这个长度是原子的 $1/10^4$，这种途径似乎不可能有什么出路. 的确，前一节中简单的标定论证不能像这样应用于相对论模型中，而且仍然没有一个原理可以告诉我们为什么只能出现对应于观察到的原子大小的某些轨道.

§1.51　我们可以认为这个困境是“下落不明的常数的奥秘”. 现在，假设我们大胆假设现在的奥秘与我们以前的“下落不明的常数的奥秘”有关，而普朗克常量应该在描述原子的结构中起作用. 这个常数具有角动量的量纲，我们可以试作某个特别的假设，即假设只有原子总的角动量是 h 的确定倍数的运动方程的那些解才是自然界可以实现的. 如果接受这个原则，我们必须放弃按标定的论证，因为在等式（49a）描述的变换下角动量将以因子 q 标定，而现在这是不容许的. 这意味

着存在一些特定的解，因此我们现在有了一个可以用来决定原子大小的原则了.

1913 年玻尔循着这条思路提出了氢原子理论[⊖]. 在这个理论的最简单的表述中，单个电子沿半径为 a_0 的圆形轨道绕质子运动. 轨道由运动方程

$$m\left(\frac{v^2}{a_0}\right)=\frac{e^2}{a_0^2}\frac{1}{4\pi\varepsilon_0} \qquad (51a)$$

以及玻尔的量子条件

$$J=mva_0=\frac{h}{2\pi} \qquad (51b)$$

一起决定；这里 v 是电子速度而 J 是角动量. 因此量子条件表明角动量等于$\frac{h}{2\pi}$. 如果在上述方程中消去 v，便得到

$$a_0=\frac{h^2}{(2\pi)^2me^2}(4\pi\varepsilon_0)=0.53\times10^{-10}\ \mathrm{m} \qquad (51c)$$

这正是我们所希望的数量级. 而且我们应该看到原子大小的问题与原子的结合能问题直接相关；一旦我们知道了原子的大小，也就能估计使原子分解成它的基本组元时所需的功.

尼尔斯·玻尔（Niels Henrick David Bohr）1885 年生于丹麦的哥本哈根，1962 年逝世. 在哥本哈根大学学习之后，玻尔去了剑桥大学，数个月后他又来到曼彻斯特大学和卢瑟福一同工作. 1913 年他发表了著名的关于原子结构的论文. 1916 年玻尔成为哥本哈根大学理论物理学教授. 他的理论物理学研究所（建立于 1921 年）成为世界物理学的中心，当时世界上大多数杰出的物理学家作为访问学者都会在这里待上一段时间. 1922 年玻尔获得诺贝尔奖.

在他关于氢原子的开拓性的工作之后，玻尔对原子物理学的发展又做出了许多杰出的重要贡献，而他后来在原子核物理学方面也是如此. 通过他发表的著作以及他和其他许多物理学家的个人交往，玻尔作为新观念的拥护者的影响力极其巨大.（照片承蒙伯克利的洛布教授惠允.）

§1.52　正如读者清楚知道的那样，玻尔能够走得更远；他实际上能够定量地解释氢原子的光谱，这是新概念的特别成功之处. 他的量子条件对于经典物理学确实是外来的，此外玻尔必须假定在氢原子基态的电子运动不会导致发射电磁辐射；否则，按照经典的电磁理论，电子会向着原子核螺旋形地运动，在非常短的时间内（10^{-9}s 数量级）就落到核上.

对待这个原子的行星理论不要太当真；它其实完全不对. 它在氢原子的特殊情况下如此成功是幸运的（或是不幸的）偶然事件. 之所以说它幸运，是因为它鼓舞了玻尔和其他一些人去尝试建立原子的量子理论，但如果它导致人们相信原子无论在哪一方面都像一个行星系统，那就不幸了. 玻尔本人并没有头脑发热；在寻求

⊖ N. Bohr, "On the Constitution of Atoms and Molecules", *Philosophical Magazine* **26**, 1, (1913).

和已有理论更加协调的理论时，他也只是把自己的理论视为一种过渡而已.

§1.53　我们已经考虑过的三个问题可以被当作是发现普朗克常量的三个方面. 如果特别考虑最后一个问题，我们看到将这个常量加入到我们的自然界基本常量表中有深远的后果. 现在我们可以希望不仅能理解原子的大小和结合能，而且还能理解分子的大小和结合能，并且似乎指明了认识大块物质定量的原子理论的道路.

当然，这里应该强调的是三个问题的基本方面，而我们要解决这些困难就要求背离物理学的经典宏观定律. 所以考虑这些问题所得到的是比发现一个新的常量更多的东西；即发现新的物理学定律.

在这些最初的发现之后，物理学的发展是非常迅速的，而且日益明显的是人们已经找到了解释许多微观物理现象的关键. 随着量子物理学的两个相互一致的数学理论的发表，即1925年海森伯（Werner Heisenberg）创立的矩阵力学和1926年薛定谔（Erwin Schrödinger）创立的波动力学，理论工作达到了顶点. 后来证明这两个理论是完全等价的，仅仅是我们今天称为量子力学的两种不同的形式，而量子力学是目前公认的基本理论，是研究微观物理学的基础.

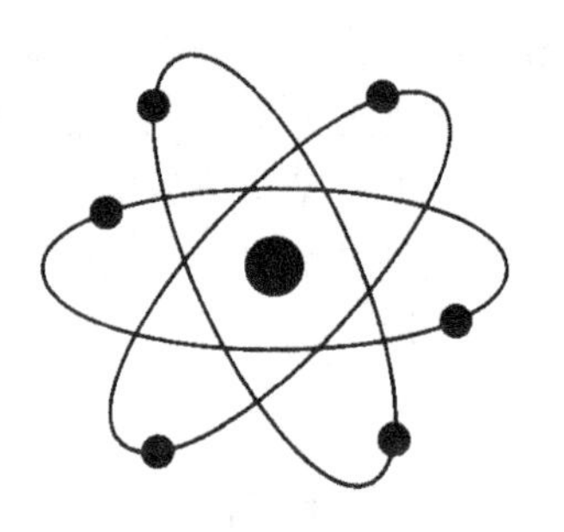

图52A　原子时代的标记，它与原子的结构丝毫无关. 这种普遍样式的图已被广泛地作为与“原子”有关的公司、政府机构，以及其他组织的标志. 有时候在广告上可以看到非常异想天开的形式，在那里电子的巨大速度被表示成看起来像是蒸汽的尾迹（大概是以太中的蒸汽尾迹）.

只要将这个图案理解为仅仅是一个标记是没有什么害处的，但总是有这样的危险，即某些人可能误认为原子真的就是这种样子.

§1.54　读者可能想问一些问题. 我们确信量子力学是终极真理吗？物理学中还有什么留待我们去发现的呢？

作者乐于能在这些问题上再次对读者保证，我们永远不可能知道任何理论是不是“终极真理”. 我们任何时候也不可能知道“还有什么东西留待我们去发现”；因为就像我们前面说过的那样，我们绝对可以肯定现在还没有一个关于自然界发生的所有现象的全面理论. 我们已经学到许多东西，但还有更多的东西要去了解，这就是为什么物理学是有意思的原因之一. 读者不用担心生不逢时以至于不能在物理学中有所发现.

让我们尝试更准确一些来回答这些问题. 量子力学的一般原理是正确的，其意义是不存在反对它的实验证据，并且有非常多的证据说明我们能够用它来做出成功的预测.

有利的证据使我们确信量子电动力学是关于原子、分子、电磁辐射以及我们已知的地球上大块物质的基本理论. 如前所述，关于这个领域以前从未有过基本的经典物理学理论，现在我们有了一个理论，一个非常成功的理论. 这就是说，我们相信现在知道了基本原理，我们应当能够用它来解释诸如超导和超流等现象. 然而，迄今还没有人真正能从基本原理出发以定量的方式解释这两种现象．知道基本原理是一回事，而解释一个包含许多粒子的复杂现象又完全是另一回事．由于我们能够解释由相对少量的粒子组成的简单体系的行为（诸如单个原子和简单分子），我们相信我们的基本原理．然而，我们在数学上是相当幼稚的，随着情况的复杂性不断增加，我们发现越来越难以做出定量的预测，尽管我们对现象可以有一个一般的定性了解．可以有把握地预言在物理学中总是有这种意义上的困难问题存在，同时也总是为克服这些困难的聪明想法留有余地．有可能，从基本的观点来看，量子电动力学是一个几乎“封闭的”课题；但如果把封闭理解为理论已经推断出所有可能的结果，那么，它确实不是封闭的．

§1.55　从 19、20 世纪交替时的物理学观点来看，“稳定和不可分”的原子是世界的基本粒子．今天原子已失去了这个独特的地位；通过量子电动力学，它们已由更基本的东西说明了．从这种意义上来说，对于原子核也同样如此．在后一种情况里我们还不能完全从基本原理解释核的性质，但我们仍然坚信将原子核看成基本上由质子和中子组成的复合体系是合适的．

在搞清楚原子和核的复合性质后，公认的基本粒子的数目就急剧下降了．这个数目后来又稳步地上升，现在公认的基本粒子的数目与 19、20 世纪交替时的基本粒子（即原子）的数目差不多，电子、μ 子、中微子、质子、中子、超子、π 介子、K 介子以及许多其他的粒子已取代了原子的地位．我们已解释过它们在什么意义上是基本的．

目前不存在有关基本粒子的基本理论．未来可能的理论采取何种形式仍将是任何人都可以猜测的问题．这个领域将是光辉思想的广阔天地．

进一步学习的参考资料

1）这本书假定读者对量子物理学的大多数基本事实已经有一定程度的了解，相当于物理科学学习委员会编写的高中《物理学》教科书（D. C. Heath and Company，Boston，1960）（特别是其中的第五部分）中讨论这些题材的水平．

在上述假定与事实不相符的情况下，就需要一些补充读物．任何一家图书馆都会有各种“原子物理学”半通俗的读物，其中有些不好，有些很好．不要以为这类书可以达到我们的目的．《科学美国人》这样的杂志中的文章可能很有用，极力推荐．阅读这样的文章可能会激发读者的兴趣，从而引起更进一步的自学和阅读．在读者的基础允许的情况下，应当尝试着阅读原始的论文，但在现阶段最好还是避开技术性强以及数学复杂的报告．

2）读者可能有兴趣选择阅读某些教科书中关于量子物理学的部分，这些书给出了比这本书更全面的实验介绍．在许多这样的教科书中我们推荐下面几本㊀：

a）E. Grimsehl and R. Tomaschek：A *Textbook of Physics*，vol. V，*Physics of the*

㊀ 这些书大多没有中文译本，也不一定能在国内的图书馆中找到，所以只写出英文．读者可以在图书馆找到类似内容的中文教科书．——译者注

Atom（Blackie and Son Limited，London，1945）.

b）G. P. Harnwell and J. J. Livingood：*Experimental Atomic Physics*（McGraw-Hill Book Company，New York，1933）.

3）以下几本书是对近代物理学发展的历史概述：

a）M. Jammer：*The Conceptual Development of Quantum Mechanics*（McGraw-Hill Book Company，New York，1966）. 一本优秀的著作，然而，要完全理解却需要扎实的量子力学知识. 本书的开头是介绍早期的历史，有中等知识背景的读者就可以阅读. 许多认真收集的有价值的原始论文的参考资料是本书特色.

b）E. Whittaker：A *History of Aether and Electricity*，vols. Ⅰ and Ⅱ（Harper Torchbooks，Harper and Brothers，New York，1960）. 第二卷讨论量子力学的发展. 这几本书（以及 Jammer 的书）中也讨论了有趣的错误导向的例子：这些理论曾经被认真对待，但现在都被忘记了.

4）a）对量子力学和相对论发展的极其有意思且极其深刻的分析是由爱因斯坦做出的，他以自传的形式发表，见 *Albert Einstein*，*Philosopher-Scientist*，vol I，edited by P. A. Schilpp（Harper Torchbooks，Harper and Brothers，New York，1959）.（原文是德文，有英文译文.）

b）普朗克以自述的形式来介绍其思想的发展，发表在：M. Planck：A *Survey of Physical Theory*（Dover Publications，New York，1960）.

5）在这一章的正文中给出了几篇重要的原始文献. 强烈要求读者至少要看一看这些：几篇没有很大困难的文献. 这些以及其他一些文章的文集已经先后出版. 我们介绍这类资料集中的两本：

a）*Great Experiments in Physics*，edited by M. H. Shamos（Holt，Rinehart and Winston，New York，1962）.（有编者评论的翻译和缩写本）

b）*The World of the Atom*，edited by H. A. Boorse and L. Motz，vols. Ⅰ and Ⅱ（Basic Books，Inc.，New York，1966）. 这是一本非常完整的文集，编者的评论给出了历史背景和传记的信息. 强烈推荐读者选择阅读这些书.

6）这一卷里讨论的许多实验发现和理论概念在适当的时候都被授予了诺贝尔奖. 每一位获奖者都要在斯德哥尔摩做一个关于他的工作的半通俗的演讲. 这些是演讲的摘选，并附有对获奖工作的简短描述，可以参见 N. H. de V. Heathcote：*Nobel Prize Winners in Physics 1901-1950*（Henry Schuman，New York，1953）.

习　题

1　(a) 首先考虑，然后非常简短地描述，导致确定原子量和分子量的推理方法和各种测量.

(b) 1815 年威廉·蒲劳特（William Prout）提出所有元素可能是氢的组合物，

因此氢可能是组成其余各种物质的原始材料. 什么原因可能使他得出这样一个假设，而在19世纪，人们又为什么拒绝了他的建议?

2　许多原子（或者更确切地说是原子核）通常通过发射一个电子或一个α粒子（它不是别的，就是一个氦核）而自发地蜕变. 这就是亨利·贝克勒尔在1896年首次发现的放射性现象. [H. Becquerel "Sur les radiations invisibles émises par les corps phosphorescents" *Comptes Rendus* 122, 501 (1896)] 蜕变率受统计规律支配，它预言在最初存在的N_i个原子到t时刻还会留下$N(t)=N_i\exp(-\lambda t)$个. 描述蜕变率的常数λ是原子（核）的特性. 起初存在的原子衰减掉一半所需要的时间称为半衰期. 显然，$T=(1/\lambda)\ln 2$.

(a) 试证明如果我们假定每个原子的蜕变与其他原子无关，同时还假定直到时刻t时还存留的一个原子在时间间隔$(t, t+\Delta t)$中蜕变的概率与t无关，则可得出上面的蜕变定律.

(b) 镭原子衰变时发射一个α粒子，如果这个α粒子打到一块硫化锌屏幕上，一个闪光（称为一个闪烁）标出了撞击点. 因此，有可能直接数出1g镭每秒钟发射的α粒子数. 赫斯（Hess）和劳逊（Lawson）测定出这个数为3.72×10^{10}. 镭的原子量是226. 用这些数据求出镭的半衰期.（人们已用对放射性物质的测量独立地估计出阿伏伽德罗常数. 在上述问题中我们把这个步骤反过来了，改为确定镭的半衰期.）

3　手表的运动部分相当"小". 合理地估计表征一个"典型"手表的物理参数的数值，并且在第20节给出的普遍判据的基础上说明量子力学和制表工艺毫不相干.

4　根据前面的问题的精神，考虑一个简单的100 pF的电容器和0.1 mH的电感组成的电学上的集总常量电路. 假定电路振荡时电容器两端的最大电压是1 mV. 试找出有物理量纲作用量的"自然"物理量，并以普朗克常数h为单位计算这个量.

5　广播天线以频率1兆周/s，1 kW的功率发射辐射（无线电波）. 每秒发射的相应的光子数是多少? 这个数目的大小说明为什么在研究天线发射的辐射时，电磁辐射的量子特性并不直接显示出来.

这个例子和习题3、习题4中的那些例子是不合常理的，其意义就是它们涉及的一些有关数字是不合常理的. 在本书的其余部分对明显的宏观问题我们将不再用量子力学. 然而，如果仅仅是为了懂得它们是不合常理的而做一次这种性质的问题可能还是有教益的.

6　为了了解电磁辐射是以成包的能量$E=h\nu$的形式到来（这里ν是频率）的说法并不违反常识（即不违反你对宏观现象的经验），计算光强度为1 cd（坎德拉）的光源每秒发射的光子数. 为简单起见，我们假定发射的光是黄色光，波长是5 600 Å. 强度为1 cd的光源发射光能量的功率是0.01 W.

假定一个观察者注视100 m远处的一个强度为1 cd的各向同性光源．计算每秒进入他一只眼睛的光子数；假定眼睛的入射光瞳的直径为4 mm．由于光子的数目如此之大，即使按照宏观的标准来看眼睛接收到的光通量也是很小的，我们也观察不到任何“闪烁”．

7 我们都知道星星要“眨眼”．为了搞清楚这是否可能体现了光的量子性，估计当某观察者注视一个一等的目视星等（visual magnitude）的星时，进入他眼睛的光子数．这样一个星在地球表面产生大约10^{-6} lm/m^{2}的光通量．在最大可见度的波长处（大约5 560 Å）1 lm相当0.001 6 W．目视星等为一等的星是相当亮的星，虽然不属于最亮的星之列，但容易用肉眼看见．金牛座α星（毕宿五）就是一个例子．

假设每秒有N个光子进入观察者的眼睛．这个数目中的平均涨落有多大？在你决定了N后，判断什么是星星“眨眼”的可能解释．为什么行星好像很少闪烁，或者完全不闪烁？

8 （a）考虑维恩位移律，并假设我们有一个保持在2 500 K温度的黑体辐射光源．以Å为单位，计算维恩定律给出的发射为最大值的波长．这个波长是否位于可见光区？

（b）由普朗克公式（39a）推导维恩位移律．

（c）在普朗克辐射定律（39a）的基础上证明黑体辐射光源发射辐射的总速率（即包括所有的频率）正比于温度T的四次方．

9 在我们讨论黑体辐射定律的历史时，我们说过普朗克在他的推导中曾假设频率为ν的谐振子的能量是成包的，每包大小为$h\nu$．（读者应该注意到在我们的历史概述中，未曾打算对此作出解释，因此，现在并不要求读者知道普朗克是怎样得到他最后的结果的．）有趣的是要了解普朗克的假设和玻尔在推导氢原子的特性时所作的假设之间有什么联系．为此让我们考虑下列情况：一个质量为m、弹簧常量为K的谐振子，按照普朗克的假设运动．这意味着振子的能量只能改变$h\nu$的整数倍，这里的ν是振子的频率．我们引进作用变量$J=\pi q_0 p_0$，这里q_0是振动质点的最大位移，而p_0是最大动量．

第二章　量子物理学中物理量的量值

第二章　量子物理学中物理量的量值

一、单位和物理常量

§2.1　本章的目的之一是给读者量子物理学中各种物理量的数量级的概念. 像电子电荷、电子质量、普朗克常量等许多重要物理量的数值，以我们熟悉的宏观单位表示时，它们的数值都是不方便而且不明确的，其原因是这些数值太小了. 如普朗克常量的数值 $h=6.6\times10^{-34}\,\text{J}\cdot\text{s}$，要想直接掌握其含义是困难的. 因此，详细地研究这些常量在物理学中是怎么出现以及其数值的实际意义是很重要的㊀.

物理学的每个领域中所涉及的物理量都有所谓的自然单位，当我们用自然单位来表示物理量时，它们的数值是合理的，其意义就是我们容易领会这些数值的含义，这些数值的变化范围可以从 10^{-6} 到 10^{6}，我们不会遇到类似 10^{-27} 这样的数. 我们熟悉的宏观单位（MKS 制中）特别适用于日常遇到的物理现象，它们是以容易得到的宏观标准为基础的. 我们看到，它们是真正的“人类单位制”，像米和千克及秒这些单位毫无疑问与人类的特征有关. 所谓“科学的”单位制，即 cgs 单位制，更适用于像蟑螂之类的小动物. 我们试图使讨论不限于人类系统或蟑螂系统所选取的标准，而是试图说明在量子物理学的各个领域中的自然单位.

§2.2　我们先把一些物理常量列成一个表. 通常把这些常量叫作“微观物理学的基本常量”. 但是，实际上表 2A 中的各个量根本不是基本的，因为它们的宏观标准是任意的，而且是

表 2A　几个物理常量

普朗克常量
$h=2\pi\hbar=(6.625\,59\pm0.000\,15)\times10^{-34}\,\text{J}\cdot\text{s}$
$\hbar=h/2\pi=(1.054\,49\pm0.000\,03)\times10^{-34}\,\text{J}\cdot\text{s}$
光速
$c=(2.997\,925\pm0.000\,001)\times10^{8}\,\text{m/s}$
电子电荷量
$e=(4.802\,98\pm0.000\,06)\times10^{-10}\,\text{esu}$
$\quad=(1.602\,10\pm0.000\,02)\times10^{-19}\,\text{C}$
电子质量
$m=(9.109\,08\pm0.000\,13)\times10^{-31}\,\text{kg}$
质子质量
$M_p=(1.672\,52\pm0.000\,03)\times10^{-27}\,\text{kg}$
阿伏伽德罗常数
$N_0=(6.022\,52\pm0.000\,09)\times10^{23}\,(\text{mol})^{-1}$
玻耳兹曼常量
$K=(1.380\,54\pm0.000\,06)\times10^{-23}\,\text{J/K}$

㊀ 我们这样说是预期在以后某个时候做更详细的讨论. 当读者现在遇到迷惑不解的一些段落的情况下，不必过分担心；随着课程的深入，读者应该多次回来重读这一章. 希望大多数读者已经对我们讨论的题材有一定的了解.

“偶然的”. 当然，这并不是说这张表不重要. 一旦我们选定了宏观标准，很自然地就要把量子物理学的基本参量和这些标准联系起来，这正是此表的目的.

我们还给出了这些常量的估计误差，以使读者知道这些量目前精确到什么程度. 按照本书的水平，读者几乎不会有机会遇到计算要求的精确程度比计算尺所能得到的精度更高的情况；用计算尺做每一次乘除计算的精度约为0.2%. 读者还应学会做简单的估算，估算的精确度要求不一，从10%到只要作数量级的估计. 在本书附录中，表A列出了一些物理常量的精确值. 同时从其中挑选了一些重要的列为表E，只列粗略数值，希望读者熟悉.

表3A　最轻的一些元素的原子量（原子质量）

元素	Z	原子量
H	1	1.007 97
He	2	4.002 6
Li	3	6.939
Be	4	9.012 2
B	5	10.811
C	6	12.011 15
N	7	14.006 7
O	8	15.999 4
F	9	18.998 4
Ne	10	20.183
Na	11	22.989 8
Mg	12	24.312
Al	13	26.981 5
Si	14	28.086
P	15	30.973 8
S	16	32.064
Cl	17	35.453
A	18	39.948

注：在附录表C中列出了所有元素.

§2.3　关于阿伏伽德罗常量的定义，必须加以讨论. 过去化学家在按确定原子量列表时采用的标度是把天然存在的氧的原子量准确定义为16. 这样，例如氢的原子量就可按下面的方法来确定

$$(\text{氢原子量}) = 16 \times \frac{(\text{氢“原子”质量})}{(\text{氧“原子”质量})} \tag{3a}$$

表4A　选择列出自然界中几种轻元素的同位素

元素	Z	同位素A	原子量	自然丰度(%)
H	1	1	1.007 825	99.985
		2	2.014 10	0.015
He	2	3	3.016 03	0.000 13
		4	4.002 60	100
Li	3	6	6.015 13	7.42
		7	7.016 01	92.58
Be	4	9	9.012 19	100
B	5	10	10.012 94	19.6
		11	11.009 31	80.4
C	6	12	12.000 000	98.89
		13	13.003 35	1.11
N	7	14	14.003 07	99.63
		15	15.000 11	0.37
O	8	16	15.994 91	99.759
		17	16.999 14	0.037
		18	17.999 16	0.204
F	9	19	18.998 40	100
⋮	⋮	⋮	⋮	⋮
S	16	32	31.972 07	95.0
		33	32.971 46	0.76
		34	33.967 86	4.22
		36	35.967 09	0.014
Cl	17	35	34.968 85	75.53
		37	36.965 90	24.47
⋮	⋮	⋮	⋮	⋮

在“原子”这个词上加上引号，是因为“原子”量总是指天然存在的元素. 由方程（3a）定义的原子量是要经化学家仔细称量操作来确定的；例如，化学家要量出与天然存在的16 g氧化合成水而无剩余的天然存在的氢的克数，将其结果除以2就得出氢的原子量.

由化学家这样定出的原子量称为化学标度原子量. 有许多元素的原子量接近整数，但也有明显的例外，例如氯的原子量就是35.5.

§2.4　正如读者所知，原子的质量主要是集中在原子核上. 原子核由质子和中子组成. 质子数与中

子数之和称为原子核的质量数，这个整数一般用A表示．质子数称为原子核的原子序数，用Z表示，因而原子核所带电荷量为eZ，这里e是基元电荷．原子的化学性质几乎完全由原子核的电荷决定，因此，Z是化学元素的一个特征量．已经发现了很多电荷数相同但质量数不同的原子核族，这些同族的不同原子核叫作元素的不同的同位素．同位素之间的差别是中子数不同．质子的质量差不多与中子的质量相等，所有原子核质量非常接近地正比于整数质量数A．存在着有明显的非整数原子量的解释是自然界中许多化学元素是两种或两种以上不同同位素的混合物，在这种情况下，化学家测出的元素的“原子量”是更基本的各种同位素的原子量的平均值㊀．实验事实是，在一种元素的同位素混合物中各种同位素的相对丰度在整个地球表面上差不多都相同．而且，不同同位素就其所有实际效果而言都有完全相同的化学性质，因此几乎不能用“化学”方法把它们分开．否则，化学家的原子量表就毫无价值了．

§2.5　化学家在写化学反应方程式时，采用了H（氢）、Li（锂）、Fe（铁）等符号来表示天然存在的化学元素，这些元素可能是几种同位素的混合物，也可能不是．但是在核物理学家看来，质量数16和质量数18的氧的同位素是两种完全不相同的客体，在写核反应方程式时必须把它们区别开来．为此就在元素符号上加上标和下标，因此，通常用下式表示同位素

$$_Z(\text{化学元素符号})^A \text{ 或}(\text{化学元素符号})^A$$

天然存在的氧是三种稳定同位素O^{16}、O^{17}和O^{18}的混合物，其中O^{16}的相对丰度是99.759%，是决定性的组成部分．

§2.6　物理学家和化学家最近已经共同制定了以碳的同位素C^{12}的质量为基础的新的原子量标准．把这种碳同位素原子（不是原子核）的质量规定为精确等于12原子质量单位（简写成12 amu）我们采用这个规定，它引进了原子质量的新标度．即

$$\begin{aligned}1\text{ 原子质量单位} &= \frac{1}{12}(\text{一个 } C^{12}\text{原子的质量})\\ &= (1.660\,43 \pm 0.000\,02)\times 10^{-27}\text{ kg} \qquad (6a)\end{aligned}$$

阿伏伽德罗常量N_0定义为12 g纯同位素C^{12}中包含的原子数目，这个数已列在表2A中．

按照新的标度，天然存在的氧的原子量为15.999 4．按旧的化学标度氧的原子量是16，这两个数字非常接近．因此，在绝大多数实际应用中两者的差别可忽略不计．

§2.7　阿伏伽德罗常量N_0是联系微观物理学和宏观物理学的纽带．让我们列举几个包含有N_0的重要物理量，这些量说明了这种联系．

（ⅰ）质子的质量是1.007 3原子质量单位，中性氢原子（同位素H^1）的质量

㊀ 一种化学元素可以由不同的同位素组成的事实是J. J. 汤姆孙证实的．［见J. J. Thomson, “Rays of Positive Electricity”, *Proceedings of the Boyal Society* (London, Series A) **89**, 1 (1913)］．

是 1.007 8 原子质量单位. 因此，阿伏伽德罗常量 N_0 和质子质量 M_p 的乘积

$$N_0 M_p = 1.007\,3 \times 10^{-3}\ \mathrm{kg} \tag{7a}$$

非常接近于 1×10^{-3}kg. 所以在粗略计算中我们取

$$(\text{质子的质量}) \approx (\text{氢原子的质量}) \approx \frac{10^{-3}}{N_0}\ \mathrm{kg} \tag{7b}$$

（ⅱ）由于玻耳兹曼常量是每个分子的气体常量，所以 N_0 和玻耳兹曼常量 k 的乘积就是普适气体常量 R,

$$\begin{aligned} N_0 k &= R = 8.314 \times 10^7\ \mathrm{erg(K)^{-1}(mol)^{-1}} \\ &= 1.986\ \mathrm{cal(K)^{-1}(mol)^{-1}} \\ &= 8.3\ \mathrm{J \cdot K^{-1}(mol)^{-1}} \end{aligned} \tag{7c}$$

（ⅲ）N_0 与电子电荷量 e 的乘积就是法拉第常量 F,

$$N_0 e = F = 96487\ \mathrm{C/mol} \tag{7d}$$

这个常量表示 1mol 带单个电荷量的离子所带的总电荷量.

§2.8 下面讨论普朗克常量，如表 2A 所示，它有两种表示形式 h 和 $\hbar$.（符号 $\hbar$ 读做“h 杠”.）这两个常量都叫“普朗克常量”，而且二者都是常用的. 虽然可能有人随意地说 $\hbar$ 更好，说它是个“比较好”的常量. 这两个常量都被采用的原因是写出带横杠的 $\hbar$ 要比写出因子 2π 更方便，否则在很多公式中都要出现 2π；也就是说，这与频率具有两种表示形式的道理一样.

在这本书中我们用字母 ν 来表示频率. 频率定义为一种周期性变化的现象在单位时间间隔内重复的次数，即周数/单位时间. 我们用字母 ω 表示角速度，用弧度/单位时间来量度角速度，或简单地写成 1/单位时间. 角速度 ω 与频率 ν 之间的对应关系为

$$\omega = 2\pi\nu \tag{8a}$$

由此得出

$$\hbar\omega = h\nu \tag{8b}$$

这两个表示式都给出了频率为 ν 的光子的能量. 请注意，量 ω 通常也称为“频率”，或角频率，由关系式（8a）可以理解这一点.

对于波长也有一个相对应的记号. 真正的波长是空间维度中的周期性变化现象的周期，用字母 λ 表示. 我们将 $\lambdabar$ 与波长 λ 相联系

$$\lambdabar = \frac{\lambda}{2\pi} \tag{8c}$$

对于以相速度 c 传播的单色波来说有如下关系

$$\lambda\nu = \lambdabar\omega = c \tag{8d}$$

读者应小心地学会这些普遍采用的规定.

§2.9 波的波长常用它的倒数 $\tilde{\nu} = \dfrac{1}{\lambda}$ 来表示，叫作波数. 这种表示法在光谱学中有广泛应用. 波数的单位是 m^{-1}. 真空中光波的波数为

$$\tilde{\nu} = \frac{1}{\lambda} = \frac{\nu}{c} \tag{9a}$$

这里 ν 是频率. 波数与频率成正比，但不应和频率相混淆. 应注意，在光学区域中波长和波数可以测得非常精确，比对光速的测量精确得多. 因此，在光学区域中对波数的了解要比对相应的频率了解得更清楚. 但另一方面，在微波区域中频率能测量得很精确，因而在此区域中对频率的了解要比对相应的波数或波长的了解好得多.

§2.10　在第一章中我们提到过一些测量基本常量的方法，这些是历史上最早使用的测量方法. 但是目前的基本常量的最佳数值并非是通过这些概念清楚且又简单的测量方法获得的，我们提到这些直接的测量方法仅仅是为了清楚地说明这些常量并非不可测量. 最佳数值是从对一些导出量的多次测量中得出来的. 这里说的导出量是指包含这些常数（和其他常数）以不同方式组合起来的表达式，我们相信，对这些表达式在理论上我们已有了很好的理解. 从这些导出量我们能算出这些基本常量. 由于测得的导出量的数目实际上多于这些基本常量的数目，所以方程式是超定的；这种情况对于我们测定这些常数时已经考虑到的全部被测定量的内在一致性，提供了一些有价值的检验.

二、能量

§2.11　现在我们来讨论在微观物理学中用于表示能量的单位. 一个最常用的能量单位是电子伏特，简称电子伏，写为 eV. 其定义是电荷量为 e 的基元电荷在通过 1V 电压降时所得到的能量. 代入表 2A 中给出的 e 的数值，我们就能把电子伏特用 J 表示：

$$1\text{电子伏(eV)} = (1.602\,10 \pm 0.000\,02) \times 10^{-19}\ \text{J} \tag{11a}$$

除了电子伏特外，还有如下的导出单位

$$1\ \text{千电子伏（keV）} = 1\,000\ \text{电子伏（eV）}$$
$$1\ \text{兆电子伏（MeV）} = 10^6\ \text{电子伏（eV）}$$
$$1\text{吉电子伏(1BeV)} = 10^3\text{兆电子伏(MeV)} = 10^9\text{电子伏(eV)} \tag{11b}$$

其中 keV 是千电子伏特的缩写，MeV 是兆电子伏特的缩写，BeV 是吉电子伏特的缩写[⊖]. 由于原子的结合能为 1 电子伏特的数量级，所以电子伏特这个单位特别适用于原子物理；因为原子核的结合能是兆电子伏特的数量级，所以在核物理中常用单位兆电子伏. 在讨论基本粒子的极高能量相互作用时要用到吉电子伏特这个单位.

§2.12　在第一章中，我们讨论过常量 c 和 $\hbar$ 的基本作用. 这两个常量在相对论量子物理学中是如此重要，所以常常采用一种单位制，其中取 $\hbar = 1$，$c = 1$，常量 $\hbar$ 和 c 都是无量纲的，大小等于 1. 这是因为这两个常数在这个领域中是最基本

⊖　在美国以外这个单位也写成 GeV.

的．读者可能会感到这一定义违背了物理量纲的概念．但是应该懂得，我们对于各种物理量指定量纲都是任意的，纯粹是习惯问题．严格地说只有可以直接进行比较的物理量，即可以直接彼此相互量度的那些量才有相同的“物理量纲”，所有其他量纲的确定都是在我们认为是最基本的物理量之间的某些关系的基础上规定的．由于光速的基本性，我们如果愿意，当然可以通过关系式 $x=ct$ 把距离 x 和时间 t 联系起来．因此，可以用相同的单位来测量距离和时间．实际上天文学家用光年测量距离的时候，就是这样做的．

由 $\hbar=c=1$ 可以导出一组清楚简单而又漂亮的公式，有时我们要利用这种可能性．作者本来很想在本书中一律采用这一公式 $\hbar=c=1$，这肯定是正确的做法．但另一方面，采取这一步骤可能会使读者在阅读其他量子物理学基础的书籍时产生不必要的困难，因为几乎所有这类书都是以惯用的 MKS 制或 cgs 制为基础的．因此，我们主要还是采用常用的 MKS 单位制．

§2.13　下面我们来探讨由于存在两个重要的常数 c 和 $\hbar$ 而引起的各种物理量之间的某些关系．先来研究质量 m，以及与此质量有关的由 m，$\hbar$，c 构成的其他的一些物理量．这些物理量的常用量纲如下：

$$\begin{aligned} m &= [\text{质量}] & mc^2/\hbar &= [\text{时间}]^{-1} \\ mc &= [\text{动量}] & \hbar/mc^2 &= [\text{时间}] \\ mc^2 &= [\text{能量}] & \hbar/mc &= [\text{长度}] \end{aligned} \tag{13a}$$

读者可验证一下，（用 cgs 单位制）这些物理量纲是正确的．所有这些量都通过常数 h 和 c“联系起来”了．以上述关系式为基础，可以把能量和质量、频率或长度的倒数联系起来．因此，能量的大小可以用有关量的大小表示．

§2.14　因此，我们可以把频率 E/h，波数 $E/(hc)$，质量 E/c^2 与能量 E 联系起来．它们的换算系数如下：

$$\text{能量/质量} = (9.314\,78 \pm 0.000\,05)\times 10^8\,(\text{eV})/(\text{amu}) \tag{14a}$$

$$\text{频率/能量} = (2.418\,04 \pm 0.000\,02)\times 10^{14}\,(\text{Hz})/(\text{eV}) \tag{14b}$$

$$\text{波数/能量} = (8.065\,73 \pm 0.000\,08)\times 10^{5}\ \text{m}^{-1}/(\text{eV}) \tag{14c}$$

45 ~46 页的图表中有一部分就是按上述换算关系得来的．每一横行是对应于第七纵列标出的物理量的一系列相关数量．第一和第二纵列给出以电子伏（eV）和焦耳（J）为单位的能量，第四纵列对应于频率 E/h，单位是周/s．第六纵列给出相关的波长 $(hc)/E$，以 m 为单位，这是图表中唯一不是直接正比于 E 的量．

§2.15　在化学中常用卡路里，简写成卡 cal，千卡简写成 kcal，来表示能量（常把卡称为“小卡”，千卡称为“大卡”），这些单位的定义如下：

$$1\ \text{kcal} = 1\,000\ \text{cal}$$

$$1\ \text{cal} = 4.186\ \text{J} = 4.186\times 10^7\ \text{erg} \tag{15a}$$

把单个原子或分子的能量 E 和相应于 N_0 个这种粒子的体能量 E_{bulk} 联系起来是有意义的．所谓体能量就是 1g 原子或 1mol 所具有的能量．因此有

$$
\begin{aligned}
E_{\text{bulk}}/E &= N_0 = 23\,050\ (\text{cal})/(\text{eV}) \\
&= 9.648\,7\times10^{11}\ \text{erg}/(\text{eV}) \\
&= 9.648\,7\times10^{4}\ \text{J/eV}
\end{aligned}
\tag{15b}
$$

45～46页的图表中第三纵列以J/mol给出体能量.

§2.16　在第一章第31～34节中，我们简单地讨论了热量和温度的概念，我们注意到波耳兹曼常量 k 实际上是将温度换算为能量的换算因子. 用相应的能量来表示温度是常有的事，反过来也是一样，其相应关系任意规定如下

$$
(\text{等效能量}) = k\times(\text{温度}) \tag{16a}
$$

为了进行这种变换，玻耳兹曼常量表达为如下形式较为方便

$$
\begin{aligned}
k &= 8.617\times10^{-5}(\text{eV})/\text{K}, \\
1/k &= 11605\text{K}/(\text{eV})
\end{aligned}
\tag{16b}
$$

按照这种相应关系，“室温”（20 ℃ =293 K）的等效能量为

$$
k\times293\ \text{K} = (1/40)\ \text{eV} \tag{16c}
$$

45～46页图表的第五纵列表示等效温度，单位是开（K）.

§2.17　能量和温度能够用相同的单位来表示，这不应该使任何人认为能量和温度就是“同一回事”. 例如，如果认为在温度为 T 时的任意一个宏观物体的热能就等于该物体的原子数乘 kT，这就不对了. 宏观物体的内能不仅与温度有关，同时还与其他（宏观）参量有关；而且能量和温度的精确关系还与体系的性质有关. 这一点很重要，一定不要对公式（16a）做错误的解释.

但是，我们可以做一个极其有用的说明，即常常有这样的情况（但不总是这样），如果一个宏观物体的温度保持为 T，那么该物体中每个原子（或分子）的平均“无规”能量的数量级为 kT.

当温度已知时，这个论断能使我们估计出一个原子或分子做无规热运动所具有的平均能量. 对于许多特殊的体系我们可以做出严格的论证. 温度为 T 的气体分子就是这样的一个重要例子. 一个分子做平移运动时具有的平均动能 E_{tr} 为

$$
E_{\text{tr}} = \frac{3}{2}kT \tag{17a}
$$

无论分子是否是单原子，这个关系式都成立. 这个公式的推导属于统计力学的问题，我们将它推迟到下一卷（第5卷统计物理学）中讨论. 尽管我们还没有推导过这个式子，但有时要用到这个结论.

§2.18　如前面所说，当我们考虑孤立的原子核、原子或分子时，热量和温度的概念是不适用的，它们只适用于大块物质. 然而，一般说来我们不能对孤立的粒子进行测量，我们只能观察浸没在物质中宏观数量的粒子. 因此，当我们想要了解量子力学体系的行为，特别是要研究量子现象的宏观表现时，无规热运动常常是需

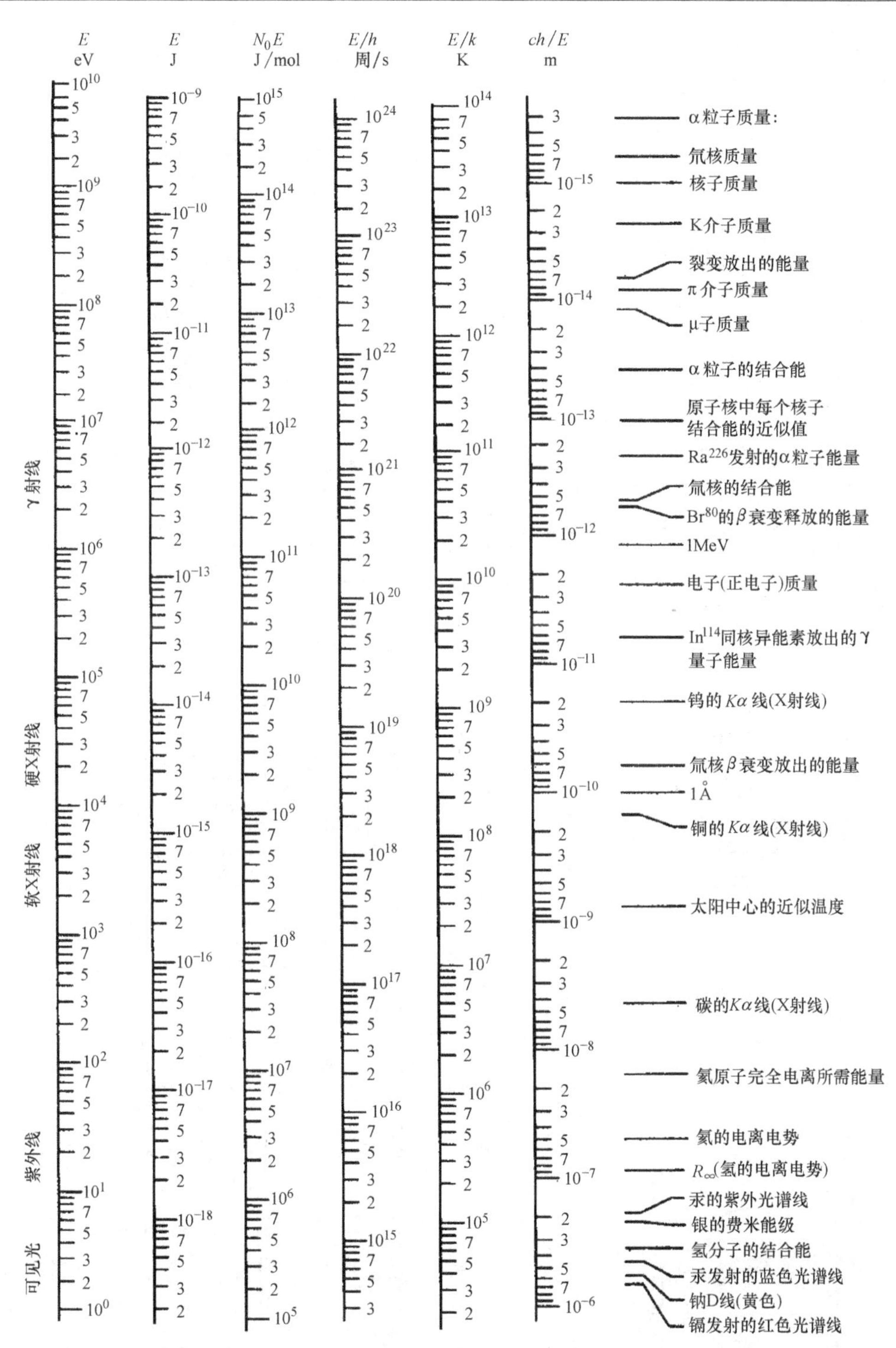

图 18A　物理现象的特征能量．这一页和下一页的图中选出的数据给读者各种现象的典型能量值的一般概念．各种能量均用几种常用的能量单位来表示；说明见本章第 14 ~ 16 节．

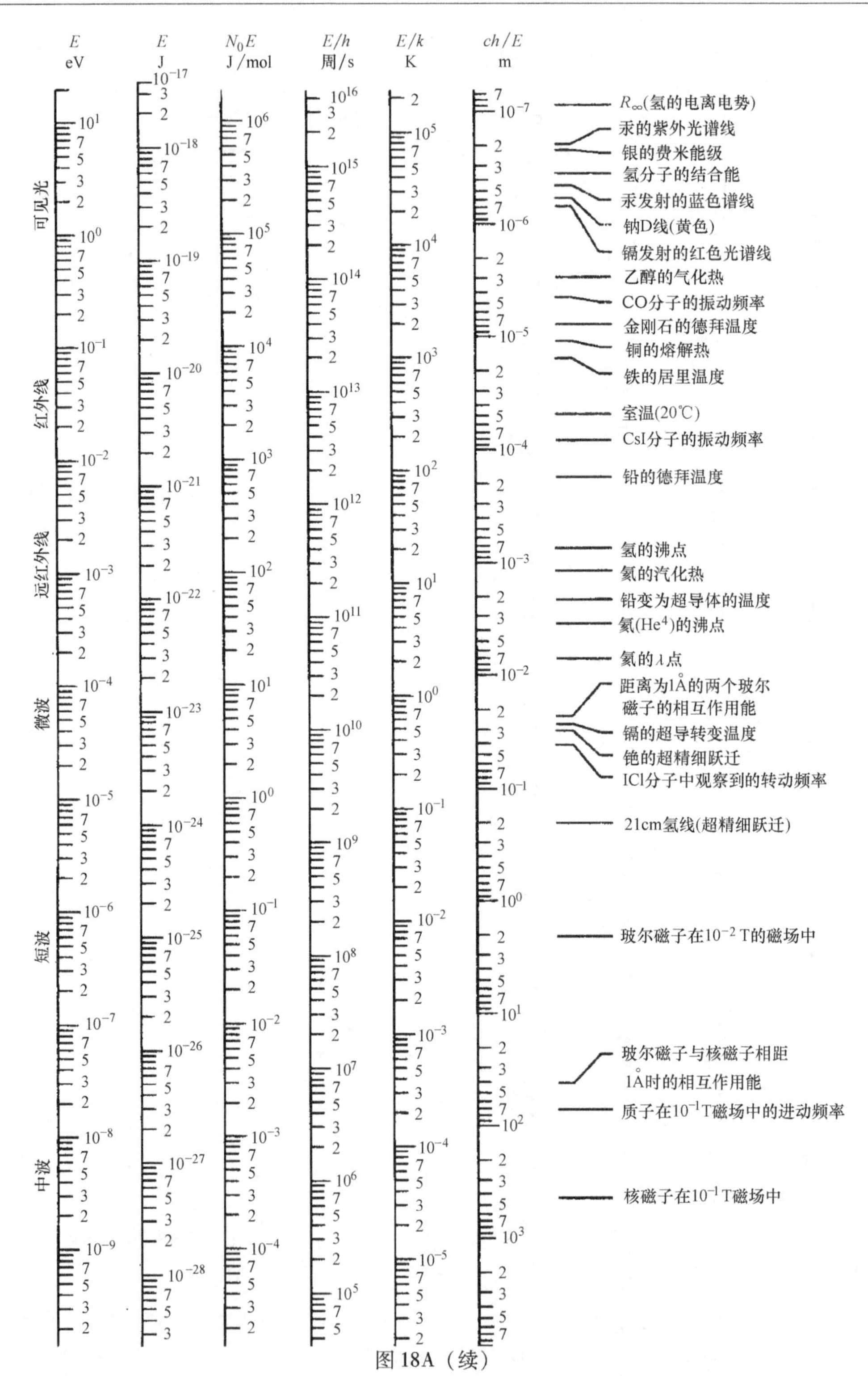
E eV
E J
N₀E J/mol
E/h 周/s
E/k K
ch/E m
可见光
红外线
远红外线
微波
短波
中波
R_∞(氢的电离电势)
汞的紫外光谱线
银的费米能级
氢分子的结合能
汞发射的蓝色谱线
钠D线(黄色)
镉发射的红色光谱线
乙醇的气化热
CO分子的振动频率
金刚石的德拜温度
铜的熔解热
铁的居里温度
室温(20℃)
CsI分子的振动频率
铅的德拜温度
氢的沸点
氦的汽化热
铅变为超导体的温度
氦(He⁴)的沸点
氦的λ点
距离为1Å的两个玻尔
磁子的相互作用能
镉的超导转变温度
铯的超精细跃迁
ICl分子中观察到的转动频率
21cm氢线(超精细跃迁)
玻尔磁子在10⁻² T的磁场中
玻尔磁子与核磁子相距
1Å时的相互作用能
质子在10⁻¹T磁场中的进动频率
核磁子在10⁻¹T磁场中

图18A（续）

要考虑的一个重要因素.

按照我们的观点，体系中热运动的重要特性就是它是*无规运动*. 它在体系行为中引入了一个明显的机遇元素，这正是被我们观察到的. 可以说无规热运动是"纯量子力学交响乐中的噪声". 我们还要加一句，这种噪声常常可以响到使我们听不到音乐. 在原则上，如果将所研究的体系及其周围环境的温度保持在接近于0K，热运动是可以抑制的，因为在绝对零度时热运动就停止了. 但在实际上这是做不到的，热运动是我们所在世界的一个基本特征㊀.

三、原子物理学和分子物理学中的数量特征

§2.19　现在我们把原子看成是一个动力学体系，它包含一个很小的原子核，其周围是电子云. 电子受原子核的吸引，它们之间通过电磁力相互作用. 我们之所以确信电磁力是决定原子和分子结构的唯一起重要作用的力，是基于迄今为止的理论和实验的比较.

研究带电粒子和电磁场相互作用的量子理论称为*量子电动力学*. 这与狭义相对论相结合的理论，是我们当前对包含基本粒子的基本过程的最成功的理论. 正是基于这个理论我们用它描述原子和分子的结构以及原子和分子对电磁辐射的发射和吸收.

§2.20　实验证明原子核大小的数量级为 10^{-15} m，而原子的大小约为 10^{-10} m. 因此原子核与原子相比是非常小的.

而原子核的质量比电子质量大得多，电子质量是0.000 548 6 amu，电子质量与质子质量之比为

$$\frac{m}{M_{\mathrm{p}}}=\frac{1}{1\,836} \tag{20a}$$

因此，有理由认为：至少在一级近似中，原子核的*运动*实质上不起作用，在这种近似条件下，我们可以认为原子核"无限"重，因而固定在空间不动. 而且，由于原子核非常小，我们还可以把它近似地看成一个"点"，它的唯一的作用是产生一个静电场，这个场可以用下面形式的电势来表示

$$V(r)=\frac{1}{4\pi\varepsilon_0}\frac{eZ}{\gamma} \tag{20b}$$

其中，e 是基元电荷，Z 是原子序数.

因此，原子理论的一级近似问题是研究电子在这个静电场中的运动，同时也考虑到电子之间的相互静电排斥作用，应该提醒读者注意，这里我们所说的"运动"是指量子力学意义上的运动，其含义将在以后作精确说明.

㊀ 近几十年来，在使原子的速度减到非常小，即温度近于0K的研究工作已取得很大的进展，从而可以操控单个或几个粒子. 例如，2012年诺贝尔物理学奖授予阿罗什（Serge Haroche）和维因兰德（David Wineland），理由是他们"发现测量和操控单个量子系统的突破性实验方法."——译者注

§2.21 狭义的量子电动力学研究的是电子和电磁场之间的相互作用. 现在我们来讨论这个理论中涉及的一些物理量，即：电子质量 m，电子电荷 $-e$，光速 c 和普朗克常量 $\hbar$. 从常量 m，c 和 $\hbar$，我们可以建立起量子电动力学的自然单位，就像本章第13节中所说的：m 是质量单位，mc^2 是能量单位，$\hbar/mc$ 是距离单位及 $\hbar/mc^2$ 是时间的单位. 还有，$\hbar$ 是角动量的单位，c 是速度的自然单位.

至今我们尚未讨论过元电荷 e，它起着耦合常量的作用，是表明电子和电磁场之间耦合程度的量[⊖]. 我们想建立一个无量纲的量来量度这种耦合强度，并用上述自然单位来表示相隔一个自然单位距离的两个电子相互排斥的静电能. 用 α 来表示这个量，则有

$$\alpha = \frac{1}{4\pi\varepsilon_0}\frac{e^2/(\hbar/mc)}{mc^2} = \frac{1}{4\pi\varepsilon_0}\frac{e^2}{\hbar c}$$

$$= (7.29720 \pm 0.00003) \times 10^{-3} \approx 1/137 \tag{21a}$$

这个常数 α 叫作精细结构常数，在原子物理中起着重要的作用. 可以把它看作在自然单位制中元电荷的平方，它以与任何宏观物理标准无关的方式描述这个电荷的大小，α 在数值上十分小，这反映电磁相互作用基本上“弱”的性质；两个电子相隔单位距离时的静电能要比一个电子的静能小得多. 精细结构常数是自然界真正的基本常数之一，在对它的数值还没有理论解释的意义上说，到目前为止它还是一个纯粹经验常数. 也有可能“发现”它很大，如果是这种情况，世界面貌就会大不一样. 事实上，有难以想象的差异.

读者考察方程（21a），就会注意到电子的质量不包含在 α 的表达式中. 因此，α 是描述带元电荷 e 的任何基本粒子与电磁场耦合的耦合常数.

在表21A中，我们列出了一些可以用 m、$\hbar$、c 和 e 来表示的重要的量，表中写出了它们的名称，在名称的下面给出了这些量的大小.

§2.22 在第一章第51节中我们讨论过氢原子的玻尔半经典理论的一个方面，即氢原子的大小，而且我们说明了由第一章式（51a）定义的常数 a_0 是原子典型大小. 读者会发现，这个称为（氢原子的）第一玻尔半径的常数 a_0 就是列在表21A中的 a_0. 根据第一章的讨论，a_0 是原子行星模型中电子圆形轨道的半径，并由此而得名. 在用量子力学讨论氢原子时对这个常数有不同的解释：$1/a_0$ 是原子基态的 $1/r$ 的平均值，这里 r 是电子和质子之间的距离. 不管是哪一种情况，都可以把 a_0 看作是电子和质子间的“典型”距离.

§2.23 让我们来继续第一章的半经典理论的讨论，并试着估计氢原子中电子的结合能. 到质子的距离为 r 以速度 v 运动的电子（因此它的动量为 $P = mv$）的总能量 E 为

⊖ 这是一般的表达方式. 但更深刻地讲耦合常量是表明元电荷彼此之间相互作用的强弱程度. 从根本上说，电磁场是为了讨论电荷之间的相互作用而引入的抽象概念.

$$E=\frac{P^2}{2m}-\frac{1}{4\pi\varepsilon_0}\frac{e^2}{r}=\frac{1}{2}mv^2-\frac{1}{4\pi\varepsilon_0}\frac{e^2}{r} \tag{23a}$$

当圆形轨道的半径 $r=a_0$ 时，动态平衡的条件为

$$\frac{mv^2}{a_0}=\frac{e^2}{a_0^2}\cdot\frac{1}{4\pi\varepsilon_0} \tag{23b}$$

将此式代入式（23a），得

$$E=\frac{1}{4\pi\varepsilon_0}\left(\frac{e^2}{2a_0}-\frac{e^2}{a_0}\right)=-\frac{1}{4\pi\varepsilon_0}\frac{e^2}{2a_0}=-\frac{1}{2}\alpha^2mc^2=-R_\infty \tag{23c}$$

因此，在此轨道上运动的电子的能量为 $-R_\infty$，即约为 -13.6 eV. 这个能量应当等于电子离开质子无限远且处于静止状态时的总能量，由式（23a）可以看出，这个能量等于零. 因此，要想把电子从所考虑的圆形轨道上移到无穷远，就需要供给原子 R_∞ 的能量. 这个能量叫作*电离能*. 用等效波数表示的电离能就称作里德伯常量. 用 $\widetilde{R}_\infty$ 来表示[⊖].

表 21A　另外几个物理常量

电子的静能

$mc^2=(0.511\,006\pm0.000\,002)$ MeV

电子的康普顿波长

$\lambda_e=\frac{\hbar}{mc}=(3.861\,44\pm0.000\,03)\times10^{-13}$ m

第一玻尔半径

$a_0=\frac{4\pi\varepsilon_0\hbar^2}{me^2}=\alpha^{-1}\lambda_e=(5.291\,67\pm0.000\,02)\times10^{-11}$ m

设质子质量为无限大时氢的非相对论电离电势

$R_\infty=\frac{1}{2}\alpha^2mc^2=(13.605\,3\pm0.000\,2)$ eV

设质子质量为无限大时的里德伯常量

$\widetilde{R}_\infty=\frac{\alpha}{4\pi a_0}=R_\infty/hc=(109\,737\,31\pm0.01)\ \mathrm{m}^{-1}$

正巧，基于并不令人十分信服的行星模型的简单估算，我们*精确地*给出了用严格的量子力学理论求出的同样的电离能 R_∞. 所以在原则上我们认为这一点是“巧合”. R_∞ 是氢的电离能，或换种说法，$-R_\infty$ 是氢原子的*基态能量*.

而且，*所有*原子的电离能（即，把一个电子从原子中取走需要做的功）大约都是 10 eV 的数量级. 以后我们还要回来讨论这个问题.

§2.24　现在我们来看：电磁力本身在氢原子结构中的表现是多么地弱，或者说耦合常量是多么小. 假如耦合常量的数量级为 1，那就可以预期原子的大小的数量级为 1 个量子电动力学中的自然长度单位，即康普顿波长 $\lambda_e=\hbar/mc$. 但是，耦合常量“很小” $\left(\alpha\approx\frac{1}{137}\right)$，因此原子核的库仑场不能将电子限制在一个康普顿波长的范围内. 电子轨道用自然量子电动力学单位表示时是很大的，也就是半径 $a_0=\lambda_e/\alpha$.

解方程（23b），我们可以求出在轨道上电子的运动速度 v

$$v=\sqrt{\frac{e^2}{4\pi\varepsilon_0ma_0}}=\alpha c \tag{24a}$$

因此，这个速度仅为自然单位（即光速 c）的 1/137. 这是我们对此问题做非相对论讨论的事后证实.

⊖ R_∞ 和 $\widetilde{R}_\infty$ 的下标∞是表示质子无限重并且静止不动的模型. 实际的电离能略小于此值.

动能 E_{kin} 和势能 E_{pot} 为

$$E_{\text{kin}}=\frac{1}{2}mv^2=\frac{1}{2}m(\alpha c)^2=R_\infty \quad (24\text{b})$$

$$E_{\text{pot}}=-\frac{1}{4\pi\varepsilon_0}\frac{e^2}{a_0}=E-E_{\text{kin}}$$
$$=-2R_\infty=-2E_{\text{kin}} \quad (24\text{c})$$

基于这些讨论，可以说氢原子是一个结合松弛并扩展的结构. 关于这一点以及精细结构常量 α 在原子理论中所起的作用，读者需要仔细体会.

§2.25 既然在半经典理论中，原子中电子的运动速度已被证明为很小，因此用量子力学的非相对论理论来描述原子是合理的. 在此理论中，如果我们把 m，$\hbar$ 和 e 看成是基本常量，光速不起作用. 特别地，仅用这些常数就可以表示玻尔半径 a_0 和电离能 R_∞. 事实正是如此，我们发现

$$a_0=\frac{\lambda\!\!\!{}^-{}_e}{\alpha}=\frac{\hbar^2}{me^2}\times 4\pi\varepsilon_0 \quad (25\text{a})$$

阿诺尔德·索末菲（Arnold Sommerfeld）1868年生于德国柯尼斯堡（现在俄罗斯的加里宁格勒），1951年逝世. 担任慕尼黑大学物理学教授多年.

索末菲对量子物理学的发展，特别是对早期的原子理论做出了重要的贡献. 他从两个方面使玻尔的理论更精确：引进椭圆轨道，并考虑到狭义相对论. 他的氢原子的相对论理论将精细结构常量引进物理学.（照片承蒙伯克利的洛布教授惠允.）

及

$$R_\infty=\frac{1}{2}\alpha^2mc^2=\frac{e^2}{8\pi\varepsilon_0 a_0}=\frac{me^4}{2(4\pi\varepsilon_0)^2\hbar^2}=\frac{me^4}{32\pi^2\varepsilon_0^2\hbar^2} \quad (25\text{b})$$

在这些式子的最右端不出现光速，而且，长度 a_0 是唯一能够用常数 m，$\hbar$ 和 e 表示的长度，而能量 R_∞ 是唯一能用常数 m，$\hbar$ 和 e 表示的能量. 因此，我们可以论证，既然这些常数是非相对论量子力学理论的组成部分（这一点至今尚未向读者讲清楚）. 所以按此理论计算的任何长度一定是 a_0 的一个数值倍数，同样，任何能量一定是 R_∞ 的一个数值倍数（这里说的数值倍数是指与这三个常数无关的一个数值. 我们希望能有一个“合理”的理论，在此理论中这些数值的数量级都是“1”）.

§2.26 读者可能会感到这些“推导”是很荒唐的. 我们早先说过玻尔模型是完全错误的，那么这里以玻尔模型为基础所进行的论证还有什么价值呢？对待上节的“量纲论证”，我们要认真到什么程度呢？是否可能出现一种情况：给出以 R_∞ 表示的正确能量的“数量级为1”的常数，实际上却发现是像4711或 $(2\pi)^{-4}$ 之类的数字呢？这些常量显然会使

我们的估算产生相当大的差别.

答案是这种情况很可能会发生，但是有经验的作者知道这实际上并不会发生；这个常数是等于1. 对这类在物理教科书中经常出现的“简单推导”持怀疑态度的人总会注意到在实验结果或者更完美的理论结果已知的情况下，这些论证似乎特别有效.

为了讲清楚我们已做的工作，现做如下几点说明：

（ⅰ）我们要绘制一个原子和分子物理中各个量的数量级的图表. 除了告诉读者氢原子的电离能是13.6 eV以外，我们还想把13.6 eV和由基本常数构成的表达式联系起来. 最好要知道13.6 eV等于$\alpha^2mc^2/2$和0.53Å等于$(1/\alpha)(\hbar/mc)$. 我们对量子电动力学的讨论和它与氢原子的关系的讨论至少使我们在某种程度上了解所有这些量是怎样联系起来的. 如果在精确的理论中没有与这些思想相对应的理论，当然作者也就不会介绍这些思想了. 因此，我们的“推导”至少可以作为记忆手段.

（ⅱ）玻尔理论被认为是错误的. 但另一方面，读者肯定知道，玻尔理论在某些情况下曾是成功的，虽然它在一些别的情况下完全失败了. 因此，说得含糊一点，这个理论具有某些真理的元素. 它把普朗克常量引入了物理学，从而也引入了位置和动量之间的关系：类似于$rp\sim\hbar$，这是在纯经典理论中根本不出现的关系. 我们可以持这样的观点，即这种以玻尔理论为依据的推导在本质上是$rp\sim\hbar$这类关系的一种检验. 以后我们还要以不同的方式来考察这个关系式，并将讨论出一个根据不确定关系来估计氢原子大小和电离能的方法. 同时，我们将能更好地理解为什么氢原子不会崩溃.

（ⅲ）和认真研究描述氢原子的量子力学确定方程（例如所谓薛定谔方程）联系起来，就能使人更加相信本章第25节的量纲论证. 无需实际解这个方程，我们就能相当容易地得出结论：像4711或$(2\pi)^{-4}$这类的数是不会出现的. 当然，要想得出这类结论，必须要对微分方程解的性质有某种程度的理解. （薛定谔方程是一个微分方程.）量纲论证和对理论的总的面貌有相当好的了解结合起来，量纲

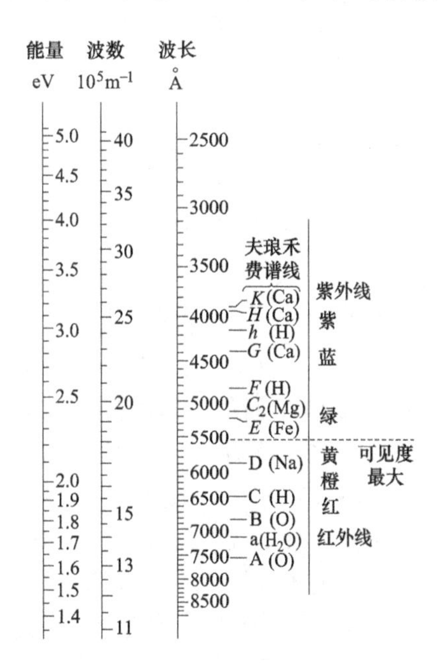

图26A　可见光邻近的谱线，在太阳光谱中夫琅禾费谱线是明显的吸收线（暗线）. 左列是这些谱线老的字母的名称，右列是产生吸收谱线的原子或分子的化学符号.

当然，各光谱区颜色的标定，仅是一种近似，请注意最大可见度约为5 500 Å。

论证就是最有效的.

简单的量纲论证是这类论证的一个入门. 我们已经告诉读者有一个“好”的理论，能够期望这个理论给我们些什么呢？这正是我们已经提出并已做了回答的问题.

§2.27　我们现在继续讨论原子物理，并试着获得重原子（即原子序数 Z 大的原子）的结构的粗略概念. 读者一定听说过，这类原子核周围的电子云具有某种意义上的壳层结构，这个概念是我们讨论问题的依据. 让我们想象，从赤裸的原子核开始，然后一次加上一个电子，从而构成原子. 那么，第一个电子所受到的束缚有多大呢？

这个体系能量的表达式取如下的形式

$$E = \frac{P^2}{2m} - \frac{1}{4\pi\varepsilon_0}\frac{e^2 Z}{r} \tag{27a}$$

我们稍加考虑就可以理解，只要用 αZ 代替精细结构常量 α，则前面对氢原子讨论的结果仍然适用. 换句话说，第一个电子的结合能为

$$e_1 = -Z^2 R_\infty = -Z^2(13.6\ \text{eV}) \tag{27b}$$

它离开原子核的距离为

$$r_1 = \frac{a_0}{Z} \tag{27c}$$

当 Z 很大时，这个距离就比氢原子的玻尔半径 a_0 小得多. 第二个加上去的电子也被束缚在离开原子核很小的距离上，而结合能比氢原子的电离能大得多；这两个电子之间的静电斥力显然比对核的吸引力小 Z 倍. 现在研究我们加上几个电子后离子的表现. 这些电子都被束缚在离开原子核很小的距离之内. 假设有 n 个电子，则从电子束缚距离之外看来，离子的行为就像是带电量为 $(Z-n)e$ 的原子核. 因此，只要 $(Z-n)$ 不是很小，下一个电子也被紧密地束缚住，但是束缚的紧密程度要比第一个电子差. 因此，我们可以想象，相继加上去的电子受到原子核的束缚一个比一个松. 当我们加上了 $(Z-1)$ 个电子之后，离子看上去像一团带电量为 e 的云，其大小与玻尔半径 a_0 差不多. 因此，对最后加上去的一个

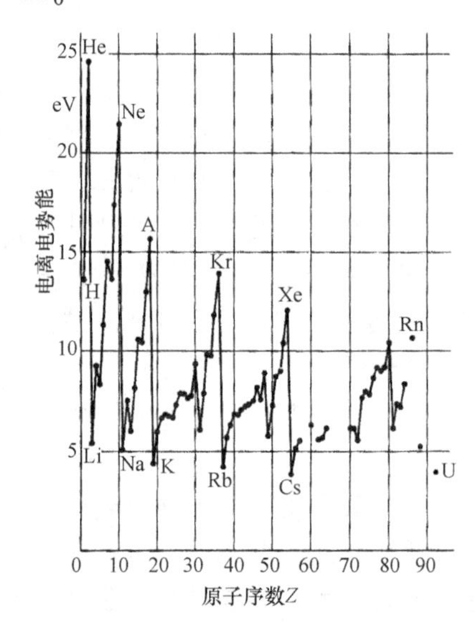

图 27A　表示原子的电离电势与原子序数之间的关系. 电离电势是指从中性原子中取走一个电子所需要的能量. 我们看到，对于所有原子这个能量差不多都为同一数量级，即为 10 eV 的数量级.

懂得一些化学知识的读者会立即发现，电离电势的大小和元素的化学性质之间明显相关. 惰性气体的电离电势特别大，而碱金属的则特别小.

电子的结合能的数量级为 R_∞，因而为 10 eV 的数量级. 原子最后的大小也是玻尔半径 a_0 的数量级.

§2.28 这个图像当然是非常粗糙的. 请注意，对于电子云具有“壳层结构”的概念，我们既没有证明过，甚至也没有做过看似可信的说明. 但是，我们的讨论却是基于上述概念；我们是以一种特别的方式“建造”原子.

事实上，要真正理解原子结构必须讨论物理学的一个基本原理，这个原理至今我们尚未提到过，而且它完全不在经典物理学的范围之内. 这个原理叫作*不相容原理*. 它指出在一个原子中*永远不会有两个处于相同运动状态的电子*. 电子彼此“回避”.（这种“回避”与两个带同性电荷粒子的库仑斥力完全不同. 要真正理解不相容原理的含义需要量子力学的知识.）不相容原理是解释原子结构的关键. 它具有深远的影响，如果自然界不遵守这一原理，世界面貌将会大不一样. 为什么是这样，在现阶段肯定不是显而易见的.

不相容原理是 W. 泡利（Wolfgang Pauli）1924 年在研究当时所知道的原子物理一些经验事实时发现的[1].

沃尔夫冈·泡利（Wolfgang Pauli）1900 年生于奥地利的维也纳，1958 年逝世. 1921 年完成他的博士论文之后到哥廷根大学和哥本哈根的玻尔研究所待了一段时间. 1928 年他获得瑞士苏黎世技术学院（ETH）的教授职位. 1945 年他荣获诺贝尔奖.

泡利是 20 世纪最杰出的物理学家之一. 他在从原子结构到量子场论和基本粒子等许多领域中都做出了重要贡献. 泡利的成就的特点是深刻的物理洞察力和精湛的数学技巧，并且他还作为对晦涩思想的严厉批评者而闻名（令人敬畏）. 他的不相容原理和自旋与统计之间关系的发现或许是他最著名的成就.（照片承蒙 *Physics Today* 杂志惠允.）

§2.29 我们的讨论是有很多缺陷的，但它还是对重原子的性质给出了某种图像. 从这种图像可以得出，最外层电子或光学电子的运动状态的跃迁所涉及的能量为 1 eV 的数量级. 这个能量大致对应于在光学区域发射的光子波长，就是能量范围为 1.8 ~3.0 eV 或波长范围为 7 000 ~4 000 Å. 另一方面，与最内层电子有关的那些跃迁所对应的能量也要大得多，可高达 70 keV（70 000 eV），

[1] W. Pauli, “Über den Zusammenhang des Abschlusses der Elektronengruppen im Atom mit der Komplexstruktur der Spektren”, *Zeitschrift für Physik* **31**, 765 (1925).

相应的波长则小到0.2 Å．这些光子处于远紫外光或X射线区．这些跃迁能量与原子序数Z的关系如式（27b）所示．

我们注意到原子的典型大小为1 Å，比光子的波长小得多．这种情况是由于耦合常量α很小引起的．

通过下面的讨论我们将会看到这一点：一个光学电子的结合能约为α^2mc^2的量级．光学电子的特征跃迁能量为同一数量级；它们肯定不会更大．一个最外层电子在两个准稳定态之间跃迁总是联系于发射或吸收光子，该光子的能量等于这两个能级的能量差，因此，与这个光子相对应的波长约为

$$\lambda_{光子} \sim \frac{2\pi\hbar c}{\alpha^2mc^2} = \frac{2\pi a_0}{\alpha} \approx 1\,000a_0 \tag{29a}$$

上式也表明了波长与原子大小的比值的数量级．

§2.30　现在我们对原子物理学领域中有关量的数量级已有了相当的了解，下面对分子再做一些介绍．这里的关键问题是了解分子的键联：为什么有时原子会组成稳定的分子，但有时却不能？要真正理解这些问题需要用到比我们用来解决原子问题更为深奥得多的方法．但是我们可以先回答整个问题的一小部分，我们可以问：假使在某些条件下原子已经组成了稳定的分子，那么它的特征结合能为多少；以及在一个分子中两个原子的特征距离又是多少？

先考虑一个最简单的情况，即氢分子，它是两个质子和两个电子的束缚态．我们试以量纲论证来估计束缚能和原子核之间的距离，因此我们的论证所考虑的是，像在氢分子中那样确实发生了键联成分子的那些有利情况．

由于质子要比电子重得多，因此质子的运动对决定氢分子的基态还是不起重要作用．在取一级近似时，实际上可以把两个质子看成是静止的，具有固定的距离d，它们被两个电子的“云”包围着．我们料想，求得的两个电子的基态能量应是质子间距d的函数．假定当d为某一数值时，这个能取最小值，在这个能量下我们就得到一个稳定的分子．这是一个非相对论问题．由于把质子看成是无限重，所以我们只用到m，$\hbar$和e这几个常量．因此，唯一的“自然”能量就是R_∞，唯一的“自然”距离就是玻尔半径a_0．这些量应当就是分子的特征量．更细致的研究证实了这一预料，它也与实验事实相符．氢分子的实际束缚能约为4.5 eV，两个质子的平均距离约为0.75 Å．对于一般的分子，这些数值是相当典型的；分子束缚能的数量级都是1～10 eV，而原子核间的距离是1 Å的数量级，即10^{-10} m的数量级．

表30A　随机选定的几个双原子分子的特征常数

分子	原子核间的距离/Å	离解能/(eV)
AgH	1.62	2.5
BaO	1.94	4.7
Br_2	2.28	1.97
CaO	1.82	5.9
H_2	0.75	4.5
HCl	1.27	4.4
HF	0.92	6.4
HgH	1.74	0.38
KCl	2.79	4.42
N_2	1.09	9.76
O_2	1.20	5.08

结合成分子的“机理”也就是使固体结合的机理，在固体中相邻两个原子间的典型距离也是1 Å的数量级。

§2.31　这些估计值可使我们理解化学反应中释放或吸收能量的多少. 化学反应的基本过程是两个或两个以上的不同的分子相互撞碰，形成一个或多个新的分子. 这种原子重新组合成新分子的过程所联系的能量一定是典型分子束缚能的数量级，即每个化学反应的基元过程为1～10 eV的数量级. 因此，整体反应能为（1～10）$\times N_0$eV/mol，即大致为20 000～200 000 cal/mol. 以氢气在氯气中燃烧的情况为例，根据反应方程式

$$H_2 + Cl_2 = 2HCl + (44\,000 \text{ cal}) \tag{31a}$$

这个数量级与我们的估计是一致的.

§2.32　宏观单位中有一个有趣的特点值得一提. 我们曾经说过cm、g、s这些单位是用来描述人的特征的，因此，这些单位不特别适用于讨论原子也是不足为奇的. 但是，有一个宏观单位似乎具有特殊地位，即电势的单位伏特（V），它的导出单位电子伏特“正好适用于原子”. 这难道是一个偶然事件吗?

回答是不. 最初选定伏特这个单位就是伏打电池的电动势为1 V的数量级，实际上有一种镉-汞标准电池的电动势非常接近1 V. 我们知道这种电池的工作原理是电池内发生的电化学反应，每当有一个电子离开电池的极板时，就一定是已经发生一次基元化学过程. 每发生一次基元化学过程，就要放出一定板能量，譬如说是X(eV)，这个能量可以在电池外部转变成机械能或热能. 如果电池的电动势为U，则有$Ue = X$，由于选定单位为V，U应是1 V的数量级，由此得出典型的电化学反应能量应为1 eV的数量级. 这就解释了为什么在原子和分子物理学中把电子伏特作为能量单位适合性的秘密；而伏特实际上是“原子单位”!

四、核物理学最基本的几个事实

§2.33　原子核是由质子和中子组成的. 质子和中子有许多重要物理性质都相同，时常把它们看成是“一种”粒子的两种不同带电状态，这种粒子称为核子. 由此，核子有两种状态：带电的状态，就是质子；不带电的状态，就是中子[㊀].

原子核中所含核子的数目A称作质量数或核子数. 质子的数目Z称作电荷数，或者当谈到有关原子时称作原子序数.

质子和中子的质量为

$$\begin{aligned} M_p &= (1.007\,276\,63 \pm 0.000\,000\,08) \text{ amu} \\ &= (938.256 \pm 0.005) \text{ MeV}/c^2 \end{aligned} \tag{33a}$$

㊀ 中子是查德威克（Chadwick）在1932年发现的，[J. Chadwick “The Existence of a Neutron”, *Proceedings of the Royal Society* (London), ser. A, **136**, 692 (1932).]

$$M_n = (1.0086654 \pm 0.0000004)\ \text{amu}$$
$$= (939.550 \pm 0.005)\ \text{MeV}/c^2 \tag{33b}$$

下面来研究质量数为 A，电荷数为 Z 的原子核．设它的质量为 $M(A, Z)$．则数量

$$\Delta(A,Z) = [ZM_p + (A-Z)M_n] - M(A,Z) \tag{33c}$$

称为原子核的质量亏损．这个量是正值，对此有一简单的解释：量 $-\Delta(A,Z)c^2$ 等于原子核的束缚能，或者等于把原子核完全分裂成它的基元成分——质子和中子时所需要供给的能量．

经验事实是，对于所有的稳定核，每个核子的结合能差不多都一样，即为

$$\frac{\Delta(A,Z)c^2}{A} \sim 8\ \text{MeV} \tag{33d}$$

在非常轻的原子核中有明显例外，而且随着质量数 A 的增加平均结合能有规则地略微降低，如图 33A 所示．

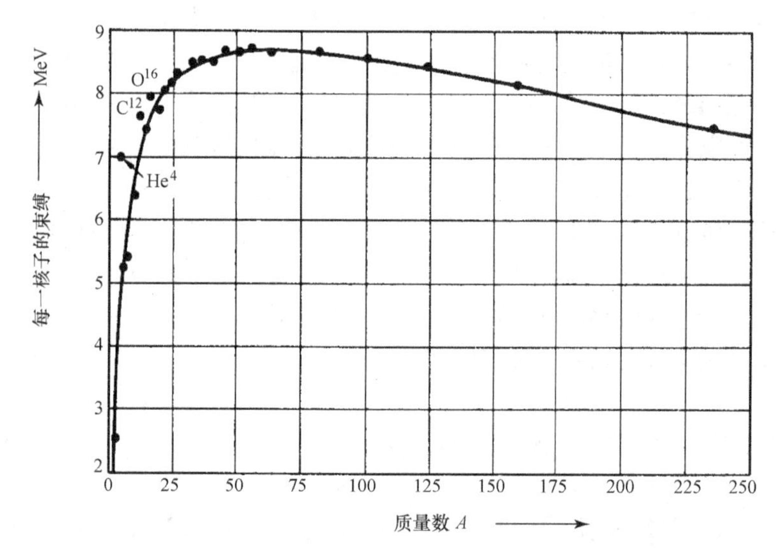

图 33A　图示每个核子的束缚能 $\Delta(A,Z)\ c^2/A$ 与质量数 A 的关系．黑点表示特定的原子核，其中有几个标出了元素名称．最轻原子核的不规则情况不能在此平滑曲线上很好地反映出来．但对于 $A>25$，曲线能准确地反映实际情况．

每个核子的束缚能都接近 8 MeV．随着质量数的增加，每个核子的束缚能缓慢地降低，这种有规则的趋势是由原子核内质子的静电排斥能引起的．

§2.34　读者应该注意．在绝大多数“原子核”质量表中列出的质量的数值实际上是相应的中性原子的质量．假如用 $M(A,Z)$ 表示原子核的质量，$\overline{M}(A,Z)$ 表示相应原子的质量，则

$$\overline{M}(A,Z) = M(A,Z) + Zm - B(Z) \tag{34a}$$

这里 m 是电子的质量，$B(Z)$ 是正的，它表示原子中所有电子的束缚能.

在考虑原子核反应中的能量平衡时，是用真正原子核的质量，还是用有关原子的质量，在绝大多数情况下，这都不会有所差别，因为如果改用后者，电子质量的贡献都会抵消. 束缚能 $B(Z)$ 与每个核子 8 MeV 的原子核束缚能相比是很小的，因此几乎总是可以略去不计.

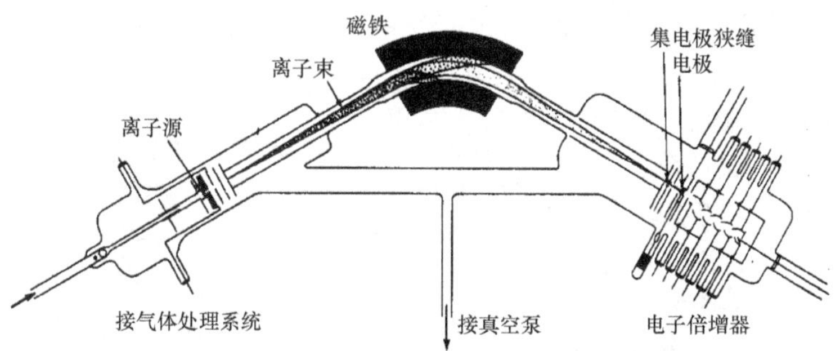

图 34A-B　图中的质谱仪是设计用来分析陨石放出的少量惰性气体样本的. 其目的不是为了精确测量原子质量，而是为了测定陨石中元素（氙）的同位素的相对丰度. 所得数据可以用来估计陨石的年龄，这对了解太阳系的起源和演化有重大意义. 关于这一工作的介绍，请看 J. H. Reynolds，“The age of the elements in the solar system”，*Scientific American* **203**，171（Nov. 1960）.

上图是该仪器的照片，其工作原理可以从下面的图看出. 惰性气体样本从左边被引进抽空的玻璃套管，在离子源处受电子的轰击而电离. 离子被中间的磁铁加速并偏转.（磁铁的极部和线圈在照片的中间可以看到.）不同同位素的偏转量不一样. 通过改变磁场强度，就能逐一对各个同位素测量出通过右边集电极狭缝的电流. 当然，同位素的丰度是与电流成正比的. 为了使离子束部分聚焦，故把磁场做成楔形.（承蒙伯克利的 J. D. Reynolds 教授提供图解.）

表中列出的是原子质量而不是原子核质量的原因是原子质量比较容易测量．通过一个专门为这个目的设计的，组合电场和磁场的称为质谱仪的仪器所做的偏转实验，我们就能确定各种离子的荷质比．这一工作是由 J. J. 汤姆孙和 F. 阿斯顿（F. Aston）开创的，从此，人们测量了许多原子质量的精确数值㊀．

也可以用质谱仪测定天然存在的化学元素中不同的同位素的丰度，一旦知道了这些丰度，我们就能从化学原子量得出“原子核”质量的信息．

最后，从对原子核反应运动学的研究中，我们也能得到原子核的质量．

§2.35　荷质比 Z/A 作为质量数 A 的函数的变化趋势有一定的规律性，对于不太重的核，例如 A 小于50的那些原子核，这个比值接近于1/2．随着 A 的增大，这个比值慢慢减小；铀同位素 $_{92}U^{238}$ 的荷质比 $Z/A=0.39$．当 A 很小时，又出现不规则情况；例如，氢有三个同位素，$_1H^1$，$_1H^2$（氘）和 $_1H^3$（氚）．

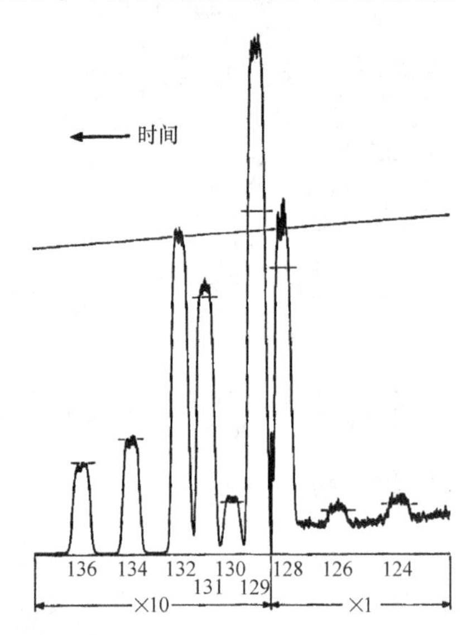

图34C　用图34A-B所示装置记录下来的氙的质谱，氙是从陨石中提取出来的．此图取自 J. H. Reynolds, “Determination of the Age of Elements,” *Physical Review Letters* **4**, 8（1960），横短线表示在地球样本中氙的同位素的丰度．我们可以看到陨石样本中含有较丰富的同位素 Xe^{129}．请注意，此图采用了两种不同的纵坐标标度．（承蒙 *Physical Review Letters* 杂志惠允．）

有些原子核是稳定的，但也有些原子核不稳定，它们通过发射粒子或γ射线而衰变．一般常见的原子核或者是绝对稳定的，或者有很长的寿命；否则，它们应在地球历史的早期阶段就已衰变完了，更不会存留到现在．在核反应中形成的原子核的寿命可以非常短，不到1 s的数量级．当其寿命非常短时我们常称之为原子核的激发态，特别是在放射γ射线发生衰变的情况中，这时 A 和 Z 保持不变．

目前已经知道的原子核约有900种，其中大约280种是稳定的．如果在（Z，A）平面上画出这些原子核，那么代表各个原子核的点按我们前面说过的规律沿着一根光滑的曲线聚集．（见图35A）离开“中心曲线”越远的原子核，就越不稳定．

㊀ F. W. Aston, “Isotopes and Atomic Weights”, *Nature* **105**, 617（1920）. Also F. W. Aston, *Mass Spectra and Isotopes*（Edward Arnold and Company, London, 1942）.

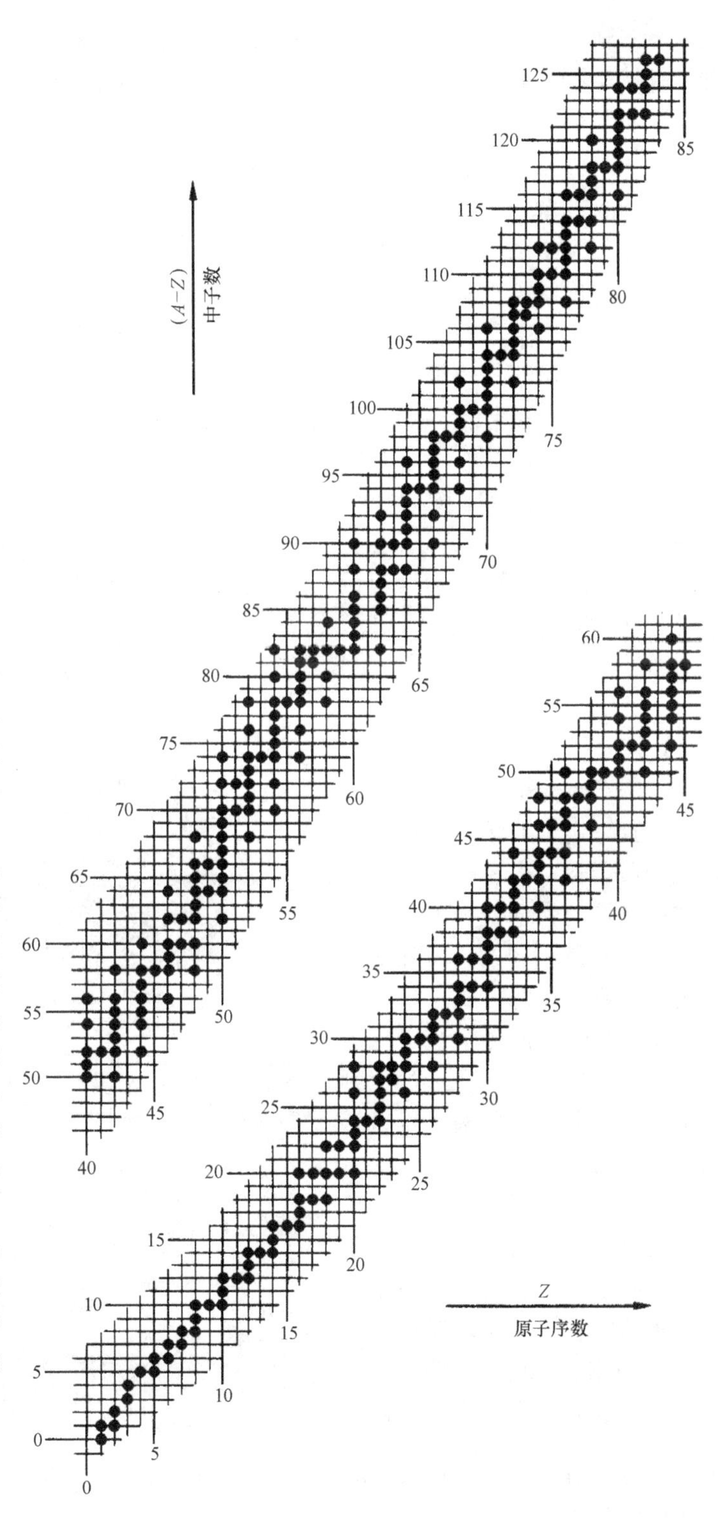

图 35A　稳定的和近于稳定的原子核．图中标出的是所有已知的半衰期大于 5×10^{10} 年的原子核．之所以选择这个有些任意的半衰期下限，是因为它大约是太阳系估计年龄的 10 倍，并且即使按地质时间标度来计算这些原子核寿命也是长的．在此图中（包括两个部分），纵坐标是中子数（A-Z），横坐标是原子序数 Z．很明显，原子核聚集在一根光滑的曲线周围．轻原子核中的质子数和中子数大致相等，但随着原子序数的增大，中子数增加得较快．

原子核排成的图像呈阶梯形是根据如下事实得出来的：即一个原子核的稳定性与质子数和中子数是偶数还是奇数有关．偶-偶核最稳定，偶-奇（和奇-偶）核不很稳定，奇-奇核最不稳定．读者需仔细研究此图才能看出这个规律．图中奇-奇核很少，有些质子数和中子数处出现“空隙”，这相应于没有稳定核．请注意，这种情况总是发生在中子数或质子数是奇数的地方．

§2.36 实验已经发现，原子核有非常确定的大小，可以看成是一个核物质的球，球的半径为

$$r \approx r_0 A^{1/3}, \text{其中 } r_0 = 1.2 \times 10^{-15}\ \text{m} = 1.2\ \text{fm} \tag{36a}$$

（1 fm = 10^{-15} m，为表示对费米（Enrico Fermi）的纪念而得名，在基本粒子物理学中常用作长度单位[㊀].）

由于原子核的体积与 r^3 成正比，因此，根据式（36a），它是与核子数 A 成正比，由此得出结论，不同原子核中的核物质密度近似地是一个常数.

式（36a）总结出的原子核大小已为多种实验所证实[㊁]. 最直接的方法是测量在散射实验中原子核对极高能粒子射束所呈现的有效散射截面积.

§2.37 现在来谈一谈有关使原子核结合在一起的力的性质. 所有实验证据说明：

（ⅰ）核力在本质上不是电磁力；与电磁力相比核力要强得多.

（ⅱ）核力是短程力，当两个核子的距离超过 10^{-14} m 时，这种特殊的核力就变得微不足道了.

（ⅲ）两个质子之间的核力与两个中子之间特有的核力一样. 而且，两个质子之间的核力与一个质子和一个中子之间的核力具有同样的性质；我们可以说它们实际上是相同的，虽然对这种说法需要做一些限定.

这三个论断的依据来自散射实验，也来自对稳定核或放射性原子核以及它们的能级系统有计划地研究. 特别是关于核力是短程力的论断可以用下面的方法证明：用经过加速器加速的高能质子轰击原子核，然后研究原子核对质子的散射. 当质子距原子核较远（即超过 $10^{-14} \sim 10^{-13}$ m）时，唯一起作用的是库仑斥力.

恩里科·费米（Enrico Fermi）1901 年生于罗马，1954 年逝世. 1922 年在意大利比萨高等师范学校获博士学位. 1926 年任罗马大学理论物理学教授. 费米于 1938 年离开意大利后在哥伦比亚大学担任教授，1942 年到芝加哥大学，他在这里工作直到逝世. 1938 年他荣获诺贝尔奖.

费米对物理学的贡献惊人地涵盖了广泛的领域，简短的概要是不可能正确评价他的工作的：关于他早期的工作，可以介绍的是，他提出了所谓的粒子的费米-狄拉克统计（狄拉克同时也独立地做了同样的工作），以及非常成功的 β 衰变的定量理论. 他的主要工作是在原子核和基本粒子物理学领域. 在他研究的诸多课题中，我们要提及的有人工放射性，慢中子，核裂变和链式反应，以及 π 介子-核子相互作用. 费米是在理论物理和实验物理两方面都做出过突出贡献的少数几位物理学家之一.（照片承蒙伯克利的 E. Segrè 教授惠允.）

㊀ fm，现称作飞米，在基本粒子物理学中也称作费米 Fermi. ——译者注

㊁ R. Hofstadter, “Structure of Nuclei and Nucleons” (Nobel address), *Science* **136**, 1013 (1962).

除非质子的能量很大，否则库仑斥力会阻碍质子接近原子核，使质子不能与原子核靠近到足以使核力起作用的程度. 如果说核力是短程力的说法是正确的，我们便可预料，能量不太高的质子（或者类似于卢瑟福实验中的 α 粒子）的散射就像是在只有库仑力的情况下发生的. 因此我们可以通过详细分析散射实验来检验论断（ⅱ），其结论正如前面所说.

由于质子是带电的，它们也会受电磁力的作用，原子核中的两个质子当然会互相施加库仑斥力. 当距离远大于 10^{-14} m 时，在所有实际问题中只有电磁力起作用，但是当距离较小时，核力起主要作用. 电磁力在原子核结构中有一定的作用，但不起主要作用.

与这一点相联系，应当清楚地指出，电子看来是完全不受这种特殊的核力影响，对电子起作用的只有电磁力.

§2.38　现在我们花点工夫来研究一下强大的核力是短程力这个事实. 就我们目前所知，在两个核子之间起作用的这个力的一般性质用如下形式的势函数 $U(r)$ 能够很好地表示[㊀]

$$U(r) \approx C\left(\frac{b}{r}\right)\exp\left(-\frac{r}{b}\right) \tag{38a}$$

其条件是距离 r 大于 10^{-15} m. 常数 b 是力的作用范围的尺寸，其值为 $b = 1.4 \times 10^{-15}$ m. 常数 C 表示力的强度. 当距离小于 10^{-15} m 时，这个力的性质要复杂得多，到目前为止我们对其了解得还很少.

应强调指出，势函数 $U(r)$ 没有准确地描述两个核子之间的相互作用，但确实描述了这种相互作用的最重要的特征，即势能随距离的增大呈指数式下降.

下面我们来看一下这到底是什么意思. 当距离 $r = b$ 时，有 $U(b) = C/e$（这个常数约为 10 MeV 的数量级）. 当距离 $r = 10b = 1.4 \times 10^{-14}$m 时，势能为 $U(10b) = (0.1C) \times \exp(-10) \sim 5 \times 10^{-6}C$. 当距离 $r = 100b = 1.4 \times 10^{-13}$ m 时，势能 $U(100b) = (0.01C) \times \exp(-100) \sim 10^{-45}C$. 从这些数字运算中我们可以得出结论：当两个核子之间的距离超过 10^{-13} m 时，核力完全可以忽略. 在所有实际问题中，超过这个距离，就没有核力了.

对此，读者需要仔细思考一下. 初看起来式（38a）与库仑势相似. 但是，指数因子毕竟使情况变得完全不同了. 我们列举的上述数字运算，就是为了给读者留下关于这一事实的深刻印象.

在分子和固体中原子核之间的这种特殊核力在所有实际问题中是不存在的，正是在这种情况下，电磁力才有机会起主要作用. 当距离小到 $r \sim 10^{-15}$ m 时，这种特殊核力比电磁力强得多，电磁力便退居次要地位. 从原子核存在的事实立即可以看出这一情况. 静电排斥力试图把原子核中的带电粒子分开，但是核力却又要把它

㊀ 关于势函数的这个形式，我们将在第九章中做理论解释.

们聚在一起，核力较强，因而取胜.

§2.39　原子核的典型束缚能为每个核子 8 MeV 的数量级，因此可以预计，原子核嬗变所涉及的能量约为 1 MeV 的数量级. 从原子核发射出的物质粒子和光子（γ 射线）其实际上具有的能量范围一般是 100 keV ~ 10 MeV.

因此参与核反应的能量与化学反应的能量有完全不同的数量级，我们很容易理解为什么化学过程不会影响原子核. 因为从化学和原子物理学的观点看，原子核只是小而坚硬、质量大、不可分的带电球。

在讨论原子时我们曾得出结论，光学光子的波长要比原子的线度大得多. 值得注意的是在核物理中也有类似的情况. 考虑原子核跃迁的典型能量 1 MeV 的 γ 射线. 其相应波长为 1.2×10^{-12} m = 1 200 fm，可见，它比典型的原子核线度要大得多.

五、万有引力和电磁力

§2.40　现在我们要说明为什么在讨论原子、分子和原子核时忽略了万有引力. 为此，我们计算两个质子之间的万有引力与静电力的比值. 这个比值与两个质子之间的距离无关，等于

$$\frac{M_p^2 G/r^2}{\dfrac{e^2}{4\pi\varepsilon_0 r^2}}=\frac{M_p^2 G\cdot 4\pi\varepsilon_0}{e^2}=8.1\times10^{-37} \tag{40a}$$

这里我们已用到了引力常量 $G=6.67\times10^{-11}\ \mathrm{N\cdot m^2/kg}$.

可见，这两个力的强度之比是很小很小的，在有电磁相互作用时，我们完全可以忽略万有引力的影响. 只有当其他已知力都不起作用时，譬如两个很大的电中性物体隔开的距离比典型的原子距离大时，它们之间的万有引力才起作用.

爱因斯坦的广义相对论纯粹是引力的几何学理论. 这是一个极其美妙并且内在协调一致的理论. 尽管爱因斯坦和其他一些人都做了很多努力，但是至今还没有能够以自然的方式把自然界的其他力也结合到这个理论中来. 因此，引力现象远在支配微观尺度物质结构的相互作用之外，看来引力与微观物理学毫无关系，这就是本书中略去万有引力的原因. 请读者注意，式（40a）给出的比值不是别的，正是以自然微观单位表示的引力常量与精细结构常量之比. 在当代量子物理理论中没有这样小的量的位置. 也许我们可以期望将来某个时候能在微观物理和引力这两个表面上没有联系的学科之间，能找到一个连接环节，但到目前为止，对于如何建立这种联系，我们还没有可以跨越这道鸿沟的线索.

§2.41　现在让我们来考虑在距离一个质子玻尔半径 a_0 处的静电场强度. 因为 a_0 是 10^{-10} m 数量级. 氢原子中电子的静电势能为 10 eV 的数量级，所以我们知道这个场应是 10^{11} V/m 的数量级，或者精确地说

$$E_{\text{atom}}=5.14\times10^{11}\ \text{V/m} \tag{41a}$$

与可以实现的最强的宏观静电场（强度约为 10^7 V/m）相比，这是一个非常强的场．我们可以得出这样的结论：首先，在实验室里可以得到的外来电场对原子和分子的影响很小，对原子核的影响则完全可以忽略．然而，这些影响还是可以观察到的，电场可以把原子的每条光谱线分裂成频率相近的几条谱线．这种现象叫作斯塔克效应．

原子内作用在电子上的静电场比实验室里用宏观方法所能得到的静电场大很多，这一情况根据下面事实很容易理解．静电场有一个很重要的特点（如麦克斯韦方程描述的），如果在某一空间区域存在这样的场，那么场强一定在导体的某个点上取得最大值．但是导体是由原子组成的，如果作用在导体上的场强变得能与把许多原子结合起来的场强相比较时，则导体就开始瓦解．因此，式（41a）的估计值是可以实现的宏观静电场的绝对上限，实际上在远没有达到这个上限之前就发生电击穿了．

§2.42　对宏观静磁场可以做类似的讨论．从它对原子结构不能产生明显影响的意义上说，在实验室里能够得到的静磁场必定是很弱的，磁场也能使一条光谱线分裂成几条．这个现象叫塞曼效应．

为了确定可以实现的磁场上限，我们计算能产生与 10^{11} V/m 数量级的电场所产生的能量密度相同的磁场，这个磁场强度约为 10^3 T．实验室里很容易得到强度达 5T 的稳定磁场，在短的时间间隔内能产生接近 100 T 的磁场．考虑到产生磁场的载流导体受到的应力一定不能超过使原子和固体结合在一起的力的极限，这就告诉我们不可能产生超过 1 000 T 的静磁场．

§2.43　如果用量子电动力学中自然场强的观点来看宏观场的强度，我们可以断定，即使原子中的电场也是很弱的．我们可以把场强（电的或磁的）的自然单位定义为在空间产生能量密度为（1 个电子的静能量）/（电子的康普顿波长）^{3} 的场．这个电场强度单位等于 4.0×10^{17} V/m，而磁场的相应单位为 1.3×10^9 T．量子电动力学理论预见到在这样的场强下真空中麦克斯韦方程会有明显的偏差．特别是叠加原理不再适用，不能再用线性方程来描述电磁场．实际上量子电动力学也预言在实验室里能实现的很弱的电磁场也与线性关系存在着很小的偏差．但是这些偏差出奇的小，以致在宏观上没有实际意义，事实上至今还没有在宏观实验中探测出这些偏差．由于以自然单位量度的宏观场很小，所以最终可以回溯到精细结构常量 α 很小，这使我们对于为什么在实际应用中线性麦克斯韦方程是如此精确有了一定的理解．

六、关于数值计算

§2.44　下面来谈一谈有关某些物理量的理论表达式的数值计算．有些读者可能会说关于这个问题还有什么好讲的，在数值计算上吃点苦头那是必须的（尤其是在课外习题中）．而且他们还认为从这种算术练习中是学不到物理的．其实，这并不完全正确．数值计算有“好”，也有“坏”．做出好的数值计算需要有物理的洞察本领．让我们举例说明“好的”和“坏的”计算之间的区别．在研究氢原子光谱的细节时，发现在分辨率较差的测量中，这些谱线看上去是一条，但当分辨率较高时，可以看出它们实际上是由几条相距很近的谱线组成的．我们说谱线有精细结构．在精细结构的理论研究中，会遇到能量 E_f，它是表征这种两条相近谱线的典型距离，在理论上这个能量的表达式为

$$E_f = \frac{e^8 m}{32\hbar^4 c^2 (4\pi\varepsilon_0)^4} \tag{44a}$$

如果直接用表2A中的数值直接代入式（44a）中出现的常数，这样计算 E_f 的方法肯定是“坏”的．因为，首先，必须计算 e^8 和 $\hbar^4$，这是一个很麻烦的事．其次，式（44a）是很不明确的，在进行计算之前我们“看”不出这个能量有多大，这个表达式本身也不能告诉我们任何有关效应的物理性质．但是，我们可以先把式（44a）中的一些常数归并成几个有明确意义的因子，写成如下形式

$$\begin{aligned} E_f &= \frac{1}{16}\cdot\frac{1}{2}\left(\frac{e^2}{4\pi\varepsilon_0\hbar c}\right)^4\left(\frac{1}{2}mc^2\right) \\ &= \frac{1}{16}\alpha^2\left(\frac{1}{2}\alpha^2 mc^2\right) = \frac{\alpha^2}{16}R_\infty \end{aligned} \tag{44b}$$

从上式的最右端可以看出，精细结构距离 E_f 的大小现在十分清楚了；它是对粗略的结构的一个微小的修正，相对数量级约为 10^{-5}．假如要以电子伏为单位来计算能量 E_f，那么这个计算就很简单了，只要用常数 $\alpha^2/16$ 去乘以 13.6 eV 即可．因此，很明显，像式（44b）中的因子归并可以简化纯粹的数值计算工作．而且，式（44b）还使我们洞察一些效应的物理本质．在用纯粹非相对论理论处理氢原子（质子质量无限大的近似），并忽略电子本征磁矩的影响时，就不会出现精细结构．要理解这一点，必须记住，在这个理论中只能有常数 e，m 和 $\hbar$，而不出现 c．实际上电离能 R_∞ 与 c 无关．但是 E_f 的表达式中出现的精细结构常数 α 与 c 成反比例关系，而且在非相对论近似中，$c=\infty$，所以得出 $E_f=0$．因此，我们可以认为 E_f 是对粗略结构的相对论修正．这样，可以预计这个修正值应为 $(v/c)^2R_\infty$ 的数量级，这里 v 是电子的速度．我们已经估计出速度 v 的值，并且发现 $(v/c)\sim\alpha$，这就得出了和式（44b）相似的表达式．因此，氢原子中的精细结构是一个相对论效应．

§2.45　把常数 α 定名为精细结构常量在历史上与索末菲研究氢原子精细结构的工作有关；只是在式（44b）中常数 α 第一次被认为是一个重要常数．在玻尔提出他的氢光谱理论时，把氢的电离能 R_∞ 写成我们已经写过的形式

$$R_\infty = \frac{1}{2}\alpha^2 mc^2, \tag{45a}$$

并不显得很自然，它被写为

$$R_{\infty}=\frac{e^{4}m}{2\hbar^{2}}\frac{1}{(4\pi\varepsilon_{0})^{2}}. \tag{45b}$$

正是因为这个原因，α 没有被称为“粗略结构常量”，这样的叫法可能更恰当些. 必须把式（45a）视为是 R_{∞} 比较好的表达式，因为它能使我们更好地洞悉原子的性质. 正如我们已说过的那样，α 是电磁场和元电荷之间的基本耦合常量. 因为 α 小于1，所以原子是一种有“缓慢”运动着的电子的“疏松结合的构造”. 就是因为这个道理，非相对论理论是一个很好的近似. 相对论修正值的数量级为 $(v/c)^2$，即 α^2 的数量级.

§2.46　我们希望通过这个例子来说明应当考虑数值估算的一些想法. 在进行任何数值估算之前，我们总是试图先找出表达式中的常数（通常是那些有物理意义的组合），然后进行因子或项的归并. 显然，做这种归并工作需要有洞察力，除非理解现象的本质，否则就不可能自然而又合理地做好这种归并工作.

本书中的习题不是为了作为单纯的算术练习，它们的目的是要使读者熟悉量子物理学中的数量级，并教会读者把课文中讨论的思想应用到具体的物理问题中去.

七、提高课题：自然界的基本常量㊀

§2.47　现在来探讨下面这个有趣的问题：自然界到底有几个独立的基本常量?

提出这个问题背后的思想如下：近代的物理理论指出了表征物理体系的各个参量之间的明确关系. 例如，氢原子的电离能在理论上可以用常数 m、e 和 h 来表示，或者如果我们喜欢，也可以用常数 m、c 和 α 来表示. 如果已经知道常数 m、e 和 h，我们就能“预言”电离电势，然后把这个预言和实验结果相比较来检验我们的理论. 按照同样的思路，许许多多其他物理参量都可以“在理论上理解”：它们可以用少数几个基本常量来表示它们.

这里“在理论上理解”一词应从非常广泛的含义上来理解. 只要我们能建立一个在原则上确定某个常数的确切方程式，不管我们有限的数学能力是否足够可以计算出这个常数的数值，我们就认为这个常量是“在理论上理解”的.

把物理参量分成基本常量和导出常量的分类法在原则上是任意的. 实际上，我们把那些在方程式中以特别“简单”的方式出现的，而且物理意义相当明确的参数，选作基本常量. 例如，把精细结构常数看作是基本常量，而把氢原子电离能看作是导出量要比反过来看显然更为合理.

因此，一组独立的基本常量就是一组经过适当选择的物理参量，它们彼此之间在理论上没有联系. 我们对它们的数值大小并不理解，每一个这种常量都必须用实

㊀　初读时可略去.

验来测定. 我们的问题是这些独立常量最大数目是多少，即要想计算（预言）出所有其他物理参量就必须知道常量的数目.

显然，我们的问题只有针对当前的物理理论才有意义. 因为今天认为一个常量是纯粹经验的，明天就有可能在一种新的理论框架下得到了“解释”.

§2.48　为了探究当前的情况，让我们把几个基本常量列在下面：

（ⅰ）精细结构常量：

$$\alpha=\frac{e^2}{\hbar c}\approx\frac{1}{137}$$

（ⅱ）电子与质子的质量比

$$\beta=\frac{m}{M_p}=\frac{1}{1\,836}$$

（ⅲ）自然原子单位制中的引力常量

$$\gamma=\frac{(M_p^2G)/(\hbar/M_pc)}{M_pc^2}=5.902\times10^{-39}$$

（ⅳ）表征所谓弱相互作用强度的常量，弱相互作用在许多原子核的 β 衰变中起作用. 根据目前的看法，弱相互作用与强作用的核力、电磁力或重力都毫无联系. 所有涉及弱相互作用的现象看来都是自然界中一种基本（普遍）的相互作用的表现，其特征由一个单独的耦合常量来表示. 这种相互作用的强度大约为核力强度的 10^{-14} 倍.

（ⅴ）电子与 μ 子的质量比 $m/m_\mu\sim1/200$. μ 子是一种基本粒子，除了质量较大外，其他性质与电子看上去没有区别. μ 子在事物规划中的作用我们目前几乎不知道.

（ⅵ）最后，需要有几个常量来描述强相互作用，其中特别包括强的核力. 这方面在理论上非常不清楚，还不知道在这个范畴内到底有几个独立常量. 但可以考虑下面两个量

$$s_1=\frac{\pi\text{ 介子质量}}{\text{质子质量}}\approx0.15$$

$$s_2=\frac{B_D}{M_pc^2}\approx2.35\times10^{-3}$$

这里 $B_D=2.23$ MeV，是氘核的束缚能.

我们随意地选取了常数 s_2，是因为它作为描述核力强度的一个可能的常量具有直接的物理意义. 关于这个数谈不上是非常基本的，但是可以认为它给出了力的强度的一种量度. 换句话说，我们相信所有其他原子核的束缚能在原则上也都能用 s_2 和 s_1 来表示. 在这里我们对于“在理论上理解事物”的含意确实不得不采用一种极其广义的观点，在这种情况下，我们不知道“正确的方程”是什么，就连我们关于只包含 s_1 和 s_2 这样的方程式是存在的美好愿望，也有可能是毫无事实根据的.

实际情况是，在我们写这本书时，我们还不能真正算出像 K 介子、核子、λ 粒子等这类粒子的质量比．我们没有一个基本理论可用来做这种计算，很可能，在我们的基本常量的列表上要列出所有这些质量比．但另一方面，可能有一天会出现一个理论，按照这个理论我们能够算出某些或者全部强相互作用粒子的质量．根据最乐观的看法，“正确”的理论将会使强相互作用物理学不包含任何实验常量，一切都是通过计算求得的，包括 s_1 和 s_2．但是，目前应该认为表征强相互作用的常量数目的问题是完全没有解决的．

§2.49　在我们的常量表里并没有包括一个非常值得注意的经验决定的常数，即电子电荷和质子电荷的比值．根据金（J. G. King）在 1960 年做的实验，这个比值等于 -1，其精确度为 $1/10^{20}$．金还用类似的方法测量了氦原子核电荷与质子电荷的比，并以同样的精度得到这个比值等于 2㊀．这些结果有力地支持了任何粒子的电荷一定是电子电荷的整数倍的观点．已经有许多证据支持这个观点，尽管在绝大多数情况下，这些证据都不像金的测量那样严格．事实上，物理学家早已相信“电荷是量子化的”．但是，为什么所有电荷就一定是电子电荷的整数倍目前还没有理论上的解释．

那么，为什么不把常数（-1 ± 10^{-20}）列进我们的列表里呢？因为，我们的理论就是这样的，假如这个常数不是真的等于 -1，我们会感到失望．我们可以审慎地看待这种可能性，即真正列在表里的常量都会有微小的差异，正是从这个意义上说它们是经验常量．假如精细结构常量大了 1%，并不会颠覆量子电动力学，我们所知的自然定律也肯定不会发生任何本质上的变化．但是关于电荷量子化的情况就不一样了，因为我们的理论结构是以这个原则为依据的．

§2.50　作为原子、分子和大块物质的理论的量子电动力学实质上只包含两个基本经验常量，即 α 和 $\beta = m/M_p$．我们这样说的意思是相信在原则上我们已经知道在这个物理学领域中的所有物理量与这两个常数的关系．不同原子核的性质只决定于整数 Z 和 A，而原子核的其他物理特征对原子、分子和大块物质只有“很小”的影响．

因此，我们的表述是对实际情况的一种简化，但要追究下去也是很有意义的．初看起来，上述说法好像是错误的，因为列在表 2A 中的“基本常量”肯定多于两个．但是，应该注意，表 2A 列出的常量是用完全任意的单位（人类单位），它们的数值根本没有绝对的意义．

因此，要想知道大块物质的性质，就必须分清哪些是基本物理量，哪些是与所选的单位有关的量．以声音在晶体中的传播速度为例，若以 cm/s 为单位求这个速度，这就不是一个“基本”问题，因为答案与选取的 cm 和 s 的定义有关．最明确

㊀　这里说的是一个合理的推论，金实际做的工作是证明氢分子和氦原子在上述的精确度范围内是中性．［J. G. King，“Search for a small charge carried by molecules，” *Physical Review Letters* **5**，562（1960）．］

的理论问题是求声速 c_s 与光速之比；很明显，这个量与一切宏观标准无关. 可以肯定，原则上这个数值在量子电动力学中是能算出的.

§2.51　为了理解表2A中所列常量的真正意义，我们来讨论一下宏观单位制的定义.

千克，按照国际协议规定它是保存在巴黎的一个特定金属块的质量. 为了表明我们所说的就是这个金属块，用 $(\mathrm{kg})_P$ 来表示“巴黎千克”这个单位. 克的定义是 $(\mathrm{gm})_P=(\mathrm{kg})_P/1\,000$.

这个金属块包含有一定数量的核子，譬如说 n_1 个核子. n_1 的准确数值是不知道的，但原则上可以数得出来. 假如在核物理学和强相互作用理论中我们可以算出每个原子核质量与质子质量的比值，那么，就可以用下面的形式写出保存在巴黎的金属块的质量

$$(\mathrm{kg})_P=n_1c_1M_p=n_1c_1\beta^{-1}m \tag{51a}$$

这里 c_1 是一个常数，接近于1，是通过计算得出来的. 严格地说，它与 α 和 β 有关，但这种关系是很弱的. 数值 n_1 虽然不能准确地知道，但它是国际协议规定的一个数值常量，是巴黎金属块中的核子数.

§2.52　对于米有（或者说曾经有）两个标准. 在旧标准中米是保存在巴黎的一个特定金属棒上两条刻痕之间的距离，我们用 $(m)_P$ 来表示这个米，叫“巴黎米”. 新的标准在性质上是“原子的”，与此相应的米，我们用 $(m)_a$ 来表示，叫“原子米”，其定义为氪光谱中一确定的橙色谱线波长的某个倍数，国际协议规定这个倍数为 $n_2=1\,650\,763.73$.

橙色氪光谱线的波长在原则上是可以计算的（但实际上不能），我们可以写成下面的形式

$$\lambda=c_2\alpha^{-2}\left(\frac{\hbar}{mc}\right) \tag{52a}$$

这里 c_2 是个常数，与 α 和 β 的关系非常微弱. 在一级近似中，它是个单纯的数值常量，如果掌握了原子物理中的数学知识，我们就能求出这个数.

因此，原子米可以写成

$$(m)_a=n_2c_2\alpha^{-2}\left(\frac{\hbar}{mc}\right) \tag{52b}$$

§2.53　虽然目前秒是按天文学方法定义的，但是采用时间的“原子标准”看来已是迫切需要了. 让我们超越历史[㊀]，假设已经采用了原子标准，并且用铯原子在射频区的某一跃迁频率来定义秒. 这个频率是铯原子核自旋在轨道电子的场中进动的频率. 它已被非常精确地测定，其值（以天文秒为单位）为

$$\frac{1}{T_0}=\nu_0=9\,192\,631\,770\pm10\text{周/s} \tag{53a}$$

㊀ 实际上1967年第十三届国际计量大会已决定采用时间的“原子标准”，作为秒的新定义. ——译者注

这个数的精确度代表了在射频测量中能够得到的精确度的特征，（根据量子电动力学）这个频率的理论表达式为

$$v_0 = c_3\alpha^4\beta\left(\frac{mc^2}{\hbar}\right) \tag{53b}$$

这里 c_3 是个数字常量，几乎与 α 和 β 无关；如果知道了有关铯原子核的一些数据，在原则上就能算出这个数值，但实际上做不到．因此，设想我们按下式来定义秒，用 $(\sec)_a$，即“原子秒”来表示：

$$\begin{aligned}(\sec)_a &= (9\,192\,631\,770)\,T_0 \\ &= n_3 c_3^{-1}\alpha^{-4}\beta^{-1}\left(\frac{\hbar}{mc^2}\right)\end{aligned} \tag{53c}$$

这里 T_0 是这种原子振荡周期，根据国际协定，

$$n_3 = 9\,192\,631\,770.$$

§2.54　最后，我们来考虑长度的旧标准，巴黎米 $(\mathrm{m})_P$．它的定义是一个金属棒上两条刻痕之间的距离，因此等于某一串原子排列起来的长度．设这一串原子的数目为 n_4，由于它是金属棒上两刻痕之间排列的原子数目，所以从某种意义上说，这个数目是国际协议规定的（尽管这个数并不能精确地知道）．金属棒中相邻两原子间的距离在原则上是可以算的，此距离的表达形式为 c_4a_0，其中 a_0 是玻尔半径，c_4 是个常量，它们与 α 和 β 的关系十分微弱．因此，巴黎米可以写成下面的形式

$$(\mathrm{m})_P = n_4c_4\alpha^{-1}\left(\frac{\hbar}{mc}\right) \tag{54a}$$

由于明显的技术原因，这个长度标准已经不用了，两条刻痕之间的距离本身就是一个很不确定的量．用两个光学波长进行比较可以有较大的精确度．因此，我们就没有理由一定要用金属棒的长度来表示这些波长了．

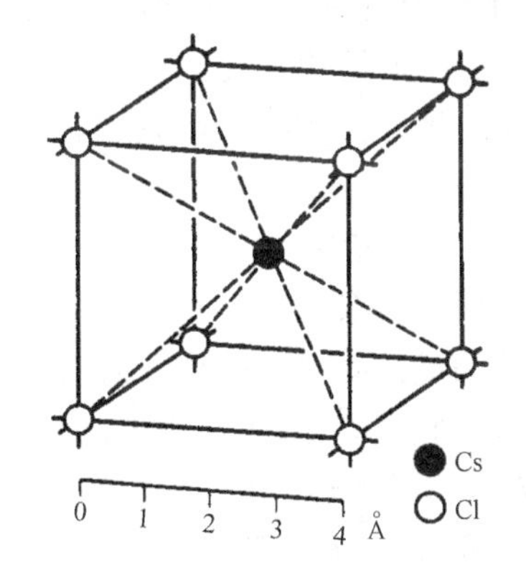

图 54A　提醒读者，在任何固体中原子间的距离都是玻尔半径 a_0 的数量级．上图是氯化铯的晶体结构．这种晶格叫作体心立方晶格．可以这样描述：氯原子构成立方晶格，铯原子居于每个立方体的中心，请注意，这个结构与第一章图30A 上的氯化钠的结构不一样．

氯化铯的化学式是 CsCl，晶格中包含有相等数量的铯原子和氯原子．读者自己可以看出来，这张图中隐含着这个意思，虽然第一眼看来，似乎在晶格中氯原子多于铯原子．

§2.55　上述讨论说明了宏观标准的真正本质．它们都是由多少有点任意选择的“原子参量”和国际协议规定的数 n_1，n_2 和 n_3 来定义的．（如前所说，n_i 实际上是无法准确知道的，这里对它也只是隐含地做了定义）．现在我们指出下面几点：

（ⅰ）测量光波的波长就是将这个波长与橙色氪线的波长相比较．这种比较可以做得很精确，因此，光波的波长是一些精确已知的量．里德伯常量 $\widetilde{R}_\infty$ 实质上是光波的波数，这就是为什么这个常量能够知道得如此精确的原因．最精确的长度测量不是别的，就是光波波长之比的测量．这些数据具有潜在的理论意义；假如我们对原子光谱理论掌握得足够好，我们就能比较精确地推算出这些波长比，也就能够对理论和实验进行有深刻意义的比较．但是，我们的计算能力非常有限，因此，这种波长测量的实际理论意义也是有限的．

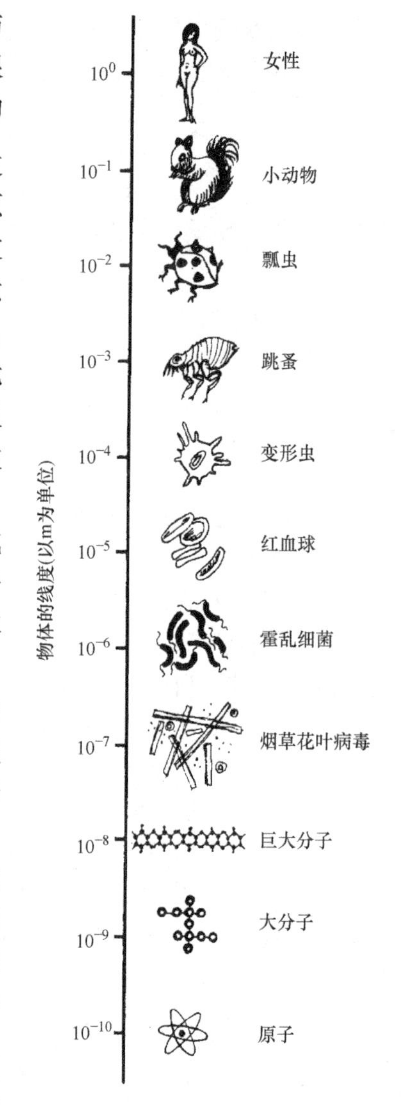

（ⅱ）我们能非常精确地比较在射频区域的两个频率．如果我们要测量一个原子或分子在该区域的频率，实际上就是把它和铯的频率相比较．

（ⅲ）测量光速就是把橙色氪线的频率与铯的频率相比．因此，这不是一个“基本物理常量”的测量，而是用一个任意规定的时间标准来推算一个任意规定的长度标准．

§2.56　考虑式（51a），式（52b），式（53c）和式（54a）．它们借助下面三组数给出了宏观标准的理论表达式：（ⅰ）国际协议规定的数 n_1，n_2，n_3 和 n_4；（ⅱ）量子电动力学的基本标准 m，$\hbar/mc$ 和 $\hbar/mc^2$；（ⅲ）量 c_1，c_2，c_3 和 c_4，这些量我们相信在原则上是可以计算的．

即使实际上我们不能精确地计算出 c_1，c_2，c_3 和 c_4 这些量，但是我们知道，在取一级近似时它们是与 α 和 β 无关的纯数字参数．如果我们能够真的计算出这些数值，这就意味着我们能以 $(\mathrm{m})_a/(\mathrm{sec})_a$ 为单位算出光速的数值．

这些宏观标准的理论表达式使我们能够处理如下问题：如果我们的自然常量发生微小变化，世界会变成什么样子？这就是说：如果两个经验常数 α 和 β 有微小变化，世界会是什么样子？这是一个很有意义的问题，因为它可以检验我们是否正确理解 α 和 β 对世界所起的作用．这个问题留给读者去思考；读者应当在读完这本书之后，再回到这个问题上来．

§2.57　如果我们要问，为什么原子的大小是 10^{-10}m 的数量级；为什么原子会是这么小？听起来，好像这是一个形而上学的问题，但其实不然. 假如我们把这个问题改成下面的问法：为什么人的大小为 $10^{10}a_0$？这是同一个问题，因为根据米的定义，人体大小的数量级大约为 1m. 如果我们能说出人体中原子的数目，我们就能粗略地回答这个问题，这个问题在原则上并非物理学上不可能回答的. 如果要想准确地算出这个数目那肯定是荒谬的，但是我们应该能估计到某一个数量级，譬如说 10^8.（如果我们对生物学和有关学科有比较多的了解，就能做到这一点.）我们把这些轻率的推测留给读者. 这里提出的这个问题只是要说明我们生活在其中的宏观世界的所有的性质最终都是取决于基本粒子和它们的相互作用.

进一步学习的参考资料

大量物理常数表中我们推荐以下几种：

1）（Handbook of Chemistry and Physics）（Chemical Rubber Publishing Co.，Cleveland，Ohio）新版本每年出版一次. 最新的版本收入了已经按 C^{12} 被选为新衡量标准后更新的原子质量标度.

2）（American Institute of Physics Handbook）（McGraw-Hill Book Company，New York，1957）.

3）有关人类为确定物理常量奋斗的引人入胜的报告，我们推荐 Cohen Crowe and DuMond：（The Fundamental Constants of Physics）（Interscience Publishers Inc.，New York，1957）.

4）对基本常量批判性的概论可参见E. R. Cohen and J. W. M. DuMond：“Our Knowledge of the Fundamental Constants of Physics and Chemistry in 1965”，（Review of Modern Physics）**37**，537（1965）.

5）关于我们在本章的第 57 节中的讨论，读者可能有兴趣去读一读：“Gulliver was a bad biologist（格利弗是一个蹩脚的生物学家），” by Florence Moog，（Scientific American），Nov. 1948，p. 52.

习　　题

1　1903 年 P. 居里（P. Curie）和拉博德（Laborde）研究了镭的热发射. 他们发现 1g 纯镭（我们现在知道其中包含有同位素 $_{88}Ra^{226}$）发射出 418J/h 的热量. 根据这个数据和已知的半衰期近似计算放射出的 α 粒子的能量（以 MeV 为单位）. 在居里和拉博德的实验中，这些粒子在放射源和量热器内被俘获，从而，它们的动能转变成热能.（半衰期是 1622 年.）

2　（a）镭原子核具有正的质量亏损，但是，它仍然不稳定，并且要发生衰变．这怎么可能？质量亏损为正值是不是稳定的充分和必要条件？试详细说明之．

（b）上面提到的镭的同位素是$_{88}Ra^{226}$，这是P. 居里和M. 居里发现的．它通过发射α粒子而衰变．α粒子不是别的，就是氦原子核$_2He^4$．

寿命短的同位素在地质年代里应该早已衰变完了．因此，我们可以认为只有稳定的原子核或寿命很长的同位素在自然界中存在．但是与地球的年龄相比，半衰期为1622年并不算特别长；甚至可以说是相当短．那么如何解释天然存在的镭呢？

3 在放射性原子核，如Ra^{226}的衰变中，我们发现一个值得注意的情况：镭的寿命是“不合理的长”．试用核物理学和电动力学的基本常量组合成一个“自然的时间”，并以s为单位求出其值．不管你怎样玩弄这些常数（不管你用得多好），你必须承认Ra^{226}的寿命太长了．显然，我们这里遇到了一个以后必定要解决的问题；所观察到的现象实际上是可以解释的，这个长寿命的原因（如果你喜欢也可说成是衰变的原因）是一个有趣的量子力学效应，称为*隧道效应*．

4 太阳以3.86×10^{26} W的功率从其表面辐射出能量．在原子核物理学发展之前，要解释如此巨大的能量究竟从何而来的确是个难题．下面我们尝试做一些简单的估计．

据信太阳至少已有40亿年的历史．太阳的质量为1.98×10^{30}kg.

（a）为了说明辐射的功率，太阳每年要有多少质量转变成辐射能？你会发现，这个数字和太阳在一生中，就是在过去的40亿年中，没有发生很大的变化这个观念完全一致．

（b）排除化学反应是能量来源．

（c）你可知道在太阳内部可能发生什么样的核过程，而这个过程可以用来为我们解释太阳辐射能量的来源？参考某些天文学入门的书籍，并通过一些简单估算来使你自己相信你的解释是可能的，或至少与事实没有明显的矛盾．

5 我们曾说过核物质密度，即原子核内部“物质”的密度，对于所有原子核大体上都是一样的．试用宏观单位，即kg/m^3写出这个密度．

6 （a）参考本章第17节的讨论，试估计在室温下氮气中氮分子的平均能量和平均速度．一个氮分子是由两个氮原子组成．（以eV为单位写出能量．）

（b）在大气压强和室温条件下，1mol氮气（或任何气体）占据的体积为22.4L．设氮分子具有“典型的分子大小”，试估计一个氮分子每秒钟碰撞的次数，并将此碰撞频率与典型光学频率相比较．

7 氢光谱中有一条谱线的波长是4 861.320 Å，尤里（H. Urey）在1932年发现这条谱线有一条弱的伴线，位于4 859.975 Å．［参看*Phys*，*Rev.* 39，164（1932）；40，1（1932）．］其解释是通常氢的同位素不是单纯的，而是两种同位素$_1H^1$和$_1H^2=D$的混合物．更重的同位素，氘原子只占0.015%，这个同位素产生上述的弱线．

在研究氢光谱时，可以取一级近似，忽略原子核的运动．现在我们试把原子核

的运动也考虑进去．这时不再是原子核固定不动，而是原子核和电子的质心不动．因此，考虑原子核运动的理论得出的谱线位置较之于把原子核看成无限重的理论所确定的谱线位置稍有偏移，偏移的数量自然与原子核的实际质量（在本例中是质子或氘核的质量）有关．

试用一简单的理论来说明上述两个波长的比．用这两个波长来计算氘核和质子的质量比，并将所得结果与原子核质量表中的数字相比较．

8　单电离的氦，即氦原子失掉一个电子，和氢原子类似，这个体系是由一个电子围绕原子核运动构成．因此，我们可以预料单电离氦所发射的谱线完全类似于氢原子发射的谱线．但是，这两个体系并不完全相同，氦原子核带有两个基元电荷，而氢原子核（质子）只带一个．按照本章所说的观点，通过与氢相比较，就应当可能得出单电离氦中由于中心电荷的增加在谱线上产生的后果；因此，知道了氢的谱线波长也就有可能知道单电离氦发射的相应谱线的波长．换句话说，无需详细的原子结构理论，就有可能求出这些相应波长的比值．

有一条可见氢光谱线的波长是 6 562.99Å，单电离氦发射的与此相应的谱线的波长是多少？此谱线是否在可见光区？

在此，我们可以认为两个原子核都无限重．例子告诉我们，简单的量纲论证（如本章的第 27 节中所介绍的）有时也能用来做出精确的定量预测．

9　设 α 粒子与电荷数为 Z 和质量数为 A 的原子核对头碰撞，试导出要使 α 粒子能够正好到达原子核表面必须具有的、以 MeV 为单位的能量与质量数 A 的函数关系的表达式．为了简单起见，假定在碰撞中原子核保持不动，$A=2Z$，而且 α 粒子是一个没有大小的点电荷．如果 α 粒子没有达到原子核表面，短程核力就不起作用．这时，碰撞的过程中表现为只有静电力起作用．因此，很粗略地讲，你算出的能量是一个特征能量，大于这个能量的情况下，散射事件的结果与只考虑静电力得出的结果就开始有重大差别．

10　本题讨论原子核中静电斥力的能量．既然核物质密度大体是一个常数，所以我们可以认为原子核是一个均匀带电的球．当原子核不是太轻时这个模型是合适的．

（a）试证明对于质量数 A 和电荷数 Z 的原子核，其静电能 U_e 为

$$U_e \approx A^{5/3}\left(\frac{Z}{A}\right)^2 \times (0.7\ \text{MeV}) \tag{i}$$

我们进一步假定中子数等于质子数，即 $A=2Z$．这样，从式（i）就能得出每个核子的静电能的表达式，即

$$\frac{U_e}{A} \sim A^{2/3} \times (0.17\ \text{MeV}) \tag{ii}$$

把这个能量与一个核子的平均结合能（约 8 MeV）相比较．这样就可以看出，当 A 不是太大时，每个核子的静电能很小．但是，随着 A 的增大，这个能量也变大，

这一情况正是解释了本章第 33 节中提到的那种有规则的变化趋势. 按照这种核力特有的性质，如果只有核力作用，最稳定的原子核应具有差不多等量的中子和质子. 但是，由于也有电磁力作用，这两种力同时存在的结果使原子核带有过量的中子更有利，随着质量数 A 的增大，原子核带过量中子的趋势也增大.

（b）为了验证原子核的这一图像，我们讨论下面的事实.（不稳定的）氟同位素 ${}_9F^{17}$ 和氧同位素 ${}_8O^{17}$ 质量相差 $M(17;\ 9)-M(17;\ 8)=3.0\times10^{-3}$ amu. 我们看到第一个原子核有 9 个质子和 8 个中子，而第二个有 8 个质子和 9 个中子. 换句话说，通过质子和中子的交换，我们就可以由一个原子核得到另一个原子核. 我们说这是一对镜像核.

在正文中我们说过中子和质子物理上十分相像，如果这是对的，就应能预料上述两种原子核的质量亏损是相等的. 但是质子和中子的电荷还是不一样，两个镜像核的区别也就在这里. 假定两个镜像核除了电荷之外其他都一样，我们就可以根据静电斥力能量，算出它们质量亏损的差别. 试通过计算来证明这些想法的正确程度.

11　有几个已知最重的原子核会通过裂变而自发衰变. 在此过程中原子核将会分裂成近乎相等的两块，每次裂变约放出 200 MeV 的能量. 用中子轰击也可以引起裂变. 原子核吸收入射的中子而成为激发态，从而发生裂变. 铀的同位素 U^{235} 就是原子核吸收中子之后容易发生裂变的一个例子. 与元素周期表中间部分的元素相比，重元素有比质子数多的过量中子，因此，在裂变过程中会放射出几个中子. 这种情况使链式反应成为可能：裂变放出的中子引起更多的可以裂变的原子核发生裂变，这些裂变又放出更多的中子，等等. 原子核反应堆和（裂变）原子弹就是依据这个原理.

（a）估算 1g 的 U^{235} 完全裂变时放出的能量（以 J 和 kW · h 为单位）. 并将此能量与 1g 物质发生典型化学反应所放出的能量作一比较.

（b）一小块金属 U^{235} 不会发生自发爆炸，而一大块 U^{235} 却会自发爆炸，如何解释这一现象？

（c）为了研究裂变中释放出来的能量的来源，根据第 10 题中关系式（ⅰ）考虑裂变前原子核（如 U^{235}）的静电能和生成碎片的总静电能. 显然，会有部分静电能被放出. 试计算这个能量，并与每次裂变释放出 200MeV 的值相比较.

12　两个氘核的质量比 α 粒子（$={}_2He^4$ 原子核）的质量大.（参看原子质量表 4A.）

（a）计算 1 g 氘经历聚变形成氦放出的能量，并与裂变时放出的能量相比较.

（b）为什么一个装满氘的容器不会自发爆炸？

13　假设电子是一个经典的点粒子，并设原子中的电子是在与 z 轴垂直的平面轨道上运动，运动中电子的角动量保持常数，并等于 $\hbar$.

（a）电子的有效磁矩是多大？我们称此磁矩为一个玻尔磁子.

(b) 将一玻尔磁子的磁矩放在 10^{-1}T 的磁场中，问在磁矩与磁场同向和反向这两种情况下能量（以 eV 为单位）有何不同？

(c) 假设在铁的晶体中每一个原子的位置上都有一玻尔磁子的磁矩，并且进一步假设所有磁矩的取向都相同. 问合成的磁化强度是否与饱和铁磁体的磁化强度大小相同？

这里，我们关心的是估计原子中可能有的磁矩的大小. 不要把原子磁性的朴素经典模型看得太当真. 但是已经证明玻尔磁子确实是原子的典型磁矩. 在对原子磁性作完全的量子力学讨论时，人们认识到磁矩有两个来源：一个是来源于电子的"轨道运动"，它与经典磁矩类似. 另一个则是来源于电子的*自旋*，即电子还具有内禀角动量，这与小弹子球绕通过其中心的轴旋转的角动量相似. 自旋角动量的大小是 $\hbar/2$，其相应磁矩很接近于一个玻尔磁子.

习题的（c）小题计算的目的是想看一看是否有希望用原子磁矩来解释铁磁性. 计算结果是令人鼓舞的. 但是，必须说明一下，铁磁性是一个复杂现象，我们的简单计算并不能说清楚其全部问题.

14[㊀] 在本章第 51 ~56 节中，我们讨论了某些宏观测量标准的"原子性质".

假设，目前我们已经比较并调整了我们的标准，使得 $(\mathrm{m})_p=(\mathrm{m})_a$，而且按照这些标准，基本原子常量 e，m，M_p，c 和 $\hbar$ 就是表 2A 中列出的数值. 并进一步假设在 1988 年 5 月 30 日上午 1 时，常量 α 和 β 突然变为

$$\alpha'=\alpha(1+u),\quad \beta'=\beta(1+w)$$

然后这些新的数值保持不变. 我们设 u 和 w 都很小，比方说为 1% 的数量级；否则世界秩序的变化会太激烈了. 这个自然界的灾变当然是会被注意到（从最初震惊中恢复过来之后），在某一段时间里物理学家又忙于重新测量他们神圣的常量. 我们用一撇来表示这个大灾变后的各种量.

(a) 求 $(\mathrm{m})'_p/(\mathrm{m})'_a$.

(b) 电子质量和质子质量的新数值各是多少？[以 $(\mathrm{kg}')_P$ 为单位.]

(c) 在 $(\mathrm{m})'_a/(\mathrm{sec})'_a$ 单位制中，光速的新数值 c' 是多少？

(d) 普朗克常量的新数值 $\hbar'$ 是什么？

(e) 在静电单位制中电子电荷的新数值是多少？若以库仑为单位，这个新数值又是多少？

(f) 在大灾变以后铜的密度是多少？[以 $(\mathrm{kg})'_P/(\mathrm{m}^3)'_a$ 为单位.]

㊀ 本题是有关提高课题的.

第三章　能　　级

第三章　能　　级

一、谱项图

4742.5—4728.6 Å.

Wave-length	Ele-ment	Intensities Arc	Spk.,[Dis.]	R	Wave-length	Ele-ment
4742.589	Mo	–	10	–	4737.642	Sc I
4742.549	Er	3 w	–	–	4737.626	U
4742.5	bh Sc	5	–	Me	4737.561	Pt I
4742.481	Sm	3	–	–	4737.350	Cr
4742.392	Nd	4	–	–	4737.282	Ce
4742.333	U	10	3	–	4737.1	bh C
4742.325	Pr	7	–	–	4737.05	Ti II
4742.266	Th	4 l	2	–	4736.965	Zr
4742.25	Se I	–	[500]	Rd	4736.958	Sm
4742.227	Sm	2	–	–	4736.945	Er
4742.110	Ti I	15	1	–	4736.9	bh Z
4742.04	Ho	10	3	Ex	4736.79	Dy
4741.997	Er	3 w	–	–	4736.782	Ca
4741.937	Ge II	–	50	–	4736.780	Fe
4741.922	Sr I	30	–	ISn	4736.688	Pr
4741.78	Cd II	–	3	Vs	4736.637	Mc
4741.775	Eu	10 W	–	–	4736.608	Eu
4741.726	Sm II	80	–	–	4736.6	Rt
4741.71	O II	–	[20]	Fl	4736.491	Ct
4741.539	Dy	3	2	–	4736.490	S
4741.533	Fe I	12	1	S	4736.30	T
4741.520	W	12	2	–	4736.203	[illegible]
4741.503	Pr	30	–	–	4736.151	[illegible]
4741.404	Yt I	2	3	–	4736.116	
4741.398	Er	20	–	–	4736.089	
4741.282	U	1	2	–	4736.062	
4741.269	Ru	4	–	–	4735.94	
4741.10	Tm	3	–	Me	4735.93	
4741.018	Sc I	100	60 h	–	4735.848	
4741.005	Pr	6	–	–	4735.847	
4740.97	Se II	–	[600]	Bi	4735.77	
4740.928	Dy	3	2	–	4735.76	
4740.68	Cl I	–	[10]	Ks	4735.66	
4740.614	Cb	3	3	–	4735.4[illegible]	
4740.524	Eu	500	2	–	4735.4[illegible]	
4740.517	Th	20	15	–	4735.3	
4740.5	bh Zr	8	–	L	4735.3	
4740.40	Cl II	–	[150]	Ks	4735.[illegible]	
4740.359	Mo	5	5	–	[illegible]	
4740.331	Ru	7	–			

图 1A　波长表中的很小一部分：《麻省理工学院波长表》，在哈里森（G. R. Harrison）指导下编纂（MIT Press，Cambridge，Mass.，1939）．这本 429 页的表中列载了 10 000 Å 和 2 000 Å 之间的 100 000 条以上的谱线．每页有三栏；谱线按波长减少的次序排列．对应于每条谱线的化学元素都已标出，有些激发方式和强度的数据亦载于表中．

通常列出的可见光谱区内的波长是在空气中测得的，而紫外区中的波长则是在真空中测得的，在可见光谱区我们近似地有 $\lambda_{真空}=\lambda_{空气}$（承蒙 MIT 出版社惠允．）

§3.1　每个化学元素都有一套独一无二的光谱与之相联系这个事实是自然界中令人惊异的面貌之一．自然界的这个特征十分普遍：不仅原子有特征光谱，分子和原子核也有；这些客体发射和吸收某些确定频率的电磁波，其频率从射频（分子）起直至极短的 X 射线波段或 γ 射线波段（原子核）．历史上，元素的光学光谱首先是由基尔霍夫（G. R. Kirchhoff）与本生（R. Bunsen）在 19 世纪中叶发现的，而分子的射频波谱和原子核的 γ 射线谱则是在晚得多的时候，迟至 20 世纪才发现．

我们用原子、分子和原子核的能级来解释光谱．通过对光谱的研究我们了解到复合体系的一个极其重要的性质，即每一个这样的体系都有一组它所特有的能级，或定态．我们在“小”的体系中，如原子、分子和原子核中发现了这些能级，在这种情况中能级本身直接表现于我们所观察到的光谱中．我们在“大”的体系里，诸如固体、液体和气体中，也发现了这些能级．初看起来，我们或许不会想到原子核发射和吸收 γ 射线和某些电子设备中石英晶体的振动之间存在什么联系，但事实上是有的．

§3.2　本章中我们要研究“小”的体系中的能级，我们将讨论一些有关的实验事实，并试图在很简单的理论概念的基础上解释所观察到的现象的某些方面．本章我们不打算解释能级何以产生，而作为基本经验事实接受自然界的这个面貌．在第八章中，我们将面对解释能级的挑战，并且将看到如何在量子力学的基础上理解它们.

本章中所讨论的许多原子光谱的特色早在令人满意的原子构造理论（即量子力学）提出之前就已发现，就这个意义上说，我们的叙述次序实际上近似于本课题的历史发展. 然而，我们的叙述并不是*真正*历史的，我们要更一般地讨论与能级有关的经验事实. 因此，也将讨论到原子核，尽管在历史上人们知道它的性质是很晚的.

§3.3　原子光谱的某些显著的规律性早就受到了人们的注意. 作为例子，我们说一下*里兹组合原则*，根据这个原则，一个元素有许多光谱线的波数等于其他某两条光谱线的波数之*差*或*和*. 比方说，对某个元素㊀，观察到下列谱线：

$$\tilde{\nu}_1 = 8\ 225\ 827\ \mathrm{m}^{-1};$$

$$\tilde{\nu}_2 = 9\ 749\ 128\mathrm{m}^{-1};$$

$$\tilde{\nu}_5 = 1\ 523\ 297\mathrm{m}^{-1}.$$

我们有 $\tilde{\nu}_2 - \tilde{\nu}_1 = 1\ 523\ 301\mathrm{m}^{-1}$. 这个差值与 $\tilde{\nu}_5$ 如此接近，以致我们难以相信这种符合纯系“巧合”，由于对同一个元素的其他谱线以及许多其他许多元素的谱线都呈现出同样的特点，就更不像是巧合了.

后来人们发现了一条更一般的原理. 一个原子发射的任何谱线的波数 $\tilde{\nu}$ 可以表示为两个*谱项* T' 及 T'' 的差值，即 $\tilde{\nu} = T' - T''$. 每个原子都以一组这样的谱项（用波数表示）为特征，称为该原子的*谱项系*.

这个原则包括了里兹组合原则；设三根谱线与三个谱项有下述联系：

$$\tilde{\nu}_{12} = T_1 - T_2, \tilde{\nu}_{13} = T_1 - T_3, \tilde{\nu}_{23} = T_2 - T_3 \tag{3a}$$

则我们有

$$\tilde{\nu}_{23} = (T_1 - T_3) - (T_1 - T_2) = \tilde{\nu}_{13} \sim \tilde{\nu}_{12} \tag{3b}$$

这就是组合原则的一个例子.

§3.4　今天我们将谱项解释为相当于原子的能级. 因此，就把光谱项系统解释为表征该原子的能级系统的一种表现方式. 玻尔（Niels Bohr）首先在他的关于氢原子的论文中提出了这个思想㊁.

让我们按照已知的有关电磁辐射的量子本性来考虑这件事. 频率为 ν 的光量子，即光子，其波数为 $\tilde{\nu} = \nu/c$，带有能量 $E = h\nu = (hc)\ \tilde{\nu}$. 如果波数是两个谱项 T' 与 T'' 的差，那么这个能量就是两个能量 $E' = (hc)T'$ 和 $E'' = (hc)T''$ 的差. 因此，谱项也可以表示为能量、波数或频率. 因为这些量总是通过常量 h 和 c 互相联系着. 由此我们可以说，光谱项表也就是“能级”表. 正如我们将见到的，这种表达方式有真实的物理含义：它不仅仅只是术语上的改变.

㊀ 我们不打算在此揭示出这种原子的名称，那样会使本章末的习题1索然无味.

㊁ N. Bohr, *Philosophical Magazine* **26**, 1 (1913).

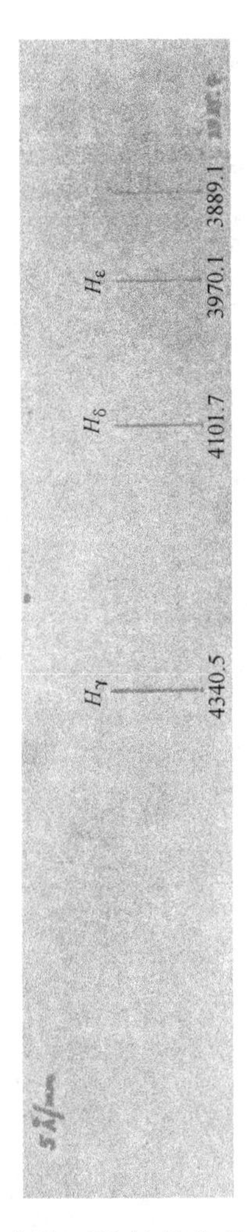

图 1B　氢光谱（波长单位是 Å）．这个光谱在可见光谱区的外貌初看起来并无特异之处，然而，氢原子光谱的波长引起了极大的兴趣．由于氢原子是可能有的最简单原子，它对所有的原子理论都起了试金石的作用，因此必须解释这个光谱．玻尔能够说明这些谱线这件事是我们对于自然界理解的一个惊人的进步．现代量子力学可以说明这张照片上可见到的所有东西以及更多的事情，在物理学的记录上，氢原子理论的历史的确是绚丽多彩的一章．（光谱是由伯克利的 D. Goorvitch 博士为本书拍摄．）

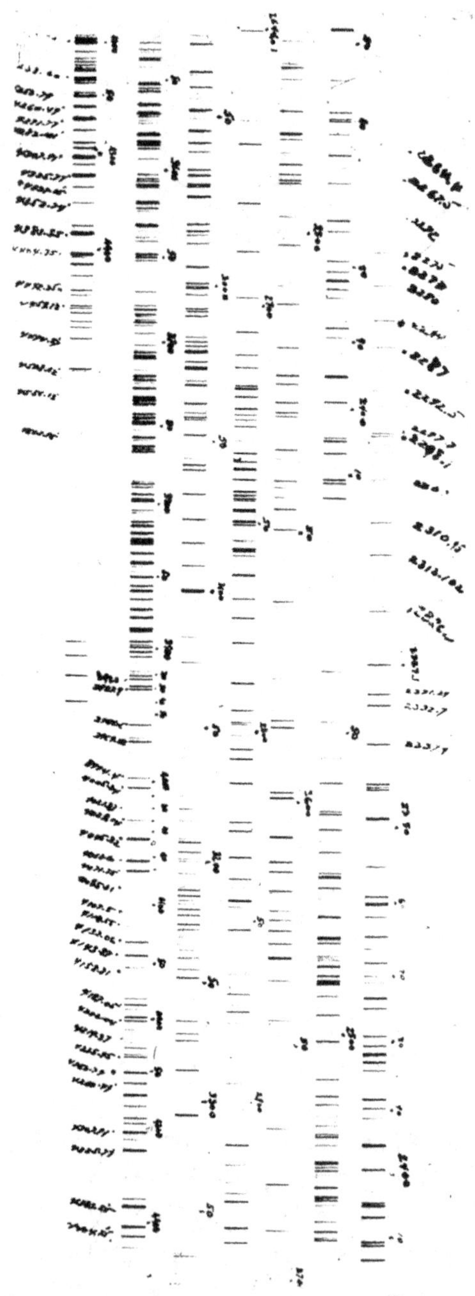

在同一块玻璃底片上摄得的铁光谱的几个部分.[⊖]片上波长的单位是Å，这张特定照片的目的并非用于测量铁的波长，而是要利用这些熟知的波长标定石英棱镜摄谱仪.（照片承蒙伯克利的戴维斯（S. P. Davis）教授惠允.）

⊖ 原版书图即是如此，特此说明.——编辑注

§3.5　在某些原子光谱和原子结构的初步描述中，大体上是按如下方式说明的，即做出两个理论上的假设：

Ⅰ.“原子只能存在于某些内部运动的确定定态中，这些定态组成分立的集合，每个定态的特征是具有一定的总能量.”

Ⅱ.“当一个原子发射或吸收电磁波时，它从一个定态跳变到另一个定态. 如果原子从一个能量 E_u 较高的定态跳变到能量 E_i 较低的定态（因此 $E_u > E_i$），发射一个频率为 ω㊀的光子”

$$h\nu = \hbar\omega = E_u - E_i \tag{5a}$$

这个发射过程的逆过程则是吸收一个频率为 ω 的光子，这种情况下原子从低能态跳变至高能态.”

现在我们会立即注意到，如果从字面上解释上述假设，那么第一个假设显然是错的. “较高的态”不能绝对稳定或根本不稳定，因为原子的确会由这些态自发地衰变. 按宏观的时间尺度，这种衰变是非常迅速的. 我们可以引用 10^{-8}s 的时间作为数量级上的估计，用它来描写原子激发态的典型寿命. 然而，我们应当注意，按原子时间的尺度，这样的寿命是相当长的. 一个光学光子㊁的频率数量级相当于 10^{14}s^{-1}，因此对应的周期远比一个激发态的典型寿命短得多.

关于第二个假设我们可以说，它并没有增加多少知识：我们完全不知道原子从一个定态“跳变”到另一个定态意味着什么. 某些作者实际上完全不愿使用“跳变”这个说法，而宁愿说“原子从一个定态跃迁到另一个定态.”这种表达方式听起来无疑更有学术风范，但很难说知识会有多少增加. 当原子发生跃迁时，明确发生了什么事情呢？

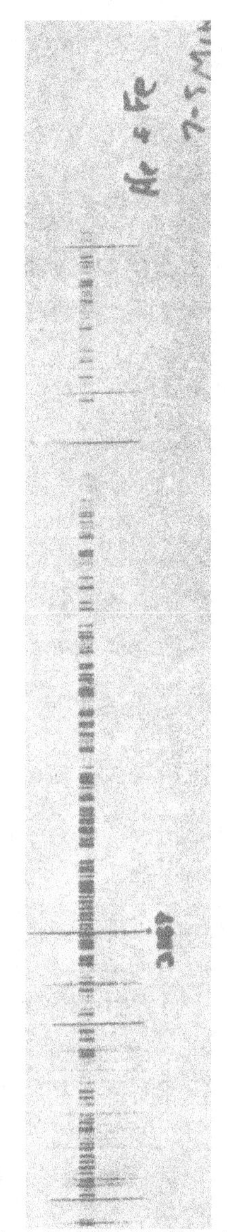

叠加在铁光谱（短线）上的氦光谱（长线）. 底板上的数字是以 Å 为单位的某些氦的波长. 铁光谱的复杂性和氦光谱的简单性形成了鲜明的对比.（照片承蒙伯克利的戴维斯教授惠允.）

㊀ 正如第二章第8节所说明的，与有关量 $\omega = 2\pi\nu$ 都称为“频率”，类似地 h 与 $\hbar = h/2\pi$ 都叫普朗克常量，下面大多用 ω 与 $\hbar$，因为作者更愿意使用它们.

㊁ 光学光子，原文为 Optical Photon，是指可见光的光子. ——译者注

尽管我们说了上面那些话，但读者不应将两条假设作为无意义的表述加以摒弃，而应当把它们视为描述极复杂现象的第一级近似，在这种程度上它们是有用的.

§3.6　为了说明在原子（或分子、或原子核）中所有被观察到的谱线，我们试图为原子建立一个谱项系统，或能级系统，也就是一系列的能级 E_0，E_1，…排列成的图表，于是每条观察到的谱线对应于谱项系统的两个能级间的跃迁.

如此建立的能级系统常常以谱项图的形式用图表示出来，如图6A所示. 水平线表明了系统的4个能级，能级间的垂直线指出了可能的跃迁，而箭头表明了跃迁是向上（吸收）或向下（发射）. 6个可能的跃迁频率列于图下方，通常在画谱项图时用了线性的垂直能量标度，因此，这些跃迁频率直接正比于能级间的箭头（或线段）的长度.

如同图中所显示的那样，比较少的谱项描述了为数甚多的谱线：从 n 个能级可能挑出能级对的数目是$\frac{n(n-1)}{2}$. 然而，应当指出，一般地我们未观察到对应于每一对能级之间可能的跃迁的谱线，从这个角度来说，图6A是有些误导，我们以后会讨论这个重要的问题.

为了充分地理解这种做法给光谱研究带来了多大的条理性，我们只要看一些更为复杂的原子光谱，或者去看分子的带状谱就更好了（见图6B及本章的另一些光谱）. 后一类光谱有特色地表示出一系列光谱带，用高分辨率仪器研究它们，发现它们是由大量非常靠近的谱线所组成. 初看之下，分子的带状谱复杂得令人望而生畏，然而却发现可能在这样的复杂性中找出条理：在许多情况下，我们可以建立谱项图，并且说明每条观察到的谱线.

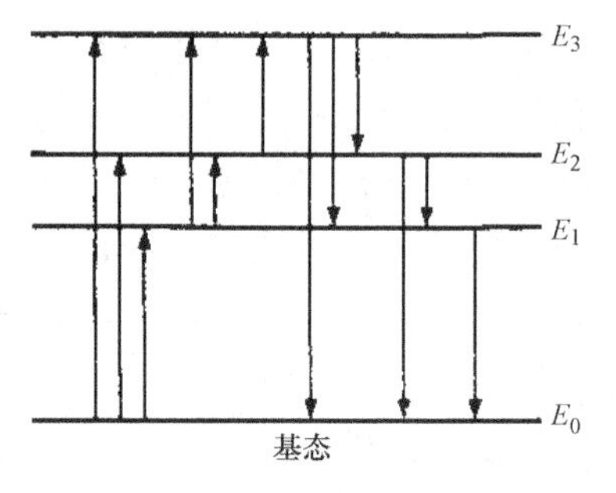

图6A　表示4个能级以及能级间的跃迁的谱项图. 可能的跃迁频率如下：

$$\omega_{30}=\frac{(E_3-E_0)}{\hbar},\quad \omega_{31}=\frac{(E_3-E_1)}{\hbar}$$

$$\omega_{20}=\frac{(E_2-E_0)}{\hbar},\quad \omega_{21}=\frac{(E_2-E_1)}{\hbar}$$

$$\omega_{10}=\frac{(E_1-E_0)}{\hbar},\quad \omega_{32}=\frac{(E_3-E_2)}{\hbar}$$

§3.7　再考虑图6A，并让我们假定该图表示原子的谱项图，在此情况下，能级间隔典型地具有1eV的数量级.

假如我们研究原子的吸收光谱. 利用具有连续光谱分布的光源所发出的光，当它通过一层所研究原子的（单原子）气体后，我们观察光谱中的吸收线. 进一步假定气体是相当冷的（比如在室温下），那么我们会在三个频率 ω_{30}，ω_{20} 和 ω_{10} 上观察到吸收线，但剩下的三个频率上则没有. 对此的解释很简单：气体中的绝大多数的原子处在基态，因此，我们只是观察到从基态到某一较高态的跃迁.

随着温度提高，原子处于某一个激发态中的概率也增加了. 在这套书的第5

卷㊀中我们将学习到，温度为 T 的气体中，处于第 n 激发态的原子数与基态的原子数之比是

$$N_n/N_0 = \exp\left(-\frac{E_n - E_0}{kT}\right) \qquad (7a)$$

在“室温”，$kT \approx \frac{1}{40}\text{eV}$，这个比值是可忽略的小数值. 因而得知冷气体不会发射（可见）光，除非原子被某种其他（外来的）手段所激发.

§3.8 假如我们研究由例如放电激发的原子气的发射光谱，我们就可以观察到所指出的全部谱线. 如果原来处于基态的原子与一个高能电子碰撞，电子可能会将其部分能量转移给原子. 这就使得原子跳到一个较高的能态，随后衰变至较低能级并发射光. 不言而喻，除非电子具有足够能量将原子提高到某个激发态，否则这个过程不可能发生，如果电子能量小于 $(E_1 - E_0)$，那么电子只能经受一次与原子的弹性碰撞. 如果能量更高一些，则有可能会引起光辐射的非弹性碰撞发生.

对于这幅图景，有一个明显的实验鉴定方法，而实际上这也正是对本章第 5 节中假设的一般概念基础的验证；我们只要改变激发原子的电子的能量，那么随着能量增加应当出现新的发射线. 图 8A 表明了对于汞原子气体的这种实验的一些结果. 正如所见，发射光谱的外貌以预期的方式变化着，并且可以根据如图 8B 所示的谱项图来说明这种变化.

§3.9 图 9A 表示了一个类似实验的结果. 低气压下的气体状态汞原子受电子轰击而激发. 激发的原子经发射光子而衰变回到基态，这些光子（特别是紫外光子）的存在可通过它们射到铁的电极所引起的光电流观察到，当轰击电子的能量增大到可能激发新的能级时，结

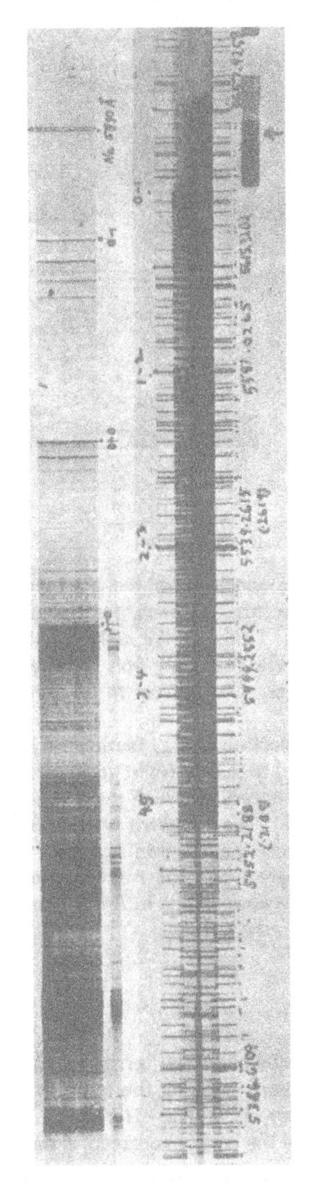

图 6B 在两种不同的色散下所摄得的 C_2 分子光谱的一部分. 左边那个是在低色散下取得的，显示出分子光谱的“带状”特征. 右边那个是在高得多的色散下得到的（见图上以 Å 为单位的波长）在这里已可清楚看出组成带的谱线.（照片承蒙伯克利的戴维斯教授惠允.）

㊀ 《伯克利物理学教程》第 5 卷统计物理学.

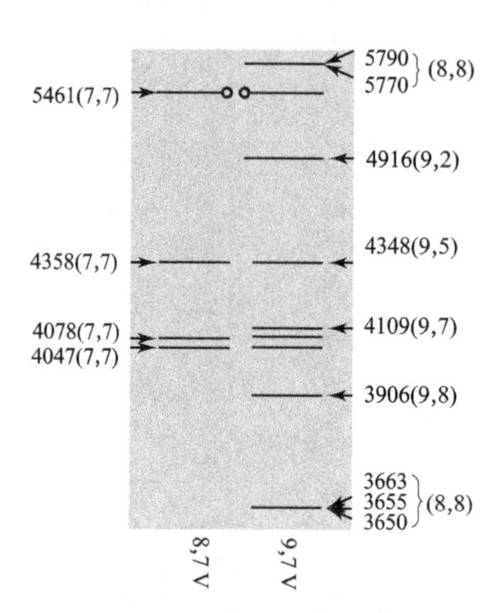

图 8A　由两种不同能量的电子碰撞激发的汞原子的光谱．这张照片采自 G. Hertz，“Über die Anregung von Spektrallinien durch Elektronenestoss，1”，*Zeitschrift für Physik* **22**，18（1924）

当电子能量从 8.7 eV（左边光谱）增加到 9.7 eV 时（右边光谱），在左边光谱中毫无踪迹的整列新光谱线出现了．图上括号里的数字表示光谱线首次出现时的电子能量，不加括号的数字表示波长，其单位为 Å．（承蒙 Springer 出版社惠允．）

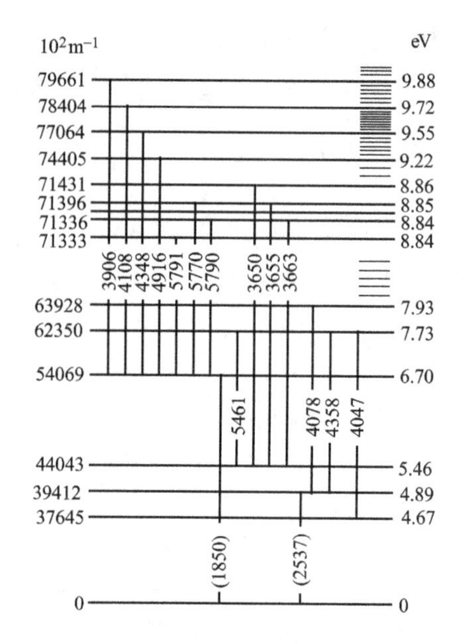

图 8B　大为简化的中性汞原子的谱项图，表示了在图 8A 中见到的跃迁中所涉及的能级．左方的数字是以波数表示的能级的能量．以 eV 表示的相应的能量标在右方．请注意这个谱项图并没有按比例画．那些省略掉数据的能级在右方加以指明．跃迁线上的数字是以 Å 表示的波长，所有到基态的跃迁都在紫外区．其中的两个跃迁在图上已标明（括号里是波长）．这些谱线在图 8 A 的光谱中是看不到的．电离的极限位于 8 418 400m^{-1}处（相应于 10.4 eV）．

果就可能有新的跃迁出现．在汞原子的每个新能级上，发射光子数目的增加速率会随着电子能量的增加而突然增加，因此曲线的斜率将在这些能量处显示出不连续性．图 9A 中的这些不连续的位置应当与图 8B 的谱项图上所表示的能级相对应．

精确确定轰击电子的能量是件难事，然而，通过这样的测量确定原子的能级系统显然是非常有用的．图 9A 的曲线确定了许多能级的近似位置．发射谱线波长的精确测量补充了这些数据，同时由于我们能够观察到一条谱线在多大电子能量下首次出现（如果使用的是电子轰击的激发方法）．我们就可以得到跃迁所涉及的能级的信息．而其他的信息可以从吸收光谱的研究中得到：在吸收光谱的情况下，我们知道较低能级必定就是基态．

过去人们曾用过这些方法和许多其他方法，现今仍用其来收集原子光谱和原子能级的大量数据．

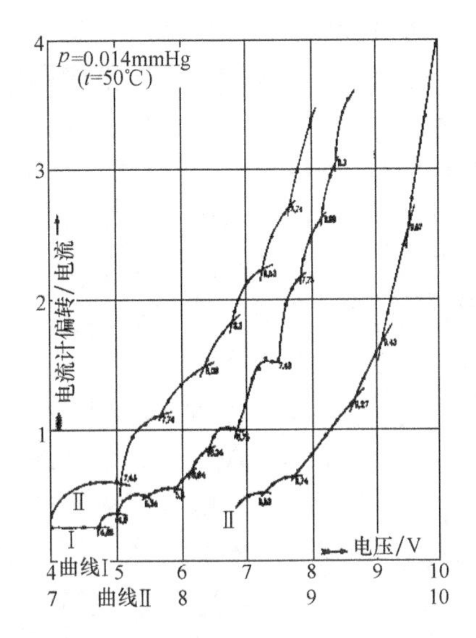

图 9A　由电子碰撞引起的汞原子的激发，本图采自 J. Franck and E. Einsporn，"Über die Anregungspotentiale des Quecksiberdampfes，" *Zeitschrift für Physik*，2，18（1920），

横坐标表示电子的能量（按两种不同的标度），纵坐标表示对汞原子发射的光的测量（见正文的解释）. 当电子能量增加时，新的能级被激发，在每个新能级上，曲线的斜率发生突变，因为产生另一种光子的新跃迁已可能了.

原子是在汞气体的状态中，压强为 0. 014mmHg（毫米汞柱为非法定计量单位，1mmHg = 133. 322 Pa），温度为 50 ℃（承蒙 Springer 出版社惠允.）

§3. 10　荧光的现象很容易在图 6A 的基础上来理解. 处于基态的原子吸收了能量为（E_3-E_0）的一个光子，于是它就跃迁到 E_3 能级. 它可能从这个能级经过其他能级而衰变，我们就会观察到图 6A 中列出的所有频率的光子.

根据这个图像我们立刻就能理解斯托克斯定则：荧光发射的频率不能超过激发光的频率. 这条定则相当普遍地成立，然而，如果某些吸收激发光的原子原来并不是处于基态，那就可能出现例外.

在爱因斯坦讨论光电效应的论文中，他也从光子图像的观点讨论了斯托克斯定则. 那时能级的概念尚未出现，但是如果假设发射量子的能量必须从被吸收的量子得到，也能理解上述定则.

§3. 11　原子处在高于基态的某个能量状态时会发生电离，这个能量是电子和一次电离的原子彼此完全分离地存在的最小能量. 在这个能量及更高的能量下，"原子"不再作为一个原子存在，但是我们仍可认为这个体系由一次电离原子和一个电子所组成. 很显然，这个体系可以具有我们所想要的高于电离能的任何能量. 因此，这体系的一组可能的能量状态就由低于电离能的一系列分立的能级以及高于那个能量的连续能谱所组成. 这种情况如图 11A 所示. 在电离能级 E_i 上的阴影区域代表连续能谱.

左边垂直线表示了原子通过吸收一个能量为（$E'-E_0$）的光子从基态跃迁到连续能谱区域中的E'能量. 这个过程就是单个原子的光电效应. 逸出的电子具有动能（$E'-E_i$）.

光致电离（光电效应）的逆过程是电子与一次电离原子的辐射复合. 这个过程在图11A中由右边的垂直表示. 一个动能为（$E''-E_i$）的电子与（静止的）离子相碰撞，于是这个体系“跌”到E_2能级，并发射出一个能量为（$E''-E_2$）的光子. 原子由这个能级经过第一受激态继续下落到基态，如箭头所示. 在这个级联过程中的每个跃迁都发射出一个适当频率的光子.

在原子物理学中，常常规定电离能级的能量值为零，因此束缚态都具有负能量. 其他规定是否也适宜需视具体的情况而定. 在原子核物理学中我们常常规定原子核的基态能量为零，我们应当注意零点的选择纯粹只是一个约定.

§3.12 至此我们只是根据两条假设考虑了原子. 然而，能级以及这些能级间的跃迁的概念具有极为广泛的应用，我们可以按同样方式讨论分子和原子核. 考虑任何数目和种类的粒子的任意体系. 电离能级（或离解能级）是体系可能分解成两个彼此相距甚远的分离部分的形式存在的最低能量. 体系的可能的能量高于这个能级形成连续能带. 低于这个能量带，我们遇到对应于体系束缚态的许多分立的能级.（这是我们按照两个假设的精神来描绘的，但如果我们希望非常准确，就必须给予证明.）

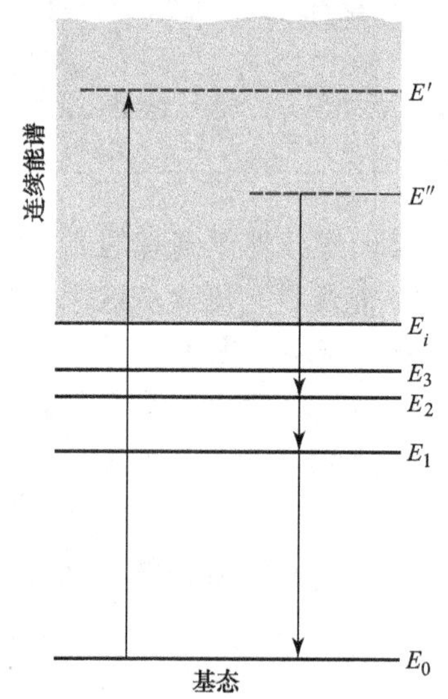

图11A 表示分立能级以及在电离能级以上的连续能谱（灰色区域）的谱项图. 由垂直的箭头指明在分立的能级间的跃迁以及到达和离开连续能谱的跃迁. 嵌在连续能谱里的水平虚线并不表示原子的能级，而只是表示了连续能量区域中特定的能量，在这连续能量区域中有可能存在一个电子和一个离子所组成的体系.

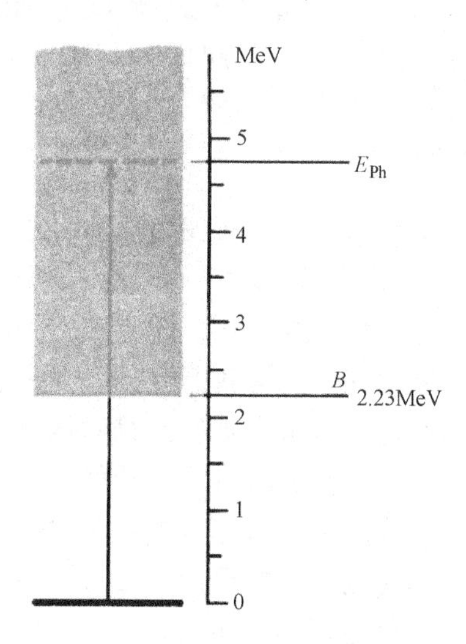

图12A 质子-中子系统谱项图. 表示氘核的基态以及从高出基态2.23MeV的离解能开始的连续区. 箭头表示氘的光致蜕变.

作为核物理中的谱项图的一个例子，我们现在来考虑图12A所示的氘核的能级图．氘核没有分立的受激态．它的束缚能是$B=2.23\mathrm{MeV}$，这意味着连续区从高于基态能量B开始．高于这个能量时“氘核”不再是氘核，而是包含彼此分离的一个中子和一个质子的体系．

图中的垂直箭头表示氘核的光致蜕变．一个能量为E_{Ph}（$E_{\mathrm{Ph}}>B$）的光子使得氘核离解为一个质子和一个中子，这质子和中子的总动能为（$E_{\mathrm{Ph}}-B$）．这个过程在实验上已经详细研究过．很明显，它完全类似于前一节所讨论过的原子的光致电离．它的逆过程是一个中子被一个质子的辐射俘获．

§3.13　作者期望这些关于谱项图的介绍性论述能使读者相信我们的两条假设在研究原子、分子和原子核的结构时确实是有用的．借助于谱项图我们得以把观察到的有关光谱的数据组织起来．第二条假设的重要部分很明显是关系式（5a）．有关“原子跳跃”的叙述，并不试图描写发射和吸收过程的细节；这只是说明发生了某件事情的形象化说法而已．

由于习惯，“跳跃”一词已经成为大家接受的量子物理学的通用词语．作者认为这是对一个词的不幸选择，人们可能猜想到，这个词在物理学的学习上已引起了许多不必要的麻烦；由于这个词的含蓄，它是很危险的；当我们说，“体系从一个状态跳到另一种状态”时，似乎暗示这个过程有某种突然和不连续的特点，从而形成的概念的图像就可能将我们严重地引入歧途．

二、能级的有限宽度

§3.14　在我们迄今为止的讨论中尚未遇到“跳变图像”的任何困难，理由不过是我们实际上未曾使用过它：我们只是用了式（5a）．现在来考虑一种情况，这时如果我们过分拘泥于字面上理解“跳变图像”就会遇到麻烦．

有一个频率为ω_0的光子入射到原来处于基态的一个原子．频率ω_0正好相当于原子从基态到某个激发态的跃迁能量，于是原子就吸收光子，发生跳变，以后它又发射出频率为ω_0的光子向下跳回基态．这个光子可能沿任何方向发射出去，原子就以这种方式散射适当频率ω_0的入射光．然而，假定入射光并不正好具有频率ω_0，而是与ω_0稍有差别的频率ω，那么原子是否会将光散射呢？回答是肯定的；人们实验发现，当使入射光的频率ω从小于ω_0的值开始变化时，原子作为散射体的有效性也在改变：它首先增加，在$\omega=\omega_0$达到一个尖锐的极大值，然后再减小．频率不合适的光子不知什么原因也可激起“跳变”：有一些实验告诉我们事实就是如此．我们可以进一步问，如果入射光频率$\omega\neq\omega_0$，那么散射光的频率将是多少．“跳变图像”似乎给我们暗示，这个频率即ω_0，应当是“正确”的频率．但这并不是在实验中出现的：重发射的频率实际上是ω，正如我们能够根据能量守恒（和光子图像）所预料的那样．

在讨论称为共振荧光的现象时，“跳变”这个词就难以认为是恰当的了．它甚至会把我们严重地引入歧途．

§3.15　观察到的事实用另一个模型来解释就很容易理解，让我们把原子当成一个力学体系：电子由弹簧连接在原子核上．这样的一个体系有若干个共振频率，其中之一就是 ω_0．当原子处于基态时，这个体系是静止的状态，但入射电磁波会激发起体系的振动．结果振动电子会辐射出与入射波频率相同的电磁波．越接近谐振频率 ω_0，振动的振幅越大，因此，原子作为散射体的有效性显然当入射光频率等于 ω_0 时最大，另外，这也是最重要的，辐射波得到与入射波确定不变的相位关系，因而它就能以非常确定的方式与入射波相干涉，这是“跳跃图像”不能很好解释的．在这种情况下“跳跃图像”最严重的缺陷是以一种无法与实际情况对应的方式分解散射过程：散射过程本应被视为是单一的相干过程；而不应看成是由两步跳跃所组成，否则第二步跳跃发射的光子与第一步跳跃所吸收的光子之间就不会有确定的位相关系．

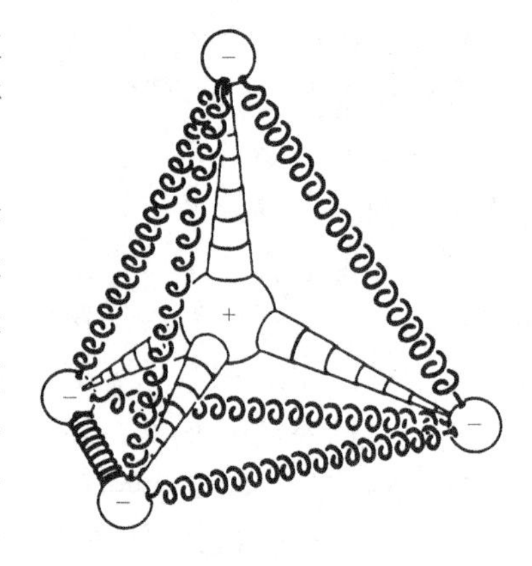

图 15A　有助于理解共振荧光的原子的力学模型．如果推动一下这个奇特装置（比方说与电子相撞），它就会振动，而由于电子是带电的，就会发射该体系的共振频率的电磁辐射．运动必然是有阻尼，因为体系通过辐射而失去能量．

在入射电磁波的影响下，原子经受入射波频率的强迫振荡，因此发射出同样频率的辐射，这就是共振荧光现象．

究竟再辐射的波是否与入射光波相干是可以用实验验证的，而证据确实支持了预言相干性的振子模型．

§3.16　有关共振荧光的讨论启发我们对原子、原子核和分子的能级做一种新的解释：即能级差对应于体系可以共振的频率，能级差值就是共振频率．

当然我们不应当过分认真对待任何带有弹簧和杠杆的力学模型：那显然是毫无意义的．这种公认是错误的模型之所以仍然能够这样好地描述诸如共振荧光那样的一些现象，只是由于共振现象的许多方面与模型的细节无关：在这个模型中要考虑的只是具有共振频率（以及有关的阻尼常量）的体系和各种共振模式与外来激发源耦合的性质．

§3.17　现在，假如我们试图通过测定能够使原子从基态跃迁到激发态的光子的频率来决定原子在高于基态的某一能级的能量，换言之，我们要确定原子的共振频率．但是，这样的频率并不是唯一的：原子在某个很小的频率范围内都有响应，当然，我们可以说，决定能级的“正确频率”是响应极大值的频率 ω_0．然而，仍然存在着这种情况，即在紧靠着 ω_0 的邻近频率上原子也响应，因此，在原子吸收光谱上的谱线不可能绝对的尖锐：它具有有限的宽度．这样的情况是个实验事实：

吸收光谱中的谱线具有有限的宽度.

于是我们可以提出问题：原子发射的谱线又怎样呢？它们是否也具有有限的宽度？答案是肯定的. 发射光谱线的宽度与对应的吸收光谱线的宽度相同.（这里我们必须提及，在实际情况中我们所观察到的光学谱线由于几种不同的效应而展宽. 这里所涉及的是孤立的、相对于观察者静止的原子发射或吸收光谱线的宽度. 这个宽度是原子的内禀性质. 让我们暂时忘掉所有其他的增宽原因：我们将在本章的后面讨论这些原因.）

发射光谱线具有有限宽度的含义是什么呢？字面上的意思是：如果我们用分辨率极高的摄谱仪来拍摄光谱线，我们会发现谱线具有有限的宽度. 发射光的频率并非严格等于 ω_0，但是，我们也会发现频率都邻近 ω_0.

§3.18　由于能级的位置是通过观察发射和吸收谱线来确定的，而且又由于这些谱线总有有限的宽度，我们就必然得出结论，那就是受激态的能量不可能是一个精确确定的量. 如果相信光子的图像及能量守恒原理，就只能得出这个结论，因此，我们在本章第 5 节中的第一个假设并不严格正确. 在基态以上的能级具有有限的宽度.

假定我们通过观察连接激发态和基态的吸收线来确定原子（或分子或原子核）中一个特定激发态的能量. 如果原子在频率 ω_0 处响应的极大值，我们可以对激发态指定一个平均能量 $E = E_0 + \hbar\omega_0$，这里 E_0 是基态的能量. 如果谱线宽度是 $\Delta\omega$（以某种恰当的方式定义），我们说激发能级的宽度是 $\Delta E = \hbar\Delta\omega$. 一旦我们认识到能级具有有限的宽度，那么使用“平均能量”这样笨拙的用语就没有多大意义：我们简单地说能级的“能量”，并理解这个能量所指的就是一个适当定义的平均能量.

§3.19　可以用经典力学中的一个例子来很好地说明作为我们第一假设基础的简化假定的实质. 设想推动一个单摆，然后让它自己摆动，我们假设摩擦力（其中最重要的是空气阻力）很小，但不是零. 这样，单摆在其振荡能量减少到初值的 $1/e$ 之前可以进行数百次振荡.（能量减少到原有值的 $1/e$ 所需的时间是“振荡状态的平均寿命”.）

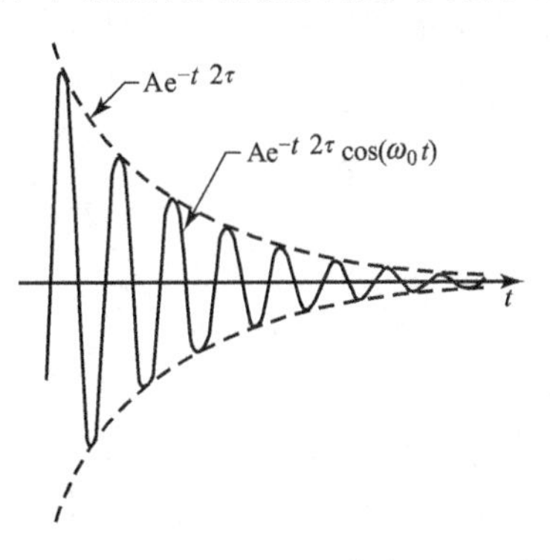

图 19A　表示振幅作为时间函数的指数衰减阻尼振荡过程. 由于它在时间上并非是严格周期性的，因而讲振荡的频率为 ω_0 是不正确的，因为频率的概念是用于周期现象. 如果阻尼不太大，可以说频率近似地是 ω_0. 直观上很明显，如果阻尼较小，即两次相继极大值的振幅减小也较少，则频率的定义也就更好.

设相继两次向右摆动之间的时间间隔为 1s. 现在如果有人问我们单摆的频率，不用多加思索我们就会说频率是每秒一次，这无疑是合理的答案，但严格地说是不对的：所谓“频率”我们理解为周期现象的重复率. 然而单摆的运动只是近似地周期性的，因为振荡的振幅随着时间推移而衰减. 阻尼谐运动的频率并不是精确确定的，虽然实际上这个频率是可以很好地确定的.

原子发射辐射在某些方面类似于一个阻尼摆. 发射过程并不是永远持续的，而这必定意味着“原子内的振荡”是阻尼振荡. 因此，并没有精确确定的频率，因为这个振荡现象不是严格周期性的. 于是，由“在原子内部振荡的某个东西”所发射的电磁辐射不是单色的. 发射的谱线就有有限的宽度.

§3.20　如果我们考虑一下图 19A，我们可能会想到，阻尼越小，频率的确定性就越好，因此我们可以猜测，可能频率的不确定性 $\Delta\omega$ 反比于平均寿命 τ.

为了研究这个问题，我们将本着本章第 15 节的“振子模型”的精神来考虑原子的发光和对光的散射. 我们假定只涉及两个状态：基态和比基态能量提高 $\hbar\omega_0$ 的激发态.

首先，考虑原子本身在刚受到激发后的情况. 我们用 $A(t)$ 表示在原子内部振动的无论什么东西的振幅，假定它与时间的关系是

$$A(t)=A\exp\left(-\mathrm{i}\omega_0 t-\frac{t}{2\tau}\right) \tag{20a}$$

这里 A 是常数，这是以复数形式表示出的平均频率为 ω_0 的阻尼谐振子的振幅与时间的关系.

由于这个振荡现象涉及带电粒子，我们预料会有（平均频率为 ω_0 的）电磁辐射发射出来，而发射的波的振幅与时间的关系必定与式（20a）有同样形式. 辐射的强度 $I(t)$ 正比于振幅绝对值的平方

$$I(t)=C\mid A(t)\mid^2=CA^2\exp\left(-\frac{t}{\tau}\right) \tag{20b}$$

这里 C 是某个常数. 因此我们可以写出

$$I(t)=I(0)\exp\left(-\frac{t}{\tau}\right) \tag{20c}$$

式（20a）中的指数式衰减因子我们写成（$-t/2\tau$）的形式，因为我们要在强度的表达式中有因子 exp（$-t/\tau$）. 显然，如何写这个因子，即如何定义 τ 只是个约定的问题. 按照我们的定义，τ 是辐射的强度衰减到原来的 $1/e$ 所需的时间. 由于 τ 是过程持续时间的一种度量，我们可以将 τ 理解为激发态的平均寿命，在数量级为 τ 的时间之内大部分都衰减了.”

§3.21　式（20a）所写出的振子振幅 A（t）满足一阶微分方程

$$\frac{\mathrm{d}A(t)}{\mathrm{d}t}+\left(\mathrm{i}\omega_0+\frac{1}{2\tau}\right)A(t)=0 \tag{21a}$$

这个齐次微分方程描述了不存在任何外界影响的振子的运动. 现在如果频率为 ω 的单色光射到振子上. 方程（21a）必须加上描述简谐变化的外加驱动力的项来修正，结果振子的非齐次微分方程的形式就是

$$\frac{\mathrm{d}A(t)}{\mathrm{d}t}+\left(\mathrm{i}\omega_0+\frac{1}{2\tau}\right)A(t)=F\exp(-\mathrm{i}\omega t) \tag{21b}$$

这里 F 是表示驱动力大小的常数.

微分方程（21b）有稳恒态解（不考虑暂态）

$$A(t)=\frac{\mathrm{i}F\exp(-\mathrm{i}\omega t)}{(\omega-\omega_0)+\mathrm{i}/2\tau} \tag{21c}$$

它对应着一个振幅不变，而频率是驱动频率 ω 的振动.

这个振子发射的辐射强度正比于 $A(t)$ 的绝对值的平方. 被驱动的振子的发射光作为散射辐射被观察到，散射的数量正比于强度. 让我们用 $S(\omega)$ 表示对应于入射辐射的单位振幅在单位时间内散射辐射的总量，这里 ω 是入射频率，由式（21c）我们可以写出.

$$S(\omega)\propto\left|\frac{1}{(\omega-\omega_0)+\mathrm{i}/2\tau}\right|^2 \text{或}$$

$$S(\omega)=S(\omega_0)\frac{(1/2\tau)^2}{(\omega-\omega_0)^2+(1/2\tau)^2} \tag{21d}$$

这里 $S(\omega_0)$ 是“共振”时的散射量，亦即当 $\omega=\omega_0$ 时的散射量.

$S(\omega)$ 对 ω 的关系如图 21A 所示.

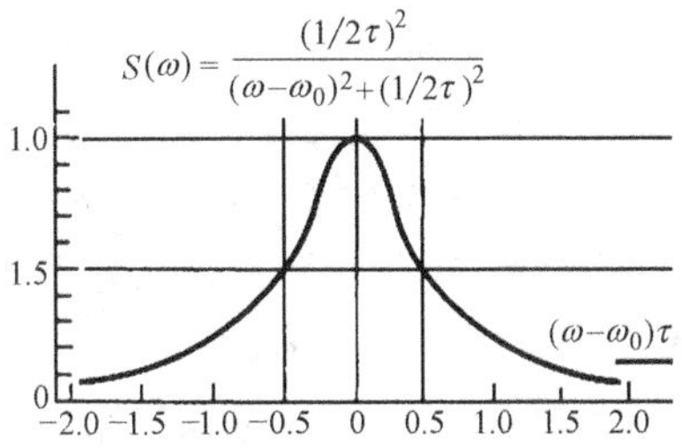

图 21A 普适共振曲线. 它描绘了如果没有其他共振频率靠近的情况下，任何线性（或近似线性）系统对于一个以邻近于共振频率作正弦变化的外力的响应.

（两种钟形曲线在物理学中起着特别重要的作用：一是共振曲线，另一是高斯曲线. 寻常画出时，它们可能看上去十分相像. 但必须记住，高斯曲线在中心区域外下降很快，而共振曲线有很长的“尾巴”.）

§3.22 函数 $S(\omega)$ 表示系统在频率为 ω 的外界扰动下的“响应强度”. 这种共振响应在量子物理学中是非常普遍的现象，它决不只限于光和原子间的相互作用. 当我们研究实物粒子的散射时，如具有十分确定能量的质子被原子核散射，或 π 介子从质子上散射，也发现这种共振响应. 人们最好说体系显示出在方程（21d）所给出的适当频率下的共振响应的精确意义上，量子力学体系的准稳能级“存在”.

在核物理学中共振公式（21d）称为布雷特-维格纳单能级共振公式. 这个公式是因布雷特（G. Breit）和维格纳（E. P. Wigner）得名.

§3.23 现在让我们指出共振公式（21d）的一个重要特征. 我们考虑这样一个频率 ω，在这个频率上的响应是极大响应值的一半，我们得到

$$\omega=\omega_0\pm\frac{1}{2\tau} \tag{23a}$$

因此共振曲线（见图 21A）在半极大值处的宽度为

$$\Delta\omega=\frac{1}{\tau} \tag{23b}$$

这和我们在本章第 20 节中对于频率不确定性与激发态的平均寿命之间关系的猜测一致.

由于我们可以用 $\Delta E=\hbar\Delta\omega$ 来定义（激发）能级的宽度，立刻就可从式（23b）推得非常重要的关系

$$\Delta E = \hbar/\tau \tag{23c}$$

它用状态的平均寿命来表示能级能量的不确定性 ΔE. 存在于该状态的持续时间越长，其能量就可以确定得越准确.

§3.24 对于像式（21b）那样的简单微分方程确实能描述光和原子之间的相互作用这样的复杂现象，读者可能产生强烈怀疑. 实际上它的确是不能的；但问题在于我们并不试图描述相互作用的每个方面，而只是描述原子对于紧邻共振频率 ω_0 的那些频率的（几乎是）单色光的响应。共振频率 ω_0 对应于从基态到激发态的跃迁. 式（21d）描述的只是一个共振，而如果有几个共振，就像在原子、分子和原子核的情况下，就必须对理论进行修正. 当远离所有其他共振时，可以期望式（21d）在共振曲线的邻近有很好的精确度.

介绍辐射跃迁的完整理论会使我们走得太远，我们必须满足于这样的多少有些含糊的理论. 事情的实质很清楚：有某个东西在振荡，这个东西带有电荷，而且对外界扰动的响应（它的振幅）是线性的.

§3.25 下面让我们来考虑在两个激发态之间跃迁所发射的光的谱线宽度，这种情况如图25A所示. 能级的宽度是用水平线的宽度来表示的（这里是极为夸张地画出的）. 我们考虑两次的级联跃迁：从第二激发态到第一激发态，接着从第一激发态到基态跃迁，在第二次跃迁中发射的谱线（频率为 ω_{10}）宽度为 $\Delta\omega_{10} = \Delta E_1/\hbar$.

我们也可以求出单个原子级联跃迁发射出的两种频率的不确定性总和. 如果我们用 $\omega_{20} = \omega_{21} + \omega_{10}$ 来表示两个频率之和，就将有 $\Delta\omega_{20} = \Delta E_2/\hbar$. 这是由能量守恒定律得出的结果：总共得到的能量的不确定性显然与第二激发能级在能量上的不确定性相同.

由此我们可以推测第一次跃迁中发射的（频率为 ω_{21}）谱线宽度是 $\Delta\omega_{21} = (\Delta E_2 + \Delta E_1)/\hbar$，而如果第一激发态是宽的，那么即使第二激发态非常狭窄（对应于较长的寿命），发射的谱线也还是宽的. 引入第一激发能级的宽度，给如何在两个发射光子之间分配可用的总能这一问题带来了不确定性.

刚才所介绍的基于能量守恒守律和能级有限宽度的概念之上的结果的确是非常合理的. 虽然我们的讨论并不严格，但它足以使我们理解问题的定性特点，而重要的一点在于发射谱线的宽度必定取决于所涉及的两个能级的宽度.

§3.26 我们再来看看关系式 $\Delta\omega = 1/\tau$. 由于频率反比于波长 λ，在波长上的相对不确定性等于频率上的相对不确定性，即

$$\Delta\lambda/\lambda = \Delta\omega/\omega = 1/\omega\tau \tag{26a}$$

对于原子中的光学跃迁，$\omega\tau$ 这个量总是非常大. 频率 $\nu = \omega/2\pi$ 的数量级是 5×10^{14} Hz，而平均寿命的数量级约在 $10^{-8} \sim 10^{-7}$s 之间，于是波长（或频率）上的相对不确定性的数量级约为 $\frac{\Delta\lambda}{\lambda} \sim 10^{-7}$，这是个很小的量. 由此而产生的谱线宽度称为自然线宽（固有线宽）：它是原子的内禀特性（即在跃迁中所涉及的能级的特性）.

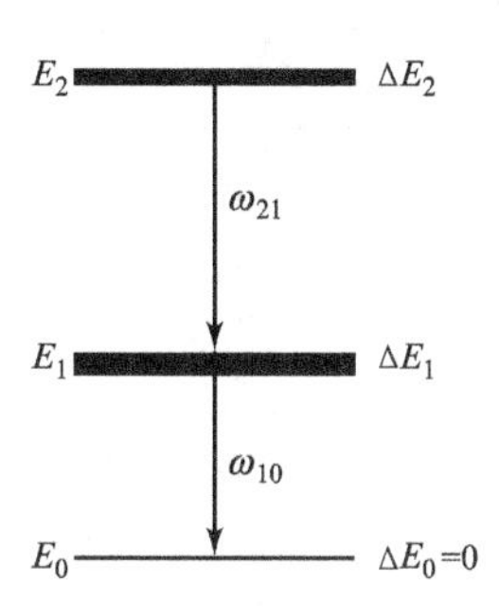

图 25A　说明第 25 节的讨论的谱项示意图．由较高的激发态往较低的激发态的跃迁所发射的（平均频率 ω_{21} 的）谱线宽度取决于两个能级的宽度，我们有

$$\Delta\omega_{21} = \frac{(\Delta E_2 + \Delta E_1)}{\hbar}.$$

44　　JACK SUGAK

TABLE V. – Observed spectral lines of Ce

λ air Å	Intensity	σ (m⁻¹)	Classification	o − c	λ air Å
4623.197	20	21624.00	101354, -122978°	− 0.03	4356.835
4616.233	60	21656.62	103612, -125269°	+ 0.01	4346.353
4613.803	60	21668.02	21849°, - 43517	+ 0.03	4344.025
4612.528	2	21674.01	101354, -123028°	− 0.05	4339.205
4612.384	4	21674.69	101354, -123029°	+ 0.03	4336.143
4610.723	30	21682.50	103612, -125295°	− 0.03	4335.515
4599.803	1	21733.97			4331.168
4582.264	200	21817.16	103351, -125168°	0.00	4327.503
4576.904	300	21842.71	103351, -125193°	+ 0.01	4321.384
4575.494	3	21849.44	0, - 21849°	− 0.03	4314.767
4570.430	2	21873.65			4309.634
4568.802	20	21881.44	103351, -125232°	− 0.02	4304.710
4551.460	60	21964.81	103231, -125196°	+ 0.01	4300.97
4544.250	100	21999.66	103231, -125230°	− 0.01	4296.17
4536.526	1	22037.12	103231, -125268°	− 0.05	4289.79
4536.330	10	22038.07	103231, -125269°	+ 0.01	4287.78
4535.726	1000	22041.01	21476°, - 43517	+ 0.01	4285.50
4527.861	6	22079.29	103079, -125158°	− 0.01	4284.77
4526.655	4	22085.17	103079, -125164°	− 0.02	4282.3
4525.931	2	22088.71	103079, -125168°	+ 0.01	4280.4
4525.330	100	22091.64	100814, -122905°	+ 0.03	4271.2
4524.689	10	22094.77	100814, -122908°	− 0.04	4264.6
4521.924	1000	22108.28	100814, -122922°	− 0.01	4247.
4520.709	3	22114.22	103079, -125193°	− 0.02	4239
4519.918	10	22118.09	100814, -122932°	− 0.04	42
4503.372	10	22199.36	100734, -122933°	+ 0.02	
4502.825	100	22202.05	70433, - 92635°	0.	
4494.689	2	22242.24	100734, -122976°		
4491.454	100	22258.26	102897, -		
4490.853	4	22261.23	[illegible]		

图 27A　一张表格的一部分，它载于萨加（J. Sugar）的论文第 44 页．“Description & Analysis of the Third Spectrum of Cerium（Ce III）”，*Journal of The Optical Society of America* **55**，33（1965）；

第一栏是在空气中观察到的双重电离的铈原子光谱线的波长．第二栏是谱线的相对强度，第三栏是以波数表示的光子的能量．第四栏是所涉及的光谱项，其能量以波数表示．

三、能级和谱项图的进一步讨论

§3.27　让我们现在来看几个典型的谱项图．它们是在实际测量的基础上绘制的，而且也已在量子力学的框架内得到解释．我们应当带着特有的敬意看待它们：每个图，更确切地说与之相关的波长表都是大量人类劳动的果实．

我们用读者会在文献上见到的相同的方式绘制我们的谱项图．这种画法和不同的能级的标记按照一些行之已久的规矩，采取现实主义的态度，我们要遵守这些规矩；虽然我们不能在这里解释这些图上的每个细节．也许读者会提出异议，认为我们不应当在图上画出我们现在不准备在理论上做出解释的任何东西．但是这种态度以及其逻辑结论会使我们在能够从理论上证明能级的确存在之前根本不可能考虑谱项图．然而，本章的目的是，在承认能级确实存在这一经验事实的前提下，讨论物理体系的某些方面．历史上的事实也正是如此，原子的谱项图，如图 28A 所示的即为典型例子，是依据光谱测量画出的，而那却是在人们理解图解细节的完整意义

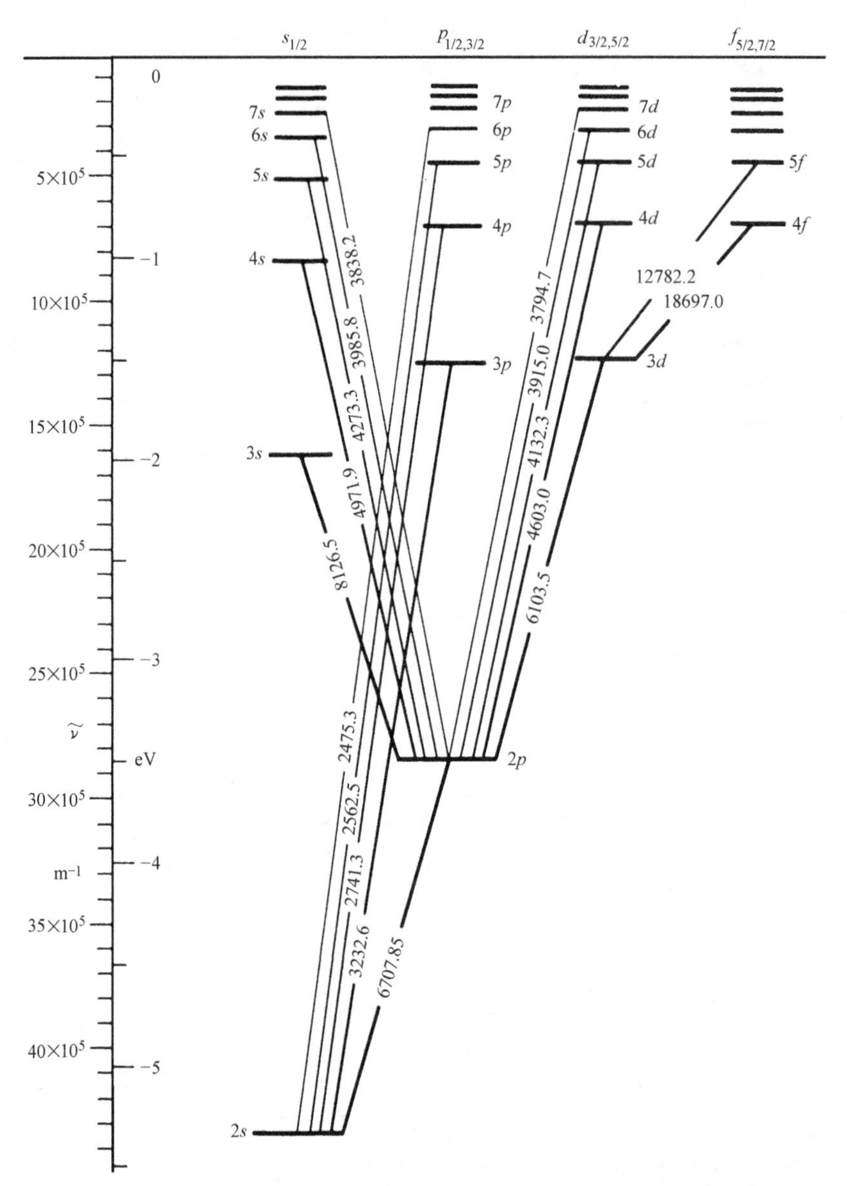

图28A　中性锂原子的谱项图. 斜线表示观察到的电偶极跃迁. 这些线上的数字是以 Å 为单位的波长. 其他细节请见本文的说明. 此图以格罗特里安（W. Grotrian）的一幅图为基础，载于 Graphische Darstellung der Spektren von Atomen …, Vol, Ⅱ, p. 15（*Verlag von Julius Springer*, *Berlin*, 1928.）

之前，也就是在发现量子力学之前得到的结果.

§3.28　量子力学体系的能级是用一些量子数来标记的，这些数是在体系的量子力学描述中出现的重要物理参量的数值. 我们将结合谱项图来讨论某些量子数的物理解释. 不过，并不要求读者理解和记住所示的能级上的所有标记的细节.

图 28A 是中性锂原子的谱项图，左边的能量标度表示电子伏特和等价的波数两种单位．水平的短横线表示能级，连接能级的线表示观察到的能级间的电磁跃迁，这些线上的数字是以 Å 为单位表示的谱线的波长，在光谱上特别突出的谱线则用能级间的粗线指示．

图 28A 的谱项图中的能级排列成纵列，图中画出的四列分别用字母 s，p，d 及 f 表示，实际上锂原子还有更多的能级，我们也应把它们排成纵列，列于图上所示的那些能级的右边，但它们都很靠近电离能级，并且不在锂的可见光谱区域中．

我们注意到图 28A 标出的谱线服从一个有趣的定则：这些跃迁都是在相邻纵列的两个能级间发生的．实际上图 28A 中并没有包括所有可能的跃迁．量子力学预言，从 s 纵列，或 d 纵列也会有到 $3p$ 能级的跃迁；从 p 纵列到 $3s$ 能级；从 p 纵列，或 f 纵列到 $3d$ 能级，等等．许多这样的跃迁都曾实际观察到，但为了不使图像内容太多，我们没在图上表示出来．这些处于红外区域的附加的跃迁也服从前述定则，即在相邻纵列的能级间跃迁．这个定则是选择定则的有趣例证．选择定则说只有某些的能级对之间可能发生跃迁．当我们观察一下图 28A 的谱线，这条定则的经验证据惊人地明显．我们特别注意到在 $3s$ 级与 $2s$ 级间没有跃迁；$3p$ 级与 $2p$ 级之间也没有跃迁，等等．由于这条选择定则支配锂原子的光谱，如我们已做的那样将能级排成纵列就显得是很自然的了．

Fe III-Continued

Authors	Confg	Desig.	J	Level	Interval
siP_1	$3d^1(a^4P)4_p$	$z\ iP^o$	2	119697 64	−284 62
iP_1			1	119982 26	−197 69
iP_0			0	120179 95	
ViF_1	$3d^1(a^4D)4_p$	$y\ iF^o$	1	120697 10	129 07
iF_2			2	120826 17	182 61
iF_3			3	121008 78	232 89
iF_4			4	121008 67	227 15
iF_5			5	121468 82	
ziG_1	$3d^1(a^4G)4_p$	$z\ iG^o$	3	121919 74	21 55
iG_4			4	121941 29	8 33
iG_5			5	121949 62	
ziD_1	$3d^1(a^4P)4_p$	$z\ iD^o$	3	122348 61	−281 73
iD_1			2	122628 34	−214 69
ID_1			1	122843 05	
viD_1	$3d^1(a^4P)4_p$	$y\ iD^o$	4	122944 15	114 60
iD_1			3	122829 55	−69 29
iD_1			2	122898 84	−22 53
iD_1			1	122921 37	−534 55
iD_1			0	123455 92	
viP_1	$3d^2(a^4D)4_p$	$x\ iP^o$	1	123552 95	144 23
iP_1			2	123697 18	53 21
iP_1			3	123750 39	
viD_1	$3d^3(a^4D)4_p$	$y\ iD^o$	3	124854 04	−49 88
iD_1			2	124903 92	−50 96
iD_1			1	124954 88	
viF_4	$3d^4(a^4D)4_p$	$y\ iF^o$	4	125443 58	−194 40
iF_2			3	124903 98	−34 85
iF_1			2	125672 83	
ZiS_1	$3d^5(a^4D)4_p$	$z\ iS^o$	1	126390 57	

图 28B　谱项图（简图）对于概览是有用的，但详尽的大批精确数据最好列成表格．上面列出双重电离铁的能级表的一部分．从基态算起的能量用波数 cm^{-1} 为单位（第五纵列）．标有 J 的纵列给出状态的角动量．前三纵列表示能级的各种标号，这无需在此解释．

本表采自穆尔（C. E. Moore），Atomic Energy Levels，Vol. Ⅱ，p. 62.（Circular of the National Bureau of Standards 467，U. S. Government Printing Office，Washington，1952）．

§ 3. 29　上面提到的选择定则是锂原子光谱的一个显著特点，我们可以从理论上解释它吗？答案是可以；我们完全可以理解这种现象．解释依据两个事实：物理空间的各向同性，以及精细结构常量 $\alpha=(1/4\pi\varepsilon_0)\ e^2/\hbar c\sim 1/137$ 的数值很小．本书中我们不打算做出完备的解释，因为我们不认为读者具有相关数学工具的知识，但我们试图给读者有关内容的至少是粗略概念．

由于精细结构常量很小，在原子物理学中某种类型的电磁跃迁就占统治地位．明确地讲，在这一类型的跃迁中所发射的电磁波与小的电偶极振子发射的波有同样的对称性质．这一点我们实际上在后面将要证明．我们称这种波（或光子）为电偶极波（或电偶极光子），在量子力学的框架内可以说明，它带走了数量为 $\hbar$ 的角动量.

物理空间的各向同性意味着在世界上不存在特殊的方向：一个孤立体系的行为与它在空间的指向无关，在极为一般的条件下，这意味着（不仅在经典力学之内，而且在量子力学之内）一个孤立体系的角动量矢量守恒：它不随时间而变. 也就是说，假如一个原子发射电偶极光子，在发射前原子的角动量必定等于发射后原子的角动量加上偶极光子带走的角动量. 这条守恒原理就导致选择定则，因为原子的每个定态就是由角动量确定的值来表征.

§3.30　根据量子力学，原子的角动量平方（忽略任何可能由原子核携带的角动量）的形式为

$$J^2 = j(j+1)\hbar^2 \tag{30a}$$

这里 j 是角量子数. j 的可能值受到下述定则的限制：$2j$ 可以是任何非负的整数，$2j=0$，1，2，…. 这样，如果原子有偶数个电子，$2j$ 就是个偶数，若原子有奇数个电子，则 $2j$ 是奇数. 人们习惯于说由角量子数 j 所表征的状态“有角动量 j”.

用量子力学可以证明，在电偶极子跃迁中，从角动量为 j_i 的初态跃迁到角动量为 j_f 的终态，所允许的角动量变化受下列定则支配：

$$\Delta j = j_f - j_i = -1, 0, \text{或} +1 \tag{30b}$$

这是一条对于所有孤立量子力学体系都适用的严格定则，无论这个体系是原子，分子，还是原子核. 这个定则是按上节所讨论的守恒原理推得的. 本书中我们不讨论角动量理论，因此我们给读者的好奇心留下了没有推导式（30a）与式（30b）的遗憾.

§3.31　然而，我们刚才所讲的定理并非是支配锂原子的选择定则的全部内容. 在原子物理中，存在另一个近似的选择定则，它也支配电偶极跃迁，可表述如下：在电偶极跃迁中电子的轨道角动量必须准确地改变一个单位，即

$$\Delta l = l_f - l_i = -1, \text{或} +1 \tag{31a}$$

这里带适当下标的 l 表示原子中电子轨道的角量子数. l 的意义是什么？这个量子数也有“经典的”解释：如果我们以经典的解释来考虑原子，那么 l 表示与电子的轨道运动相关的角动量的大小. 事实上每个电子还有一个内禀角动量，即自旋. 对一个电子来说自旋角动量量子数是 $j_s=1/2$，我们就说“电子自旋是 1/2”. 原子中电子的总角动量由两部分组成：它是轨道角动量和自旋的矢量和.

l 理论上允许取的值都是非负整数：$l=0$，1，2，3，4，…. 图 28A 中各纵列标明的字母 s，p，d，f 事实上是轨道角动量的符号：“s”指 $l=0$；“p”指 $l=1$；“d”指 $l=2$；“f”指 $l=3$. 在本章第 28 节中所讲的选择定则等价于选择定则（31a）.

并不总是可能为原子的能级确定一个轨道的角量子数. 虽然碰巧的是，对于碱金属原子，如锂原子，这是做得到的. 其理由在于虽然总角动量是个运动常量，但轨道角动量不是运动常量，自旋角动量也不是. 换言之，能级一般说并没有确定的

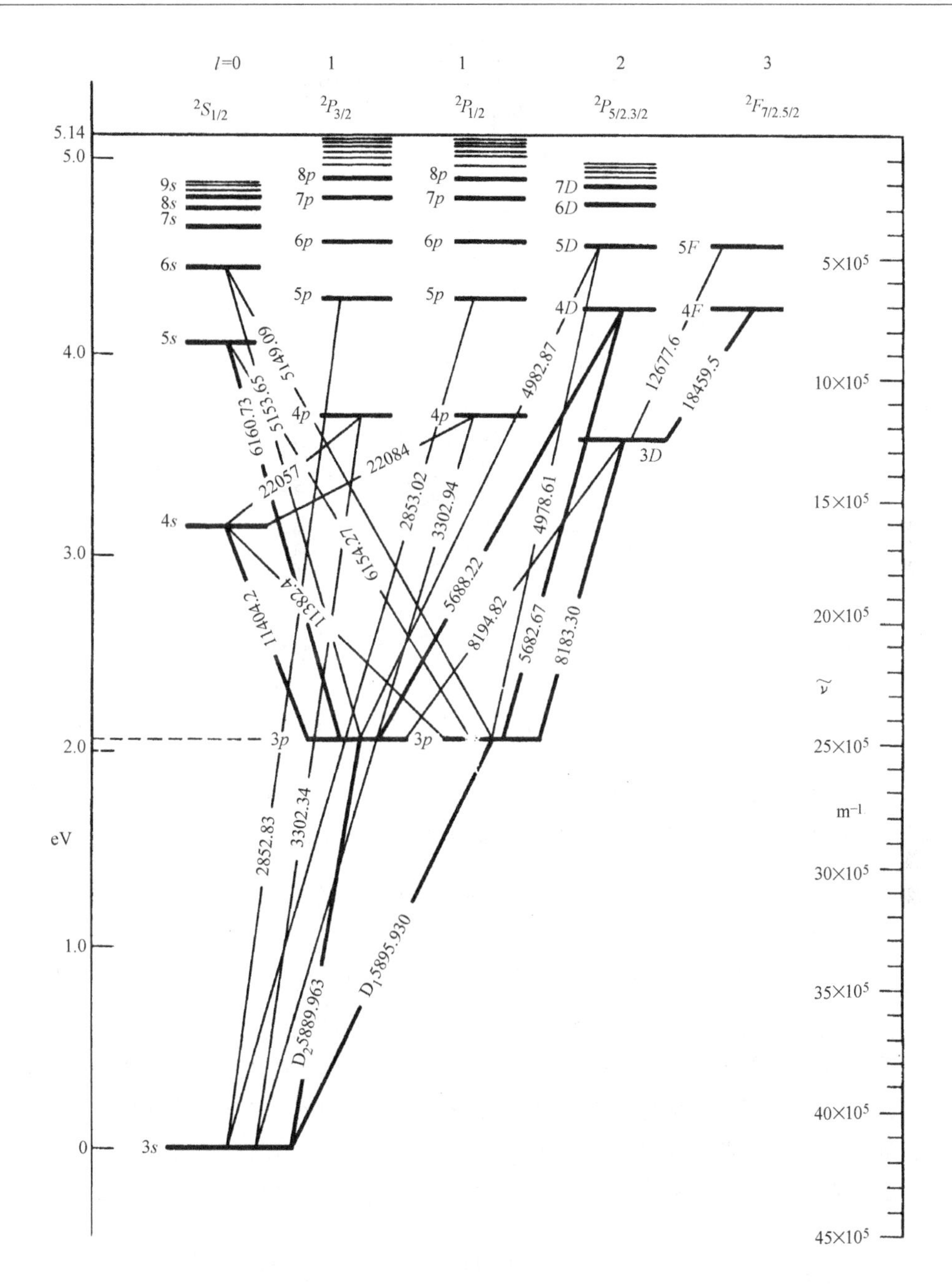

图 32A　中性钠原子的谱项图. 斜线上的数字是观察到的波长（单位为 Å）.（采自 Grotrian）

l 值. 正是在这种意义下定则（31a）仅是近似成立. 正如我们所说过的，对碱金属原子（和氢原子）这是一条正确的定则.

§ 3. 32　再考虑一下图 28A，j 以及选择定则（30b）表现在哪里呢？在这个图上选择定则没有完全显示出来，因为我们显示的是谱项图的简化形式. 实际上我们

Na I-Continued

Config.	Desig.	J	Level	Interval
$6f$	$6f\ ^2F^o$	$\left\{\begin{matrix}2\frac{1}{2}\\3\frac{1}{2}\end{matrix}\right\}$	3840010	
$6h$	$6h\ ^2H^o$	$\left\{\begin{matrix}4\frac{1}{2}\\5\frac{1}{2}\end{matrix}\right\}$	3840340	
$7p$	$7p\ ^2P^o$	$\frac{1}{2}$ $1\frac{1}{2}$	3854040 3854114	74
$8s$	$8s\ ^2S$	$\frac{1}{2}$	3896835	
$7d$	$7d\ ^2D$	$2\frac{1}{2}$ $1\frac{1}{2}$	3920096.2 3920096.23	−1
$7f$	$7f\ ^2F^o$	$\left\{\begin{matrix}2\frac{1}{2}\\3\frac{1}{2}\end{matrix}\right\}$	3920920	
$8p$	$8p\ ^2P^o$	$\frac{1}{2}$ $1\frac{1}{2}$	3929854 392990	47
$9s$	$9s\ ^2S$	$\frac{1}{2}$	3957451	
$8d$	$8d\ ^2D$	$\left\{\begin{matrix}2\frac{1}{2}\\1\frac{1}{2}\end{matrix}\right\}$	3972900	47
$8f$	$8f\ ^2F^o$	$\left\{\begin{matrix}2\frac{1}{2}\\3\frac{1}{2}\end{matrix}\right\}$	3973400	
$9p$	$9p\ ^2P^o$	$\frac{1}{2}$ $1\frac{1}{2}$	3979455 3979500	47
$10s$	$10s\ ^2S$	$\frac{1}{2}$	3998300	
$9d$	$9d\ ^2D$	$\left\{\begin{matrix}2\frac{1}{2}\\1\frac{1}{2}\end{matrix}\right\}$	4009057	
$9f$	$9f\ ^2F^o$	$\left\{\begin{matrix}2\frac{1}{2}\\3\frac{1}{2}\end{matrix}\right\}$	40095200	
$10p$	$10p\ ^2P^o$	$\left\{\begin{matrix}\frac{1}{2}\\1\frac{1}{2}\end{matrix}\right\}$	4013725	

图32B　中性钠原子能级表的一部分.（第四纵列）能量是从基态起算的，以波数 cm^{-1} 表示. 标记 J 的纵列给出状态的角动量. 本表采自 C. E. Moore，Atomic Energy Levels，Vol. 1，p. 90，（Circular of the National Bureau of Standards 467 ，U. S. Government Printing Office，Washington，1949）.

应当将 p，d 和 f 纵列各画成双列，纵列符号 s，p，d 和 f 的下标1/2，3/2，5/2与7/2表示总角动量 j. 对碱金属原子（及氢原子）以下定则成立：如 $l=0$，则 $j=1/2$（整个角动量都来自于电子的自旋）. 对所有其他的 l 值，j 可以取值：$j=l+\frac{1}{2}$ 和 $j=l-\frac{1}{2}$.（对其他原子，定则是不同的.）于是能级 $2p$ 实际上是双重的. 但双重态的两个能级之间的能量差别是相当小的，在该图的精确度内，两个能级重合.

图32A表示钠原子的谱项图，它也是碱金属原子. 十分明显，它的谱项图在许多方面和锂的谱项图很像. 在这种情况中我们可以将 p 纵列画成双列，但为了节省空间（和劳力）将 d 与 f 画成单列. 图32A中所表示的所有跃迁都是电偶极跃迁. 钠灯特征的黄光所对应的跃迁是由 $3p_{1/2}$ 与 $3p_{3/2}$ 能级到基态 $3s_{1/2}$ 的“黄色钠光谱线”，事实上是双线.

读者应当思考图32A的谱项图，自己确认所示的跃迁各自都服从 j 和 l 的选择定则（30b）与（31a）.

§3.33　图33A所表示的氦原子的能级图形成两个几乎完全独立的系统：单态系统以及三重态系统. 观察到的谱线产生于这两个系统内部的跃迁，即从单态能级到单态能级、从三重态能级到三重态能级.

氦原子是双电子原子. 在单态能级中，两个电子的自旋指向相反，而在三重态

能级中两个电子的自旋是平行的.

字母 S, P, D, F, …表示电子的总轨道角动量. 左上标 1 或 3 表示多重性(单态或三重态). 对单态能级, 总角动量等于轨道角动量. 对三重态能级, 总角动量 j 可以取值 $j=l-1$, l, $l+1$, 并规定必须 $j \geqslant 0$. 在三重态系统中 S 能级是单一的, 而其余的则是三重的. 单重态的能级当然都是单一的.

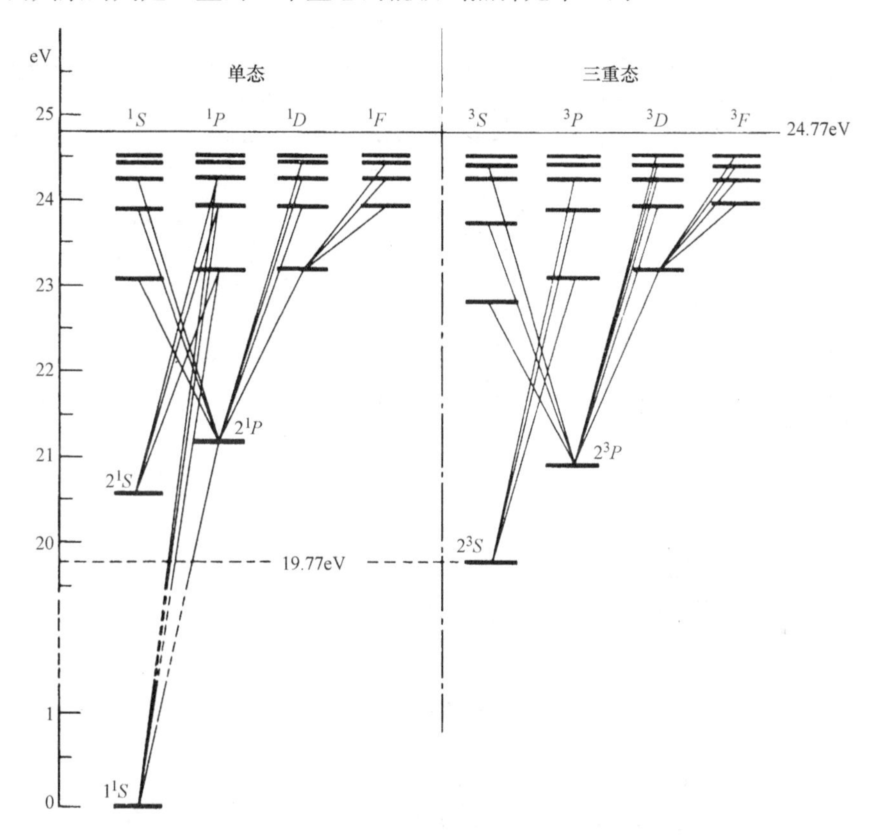

图 33A 中性氦原子的谱项图. 注意在能级的单态和三重态系统之间明显分开. 在三重态中电子自旋是平行的, 而在单态中则是反平行的. 除了在三重态中没有类似于单态的基态之外, 它们之间有着明显的对应. 这种情况是泡利不相容原理的一个结果: 两个自旋指向同一方向的电子不可能都占据最低能级, 如果自旋相反指向, 就没有这样的限制.

§3.34 我们注意到图 34A 的铊原子谱项图有一个有趣细节: $7^2S_{1/2}$态的原子可以衰变到 $6^2P_{3/2}$, 也可以衰变到基态 $6^2P_{1/2}$. 原子可以选择一条“跳跃”的途径. 这种特点在铊的谱项图上还有其他的例子, 在本章的其他一些谱项图上也能找到类似的情况 (读者应当找出这些例证). 如果一个激发态可以沿几条不同的途径衰变, 那么每种衰变模式就以确定的概率发生. 这个概率就称为所涉及问题的衰变模式的分支比. 分支比是激发态的内禀特性, 也就是说对如何达到激发态不敏感这种性质是实验事实.

§3.35　钠与锂都是碱金属，它们的谱项图相当类似，而与氦和铊的谱项图却有着显著区别. 考察大量的谱项图会发现一个值得注意的事实：化学上类似的元素有类似的谱项图. 图 35A 就是这样的例子. 其原理是元素的光谱和化学性质都取决于原子中电子的组态，特别是最外层的电子组态.

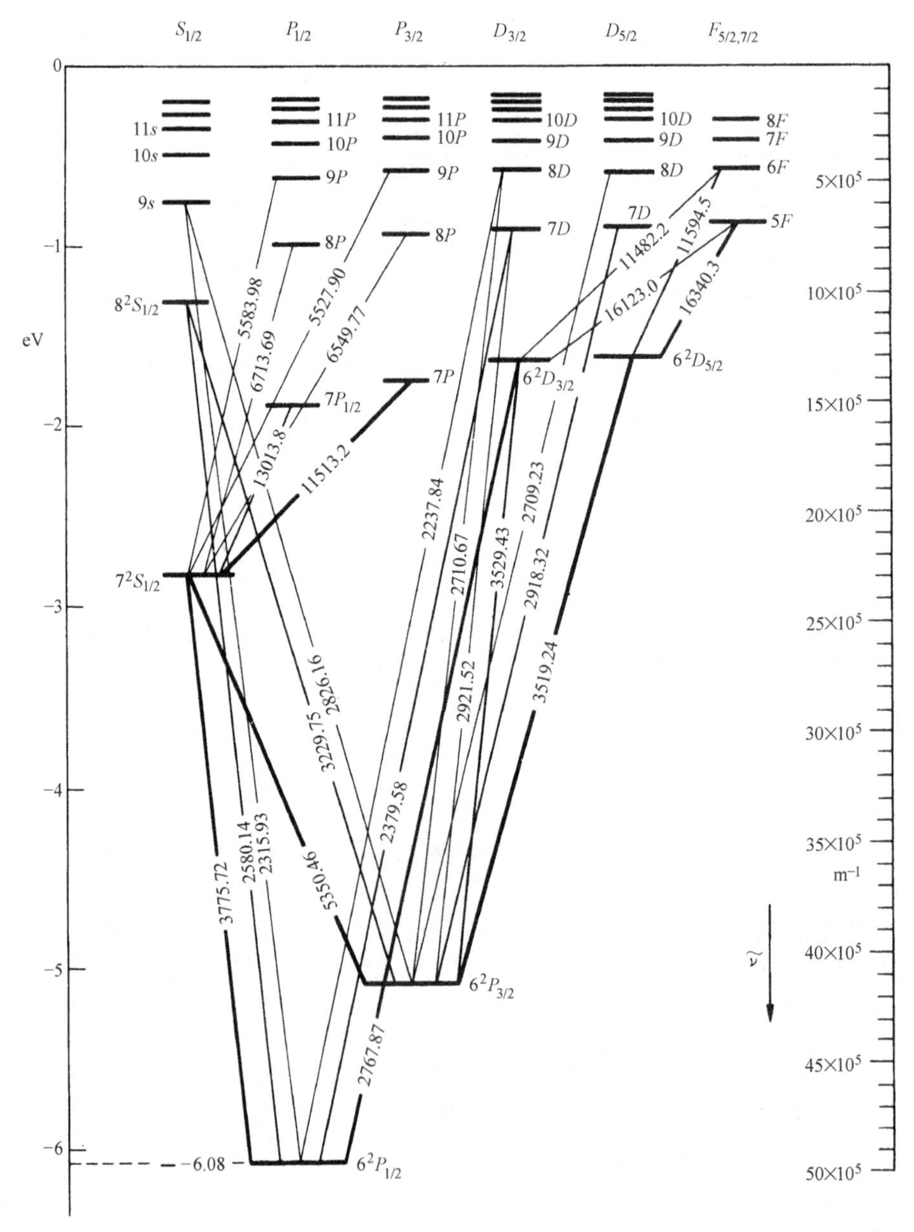

图 34A　中性铊原子的谱项图. 斜线上的数字是所观察到的跃迁的波长（单位为 Å）.（采自 Grotrian）

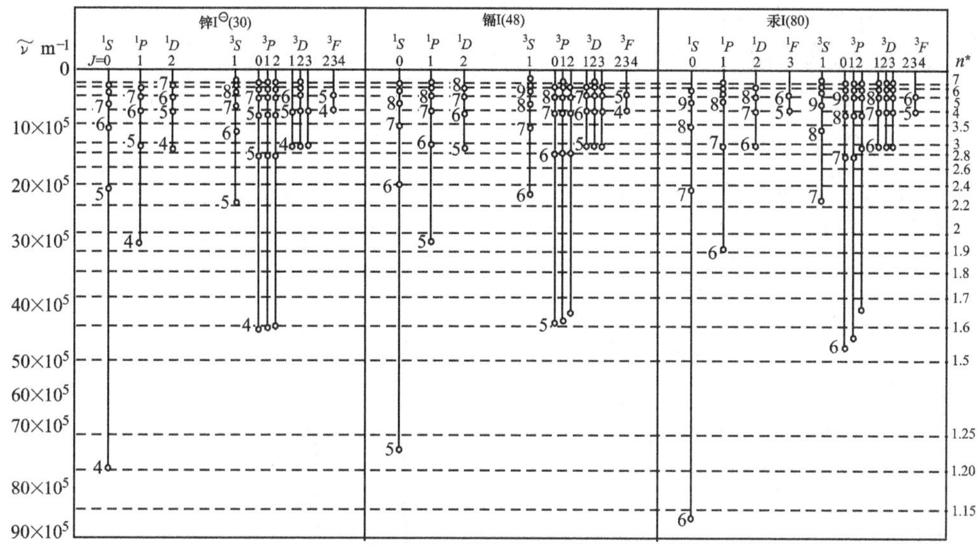

图35A 锌、镉与汞的谱项图，排列在一起显示出这样的事实：化学上类似的元素有类似的谱项图.

这张图取自格罗特利安（W. Grotrian，Graphische Darstellung der Spektren von Atomen und Ionen vol. **11**，Struktur der Materie Band Ⅷ，p131（Verlag Von Julius Springer，Berlin，1928）.（承蒙Springer出版社惠允.）

1 H 1.0080																	2 He 4.003
3 Li 6.940	4 Be 9.013											5 B 10.82	6 C 12.011	7 N 14.008	8 O 16.000	9 F 19.00	10 Ne 20.183
11 Na 22.991	12 Mg 24.32											13 Al 26.98	14 Si 28.09	15 P 30.975	16 S 32.066	17 Cl 35.457	18 Ar 39.944
19 K 39.100	20 Ca 40.08	21 Sc 44.96	22 Ti 47.90	23 V 50.95	24 Cr 52.01	25 Mn 54.94	26 Fe 55.85	27 Co 58.94	28 Ni 58.71	29 Cu 63.54	30 Zn 65.38	31 Ga 69.72	32 Ge 72.60	33 As 74.91	34 Se 78.96	35 Br 79.916	36 Kr 83.80
37 Rb 85.48	38 Sr 87.63	39 Y 88.92	40 Zr 91.22	41 Nb 92.91	42 Mo 95.95	43 Tc	44 Ru 101.1	45 Rh 102.91	46 Pd 106.4	47 Ag 107.880	48 Cd 112.41	49 In 114.82	50 Sn 118.70	51 Sb 121.76	52 Te 127.61	53 I 126.91	54 Xe 131.30
55 Cs 132.91	56 Ba 137.36	57–71 La 系	72 Hf 178.50	73 Ta 180.95	74 W 183.86	75 Re 186.22	76 Os 190.2	77 Ir 192.2	78 Pt 195.09	79 Au 197.0	80 Hg 200.61	81 Tl 204.39	82 Pb 207.21	83 Bi 208.99	84 Po	85 At	86 Rn
87 Fr	88 Ra 226.03	89–103 Ac 系	(104)	(105)	(106)	(107)	(108)										

镧(La)系	57 La 138.92	58 Ce 140.13	59 Pr 140.92	60 Nd 144.27	61 Pm	62 Sm 150.35	63 Eu 152.0	64 Gd 157.26	65 Tb 158.93	66 Dy 162.51	67 Ho 164.94	68 Er 167.27	69 Tm 168.94	70 Yb 173.04	71 Lu 174.99
锕(Ac)系	89 Ac 227.04	90 Th 232.05	91 Pa 231.05	92 U 238.04	93 Np	94 Pu	95 Am	96 Cm	97 Bk	98 Cf	99 Es	100 Fm	101 Md	102 No	103 Lw

图35B 元素周期表. 化学符号上面的是原子序数Z，符号下面的是原子量（适当稳定的元素的）.

注意镧族（稀土元素）包括15个化学性质十分相似的元素. 所有这些原子最外壳层有同样的电子组态. 这个系的出现是因为原来被“绕过”的内壳层在这个系中又被依次填充，在这幅图的基础上，玻尔预言了当时尚未发现的原子序数为72的元素铪的化学性质类似于锆而不同于稀土系. 后来的确在锆矿里发现了铪，这是玻尔理论的一个惊人成就. 锕系元素组成了类似的系.

㊀ “锌I”中的I表示中性原子. ——译者注.

图 35B 所示的非同寻常的化学元素周期表可以用原子的壳层结构来解释. 在这个长方形的表格中，元素以一定方式排列，即按照原子序数 Z 的增加排列，并将有相似化学性质的元素放在同一纵列上. 原子里的电子数等于 Z，我们在表中按照 Z 增加的顺序，有规则地逐步将电子充填进“壳层”. 而化学性质取决于壳层被充填的情况. 例如，在某一壳层全部填满时，表中就出现惰性气体.

在一个壳层中可以容纳的电子数目由泡利不相容原理决定，因此这个原理对化学有着决定的重要性. 当然，上述情况在泡利的伟大发现之前，人们已经置信不疑了.

按照上述思路去解释周期表的细节是令人着迷的工作，但在本书中我们不做这件事. 这个问题的学习最好是结合原子光谱和能级的系统学习一起进行. 而在一门导论性课本中这就太多了. 为了刺激读者的胃口，我们在图 35C 中列出原子的电子组态表的一部分.

元素	原子序数	壳层								
		K	L		M			N		
		次壳层								
		1s	2s	2p	3s	3p	3d	4s	4p	4d
H	1	1								
He	2	2								
Li	3	2	1							
Be	4	2	2							
B	5	2	2	1						
C	6	2	2	2						
N	7	2	2	3						
O	8	2	2	4						
F	9	2	2	5						
Ne	10	2	2	6						
Na	11	2	2	6	1					
Mg	12	2	2	6	2					
Al	13	2	2	6	2	1				
Si	14	2	2	6	2	2				
P	15	2	2	6	2	3				
S	16	2	2	6	2	4				
Cl	17	2	2	6	2	5				
A	18	2	2	6	2	6				
K	19	2	2	6	2	6		1		
Ca	20	2	2	6	2	6		2		
Sc	21	2	2	6	2	6	1	2		
Ti	22	2	2	6	2	6	2	2		

图 35C　轻原子的壳层结构. 用字母 K，L，M，N，…表示的主要壳层划分为图中所示的支壳层. 不同的周期用细水平线分开. 用灰色阴影表示的是完成的惰性气体组态，在前三个周期中，壳层以令人满意的规则方式依次填充，但从钾开始在内壳层尚未完全填满前就已开始填充更外层. 这个现象也出现在周期表的后面，它已在理论上得到很好的解释.

一个 s 支壳层可容纳 2 个电子，p 壳层则可容纳 6 个电子，d 壳层则为 10 个电子.

§3.36　当门捷列夫（D. I. Mendelejeff）在 1869 年首先提出周期表时，既不知道电子，也不知道原子核. 因此门捷列夫不是按电荷数 Z 而是按照原子量的递增次序来排列元素. 幸运的是，这个次序是正确的，只有很少的几个例外. 氩-钾的顺序就是这样的例外：氩的原子量大于钾，然而这两个元素的化学性质（氩是惰性气体而钾是碱金属）无疑表明氩必须在前. 从化学的观点看周期表中元素的次序是十分清楚的，因而在这样的基础上就有可能对每个元素给以一个原子序数 Z.

在这里我们应当提及，门捷列夫曾经有远见地在他的表中留下了某些空位以便

填上当时尚未发现的元素㊀.

§3.37　认识到原子序数实际上量度了原子核的电荷，因此它也等于电子的数目，这是原子理论向前迈出的重要一步．莫塞莱（H. G. J. Mosely）在1913年左右做的工作对于解决这个问题特别重要．他系统地测量了大量元素发射的X射线的波长，从而能够证明（不同元素的）相似谱线的波长以一种非常简单的方式依赖于原子序数㊁．让我们简单地考察一下这个问题．

当一个原子样品受到高能电子（能量可以达到100 keV）轰击时，发现短波电磁辐射以X射线的形式发射出来．此外还发现这种辐射的光谱是一些表征相关元素特性的锐线叠加在连续背景上（见第四章，图23A的实验曲线）．按照我们第二章第27节讨论的精神，我们假设在特征谱线的发射中必定涉及最内层的电子．入射电子可以从最里面的壳层（称为K壳层）打出一个电子，而较外壳层里的某一个电子会跟着“掉”进“空穴”．束缚能之差将以X射线光子的形式出现．

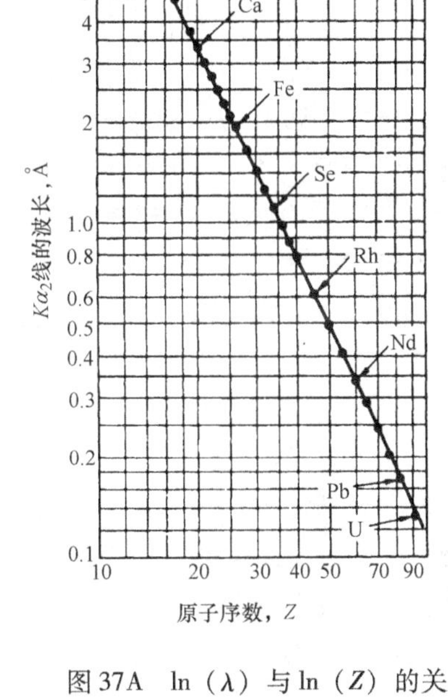

图37A　ln（λ）与ln（Z）的关系图．这里λ是原子序数为Z的元素的X射线光谱中称为$K\alpha_2$线的波长．在作图的精确度下，实验的点全都落在一条直线上．对几乎所有元素都有数据，虽然在图上出现的只是挑选出来的几种原子．有关本图的简单理论参见本文．

在第二章第27节中，我们曾指出过，最内层电子的束缚能应当近似地表示成以下形式

$$B_K = Z^2 R_\infty \tag{37a}$$

这里$R_\infty = \frac{1}{2}\alpha^2 mC^2$，是里德伯常量．我们未曾介绍过在下一壳层的束缚能应该是多少的理论，但是让我们假定它正比于B_K，不过要小些．因此，如果一个电子从其次一个外壳层掉入最内壳层时，我们预期发射光子的波长λ应为

$$\lambda = C/Z^2 R_\infty \tag{37b}$$

这里C是个弱依赖于Z的常数．如果这些概念正确的话，ln(λ) 对ln(Z) 的函数图就应是条直线．这样关系画在图37A中，

㊀　关于门捷列夫工作的评述及周期表的历史，请见 *The World of the Atom*，Vol. I. H. Boorse and L. Motz 编著（Basic Books，Inc.，New York，1966）．

㊁　H. G. Moseley，“The High-Frequency Spectra of the Elements”，*Philosophical Magazine* **26**，1024（1913），and **27**，703（1914）．

正如我们所见到的，实验上确定的波长的确相当精确地落在一条直线上．常数 C 约等于 4/3，正是玻尔的理论所预言的．

由于填入空穴的电子可以来自许多不同的壳层，而且由于空穴可能产生于若干壳层之一，我们预料有几条特征谱线．这正是实际中所发现的．在图 37A 中我们只画出这些线中的一条，所涉及的是所有原子中的同样壳层．

正如我们所见，原子核的电荷可通过这样的 X 射线测量来确定，而莫塞莱的工作就导致对于周期表含义的新理解．

§3.38　下面让我们来讨论原子核的某些方面．在图 38A 的谱项图中表示了硼的同位素$_5B^{11}$的原子核能级，这是实验确定的．

在这个图中我们指定基态的能量是零．基态的总角动量 $j=3/2$．

特别宽的能级用影线表示，并且影线大致表示能级的宽度．

这个原子核的离解极限是 8.667 MeV：高于这个能量原子核就可能离解为一个 α 粒子与锂同位素$_3Li^7$．在主要的谱项图的右边表示这个离解模式，在能量大于 11 MeV 时，硼原子核可以以两种方式离解，或者离解为一个中子和硼同位素$_5B^{10}$，或者离解成一个质子和铍同位素$_4Be^{10}$，这些离解模式也在同位素$_5B^{11}$的能级图的右方表示出来．

然而，请注意同位素$_5B^{11}$在高于离解能量 8.667 MeV 之上有一系列能级．低于这个能量原子核只能发射 γ 射线，但比此能量高的原子核也能发射实物粒子．（在$_5B^{11}$里观察到的 γ 射线跃迁用垂直线表示．）

正像这个例子所表明的，在解释“连续能谱”时，我们得小心些．在离解极限之上也完全可能存在能级．离解能只是这样一种能量，体系在这个能量中可以离解成两个实物粒子．在这个界限之下体系仍可“离解”，但只能变为一个光子和一个实物粒子．我们假如想将光子放在与实物粒子同样的地位上来对待，我们就可断言说，在离解极限以上的能级（常被称为“虚能级”）原则上与离解极限之下的能级并无差别：高于基态的所有能级都是不稳定的，实际上即使基态也可能是不稳定的，例如一个放射性原子核的基态．在我们图 38A 的例

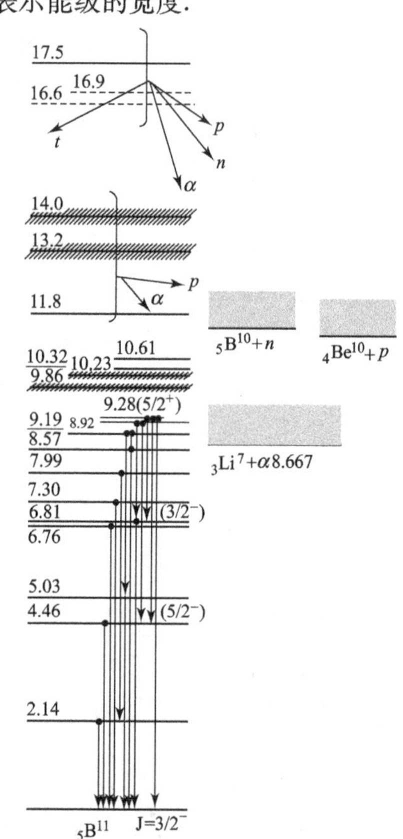

图 38A　表示硼$_5B^{11}$原子核的能级的谱项图．本图是 F. Ajzenberg and T. Lauritsen “Energy Levels of Light Nuclei”, *Reviews of Modern Phy-sics* **27**, 77（1955）的一张图的简化，建议读者参看原文．

子中，基态是稳定的：同位素$_5B^{11}$被发现存在于自然界的硼中.

§3.39　如果我们把某一个原子核中所有的质子变为中子以及中子变为质子，就可以得到另一个原子核，则这两个原子核称为形成了一对镜像核.

正如我们在第二章第37节所说过的，核物理中占统治地位的强相互作用被认为在这种变换下是不变的. 质子间的力与中子间的力是相同的. 如果这种信念正确，并如果这里除强相互作用外没有其他的相互作用，那么在两个镜像核的能级系统必定全同.

在图39A与图39B中，我们画出了得到的两对镜像核的实验的能级图. 正如我们看到的，在一对的镜像核的能级之间有可能建立起对应的关系.

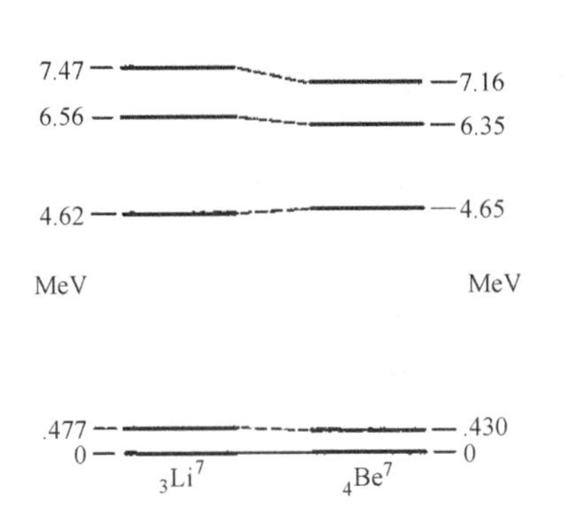

图39A　质量数为7的锂与铍的同位素形成了一对镜像核：如果将锂原子核中的中子换成质子，质子换成中子，我们就得到铍原子核. 镜像核有类似但不全同的能级系统. 其差别是一种电磁效应.

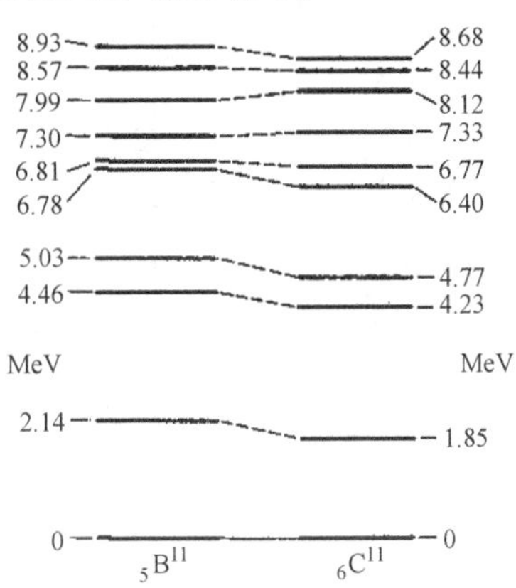

图39B　质量数为11的硼与碳的同位素形成另一对镜像核.

然而，正如图中所示的那样，对应能级的能量并不全同. 其理由是，还存在着电磁力，而电磁力在中子-质子交换中并非不变.

§3.40　图40A的谱项图解释了放射性原子核发射的α粒子何以不总是以单一确定的能量出现. 图中表示铋同位素$_{83}Bi^{212}$通过α衰变成为铊同位素$_{81}Tl^{208}$，衰变发生在从母核的基态衰变为子核的若干激发态之一或子核的基态. 能级图的绘制将母核的基态放在高于子核的基态约6.2 MeV的位置：这个能量是α粒子发射可能的最大动能. 很清楚，如果衰变到子核的激发态，那么α粒子将以较小的能量出现. 在图中所表示的能级系统中，发射的α粒子可能具有确定的5种不同能量之一. 斜线画出了这些衰变. 括号内的数字是不同的衰变模式的分支比.

如果子核处于一个激发态，它将发射γ射线，从而最后落到基态，图上用垂直线表示.

对许多其他的α放射核，衰变总是直接到达子核的基态，因为没有恰当的激

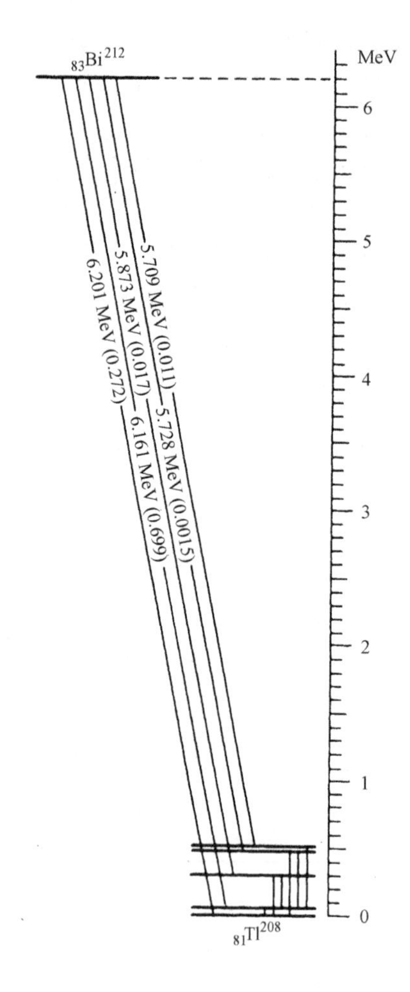

图40A　在铋同位素$_{83}Bi^{212}$的α衰变中，子核可以在基态，也可在四个激发态中的任何一个，相应地，α粒子会以5种不同的能量出现．然后子核通过发射γ射线而衰变.

发态可资利用．这样α粒子只以一种确定的能量出现，而此时将没有与α衰变相伴随的γ射线.

§3.41　如果在某个过程中，原子核发射出一个电子或一个正电子，那么我们就说这个过程是β蜕变．中子的β蜕变是这一类过程中最简单的，已是由实验很好证实的现象．自由中子的平均寿命为16 min．由于中子与质子的质量差是 $(m_n - m_p) = 1.3$ MeV，我们可以画出像图41A所示的谱项图，斜线表示跃迁．如果只发射一个电子，它就总是带有同样的能量（约为1.3 MeV），正如在α衰变的情况中一样．实验上 发现，实际发射的电子可以带有静止能量0.5 MeV与可用能量1.3 MeV之间的任意值.

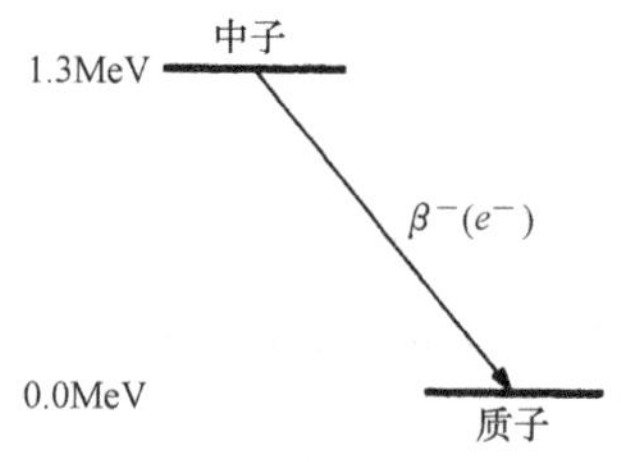

图41A　表示中子的β衰变的谱项图．中子的质量是939.55 MeV，而质子的质量是938.25 MeV．其差值1.30 MeV中的一部分，即0.50 MeV，表现为电子的静质量，而其余部分则表现为电子、反中微子及衰变的结果的质子的动能，质子所带的动能是极小的，因此大多数可用的能量给电子和反中微子分配.

对这种情况的解释是，还发射出另一个粒子，在这个案例中是无质量的反中微子，而可用的能量就在电子和反中微子之间分配．于是β衰变的反应公式就写成

电子发射：

$$_Z X^A \to {}_{Z+1}X^A + e^- + \bar{\nu}$$

正电子发射：

$$_Z X^A \to {}_{Z-1}X^A + e^+ + \nu$$

这里X表示放射性同位素的化学符号；$e^{\pm}$分别表示正电子和电子；ν表示中微子

而$\bar{\nu}$表示反中微子.

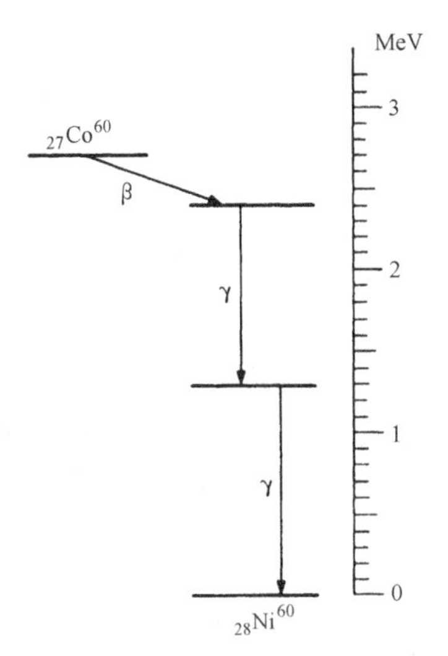

图 42A 钴同位素$_{27}Co^{60}$的β-γ-级联发射的谱项图. 这个同位素第一步发生β衰变到镍同位素$_{28}Ni^{60}$的一个激发态，它位于基态以上 2.4 MeV. 电子的最大动能是 0.3 MeV，镍同位素的激发态迅速相继两次发射γ射线而衰变.

§3.42 图 42A 的谱项图表示了钴同位素$_{27}Co^{60}$的β-γ-级联发射的过程. 这个同位素第一步β衰变到镍同位素$_{28}Ni^{60}$的一个激发态，后者处于基态之上 2.4 MeV. 发射电子的最大动能是 0.3 MeV. 电子的能量可以为零和这个最大值之间的任意能量，过程中这部分的反应公式可写为

$$_{27}Co^{60} \rightarrow {}_{28}Ni^{60*} + e^- + \bar{\nu}$$

这里（*）号表示这个镍同位素处在一个激发态. 随后，它从这个状态发射γ射线经过另一个在基态之上 1.3 MeV 的激发态而衰变到基态（实际上，这是即刻发生的）. 因此这种β衰变过程总是伴随着两条γ射线，其能量分别为 1.1 MeV 与 1.3 MeV.

钴核的半衰期是 5.3 年，这个级联过程为我们提供了相当长寿命的γ射线源.

β放射性的原子核常常有极长的半衰期，就像α发射体一样. 在β发射体的情况下，理由在于导致β衰变的相互作用从本性上是很弱的. 这种作用称为*弱相互作用*，粗略地估计约为强相互作用的10^{-14}. 因此，比电磁相互作用也要弱得多. 弱相互作用是引起许多基本粒子（相当慢的）衰变的原因，倘若没有弱相互作用，这些粒子就可能是稳定的. 这方面的例子有：带电π介子、中子、μ子、K 介子和λ超子.

四、光谱线的多普勒增宽与碰撞增宽

§3.43 在本章的前面几节中，我们讨论了原子发射的谱线的自然线宽$\Delta\omega$与跃迁中所涉及的态的平均寿命之间的关系. 在低能态为基态的特殊情况下，我们发现

$$\Delta\omega = \frac{1}{\tau} \tag{43a}$$

这里τ是高能态的平均寿命.

在本章的第 26 节中我们引述了原子的典型τ值. 我们估计相对线宽$\Delta\omega/\omega \sim 10^{-7}$. 当然，这只是非常粗略的数量级的估计.

但在自然界中所观察到的原子谱线一般远远宽于上述估计值. 我们在第 14 ~ 26 节的理论适用于初始是静止的孤立原子，但实际上所研究的原子既不孤立，也

不静止. 为了研究附加展宽的起因，让我们假设所研究的是处于温度 T 与压强 p 之下的原子气体所发射的光. 设原子量为 A. 气体中的原子将以随机方式到处运动，不停地互相碰撞.

§3.44　由于无规的热运动，某些原子向着观察者运动，另一些则离开观察者. 结果，由许多原子发射的光谱线叠加起来的谱线会因多普勒效应而增宽. 一个以速度 v 向着观察者运动的原子，多普勒频移是 $\delta\omega/\omega = v/c$；为估计多普勒增宽的总量 $\left(\frac{\Delta\omega}{\omega}\right)_D$，我们在多普勒频移公式中代入气体中原子的平均速率 v_0. 实际上 v_0 是沿着观察方向的平均速率. 我们取观察方向沿着三个坐标轴. 在第二章第 17 节中曾介绍过原子的平均动能与温度 T 有以下关系

$$E_{\text{kin}} = \frac{1}{2}M(v_{01}^2 + v_{02}^2 + v_{03}^2) = \frac{3}{2}kT \tag{44a}$$

这里 $M \approx AM_p$，是原子的质量（M_p 是质子的质量）. 在三个不同的坐标方向上的平均速率显然是相等的，我们得到

$$v_0 = v_{03} = \sqrt{\frac{kT}{AM_p}} \tag{44b}$$

于是多普勒增宽就是

$$\begin{aligned}\left(\frac{\Delta\omega}{\omega}\right)_D &\sim \frac{1}{c}\sqrt{\frac{kT}{AM}}\\ &= (0.52\times10^{-5})\sqrt{\frac{1}{\mathrm{A}}\left(-\frac{T}{293\mathrm{K}}\right)}\end{aligned} \tag{44c}$$

§3.45　原子间的相互碰撞也会导致光谱线的增宽. 为了估计这种效应我们将假定，对任何单个原子，在两次相继碰撞之间的时间间隔为 τ_c. 其倒数 $1/\tau_c$ 就是气体的碰撞率. 此外我们还假定每次碰撞完全打断发射过程. 于是时间 τ_c 就是原子的有效平均寿命，与式（43a）类似我们可假设相应的谱线增宽是

$$(\Delta\omega)_c \sim \frac{1}{\tau_c} \tag{45a}$$

现在我们必须估计碰撞频率 $1/\tau_c$. 将原子看成半径为 r 的球，让我们集中注意到一个刚刚经受过碰撞的特定原子. 设其速度是 v. 我们希望找出在它遭遇到下一次碰撞之前所经过的平均时间 τ_c. 只要对这个时间做出数量级上的估计，于是我们就可以假定所有其他原子都是静止的. 要求 τ_c 的精确值，我们当然也必须考虑其他原子的运动. 在一个短的时间间隔 $\mathrm{d}t$ 内，这个特定原子通过距离 $v\mathrm{d}t$. 考虑一个半径为 $2r$，以原子的轨迹为轴的圆柱体，圆柱体的中心就是轨迹. 柱体高为 $v\mathrm{d}t$. 假定没有其他原子处在圆柱体内，则在 $\mathrm{d}t$ 时间间隔内就不会有碰撞. 在这个时间间隔中发生碰撞的概率等于在圆柱体内找到其他原子的概率. 圆柱体的体积是 $4\pi r^2 v\mathrm{d}t$，而若 n 是气体单位体积中原子的平均数，那么在此圆柱体内的原子的平均数就是 $4\pi r^2 nv\mathrm{d}t$. 假定这个数比 1 小. 它也是在圆柱体内发现一个原子的概率，

也就是在

dt 时间内发生碰撞的概率. 为估计 τ_c 我们引进条件,

$$4\pi r^2 nv\tau_c \sim 1 \quad 或 \quad \frac{1}{\tau_c} \sim 4\pi r^2 nv \tag{45b}$$

它表示一个原子在时间 τ_c 内扫出的半径为 $2r$ 的圆柱体内发现的原子的平均数的数量级大约是 1.

1 mol 的任何气体包含 $N_0 \approx 6 \times 10^{23}$ 个分子（在我们这里这些分子就是原子）在温度为 273 K，一个标准大气压的条件下，1 mol 占体积 22. 4 L. 换言之，在这样的温度和压强下，每单位体积的原子数是

$$n_0 = \frac{N_0}{22.4\text{L}} \cong 2.7 \times 10^{25} \text{原子/m}^3 \tag{45c}$$

在任何其他压强 p 和温度 T 下，单位体积的原子数为

$$n = n_0 \left(\frac{p}{1\text{标准大气压}}\right)\left(\frac{T}{273\text{K}}\right)^{-1} \tag{45d}$$

（这个结果来自气体的状态方程）.

作为对半径的合理估计我们可以取玻尔半径，$r \approx 0.5 \times 10^{-10}$ m，从而

$$\frac{Mv^2}{2} = \frac{3}{2}kT \tag{45e}$$

我们可以得到典型的速率 v，式中 $M \approx AM_p$，是原子的质量. 结合上述的所有方程（45a ~ e），我们最后得到

$$(\Delta\omega)_c \sim \frac{1}{\tau_c} \sim (2 \times 10^9 \text{ s}^{-1}) \times \left(\frac{p}{1\text{标准大气压}}\right) \times \sqrt{\frac{1}{A}\left(\frac{273\text{K}}{T}\right)} \tag{45f}$$

§3.46　如果我们现在将式（45f）所给出的碰撞增宽及式（44c）所给出的多普勒增宽拿来和孤立原子激发态的有限寿命引起的增宽相比较，我们可以注意到后面所说的原因引起的增宽比之于前面所说的两种原因要小得多. 碰撞增宽随压强减小而减少，在低压时多普勒增宽是主要的，因而是光谱线有限宽度的主要原因. 自然线宽只能在非常特殊的条件下才能观察到.

我们不打算继续讨论碰撞增宽与多普勒增宽. 这些现象在实际上固然十分重要，但不是原子发射与吸收光的基本问题. 作者认为，在本课程中有必要对它们做一些讨论，不然就会给读者留下印象以为所观察到的谱线宽度都是自然线宽.

五、提高课题：关于电磁跃迁的理论㊀

§3.47　我们来考虑两个重要问题. 为什么对于粒子的发射稳定而对于光子发射不稳定的激发态（原子或原子核）的平均寿命远大于所发射光子频率的倒数?

㊀ 初读时可略去.

电偶极辐射为什么是原子物理中最为重要的辐射模式？

让我们尝试在“半经典”的电磁理论的基础上来讨论这些问题. 也就是说，我们的论证的精神是半经典和半量子力学的. 像这一章中已用过的方法那样的头脑简单的处理方式的正当理由在于它是成功的. 我们能够以合理的方式回答上述两个问题.

§3.48　第一个问题的答案是：“因为精细结构常量 α 非常之小.” 让我们来看看这是什么意思.

首先，我们回顾一个在第二章的第 29 节及第 30 节中得到的结论，即发射的电磁波波长一般远大于发射这些辐射的原子或原子核的大小. 这种状况有着重要的物理结果，它也简化了辐射现象的数学讨论. 让我们先假定处于激发态的原子或原子核的行为犹如一个振荡的电偶极子. 设 ω 是振荡频率，这也是发射的光的频率. 设 a 表示发射体的尺寸，由于这个振荡的物体带有一个或几个元电荷，我们可以假定电偶极矩数量级为 ea. 至于振荡物体远小于波长这点可由条件

$$\frac{a\omega}{c} \ll 1 \tag{48a}$$

表示.

在本教程的第 3 卷中[㊀]，我们已学过，这样的一个电偶极子发射辐射能量的速率是

$$W = \frac{1}{3c^3}\omega^4 (ea)^2 \tag{48b}$$

这个公式给出了发射的功率. 由于我们知道原子（或原子核）只会发射单个光子，因而就对发射体发射出总能量 $\hbar\omega$ 所用的时间 τ 感兴趣. 这个时间为

$$\frac{1}{\tau} = \frac{W}{\hbar\omega} = \frac{\omega}{3}\left(\frac{e^2}{\hbar c}\right)\left(\frac{a\omega}{c}\right)^2 \tag{48c}$$

或者作一个数量级的估计

$$\frac{1}{\tau} \sim \omega\alpha\left(\frac{a\omega}{c}\right)^2 \tag{48d}$$

我们将 τ 解释为激发态的平均寿命. 这就是激发态通过发射一个光子而衰变所需的时间，让我们考虑无量纲的量

$$\omega\tau \sim \frac{1}{\alpha}\left(\frac{a\omega}{c}\right)^{-2} \tag{48e}$$

这个量正比于体系衰变前在时间 τ 内来得及完成的振荡次数. 很明显，激发态越稳定，$\omega\tau$ 的数值就越大. 正像我们所见到的，$\omega\tau$ 大有两个原因：它正比于“大”的数量 $\frac{1}{\alpha} \approx 137$，并且反比于（$a\omega/c$）的平方，而如我们已经说过的，（$a\omega/c$）一般讲是小量.

㊀ 《伯克利物理学教程》第 3 卷波动学，第七章.

§3.49　在原子的情况中我们可以取 a 为玻尔半径，$a_0=\frac{1}{\alpha}\left(\frac{\hbar}{mc}\right)$. 对于光学跃迁，频率的数量级为 $\omega\sim\frac{\alpha^2mc^2}{\hbar}$，于是我们得到

$$\omega\tau\sim\alpha^{-3},\ \tau\sim\left(\frac{\hbar}{mc^2}\right)\alpha^{-5} \tag{49a}$$

这表示 τ 和 $\omega\tau$ 依赖于精细结构常量. 在光学波段里，此公式预言平均寿命的范围从 10^{-9} s 到 10^{-7} s，这与观察值符合.

为了能够对一个通过电偶极跃迁衰变的原子核的激发态的寿命给出粗略估计，我们可取 $a=10^{-15}$ m. 能量为 200 keV 的 γ 射线波长约为 6×10^{-12} m，我们就得到 $\tau\sim10^{-12}$ s. 需要强调指出，这个估计是极为粗略的，但作为数量级的大略估计它与实验观察值一致，注意，按式（48e），寿命 τ 反比于发射频率的立方.

我们已回答了本章第 47 节所提出的两个问题中的第一个问题，现在已可以理解，只能够进行电磁衰变的激发态的寿命何以远大于所发射的光的频率的倒数.

§3.50　现在转到第二个问题，即关于原子中电偶极跃迁起主要作用的问题. 为了研究这个问题，我们必须从运动电荷的一种组态来考虑发射率，这种组态的电偶极矩所有时候总是零.

图 50A 表示一个发射电四极辐射的发射源. 两个箭头表示两个以频率 ω 振动的电偶极子，这些偶极子大小相同，但方向相反. 偶极间距离为 a，并且关于原点 O 对称地放置，这个原点是“原子”的中心. 我们在距离原子 r 的 P 处观察辐射.

这个发射源的电偶极矩显然等于零. 磁偶极矩也同样为零，因为在发射源中没有环流.

现在让我们来考虑在离发射源很大距离 r 上一定方向上的电场. 电场在图面上垂直于矢径 OP. 设 E_1 是原点 O 只有偶极子 1 存在时 P 点的电场. 场的形式是

$$E_1=\frac{C(\theta)}{r}\exp\left[\left[\mathrm{i}\left(\frac{r}{c}-t\right)\omega\right]\right. \tag{50a}$$

式中，$C(\theta)$ 是 θ 的函数，正比于电偶极矩. 它的精确形式我们在这里不必考虑.

假如现在两个电偶极子都存在，犹如图 50A 所示的那样，那么由两个偶极子所产生的电场几乎抵消，但是并不完全，因为从 P 到偶极子 1 的

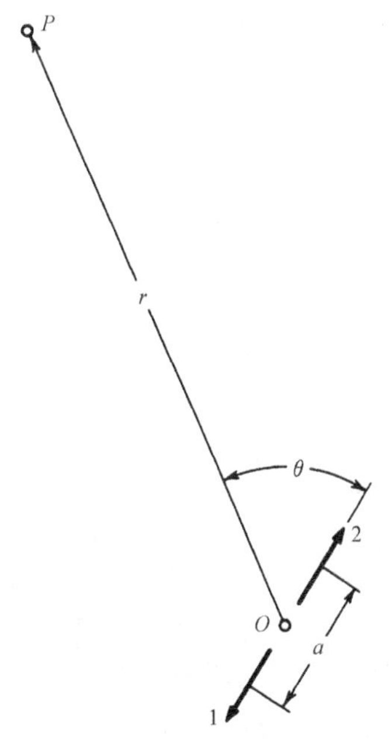

图 50A　电四极子源的示意图. 箭头表示两个以相同频率 ω 振动的电偶极子. 它们大小相等，方向相反. 这种组态的电偶极矩以及磁偶极矩都为零. 但电四极矩不为零. 如 a 与波长 λ 相比甚小，那么体系辐射能量的速率与单个偶极子的相比要小一个因子 $(a/\lambda)^2$。

距离约是$\left(r+\frac{a}{2}\cos\theta\right)$，而从 P 到偶极子 2 的距离约为$\left(r-\frac{a}{2}\cos\theta\right)$；结果由偶极子 1 所产生的电场与由偶极子 2 所产生的电场位相不同，因此，电场 E_2 是

$$E_2=\left\{\frac{C(\theta)}{r}\exp\left[\mathrm{i}\left(\frac{r}{c}-t\right)\omega\right]\right\}\times$$

$$\left[\exp\left(\frac{\mathrm{i}a\omega\cos\theta}{2c}\right)-\exp\left(\frac{-\mathrm{i}a\omega\cos\theta}{2c}\right)\right] \tag{50b}$$

§3.51　我们现在来利用式（48a）的假设，即（$a\omega/c$）<<1：这个假定对于原子中的光学跃迁很显然是有效的，因为 a 不可能比典型的原子尺寸大很多. 因此，我们可以将式（50b）右端括号内的两个指数函数展开，忽略所有高于 a 的一次方的各项，就得到

$$E_2\approx\mathrm{i}\left(\frac{a\omega}{c}\right)(\cos\theta)E_1 \tag{51a}$$

这里 E_1 由式（50a）给定，因此由图 50A 所示的电四极子产生的电场 E_2 各处都比“构成四极子”的单个偶极子所产生的电场 E_1 至少小一个因子（$a\omega/c$）. 由于辐射速率正比于电场平方，我们可以断言典型的电四极子辐射速率比典型的电偶极子辐射速率小（$a\omega/c$）^{2} 这样一个因子. 对应的寿命的关系就是

$$\tau_{E2}\sim\left(\frac{a\omega}{c}\right)^2\tau_{E1} \tag{51b}$$

式中，τ_{E1}是电偶极子跃迁的平均寿命；而 τ_{E2}是电四极子跃迁的平均寿命.

我们已经估计过在原子中$\frac{a\omega}{c}$为 α 的数量级，于是寿命的比值范围为$10^{-6}\sim10^{-4}$.

类似的考虑也可应用于原子核，其中 a 是核的特征长度，而 ω 是发射频率. 这时$\frac{a\omega}{c}$也很小，约为 10^{-3}数量级或更小些.

§3.52　图 52A 表示了一个零电偶极矩但磁偶极矩不为零的辐射源的例子，小箭头仍表示（振动的）电偶极子，我们可以想象这样一个由沿着箭头方向来回振动的带电粒子所组成的偶极子，这相当于顺着正方形的边流动的交变电流，而体系的磁偶极矩正比于电流与该正方形面积的乘积.

很明显，这里我们可以用类似于本章第 50 和 51 节中的论证，从而可以得出

$$\tau_{M1}\sim\left(\frac{a\omega}{c}\right)^{-2}\tau_{E1} \tag{52a}$$

式中，τ_{M1}是磁偶极跃迁的平均寿命.

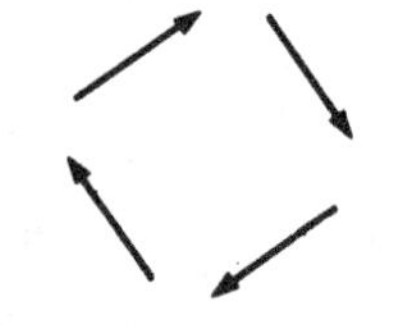

图 52A　若干振动的电偶极子的一种组态，其电偶极矩为零，电四极矩亦为零，但磁偶极矩并不为零. 四个箭头表示四个偶极子，它们以大小相等，相同频率振动.

§3.53　将发射的辐射区分为电偶极、磁偶极、电四极、磁四极、电八极等类型是按照发射的辐射的对称特性来划分的. 每个辐射类型的特征是一种特定的

作为方向的函数的强度分布及特殊的偏振图．当然，辐射的对称图样唯一地由辐射源的对称性质所决定，因而我们也可按辐射源的性质来对辐射类型分类．电偶极子发射电偶极辐射（缩写为 $E1$）．磁偶极子发射磁偶极辐射（缩写为 $M1$），电四极子发射电四极辐射（缩写为 $E2$），等等．在表示核的电磁跃迁的能级图中我们常发现诸如 $E1$，$M3$，$E4$ 等符号，它们指的就是发射辐射的性质．

我们对于电四极和磁偶极辐射的讨论可以很容易地推广到更高的多极子上去．为了得到一个电八极子，我们使两个电四极彼此靠近，但取向相反，这样做的结果是电四极矩消失，容易理解这个体系的辐射率比单个四极子的辐射率小 $\left(\frac{a\omega}{c}\right)^2$ 这样一个因子．每当我们在电多极的阶梯上上升一步，特征辐射率总要降低数量级为 $\left(\frac{a\omega}{c}\right)^2$ 的一个因子，这里 a 是体系的典型线度．对磁多极也有同样的情况．

于是，我们就能理解在原子中电偶极跃迁占统治地位的原因了，如果一个激发态可以沿几种不同的方式衰变，其中一个是 $E1$ 辐射，那么它将会以非常高的概率通过 $E1$ 辐射而衰变．则其他的辐射形式也可能存在，但和 $E1$ 辐射谱线不一致的那些谱线的强度则要远小于 $E1$ 谱线的强度．

§3.54　我们在第 29～31 节中讨论电偶极跃迁的选择定则时说过，这些定则是由角动量守恒原理推导出的．我们还说过，这条原理源于物理空间的各向同性．因此我们可以用似乎不同的方式来描述选择定则：选择定则是由物理空间的各向同性推得的．让我们略微探讨一下这个概念．

维格纳（Eugene Paul Wigner）1902 年生于匈牙利的布达佩斯．在柏林学习，并于 1925 年在工学院获得化学工程博士学位．在柏林和哥廷根工作一段时间后，1930 年维格纳来到美国．他现在[㊀]是普林斯顿大学的物理学教授．1963 年维格纳被授予诺贝尔奖．

维格纳在理论物理学方面的工作涵盖了极其广泛的领域．他在原子物理学、理论化学、固体物理学、原子核物理学、核反应堆理论、相对论和基本粒子理论等许多领域中都做出了重要贡献．在本书出作者看来，他最突出的贡献是对量子力学对称性的深刻而透彻的分析．和这个主题相关的一系列文章（以及一部书）时间跨度从 1931 年到现在．（照片承蒙 *Reviews of Modern Physics* 杂志提供．）

㊀　编写本书时（20 世纪 60 年代）维格纳（1902—1995）还健在．——编辑注

我们曾说过角量子数j量度了体系（比方说原子）状态的角动量．在量子力学的框架内j有另外一种解释：j描写状态的旋转对称型式．我们可以说j描写从所有方向看原子的外貌．例如，设原子处于$j=0$的状态，那么在所有方向上原子有同样外观：$j=0$意味着状态是球对称的．如果$j=1$，那么状态就有与矢量相同的对称性．电偶极跃迁发射的辐射场即为光子的这种状态的一个例子：空间中整个场的在空间的图形必定具有与振源同样的旋转对称性．而振源是个电偶极矢量．我们已经说过一个电偶极光子携带一个单位的角动量，这是对称型式和角动量之间普遍联系的一个例子．电四极子的辐射图形用旋转对称量子数$j=2$表征，相应地一个电四极光子携带有两个单位的角动量．因此电四极跃迁的选择定则不同于电偶极跃迁的选择定则：在电四极跃迁中原子的角动量的改变可以多至两个单位．

§3.55　回顾上述讨论，所有支配电磁跃迁的选择定则可以从体系的旋转对称性守恒的原理推得．为说明这个深刻的思想我们将证明一个特殊的选择定则，即对于所有（单光子）电磁跃迁来说，从$j_i=0$到$j_f=0$的跃迁是被禁止的．另一种说法是一个处在球对称的激发态的原子（即$j_i=0$）不可能通过发射一个光子衰变到另一个也是球对称的状态上去（即$j_f=0$）．

我们的论证如下：发射前原子处于球对称状态，它在各个方向上都具有相同的外貌，在发射之后，现在由末态原子加上发射的电磁波所组成的体系也必须成球对称状态．本来在空间中就没有优越方向，而如果物理空间是各向同性的，在发射后也不可能有任何优越方向．这就是我们所说的旋转对称性守恒的含义．现在考虑发射后的情况．如果原子对应于$j_f=0$的末态是球对称的话，我们断言所发射的电磁波也必定是球对称的．它不可能与角度有关．这样一种电磁波并不存在，因而这种跃迁根本不可能发生．很明显不可能存在任何球对称的电（或磁）偶极波．因为电偶极子（或磁偶极子）有确定的方向．也不可能有任何其他球对称的多极波，因为在给定时刻和给定的空间位置，电场决定了垂直于径矢的一个方向．因此，这一点和这一时刻的电矢量不可能在场的位形绕径矢转动时保持不变，因此场的图形不可能是球对称的．

§3.56　由偶极选择定则所禁止的跃迁，对于四极或更高的多极跃迁来说，可能是容许的．假如考察本章中原子的谱项图，我们就能看到几乎所有的激发态都可通过电偶极跃迁衰变到某个较低状态．原子核的能级结构常常是不同的，我们可以找到刚巧在基态之上的一个状态，它与基态的j值差几个单位．这样一种激发态不可能由于偶极辐射而衰变，结果就存在比较长的时间．若j值的差很大，而能量差很小，那么，由于发射的光子是通过高阶的多极跃迁，激发态的寿命可以长达几分钟的量级．这样一种状态就称为同核异能态．

进一步学习的参考资料

1）毫无疑问，原子、分子和原子核的能级在有关这个主题的许许多多教科书

中都有论述. 下面我们推荐其中几种十分基本的参考书.

a) G. Herzberg: *Atomic Spectra and Atomic Structure* (Dover Publications New York, 1944). G. 赫兹堡. 原子光谱与原子结构 [M]. 汤拒非, 译. 北京: 科学出版社, 1959.

b) H. White: *Introduction to Atomic Spectra* (McGraw-Hill Book Co., New York, 1934).

c) G. Herzberg: *Molecular Spectra and Molecular Structure*: *I*, *Spectra of Diatomic Molecules* (D. van Nostrand Co., New York, 1953).

d) Halliday: *Introductory Nuclear Physics* (John Wiley and Sons, Inc., New York, 1950).

e) E. Segrè: *Nuclei and Particles* (W. A. Benjamin, New York, 1964).

2) a) 许多原子的谱项图可以在这本书中找到: W. Grotrian: *Graph ische Darstellung der Spektren von Atomen und tonen mit Ein*, *Zwei und Drei Valenzelektronen*, Vol. Ⅱ (Verlag von Julius Springer, Berlin, 1928)

b) 原子核能级图精选, 参见: F. Ajzenberg and T. Lauritsen: *Energy levels of light nuclei*, Rev. Mod. Phys, 27, 77 (1955).

3) 有关光谱和能级的精简图表, 我们推荐:

a) *Handbook of Chemistry and Physics* (Chemical Rubber Pubishing Co.).

b) *American Institute of Physics Handbook* (McGraw-Hill Book Co., New York, 1957).

4) Scientific American 杂志上有一些可以阅读的文章, 读者在这些问题上会有收获:

a) A. L. Bloom: "Optical Pumping", October 1960, p. 72.

b) H. Lyons: "Atomic Clocks", February 1957, p. 71.

c) G. E. Pake: "Magnetic Resonance", August 1958, p. 58.

d) J. P. Gordon: "The Maser", December 1958, p. 42.

e) A. L. Schawlow: "Advances in Optical Masers", July 1963, p. 34.

f) S. de Benedetti: "The Mossbauer Effect", April 1960, p. 72.

习 题

1 20 世纪早期观察到某种原子的下列光谱线.

$\tilde{\nu}_1 = 8\,225\,827$, $\tilde{\nu}_5 = 1\,523\,297$, $\tilde{\nu}_8 = 533\,152$

$\tilde{\nu}_2 = 9\,749\,128$, $\tilde{\nu}_6 = 2\,056\,457$, $\tilde{\nu}_9 = 779\,930$

$\tilde{\nu}_3 = 10\,282\,284$, $\tilde{\nu}_7 = 2\,303\,231$, $\tilde{\nu}_{10} = 246\,900$

$\tilde{\nu}_4 = 10\,529\,058$

这里列出的数字是波数，单位是 m^{-1}.

（a）尽可能多地找出例证来说明里兹组合原则，即说明这样的情况：一个波数可以表示为两个其他的波数之差.

（b）证明所有的谱线都可视为5个谱项的种种组合. 求出这些谱项（直到一个共同的任意相加常数），并画出表示这些谱项的以及对应于上述谱线跃迁的谱项图.

（c）你能否给这些谱项找出一个简单公式？在本书的某处出现过这个谱项图吗？

（在你进行了这些分析之后，你可以查阅波长表以确认这是什么原子.）

2　在对共振萤光的研究中，用汞灯（这种灯是盛在石英容器中的汞蒸气放电）发射波长为2 537 Å 的紫外光照射一个石英容器 C 中的材料上. 可以观察到下列事实：

（a）假如容器 C 仅盛有汞蒸气而没有其他材料，那么 C 中的气体将非常强烈地散射入射光. 气体中的原子会共振. 被散射的辐射的波长也是2537Å.

（b）如果 C 装有铊蒸气而没有别的，那么对入射光来说，C 对入射辐射是透明的，只有极少一点入射光被散射.

（c）假定容器 C 装有铊和汞蒸气两者，那么 C 会辐射汞线2 537 Å，它也能发射出一些铊的特征谱线，即波长2 768 Å，3 230 Å，3 529 Å，3 776 Å 及5 350 Å. 如果把一块玻璃板置放在 C 与汞灯之间，就没有上述任何一条谱线发射出来.

（d）在（c）所描述的条件下，可以发现铊3 776 Å 的谱线远宽于铊2 768 Å 谱线，事实上，前者要比与容器 C 的温度对应的多普勒增宽的基础上做出的解释还要宽得多，它也比从充满铊蒸气的放电管中发射的同样的谱线宽得多.

试解释所有这些现象. 作为提示，我们指出可参考本章的图34A 中铊的谱项图. 有趣的是可以注意到在实验中只观察到有很少几条铊的光谱线. 例如，谱线2 826 Å及5 584 Å 显然就不存在.

3　钠原子 $3p_{1/2}$ 态（见本章图32A）的寿命约为 10^{-8} s. 试考虑一个充满氩气的容器，压强为10 mmHg，温度为200 ℃. 在容器内有一小粒钠，对它加热，因此容器内有少量的钠蒸气. 钨丝灯发射的光通过容器后，我们观察到5 896 Å 的吸收谱线.（高温钨丝发射具有连续光谱分布的辐射）试估计：

（a）谱线的自然宽度；

（b）谱线的多普勒增宽的大小；

（c）谱线的碰撞增宽的大小.

将你的结果用波数表示（并将问题中谱线的频率也表示为波数，m^{-1}）. 把这些宽度与（黄色）钠线 D_1 与 D_2 的精细结构间隔相比较.

（d）在图32A 的谱项图上，我们可以看到波长为5 688. 22 Å 的谱线. 我们能否在上述的吸收实验里见到这条谱线？

容器中的氩气除了在容器中建立压强和平均温度以外，对整个过程并没有任何其他的影响．当我们考虑吸收谱线的碰撞效应时必须顾及它的存在：因为容器中钠原子数远少于氩原子数，钠原子主要是与氩原子碰撞．

4 我们来考虑原子发射的光谱线的形状．假设原子在光源中是以气体形式存在．我们利用分辨率很高的摄谱仪测量光强对频率的关系．对某些光源来说，谱线可能会呈现如上图那样的轮廓，而对另一些结构的光源，同样的谱线则会呈现如下图那样的轮廓．其次我们可能注意到，作为一个通则只有在跃迁到基态所产生的谱线才会显示出下图的轮廓．你是否能解释这些现象；可以预料有些光源的发射谱线是上图所示的那种类型，你是否能说明这些光源的物理特性？

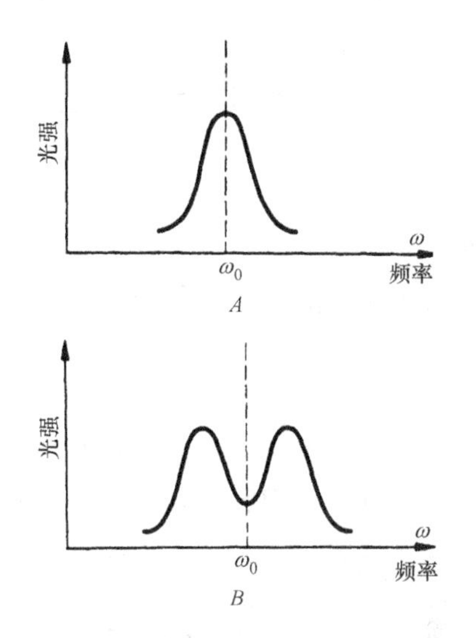

这两个图与习题4有关，上图表示从气体放电管发射的光谱线（在极高的分辨率下）的一般轮廓．

在某些条件下从类似的气体放电管发射的同样的光谱线的轮廓可能成为下图所示的形状．

5 在问题3所描述的实验条件下，在本章的式（7a）的基础上，估计在任何确定的时刻处于第一激发态的钠原子所占的比例（设$T=200$ ℃）．

6 （a）由图37A中所提供的实验数据计算方程（37b）中的常数C．

（b）在X射线发射的研究中人们发现为了使（频率为ω的）特征谱线之一出现，轰击电子的能量E必须比$\hbar\omega$略高一点．对于图37A中的$K\alpha$线，出现的条件大约是$E>\frac{4}{3}\hbar\omega$．为什么此线没有在E刚大于$\hbar\omega$时就显现？

7 虽然作者对于读者因学习了原子的玻尔行星模型可能形成的心目中有害的图像不承担任何责任，但作者也不想做得过分极端以致完全禁止读者去考虑这个模型．玻尔假定了氢原子中电子在圆形轨道上运动，并要求电子的角动量是$\hbar$的正整数倍．这个模型在很高的精确度下给出了所有能极的正确位置，这一点是一个不寻常的巧合．由于这个模型有着重要的历史价值，读者可能愿意追随玻尔的脚步，构造图1B的谱项图并验明图1B中所出现的谱线．（照片上所注的波长是：4 861.3 Å，4 340.5 Å，4 101.7 Å，3 970.1 Å，3 889.1 Å，及3 835.4 Å.）

8 放射性原子核$_{84}Po^{212}$（以前曾称为ThC′）发射几种不同能量的α粒子．在这种情况下的解释并不与本章的图40A里所给出的相同．试找出可能的解释．画出谱项图以表明你的思想和你所得到的知识．正确地标明对应于所涉及的不同的原子核的状态．

9　图38A是F. Ajzenberg及T. Lauritsen的论文，*Reviews of Modern Physics* **27**（1955）（p. 107中图15）的简化图，研究一下原图．注意在标记为$Li^7+\alpha$的谱线上可以看到一条有若干极大值的曲线．这些值与原子核B^{11}的某些能级重合．这条曲线表示了某些实际测量的结果．试详细解释曲线的意义，并讨论作为其根据的测量．

在原图的右方，我们还可看到标记为$B^{11}+p-p'$的水平线，在这之上有一根标记15.6的短水平线，它与B^{11}的某些能级用带箭头的线连接起来．图上的这种面貌也与某些测量结果有关．讨论这些测量，解释箭头代表什么．

10　考虑一个实验：原子束沿平行于一个带有狭缝的屏幕运动．狭缝垂直于原子束的方向．为简单起见我们假定原子束中所有原子都有相同速度v．有些原子在飞过狭缝前某一位置时成为激发态．设x是缝和原子受激发的点之间的距离．原子可以通过发射一个频率为ω的光子从激发态衰变到基态．设τ是激发态的平均寿命．我们研究穿过缝射出的光．

（a）穿过狭缝出射的光的强度与距离x的关系如何？并论证你的答案．

（b）假设使穿过狭缝出射的光落到一个光电管上，并假设我们确定了光电管停止记录的推迟势．你预料的推迟势与距离x的关系是怎样的？试叙述并说明之．你最终得到的答案是否正确是无关紧要的：重要的事情在于你思考了这个问题并在你现有知识的基础上提出一个明确的预言．

11㊀　研究图**50A**所示的发射源发射的电四极辐射的角分布（按强度），并把这样的角分布与对于单个电偶极子我们应该观察到的角分布相比较，这是一个饶有趣味的事．强度正比于电场的平方．试证：对于电偶极子，辐射强度作为观察方向的函数，由下式表出

$$I_{E1}(\theta)=A\sin^2(\theta),$$

而对图50A所示的电四极子，则由下式给出

$$I_{E2}(\theta)=B\sin^2(2\theta).$$

这里A与B是常数．强度与方位角无关．这个例子表明可以通过特征强度分布图样区分出不同类型的多极辐射．

㊀　这个问题与第50节的高级课题有关．

第四章 光 子

第四章　光　　子

一、光子的粒子性

§4.1　在这一章和下一章里我们要探究像光子、电子、质子、中子以及自然界中发现的其他基本粒子等基本实体的粒子性和波动性．我们将考察某些基本的实验事实，从而对所观察的事物得出初步协调一致的图像．许多例子表明，某一实验的结果会启发人们设计新的实验．遇到这种情况时，我们会试着做出预测，然后研究实际上所观察到的东西．我们的方法是一种理想的实验，但我们应当注意不要使我们自己过分拘泥于任何一个特殊的模型，下面就来看一看许多事情是如何进行的．

§4.2　我们从研究光子开始可能是合适的．光子是电磁场的“量子”：我们知道频率为 ω 的近乎单色的辐射以每个带有能量 $E=\hbar\omega$ 的波包的形式起作用．对此最直接的证据来自光电效应的研究，但正如我们下面将要看到的那样，也有另外的一些观察导致同样的结论．总而言之，这些观察表明关系式 $E=\hbar\omega$ 在非常宽广的频率范围内必定成立．我们做一个（大胆的）外推，波包能量和频率之间的这一关系是完全普遍的，对于所有光子都成立．

§4.3　我们提出下面的问题：假设有沿某一方向以光速 c 传播的、频率为 ω 的电磁辐射波包．这一波包是否也带有动量呢？如果有的话，动量的数值是多少？如果波包——我们称为光子——具有某种粒子性，我们可以期望它确实具有动量，因而我们就可以考虑能直接测量它的动量的实验．

在这套丛书的第3卷中[㊀]，我们学过对于在十分确定的方向上传播的单色电磁波的能量 E 和动量 p 由关系式 $p=E/c$ 联系起来，其中动量是在传播方向上．这是经典电磁理论所预言的．我们可以合理地期望同样的关系式对电磁量子也成立．

§4.4　从不同的观点来推导能量和动量之间的关系是有益的．因此假定我们还不知道 $p=E/c$，但却相信关系式 $E=\hbar\omega$ 是普遍有效的．这特别是指这一关系式对每一惯性系都成立．按照狭义相对论的原理，假如我们可以找到在一个惯性系中对所有光子成立的能量、动量、频率和传播方向之间的普遍关系式，那么同样的关系式在每一个惯性系中必定都成立．因此，相对论不变性的要求对上述物理量之间可能的关系式引进了一个约束条件，我们论证的思路是应用这一约束条件寻求光子动量 $\boldsymbol{p}$ 的表示式．

㊀　《伯克利物理学教程》第3卷波动学，第七章．

设光子在一个惯性系中沿正 x 轴的方向传播. 我们把光子当作能量为 $E=\hbar\omega$，而动量 $\boldsymbol{p}$ 未知的粒子. 由于对称性的原因 $\boldsymbol{p}$ 必定沿 x 轴的方向. 现在设想，相对于“不带撇的惯性系”以均匀的速度 v 沿 x 轴运动的另一惯性系——“带撇的惯性系”——中观察同一情况. 在带撇的惯性系中，观察者看到了频率为 ω'，带有能量 $E'=\hbar\omega'$ 以及动量 $\boldsymbol{p}'$ 的光子. 因为 $c>v$，在带撇的惯性系中光子沿着正 x' 轴的方向运动. 而且，我们在对称性的基础上断言，在两个惯性系中动量必定都指向光子运动方向. 所以我们可以略去动量的矢量记号（即加粗的方式显示），把它的 x 和 x' 分量简单地写成 p 和 p'，其他的分量是零.

§4.5　我们回想一下这套丛书第 1 卷中关于洛伦兹变换的两个结果㊀. 其中第一个是纵向多普勒频移的公式，它按照下式把频率 ω 和 ω' 联系起来

$$\omega'=\omega\sqrt{\frac{c-v}{c+v}} \tag{5a}$$

第二个是粒子能量和动量的相对论变换变律. 根据这一定律能量 E' 由下式给出

$$E'=\frac{E-vp}{\sqrt{1-(v/c)^2}} \tag{5b}$$

如果现在应用我们的假设

$$E=\hbar\omega,\ E'=\hbar\omega' \tag{5c}$$

从式（5b）中消去 E 和 E'，然后应用式（5a），从所得出的方程中消去 ω'，便得到

$$\hbar\omega\sqrt{\frac{c-v}{c+v}}=\frac{\hbar\omega-vp}{\sqrt{1-(v/c)^2}}$$

从这个方程可以直接解出 p，我们可得到

$$p=\frac{\hbar\omega}{c} \tag{5d}$$

或

$$p=\frac{E}{c} \tag{5e}$$

这些关系式当然在所有惯性系中都成立，因为“不带撇的惯性系”一点也没有什么特别的地方. 具体讲，它们对“带撇的惯性系”也应成立. 正如我们说过的，也可以在经典电磁理论中导出关系式（5e）. 关系式（5d）肯定是量子力学的：它说明频率 ω 的一个光量子总是携带动量 $\hbar\omega/c$. 当然，这一关系式直接从式（5e）和式（5c）得出，反过来式（5c）也可从式（5d）和式（5e）得出.

§4.6　光子的静质量 m_{ph} 是零. 在第 1 卷中我们推导出了静质量、能量和动量之间的普遍关系，把这个关系应用到光子这一特殊情况中即为

㊀　《伯克利物理学教程》第 1 卷力学. 第十一章中导出了多普勒频移的公式，在第十二章中导出了能量和动量变换定律.

$$(m_{\mathrm{ph}}c^2)^2 = E^2 - (cp)^2 \tag{6a}$$

由式（5e），可知上式右边为零，从而得到 $m_{\mathrm{ph}}=0$.

乍一看来，这一结果也许显得有点怪异：因为光子具有某种粒子性，在它的静止参考系中观察时应该具有质量. 然而，光子在其中静止的惯性系是不存在的，在每一个惯性系中电磁辐射都以速度 c 传播. 因而静止的光子是一个没有意义的概念.

人们很可能会争辩，认为不应当将永远不会静止的客体叫作“粒子”. 然而，讨论“无质量粒子”已经成为既定的习惯，光子和中微子就是“无质量粒子”的例子，我们应当遵从这一习惯做法. 毕竟怎样对“粒子”一词下定义纯粹是喜好问题. 显然对光子、中微子和有质量的粒子放在同样的地位上对待是方便的，在另一方面，也应该十分着重地强调指出，光子并不是弹子球，它只有某些性质和弹子球相同.

§4.7　下面我们考虑一些理想实验，我们想在这些实验中看一看光子的粒子图像和从经典电磁理论得到的某些结论是否一致. 这样我们可以进一步使自己熟悉电磁辐射的波包具有粒子性这一想法.

这里需要做一点解释. 当我们在这里讨论“粒子性”时，我们指的是在经典物理学中粒子所具有的性质. 实际上“粒子”一词当然是现今作为像光子、电子、质子、中子这样一些客体的共同名称. 严格地说，“粒子性”因而就是这些客体共有的全部特性，特别是，真正的物理粒子的一种性质是它的行为可以像波动. 不过，在我们讨论的现阶段，我们正在试图发现真实粒子的性质是什么，这一研究的一个方面是想看一看真实粒子在多大程度上表现得犹如想象中的“经典粒子”.

§4.8　考虑一个稳定光源，发射频率为 ω 的光子. 我们让此光线垂直地入射到一全反射镜上，此反射镜在光源的静止参考系中是静止的.

经典电磁理论预言，反射光的频率仍旧是 ω，并且射向反射镜的能量通量和离开反射镜的能量通量是相同的.

而且，经典电磁理论预言，入射的辐射将对反射镜施加压强，即辐射压. 如果我们假设整个反射镜上辐射强度是均匀的，压强由下式给出：

$$P = W \tag{8a}$$

其中 W 是紧靠反射表面附近辐射场的能量密度.

现在假设 Φ 是入射辐射通量：即 Φ 是单

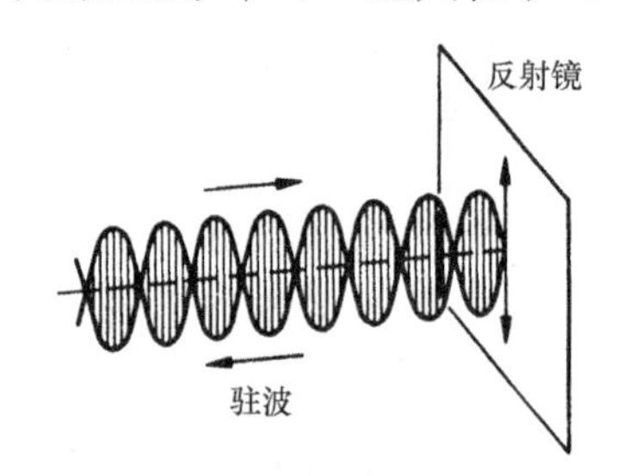

图 8A　按照波动图像，光从镜面（有完全导电的表面）上的反射. 在反射镜前建立起驻波，并且在表面以内产生感应电流. 波通过波的磁场和感应电流的相互作用施加力于反射镜上. 对于垂直入射，辐射压 P 由 $P=W$ 给出，其中 W 是反射镜前的能量密度.

位时间内通过垂直于入射方向的单位面积并射向反射镜的能量．如果我们同样令 Φ'表示反射辐射通量，必然有 $\Phi=\Phi'$．在单位时间内辐射通过距离 c，那么能量密度必然由下式给出：

$$W=\frac{\Phi}{c}+\frac{\Phi'}{c}=\frac{2\Phi}{c} \tag{8b}$$

式中第一项给出入射辐射的能量密度，第二项是流出辐射能量密度．我们把式（8a）和式（8b）结合起来，于是就得到联系辐射压强和通量的关系式

$$P=\frac{2\Phi}{c} \tag{8c}$$

§4.9　让我们从光子图像的观点来观察这个情形．在这一图像中，向着反射镜的通量为单位时间内 N 个光子通过单位面积．每一个光子携带能量 $E=\hbar\omega$ 和动量 $p=\hbar\omega/c$．在和镜面碰撞之后，每一个光子的动量反转（把反射镜当作无限重，这是因为它保持不动），因此每一个光子把数值为 $2p$ 的动量传递给反射镜．在这种图像中辐射压强起因于光子对反射镜的轰击．

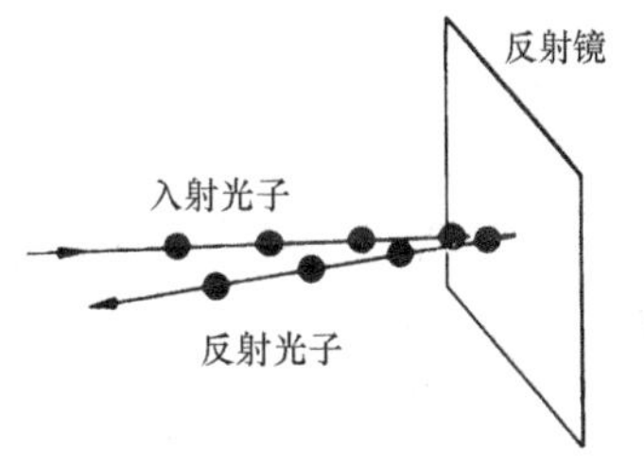

图 9A　按照粒子图像，光从镜面上的反射．当光子和反射镜碰撞时出现辐射压．（在垂直入射的情况下）光子的动量倒转．辐射压强和能量密度之间的关系和在波动理论中相同．（参见图 8A）

辐射压 P 等于单位时间内传送给反射镜单位面积上动量的数值，于是我们有

$$P=2Np=\frac{2N\hbar\omega}{c} \tag{9a}$$

另一方面，能量通量简单地由下式给出

$$\Phi=N\hbar\omega \tag{9b}$$

（因为每一光子以光速传播）能量密度由下式给出

$$W=\frac{2N\hbar\omega}{c} \tag{9c}$$

如果我们把式（9a）~式（9c）结合起来，便重新得到式（8a）~式（8c），这表明在所考虑的情况中光子图像和波动图像是一致的．

§4.10　接下来我们考虑下述情况：光源静止在实验室中．它发射频率为 ω 的光子，这些光子垂直入射到以很小的速度 v 离开光源运动着的全反射镜上．我们假定反射镜的质量 M 非常大．（我们令 v 很小并且 M 很大，从而可以非相对论性地讨论问题．）

从光子图像的观点来看，我们考虑一下当一个光子和反射镜碰撞时发生了什么．在碰撞之前，光子具有能量 E 和动量 $p=E/c$，在碰撞之后，光子具有能量 E' 和动量 $p'=E'/c$．能量和动量守恒条件是

$$p + Mv = -p' + Mv'\text{（动量）} \quad (10a)$$

$$E + \frac{1}{2}Mv^2 = E' + \frac{1}{2}Mv'^2\text{（能量）} \quad (10b)$$

这里我们已经考虑到反射镜在碰撞以后会有（稍许）不同的速度 v' 这一事实，不过速度的方向仍保持不变. 反射后的光子向反方向进行，因此在式（10a）中有 $-p'$ 一项.

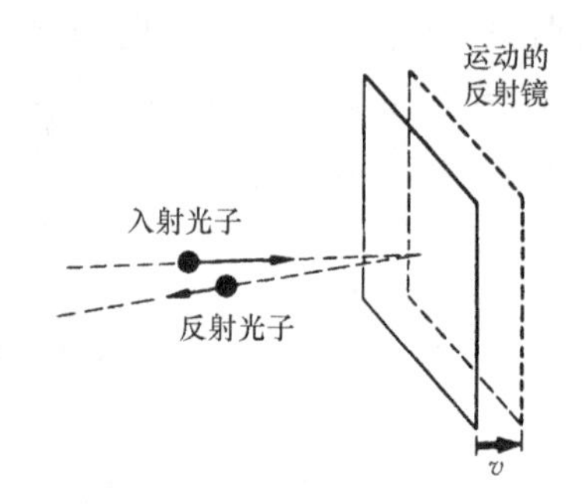

图 10A　支配弹性碰撞的定律预言：假如反射镜离开光源运动，反射后光子的能量 E' 小于入射光子的能量 E. 从关系式 $E' = \hbar\omega$ 和 $E' = \hbar\omega'$ 我们可以求出频率的移动. 假设反射镜无限重，我们获得的结果与从波动图像得到的相同.（参见图 12A）

令反射后光子的频率为 $\omega' = E'/\hbar$. 我们可以把方程（10a）和方程（10b）重写成下面的形式

$$\frac{\hbar\omega}{c} + Mv = -\frac{\hbar\omega'}{c} + Mv'\text{（动量）} \quad (10c)$$

$$\hbar\omega + \frac{1}{2}Mv^2 = \hbar\omega' + \frac{1}{2}Mv'^2\text{（能量）} \quad (10d)$$

从这两个方程式中消去 v'，得到

$$\hbar(\omega - \omega') = \left(\frac{v}{c}\right)\hbar(\omega + \omega') + \frac{1}{2M}\left(\frac{\hbar}{c}\right)^2(\omega + \omega')^2 \quad (10e)$$

我们考虑无限重反射镜的极限情况，在这种情况下，可以去掉式（10e）右边的第二项. 于是便得到

$$\omega' = \omega\left(1 - \frac{v}{c}\right)\Big/\left(1 + \frac{v}{c}\right) \quad (10f)$$

因为假定 v/c 很小，所以我们可以把式（10f）展开成 v/c 的级数并且只保留线性项，这样便得到反射后频率的近似表示式：

$$\omega' \approx \omega\left(1 - \frac{2v}{c}\right) \quad (10g)$$

§4.11　我们也要考虑一下反射的辐射强度. 为此目的，我们设想观察者位于固定在实验室并平行于镜子的平面处. 设单位时间、单位面积内有 N 个光子的通量流向镜子，再设单位时间、单位面积内有 N' 个光子的通量返回. 我们假设光源的横向宽度很大，所有的光子严格地垂直于这个平面传播. 我们断定

$$N' = N\left(1 - \frac{2v}{c}\right) \quad (11a)$$

为了看出这一点，我们做下面的论证：令通过观察平面单位面积的入射光子在时间上是等间隔的. 两个相继通过的光子间的时间差是 $1/N$. 令一个给定的光子在 t 时刻返回：可是，下一个光子必定要走过更长的距离，因为反射镜在那一段时间内又运动了一段距离 v/N，此后一个光子将在时刻 $t + 1/N + 2(v/c)/N$ 返回. 因此

返回光子的时间差就是 $1/N' = (1/N)(1+2v/c)$，如果 v/c 很小，这就导致近似表示式（11a）.

现在光子束的强度，即单位面积、单位时间的能量通量对于入射束而言由 $\Phi = \hbar\omega N$ 给出，对反射束为 $\Phi' = \hbar\omega' N'$. 于是我们得出结论，这两个强度由下面的（近似）公式联系起来.

$$\Phi' = \Phi\left(1 - \frac{4v}{c}\right) \tag{11b}$$

我们已经得到两个有趣的结果：反射后光子的频率按照式（10g）改变了，反射光束的强度 Φ' 与入射光束的强度 Φ 由式（11b）联系起来. 我们是不是能够从经典电磁理论得到同样的结果呢?[㊀]

§4.12　在波动理论的基础上我们论证如下：对于静止在实验室中的观察者，反射光好像来自“镜子后面的光源”，即来自光源在镜中的像. 这个镜中的像对于反射镜以速度 v 运动，而反射镜本身以速度 v 相对于静止的观察者运动. 因为 v 很小，我们可以应用非相对论性的速度相加定律，并且我们可以断言：光源的像看上去似乎在以速度 $2v$ 离开观察者. 因此频率必定有多普勒频移，反射后的频率 ω'（在非相对论性近似中）就由 $\omega' = \omega(1-2v/c)$ 给出，这个式子和式（10 g）一致.

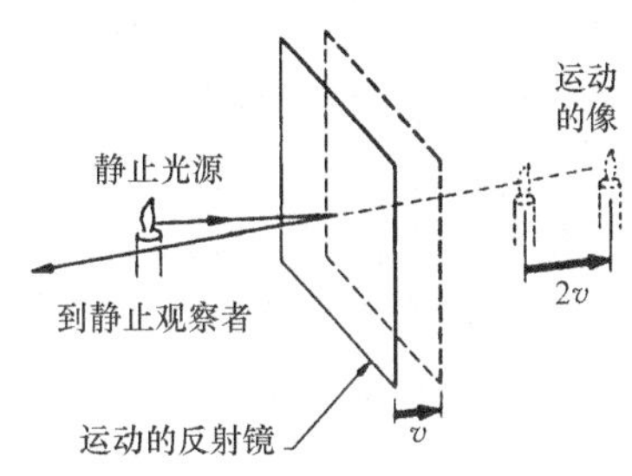

图 12A　从静止光源发出的光在运动的镜子上反射后看上去好像是从运动着的光源发出：似乎在两倍于反射镜的速度运动. 因此，波动理论预言，反射后的光线有多普勒频移.（为简单起见，想象图上画的是一支单色蜡烛.）

§4.13　下面我们考虑强度. 在这套丛书的第 2 卷里[㊁]，我们讨论了按照洛伦兹变换的电磁场变换定律. 令 E 和 B 是在光源静止的参考系中波的电场和磁场的振幅. 场 E 和 B 垂直于传播方向. 我们用 E' 和 B' 表示光源在其中以速度 v' 离开观察者运动的参考系中相应的振幅. 对于平面线偏振波，我们实际上有 $E = B$ 以及 $E' = B'$. 于是变换定律表明，带撇的和不带撇的振幅由下式联系起来

$$E' = E\sqrt{\frac{c-v'}{c+v}} \tag{13a}$$

在这个情况下，强度（即能量通量）正比于振幅的平方，从而有

$$\Phi' = \Phi\left(\frac{c-v'}{c+v}\right) \tag{13b}$$

㊀　当然我们能够. 这个工作并非真正必要的，但它是有教益的. 讨论这一类问题的另一种方法是变换到镜子静止的参考系，然后再变换回去.

㊁　《伯克利物理学教程》第 2 卷电磁学，第 6 和第 7 章.

其中 Φ 是光源静止参考系中的强度，Φ' 是光源在其中以速度 v' 离开观察者运动的参考系中的强度．假如我们现在写下 $v'=2v$，并把式（13b）的右边展开为 v/c 的级数，假设这个数量很小，作线性近似时重新得到式（11b）．

我们看到从粒子图像得出的结论和从波动图像（即从经典电磁理论）导出的结果相同．

§4.14 最后我们来说明怎样解释通过"观察平面"流向反射镜的净能流：因为反射辐射与入射辐射相比有较低的强度，所以有异于零的净能流．那么能量到哪里去了呢？因为反射镜在运动着，辐射压要对反射镜做功，这个功占净能流的一半．另一半变成在反射镜和观察平面间的空间中建立的电磁场：因为这个空间的体积稳定地增加但是能量密度保持常数，必须以不变的速率补充能量．在光子图像中我们宁可说在反射镜和观察平面之间传输的光子数目由于距离的增加而均匀地增加．读者应详细地做出上面指出的十分简单的计算，使自己确信能量流是平衡的．

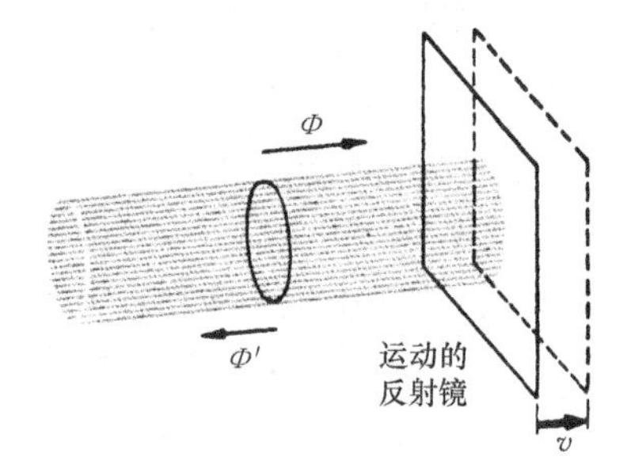

图14A　从离开光源和观察者运动的反射镜反射的光强，即单位面积、单位时间内的能量通量，小于入射光强．辐射压对反射镜做功，并且充满辐射能的体积增加．

粒子图像和波动图像两者都正确地解释了能量平衡．

§4.15 我们下面讨论一个例子，这个例子告诉我们必须要小心．频率为 ω_0 的完全单色光束（可以用激光作为光源得到）垂直入射到沿着射束方向以频率 ω_m 振动的反射镜上．我们要求反射光的频率．

在素朴粒子图像的基础上，人们可以做出如下的推论：假如光子正巧在镜子以速度 v 离开光源的时刻撞击镜子，那么根据我们早先的讨论，反射光子的频率是 $\omega=\omega_0(1-2v/c)$．光子随机地到达反射镜，因此在反射光中，我们遇到的是分布在 $\omega_0(1-2v/c)$ 到 $\omega_0(1+2v_0/c)$ 范围内的连续频谱．原来几乎单色光的光谱频率分布变宽了．在上面的公式里 v_0 是反射镜的最大速度．

§4.16 在经典波动图像的基础上，我们得到不同的结论．反射光是两个周期过程的产物，因此我们料想在反射光束中观察到的频率是由两个频率 ω_0 和 ω_m 形成的组合频率．在经典电磁理论的基础上对这一问题的周密研究表明，预料反射光线中的频率形成一个不连续的集合，该集合的形式为 $\omega=\omega_0+n\omega_m$，其中 n 是任意整数（正的、负的或零）．对于反射镜的速度比 c 小得多的情况（这是物理上可实现的情况），与这些不同频率相联系的强度在 n 的数值小时最大．

作者希望上面的结果使读者觉得是合理的．我们不在这里研究普遍情况，但我们可以通过考虑一个特殊情况来增强我们的表述的可信性．假设 ω_0 实际上是 ω_m 的整数倍．在这个情况下，导致产生反射光束的整个过程是严格的周期性的，

周期为 $2\pi/\omega_m$. 经过时间 $2\pi/\omega_m$ 后一切都自行重复. 显然这意味着在反射光束中观察到的电场也必定是时间的周期函数，其周期为 $2\pi/\omega_m$. 在反射光束中观察到的频率因而必定是频率 ω_m 的整数倍. 这和频率为 $\omega=\omega_0+n\omega_m$ 的形式这一表述是一致的. 与各种频率相联系的强度中，在频率 ω_0 邻近的那些频率的强度最大，这似乎是合理的.（为了看出这一点，考虑一下当振幅趋向于零的极限情况下必定会发生些什么.）总之，显然我们不能期望观察到像素朴粒子图像所预料的频率的连续谱.

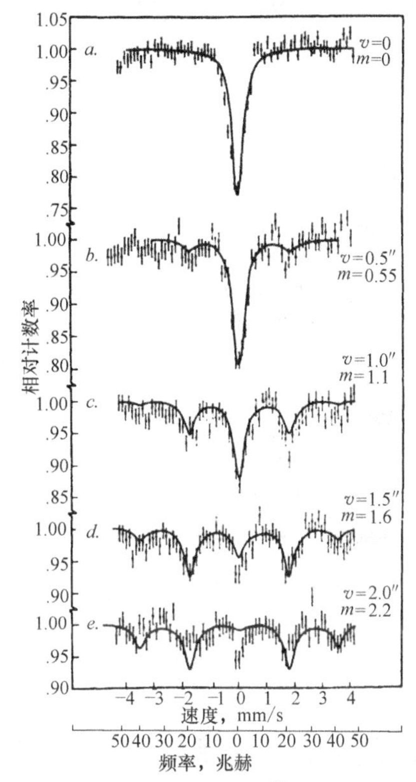

图 16A 表示从受激 Fe^{57} 原子核的振动源发射的 γ 射线频率谱的曲线图. 不同的曲线对应于不同的振荡幅度，振动频率都是 20 兆赫、曲线的凹处表示发射的光谱线. 正如我们看到的，在中心频率和在离中心频率为 ±20 兆赫，以及 ±40 兆赫的位置得到了谱线.

曲线实际上表示 γ 射线通过匀速运动着的，含有处于基态的 Fe^{57} 原子核的吸收器的透射率对吸收器的速度作图. 光源静止时我们在速度为零处得到强的吸收. 光源振荡时，对多普勒频移发射线和 Fe^{57} 的共振线相符时的那些速度发生强的吸收.

此图取自 S. L. Ruby and D. I. Bolef, "Acoustically modulated γ rays from Fe^{57}", *Physical Review Letters* **5**, 5 (1960).（承蒙 *Physical Review Letters* 杂志惠允.）

经典波动理论所预言的频率与实际观察到的是一致的. 人们曾经用本身振动的光源做过这一类实验. 其中的一个是鲁比（Ruby）和博立夫（Bolef）所做的，实验中的"光源"是放在振荡石英晶体表面上发射 γ 射线的 Fe^{57} 原子核. 如图 16A 所示，在所预言的频率中有好几个在这个实验中都被观察到了.

§4.17 如果我们注意到粒子理论在这种情况下是过于简单，就会认为波动理论的预测和粒子理论的预测之间表现出的尖锐对立并不那么严重. 我们曾假设反射是突然发生的，仿佛光子是点粒子，没有任何空间的广度. 这一假设是没有道理的：波列具有有限的长度，其长度反比于确定频率的精密度. 在第三章第 23 节中讨论的频率的不确定度 $\Delta\omega_0$ 和发射过程的持续时间 τ 之间

的关系的基础上，我们可以很容易地估计出波列的长度. 我们曾断定

$$\tau \approx \frac{1}{\Delta\omega_0} \tag{17a}$$

于是波列（在空间中的）长度

$$L = c\tau \approx \frac{c}{\Delta\omega_0} \tag{17b}$$

并且我们看到，假如频率是十分确定的，那么把光子当作点粒子肯定是不正确的.

我们也可以像下面这样来叙述这个问题：假设 $\omega_m \gg \Delta\omega_0$，则光子“消磨”在振动的镜子上的时间长于镜子振荡的周期，显然我们不能想象光子是在镜子具有确定的速度 v 的一瞬间就从镜子反射的. 反射是在一个时间间隔内发生的，在这段时间间隔内镜子有足够的时间完成几次完全的振荡.

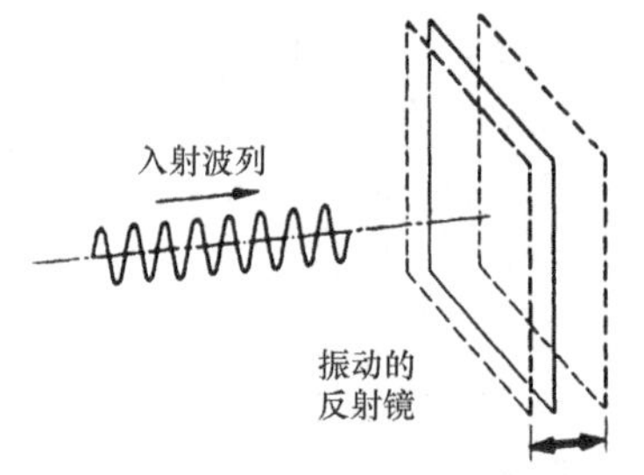

图 17A　把光子和振动的反射镜的相互作用描述为光子和反射镜在某个确定时刻碰撞是错误的：光子并不是点粒子. 在这种情况下用波动图像更加合适. 因而波列长度和碰撞过程的持续时间反比于确定光子频率的精密度. 严格单色的光子是无限长的. 假定反射镜振动频率是 ω_m，入射光的频率是 ω_0，那么反射光中得到的频率就是（$\omega_0 + n\omega_m$）这种形式，其中 n 是任意整数.

二、康普顿效应，韧致辐射；粒子对的产生和湮没

§4.18　我们现在转向讨论光子的能量和动量的实验，即康普顿（A. H. Compton）的实验，在这个实验中观察到光子和电子的碰撞. 图 18A 简略地表示这种碰撞.

频率为 ω 的光子和质量为 m 的，原来是静止的电子碰撞，碰撞以后在与入射方向成 θ 角的方向上射出频率为 ω' 的光子. 电子在碰撞中受到反冲，它以能量 E_e 在与入射方向成角度 φ 的方向上射出.

只有当整个过程在同一个平面上发生时能量和动量才能都守恒，在这个平面上（譬如说就是图画）两个守恒定律为

$$\hbar\omega + mc^2 - \hbar\omega' = E_e(\text{能量}) \tag{18a}$$

$$\boldsymbol{p} - \boldsymbol{p}' = \boldsymbol{p}_e(\text{动量}) \tag{18b}$$

现在把第一个方程除以 c 再平方，然后减去第二个方程的平方，我们得到

$$\frac{1}{c^2}(\hbar\omega + mc^2 - \hbar\omega')^2 - (\boldsymbol{p} - \boldsymbol{p}')^2$$

$$= \frac{E_e^2}{c^2} - \boldsymbol{p}_e^2 = m^2c^2 \tag{18c}$$

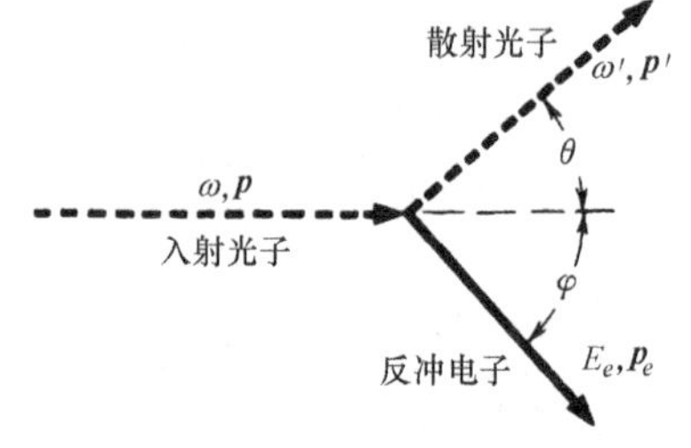

图 18A　阐明康普顿散射的运动学的图，其中光子和原来静止的电子碰撞. 能量和动量守恒定律决定了散射光子的唯一频率 ω' 和动量 $\boldsymbol{p}'$ 是散射角 θ 的函数.

因为
$$p=\frac{\hbar\omega}{c},p'=\frac{\hbar\omega'}{c}$$
以及
$$\boldsymbol{p}\cdot\boldsymbol{p}'=pp'\cos\theta \tag{18d}$$
我们可以从式（18c）解出 ω'，从而得到
$$\omega'=\frac{\omega}{1+(\hbar\omega/mc^2)(1-\cos\theta)} \tag{18e}$$

§4.19　如果我们引进波长 $\lambda=2\pi c/\omega$，$\lambda'=2\pi c/\omega'$，则式（18e）可以写成另一种形式
$$\lambda'=\lambda+2\pi(\hbar/mc)(1-\cos\theta) \tag{19a}$$
量 $2\pi(\hbar/mc)=h/mc$ 称作粒子的康普顿波长，在这种情况下，电子的康普顿波长为
$$h/mc=2.43\times10^{-12}\ \mathrm{m}=2.43\times10^{-2}\ \text{Å}.$$
散射辐射的波长比入射辐射的波长要长，或者说：散射辐射的频率小于入射频率也是一样的．这是必然的，因为有一些能量转移给了电子．检查一个式（18e），我们看到，如果量（$\hbar\omega/mc^2$）≈（$\hbar\omega$）/（0.5 MeV）很小，频率变化的比例就非常小：因此必须采用硬 X 射线的能量才能显示观察得到的效应．检查一下式（19a）我们会得出同样的结论：只要康普顿波长比入射波长小得多，波长改变的比例就很小．

§4.20　我们刚才讨论的散射现象是．康普顿于 1922 年通过实验观察得到的[㊀]．据说他是受巴克拉（Barkla）早先的观察所启发才导致他的实验的．巴克拉观察到当硬 X 射线以很大的角度从固体材料上散射时，散射射线包含两种成分；一种成分具有和入射的辐射同样的性质，但另一种成分是不同的，其差别表现在，插入介质对这一辐射的吸收率是不同的．在波动图像的基础上，第一种成分的产生是很容易理解的．入射的电磁波，即入射 X 射线使束缚在原子中的电子以相同于波的频率 ω 振动，于是这些振荡着的电子在所有方向上发出频率为 ω 的电磁辐射．在这个过程中原子的状态只是暂时地受到扰动而并不发射电子．我们可以料到，会引起这种类型散射的多半是紧密束缚着的电子．

然而，原子中有一些电子受到的束缚是十分松弛的．束缚能量约为 10～100 eV．可以想象，这些电子能在散射过程中被发射出来．在康普顿的实验中，从装有钼靶的大约在 50 000 V 电压下工作的 X 射线管中射出的 X 射线从石墨上散射到各种各样的角度．入射辐射，是所谓的钼 K 辐射，其波长为 0.7 Å，相当于大约 20 000 eV的能量．这个能量比碳原子最外层电子的束缚能大得多，实际上它比所有电子的束缚能都大．在这种情况下，我们可以认为散射过程和在电子一点也不受

㊀ A. H. Compton，“The Spectrum of Scattered X-rays”，*Physical Review* **22**，409（1923）．至于康普顿的理论分析见“A Quantum Theory of the Scattering of X-ray by Light Elements”，*Physical Review* **21**，483（1923）．

束缚的情况下发生是完全一样的．于是就可以应用本章第 18 节中的分析．事实上，康普顿发现散射辐射的波长包含了波长为 λ' 的第二种成分，这个波长按照公式（19a）依赖于散射角度（见图 20A）．

在康普顿和他人后来所做的实验中，也检测到了反冲电子，这就可能表明反冲电子和散射光子是相互联系的，并且在这个过程中能量和动量都守恒㊀．

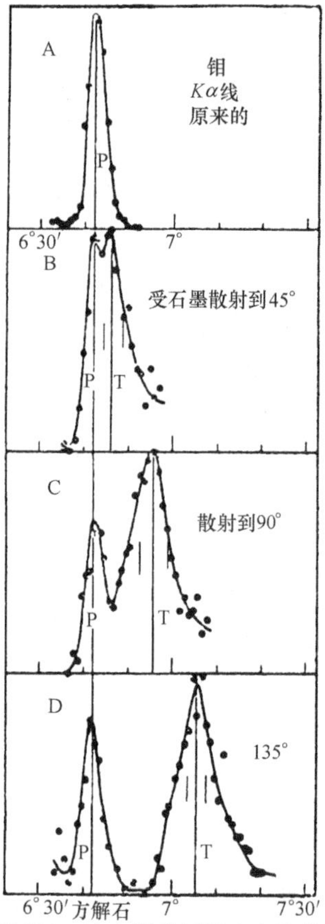

§ 4.21　我们现在来评价关于康普顿效应的各种观察的意义．首先，我们要注意经典电磁辐射的波包也会在电子上散射，所以对这种散射现象的解释并不需要量子力学．然而，散射辐射的频率和散射角之间的特殊关系式（18e）确实与普朗克常量有关，并且在某种意义上给光子图像以有力的支持．我们应当注意，我们导出式（18e）时假定了整个光子受到散射，而不是一个光子的三分之一或者五分之一受到散射：如果只有五分之一的光子被散射，那么守恒定律就会给出完全不同的结果．因此康普顿效应的重要性就在于这个观察结果进一步证实了关系式 $E = \hbar\omega$ 的普适性．在康普顿实验中光子不能"分裂"，频率为 ω 的光子总是带着能量 $\hbar\omega$ 和动量 $\hbar\omega/c$．

图 20A　取自康普顿的论文的曲线图 [*Phys. Rev.* **22**, 409 (1923)]，表示三个不同的散射角上散射辐射的光谱．最上面的图表示波长为 0.71 Å 的入射辐射的谱线．横坐标正比于波长，纵坐标是强度的量度．而下面三张图中左边的峰值表示散射辐射中和入射辐射波长相同的部分．右边的峰值表示频率移动了的康普顿散射辐射．按照康普顿公式，频率移动随散射角的增大而增大．（承蒙 *physical Review* 杂志惠允．）

在用光电池做的光电实验中（在可见光或紫外光区域）我们只能在很有限的频率范围内验证关系式 $E = \hbar\omega$．康普顿效应的研究把这一范围扩展到硬 X 射线的区域．当然，如果我们坚定不移地相信狭义相对论（我们确实是如此）就像我们在本章开头已论证过的，我们就会得出这个关系式是完全普遍适用的结论．不过，在新的频率范围内直接检验这一关系式的任何实验都是值得做的：我们检验了一些概念的一贯性，并且

㊀　A. H. Compton and A. W. Simon, "Directed Quanta of Scattered X-Rays", *Physical Review* **26**, 289 (1925)．也可参看 C. T. R. Wilson, "Investigations on X-Rays and β-Rays by the Cloud Method", *Proceedings of the Royal Society* (London) **104**, 1 (1923)．

还检验了狭义相对论.

今天对关系式 $E=\hbar\omega$ 的普适性已经有了压倒一切的有力支持. 我们可以说它已成为当代物理学不可缺少的组成部分. 为进一步研究这一关系式的含义，我们来考虑另外两个现象：在 X 射线管中 X 射线的发射以及正负电子对的湮没.

§4.22　在图 22A 简略描绘的 X 射线管中，从炽热的阴极（用灯丝加热）发射的电子通过灯丝和阳极之间的电压 V_0 被加速. 电子打在阳极（靶）上，它们被迫停止. 在经典电磁理论的基础上我们预料到，这一减速将伴有电磁辐射的发射. 这种辐射的存在首先是由伦琴（W. C. Röntgen）在 1895 年探测到[㊀]. 发出的射线被称作 X 射线或伦琴射线.

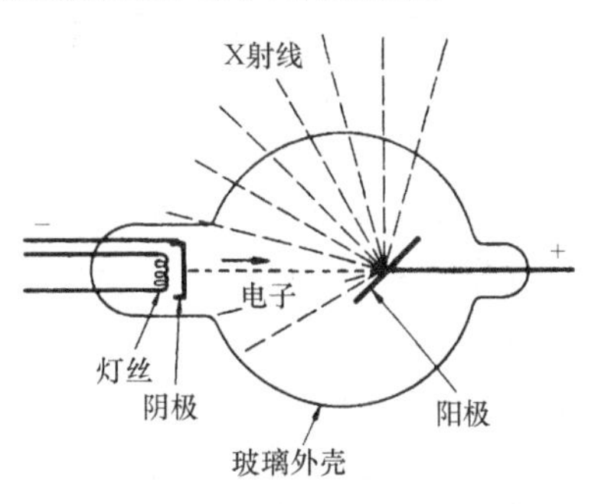

图 22A　说明 X 射线管作用的简图. 从被灯丝加热的阴极发射的电子向阳极加速. 电子打到阳极上发射 X 射线. 辐射的一部分是阳极材料的特征辐射，一部分是韧致辐射.

人们对于这种射线的真实性质起初是有些争论的，但是在 20 世纪初已日益清楚，X 射线实际上是电磁辐射. 通过 1904 年有独创性的双散射实验，巴克拉（C. G. Barkla）能够证明 X 射线是横向偏振的. 最确定的证据是在 1912 年得到的. 当时弗里德里希（W. Friedrich）和克尼宾（P. Knipping）根据冯·劳厄（M. von Laue）的建议，证明了 X 射线在晶体上受到散射，这在第一章中已经提到过了[㊁].

§4.23　在使 X 射线光谱研究成为可能的一些技术发展了以后，就可以在许多极其不同的实验条件下测量作为波长函数的发射射线的强度. 在同样的电压 V_0 下，对于三种不同的物质，强度对波长的典型曲线表示在图 23A 中. 我们看到叠加在连续的本底上有几个尖锐的"峰"，或者说强度的极大值.

已经发现这些峰值的位置是靶的材料的特性. 另一方面，各种材料在同样的加速电压 V_0 下的连续本底都有相同的形状. 对各种实验材料的研究得出下面的结论，有两种不同的机理会引起发射 X 射线. 尖锐的峰类似于受到碰撞的原子发射光：这种辐射称为该物质的特征辐射，它是受到高能的入射电子碰撞而被激发的原子所发射的. 另一方面，连续本底是在靶中被减速的电子所发射的. 它被称作韧致辐射，其意义

㊀ "Über eine neue Art von Strahlen", *Sitzungsberichte Med. Phys.* Ges Wurzburg, 1895, p. 137; 1896, p. 11. 这些论文已被译成英文！W. C. Röntgen, "On a New Kind of Rays", *Science* **3** 227 (1896); "A New Form of Radiation", Science **3**, 726 (1896).

㊁ C. G. Barkla, "Polarized Röntgen Radiation", *Phil. Trans. Roy. Soc.* **204**, 467 (1905). C. G. Barkla, "Polarization in Secondary Röntgen Radiation", *Proc. Roy. Soc.* (London). **77**, 247 (1906).（后面一篇论文报导了双散射实验.）
W. Friedrich, P. Knipping and M. von Laue, *Annalen der Physik* **41**, 971 (1913).

是使电子骤然停止而引起的辐射㊀.

通过实验还进一步发现对于一定的加速电压 V_0，有一个确定的最小波长 $\lambda_{\min}$，波长比它更短的辐射都不会出现，这最小波长 $\lambda_{\min}$取决于电压 V_0 而与制造靶的材料无关. 这我们可以从图 23A 看出来.

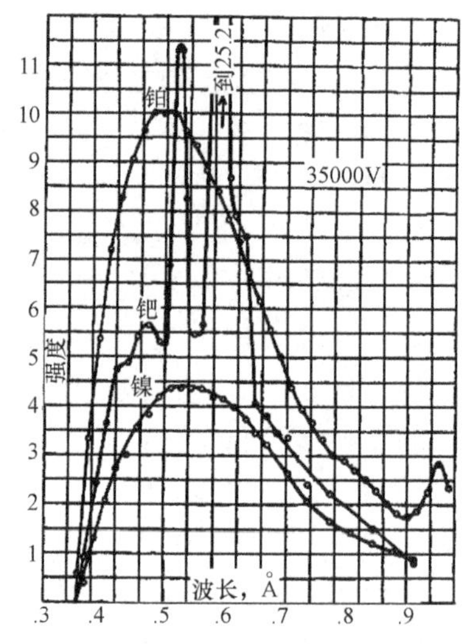

图 23A　表示发射 X 射线的强度对波长的曲线图，用了三种不同的材料，但有同样的加速电压 V_0 = 35 000 V. 尖锐的峰相当于各该材料的特征辐射. 连续本底是由于轫致辐射造成的.

图取自 C. T. Ulrey，“An Experimental Investigation of the Energy in the Continuous X-Rays Spectra of Certain Elements”，*Physical Review* **11**，401（1918）.（承蒙 *Physical Review* 杂志惠允.）

§4.24　我们来说明一下，怎样从理论上来理解上述情况.

首先我们要注意，按照经典电磁理论，匀速运动的电子不辐射电磁波. 在光子理论的基础上我们可以得出同样的结论，论点如下：考虑在任何可能的发射之前电子在其中静止的参考系，在这个参考系中总能量是 mc^2. 如果发生一个或更多光子的发射，这些光子就会带走能量，发射后的最终总能量就会大于 mc^2，这就违背了能量守恒. 因此不应发生这种发射.

不过，当电子穿过靶中原子核很强的电场时，情况就不同了. 电子就有可能把一些能量和动量传递给原子核，能量和动量方程式就可以平衡. 我们来看一看这个过程怎样发生. 质量为 M 的原子核原来静止（在实验室参考系中），质量为 m、初始动量为 $\boldsymbol{p}_i$ 的电子撞击到原子核上. 碰撞以后电子具有动量 $\boldsymbol{p}_f$，原子核具有动量为 $\boldsymbol{p}_n$. 此外，发射了动量 $\boldsymbol{p}$ 和频率 $\omega = pc/\hbar$的光子，守恒方程式写成

$$\boldsymbol{p}_i = \boldsymbol{p}_f + \boldsymbol{p}_n + \boldsymbol{p}\ （动量） \tag{24a}$$

$$E_i + Mc^2 = E_f + E_n + \hbar\omega（能量） \tag{24b}$$

式中，E_i 和 E_f 分别是电子的初始和最终能量；E_n 是原子核的最终能量.

这些方程式合起来给了我们 4 个守恒方程. 不过标志终了状态的有 9 个变量，即 $\boldsymbol{p}_f$，$\boldsymbol{p}_n$ 和 $\boldsymbol{p}$ 三个矢量的 9 个分量. 对这些矢量的允许范围作详细研究是颇为复杂的，我们不打算进行这样的研究. 可以证明，对于任何给定方向上出射的光子，其能量可以从零到某个极大值. 这一极大值实际上发生于电子和原子核两者在碰撞后都有相同的速度 $\boldsymbol{v}$ 之时：如果我们在质心系中考虑这个问题，就会立刻明白它必定如此. 在电子和原子核的末速度确实相等的情况下，我们将守恒方程重写为

㊀　译注：这句话原文的直译是：它在德语中称为 bremsstrahlung. 现在我们把这个词收入英语词汇：它的字面翻译是“braking radiation”.（译成中文就是“轫致辐射”，“轫”是古代阻止车轮转动的木头，车开动时，则将其撤走，引申为制动或刹车的意思.）——译者注.

$$\boldsymbol{p}_i - \boldsymbol{p} = \frac{(M+m)\boldsymbol{v}}{\sqrt{1-(v/c)^2}} \tag{24c}$$

$$E_i + Mc^2 - cp = \frac{(M+m)c^2}{\sqrt{1-(v/c)^2}} \tag{24d}$$

从第二个方程的平方减去第一个方程乘以 c 后的平方，给出

$$\hbar\omega = pc = \frac{E_i - mc^2}{1 + (E_i - p_i c\cos\theta)/(Mc^2)} \tag{24e}$$

式中，θ 是出射光子和入射电子之间的夹角．于是上式给出在角度 θ 上光子的最大能量．我们注意到，这个式子近似地等于入射电子的动能（$E_i - mc^2$），它又等于 eV_0．式（24e）右边分母上的第二项对 X 射线管来说是非常之小，因为对于质量数为 A 的原子核，常数 $Mc^2 \sim 940$ AMeV，它比范围从 1 keV 到 100 keV 的 E_i 大．

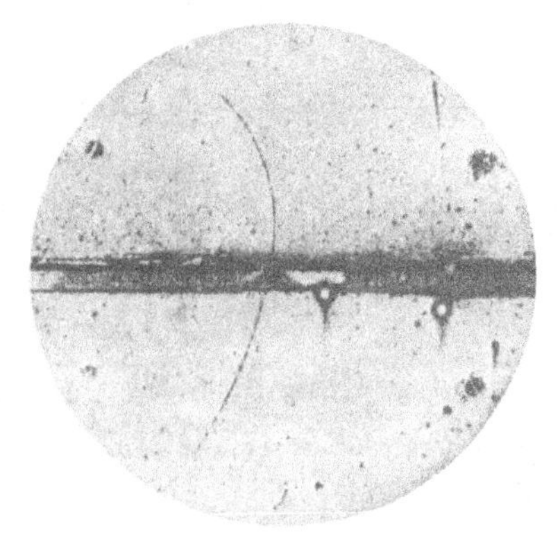

图 26A　把安德森发现的正电子介绍给全世界的云室相片．（取自 C. D. Anderson, "The Positive Electron," *Physical Review* **43**, 491（1933））能量为 63 MeV 的正电子通过水平的铅板（厚 6 mm），出射能量为 23 MeV．由于云室放在垂直于图面的磁场中，因而径迹是弯曲的．靠近云室边缘图片的质量很差，所以难以看出靠近边缘表明正电子确实穿过了云室的很弱的径迹．

有关这张相片的一些有趣的问题请参看这一章末的问题 11．（承蒙 *physical Review* 杂志惠允．）

§4.25　在假定原子核为无限重的极限情况下，我们得到最小波长的表示式

$$\lambda_{\min} = \frac{2\pi c}{\omega} = \frac{ch}{eV_0} \tag{25a}$$

当然，我们可以直接得出结论：发射光子的能量不可能超过入射电子的动能，对于无限重的原子核，最大能量必定发生于电子碰撞后变为完全静止的时候．

这个最小波长称作*量子极限*．它的存在是量子现象的一种表现形式：经典理论预言，任意短的波长都可以发射．

人们已经十分精密地测量了作为 V_0 的函数的量子极限㊀，从这样的测量得到了常数 e/ch（以及 e/h）的精确数值．

§4.26　最后让我们考虑正负电子对的湮没．安德森（C. D. Anderson）于 1932 年在宇宙射线中首先观察到正电子（见图 26A）．现在知道正电子在许多不稳定粒子的衰变中产生，例如在放射性磷同位素 P^{30} 的衰变中．当高能 γ 射线通过物质时也观察到正电子，正如我们在第一章中所讲过的那样，这一现象的图像是，在原子核的电场中 γ 射线可以产生正负电子对．这一过程被称作正负电子对的电磁产生．

当一个正电子和一个负电子碰撞或相互作用时，这一对粒子可能湮没，这意味着这两个粒子都将消失并且它们的能量完全转变为电磁辐射．当正电子撞击一大块

㊀ J. A. Bearden, F. T. Johnson and H. M. Watts, "A New Evaluation of h/e by X-rays", *Physical Review* **81**, 70（1951）.

物质时就能观察到这种湮没现象．按照我们现在的图像，进入物质的正电子在和物质原子碰撞时首先就失去了它的绝大部分动能，有一些正电子可能在减慢之前就和负电子直接碰撞而湮没．变慢的正电子在物质中扩散，终于被原子中的电子俘获．在适当的条件下一个正电子可以和一个负电子组成一个类氢“原子”，称作电子偶素．变慢了的正电子和负电子相互作用而终于湮没．

据我们所知道，正电子的质量等于负电子的质量．

§4.27　让我们现在考虑湮没过程．我们用下列反应式表示这一过程

$$e^+ + e^- = n\gamma$$

其中符号γ代表光子（γ量子）．假设当反应发生时电子和正电子实际上静止着（在实验室参考系中），还进一步假设反应发生在自由空间，即远离所有其他粒子．

首先我们注意到，至少要有两个γ光子，即$n \geqslant 2$；否则，能量和动量就不守恒．（如果电子和正电子原来是静止的，初始动量为零：如果只发出一个光子，最终的总动量就不会是零．）因此让我们假定发射了两个光子．既然初始动量是零，那么最终（总的）动量也必定是零，因此两个光子的动量大小相等、方向相反，这意味着它们的能量相等，因之它们的频率也相等．我们用ω表示频率，那么能量守恒意味着

$$2\hbar\omega = 2mc^2 \quad \text{或} \quad \lambda = \frac{2\pi c}{\omega} = \frac{h}{mc} \tag{27a}$$

由此可见发射光子的波长等于电子的康普顿波长$h/mc = 0.024\ 3$ Å；与这个波长相当的电子静能量为$mc^2 = 0.511$ MeV㊀．

对于被减速并被物质俘获的正电子，我们可以假定上面的预计是恰当的：物质中若有其他粒子存在也可能会有影响，但这种影响一定很小，因为原子的束缚能比电子的静能小得多．

所以我们可以寻找在湮没过程中形成的两个γ光子．它们应当出现在相反的两个方向上，并且它们的波长应当是电子的康普顿波长．实验已经证明这些预言的每一个细节都正确：确实发生了湮没成两个γ光子㊁．此外还发现也发生湮没成三个γ射线光子的情形．

§4.28　有一点我们应当弄清楚．我们论证了正负电子对在空的空间中不能湮没成一个光子，因为这样能量和动量就不能保持守恒．从此得出，单个光子突然变成正负电子对这种逆过程也必定不可能．另一方面，我们曾说过，当很高能量的光子穿过大块物质时会产生正负电子对．这一表面上的矛盾的解答是，这一过程可能而且确实发生在原子核的场中．有一定数量的能量和动量传递给原子核，这样就可能使守恒方程式平衡．

我们上面讨论的湮没过程的逆过程是两个光子碰撞会产生电子对的过程．这一过程还从来没有实际上被观察到过，原因是我们不可能产生足够强的高能光子束来

㊀ 注意，有时，$\hbar/mc = 0.003\ 86$ Å，也叫作康普顿波长．

㊁ 例如参看 O. Klemperer，“On the Annihilation Radiation of the Positron”，*Proceedings of the Cambridge Philosophical Society* **30**，347（1934）．

使这一过程的发生达到能够被观察到的比率．我们坚信，只要我们能够产生这样的光子束，我们就能够看到这个现象．在原子核场中电子对产生的逆过程是在原子核场中正负电子对湮没成一个光子的过程，同时原子核吸收掉守恒方程平衡所必需的能量和动量．这一过程确实发生了，但在一般情况下产生两个光子的湮没过程的可能性更大因而占优势．

§4.29　因为我们讨论的主题是正电子，所以我们稍微考虑一下有关粒子和反粒子的问题．在量子电动力学的现代理论中，电子和正电子起着完全对称的作用．这是我们的基本粒子理论的共同特点：我们深信对于每一种粒子都存在着相应的反粒子（某些粒子，像中性 π 介子，它们本身就是自己的反粒子），并且我们深信如果把粒子调换成反粒子，世界（在某种意义上）是对称的㊀．反粒子具有与粒子相同的质量，但是电荷符号相反．实验上已经发现反质子和反中子都存在㊁，从理论的立场来看我们觉得很高兴；它使我们有可能坚持自然界的对称理论．

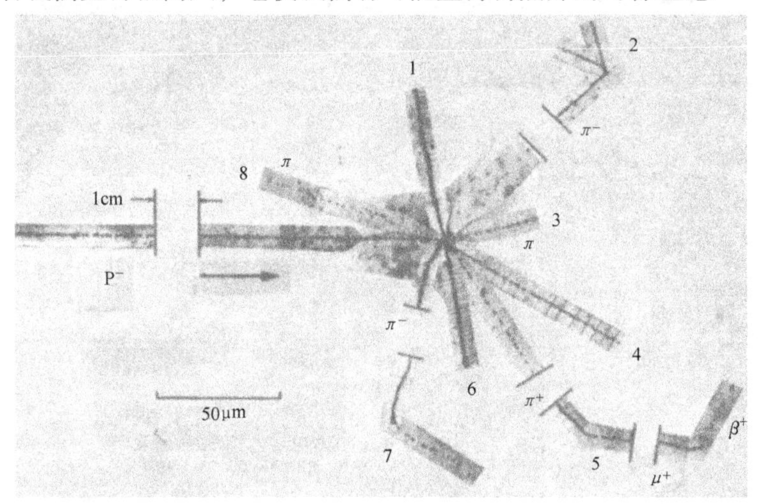

照相乳胶中的湮没星．注意这是一张复合图，已经把乳胶的不同部分拼接起来，这样就可以跟踪不同粒子的径迹．比例尺表示在左下角，其中 1 μm = 10^{-6}m．注意，为了使图有适当的大小，有四个径迹被略去了一部分．

左边的水平径迹表示入射的反质子．在它穿过乳胶时失去能量（因此慢了下来）．它终于被乳胶中的一个原子核俘获（可能是碳原子核）并和这个原子核中一个核子一起湮没．在这一过程中产生了几个 π 介子（径迹 2、3、5、7 和 8），并且原子核分裂成碎片．径迹 1 和 3 可能是质子，径迹 6 是较重的碎片，可能是 H^3 原子核所造成．看得见的（带电）粒子的总动能加上 π 介子的所有静能估计大约为 1.3 吉电子伏（BeV）．注意径迹 5 表示正 π 介子衰变为中微子（不可见）和正 μ 子，后者接着衰变为正电子和两个中微子．

这张照片发表在 E. Segrè "Antinucleons," *Annual Review of Nuclear Science* 8，127（1958），该文评论了有关反核子早期的工作．（照片承蒙伯克利的塞格雷教授惠允．）

㊀　从最近完成的一些实验来看，弱相互作用在粒子换成反粒子以后并非不变的．这表明强相互作用和电磁相互作用可能遵守上述的对称原理，弱相互作用则否．因为强相互作用和电磁相互作用是世界上主要的相互作用．这样，说对称原理近乎（但不是完全）正确或许是更恰当的．

㊁　关于反质子的发现，参看：O. Chamberlain，E. Segrè，C. Wiegand and T. Ypsilantis，"Observation of Antiprotons"，*Physical Review* **100**，947（1955）．

粒子和它们的反粒子可以彼此湮没成（譬如说）光子是它们的基本性质．然而，也常常会发生湮没成其他粒子的情形．例如，质子-反质子体系倾向于湮没成介子，这一过程比湮没成光子的可能性更大．

§4.30　读者可能感到奇怪，如果粒子和反粒子在世界上确实起着几乎完全对称的作用，反粒子为什么不更加明显呢？为什么不“更经常地遇到”正电子呢？并且它们为什么不更早些被发现呢？正如我们所知道的那样，我们的世界看来完全不是处在对称状态中．我们的世界是由质子、中子、电子和氢原子等组成的．但不是由反质子、反中子、正电子或反氢原子组成的．缺乏这种对称性的理由是：对称状态不可能抗拒湮没而稳定存在，物质和反物质不可能在紧密混合物中和平共存．只要地球存在，它必定或者全由物质构成，否则就全由反物质构成．它无论如何不可能作为混合物而存在．

这个世界缺少对称性的状态究竟能否推广到整个宇宙，这是一个很有趣的问

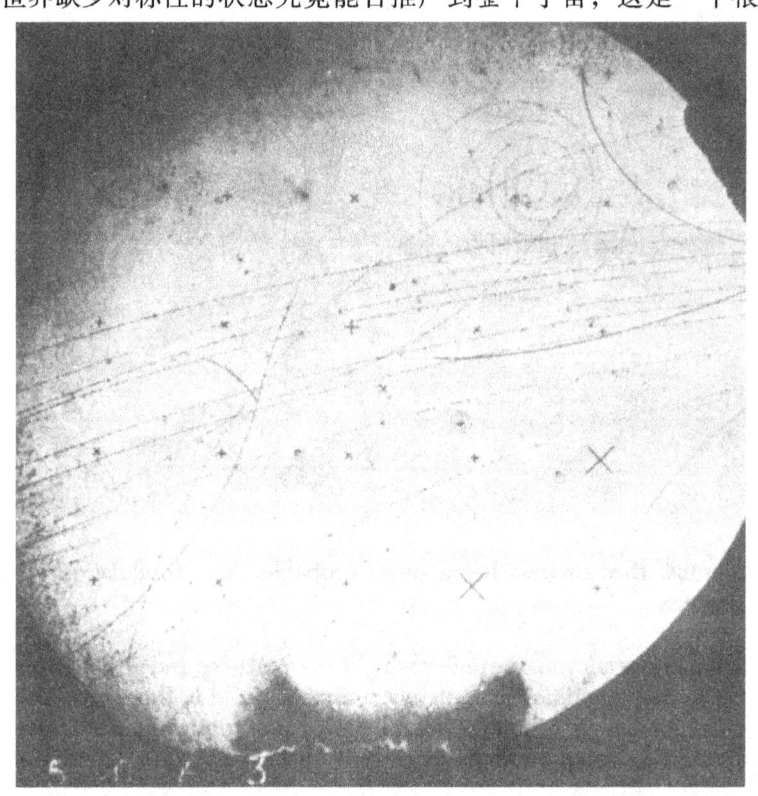

表示一个反质子和一个质子的电荷交换散射的气泡室照片，接着是质子和第一个事件中产生的反中子的湮没反应．径迹可以通过下页中的示意图得到确认．事件发生在放置在垂直于图面的磁场中的液态氢气泡室中．（读者应确定磁场矢量指向哪个方向．）中性粒子不留下可见的径迹，但是由于磁场的作用，带电粒子留下的径迹是弯曲的．在上面的情况中，正粒子沿顺时针方向偏转，而负粒子沿相反方向偏转．

碰巧这张照片还显示了另一个有兴趣的事件，即一个正 π 介子衰变成一个正 μ 子和一个中微子，接着 μ 子衰变成正电子，一个中微子和一个反中微子．中微子（和反中微子）是中性的，不留下可见的径迹．（照片承蒙伯克利的施米特（P. Schmidt）博士惠允．）

题．也许碰巧会有反物质构成的星系：因为星系之间的平均距离约为三百万光年的数量级，湮没不容易发生．这个问题现在还无法回答，虽然人们可能倾向于认为反物质星系并不存在．还不知道星系是怎样形成的，但是如果我们假设星系是通过“浮尘”的某种凝结过程形成的，那就很难理解物质和反物质怎样会发生分凝使得某些星系由物质构成而另一些由反物质构成．如果我们否定反星系的思想．那么，尽管有物理上的基本定律看来是几乎完全对称这个事实，为什么世界状态会如此不对称，由一种物质占了优势，却仍旧是一个谜．

三、可以使光子“分裂”吗？

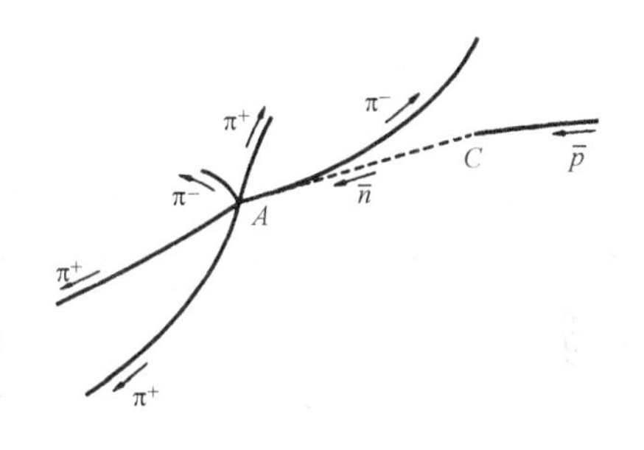

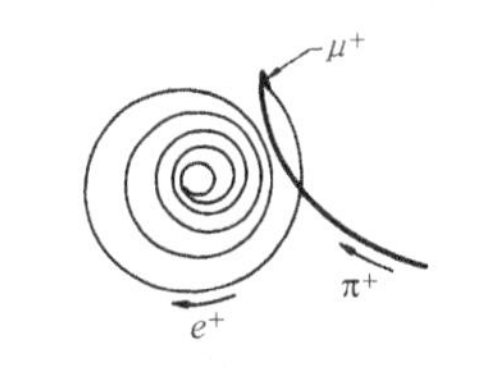

上下两张图标明了由上页的气泡室照相中看到的径迹．在上方的图中，入射的一个反质子和在 C 点的质子碰撞．在这个反应中产生一个中子和一个反中子．在图上用虚线表示出反中子的不可见径迹．在 A 点这个反中子与一个质子发生湮没反应．在这一反应中产生 5 个带电 π 介子．入射的反质子是从右到左穿过气泡室的粒子束中许多负粒子中的一个．这些粒子可能全都是反质子．

下方的图表示在正 π 介子顺序衰变中所包含的带电粒子的径迹．螺旋形的径迹来自正电子．当它通过液态氢时逐渐失去能量，因此径迹的曲率半径减小．它的最终命运是与液体中的一个电子在湮没反应中消失．

§4.31　到目前为止，我们的讨论提出了一个很有趣并且是十分基本的问题：是不是可能把频率为 ω 的光子分裂为两部分，并使每一部分携带有 $\hbar\omega$ 的一部分能量，而每一部分的频率仍旧是 ω？

我们知道经典电磁理论十分准确地描述了关于光的种类广泛的实验．我们还说过，“光子”的能量和动量之间的关系是可以按照经典电磁理论导出的．难道就不能说光子只不过是服从经典电磁理论的辐射波包或波列吗？我们现在已经明确地提出了一个具有根本重要性的问题．如果光子能在上面所说的意义上被分裂，那么我们在这一章里试图建立的整个概念结构就会动摇．

为了回答这个问题，我们必须求助于实验．为了看一看应当进行哪一种实验，我们现在要完全采用经典的观点，然后做出一些预言，我们可以在实际的实验中检验这些预言以判断经典图像是否正确．

§4.32　电磁辐射的经典波列可以按下述方式产生．我们用发射机和天线作为辐射源，发射机可以随意打开或关闭．我们让以频率 ω 工作的发射机在一定时间间隔内打开，于是天线发射出有限持续时间的波列，这一波列是近乎单色的经典“光子”，我们可以想象受激原子就像这种天线．

这里再次强调指出，我们试图比较在实际实验中表现出来的物理光子本身的行为和经典波列的行为．这一讨论包含把实际上在自然界中出现的客体，即光子和正像我们将要看到的在自然界中根本不出现的某种东西，即严格遵守经典电动力学定律的电磁波列进行比较．因此我们比较的是事实和空想：为了避免事实和空想的混淆，我们把实在的东西叫作光子，而把这种想象的东西叫作波列．为了使我们自己确信这里的波列并不是实在的东西，我们必须在波列图像的基础上做出一些明确的预言，然后我们就可以用实验来检验这些预言．

§4.33　我们考虑碰撞激发的汞原子发射的光线．发射的光是蓝色的，频率为 ω．不难理解，发射波列应该总是具有同样的频率 ω；这一频率一定对应于原子振荡的某个自然频率．然而，在经典理论的基础上难以理解的是为什么波列携带的能量总是 $\hbar\omega$．我们可以指望这些碰撞的激烈程度有所不同：可用于光发射的能量有时多有时少．甚至更难理解的是为什么两个完全不同的原子，譬如说钠原子和汞原子，它们发射不同频率 ω_{Na} 和 ω_{Hg} 的光，就一定发射出总能量分别为 $\hbar\omega_{\mathrm{Na}}$ 和 $\hbar\omega_{\mathrm{Hg}}$ 的波列．从经典立场来看，作为普适常量的比例常数 $\hbar$ 的出现是十分不可思议的．

密立根（Robert Andrews Millikan）1868年生于伊利诺伊州莫里森．1953年逝世．在美国和德国学习之后，密立根在芝加哥大学得到一个教授职位，之后他又来到帕萨迪纳的加利福尼亚理工学院．密立根因他测定电子电荷以及光电效应方面的工作而著名．他荣获1923年的诺贝尔奖．（照片承蒙伯克利的洛布教授惠允．）

如果我们想一下在第三章中讨论过的全部所有的这许多实验事实，那就十分清楚在经典基础上是无法理解这些现象的．然而，让我们暂时忘掉已经知道的发射和吸收的过程，而把注意力集中于研究“孤立的”光子．我们考虑已经从某个光源发出的波列，并用适合于实验范围的光电池来研究这些波列．

§4.34　换句话说，我们来研究光电效应．把光电池中的减速电压调到 V_0．假定 W 是光敏表面的逸出功，我们能检测到波列（即光电池的记录器“咔嗒”发声）的条件是它携带的能量超过下列数值

$$E_{\min} = eV_0 + W \tag{34a}$$

调节 V_0 以使

$$\hbar\omega > E_{\min} > \frac{2}{3}\hbar\omega \tag{34b}$$

其中 ω 是光的频率．（我们随意选取2/3作为大于1/2而小于1的一个数．）所以，如果我们把发射的波列的全部能量都集中到光电池中，记录器就会“咔嗒”发声．

然而，如果只有这个能量的一半到达光电池，记录器就不会“咔嗒”出声，因为这时电子分得的能量无论如何不能克服减速电压.

§4.35 经典图像使人想出了一个显而易见的实验，在这个实验中我们利用如图35A所示的装置使波列分解. 从强度非常弱的光源发出的光落到一个分束器上，譬如说半镀银镜，或者适当的分束棱镜上. 我们可以这样来安排，使得透射束的强度等于反射束的强度，因此这些光束中每一束的强度都等于从光源发出通过狭缝后的光束强度的一半，换言之，这是一个可能实现的实验，并且我们确实发现透射和反射光线的强度正如上面所说的那样. 从经典物理学我们很容易理解这些事实：到达镜子的每一波列都被分解成两部分.

现在来考虑一束波列到达镜子时发生了些什么. 根据经典模型我们指望它以下述方式被分解成两个部分，即波列的透射部分携带的能量是入射波列能量的一半. 因此光电池2根本不会“咔嗒”发声！

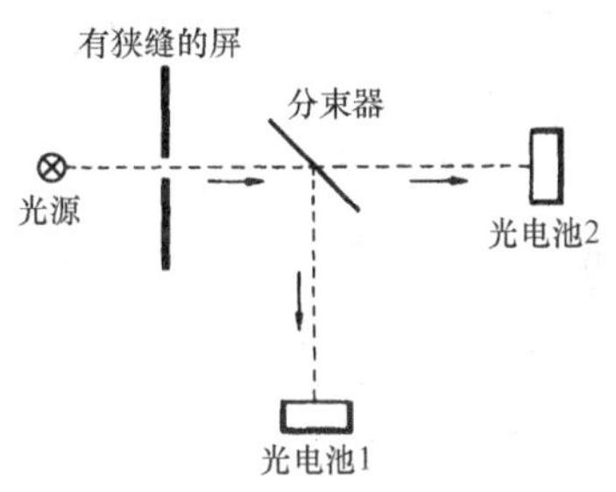

图35A 说明第35节中讨论内容的示意图. 从光源射来的光束被分束器（可以是半镀银的镜子）分成两部分. 单个光子分裂了吗？

以经典理论为基础的这一预言与经验是截然相反的. 通过的光仍旧是频率为ω的蓝色光，而且只要$\hbar\omega > E_{\min}$，光电池2的记录器就肯定会“咔嗒”发声. 这表明透射光的能量以波包$\hbar\omega$的形式到来. 插入镜子后肯定发生的是计数速率只是没有镜子时的一半.

§4.36 用图35A中所示的实验装置或者用其他类似的装置都不能使光子分裂，其证据究竟有多少说服力呢？证据是极其充分的. 事实上分裂光子的实验一直在不断地进行. 每一个光学仪器只要其中有光电池或照相底片，都可看作是试图分裂光子的仪器，但是都没有成功. 这一类型观察中最简单的是在离开光源不同距离r处观察光电效应. 如果原子像天线，那么它就应该以球面波的形式发射光线. 发射的光强正比于$1/r^2$，按照经典图像，通过距离r处单位面积的单个波列所携带的能量数值正比于$1/r^2$. 所以，由于光电池具有某一确定的截面，似乎只要把光电池放在足够远的距离上，只要我们喜欢就能使波列中可在光电池上起作用的那部分能量要多小就多小. 如果减速电压不变，当距离超出一定极限后，光电池应完全停止记录. 这肯定绝不是我们所观察到的情况：所有发生的情况都是光电池计数率按$1/r^2$减少. 或许最显著的例子是观察从非常遥远的星体射来的光线的光电效应. 波列在几千年前就发出了，并已分散到很大的空间范围中. 波列所携带的能量中只有很少一部分能够通过望远镜到达光电池. 然而发现交给光电池中电子的能量还是$\hbar\omega$，光源就好像是靠近光电池的灯一样.

§4.37 按照下述思路解释这些事实的任何企图都是完全站不住脚的：这个思

路是，我们可能会遇到积累效应，许许多多“部分光子”每一个只给光敏面上的电子以少量能量，这样在积累了足够的能量以后终于把电子发射出来了．如果是这样来解释，那么积累效应将在减速电压使 $E_{\min} > 100\hbar\omega$ 时也会起作用．这肯定不是我们观察到的情况，如果减速电压太大，光电池就不会作出记录．

§4.38 因此，有关光电效应的实验事实导致了不可避免的结论，近乎单色的光子不可能分裂成频率相同而各自只带有原来光子能量的一部分的两个光子．从这个角度来说，光子的行为不像经典波列．这一结论还进一步得到本章前面所讨论过的康普顿效应、X射线的发射、粒子对的产生和湮没等实验结果的支持．在对这些现象的理论分析中，我们做了明确的假设，就是关系式 $E = \hbar\omega$ 总是成立，也就是“部分的光子”不存在．在这个基础上，我们的确能够解释许多实验事实．

所以，经典概念中一定有些东西错了，我们想看一看到底哪些概念是要加以修改的．我们应当小心不要在这个时刻做出任何轻率的结论．相反，我们还要来考虑另一些实验事实，这些实验事实也关系着光子是否可以“分裂”这个问题．迄今为止我们所做的讨论告诉我们，按照这个词的一个确定的意义上，光子是不可分的．这并不排斥在另外的意义上光子被“分裂”的可能性．

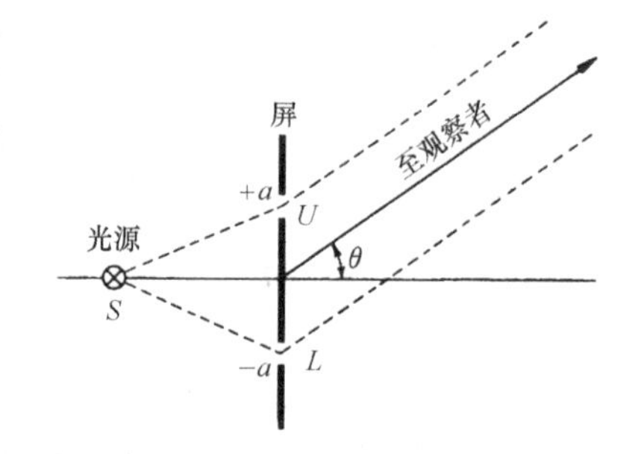

图39A 双缝衍射简图．单个光子是不是只通过一个狭缝，或者像经典波列图像所指出的那样能通过两个狭缝？双缝干涉图样是不是会随入射光强减弱而改变呢？

§4.39 考虑双缝衍射实验，如图39A所示．不透光的屏上有两个狭缝 U 和 L，垂直于纸面．光源 S 以频率 ω 十分确定的光（光子）照明狭缝．为简单起见，我们假设光缝大小相同并且缝宽比波长小得多．我们还进一步假设，狭缝之间的距离 $2a$ 与波长 $\lambda = 2\pi c/\omega$ 差不多．

我们在离开屏 r 处测量作为观察角 θ 的函数的衍射光强度，r 比光缝间距离 $2a$ 大得多．要测量强度，我们可以想象用一个光电池：那么光强正比于光电池记录的计数率．

§4.40 我们现在来看一看经典电磁理论怎么解释屏右边的光强分布．狭缝宽度比波长小得多的假设意味着如果关闭任一个狭缝，衍射辐射的角分布就是角度 θ 的平滑函数．令 A_0 表示只有一个狭缝情况下衍射波的强度，这个狭缝无论是图39A中所示的上面的那一个还是下面的那一个都可以．当然 $A_0 = A_0(r,\ \theta)$ 是 r 和 θ 的函数．用复数表示，我们可以写成

$$A_0 = f(r,\theta)\,\mathrm{e}^{\mathrm{i}\omega t} \tag{40a}$$

其中 $f(r,\ \theta)$ 描写振幅的空间分布．

用图39A所示的实验装置，在离开屏很远处观察到的衍射波是从两个狭缝来的两列波之和．它们的振幅是相等的，但是从下面的狭缝来的波相对于上面的狭缝

来的波在相位上落后 $(4\pi a/\lambda)\sin\theta$. 于是合成波振幅就是

$$A = f(r,\theta)\mathrm{e}^{-\mathrm{i}\omega t}\left[\exp\left(\frac{\mathrm{i}\omega a}{c}\sin\theta\right)+\exp\left(-\frac{\mathrm{i}\omega a}{c}\sin\theta\right)\right]$$

$$= 2A_0\cos\left(\frac{2\pi a}{\lambda}\sin\theta\right) \tag{40b}$$

由于衍射辐射的强度正比于振幅绝对值的平方，从而得到

$$I(r,\theta) = |A|^2 = 4I_0(r,\theta)\cos^2\left(\frac{2\pi a}{\lambda}\sin\theta\right) \tag{40c}$$

其中

$$I_0(r,\theta) = |A_0|^2 \tag{40d}$$

是只有一个狭缝时所观察到的强度. 因而双缝实验中的强度 I (r, θ) 等于单缝实验强度和因子 $4\cos^2[(2\pi a/\lambda)\sin\theta]$ 的乘积，这一项描写了从两个狭缝来的波的干涉效应. 我们注意到由于这种干涉，如果 $4a/\lambda>1$，我们在某些方向上观察到的强度会为零. 在某些另外的方向上，强度为单缝实验中的 4 倍. 我们这里对关系式（40c）所描写的干涉效应特别感兴趣. 强度 I 和 I_0 应以这种方式联系起来是我们的经典预言的精髓.

§4.41　鉴于我们已经知道光子不可能“分裂”，我们可能很想得出结论：方程（40c）作出的经典预言必定错了. 我们可以论证如下. 由于光子不能分裂，每一个光子必定只穿过狭缝中的一个. 假定某个光子穿过在上面的狭缝. 在这个情况下，下面的狭缝的存在不会影响这个光子的衍射. 穿过上面狭缝的所有光子的强度图样一定由 $I_0(r, \theta)$ 给出. 对于穿过下面狭缝的光子也是一样. 我们可以得出结论：两个狭缝都打开时强度 I^* 由下式给出

$$I^*(r,\theta) = 2I_0(r,\theta) \tag{41a}$$

我们已经用 I^* 表示所预言的强度，用以表明我们是抛弃了得出方程（40c）预言的经典概念从而得出的这一预言，现在读者应当注意，我们并没有说过前面关于光子分裂的讨论一定会迫使我们得到式（41a）的结论：我们只是想探讨这个可能性.

§4.42　实验证据明确地支持波动理论的预言，即式（40c）. 我们可以把简单的双缝衍射实验当作一大批干涉实验的典型，这类衍射实验包括用衍射光栅做测量和晶体的 X 射线衍射实验. 方程（41a）说明被两个狭缝衍射的波互不干涉，假如这个预言对于双缝衍射实验是正确的话，那就要得出结论：无论用衍射光栅还是晶体都不能看到任何干涉效应.

在我们把式（41a）当作绝对错误的预言而抛弃之前，我们应该再想一想：情况或许是这样，方程（40c）所描写的干涉现象之所以产生是由于几个光子之间某种“相互作用”? 用足够强的光源会有几个光子同时通过，即几个光子同时通过两个光缝. 我们可能会怀疑干涉效应是否可能是“多光子现象”. 按照这个思路我们就要进一步提出问题，是不是对于极其微弱的光源，弱到每次只送出一个光子，式

（41a）的预言是正确的；而对足够强的光源，式（40c）做出的预言适用. 换言之，如光源的强度逐渐减弱，衍射图样的性质是从方程（40c）所描写的样子变成方程（41a）所描写的样子吗？

这个问题的回答是否，没有丝毫证据表明辐射强度减弱到零时衍射图样的性质会有所改变. 所有衍射和干涉实验的结果都毫无疑问支持作为预言即方程（40c）基础的思想.

§4.43　直接针对这个问题的实验是在1909年由泰勒（G. I. Taylor）完成的㊀. 泰勒拍摄了用极微弱的光源照明的缝衣针影子中的衍射图样. 这些实验中有一个曝光时间为2000h（大约三个月）. 在这个情况中，强度是如此之低以致在任何一个时刻仪器中实际上只能出现很少的几个光子. 然而，产生的衍射图样就和用强光源照射一样清楚和线条分明. 对泰勒实验的严格理论分析需要一点技巧（其中之一是因为他对实际上所做的实验描述不够详细）. 我们在这里不打算讨论它. 不过，我们可以有把握地断言，光的强度的确是如此之低，如果当通过的光子数目减少时衍射图样的性质真的会改变，那么这个效应也该在这个实验中显示出来. 正如我们已经说过的，并没有任何这种效应的丝毫迹象.

我们要强调指出，我们相信衍射图样的出现并不是由于大量光子之间某种“相互作用”的结果，更不是只以泰勒的有点儿枯燥的实验为根据的. 它是根据大量的其他干涉实验. 我们发现，不论出现的辐射强度如何，在波动图像的基础上都可以正确地描述这些实验.

§4.44　我们现在试着提出一种简单的理论. 按照这种理论，我们可以解释我们到目前为止所讨论过的那些实验结果. 我们的理论如下：

Ⅰ. 从光源发出的频率近似为ω的近乎单色的辐射，可以看作是由许多分立的“辐射波包”所组成，我们把这种波包叫作光子.

Ⅱ. 经典电磁理论的麦克斯韦方程正确地描述了各个光子在空间的传播. 为了这一描述的目的可以把每一个光子看作由两个矢量场$\boldsymbol{E}(\boldsymbol{r},\ t)$和$\boldsymbol{B}(\boldsymbol{r},\ t)$所定义的经典波列. 而这两个矢量满足麦克斯韦方程和由已知的物理状态所决定的适当边界条件. 具体讲，光子会被障碍物衍射，并且衍射波可以在经典理论范围内描绘. 一列波入射到半镀银镜或带有两个狭缝的屏确实会“分裂”成两列波，这两列波可以像经典理论所预言的那样互相干涉.

Ⅲ. 把振幅$\boldsymbol{E}$和$\boldsymbol{B}$的平方和解释为代表与光子相联系的空间能量密度是不正确的. 这一经典概念是错误的. 代替这个概念的是：凡是取决于波振幅的二次平方的每一个量，都要解释为正比于发生某种事件的概率. 例如，振幅$\boldsymbol{E}$与$\boldsymbol{B}$的平方和在某个有限空间区域内的积分并不等于这个区域内光子携带的能量，而是正比于这一空间区域内能观察到光子的概率，如果我们试图用光电池来“捕捉”光子的话.

㊀ G. I. Taylor, “Interference Fringes with Feeble Light”, *Proc. Cambridge Phil. Soc.* **15**, 114 (1909).

与此类似，用经典方法计算出来的通过屏上小孔的辐射通量也要重新解释为正比于我们把光电池安放在紧靠小孔后面检测到光子的概率.

Ⅳ. 如果在空间任何地点（用光电池）探测到了一个光子，则交给探测器的能量总是等于 $\hbar\omega$. 因为探测到光子的概率正比于振幅 $\boldsymbol{E}$ 和 $\boldsymbol{B}$ 的平方和，我们可以断定经典能量密度在一个区域内的积分等于一个光子所具有的能量与在这个区域内找到光子的概率的乘积. 所以，假如光源在一段长时间内保持稳定，在此时间内发射了大量光子，那么在某个区域内能观察到的平均能量确实等于这一区域内用经典方法计算得到的能量.

§4.45 我们现在已经违反了经典电磁理论的概念. 我们所引进的新概念是对取决于电磁场振幅的平方的量的概率解释. 我们可以继续用麦克斯韦方程来研究光子在空间的传播，但是我们对用经典方法算出的能量密度和辐射能通量都有新的解释. 这些数量被解释为我们对大量光子观察到的平均数量. 因此可以说，在只测量这些平均值而不企图去观察个别光子的实验中，经典理论也显得正确. 在另一方面，如果我们真的要用光电池去观察个别光子，那么经典理论的局限性也就立即显示出来了.

§4.46 我们现在来看一看在某些具体情况下我们怎样用新的概念来描述观察到的事实. 我们考虑第 36 节讨论过的情况，在那里我们观察离开位于原点的稳定光源不同距离上的光电效应. 假定光源是近乎单色的，还假定它平均每秒发射 N 个频率为 ω 的光子. 光电池放在离开光源的某个固定距离上. 光电池连接到记录器上，从而我们可以计数光电池探测到的光子数目.

现在考虑光源发出的一个典型的光子. 可以把这个光子看作向空间各个方向扩展并带有总能量 $\hbar\omega$ 的持续时间有限的波列. 我们经典地计算这一波列带给光电池的总能量通量 E_c. 这一能量是发射的总能量的一部分 $q=E_c/\hbar\omega$. 然而，按照我们对取决于波振幅的平方的物理量的新解释，q 实际上等于光子进入光电池的概率.（为简单起见，我们可以假设光电池有百分之百的计数效率，在这个情况下 q 等于当光源发射一个光子时计数器“咔嗒”作响的概率.）

对于光源发射的每一个光子，我们不能预言计数器实际上将要“咔嗒”发声还是不“咔嗒”发声. 但是我们可以说计数器“咔嗒”发声的概率是 q. 如果计数器“咔嗒”发声了，那么从光源传送给光电池的能量数值等于 $\hbar\omega$. 从而当光源保持稳定时从光源传送给光电池的平均功率等于 $W_{\mathrm{av}}=qN\hbar\omega=NE_c$. 这一平均功率和经典的预言是一致的.

经典地算出的数量 E_c 自然正比于 $1/r^2$，其中 r 是从光源到光电池的距离. 从而 $q=E_c/\hbar\omega$ 也正比于 $1/r^2$，同时因为光电池的计数率等于 qN，我们看到计数率反比于距离的平方，这和实际所观察到的相一致.

§4.47 许多人觉得在上面所描述的情况中某些东西似是而非. 他们提出下面的论据. 假定距离 r 非常大，譬如说一个光年. 光子被发射出去以后，它展开像球壳. 在波到达探测器的时候波所携带的能量已经展开到非常大的空间范围中了，也就是说展开成半径为一个光年的球壳上. 那么当光电池确实记录到光子的时候，所有这些能量怎么可能突然集中到光电池中呢？在球壳上“远端”的能量到达光电池需要一年以上的时间，否则就要违反没有信号能传播得比光速更快这一原理.

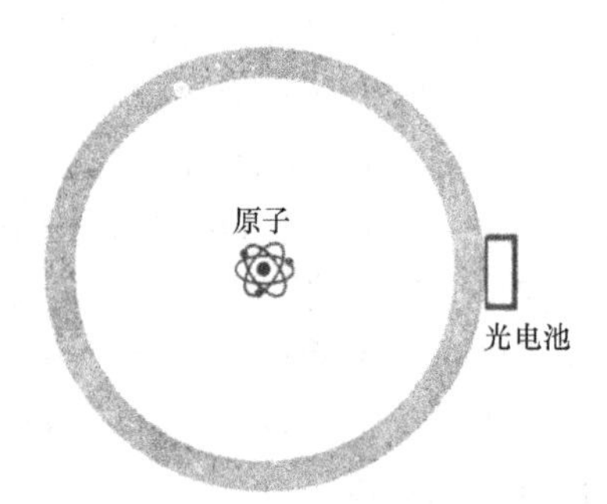

图47A　图中央的原子在一年以前发光. 因此辐射球壳半径为一光年. 它正要到达右边的光电池. 如果光电池记录到光子，波的全部能量就会突然聚集到光电池中. 这怎么可能呢？在球壳远端的能量怎么能在不到两年的时间内到达光电池呢？

如果我们放弃能量密度正比于场振幅的平方这一经典概念，这个“佯谬”就消失了. 按照量子力学，能量从原子到光电池的转移是被概率的定律支配，场振幅的平方必须解释为概率密度.

这个推理的谬误在于相信了用电场和磁场表达的能量密度的经典表示式. 我们必须记住，物理学中引进电磁场概念的全部目的是为了描述电荷之间的相互作用. 在这套丛书的第2卷中我们认识到，这是一个方便的概念，我们还认识到，（在典型的宏观情况中）想象分布于空间中的能量密度正比于场振幅的平方有时候是方便的. 然而，在第2卷的讨论中并没有任何物理事实表明我们对这个概念必须拘泥于字面上的理解. 我们现在知道能量密度的经典表述是对大量光子观察得到的平均能量密度而不是描述与单个光子相联系的能量密度.

真正的问题在于：能量从光源中的原子转移到探测器中的电子是受什么定律支配的？这就是我们正在研究的，并且我们现在已经发现了这些定律的某些特点.

§4.48　我们现在回到本章第39～42节讨论的衍射实验. 假设我们在某个方向θ用光电池观察光子. 通过测量计数率作为θ的函数（同时保持光源稳定），我们可以观察到衍射图样. 现在假设计数器恰好“咔嗒”出声. 问题：这个光子是通过哪一个狭缝过来的呢？答案：它两个狭缝都通过，部分通过狭缝U，部分通过狭缝L.

这一答案是符合于本章第44节简单理论精神的. 如果所研究的客体是服从经典力学定律的弹子球，那么这个解答就要使人震惊了. 然而，因为我们涉及的是光子，这个答案就没有什么惊人的地方了：它和实际发生的过程完全一致.

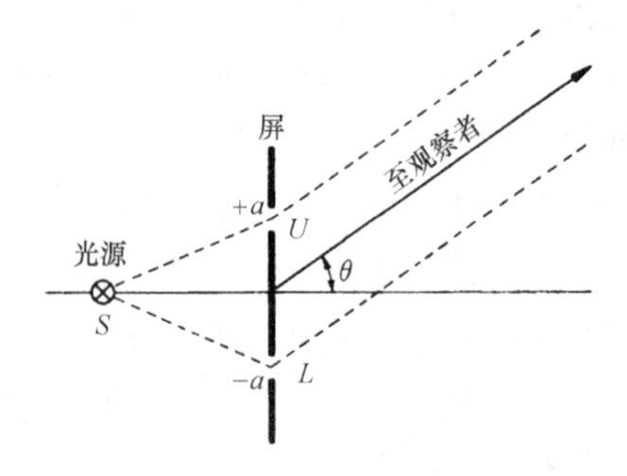

问题：我们是否可以把实验安排得使我们知道光子是通过哪一个狭缝过来的？答案：可以，十分容易. 我们只要遮住狭缝U，那么我们就知道所有被检测到的光子必定都是通过狭

缝 L 到来的. 当然，如果我们这样做，我们就看不到双缝衍射图样而只看到单缝图样. 读者要说，这并没有回答真正的问题. 我们要借助一个巧妙的装置，而不用遮住任何一个狭缝来进行这一实验. 换言之，我们要使双缝衍射图样严格保持没有使用巧妙装置时它的原有的形式，但却能够告诉我们每一个特定的被记录的光子是通过哪一个狭缝过来的. 我们能够这样做吗?

假定这样做是可能的. 在这种情况下，我们只要先去掉通过狭缝 U 过来的光子计数. 然后根据剩下来的计数画出衍射图，这些计数都是通过狭缝 L 的光子. 这个图像是什么样子呢? 它一定像单缝衍射图样，因为我们保证 "没有什么是通过狭缝 U 到来的"，这个情况就和已将狭缝 U 关掉了一样. 同样，根据与通过狭缝 U 到来的光子相联系的所有计数得出的图样也必定是单缝图样. 于是所有的计数合在一起将得到如本章第 41 节中所预言的图样，即图样*不是*实际上所观察到的双缝图样. 在观察双缝图样的实验中我们不能确定任一特定光子是通过哪一个狭缝过来的. 双缝衍射图样只可能是光子都部分地通过两个狭缝所造成的，因此要问光子通过哪一个狭缝过来就*毫无意义*了.

§ 4. 49 我们已经学到了有关光子行为的许多有趣的东西. 第 44 节中提出的简单理论是向着系统表述电磁辐射的量子力学理论迈出的第一步. 自然，我们这一节中讨论的并不是量子电动力学的全部内容: 在这方面要学的东西还多得很. 特别是许多涉及光子的过程还有更多的东西可谈. 然而，我们这一章的目的是要得出简单初步的量子力学系统表述，我们可以应用这个表述描写有关光子的最基本的实验事实，这我们已经做到了. 我们理论的核心在于凡是依赖于振幅平方的量都一定要用概率来解释，而和一个光子相联系的波振幅也可以根据经典电磁理论那样讨论.

在波可以用半镀银镜或其他的装置分成两个或几个部分的意义上说光子可以 "分裂"，就像在经典电磁理论中那样. 然而，在另一种意义上，一个近乎单色的光子不能 "分裂"，即在我们想要用光电池探测到只带有能量 $\hbar\omega$ 的一部分的 "部分光子" 的意义上来说光子不能分裂. 这里的 ω 是光子的频率. 这些概念明显背离了经典电磁理论的概念. 然而，说经典理论完全被推翻了是过分夸张了，我们只不过发现了经典理论的局限性.

这里需要强调指出: 关于我们讨论过的实验事实中，根本没有佯谬或任何神秘的东西. 自然，对于我们在自然界中发现的东西我们有时会感到困惑，其原因是我们带着成见来看待这些事实. 我们已经有了关于事物应该是怎样的见解，于是当我们的预期未能得到满足时我们就会觉得不满意. 然而，我们应该学会按照事物本来的面貌来认识事物，并试图找出对被观察现象的简单而又前后一致的描述.

读者应当清楚地理解这一章中的理论概念是从一些实验事实推出的. 我们绝不可能从一组实验的结果按照纯粹逻辑推导出另一组不同的实验中*必然*会出现什么现

象．我们可以猜测，但这是另外一回事．根本没有理由认为为什么世界上的事物一定是我们在这一章中所描述的那个样子．如果竟出现“部分光子”，或者当光强减弱时衍射图样真的会改变它的特征，这种情况也是完全可能的.

§4.50 作为本章的结束，我们极力主张读者考虑一下“光学工具箱的”无比的理论价值，它包括几个光电池和相关的电子计数线路、衍射光栅、一些单色光源和少数其他标准光学元件．利用这样的工具箱我们可以学到很多有关基础物理学的知识．由于它价格低廉而且教学价值很高，在实验物理学的仪器中，光学工具箱是独一无二的.

进一步学习的参考资料

1）美国物理学会（American Institute of Physics 335 East 45th Street，New York，N. Y.）以《光的量子和统计面貌》为标题出版了一组重印的文献．正如标题所表明的，这些文献探讨了光子各方面的性质，读者可以找到一些感兴趣的文献．书中还包括这些文献的简短评述.

2）我们再次推荐 *The World of the Atom*，H. A. Boorse 和 L. Motz 编，第Ⅰ和第Ⅱ卷.（Basic Books，Inc.，New York，1966.）其中包含有关本章的主要内容的许多早期论文的翻译和复印件（附有编者的评论）.

3）下列《科学美国人（*Scientific American*）》中的文章，适合我们这一阶段的讨论，可以认真阅读：

a）G. E. Henry：“Radiation Pressure”，June 1957，P. 99.

b）W. H. Jordan：“Radiation from a Reactor”，Oct. 1951，P. 54.（讨论切连科夫辐射）

c）G. Burbidge and F. Hoyle，“Anti-Matter”，April 1958，p34.

d）G. B. Collins. “Scintillation Counters”，Nov. 1953，p. 36.

习　　题

1　质量为 M_i 的原子或原子核通过发射一个光子而衰变．粒子最终质量为 M_f（在发射光子之后）．在原子原来在其中是静止的惯性系中观察发出的光子：令光子的频率为 ω．我们用 $\omega_0=(M_i-M_f)c^2/\hbar$ 来定义 ω_0.

（a）证明

$$\omega=\frac{(M_i+M_f)}{2M_i}\omega_0=\omega_0\left(1-\frac{\omega_0\hbar}{2M_ic^2}\right)$$

（b）对于钠发出的黄色光谱线，计算（$\omega_0-\omega)/\omega$．同样对于铪的同位素 $_{72}Hf^{177}$ 发射的 113 keV 的 γ 射线计算（$\omega_0-\omega)/\omega$.

上面的公式描述了发射光子时的*反冲效应*．正如我们所知道的，发射的光子频

率（在发射体静止的参考系中）总是比 M_i 无限大时的频率 ω_0 来得小．对于原子发射的光学光子，这个效应极其微小．

2 考虑问题1中讨论的过程的逆过程．质量为 M_f 的，原来静止在实验室中的原子或原子核，吸收频率为 ω 的光子．原子（或原子核）的最终质量为 M_i．仍旧设 $\omega_0=(M_i-M_f)c^2/\hbar$．推导 ω，ω_0，M_i 和 M_f 之间的关系．注意：质量相对变化很小时频率 ω 非常接近于 ω_0．

3 根据图23A的曲线所给出的数据确定 h/e，算到曲线准确度所允许的准确度．(光速当作已知的)．

4 考察图20A中的康普顿曲线．横坐标大致正比于波长．利用第三张图中的数据，试预言第二和第四张图中的位移的最大值，并与实际的曲线比较．

5 考察图16A中的曲线．我们注意到横坐标是用两种不同的方式来标注的：即速度和频率．激发 Fe^{57} 原子核发射的 γ 射线的能量是14.4 keV．知道了这些，你能将图上所表示的速度和频率两个标度联系起来吗？

6 如果考虑一下图16A中的图形．我们会注意到一个明显的特点：问题2中讨论的反冲效应并不存在．这一现象以它发现者的名字命名为穆斯堡尔效应㊀．你对这个效应能否想出任何解释？在你想过以后，你可以去看一下文献：这是一个有趣的现象．

7 波长为0.701 Å的 γ 射线在薄的铝箔上散射．在与入射方向成60°角处观察到散射辐射．你期望看到什么波长？

8 假设正负电子对湮没成三个 γ 光子．如果我们在正负电子对静止的参考系中观察一个 γ 光子（假设当电子和正电子几乎在静止不动的状态中发生湮没)，该光子可能的能量是多少？

9 光子垂直地入射到把折射率为 n 的均匀电介质与真空分隔开来的平面边界上．我们假设频率为 ω 的光子从真空入射．

(a) 在电介质中光子的能量、频率是多少？

(b) 是不是可以给电介质中的光子一个动量？如果能够，给出动量的表示式．动量与波长的关系是怎样的，在电介质中的波长是多少？

10 带电粒子在真空中匀速运动不能发射电磁辐射（光子)，因为能量和动量守恒禁止这一过程．研究一下当带电粒子在电介质中以比光在介质中速度大的均匀速率运动时是否会发射光子．现在已经知道这是可能的，这种辐射叫作切连科夫辐射．(我们这里只考虑能量和动量的平衡，而不考虑引起发射的详细“机理”．) 发射的光子出现在相对于带电粒子运动方向成一定角度的方位上．假定折射率是1.5，粒子是能量为5 BeV的 π 介子，光子是在光学范围内的光子，求出这个角

㊀ R. L. Mössbauer, “Kernresonanzfluoreszenz von Gammastrahlung in Ir^{191}”, *Zeitschrift für Physik* **151**, 124 (1958)．这篇文章的英译本和同一题材的另一些文献重印在 H. Frauenfelder 所编的 *The Mössbauer Effect* (W. A. Benjamin, Inc., New York, 1962) 一书中．

度．在高能物理学中普遍应用利用切连科夫辐射现象的带电粒子探测器．π介子的质量是140 MeV．

11　(a) 带电粒子在垂直于均匀磁场的平面中运动时，它的轨道是一段圆弧．假设粒子带有一个元电荷，证明：粒子的动量正比于 Br，其中 B 是磁场的大小，r 是轨道的半径．假如 Br 以 T · m 为单位，求动量用 MeV/c 为单位的转换因子．（c 是光速．）

(b) 安德森在分析他的云室照片（见图26A）时，从已知的磁场和观察到的径迹曲率确定正电子的能量．把两部分轨道中的动量表示成 Br = 0.21 T · m 以及 Br = 0.075 T · m．证明：这相当于能量为63 MeV和23 MeV．

(c) 电荷的符号与粒子运动的方向是否能够根据本页图中的虚构的云室照片来确定？安德森怎样知道粒子是正电子而不是向相反方向行进的电子？（见图26A）．

(d) 在图26A中磁场垂直于图面，它是指向图的里边还是指向图的外边？

关于安德森排除他的照片显示质子径迹可能性的论证，可参看安德森的文章［*Phys. Rev.* 43，491 (1933)］．

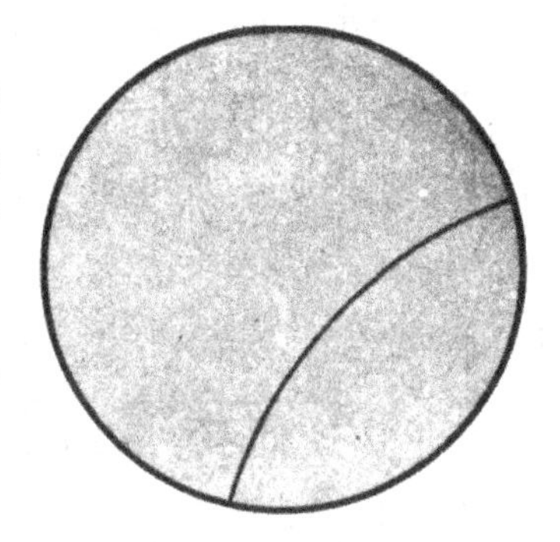

虚构的云室图片，表示指向图面外的磁场中带电粒子的径迹．（这是习题11的参考图．）

这是正电子的径迹吗？如果是的话它是向哪个方向运动？或者这是向相反方向运动的电子径迹吗？

安德森怎么会知道他的图（见图26A）上出现的是正电子的径迹而不是电子的径迹？

12　我们考虑本章第39～42节中讨论过的双缝实验的一种改进．（参看下页的图．）我们在狭缝前面，光源前面和观察者前面都放上偏振滤波器．对于各种偏振滤波器的组合求出类似于方程（40c）的强度表达式．假设光源本身发射非偏振光，并且狭缝对于偏振态不敏感．考虑下面的情况：

P_S	P_U	P_L	P_O
无	无	水平	无
无	水平	垂直	无
圆	水平	垂直	圆
圆	水平	水平	圆
圆	水平	垂直	无

在上表中，“水平”表示只让水平方向偏振的光通过的滤波器，“垂直”表示只让垂直方向偏振的光通过的滤波器，“圆”表示只让左旋圆偏振光通过的滤波器．

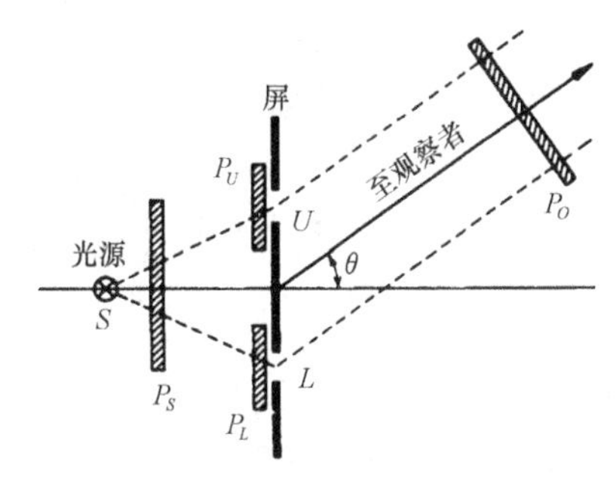

图 39A 的改进. 偏振滤波器放在下列地点：P_S 放在光源前面，P_U 和 P_L 分别放在上面和下面的狭缝前面，P_O 放在观察者前面.

这个图是习题 12 的参考图. 选择不同的滤波器我们将会看到什么样的条纹呢?

第五章　实 物 粒 子

第五章　实物粒子

一、德布罗意波

§5.1　在这一章中我们要研究实物粒子的性质．所谓实物粒子是指静止质量不为零的那些粒子，如电子、质子、中子、介子、分子，等等．

实物粒子具有波动性是一个简单的实验事实．如今这一事实不仅为原来受过物理科学教育的人们所知晓，而且也为其他许多人所知晓．但我们必须记住：像电子这样的客体的波动性曾一度被认为是十分惊人的事．这种惊奇的原因只不过是物理学家们已习惯于想象电子是经典微粒．早期有关电子的实验似乎暗示了这一模型，而在1927年以前也没有人完成过任何表现它的波动性的明确的实验．读者在高中物理课程㊀中很可能已经学过某些证实电子波动性的实验，我们在本章中要进一步讨论这些实验．

对于光子，其波动性发现在先，而粒子性发现在后．对于电子，次序则倒过来．由于事件的这一历史顺序㊁，一般公众常倾向于相信光由波组成，而电子是微粒．这是一幅不完整的图像．光子和电子以及实际上所有的粒子，在它们都具有某些粒子性和某些波动性这一意义上非常相像，这一点将来无疑会越来越为人们普遍了解．

§5.2　回溯物质波的预言和发现是有趣的，因为这是我们物理学知识中的一个重大进步．在本章第一部分中我们大体上遵循历史沿革来叙述，并请读者暂时忘却在高中学过的有关物质波的知识．我们想象自己在时间上回到1923年前后的时期．那时候，人们关于电子作为一个经典粒子知道得相当多，但是关于它的波动性却一无所知．然而光子具有某种粒子性则已经知道了．

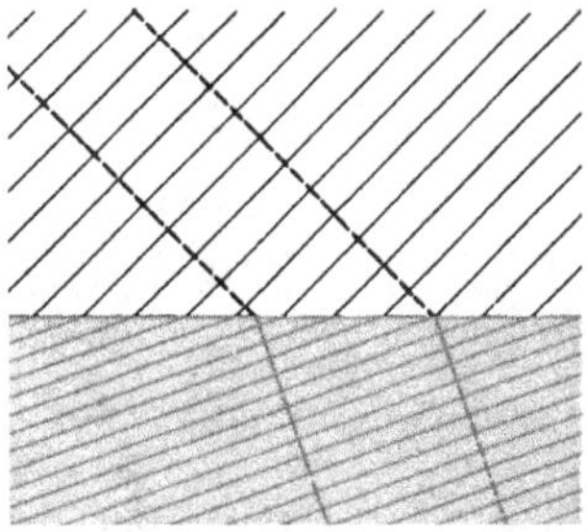

图3A　平面波在两个不同折射率的均匀介质的平面界面上的折射．波前，即等相面，在这里是平面．图中用细实线表示它们．与波前垂直的光线用虚线画出．我们可以认为它们代表光子的轨道．一组轨道与一簇给定的波前对应，图上所示两条轨道为其中的两例．

实际上波也部分地被反射，为了美观起见在图上并未画出．

做一个虚拟的游戏，让我们来问一问：一个实物粒子，譬如说一个电子，是否可能具有波的某些性质．为弄清这一点，我们必须着手进行实验，但在这样做以前应先尝试一下某些理论概念，看一看

㊀　例如见PSSC，“*Physics*” Part IV.（D. C. Heath and Company，Boston，1965.）

㊁　作者相信，发现的历史顺序可以由精细结构常量α很小这一点从理论上来理解．

我们可能预料些什么.

§5.3　将波和粒子联系起来似乎是一件很不合理的事，而我们也确实没有声称能从逻辑上证明这样的波必定存在. 然而我们可以指出有一些跟光学类似的情况. 考虑一台光学仪器，光通过该仪器. 我们知道，在原则上可以求解带有适当边界条件的麦克斯韦方程来描述此仪器，而如果我们这样做了，我们就能描述波从光源到它的像的传播过程. 但有一种讨论光学仪器的更简单的方法，即光线光学的方法. 以严格的波动方程讨论为基础，可以证明此方法必产生一个近似解. 我们追踪光线通过光学仪器的路径，可以把此光线当作光子的轨道. 怎样把光线和波联系起来呢？光线在每一点都与波前垂直：在空间每个小区域中，波近似地是平面波，而通过此区域的光线则垂直于等相位平面. 在此我们有了“粒子”和波之间的联系，我们正是试图利用这一光学类比来建立实物粒子的波动理论的.

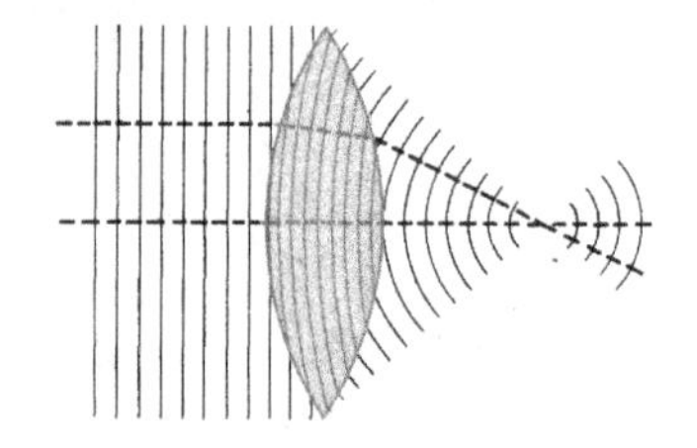

图3B　此图与图3A类似，想用它来说明第3节中的讨论. 图中表示平面波从左边入射到透镜的情况中的波前，还画出了两条光线，即光子的轨道. 注意它们在焦点相交. 波前系列也对应一组轨道.

仔细观察会发现此图有一些缺点. 这并不是图样的缺陷，而是反映了完美透镜不存在这一事实. 此图只在傍轴区域，即紧靠光轴的附近才是严格正确的.

当然在各个界面上都要发生反射，这在图中未予画出.

德布罗意（L. V. de Broglie）于1923年首先沿着这条思路提出了这些概念[㊀]. 我们高度赞扬他在提出这类新概念时所表现出的理智和勇气.

§5.4　现在让我们跟随德布罗意的脚步：为理论实验的目的假定每一个运动粒子都有波与之相联系. 让粒子在没有任何外力作用下运动，在这样的情况下运动是匀速的. 设其能量为E，动量为$\boldsymbol{p}$，并设粒子的质量为m.

如果波与粒子以这样一种形式相联系，我们就可以预料波必将沿着与粒子相同的方向运动. 用复数波函数

$$\psi(\boldsymbol{x},t)=A\exp(\mathrm{i}\boldsymbol{x}\cdot\boldsymbol{k}-\mathrm{i}\omega t) \tag{4a}$$

来表示此波，其中A是波的恒定振幅，$\boldsymbol{k}$是波矢，ω是频率. 我们的问题是试图猜测出表征波动的量$\boldsymbol{k}$和ω与表征粒子的变量$\boldsymbol{p}$，E和m之间的关系.

用波函数ψ（$\boldsymbol{x}$，t）描述的波是平面波：其等相位平面由（$\boldsymbol{x}\cdot\boldsymbol{k}-\omega t$）= 常数给出. 这些平面，以及这个波，传播的相速

$$\boldsymbol{v}_f=\frac{\omega\boldsymbol{k}}{k^2} \tag{4b}$$

开始时我们也许很想让相速$\boldsymbol{v}_f$与粒子速度$\boldsymbol{v}=\boldsymbol{p}c^2/E$相等，但经重新考虑后，

㊀ L. V. de Broglie, “Ondes et quanta”, *Comptes Rendus* **177**, 507 (1923); “*A tentative theory of light quanta*”, Philosophical Magasine **47**, 446 (1924); “*Recherches sur la théorie des quanta*”, Annales de Physique **3**, 22 (1925).

我们期望与粒子速度相等的应是群速．群速是信号或一定数量的能量在空间的传输速度，而我们可以恰当地把粒子看作能量的“包”．

§5.5　在本教程第3卷[㊀]中我们曾导出了波包群速 v 的表达式，即

$$\frac{1}{v}=\frac{\mathrm{d}k}{\mathrm{d}\omega}\quad 或 \quad v=\frac{\mathrm{d}\omega}{\mathrm{d}v}\frac{\mathrm{d}v}{\mathrm{d}k} \tag{5a}$$

我们曾论证群速 v 就是粒子的速度．再进一步，就必须猜测频率 ω 如何依速于 $\boldsymbol{p}$ 和 E．让我们猜测对光子成立的关系 $E=\hbar\omega$ 对实物粒子也成立．从而有

$$\hbar\omega=E=\frac{mc^2}{\sqrt{1-(v/c)^2}} \tag{5b}$$

将此式代入式（5a）的第二式并加以整理，得

$$\frac{\mathrm{d}k}{\mathrm{d}v}=\frac{1}{v}\frac{\mathrm{d}\omega}{\mathrm{d}v}=\left(\frac{m}{\hbar}\right)\left(1-\frac{v^2}{c^2}\right)^{-3/2} \tag{5c}$$

将此式积分，假定当 $v=0$ 时 $k=0$，得到

$$\hbar k=\frac{mv}{\sqrt{1-(v-c)^2}}=p \tag{5d}$$

或写成矢量形式

$$\hbar\boldsymbol{k}=\boldsymbol{p} \tag{5e}$$

这就是德布罗意提出的关系．

§5.6　在得出关系 $\hbar\boldsymbol{k}=\boldsymbol{p}$ 时我们做了方程式（5b）左边所表示的多少有点令人怀疑的假定．我们会问是否有可能从一个不很严格的假定并辅以相对论不变性的要求出发得到同样的结果．让我们来探讨这一可能性并同时使我们确信式（5b）和式（5d）与狭义相对论理论是一致的．

德布罗意（Louis Victor de Broglie）1892年生于法国迪珀（Dieppe）．德布罗意先学历史，后来改学物理，1924年在巴黎大学获得博士学位．此后他在索邦学院、亨利·庞加莱研究所和巴黎大学任职．他荣获1929年诺贝尔奖．

德布罗意博士论文的题目是：“量子理论的研究．”（Recherches sur la Thèorie des Quanta）其中包含了他的物质波概念的精髓．（照片承蒙 *Physics Today* 杂志惠允．）

首先必须找出在洛伦兹变换中 $\boldsymbol{k}$ 和 ω 如何变换．假设用波函数 $\psi(\boldsymbol{x},t)$ 描述这种波，这就是在不带撇的参考系中的方程式（4a）．同一个波在以速度 $\boldsymbol{v}$ 相对于不带撇的参考系运动的带撇参考系中用波函数

$$\psi'(\boldsymbol{x}',t')=A'\exp(\mathrm{i}\boldsymbol{x}'\cdot\boldsymbol{k}'-\mathrm{i}\omega't') \tag{6a}$$

来描述，式中 A' 是恒定振幅，它可以等于、也可以不等于 A．

让我们假定带撇的参考系是粒子的静止参考

㊀ 《伯克利物理学教程》第3卷波动学，第六章．

系．因而在这个参考系中 $\boldsymbol{k}'=0$，$\boldsymbol{p}'=0$ 及 $E'=mc^2$．让我们进一步假定关系（5b）在静止参考系中成立（但在任何其他参考系中也许不成立），在这一假定下就有 $\omega'=mc^2/\hbar$.

§5.7　在任一参考系中波的相位由表达式（$\boldsymbol{x}\cdot\boldsymbol{k}-wt$）给出，而我们假定这个量是个不变量：如果在带撇的参考系中的点 $\boldsymbol{x}'$ 和时刻 t' 相位具有某一数值，则在不带撇的参考系中的相应的点 $\boldsymbol{x}$ 和相应时刻 t，位相应有相同的值．我们指出波的周期性质来为这一假定辩护．如果在一个参考系的时空中两个事件的相位差为 2π 的整数倍，那么在所有参考系中同一波的相位也必相差同一整数倍．由此得出在带撇和不带撇的参考系中相位至多只能相差一个常数，并且可以将此常数并入比率 A/A' 中，在这种情况下相位是个不变量，就像我们已经假定的那样．有了这一假定，并因我们选择带撇的参考系作为粒子的静止参考系，就得到

$$\boldsymbol{x}\cdot\boldsymbol{k}-\omega t=-\omega' t'=-\left(\frac{mc^2}{\hbar}\right)t' \tag{7a}$$

量 t' 可以用 $\boldsymbol{x}$，t 和不带撇的参考系相对带撇的参考系运动的速度 $-v$ 来表示．这些量之间的关系由本教程第1卷[注]讨论过的洛伦兹变换给出，即

$$t'=\frac{t-(\boldsymbol{x}\cdot v)/c^2}{\sqrt{1-(v/c)^2}} \tag{7b}$$

若将此式代入式（7a）可得

$$\boldsymbol{x}\cdot\boldsymbol{k}-wt=\frac{(mc^2/\hbar)[(\boldsymbol{x}\cdot\boldsymbol{v})/c^2-t]}{\sqrt{1-(v/c)^2}} \tag{7c}$$

既然这一关系必须对所有 $\boldsymbol{x}$ 和所有 t 都成立，从而得出

$$\omega=\frac{(mc^2/\hbar)}{\sqrt{1-(v/c)^2}} \tag{7d}$$

$$\boldsymbol{k}=\frac{m\boldsymbol{v}/\hbar}{\sqrt{1-(v-c)^2}} \tag{7e}$$

另一方面，粒子在不带撇的参考系中的速度就是 $\boldsymbol{v}$，因为我们曾假定粒子在带撇的参考系中是静止的．从而在不带撇的参考系中粒子的能量 E 和动量 $\boldsymbol{p}$ 由

$$E=\frac{mc^2}{\sqrt{1-(v/c)^2}},\ \boldsymbol{p}=\frac{m\boldsymbol{v}}{\sqrt{1-(v/c)^2}} \tag{7f}$$

给出．

将等式（7d）~等式（7f）联立在一起，得到

$$E=\hbar\omega,\ \boldsymbol{p}=\hbar\boldsymbol{k} \tag{7g}$$

于是我们重新得到了结果（5e），并进一步看到在第5节中特地引进的等式（5b）只要它在静止参考系中成立，肯定是普遍正确的．因此这条推理的思路告诉

[注]《伯克利物理学教程》第1卷力学，第十一章.

我们关系式（7g）与狭义相对论是一致的：事实上我们现在已在相对论不变性基础上导出了这些关系.

§5.8 这样，追随着德布罗意的脚步，我们得出了这样的假设，即可能有与运动粒子相联系的波，这种波由波矢 $\boldsymbol{k}$ 表征，而 $\boldsymbol{k}$ 与粒子的动量 $\boldsymbol{p}$ 由关系 $\boldsymbol{p}=\hbar\boldsymbol{k}$ 相联系. 换一种说法，物质波的波长用另一种方式由下式给出

$$\lambda=\frac{h}{p}=\frac{2\pi}{k} \tag{8a}$$

此式称为德布罗意方程，把波长 λ 称为粒子的*德布罗意波长*. 注意，这些关系对光子也成立.

为了弄清德布罗意波长如何依赖于运动粒子的各个参数，让我们把关系式（8a）写成另外的几种形式. 形式

$$\lambda=\left(\frac{h}{mc}\right)\frac{\sqrt{1-(v/c)^2}}{v/c} \tag{8b}$$

告诉我们速度 v 增加 λ 变短. 速度 v 固定，波长 λ 与质量 m 成反比.

§5.9 像以前一样，如果 E 表示粒子的总能量，我们可以写出

$$\lambda=\frac{hc}{\sqrt{E^2-m^2c^4}}=\frac{(hc/E)}{\sqrt{1-(mc^2/E)^2}} \tag{9a}$$

这个式告诉我们，如 m 固定，当 E 增加时波长 λ 变短. 若总能量 E 不变，波长 λ 随质量 m 而增大. 一个无质量粒子具有最小的德布罗意波长（对于给定的能量），它由下式给出

$$\lambda=\frac{hc}{E} \tag{9b}$$

既然这个表示式是由式（9a），并令 $(mc^2/E)=0$ 得出的，可见它在相对论性极限，即速度 v 十分接近 c 时，也近似成立. 换句话说，在总能量比静止能量大得多的情况下也近似成立.

令 T 表示粒子的动能，在这种情况下

$$E=T+mc^2 \tag{9c}$$

将 E 的这一表示式代入式（9a），得到

$$\lambda=\frac{hc}{\sqrt{T(T+2mc^2)}}=\frac{h}{\sqrt{2mT}}\frac{1}{\sqrt{1+T/(2mc^2)}} \tag{9d}$$

若静止质量 m 固定，当动能 T 增加时波长 λ 变短. 若动能 T 固定，当 m 增大时波长 λ 也变短.

在极限情况下，当粒子的速度远比 c 小时，比值 T/mc^2 变得非常小. 令等式（9d）中的这个比值等于零，从而得到波长 λ 在非相对论性近似下的表示式

$$\lambda\approx\frac{h}{\sqrt{2mT}}\approx\frac{h}{mv} \tag{9e}$$

当然此式也可直接从式（8a）得到.

§5.10　现在我们想要看看德布罗意关于物质波的假设是否为实验所证实. 首先我们自己应确信物质波的概念与我们关于宏观物理学的常识并不矛盾.

考虑从宏观观点来说是很小的质点. 例如，假定粒子的质量 m 是 10^{-8} kg，并假定此质点以 $v=10^{-2}$ m/s 的速度运动. 利用非相对论性的德布罗意波长表示式（9e），对于我们的情况得到 $\lambda\approx 6.6\times 10^{-24}$ m，这是小到荒谬的波长. 波长如此的小说明了为什么物质波，即使它们存在的话，在宏观物理学中也不是十分明显的原因：这波长实在是太小了，我们观察不到. 我们可借助于光学上的类比来清楚地理解这一点. 与光学仪器的所有有关线度相比，波长越小得多，光线光学观察的方法就越精确. 为在光学实验中观察光的波动性必须这样来安排实验，使仪器的某些几何参量可以与光的波长相比较：只有这样我们才能观察到偏离光线光学的干涉和衍射效应. 为探测物质波的存在，我们也同样必须这样来安排实验，使波长可与仪器的某些几何参量相比较. 具体地讲，我们应该试着寻找出一种能用来观察衍射作用的光栅.

§5.11　考察式（8b）可以看出，如果想要得到长的波长我们应试用质量尽可能最小的粒子，即电子，来做实验，再有，我们应保持速度适当地小. 由于我们考虑的是速度很小的情况，就可应用非相对论性的德布罗意波长的近似表示式（9e）. 如果我们专门为质量为 m，动能为 T 的电子重写此式，可得

$$\lambda=\frac{h}{\sqrt{2mT}}=\sqrt{\frac{150.4\text{eV}}{T}}\ \text{Å} \tag{11a}$$

于是，如果电子动能是 150.4 eV，波长就是 $1\text{Å}=10^{-10}$ m. 这个波长与晶体的晶格常量的数量级相同，就像在 X 射线的情况中一样，我们可试用晶体晶格作为光栅.

按照这个思路进行的实验首先于 1927 年由戴维孙（C. J. Davisson）和革末（L. H. Germer）合作完成，另外，汤姆孙（G. P. Thomson）也独立完成实验㊀. 在戴维孙和革末的实验中，对电子从晶体表面的反射做了研究，而在汤姆孙的实验中，则研究了电子通过晶体薄膜的透射.

§5.12　让我们来稍稍详细地考虑一下戴维孙-革末实验. 图 12A 简略地画出了实验装置.

我们让戴维孙叙述他自己的实验的历史，引文采自 1937 年他在斯德哥尔摩接受诺贝尔奖时所做的讲演.（戴维孙和汤姆孙因他们的发现共享了 1937 年的诺贝尔物理学奖.）这段引文是有趣的，因为它揭示了在 1927 年，实验的结果并不像后来回顾起来那么明确. 在做了关于德布罗意假设的初步讨论后，戴维孙接着说：

㊀ G. J. Davisson and L. H. Germer, "Diffraction of electrons by a crystal of nickel," *Physical Review* **30**, 705 (1927).

G. P. Thomson, "Experiments on the diffraction of cathode rays", *Proceedings of the Royal Society* (London) **117A**, 600 (1928), and "The diffraction of cathode ray by thin films of platinum", *Nature* **120**, 802 (1927).

理论暗示，电子束会像光束一样表现出波动性质，就是当它们被适当的光栅散射时会呈现衍射，然而重要的理论家中还没有人提到过这一有趣的推论．首先注意到这事的是埃尔萨塞（Elsasser），他在 1925 年指出，衍射的实验演示将证实电子波的物理存在．发现电子衍射的舞台布景现在已经就绪．

高兴地告诉你们，埃尔萨塞的建议提出不久，其结果演示电子衍射的实验就在纽约开始进行了——更令人高兴的是，此项工作是在德布罗意论文的印本到达美国的后一天开始的．真实的情节不能说是敏锐，更多的是运气．这项工作实际上开始于 1919 年的一次偶然发现，次级电子发射的能谱以电子的原初能量为其上限，即使对于经过几百伏特加速的原初电子也是如此；实际上，这就是电子在金属上的弹性散射．

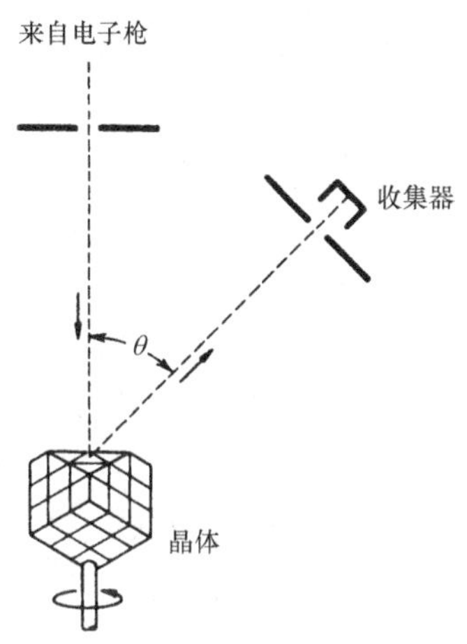

图 12A　显示电子从一单晶体表面衍射的示意图．对于固定能量的入射电子，观察了弹性散射束的强度是角度 θ 的函数．

由此引出一项对于这些弹性散射电子的角分布的研究．这时，运气又来了；人们纯粹偶然地发现弹性散射的强度随散射晶体的取向而变．由此很自然地引出一项对于在预先定好取向的单晶体上的弹性散射的研究．这方面工作的初始阶段开始于 1925 年，即德布罗意的论文发表的翌年，亦即在波动力学第一次巨大发展的前一年．因而纽约实验一开始并不是对波动理论的检验．直到 1926 年夏天，当我在英国和里查孙（Richardson）、玻恩（Born）、弗兰克（Franck）和其他人讨论了这项研究工作以后，它才具有这种特征．

对衍射束的搜寻开始于 1926 年秋天，但一直没有发现，直到翌年初——开始有一个，紧接着又很快接连发现了其余二十个衍射束．其中 19 个可用来验证波长和动量之间的关系，而在所有情况下德布罗意公式 $\lambda=\dfrac{h}{p}$ 的正确性在测量准确度范围内都得到了证实．

我想简短地回顾一下实验的梗概．一束预先定好速度的电子向着镍晶体的（111）面射来，如图 12A 所示．一个用来只接收弹性散射电子及其近邻电子的收集器可以沿着绕晶体的圆弧移动．晶体本身可绕入射束的轴线旋转．这样就可以测量晶面前方除了在原初电子束周围 10°～15°以内的那些方向以外的任意方向上的弹性散射强度．

§5.13　实验中电子束由电子枪产生，在电子枪中电子被加速到所需的能量，约 50 eV 量级．当然晶体放在真空中．电子垂直地射向特殊的晶面，技术上称为（111）面．在此平面上我们可以想象在晶体表面上有规则间距的原子格点．为了理解其中的原理，先考虑如图 13A 所示的简单一维模型．（稍后我们将考虑一般理论．）入射波被这一排的每个原子衍射．在某些方向（在图面内）上来自所有原子的衍射波会彼此加强，而在其他一些方向上趋于抵消．相长干涉（即衍射波相互

加强）的条件是从不同原子到达观察点的路程差为波长的整数倍. 如果设想观察点很远，由图 13A 容易看出相长干涉的条件是

$$d\sin\theta = n\lambda \tag{13a}$$

其中 n 是整数. 这个关系只不过是说从两相邻原子到观察点的路程差是波长的整数倍. 这样，我们期望在角度 θ 满足式（13a）的那些方向上得到衍射极大. 我们把格点间隔 d 当作已知，它可由其他方法（例如通过 X 射线衍射测量）确定.

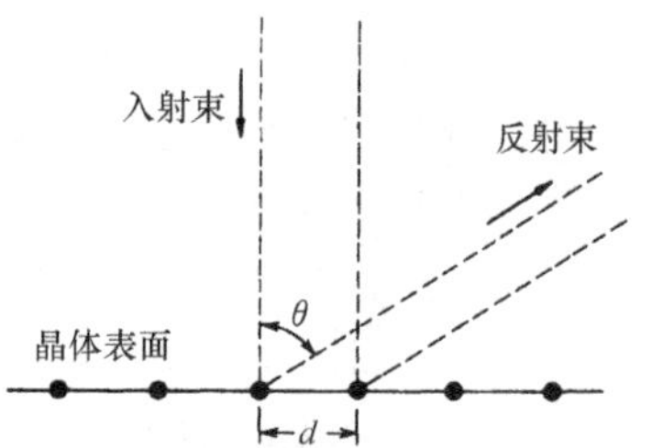

图 13A 说明 13 节的讨论. 图中表示等间隔原子的线性阵列. 我们也可以把一个点理解为垂直于图面的一排原子. 衍射极大发生在那些 $d\sin\theta$ 为波长整数倍的方向上.

我们的简单理论显然也适用于两维格点的情况，我们只要想象图 13A 中的每一个点实际上表示垂直于图面的一排原子.

一个典型实验中的数据如下：$d = 2.15\times10^{-10}$ m，$E = 54$ eV，在 $\theta = 50°$ 处观察到极大. 对 $n = 1$，由实验观察到的 θ 给出波长为 1.65 Å，而由等式（11a）计算得到的波长为 1.67 Å. 两者符合得很好. 戴维孙还观察到更高级次的极大，对应于 $n > 1$，都与理论预言一致.

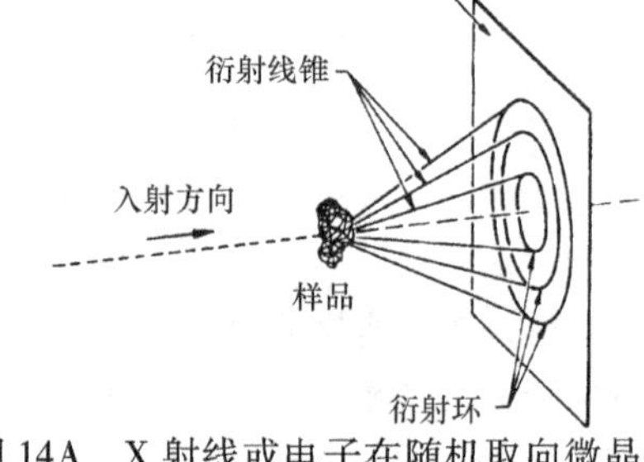

图 14A X 射线或电子在随机取向微晶体的聚集体样品上的衍射. 衍射线沿着一组圆锥，其图样依赖于晶体结构和入射的波长.

照片 14B，14C，22A 和 22C 即用此法得到. 在电子衍射实验中样品必须置放在衍射设备的真空室中，因为电子会被空气或管中任何插入的“窗”所强烈散射. X 射线受到这种散射则要少得多，因而样品可以放在 X 射线管外的空气中.

§5.14 汤姆孙的方法与 X 射线衍射工作中的所谓德拜（Debye）-谢勒（Scherrer）法类似. 一束单向的单色 X 射线或电子射束被包含大量随机

图 14B 用图 14A 所示方法得到的显示白锡上的电子衍射照片. 很小的锡晶体（线度约 300 Å）淀积在一氧化硅薄膜上. 薄膜作为样品放在电子显微镜中，电子显微镜在这里用作电子衍射装置. 样品被能量为 100 keV 的电子（这相当于波长约 0.04 Å）照明. 所见衍射环相应于照相底板与图 14A 中的锥面的交线.

这个特定实验的目的是检验由蒸发过程形成的很小锡晶体的晶体结构.（照片承蒙伯克利的希恩斯（W. Hines）博士和耐特（W. Knight）教授惠允.）

取向的微晶体的样品散射. 理论预言衍射波将沿着以入射方向为轴的圆锥面射出（见图 14A）. 如果用照相法将被散射的射线记录在垂直于入射方向的底片上，就可得到一系列同心圆. 圆形图案以一种特有的方式依赖于晶体结构，若波长已知，就可以完全决定晶体格点的几何结构.

图 14B 和 14C 是用这种方法得到的两帧照片，第一帧是电子，第二帧是 X 射线. 在两种情况中样品都是白锡微晶体的聚集体. 圆环花样的相似性是十分显著的. 即使我们对于格点上波的衍射的详细理论一无所知，只要对这两帧照片看一眼就会立刻使我们相信 X 射线和电子是以同样方式衍射的.

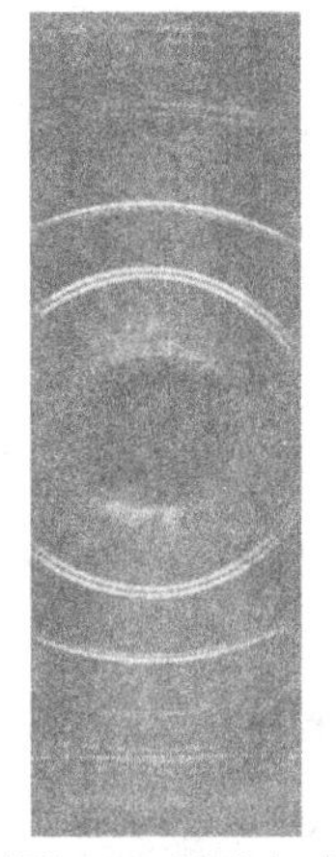

图 14C　用图 14A 所示方法得到的显示 X 射线被白锡衍射的照片.（这实际上并不是平面照相底板，而是曝光中弯成圆弧状的一长条软片. 但这并不改变实验的本质.）样品由少量细微粉末状锡构成，晶体平均线度约 1 μm. 所用波长约 1.5 Å.

应将此图与图 14B 仔细比较. 其相似性是惊人的，因此电子和 X 射线以同样方式被锡晶体衍射是毫无疑问的.（照片承蒙伯克利的乔治·戈登（George Gordon）先生惠允.）

§5.15　这样，戴维孙和革末实验以及相关的汤姆孙实验毫无疑问地表明物质波确实存在，并且它们的波长（至少对电子来说）由德布罗意关系给出. 1929 年埃斯特曼（Estermann）和施特恩（Stern）㊀证实氦原子和氢分子也按照德布罗意理论被衍射. 他们的实验大大增强了我们对物质波普遍性的信念，因为它们涉及两种与电子十分不同的新粒子. 除了质量上的差别以外，氦原子与氢分子与电子不同之处还有：它们是明显的复合系统，而电子（也许）是基本粒子. 这样，这些实验证实了作为整体的原子和作为整体的分子都是波，现在我们也许愿意相信在适当的实验条件下一架大钢琴也会表现得像波.

其后证明了很慢的中子在晶格中发生衍射，而且从这些观察结果出发，还发展出了一些技术，今天已成为人们研究晶体和分子的结构的常规手段㊁，作为 X 射线和电子衍射方法的补充.

二、周期性结构上的衍射理论㊂

§5.16　让我们来稍稍详细地考虑一下一维、二维或三维晶格上的衍射. 晶格是一种周期性结构，可把它想象为由单胞的多次重复所构成. 图 16A ~ 图 16C 说明了这一概念. 对一维晶格，单胞就是一个线段；对二维晶格是一平行四边形；对三

㊀ I. Estermann and O. Stern,“Beugung von Molekularstrahlen”, *Zeitschrift für Physik* **61**, 95（1930）.

㊁ D. P. Mitchell and P. N. Powers,“Bragg reflection of slow neutrons”, *Physical Review* **50**, 486（1936）. 亦可参见 E. O. Wollan and C. G. Shull,“Neutron diffraction and associated studies”, *Nucleonics* **3**, 8（1948）.

㊂ 初次阅读时可略去第 16 ~ 22 节，但不要忘记看第 22 节的照片.

维晶格则是一平行六面体．为简单起见，让我们想象（某种）原子位于单胞的每个角上．从而晶格中所有原子的位置在线性晶格中由

$$\boldsymbol{x}=n_1\boldsymbol{e}_1 \tag{16a}$$

给出，在平面晶格中由

$$\boldsymbol{x}=n_1\boldsymbol{e}_1+n_2\boldsymbol{e}_2 \tag{16b}$$

给出，在三维晶格中则由

e_1

图16A　等间距原子的线性阵列

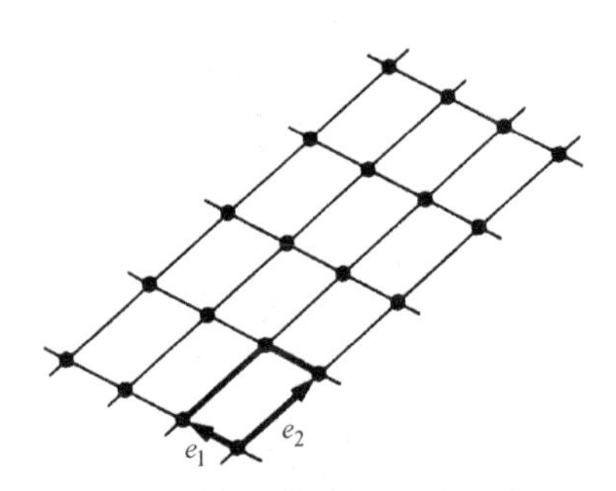

图16B　二维晶格．单胞由两个矢量 $\boldsymbol{e}_1$ 和 $\boldsymbol{e}_2$ 确定．在图中用粗线画出它的边．整个晶格由单胞的重复构成．

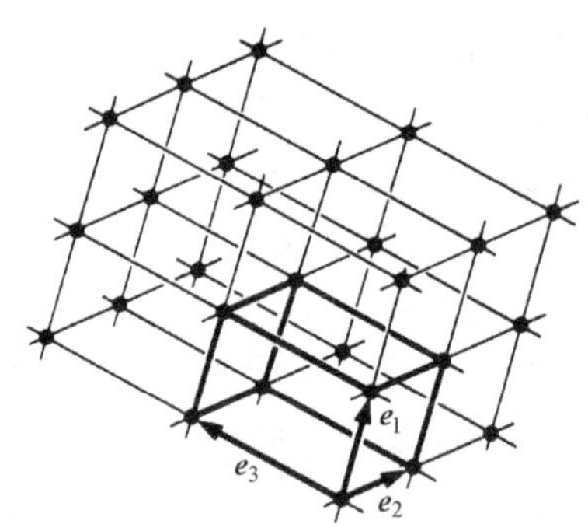

图16C　三维晶格．也用粗线画出单胞的边．任一晶格的位矢是整数系数的矢量 $\boldsymbol{e}_1$，$\boldsymbol{e}_2$ 和 $\boldsymbol{e}_3$（这些矢量间不一定要互相垂直）的某种线性组合．

$$\boldsymbol{x}=n_1\boldsymbol{e}_1+n_2\boldsymbol{e}_2+n_3\boldsymbol{e}_3 \tag{16c}$$

给出．在这里，数 n_1，n_2，n_3 是整数，而矢量 $\boldsymbol{e}_1$，$\boldsymbol{e}_2$ 和 $\boldsymbol{e}_3$ 确定了单胞，如图16A～图16C所示．

在下文中我们将想象包含有限的但很大量的原子的格点．为避免误解，我们还要明确指出，我们考虑的是埋置在三维空间中的一维、二维和三维阵列，而不是譬如说在二维世界中的二维晶格．

§5.17　我们来考虑图17A所画的简图的情况．波从位于点 $\boldsymbol{x}_i$ 的源发出．它在全同原子的阵列上衍射，而在 $\boldsymbol{x}_0$ 点观察衍射波或散射波．我们假定阵列的中心（被某一个原子占据的地方）是原点，而距离 $x_i=|\boldsymbol{x}_i|$ 和 $x_0=|\boldsymbol{x}_0|$ 比阵列的线度大得多．首先考虑一维阵列的情况．完全类似的考虑适用于二维或三维散射阵列．

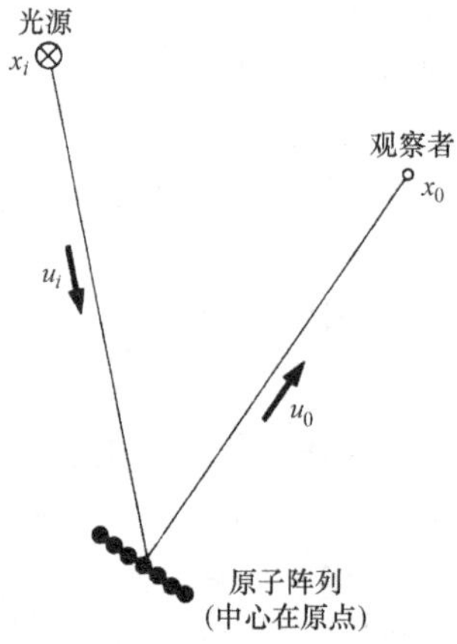

图17A　线性阵列的衍射（为说明17节的讨论）．正文中假定从阵列到波源及到观察者的距离远比阵列的线度更大．阵列本身包含有限但是大量的原子．

单位矢量 $\boldsymbol{u}_i$ 指向入射方向，而单位矢量 $\boldsymbol{u}_0$ 指向散射束方向．

从波源经过原点到观察者的路径长度为 $s_0=x_i+x_0$，令 $s(n_1)$ 是从波源经过根据式（16a）中用整数 n_1 表示的原子的位置到达观察者的路径长度．这样就得到

$$s(n_1)=|\boldsymbol{x}_i-n_1\boldsymbol{e}_1|+|\boldsymbol{x}_0-n_1\boldsymbol{e}_1| \tag{17a}$$

经过不同原子的到达观察者的波互相干涉，合成波的振幅为从每个原子来的波的振幅之和. 对于衍射极大，所有的波到达时必须彼此同相位，否则来自不同原子的波会相互抵消. 与此相应的条件是对每个原子，即对每个整数 n_1，其路程差 $s\ (n_1)\ -s_0$ 必定是波长 λ 的整数倍.

既然我们假定阵列的线度比它到波源和到观察者的距离小得多，矢量 $n_1\boldsymbol{e}_1$ 就比矢量 $\boldsymbol{x}_i$ 和 $\boldsymbol{x}_0$ 小得多. 于是对于方程式（17a）右边的两个距离就可写出近似表达式，即

$$|\boldsymbol{x}_i-n_1\boldsymbol{e}_1|\approx x_i-n_1\frac{|\boldsymbol{x}_i\cdot\boldsymbol{e}_1|}{x_i} \tag{17b}$$

$$|\boldsymbol{x}_0-n_1\boldsymbol{e}_1|\approx x_0-n_1\frac{|\boldsymbol{x}_0\cdot\boldsymbol{e}_1|}{x_0} \tag{17c}$$

从图 17B 立刻可看出此近似表示式的几何意义.

于是我们得出路程差为

$$s(n_1)-s_0\approx -n_1\boldsymbol{e}_1\cdot\left(\frac{\boldsymbol{x}_i}{x_i}+\frac{\boldsymbol{x}_0}{x_0}\right) \tag{17d}$$

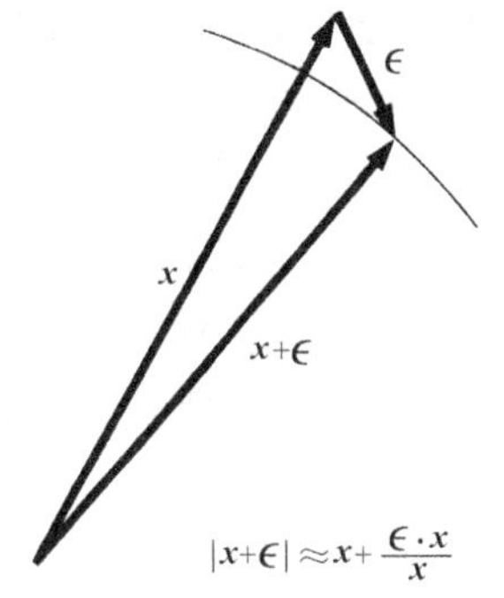

图 17B　说明一种重要的近似，它是物理学论证中经常用到的. 如果矢量 $\boldsymbol{\varepsilon}$ 的长度比矢量 $\boldsymbol{x}$ 小得多，则此矢量 $\boldsymbol{x}$ 几乎与矢量 $\boldsymbol{x}+\boldsymbol{\varepsilon}$ 平行. 后一个矢量的长度近似地等于 $\boldsymbol{x}$ 的长度加上矢量 $\boldsymbol{\varepsilon}$ 在 $\boldsymbol{x}$ 方向上的投影.

§5.18　设 $\boldsymbol{u}_i$ 是入射束方向上的单位矢量，并设 $\boldsymbol{u}_0$ 是指向衍射束方向的单位矢量. 于是有

$$\boldsymbol{u}_i=-\frac{\boldsymbol{x}_i}{x_i},\ \boldsymbol{u}_0=\frac{\boldsymbol{x}_0}{x_0} \tag{18a}$$

如果令方程式（17d）中的 x_i 和 x_0 趋向无穷大，得

$$s(n_1)-s_0=n_1\boldsymbol{e}_1\cdot(\boldsymbol{u}_i-\boldsymbol{u}_0) \tag{18b}$$

从而衍射极大的条件为

$$\frac{n_1\boldsymbol{e}_1\cdot(\boldsymbol{u}_i-\boldsymbol{u}_0)}{\lambda}=n_1' \tag{18c}$$

其中，对于每个任意选取的整数 n_1，n_1' 都必须是整数. 如果

$$\frac{\boldsymbol{e}_1\cdot(\boldsymbol{u}_i-\boldsymbol{u}_0)}{\lambda}=m_1 \tag{18d}$$

这里 m_1 是整数。在这个条件下，也只有在这条件下，上述情况明显成立. 这一点是我们可以立刻断定的. 当而且仅当来自相邻原子的波同相位地到达时，来自任意一对原子的波才会同相位地到达，而这正是式（18d）所表述的.

利用德布罗意关系我们可将式（18d）重写成在物理上有兴趣的下面这种形式. 设 $\boldsymbol{p}_i$ 为入射粒子动量，并设 $\boldsymbol{p}_0$ 是散射束中粒子的动量. 于是有

$$\frac{\boldsymbol{u}_i}{\lambda}=\frac{\boldsymbol{p}_i}{h},\ \frac{\boldsymbol{u}_0}{\lambda}=\frac{\boldsymbol{p}_0}{h} \tag{18e}$$

式（18d）可以写成

$$\boldsymbol{e}_1 \cdot (\boldsymbol{p}_1 - \boldsymbol{p}_0) = \boldsymbol{e}_1 \cdot \boldsymbol{q} = m_1 h \tag{18f}$$

这里 $\boldsymbol{q} = \boldsymbol{p}_i - \boldsymbol{p}_0$ 是传递给阵列的动量．因而对于一维阵列，衍射极大的条件为动传递 $\boldsymbol{q}$ 和矢量 $\boldsymbol{e}_1$ 的标量积必须是 h 的整数倍，即在阵列方向上的动量传递是“量子化的”．

§5.19　在我们的讨论中已经默默地假定了散射过程是弹性的，这意味着散射粒子的能量（或频率）和入射的能量（或频率）相同．这就隐含着另一条件，即入射动量的大小和散射动量的大小相等．从而衍射极大的位置由两个条件

$$\boldsymbol{e}_1 \cdot (\boldsymbol{p}_i - \boldsymbol{p}_0) = \boldsymbol{e}_1 \cdot \boldsymbol{q} = m_1 h \tag{19a}$$

和

$$|\boldsymbol{p}_i| = |\boldsymbol{p}_0| \tag{19b}$$

决定，其中 m_1 为任意整数．

对于无限阵列，散射动量必须严格满足式（19a）和式（19b）．对于有限阵列我们也在上述条件所限定的方向以外观察到某些散射．衍射极大（作为角度的函数）的锐度依赖于阵列中原子的数目．我们假定（原子）数目很大，因此散射粒子出射在由式（19a）和式（19b）给定的十分确定的方向．这些方程式确定了一组圆锥，各与每个整数 m_1 相对应．当然，这些整数服从约束条件

$$|m_1| \leqslant 2|\boldsymbol{e}_1||\boldsymbol{p}_i|/h \tag{19c}$$

因为动量传递不可能超过入射动量的两倍．

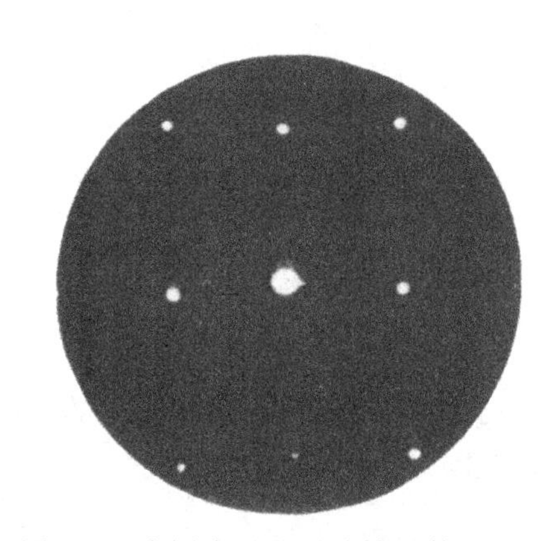

图20A　本图表示电子从镍晶体面上背向散射的衍射图样．电子垂直地入射到晶体表面上，其能量为76eV．这是我们的二维晶格衍射理论适用的典型情况．（电子衍射照片承蒙新泽西州贝尔电话实验室的麦克雷（A. U. MacRae）博士惠允．）

§5.20　我们很容易得到对于二维阵列衍射极大的相应条件．式（19a）必须在每个格点方向上成立，即对每条包含多于一个原子的直线成立．特别是它必须对每个单胞边成立，从而我们有条件

$$\boldsymbol{e}_1 \cdot (\boldsymbol{p}_i - \boldsymbol{p}_0) = m_1 h,\ \boldsymbol{e}_2 \cdot (\boldsymbol{p}_i - \boldsymbol{p}_0) = m_2 h \tag{20a}$$

$$|\boldsymbol{p}_i| = |\boldsymbol{p}_0| \tag{20b}$$

其中 m_1 和 m_2 为任意整数．我们又可以说在格点平面上的动量传递是“量子化的”．为更清楚显示这一点，让我们在（$\boldsymbol{e}_1$，$\boldsymbol{e}_2$）平面上用条件

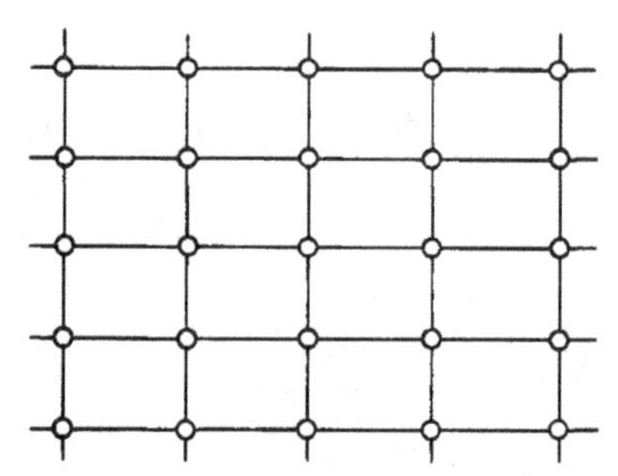

图20B　本图表示晶体这个特定面的平面对称性．我们可以想象小圆圈代表表面层的镍原子．衍射图样显出同样的矩形对称．向读者提一个问题：图20A和图20B的相对取向是否正确，抑或图20B应当是曾被旋转过90°的？

$$\begin{aligned} \boldsymbol{e}_1 \cdot \boldsymbol{q}_1 = h,\ \boldsymbol{e}_2 \cdot \boldsymbol{q}_1 = 0 \\ \boldsymbol{e}_1 \cdot \boldsymbol{q}_2 = 0,\ \boldsymbol{e}_2 \cdot \boldsymbol{q}_2 = h \end{aligned} \tag{20c}$$

来定义两个矢量 $\boldsymbol{q}_1$ 和 $\boldsymbol{q}_2$.

这些方程总是有唯一解. 注意矢量 $\boldsymbol{q}_1$ 和 $\boldsymbol{q}_2$ 一般并不与矢量 $\boldsymbol{e}_1$ 和 $\boldsymbol{e}_2$ 同方向，除非格点是矩形的.

这样，式（20a）就成为

$$\boldsymbol{q} = \boldsymbol{p}_i - \boldsymbol{p}_0 = m_1\boldsymbol{q}_1 + m_2\boldsymbol{q}_2 + \boldsymbol{q}^* \tag{20d}$$

其中 m_1 和 m_2 为任意整数，而矢量 $\boldsymbol{q}^*$ 为垂直于晶格平面的任意矢量. 在晶格平面上的动量传递是量子化的，但其垂直分量却不是. 它的大小由式（20b）决定，该式表示散射是弹性的. 因此只要入射动量不是太小（即只要波长不是太大），我们就能找到方程（20a）和方程（20b）的一些解. 在这个情况下衍射束在许多分立的明确、尖锐的方向上出射，而不像一维阵列的情况中那样沿着锥面射出.

在戴维孙和革末的实验中低能电子不会透过晶体. 衍射是由在表面层的原子所引起，因而二维晶格理论适用.

§5.21 对于三维阵列我们有

$$\begin{aligned} \boldsymbol{e}_1 \cdot (\boldsymbol{p}_i - \boldsymbol{p}_0) = m_1 h \\ \boldsymbol{e}_2 \cdot (\boldsymbol{p}_i - \boldsymbol{p}_0) = m_2 h \\ \boldsymbol{e}_3 \cdot (\boldsymbol{p}_i - \boldsymbol{p}_0) = m_3 h \end{aligned} \tag{21a}$$

$$|\boldsymbol{p}_i| = |\boldsymbol{p}_0| \tag{21b}$$

其中 m_1，m_2，m_3 为任意整数. 与上节做过的讨论类似，让我们用下列条件定义三个矢量 $\boldsymbol{q}_1$，$\boldsymbol{q}_2$ 和 $\boldsymbol{q}_3$，且

$$\begin{aligned} \boldsymbol{e}_1 \cdot \boldsymbol{q}_1 = h,\ \boldsymbol{e}_2 \cdot \boldsymbol{q}_1 = 0,\ \boldsymbol{e}_3 \cdot \boldsymbol{q}_1 = 0 \\ \boldsymbol{e}_1 \cdot \boldsymbol{q}_2 = 0,\ \boldsymbol{e}_2 \cdot \boldsymbol{q}_2 = h,\ \boldsymbol{e}_3 \cdot \boldsymbol{q}_2 = 0 \\ \boldsymbol{e}_1 \cdot \boldsymbol{q}_3 = 0,\ \boldsymbol{e}_2 \cdot \boldsymbol{q}_3 = 0,\ \boldsymbol{e}_3 \cdot \boldsymbol{q}_3 = h \end{aligned} \tag{21c}$$

这些方程总是有唯一解. 这样我们就可以把条件（21a）写成这种形式

$$\boldsymbol{q} = \boldsymbol{p}_i - \boldsymbol{p}_0 = m_1\boldsymbol{q}_1 + m_2\boldsymbol{q}_2 + m_3\boldsymbol{q}_3 \tag{21d}$$

动量传递 $\boldsymbol{q}$ 是这样“量子化”的，即它必须是由晶格的几何结构决定的三个矢量 $\boldsymbol{q}_1$，$\boldsymbol{q}_2$ 和 $\boldsymbol{q}_3$ 的带整系数的线性组合. 如果对方程（21d）略加思索，我们注意到动量传递的可能值在动量空间形成一个格点. 这个格点称为该晶体的倒易格.

对于任意的入射动量一般不可能使方程（21d）和方程（21b）都得到满足. 方程（21a）和方程（21b）在一起组成的四个方程决定最终动量 $\boldsymbol{p}_0$ 的三个分量.

只有当晶体恰好取向适当时，才存在解.

§5.22　假定现在我们用一个包含大量随机取向的微晶体样品做衍射实验．于是总会有某些微晶体在样品中这样取向，能够满足（至少近似地）条件（21a）和（21b）．对这样的样品就有衍射极大的两个条件，即

$$|\boldsymbol{p}_i-\boldsymbol{p}_0| = |m_1\boldsymbol{q}_1+m_2\boldsymbol{q}_2+m_3\boldsymbol{q}_3| \tag{22a}$$

$$|\boldsymbol{p}_i| = |\boldsymbol{p}_0| \tag{22b}$$

其中 m_1，m_2 和 m_3 为任意整数，而 $\boldsymbol{q}_1$，$\boldsymbol{q}_2$ 和 $\boldsymbol{q}_3$ 为上一节中对晶格的某些特殊取向讨论过的矢量．上述方程的确是有解的，因而我们看到衍射束沿着以入射方向为中心轴的一系列圆锥面射出.

图14A表示基于上述理论的衍射实验是如何实行的．在X射线研究工作中样品经常是包含许多微晶体的少量粉末．这就是获得图14C中照片的方法．条形胶片上的线条是圆锥［由条件（22a）和（22b）所规定］和条形胶片的交线.

我们很容易理解，如果样品太小，就说明它不包含足够多的晶体，那么衍射束沿圆锥的分布是很不均匀的．我们在照相底板上将看不到连续的圆环，而是只看见一些分立的点．这一效应在图22A和图22C中绝妙地显示出来．这些照片（应将它们与图14B比较）显示了锡晶体对100 keV的电子的衍射．在这个情况下电子波完全穿透小晶体．用一台电子显微镜作为衍射装置．同一台电子显微镜拍摄的图22B和图22D则显示了样品的面貌.

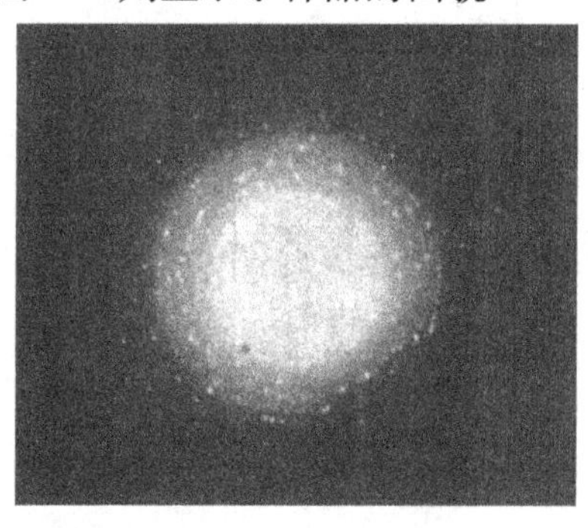

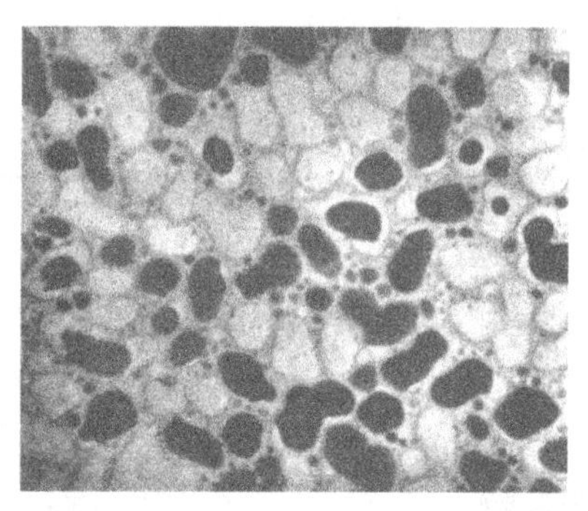

图22A-B　左边的照片显示了用在图14A中描绘的方法得到的电子衍射环．和图14B中的照片一样，样品都是由淀积在一氧化硅薄膜上的小白锡晶体所形成．右边的照片显示样品在电子显微镜下呈现的面貌（8 mm相当于1 000 Å），黑点是晶体的像（其黑度依赖于它们的取向）．最淡的点是曾被晶体占据而在制备样品时消失的SiO中的坑．晶体的平均尺寸约600 Å.

在拍摄衍射照片时，将电子束限制在较小的样品面积上．考虑到第22节的理论我们期待看见一些个别的点，如同照片所确实显示的，而不是形状完整的环.

（照片承蒙伯克利的希恩斯博士和耐特教授惠允.）

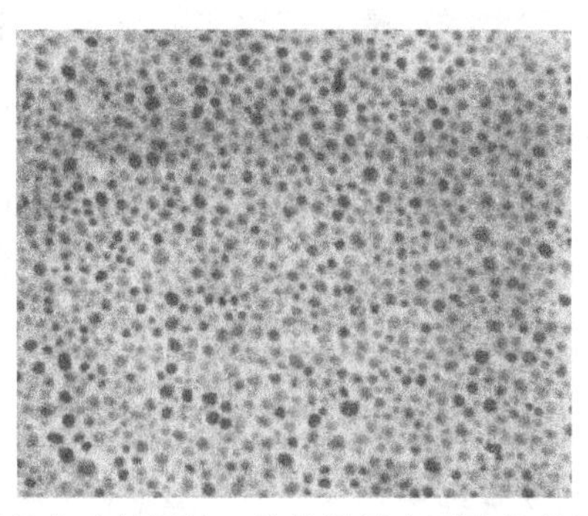

图 22C-D 此两帧照片是用与图 22A-B 同样的方法拍摄的. 此处样品由更小的晶体（平均尺寸约 200 Å）组成，衍射图样由更大量的晶体产生. 尽管仍能看到个别的点，但是环更完整了. 应将图 22A 和图 22C 与图 14B 比较，在那里不再看到个别的点. 后一照片用横过薄膜的更大区域的电子束得到. 因此我们相应地期待看到更完整的环状图样，因为晶体的所有取向在样品中都得到了很好的体现.

图 14B，图 22A 和图 22C 中，电子能量是 100 keV，这相当于大约 0.04 Å 的波长.（照片承蒙伯克利的希恩斯博士和耐特教授惠允.）

三、只有一个普朗克常量

§5.23 上面的小标题也许会使读者惊奇. 按照定义，当然只有一个普朗克常量. 作者究竟想从这一平凡的事实中引出什么深刻的结论呢？

完全不平凡的一点是，在物理学中我们根本不需要多于一个“普朗克型常量”. 试考虑写成下面形式的德布罗意关系

$$h = \lambda p \tag{23a}$$

其中 p 是粒子的动量，λ 是它的德布罗意波长. p 和 λ 都是可以独立测量的量，而测量任意相应的一对变量（p，λ）我们就能确定普朗克常量 h. 一个惊人的经验事实是不论观察何种粒子，我们总是得到同一个 h 值，这种情况就是不平凡.

读者对此也许印象并不深刻. 我们毕竟能在几个非常简单的概念的基础上导出这一关系. 然而让我们考察一下我们的推导的前提.

§5.24 在第 3 ~ 5 节的讨论中我们曾假定每个实物粒子都与波动相联系，它们的关系是波的群速度等于粒子的速度. 我们还进一步假定粒子-波动的描述满足狭义相对论原理，这就是说，波的波矢和波的频率同粒子的能量和动量之间的关系在所有惯性系中必定相同. 在这一基础上我们得出结论

$$E = \hbar\omega,\ \boldsymbol{p} = \hbar\boldsymbol{k} \tag{24a}$$

其中 E 是能量，$\boldsymbol{p}$ 是动量，ω 是频率，$\boldsymbol{k}$ 是波矢，$\hbar$ 为由以静止能量 E_0 和“静止频率”ω_0 表征的关系

$$E_0 = mc^2 = \hbar\omega_0 \tag{24b}$$

所定义的常数.

我们怎么断定常数 $\hbar$ 实际上就是普朗克常量？是猜的. 关系 $E = \hbar\omega$ 对光子成

立，从而启发我们猜想它对实物粒子也成立．但关键在于：式（24a）中的第一个关系式对所有的实物粒子真的都成立吗？

因而我们在第 3～5 节所真正导出的能量、动量、频率和波矢间的关系是

$$E = C\omega,\ \boldsymbol{p} = C\boldsymbol{k} \tag{24c}$$

其中 C 是表征粒子特性的常数，这个常数，例如，由

$$C = \frac{E_0}{\omega_0} \tag{24d}$$

定义．

但是没有理由认为 C 对所有粒子必定是同一常数．我们的世界是不是可能各色各样的，我们有没有可能在实验中发现 $C = \hbar$ 适用于光子，$C = 7\hbar$ 适用于电子，对质子是 $C = 17\hbar$，更有甚者，我们会不会发现虽然电子和质子同德布罗意波相联系，却不存在物质波与中子相联系！

§5.25　幸运的是，从可得到的实验材料来看，“普朗克型常量” C 对不同种类的粒子不相同这一可怕的可能性都被排除了．我们说“幸运的”，是因为我们的美学上令人愉快的现代量子力学表述取决于 $C = \hbar$ 这一常量是不依赖于粒子类型的普适常量这一基本的假定．如果情形不是这样的话，则基本粒子及其相互作用的理论势必完全改观．

对于各种粒子 $C = \hbar$ 这一假设在实验上究竟证实得怎么样？与戴维孙-革末实验或汤姆孙实验类似的直接实验只对少数几种粒子做过．这些实验很容易解释为对关系 $h = \lambda p$ 的检验，但它们自然只具有有限的精确度．它们支持我们对关系式（24a）的普适性的信念，但我们对这些关系的信念的真正基础是量子力学的普遍成功．有大量的实验证据间接支持关系式（24a）．这一证据的解释并不总是像电子在晶体上衍射的情况那样简单和明确，但总的来说是非常令人信服的．我们对关系式（24a）严格正确的信念有些类似于我们对关系式 $E_0 = mc^2$ 也是严格正确的信念，对后一关系的直接论证是相当有力的，但关于狭义相对论概念普遍有效的间接证据的总和，才是真正使我们信服的理由．在我们的实验材料中没有丝毫迹象显示关系式（24a）或关系式 $E_0 = mc^2$ 可能只

读者可能问，声波是否也遵循关系式（24a）．确实是这样，我们称声波的“粒子”为声子．声波的能量，例如在固体中，按大小为 $\hbar\omega$ 成包出现，其中 ω 为频率．

我们并不把声子当作基本粒子，因为我们完全可以用固体中的“真正”粒子来说明它们．弹性波是电子与原子核的集体运动．然而，用对待其他粒子的方法来看待声子，常是有用的．反过来，把一些“真正”的粒子看成“以太中的声波”有时也有用处．

是近似正确．我们假定它们严格正确，而且我们把它们看作物理学理论的基石．

让我们回顾一下第二章第12节中的讨论．我们曾论证，鉴于常数 c 和 $\hbar$ 在相对论量子力学中所起的基本作用，人们可以合理地选择一个令 $\hbar=c=1$ 的单位制．如果对每个粒子真的会有不同的普朗克型常量，那么这样的单位制显然也就不会有多大意义．既然我们相信只有一个这样的常量，这就意味着，例如，质量、能量和频率总是以同一方式联系起来，因而我们就可以把“质量”“能量”和“频率”这些词看作同一事物的不同名称㊀．

§5.26　从关系式（24a）的观点，我们可以重新表述在碰撞过程中成立的能量和动量守恒定律．

从一般意义上来理解，碰撞事件可以描述如下．在开始的时候存在若干粒子，它们运动的方式是使得彼此分得很开．设它们的动量是 $\boldsymbol{p}'_1$，$\boldsymbol{p}'_2$，…，$\boldsymbol{p}'_i$，能量是 E'_1，E'_2，…，E'_i．我们说粒子起初彼此“分得很开”的意思是粒子在刚开始运动的时候其间的相互作用实际上并不存在：如果我们假定当粒子间距离增加时粒子间的力很快趋向于零，则上述概念是有意义的．因而开始时每个粒子如同在别的粒子不存在的情况下运动着．随着时间的推移，粒子会集中于一个“碰撞区域”，于是粒子间的作用力就起作用了．相互作用发生了，而在这一过程中粒子被偏转．更进一步，某些粒子可能会被毁灭，并且新的粒子可能会产生．

如果我们等待足够长的时间，参与碰撞事件的粒子会再次分散开，粒子间的相互作用实际上就要停止，理由很简单，就是它们已不再彼此靠近．在此后的某一时刻每个粒子将如同其他粒子不存在时那样运动．设碰撞事件后粒子的动量为 $\boldsymbol{p}''_1$，$\boldsymbol{p}''_2$,…，$\boldsymbol{p}''_j$，能量为 E''_1，E''_2，…，E''_j．

守恒定律就成为

$$\sum_{r=1}^{i} E'_r = \sum_{s=1}^{j} E''_s,\quad \sum_{r=1}^{i} \boldsymbol{p}'_r = \sum_{s=1}^{j} \boldsymbol{p}''_s \tag{26a}$$

初始总能量等于最终总能量，初始总动量等于最终总动量．在“碰撞前”和“碰撞后”粒子间实际上没有相互作用这一条件是必不可少的；否则总能量就不会等于各个粒子能量之和．如果粒子间确实彼此有相互作用，我们就必须把“相互作用能”包括在总能量的表示式中．

读者应注意这些粒子并不一定是基本粒子；它们也不妨是复合粒子，像原子或原子核．当我们讨论碰撞事件时，“粒子”的意义是任一相当稳定的物体，因此只要它与其他相似的物体分得很开就可给它指定动量，能量和（静止）质量．作为一个例子我们可以考虑一个中性氦原子和一个电子之间的碰撞。假定在碰撞中氦原

㊀　作者喜欢把“质量”一词仅用作表示一孤立体系的“静质量”（即静能除以 c^2）．根据这一用法，“粒子的质量”，不论其运动与否，都是指粒子的静质量．其他作者常常在谈到粒子的“质量”时，所说的意思是总能量除以 c^2．

子被电离．这样就有两个初始粒子，即电子和中性氦原子．有三个最终粒子，即两个电子和一个带单一电荷的氦离子．（当然这不是碰撞事件的唯一可能结果．在事件中氦可以失去它的两个电子，也可一个也不丢失．而且，此事件还可导致发射一个或几个光子．）

§5.27　如果我们现在承认由于关系式（24a），有一个频率和一个波矢与每一个初始粒子和最终粒子相联系，我们就可把守恒定律（26a）重写为下列形式

$$\sum_{r=1}^{i}\omega'_r=\sum_{s=1}^{j}\omega''_s,\quad \sum_{r=1}^{i}\boldsymbol{k}'_r=\sum_{s=1}^{j}\boldsymbol{k}''_s \tag{27a}$$

初始频率之和等于最终频率之和，初始波矢之和等于最终波矢之和．这些守恒定律完全与守恒定律（26a）等价．任意一组定律可推导出另一组定律．之所以如此是因为只有一个普朗克常量）㊀．

四、可以使物质波分裂吗？

§5.28　在前一章我们讨论了能够，还是不能够使光子“分裂”的意义．我们现在来对物质波进行同样的讨论．这可以相当简短，因为物质波的行为和光子的行为十分相似，从这一方面看自然界是简单的．

为明确起见我们现在讨论电子，但我们的结果完全是普遍的，同样很好地适用于任何别的粒子．

在前一章我们断言，我们不能用光电池探测到一个只有能量 $\hbar\omega$ 的一部分的“部分光子”，从这个意义上讲，频率为 ω 的单色光子是不能被分裂的．在类似的意义上电子也不能被分裂，因为从没有人探测到一个“部分电子”．

§5.29　让我们考虑电子衍射实验，示意图表示在图29A中．入射到晶体表面的电子束有十分确定的动量．反射电子由 C_1 到 C_4 四个计数器探测，并且我们想象计数器 C_1 和 C_4 位于不同的衍射极大上，而 C_2 和 C_3 则位于衍射极小上．

实验中第一个要注意的事实是，直到电子的入射通量趋近于零时每个计数器的计数率始终保持与入射通量成正比．这一情况排除了任何关于观察到的衍射现象是包含大量电子的集体效应的解释：真正显示波行为的是每个个别电子．为使论点清楚，我们可以假定在计数器 C_1 和 C_4 中计数率相等，而在计数器 C_2 和 C_3 中计数率为零．

假定现在我们把一个电子看作一个经典的波包．这样我们就预期这个波在晶体

㊀　对于具有量子力学高深知识的读者：似乎可以在物理空间均匀性的基础上独立地导出关系式（27a）．只要我们接受量子力学所特有的某些概念，的确可以做出这样的推导．另一方面，显然没有一个纯粹的逻辑论证可以告诉我们，若已知电子具有波性，就存在与质子相联系的德布罗意波．同样地，纯逻辑也不能告诉我们常量 C 对所有粒子必须相同．动量和波矢有独立的运算上的定义，它们不必一定以德布罗意关系相联系．

上反射时“分裂”了：一部分波向着计数器 C_1 的方向反射，一部分向着计数器 C_4 的方向反射，但向计数器 C_2 和 C_3 方向没有反射. 既然原来的入射波包以这样的方式被“分裂”，我们可以预期这种“分裂”会以某种方式表现出来，举例来说：朝计数器 C_1 反射的“部分”所携带的能量是入射电子能量的一部分. 然而，这与实验上所发现的不一致，就像我们可从戴维孙自己的说明中回想起的那样：反射电子携带了入射电子的全部能量. 如果计数器正好探测到一个电子，那么所探测到的就是整个电子，具有完全的电子电荷量和电子质量. 我们说过从来没有人曾经见过三分之一个电子. 电子具有波动性，但它们绝对不是经典波：不能使电子波包像经典波包那样分裂.

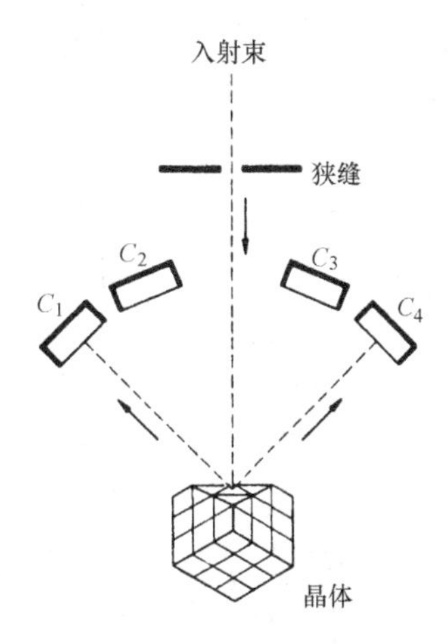

图 29A　观察来自晶体表面不同方向上电子衍射的装置的示意图（说明 29 节的讨论）. 既然入射波被晶体“分裂”了，那么我们会在计数器 C_1 中发现半个电子吗?

§5.30　如果读者正巧对“经典波动”的性质没有什么坚定的见解，因此关于电子不是经典波的说明也许显得有些苍白无力. 这里我们想要说明的是对于经典的波动，在一给定时刻和在空间的一给定点，波振幅的绝对值平方表示一个物理量，例如电荷密度或能量密度. 这一概念与经典电磁理论中电场和磁场的平方表示能量密度的概念类似.

例如，假定波振幅的平方正比于电荷密度. 于是我们就能计算进入计数器之一的电荷通量，既然波“被分到”计数器 C_1 和 C_4 中，我们可以预期计数器 C_1 中只发现一半电子的电荷. 这在平均上可能是对的：如果我们用很大量的电子做衍射实验，进入计数器 C_1 的电荷流可能就等于总入射电荷流的一半[㊀]. 然而，每一个电子不是被计数器 C_1，就是被计数器 C_4 所探测到：因此一个电子的电荷不会分裂.

按照量子力学的精神，我们把所发生的情形描述如下. 入射电子波被晶体分为两部分. 一部分波向着计数器 C_1 的方向传播，另一部分向着计数器 C_4 的方向传播. 在给定方向上的波的强度正比于波振幅的绝对值的平方。在量子力学中强度解释为概率：振幅平方确定的量总是表示某事件发生的概率. 按经典方法计算出的进入计数器之一的通量正比于计数器“咔嗒”计数的概率.

这个强度的概率解释是量子力学的显著特征，而且与经典波动理论的精神显然不一致.

§5.31　和我们在第四章第 47 节的讨论类似，读者应考虑一假想的实验，其

㊀ 这在实践中可能不正确，但为了论证方便起见，我们可以假定每个入射电子不是进入计数器 C_1，就是进入计数器 C_4.

装置如图29A所示，但计数器放得离晶体非常远，譬如说1光年．假如计数器C_1探测到一个电子，在经典波动理论的基础上又会觉得难以理解，波所携带的一些物理量，诸如电荷、能量和质量等，先前已被散布在空间的广大区域中，又怎么会突然集中到计数器C_1？采用量子力学的概率观点来解释这一困惑就消失了：我们能以和谐一致的方式描述所发生的事情．

§5.32　我们已经说过，在如图29A所示的衍射实验中波被分解为两个（或几个）“部分”．那么，读者可能会问：可以使向着计数器C_1方向传播的波与向着计数器C_4方向传播的波发生干涉吗？如果电磁波被一半镀银的镜子分开，则两个“部分”肯定能相互干涉，而我们预料德布罗意波也有同样的行为．换句话说，如果我们用某种方法让向着计数器C_4方向传播的波偏转，并将它与向着计数器C_1方向传播的波“混合”，那么我们会看到干涉效应吗？

答案是我们肯定会看到干涉效应．另一方面必须承认，在实践中若严格地按所述办法利用电子完成这一实验是非常困难的．幸运的是我们不必去做这个实验，因为我们既然能用晶体观察到电子衍射，这一事实本身就是干涉效应存在的确证．当被入射波“照射”时，晶体表面的每个原子都会引起衍射波，所有这些衍射波组合起来就产生了我们用晶体观察到的总的干涉图样．许多个别原子所衍射的波“组合起来”是什么意思？我们如何描写这种“组合”？我们描述它的方法是：把所有各个波的振幅相加以得到从晶体发出的波的总振幅．此合成振幅的平方是强度变量，用量子力学的观点来理解，它描述了探测器的响应．

§5.33　在第四章第39～42节中，我们讨论了用光子做的双缝衍射实验．假如我们用电子来做同样的实验．装置示意图见图33A．除文字外，此图与第四章中的图39A相同．分析也相同，在距离远大于双缝间隔处观察到的强度$I(r,\theta)$由下式给出

$$I(r,\theta)=4I_0(r,\theta)\cos^2\left(\frac{2\pi a}{\lambda}\sin\theta\right)\quad(33\text{a})$$

其中$I_0(r,\theta)$为只有一个缝开启时观察到的强度．

强度对角度θ的依赖关系可用计数器来确定，当用电子束来做实验时，强度简单地与计数率成正比．

我们已经做过与此过分简化的假想实验完全类似的一些实验，从这些实验的结果可断言，式（33a）的预见是正确的[⊖]．

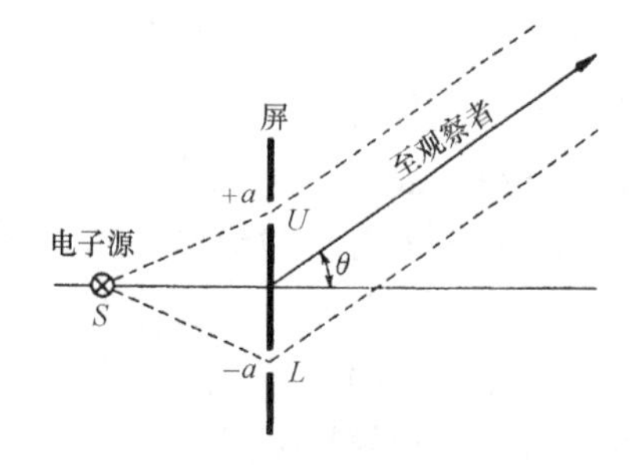

图33A　电子双缝衍射的假想实验．除用电子源代替光源S以外，此图与第四章中的图39A相同．

⊖ G. Möllenstedt and H. Düker，“Beobachtungen und Messungen an Biprisma-Interferenzen mit Elektronenwellen”，*Zeitschrift für Physik* **145**，377（1956）．也可参见R. G. Chambers，“Shift of an electron interference pattern by enclosed magenetic flux”，*Physical Review Letters* **5**，3（1960）．这后一篇文章报告了一个很有趣的效应，我们在本书中不讨论此效应，读者可以自己去研读它．

§5.34　如果我们要看到干涉效应必须将两个缝都开启，并且每个电子都必须通过两个狭缝. 如果我们要确定电子只通过两缝之一，我们必须关闭另一狭缝，但这样一来我们自然看不见双缝衍射图样了. 如果我们用紧靠狭缝后放一计数器的办法来发现电子通过哪一个缝，我们也会破坏干涉图样. 在两个计数器中观察到的计数率就要相同. 对每一个入射到屏上的电子，有一个，并且只有一个计数器会“咔嗒”计数，而这样测得的电子一定携带入射电子的全部电荷和全部能量. 我们不能预先说出哪个计数器会“咔嗒”计数，但我们可以通过找出透过缝的波强度来计算并预言记数的概率.

读者应回顾第四章第48节的讨论，在那里我们证明了双缝图样与光子究竟通过哪个缝的知识是不相容的. 同样的论证也适用于电子. 没有一个巧妙的装置，能使我们既能确定电子通过哪个缝而又不干扰双缝图样.

§5.35　让我们的语言稍稍紧凑一些. 当我们讨论德布罗意波的发现时说到“与粒子相联系的波”. 这是拙劣的语言，因为听起来它好像我们有一种以某种方式和波一起传播的经典微粒. 有些人喜欢把德布罗意波叫作“导波”或“领波”，但这一术语也不正确. 德布罗意波并不是与经典微粒一起传播或“引导”它的波. 德布罗意波和粒子是同一回事，并无其他. 自然界中发现的真实粒子具有波动性，这是事实. 如果我们要强调这一事实我们可以说电子的德布罗意波，但这个词实际上是“电子”的同义词. 我们对此前的拙劣语言的借口是我们的讨论一开始便是尝试性的，也是历史的，因而“与粒子相联系的波”这一谨慎的用语是说得通的. 对我们来说，现在表达得更精确和更确定的时刻已经到来，我们应摒弃可能使我们思想混乱的术语.

再来考虑双缝实验. 在此实验中没有任何东西暗示我们由通过两个狭缝的波“引导”的一个经典微粒通过狭缝中的一条. 说得更好一些是：如果我们试图引入这样的概念，则我们对于所发生事情的描述并没有得到改善. 只要把波的强度用量子力学的概率观点来解释，就足够了. 任何关于“隐藏的”微粒的说法都是形而上学的，除非由微粒存在的假设得出某种不能只在量子力学的波动理论基础上预言的实验论证予以确定. 现在不知道有任何这样的实验事实，根据这一点我们必须坚决摒弃脑海中所有关于由波引导的经典微粒的印象.

五、波动方程和叠加原理

§5.36　我们现在想要提出一些论证，支持一个叫克莱因-戈尔登（Klein-Gordon）方程的微分方程，用这个方程，我们可以描写物质波在空的空间传播.

我们最重要的假定是，描述质量为 m 的单个粒子的波动方程是线性微分方程. 其意义是该方程的解满足*叠加原理*：方程的两个解的任意线性组合仍是方程的解. 再有，我们假定满足某些适当条件的方程的每个解代表一种可能的物理状态，至少原则上是这样．这些假定的物理含意是深远的．物质波的振幅可以相加，正像电磁波的振幅那样．（麦克斯韦方程组也是线性微分方程．）

读者应注意到在我们关于物质波被晶体表面的原子衍射或双缝衍射的讨论中，已暗中做了线性的假设．举例来说，我们曾经把从两个缝发出的波的振幅相加得到合振幅．这里我们把这一步骤提升为物理学的普遍原理．

§5.37　现在让我们来寻找一个为所有描述质量为 m 的粒子的物质波所满足的微分方程．我们的步骤如下．首先寻找一个所有平面波都满足的微分方程．平面波的形式为

$$\psi(\boldsymbol{x},t;\boldsymbol{p})=\exp(\mathrm{i}\boldsymbol{x}\cdot\boldsymbol{p}-\mathrm{i}\omega t) \tag{37a}$$

我们采用 $\hbar=c=1$ 的单位制，而且我们用 $\boldsymbol{p}$ 表示动量（=波矢），用 ω 表示能量（=频率）．每个这样的平面波由动量 $\boldsymbol{p}$ 决定（除了一个确定波振幅的常数因子外）．我们尝试写出一个其中不显含 $\boldsymbol{p}$ 的并为任何平面波都满足的线性微分方程．既然它是线性的，则此微分方程将被平面波的每一线性组合所满足，因而我们可以推论，描述质量为 m 的粒子的所有德布罗意波都满足这个微分方程．

能量 ω 和动量 $\boldsymbol{p}$ 的关系为

$$\omega^2-\boldsymbol{p}^2=m^2 \tag{37b}$$

因为粒子的质量为 m．

如果我们将波函数 ψ 对时间 t 微商两次，得到

$$\frac{\partial^2}{\partial t^2}\psi(\boldsymbol{x},t;\boldsymbol{p})=-\omega^2\psi(\boldsymbol{x},t;\boldsymbol{p}) \tag{37c}$$

如果我们将波函数对坐标 x_1 微商两次，得到

$$\frac{\partial^2}{\partial x_1^2}\psi(\boldsymbol{x},t;\boldsymbol{p})=-p_1^2\psi(\boldsymbol{x},t;\boldsymbol{p}) \tag{37d}$$

对其他两个空间坐标 x_2，x_3 也作两次微商，结果相同．

计及关系（37b），从而得到

$$\frac{\partial^2}{\partial t^2}\psi(\boldsymbol{x},t;\boldsymbol{p})-\nabla^2\psi(\boldsymbol{x},t;\boldsymbol{p})=-m^2\psi(\boldsymbol{x},t;\boldsymbol{p}) \tag{37e}$$

其中 ∇^2 是拉普拉斯算符，定义为

$$\nabla^2\equiv\frac{\partial^2}{\partial x_1^2}+\frac{\partial^2}{\partial x_2^2}+\frac{\partial^2}{\partial x_3^2} \tag{37f}$$

方程（37e）即为所要求的波动方程．如我们所见，此方程是形式如方程（37a）的所有平面波，亦即为所有的动量为 $\boldsymbol{p}$ 的平面波所满足，因此也为任何平面波叠加的德布罗意波所满足．

§5.38　波动方程（37e）称为克莱因-戈尔登方程．在某种意义上，它是德布罗意波所满足的最简单的微分方程．注意，此方程也为空的空间中光子质量 $m=0$ 的电磁波所满足，读者很容易使自己信服不可能有任何一阶的，即只包含对自变

量一级微商的微分方程，能为所有德布罗意波所满足．方程必须至少是二阶的，理由是能量和动量之间的关系式（37b）是二次代数关系．

我们必须重申（因为这是重点）方程（37e）只能描述在时-空中处在空的区域，即远离所有其他粒子的粒子的传播．同样，齐次的麦克斯韦方程（电流密度和电荷密度都等于零），只在远离电流与电荷的区域，即远离其他粒子的区域，描述电磁波的传播．

§5.39　两列平面波的叠加，即下列形式的波

$$\psi(\boldsymbol{x},t)=A'\exp(\mathrm{i}\boldsymbol{x}\cdot\boldsymbol{p}'-\mathrm{i}\omega't)+A''\exp(\mathrm{i}\boldsymbol{x}\cdot\boldsymbol{p}''-\mathrm{i}\omega''t) \tag{39a}$$

也满足微分方程（37e），其中 A' 和 A'' 为两个任意的复常数．换句话说，

$$\frac{\partial^2}{\partial t^2}\psi(\boldsymbol{x},t)-\nabla^2\psi(\boldsymbol{x},t)=-m^2\psi(\boldsymbol{x},t) \tag{39b}$$

让我们考虑平面波更一般（连续）的叠加，其形式为

$$\psi(\boldsymbol{x},t)=\int_\infty \mathrm{d}^3(\boldsymbol{p})A(\boldsymbol{p})\exp(\mathrm{i}\boldsymbol{x}\cdot\boldsymbol{p}-\mathrm{i}\omega t) \tag{39c}$$

这里 $A(\boldsymbol{p})$ 是矢量 $\boldsymbol{p}$ 的复函数．积分范围包括整个三维 $\boldsymbol{p}$ 空间．量 ω 是 $\boldsymbol{p}$ 的函数，$\omega>0$，并且满足等式（37b）．换言之，

$$\omega=\omega(\boldsymbol{p})=\sqrt{\boldsymbol{p}^2+m^2} \tag{39d}$$

由方程式（39c）中的积分所定义的波函数 $\psi(\boldsymbol{x},t)$ 也满足微分方程（39b）．这是很一般的德布罗意波，事实上它是最一般的这种波．当然我们假定函数 $A(\boldsymbol{p})$ 是 $\boldsymbol{p}$ 的合理有界的函数，从而等式（39c）的积分有明确意义．

§5.40　在傅里叶积分理论中可以证明下列定理：如果 $\psi(\boldsymbol{x},0)$ 是 $\boldsymbol{x}$ 的任意的合理有界的函数，而如果我们用下列积分定义函数 $A(\boldsymbol{p})$：

$$A(\boldsymbol{p})=(2\pi)^{-3}\int_\infty \mathrm{d}^3(\boldsymbol{x})\psi(\boldsymbol{x},0)\exp(-\mathrm{i}\boldsymbol{x}\cdot\boldsymbol{p}) \tag{40a}$$

据此，则有

$$\psi(\boldsymbol{x},0)=\int_\infty \mathrm{d}^3(\boldsymbol{p})A(\boldsymbol{p})\exp(\mathrm{i}\boldsymbol{x}\cdot\boldsymbol{p}) \tag{40b}$$

这是一个定理．其精确表述及其证明依赖于“合理有界的函数”的恰当定义，在这里我们不证明此定理，在本书的讨论中我们也不真正要依靠傅里叶积分理论．适当的时候读者将在微积分课程中学习如何精确地表述这一定理，以及如何证明它．我们这里的目的是讨论此定理的物理含义，从而给读者提供学习傅里叶积分的强烈“物理”动力．它在物理学中是极其重要的．

§5.41　现在让我们来看该定理的含意是什么．假设 $\psi(\boldsymbol{x},0)$ 是时刻 $t=0$ 的德布罗意波函数．于是我们可以通过方程式（40a）中的积分把此波函数与动量空间中的振幅 $A(\boldsymbol{p})$ 联系起来．用动量空间的振幅 $A(\boldsymbol{p})$ 的表示，我们可定义一个新

的波函数 $\psi_1(\boldsymbol{x},\ t)$：

$$\psi_1(\boldsymbol{x},t) = \int_\infty \mathrm{d}^3(\boldsymbol{p})A(\boldsymbol{p})\exp(\mathrm{i}\boldsymbol{x}\cdot\boldsymbol{p} - \mathrm{i}\omega t) \tag{41a}$$

如果我们在上面的表式中令 $t=0$，并与式（40b）比较，可以看出 $\psi_1(\boldsymbol{x},\ 0)=\psi(\boldsymbol{x},\ 0)$. 从而满足克莱因-戈尔登方程（39b）的新函数，$\psi_1(\boldsymbol{x},\ t)$ 在“初始时刻” $t=0$ 与波函数 $\psi(\boldsymbol{x},\ 0)$ 相同. 其意义就是我们有了一个满足*初始条件*［即在时刻 $t=0$ 的解应与一给定的（$\boldsymbol{x}$ 的）函数相一致］的求解克莱因-戈尔登方程的步骤.

§5.42　让我们考虑这种方式得出的克莱因-戈尔登方程的解的唯一性问题. 我们所根据的从给定函数 $\psi(\boldsymbol{x},\ 0)$ 构成函数 $A(\boldsymbol{p})$ 和 $\psi(\boldsymbol{x},\ t)$ 的步骤是导出满足方程（39b）的唯一函数 $\psi_1(\boldsymbol{x},\ t)$ 的确定步骤是正确的. 问题在于是否微分方程（39b）不会有在时刻 $t=0$ 也与 $\psi(\boldsymbol{x},\ 0)$ 一致的另外的解. 回答是会有的. 微分方程（39b）也被下列形式的波函数所满足

$$\psi'(\boldsymbol{x},t) = \exp(\mathrm{i}\boldsymbol{x}\cdot\boldsymbol{p} + \mathrm{i}\omega t),\ \omega = \sqrt{\boldsymbol{p}^2 + m^2}$$

与式（37a）的“正频率解”相对比，我们称这些解为“负频率解”.

我们根据物理上的理由把负频率解排除掉. 它们不代表正能量（正频率）的粒子，现在很清楚，对方程（39b）的每一个正频率解也存在相同动量 $\boldsymbol{p}$ 的负频率解，因此克莱因-戈尔登方程的解比我们所要的解多出一倍. 其理由是式（37b）对每个 $\boldsymbol{p}$ *有两个解* ω；一正一负. 只有正的解有物理意义：粒子的能量是一个正的量.

所以，克莱因-戈尔登方程（39b）并没有说明德布罗意波的所有真相. 我们必须加上条件：*应将所有负频率（负能量）的解排除在外*. 有了这一规定就可以证明方程（39b）的每个可能的解由它在 $t=0$ 时的值唯一地决定，这就回答了我们提出的问题. 我们在这里不证明此定理.

§5.43　从我们的讨论中形成的重要概念是，每一个物理上可接受的德布罗意波函数 ψ（$\boldsymbol{x}$，t）都可以用式（41a）的形式来表示. 其中 $A(\boldsymbol{p})$ 是通过等式（40a），由某一特定时刻（例如 $t=0$ 时刻）的波函数唯一地确定的. 从而每一物质波都可以看作平面物质波的叠加. 如果我们愿意，可以把此作为我们的基本假设，这样就降低了克莱因-戈尔登方程的重要性. 它仅仅是物理上可接受的波函数所满足的一个好的微分方程.

§5.44　在傅里叶积分式（39c）［或式（41a）］中适当选择动量空间振幅 $A(\boldsymbol{p})$，我们就能构成一些在给定时刻近似地局限在空间的某一区域的波包. 这样的波的性质是：只在空间某有限区域可以感觉到，而当 $|\boldsymbol{x}|$ 趋向无限时迅速减至零. 这种类型的波包描绘近似地限定在空间有限区域内的粒子. 显然所有实验中研究的粒子都必须由这样的波函数描述. 当然我们假定最可能在波函数大的那些空间区域内找到粒子（当我们用计数器寻找它时）. 这一点与我们对振幅的绝对值平方的量子力学解释是

相一致的：它与某事件发生的概率有关. 目前，我们只要假定"最可能在波函数大的地方发现粒子"就够了. 以后我们将讨论一个特殊类型的波函数，对这种波函数我们将叙述关于如何计算在一定的区域找到粒子的概率的精确规则.

我们可以断定，简单的平面波不能描述实际实验中的粒子. 对这样的波，其振幅的绝对值平方为不依赖于 $\boldsymbol{x}$（和 t）的常数，在任何单位体积的区域中找到粒子的概率都不依赖于区域的位置. 因为空间可由无数个这种区域构成，那么在任何特定的一个区域找到粒子的概率必定是零. 在任一有限区域内找到粒子的概率也是零，这就没有物理意义.

因此严格的单色平面波是不存在的. 然而有一种情况是存在的，即一种看似是平面波的波，它在任意广大的区域中的振幅为常数，而在此区域之外其振幅又趋向于零. 如果此区域包括了所研究的物理现象在其中发生的区域，我们就可以把这种波看作理想化的平面波. 在物理学中通常的习惯是讨论平面波，这也应当理解为，这些波近似地为平面波，即它在空间很大区域内看起来像一个平面波.

§5.45 克莱因-戈尔登方程（39b）为描写质量是 m 的粒子的（运动）状态的每一波函数所满足. 如果 $m=0$，我们就得到电磁理论中的电和磁二者的矢量场所满足的方程. 然而克莱因-戈尔登方程与麦克斯韦方程组不同，读者也许会被这一事实所迷惑. 麦克斯韦方程组是否可能表示比克莱因-戈尔登方程更多的东西？回答是肯定的. 麦克斯韦方程还描写光子的偏振. 给定光子的动量和能量尚不能充分描述光子的运动状态；我们还须给出它的偏振态. 对于每一个动量有两个线性独立的偏振态，例如左旋圆偏振态和右旋圆偏振态.

问题发生了：实物粒子也有不同的偏振态吗？答案是有些粒子有，有些粒子没有. 例如，π 介子和 α 粒子是不能偏振化的粒子. 而电子、质子和中子则是可以偏振化的粒子. 后一类粒子都有内禀角动量，即自旋，而不同的自旋取向对应于不同的偏振态. 另一方面，π 介子和 α 粒子没有自旋：在这些粒子的静止参考系中也没有什么可定义方向的属性. 它们是球对称的.

为描述自旋不为零的粒子的偏振态，除了变量 $\boldsymbol{x}$ 和 t 以外，我们还必须引进描述自旋的变量. 因此描述电子、质子和中子的完整状态的波动方程比克莱因-戈尔登方程（39b）更复杂，但波函数仍然还是满足克莱因-戈尔登方程. 可以说这一方程描述了时-空中不涉及自旋的粒子的行为. 我们不在这里讨论偏振的量子力学描述. 它与电磁波偏振的描述有些类似.

§5.46 在本章这一部分即将结束时，让我们对于采用 cgs（或 MKS）单位制的情况重述波动方程（39b）. 常量 $\hbar$ 和 c 很易复原，而有

$$\frac{1}{c^2}\frac{\partial^2}{\partial t^2}\psi(\boldsymbol{x},t)-\nabla^2\psi(\boldsymbol{x},t)=-\left(\frac{mc}{\hbar}\right)^2\psi(\boldsymbol{x},t) \tag{46a}$$

读者应通过量纲论证，使自己确信此方程是正确的. 注意每一项具有量纲

(波函数)/(长度)^2. 常量 $\hbar$ 和 c 的复原是唯一的.

六、提高课题：物理状态的矢量空间[㊀]

§5.47　我们简要地说明我们假设的对物质波成立的*叠加原理*.

令 $\mathscr{H}'$ 是所有波函数 ψ 的集合，这些波函数不恒等于零，并描述质量为 m 的粒子的可能物理状态. 在这个波函数集合中我们加上在空间各处所有时刻都恒等于零的波函数，并将合成的集合记为 $\mathscr{H}$. 这一集合具有下列性质：

(a) 如果 ψ_1 和 ψ_2 是集合 $\mathscr{H}$ 中的两个波函数，则它们的和 $(\psi_1+\psi_2)$ 也在 $\mathscr{H}$ 中.

(b) 如果 ψ 在 $\mathscr{H}$ 中，且 c 为任意复常数，则函数 $c\psi$ 也在 $\mathscr{H}$ 中.

波函数的叠加原理明确指出若 ψ_1 和 ψ_2 是两个物理上有意义的波函数，且 c_1 和 c_2 是任意两个复数，则函数

$$\psi = c_1\psi_1 + c_2\psi_2 \tag{47a}$$

也是物理上有意义的波函数，只要它不恒等于零.

§5.48　集合 $\mathscr{H}$ 的性质是称作*抽象复矢量空间*的抽象数学对象的特性. 让我们说明用于定义这一对象的公设.

线性复矢量空间 $\mathscr{H}$ 是一组称为矢量的元素的集合，其性质如下：

Ⅰ. 对 $\mathscr{H}$ 中的任意两个矢量 $\boldsymbol{\psi}_1$ 和 $\boldsymbol{\psi}_2$，$\mathscr{H}$ 中存在一个称为 $\boldsymbol{\psi}_1$ 和 $\boldsymbol{\psi}_2$ 的和的唯一矢量，记为 $\boldsymbol{\psi}=\boldsymbol{\psi}_1+\boldsymbol{\psi}_2$. 形成两矢量之和的运算满足下列条件：

(a) 对 $\mathscr{H}$ 中任意两个 $\boldsymbol{\psi}_1$ 和 $\boldsymbol{\psi}_2$，有 $\boldsymbol{\psi}_1+\boldsymbol{\psi}_2=\boldsymbol{\psi}_2+\boldsymbol{\psi}_1$.

(b) 对 $\mathscr{H}$ 中任意三个矢量 $\boldsymbol{\psi}_1$，$\boldsymbol{\psi}_2$，$\boldsymbol{\psi}_3$，有 $\boldsymbol{\psi}_1+(\boldsymbol{\psi}_2+\boldsymbol{\psi}_3)=(\boldsymbol{\psi}_1+\boldsymbol{\psi}_2)+\boldsymbol{\psi}_3$.

(c) 在 $\mathscr{H}$ 中存在一个唯一矢量 $\mathbf{0}$，称为零矢量，对 $\mathscr{H}$ 中每个 $\boldsymbol{\psi}$，有 $\boldsymbol{\psi}+\boldsymbol{0}=\boldsymbol{\psi}$.

Ⅱ. 给定 $\mathscr{H}$ 中的任一矢量 $\boldsymbol{\psi}$ 和任一复数 c，则在 $\mathscr{H}$ 中存在一个唯一的矢量，记为 $c\boldsymbol{\psi}$，称为矢量 $\boldsymbol{\psi}$ 和标量 c 的积. 矢量和标量（一个复数）的乘法运算满足下列条件：

(a) 对任一矢量 $\boldsymbol{\psi}$ 和任意两个标量 c_1 和 c_2，有 $(c_1c_2)\boldsymbol{\psi}=c_1(c_2\boldsymbol{\psi})$.

(b) 对任一矢量 $\boldsymbol{\psi}$ 和任意两个标量 c_1 和 c_2，有 $(c_1+c_2)\boldsymbol{\psi}=c_1\boldsymbol{\psi}+c_2\boldsymbol{\psi}$.

(c) 对任意两个矢量 $\boldsymbol{\psi}_1$ 和 $\boldsymbol{\psi}_2$，以及任一标量 c，有 $c(\boldsymbol{\psi}_1+\boldsymbol{\psi}_2)=c\boldsymbol{\psi}_1+c\boldsymbol{\psi}_2$.

(d) 对特殊的标量 1，有 $1\boldsymbol{\psi}=\boldsymbol{\psi}$.

这些是定义一个遍及复数场的抽象线性矢量空间的公设. “遍及复数场”一词的意思是与矢量所乘的标量是复数. 如果将标量限制为实数，我们就称为遍及实数场的线性矢量空间. 为简短起见我们只分别说“复矢量空间”和“实矢量空间”. 读者已遇到过实矢量空间的例子，即三维欧几里得“物理空间”.

㊀ 初读时可略去.

§5.49 公设Ⅰ(a)是加法的交换律；公设Ⅰ(b)是加法的结合律；公设Ⅰ(c)是关于零矢量的存在和唯一性. 公设Ⅱ(a)是标量乘积的结合律，公设Ⅱ(b)和Ⅱ(c)是标量乘积的分配律. 公设Ⅱ(d)指出一矢量乘以单位元素1还等于该矢量.

从这些公设我们可以证明许多几乎是自明的事实，例如，$\mathbf{0}\boldsymbol{\psi}=\mathbf{0}$，$(-1)\boldsymbol{\psi}+\boldsymbol{\psi}=\mathbf{0}$，$(-c)\boldsymbol{\psi}=-c\boldsymbol{\psi}$，等等.

我们在这里不准备列出所有琐碎的定理，因为作者相信读者的直觉不会使自己陷入困惑.

引入抽象复矢量空间概念的好处是什么？回答是：在我们数学理论的研究中一再遇到一些元素集合，这些集合除了可能具有的任何其他性质外，还具有满足抽象复矢量空间的所有公理的特性. 当我们遇到这样一个集合时，我们不必重新列出抽象复矢量空间的性质，而只要说这一集合是一复矢量空间，于是每一个知道矢量空间公理的人立刻会知道相当多的有关此集合的性质.

§5.50 我们现在可以指出所有物理上可以接受的波函数连同恒等于零的波函数一起的集合 $\mathscr{H}$ 是一复矢量空间. 这是一个具体的复矢量空间，因为其矢量实际上是空间和时间的"确实"复函数. 如果我们把第48节给出的公设和第47节中明确提到的所有波函数集合的性质进行比较，会注意到第48节中所列出的项目更多. 然而，抽象矢量空间的许多公设通常都能被具体波函数集合满足，因而不必明确说明这些琐碎的事.

狄拉克（Paul Adrien Maurice Dirac）1902年生于英格兰的布里斯托尔. 狄拉克一开始学习的是电机工程，但他后来又转向理论物理学. 1932年他被聘为剑桥大学的数学卢卡斯教授. 他荣获1933年的诺贝尔奖.

狄拉克对量子力学和量子电动力学的发展做出了许多重要贡献. 他著名的氢原子的相对论理论把他导向了反粒子理论，这一理论由于安德森的正电子发现而得到惊人的证实.

狄拉克在量子力学早期做了很多发展这个理论的代数方法. 他的思想在其著作《量子力学原理》第4版（牛津大学出版社，1958）中有所介绍.（照片承蒙 *Physics Today* 杂志惠允.）

§5.51 我们注意到在抽象复矢量空间的定义中没有提到矢量空间的维数：它可以是有限维的或者是无限维的. 让我们稍微详细地阐述这个问题.

在复矢量空间$\mathscr{H}$中的N个矢量$\boldsymbol{\psi}_1$，$\boldsymbol{\psi}_2$，⋯，$\boldsymbol{\psi}_N$的集合称为线性独立的，如果等式

$$\sum_{n=1}^{N} c_n \boldsymbol{\psi}_n = \mathbf{0} \tag{51a}$$

只当$c_1 = c_2 = \cdots = c_N = 0$时成立；否则它们就称为线性相关的.

如果在一复矢量空间中可能找到N个线性独立的矢量的集合，但不可能找到多于N个线性独立的矢量集合，则该复矢空间是N维的. 如果在矢量空间中对任一整数N都能找到N个线性独立矢量的集合，则该矢量空间是无限维的.

包括所有物理上有意义的德布罗意波函数在内的矢量空间$\mathscr{H}$显然是无限维的；因为有无限个数的线性独立波函数.

§5.52　我们曾研究过克莱因-戈尔登方程的解，但现在我们可断言，若我们考虑任一线性微分方程的解的总和，则其集合总是一（复）矢量空间，人们在量子力学中曾提出许多不同类型的线性微分方程以描述自然界中存在的粒子. 这些方程的所有物理上可接受的解的集合也总是能形成矢量空间.

我们可将此表述如下：为描述给定种类的粒子，人们可以引进一个复矢量空间，并把该粒子的每一种可能的（运动）状态与这一空间中的一个矢量相联系.

这是一个了不起的概念，它是量子力学数学理论的精髓. 初看之下好像不是如此；说一个粒子的（运动）状态用复矢量空间中的一个矢量来描述似乎只不过是以另一种方式重述波动方程的解所满足的叠加原理而已，而且也许是一个有问题的含义的重述. 但当我们进一步深入到量子物理学中去时，就会发现这一概念的巨大价值. 举例来说：通过注意到波函数形成矢量空间，许多实际的计算问题就真正得到大大的简化. 适合于矢量空间的计算技术在某种意义上具有代数的性质，这就导致我们从代数的角度去考虑微分方程的解. 结果发现在许多问题中代数方法比直接求解微分方程优越得多（从人类的计算经济学的观点来看），特别是在具有特殊对称性特征的问题中. 在本书中我们不能演示这种简化. 然而作者感到指出下列事实还是值得的：表面上抽象的矢量空间理论却导致求解实际问题的大大简化，这一简化的一个次要的方面是符号上的某种简化.（顺便指出，符号问题并不总是小问题. 坏的符号阻碍进展，而好的符号促进进展.）

§5.53　海森伯的矩阵力学是量子力学的特殊系统表述，其中强调了理论的矢量空间面貌. 而波动方程则起次要的作用. 起先，海森伯的理论好像与诸如薛定谔的波动力学那样的波动理论非常不同，但这两种不同类型的理论其实完全等价，并导致同样的物理预言. 它们有共同的抽象骨架，此骨架就是抽象的矢量空间理论. 因为我们不能假定读者在他的数学课程中已学过矩阵，因而在本书中我们不得不略去对海森伯理论的讨论. 此理论并不特别困难，但因为对读者来说有那么多别的东西要学，我们就不想用矩阵理论的介绍来填充讨论内容了.

海森伯（Werner Heisenberg）的第一篇关于该主题的论文发表于1925年㊀. 在这篇论文中并未明确提到矩阵理论，因为海森伯尚未认识到他的数学演算具有矩阵理论解释. 不久之后由玻恩（Max Born）和约旦（Pascual Jordan）在一篇重要的论文中阐明了与矩阵理论的联系㊁.

§5.54　读者应注意，历史上在薛定谔发明他的波动力学以前就已有人发明并发展了矩阵力学. 我们曾说过把一个线性微分方程的所有解的集合看成一个矢量空间是很自然的概念，从而导致考虑方程的代数学形式. 无疑，即使先发明的是薛定谔的波动力学，也很快就会有人发现作为波动理论的另一种表述的矩阵力学. 然而，这不是事情实际发生的过程. 事件的历史顺序对本书作者来说几乎是不可思议的，因而他把矩阵力学的发明视为物理学理论中最惊人的成就之一.

矩阵力学和波动力学在物理上等价㊂是薛定谔在1926年证明的.

海森伯（Werner karl Heisenberg）1901年生于德国的维尔茨堡. 海森伯到慕尼黑大学在索末菲的指导下学习，并于1923年获得博士学位. 在哥廷根大学度过了担任玻恩助教的丰富多彩的日子之后，海森伯到哥本哈根玻尔的研究所度过了三年时光. 后来他在莱比锡大学和柏林的马克斯・普朗克物理研究所获得职位. 从1946年开始，他担任在哥廷根的马克斯・普朗克物理研究所所长. 1932年他被授予诺贝尔奖.

在海森伯对理论物理学的许多重要贡献中，他的矩阵力学的发现作为最卓越的智力成就而尤显突出.（照片承蒙 *Physics Today* 杂志惠允.）

进一步学习的参考资料

1）关于这一章中讨论的主题的历史，我们再次向读者推荐第一章末介绍的图书（第3和第5项）.

㊀ W. Heisenberg, "Über quantentheoretische Umdeutung kinematischer und mechanischer Beziehungen", *Zeitschrift für physik* **33**, 879 (1925).

㊁ M. Born and P. Jordan, "Zur Quantenmechanik", *Zeitschrift für Physik* **34**, 858 (1925). 这些作者和海森伯在发表于 *Zeitschrift für Physik* **35**, 557 (1926) 上的 "Zur Quantenmechanik Ⅱ" 一文中进一步发展了量子力学原理.

㊂ E. Schrödinger, "Über das Verhältnis der Heisenberg-Born-Jordan schen Quantenmechanik zu der meinen", *Annalen der Physik* **79**, 734 (1926).

2）关于线性偏微分方程有大量的文献. 作者并不要求读者现在就深入学习这些理论，但他还是要介绍在物理学中有重要影响的一本专著，即 R. Courant and D. Hilbert：Methoden der mathematischen Physik，vols. Ⅰ and Ⅱ（Verlag von Julius Springer，Berlin，1931 and 1937.）这一著作已被译成英文，书名为：Methods of Mathematical Physics，vols. Ⅰ and Ⅱ（Interscience Publishers，Inc.，New York，1953 and 1962）.㊀

该书第Ⅱ卷论述偏微分方程. 第Ⅰ卷讨论物理学中有兴趣的多个主题，如傅里叶分析、矩阵和矢量空间的理论、变分的计算，以及在许多物理问题中出现的一些寻常的线性微分方程的理论.

人们后来发现“适用于系统表述”量子力学的数学的重要发展正好发生在量子力学被发现的时代. 哥廷根大学的希尔伯特（David Hilbert）在这些发展中起了关键的作用. 今天用来公式化描述量子力学的无限维空间就以他的名字命名为希尔伯特空间. 希尔伯特原来并不是为物理学的应用而发展他的线性空间理论的，但量子力学的发现自发地激起了应用物理学所提出问题的数学研究. 这是数学家和物理学家之间巨大相互影响的时代之一.

站在数学家的立场来讨论量子力学理论，在冯·诺伊曼的书中有所描述：J. von Neumann：Mathematische Grundlagen der Quantenmechanik.（Verlag von Julius Springer，Berlin，1932. Dover Publication，New York，1943 年重版.）英译本以下述书名出版：Mathematical Foundations of Quantum Mechanics（Princeton University Press，1955）.

3）矩阵力学在大多数关于量子力学的高级教科书中都有讨论. 其中有量子物理学的代数方法的讨论和使用的导论教科书，我们推荐 R. P. Feynman，R. B. Leighton and M. Sands：The Feynman Lectures on Physics，Vol. Ⅲ（Addison-Wesley Publishing Co.，Inc.，1965）㊁. 这是基础物理学（三册书）的最后一卷. 这些书中的表述是极其宏伟的，强烈建议读者浏览一下这几本书.

4）我们在这一卷中几乎没有谈到固体物理学，在关于这个题目的基础教材中我们推荐 C. Kittel：Introduction to Solid State Physics，3rd ed.（John Wiley and Sons，Inc.，New York，1966）㊂. 读者会在多种论题中找到关于晶体结构，衍射理论和

㊀ 译注. 中文译本分别为

［1］ R 柯朗，D 希尔伯特. 数学物理方法Ⅰ［M］. 钱敏，郭敦仁，译. 北京：科学出版社，2011.

［2］ R 柯朗，D 希尔伯特. 数学物理方法Ⅱ［M］. 熊振翔，杨应辰，译. 北京：科学出版社，2012.

㊁ 译注. 这本书最新的中译本：

费恩曼，莱顿，桑兹著. 费恩曼物理学讲义（新千年版）（第3卷）［M］. 潘笃武，李洪芳，译. 上海：上海科学技术出版社，2013.

㊂ 译注. 这本书有多种中译本，这里只列出一种：

C 基泰尔. 固体物理导论（原书第八版）［M］. 项金钟，吴兴惠，译. 北京：化学工业出版社，2005.

声子理论的讨论.

关于晶体，读者应当注意在 *Encyclopaedia Britannica*《大英百科全书》中关于这个主题的，题为“crystallography（晶体学）”的很长的论文.

5）读者可以在 Scientific American（《科学美国人》）杂志中找到下列文章：

a）K. K. Darrow：“The quantum theory”，March 1952，p. 47

b）K. K. Darrow：“Davisson and Germer”，May 1948，p. 50

c）E. Schrödinger：“What is matter?”，Sept. 1953，p. 52

d）P. and E. Morrison：“The neutron”，Oct. 1951，p. 44

e）G. Gamow：“The principle of uncertainty”，Jan. 1958，p. 51

习　　题

1　显微镜的分辨本领表示我们用显微镜看见所观察物体的细节的能力的极限. 我们可以用物体上能被清楚地看出是分离的两点之间的最短距离来表示分辨本领. 在光学显微镜中，最大可能的分辨率显然被用来照明的光的有限波长所限定：我们不能期望看见比这个波长小得多的物体的特征. 为克服光学显微镜的这一限制，人们制造出电子显微镜. 电子显微镜利用适当形状的电场和磁场以代替用玻璃制造的透镜. 让我们考虑一个典型的电子显微镜，其中用能量为 50 keV 的电子源照射. 试比较这样的电子显微镜和光学显微镜的最大可能分辨本领.

必须指出显微镜（不论光学的还是电子的）中实际上达到的分辨本领还依赖于器件的某些设计特性，而这与被显微镜所接收的来自物体的“光”所张角度的大小有关. 由于技术上的缘故这个角度在电子显微镜中比在光学显微镜中小得多，因而电子显微镜的实际分辨本领比最大理论分辨本领要小相当多. 尽管如此，电子显微镜的分辨本领仍比光学显微镜的分辨本领高得多.

2　考虑室温下的氦气，此气体是单原子的. 温度为 T 的气体中的氦原子的平均能量为 $E_{\text{kin}}=3kT/2$，由此表达式我们可以求得氦原子的平均速度（和动量）.

（a）计算氦原子的平均速度（用 cm/s 表示）.

（b）计算与此平均速度对应的德布罗意波长，用 cm 表示. 比较此波长和气体中原子间的平均距离. 我们假定压强是一个大气压，平均距离可由已知密度求得.

人们可能猜想若德布罗意波长大于平均间距，量子效应可能起作用，而当德布罗意波长远小于平均距离时，经典描述就是适当的. 在经典图像中，气体是弹子球的集合，不断地相互碰撞着，而在量子力学描述中，气体则是相互作用着的波的集合. 所以对实际气体做上述比较是十分有趣的.

（c）液氦的密度约 150 $\text{kg}\cdot\text{m}^{-3}$. 在大气压力下这种物质在可达到的最低温度下保持液态. 与（b）中的研究类似，试在 0.01 K 的极低温下比较德布罗意波长和平均间距.

3　试对铜块中的电子“气”的平均间距和德布罗意波长做出同样的比较．有些金属模型中电子被看作形成“气”，就像容器中的氦原子一样．假定在每个铜原子中有一个可以在晶格中自由运动的电子．于是原子间距即为电子间的平均间距．

4　考虑一个三维问题：一粒子倾斜地入射到区域 R_1 和 R_2 的分界平面上．我们假定粒子的势能在 R_1 区的大部分具有常数值 V_1，在 R_2 区的大部分具有常数值 V_2，紧靠分界平面附近除外，在该处势能迅速由 V_1 变到 V_2．所以在区域 R_1 和 R_2 中粒子不受力的作用，但在界面附近，在垂直于平面的方向上则受到强大的力．让我们假定粒子的总能量为 E，并且 $E > V_1$，$E > V_2$．则粒子在界面上被折射，而我们既想从经典观点又想从量子力学观点来研究这样的折射．

（a）在经典力学的基础上导出折射定律．在这一情况下，当粒子通过界面时其动量的垂直分量有所改变，但横向分量不变．若我们知道粒子在区域 R_1 的动量，能量原理给出粒子在区域 R_2 中的动量，这样我们就可导出折射定律．

（b）在波动力学的基础上导出折射定律，并证明你能得到与经典情况相同的结果．在量子力学中考虑此问题时，你得再次研究粒子的能量 E，动量 $\boldsymbol{p}$，频率 ω，和波矢 $\boldsymbol{k}$ 之间的联系．我们早先的讨论适用于区域中势能为零的情形，所以可能不适用于现在的情况．请你说明你对如何去创建这个理论的想法．要考虑的问题包括以下这些：在界面两边频率是否相同？在界面上波矢的切向分量是否必须连续？关系式 $\boldsymbol{p} = \hbar\boldsymbol{k}$ 是否总是对的？式 $E = \hbar\omega$ 呢？

这个特定问题的答案其实你是知道的：小题（a）中的经典讨论肯定会正确地得出折射定律．这有助于你探求很好的思想：你知道你的量子力学理论在这一情况下必然会得出已知的结果．

（c）根据经典动力学，在界面上粒子不会被反射，而只会折射．光入射到两种不同电介质的界面上既被反射又被折射．关于在量子力学粒子，即实在粒子的情形中情况应该如何，请说明你的见解．

5　我们来考虑刻划光栅的衍射，如图所示．这种光栅由一平面（由玻璃、金属或塑料制成）上大量非常精细的等间距的平行刻线所组成．为简单起见，我们将把这看作二维问题，当我们假定入射波传播方向在与刻线垂直的平面内时，此问题则可以当成二维的．这样，入射方向在图面内．

设入射波为频率（能量）是 ω，波矢（动量）是 $\boldsymbol{p}_{\mathrm{i}}$ 的平面波．找出衍射波的可能方向，并说明它们可以按如下方式表述．动量为 $\boldsymbol{p}_{\mathrm{i}}$ 的粒子与光栅碰撞．碰撞后它以动量 $\boldsymbol{p}_0$ 出射，碰撞中粒子的能量不变，但动量的一部分 $\boldsymbol{q} = \boldsymbol{p}_{\mathrm{i}} - \boldsymbol{p}_0$ 转移给了光栅．证明衍射波的可能方向由一简单规则来决定，即动量转移 $\boldsymbol{q}$ 沿光栅刻线的分量，也就是图中的垂直分量，必定是 $\dfrac{2\pi}{a}$ 的整数倍，其中 a 是刻线间的距离．动量转移的垂直分量是“量子化的”．

6　（a）我们来考虑可见光在上题所讨论的光栅上的衍射．设光栅常数 a 等于

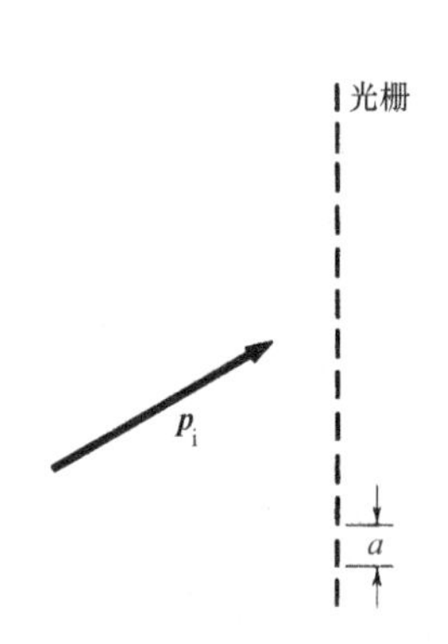

这两张图为习题5用图，上图示意地表示一衍射光栅．入射动量 $\boldsymbol{p}_i$ 由一矢量代表．两相邻光栅刻线间的距离为光栅常数 a．

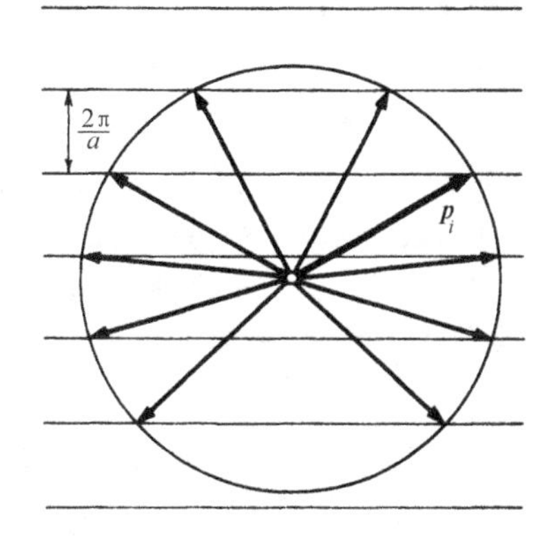

这张图表示怎样由简单的几何作图法寻找衍射光方向．末动量由一个圆（它与动量的恒定大小相对应）和一系列平行线（与转移给光栅的动量的垂直分量允许值对应）的交点决定．图中的矢量表示十个可能出现的末动量，入射动量也包括在内．

光波波长的两倍，并设入射角为45°．找出所有衍射光可能出射的角度，画一张图来表示．

（b）让我们变更一下装置，将光栅夹在一片冕牌玻璃（折射率1.51）板和一片火石玻璃（折射率1.74）板之间．两板都具有 5×10^{-3} m 的均匀厚度，且冕牌玻璃板朝向光入射的一方．波长、光栅常数和入射角同本题的第一部分一样．试找出衍射光从双层板出射的可能方向，并与本题的第一部分比较．

7　在一典型的戴维孙-革末实验中，能量为88 eV的电子垂直入射到一个金属晶体的表面，在该晶体中原子排列成边长 $a=2.9$ Å 的正方格点．试画一表示衍射光线同晶体表面平行且与晶体表面相距5 cm的平面的交点的图．此图必须以正确的比例绘制，并且必须画出所有的衍射光线．

8　从前曾经有一位物理学家用若干不同的金属做了上面所描述的实验．在关于结果的报告中他说："用金属 A 我观察到三度对称的衍射花样；用金属 B 得四度对称的；用金属 C 得五度对称的；而用金属 D 得六度对称的"．（当图形旋转角度 $2\pi/n$ 保持不变时，就称为 n 度对称的．）详细评价这一报告．

9　使从反应堆出来的中子通过（多晶）铍的柱体．选择此材料是因为它不显著地吸收中子．发现从另一头出射的中子是"冷"的，它们具有对应于50 K以下温度的动能．发现其动能对应于室温的"较热的"中子被铍强烈地散射并偏离入射束．你能给这些现象一个解释吗？

10　假定波函数 $\psi(\boldsymbol{x},\ t)$ 是克莱因-戈尔登方程（质量为 m）的一个正频率解．我们假设此波函数代表一个在空间集中在很小区域内的粒子（波包），并沿着

一个十分确定的方向运动. 考虑由

$$\psi_R(\boldsymbol{x},t)=\psi(-\boldsymbol{x},t)$$

定义的波函数 $\psi_R(\boldsymbol{x}, t)$.

（a）证明 $\psi_R(\boldsymbol{x}, t)$ 也是克莱因-戈尔登方程的正频率解.

（b）波函数 $\psi_R(\boldsymbol{x}, t)$ 则代表粒子运动的另一种状态. 由 $\psi_R(\boldsymbol{x}, t)$ 所描述的运动状态与由 $\psi(\boldsymbol{x}, t)$ 所描述的运动状态的关系如何，试从物理意义上叙述之.（可以作出一个合适又简单的陈述. 作为提示你可首先想一下在两种情况下的“平均”轨道.）

11　下一个问题与问题10类似，但它可能更难一些. 考虑由

$$\psi_T(\boldsymbol{x}, t)=\psi^*(\boldsymbol{x}, t)$$

定义的波函数 $\psi_T(\boldsymbol{x}, t)$，其中星号表示复共轭.

（a）证明 $\psi_T(\boldsymbol{x}, t)$ 也是克莱因-戈尔登方程的正频率解.

（b）由 $\psi_T(\boldsymbol{x}, t)$ 所描述的运动状态与由 $\psi(\boldsymbol{x}, t)$ 所描述的运动状态的关系如何，试从物理意义上叙述之.

第六章　不确定原理和测量理论

第六章　不确定原理和测量理论

一、海森伯不确定关系

§6.1　从前两章中我们已经学到了自然界中存在的粒子具有波动性. 以确定的动量 p 运动的粒子可以表现得像波，其波长为 $\lambda = h/p$. 这个波长和动量的关系式是普遍适用的，即对于所有的真实粒子都成立. 我们强调指出，不应当把波动性想象为以某种方式和经典粒子相联系的“引导波”. 一个真实的物理粒子是不可分割的单个实体，而其波动性和粒子性则是它的内在本性在不同方面的表现.

§6.2　我们已经学过，可以用复波函数 $\psi(\boldsymbol{x}, t)$ 来描述粒子的运动状态. 对于孤立的粒子，这个波函数满足克莱因-戈尔登方程，还服从一个附加条件，即波函数的傅里叶分解中只出现正的频率. 正如我们已经解释过的，给定 $t=0$ 时刻（或者另外某个时刻）的初始波函数 $\psi(\boldsymbol{x}, 0)$，就可能在这个条件下求解克莱因-戈尔登方程. 由于初始波函数是相当任意的，因此就可能有与粒子不同运动状态相对应的各种类型的波. 重要的是要懂得，量子力学的波不一定要像正弦波：正弦波只是非常特殊的情况. 克莱因-戈尔登方程决定了波函数对时间的依赖关系，但它对某一特定时刻波的“形状”并没有给以任何限制. 然而，它却限制了波在两个不同时刻的形状. 在 $t = t_1$ 时刻的波函数 $\psi(\boldsymbol{x}, t_1)$ 唯一地决定了所有其他时刻的波函数，从而唯一地决定了粒子的运动状态. 从这个意义上讲，量子力学是决定论的理论.

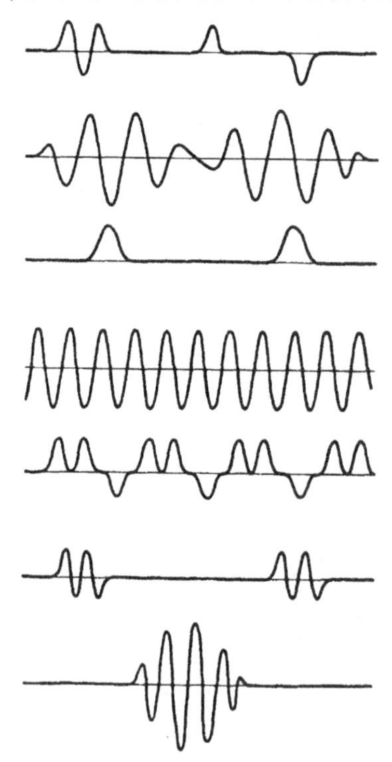

图2A　图示各种类型的波，是为了提醒读者，量子力学的波不必像正弦波（在给定的时刻）. 一个任意的波可以是位置的几乎任意的函数，它的形状不必像上面的波那样谐和. 我们在这里画出了（通常的）复波函数的实数部分.

§6.3　我们现在来讨论由初始波函数 ψ $(\boldsymbol{x}, 0)$ 描述的粒子运动状态，

对于粒子在 $t=0$ 时刻的位置和动量，我们可以说些什么呢？

我们曾经说过，必须用概率来解释波的振幅. 在空间中振幅大的区域内有较大可能找到粒子. 更精确地讲，如果我们用一个（小的）探测器在某点附近的区域内寻找一个粒子，那么在这一点上波振幅绝对值的平方就是探测到该粒子的概率的量度. 假如初始波函数是这样的，即除了一个非常小的区域外，其余地方的振幅都为零. 那么我们就可以说，（在 $t=0$ 时刻）粒子就在这个区域内，已准确地知道了它的位置. 另一方面，如果初始波函数散布得很开，在非常大的范围内它的振幅都近似地是常数；那么我们就不可能指出粒子的准确位置，在 $t=0$ 时刻的位置有很大的不确定性.

正如我们所看到的，通常不能指明粒子（在某一时刻）的准确位置这个概念是波动图像的自然结果. 知道位置的准确程度依赖于粒子的运动状态. 这并不排斥有一个波函数（一种运动状态），对于它我们能以极高的准确度得知粒子位置，也并没有理由排斥另一种波函数，对于它我们所知道的粒子位置的误差可达一光年以上.

§6.4　类似的考虑也适用于动量变量. 由于德布罗意方程式把动量和波长联系起来了，显而易见，除非能很好地确定波长，否则也就不能很好地确定动量. 要能够很好地确定波长，波函数就必须呈现某种周期性的图形. 一长列正弦波具有完全确定的波长，但是对于任意的不规则曲线来说，波长的整个概念就失去了严格的意义. 因此我们可以理解，确定动量的精密度取决于粒子的运动状态；它可能是十分确定的，也可能是很不确定的.

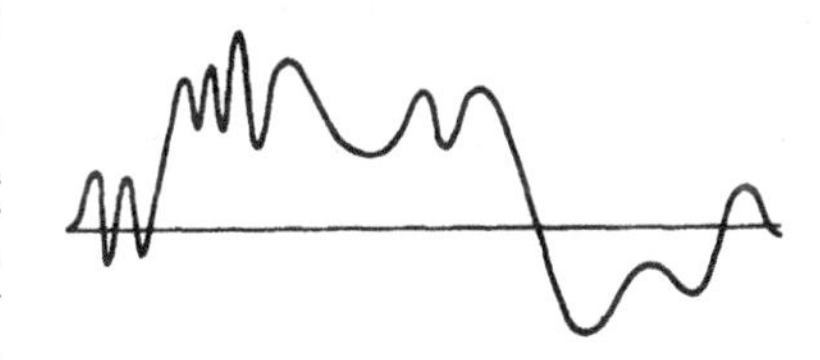

图 4A　波长概念对之没有多大意义的波列的一个例子. 对于这样的波，动量是很不确定的. 再看一看图 2A，除了中间的那一列波以外，其他所有波列的动量都是很不确定的.

海森伯看出，同时（即对于同一波函数）确定位置和动量，它们的准确度有一个原则上的限度，而分别确定动量或位置的精确度则是没有限制的. 1927 年，海森伯把这个思想表述为著名的*不确定关系*⊖. 我们现在用一些简单而直观的论证来得出这些关系.

§6.5　我们首先考虑一维空间中的德布罗意波. 为简单起见，我们采用 $\hbar=1$ 的单位. 这样，波长和动量的关系为 $\lambda=2\pi/p$，我们就可以不必去区分波矢和动量了.

我们用波的图像来进行论证，为此，我们在图 5ABCD 中画出了四种有限长度的特殊波列（图中的横坐标是 x 轴）. 这里读者应当注意，波函数 $\psi(\boldsymbol{x},0)$ 通常是复函数. 由于这一事实，当我们要用图表示它时就发生了问题. 不过，我们可以分别画出函数的实部和虚部. 读者可以把图 5ABCD 理解为只表示出 $\psi(\boldsymbol{x},0)$ 的实

⊖ W. Heiseuberg, “Über den anschaulichen Inhalt der quantentheoretis chen Kinematik und Mechanik”, *Zeitschrift für Physik* **43** 172 (1927).

部，或者只表示它的虚部.

这些图表示“被截断的正弦波”. 在波函数不为零的区域内，这些波就由正弦函数 $\sin(px)$ 描述. 可是，这种波不是真正纯正弦波，因为它的两端都被“截去”了. 由于这个原因，波长（以及动量）就不能精确地被确定，只对纯正弦波才能精确地确定波长和动量.

位置很不确定
动量十分确定
(A)

位置较为确定
动量不很确定
(B)

位置十分确定
动量很不确定
(C)

位置非常确定
动量很不确定
(D)

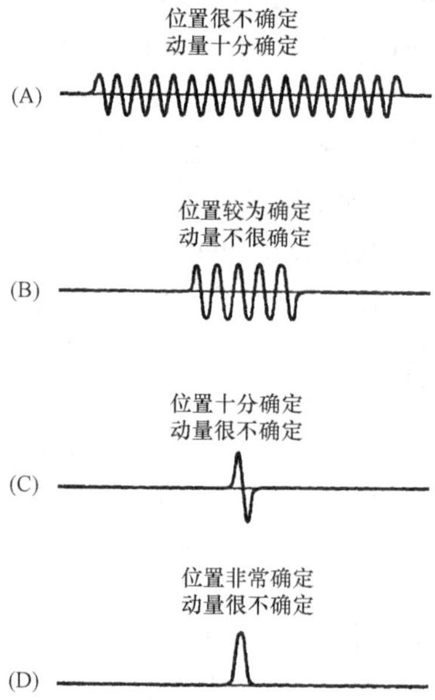

图 5　ABCD 举例说明我们对位置-动量不确定关系的讨论. 准确确定的位置要求波列短，准确确定的动量就要求许多充分展开的正弦式的循环. 这两个要求是互相矛盾的.

考察图 5ABCD，我们可以很清楚地看到，把位置确定得越准确，动量就越不准确. 令 Δx 表示位置 x 的不确定性，我们可以取波列的长度作为位置不确定性的粗略量度. 假定波列包含 n 个完整的波，我们有

$$\Delta x \sim n\lambda = \frac{2\pi n}{p} \qquad (5a)$$

其中 λ 是波长. 很显然，波列中完整的振动数目越多，就更能准确地定出波长. 我们取

$$\frac{1}{n} \sim \frac{\Delta\lambda}{\lambda} = \frac{\Delta p}{p} \qquad (5b)$$

作为波长的相对不确定度的粗略量度. 其中 Δp 是动量不确定度. （因为 $\lambda = 2\pi/p$，从而可得$\frac{\Delta\lambda}{\lambda} = \frac{\Delta p}{p}$.）

把式（5a）和式（5b）结合起来，我们就得到数量级关系式

$$\Delta x\Delta p \sim 1 \qquad (5c)$$

这里略去了因子 2π，因为我们关心的只是数量级的估计. 我们对 Δx 和 Δp 的定义并不严格，而只是定性的，因此我们得出的结果也只是定性的.

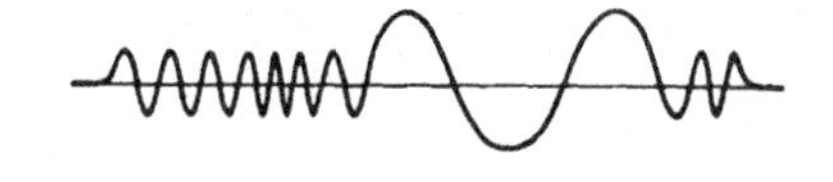

图 6A　上面波列位置的不确定和图 5A 中的波是相同的. 可是这里的动量也是十分不确定的，毫无疑问它比图 5A 中波的动量更不确定得多. 正确的不确定关系应该是一个不等式：可以想象出一些波列，其动量和位置的不确定度都是任意大的.

§6.6　关系式（5c）是图 5ABCD 中表示的几种特殊波的测不确定关系. 对于所有的波都普遍适用的不确定关系是一个不等式的形式. 为使读者信服这一点，我们在图 6A 中表示出另一种波. 显然，对于这样的波来说，位置的不确定性和图 5A 中的波大致相同. 然而图 6A 中波的动量（或波长）的不确定度一定远

远大于图5A中波的动量的不确定度. 因此, 位置-动量的不确定关系的正确形式应该如下

$$\Delta x\Delta p \geqslant 1 \tag{6a}$$

读者看到, 这就是我们在第一章中曾经十分简略地讨论过的不确定关系.

§6.7　下面我们考虑三维空间中的波. 首先我们注意到关于一维波的讨论可分别应用于每个坐标方向. 设 x_α 和 p_α ($\alpha=1, 2, 3$) 是粒子位置和动量的笛卡儿坐标. 我们有

$$\Delta x_\alpha \Delta p_\alpha \geqslant 1 \quad \alpha=1,2,3 \tag{7a}$$

在另一方面, 完全有可能存在这种情况: 波在 x_1 方向很好地局限在空间, 而波的动量则可以在第二个方向上十分准确地确定, 为了看到这一点, 读者可以想象一个波包, 它被限制在围绕 x_2-轴周围很小的区域内, 而沿着这个轴的方向却扩展到很大的范围. 于是可以准确地知道粒子 (波包) 的 x_1 坐标. 另一方面, 沿着 x_2 轴的方向可以是一个延展到很远距离的严格周期性的波. 这就意味着可以准确地确定动量 p_2. 因此, 确定粒子的 x_1 坐标的精确度不会对确定动量分量 p_2 的精确度产生任何的限制. 于是我们得到普遍的关系式

$$\Delta x_\alpha \Delta p_\beta \geqslant 0 \quad \text{对于 } \alpha \neq \beta \tag{7b}$$

不等式 (7a) 和不等式 (7b) 是三维空间中的波 (即粒子) 的不确定关系.

§6.8　为了进一步的理解, 我们再来考虑把任意的波的表示看成平面波的叠加

$$\psi(\boldsymbol{x},0) = \int_{(\infty)} \mathrm{d}^3(\boldsymbol{p}) A(\boldsymbol{p}) \exp(\mathrm{i}\boldsymbol{x}\cdot\boldsymbol{p}) \tag{8a}$$

其中

$$A(\boldsymbol{p}) = (2\pi)^{-3}\int_{(\infty)} \mathrm{d}^3(\boldsymbol{x}) \psi(\boldsymbol{x},0) \exp(-\mathrm{i}\boldsymbol{x}\cdot\boldsymbol{p}) \tag{8b}$$

在第五章第39~44节中我们曾讨论过这种表示. 正如我们在那里已经讲过的那样, 实际上由这两个方程式中任何一个式子都可推出另一个式子.

现在假定函数 $A(\boldsymbol{p})$ 在动量空间中是很好地局域化的. 这意味着 $A(\boldsymbol{p})$ 只在某一点 $\boldsymbol{p}=\boldsymbol{p}_0$ 邻近有大的数值而在其余的地方它的数值都是很小的, 为简单起见, 我们假设除了 $\boldsymbol{p}_0$ 附近非常小的范围之外 $A(\boldsymbol{p})$ 都等于零. 如果我们考察一下定义 $\psi(\boldsymbol{x}, 0)$ 的积分式, 我们从直观上预期, 在这种情况下波函数 $\psi(\boldsymbol{x}, 0)$ 在位置上就很不确定. 波函数 $\psi(\boldsymbol{x}, 0)$ 看起来大致像动量为 $\boldsymbol{p}_0$ 的平面波. 为了理解这一点, 读者可以考虑极端的情况: 将 $A(\boldsymbol{p})$ 不等于零的范围缩小为一点. (在接近这个极限时, 毫无疑问我们必须同时增大振幅 $A(\boldsymbol{p})$, 否则给出 $\psi(\boldsymbol{x}, 0)$ 的积分就要趋于零了.)

作者希望读者能够"看出来": 函数 $A(\boldsymbol{p})$ 愈集中, 波函数 $\psi(\boldsymbol{x}, 0)$ 弥散愈广, 方程式 (8a) 和方程式 (8b) 之间有着显著的对称性, 从而我们还可以断言: 函数

$\psi(\boldsymbol{x}, 0)$ 愈集中，函数 $A(\boldsymbol{p})$ 分布愈广．假定函数 $\psi(\boldsymbol{x}, 0)$ 非常集中，即只在 $\boldsymbol{x}_0$ 周围很小的一个区域内有很大的数值，其意义是粒子的位置十分确定．可是在这种情况下，动量就很不确定，因为在很大范围内的动量都对方程式（8a）有作用．

§6.9　可以用更加精确的形式来表达这些概念．我们可以把函数 $A(\boldsymbol{p})$ 的集中程度和 $\psi(\boldsymbol{x}, 0)$ 的集中程度联系起来．其结果是*不确定关系*：确定位置的精密度和确定动量的精密度成反比．因为我们已经答应读者，在这本书中不应用傅里叶积分理论，所以我们就不给出不确定关系的严格推导[⊖]．对我们说来，重要的是要定性地懂得不确定关系是怎样出现的．正如我们已经看到的那样，这个概念是极其简单的．如果要非常准确地定出粒子的位置，波列就必须非常之短．但是这个条件和准确定出动量的条件是互相矛盾的，若要准确定出动量，在包含许多完整周期的范围内，波列必须类似于正弦波．如果我们接受粒子的波动描述，我们只能断言：不能以不受限制的精确度同时知道粒子的位置和动量．

请读者回忆一下第一章第 20 ~ 26 节关于不确定关系的物理意义的简单讨论；现在应该完全清楚了，这些关系并不是单纯描述我们的测量仪器是如何不幸和不可避免地“干扰”了经典粒子有秩序的经典运动的．相反，它们是说明了一个限度．不能把经典概念外推到超过这一限度．谈论量子力学粒子（波包）在同一时刻的*精确位置和精确动量*是没有丝毫意义的．

§6.10　必须满足什么样的条件我们才可以把电子看作经典粒子，或者说看作“带电的弹子球”，呢？这些条件和使几何光学有效的条件是类似的．粒子所通过的仪器的线度一定要比波长大，否则我们就会看到波动所特有的衍射效应．令 d 表示仪器的某个线度，d 可以是透镜的直径或者是狭缝的宽度．令 λ 表示粒子的德布罗意波长．假如要求经典的粒子描述足够准确，就必须使 $d \gg \lambda$．因为 $\lambda = 2\pi/p$，我们可以把这一判据写成下面的形式

$$dp \gg 1 \tag{10a}$$

在 cgs 单位制中，这个判据为 $dp \gg \hbar$．这和我们在第一章第 20 ~ 26 节中讨论的是同一个判据．

§6.11　为了说明不确定关系的含义，我们研究一下特定情况下指定给一个电子的经典轨道可以达到什么样的精密度．图 11ABCD 举例说明了这种情况．电子束从左方入射到左边的那个屏上．每一个电子都可以用平面波来描述．屏上有一个宽度为 d 的狭缝．我们希望这样选择 d 的大小：使得电子束通过狭缝后打在右边的那个屏上所产生的斑痕尽可能地狭窄．两个屏之间的距离是 L．

我们假定电子都具有相同的入射动量 p．假定电子通过左边屏上的狭缝以后，横向的位置不确定度是 d．于是下式给出横向动量的不确定度

⊖ 关于这些关系式的标准推导，读者可参看：L. I. Schiff，*Quantum Mechanics*（McGraw-Hill Book Company，New York，1968）3rd edition，p. 60.

$$\Delta p \sim \frac{1}{d} \qquad (11a)$$

如果我们假设 Δp 比 p 小很多，我们可以把式（11a）重新用角度 θ 的不确定度 $\Delta\theta$ 表示. θ 是出射电子相对于原来的入射方向之间的角度. 我们有

$$\Delta\theta \sim \frac{\Delta p}{p} \sim \frac{1}{pd} \qquad (11b)$$

用 Δx 作为右边的屏上斑痕大小的量度. Δx 的大小由下面两个因素决定：左边屏上开口的大小和由于在狭缝上衍射引起的波的弥散程度（见图 11A）. 从而我们可以写出

$$\Delta x \sim d + L\Delta\theta \sim d + \frac{L}{pd} \qquad (11c)$$

因为波长 λ 满足：$\lambda = 2\pi/p$，所以我们可以把式（11c）重新写成下面的形式

$$\Delta x \sim d + \frac{\lambda L}{d} \qquad (11d)$$

在最后一项中，省略了因子 2π. 我们这里只关心数量级的估计. 由于略去因子 2π 后最后的结果将更为简洁，所以我们把它略去了.

可以看出，如果把 d 取得太小，式（11d）中的第二项就会由于衍射效应而变得很大，而如果缝宽 d 大，第一项就大. 算出 d 的最佳值 d_0，以使按式（11d）估计的 Δx 具有最小值 $\Delta x_{\min}$，这是一个简单的微积分问题. 于是我们得到

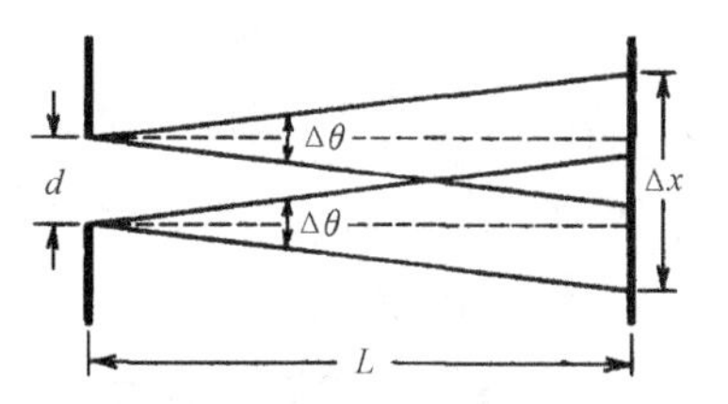

图 11A　我们利用左边屏上的狭缝来限制从左方射来的宽电子束以得到窄电子束. 电子束通过狭缝时产生衍射，电子离开狭缝后偏转角的不确定度 $\Delta\theta$ 反比于狭缝的宽度 d. 右边屏上斑痕宽度由 $\Delta x \sim d + L\Delta\theta$ 给出.

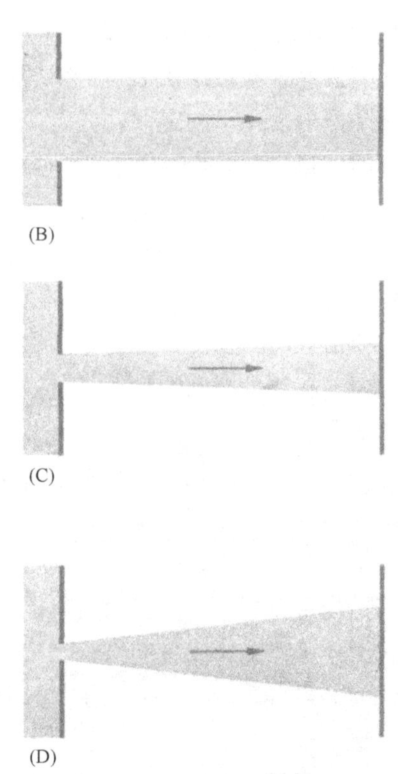

图 11　BCD 这三张十分简略的图说明电子束的宽度如何取决于出射狭缝的宽度.（注意这三个图中电子的波长比图 11A 中的波长短.）在图 11B 中，由于出射缝很宽，右边屏上的斑痕很粗大. 如果我们把缝的宽度做得很小，像图 11D 中那样，由于衍射效应，右边屏上的斑痕也很宽. 选择 $d \sim \sqrt{\lambda L}$，我们可以得到最细的斑痕. 在这个情况下，斑痕的大小和缝宽同数量级. 图 11C 意在表示出这种最佳选择.

$$d_0 = \sqrt{\lambda L},\ \Delta x_{\min} = 2d_0 = 2\sqrt{\lambda L} \tag{11e}$$

在这个最佳情况中，右边屏上斑痕的宽度等于左边屏上狭缝宽度的两倍.（对于这个因子 2，不必过分从字面上来看，不要忘记我们现在只是做数量级的估算，并且已令 $2\pi \sim 1$.）假定 $L = 1\text{m}$，并设电子能量为 150 eV. 电子的波长就等于 1 Å，而式（11e）的估算告诉我们，右边屏上的斑痕原则上可以窄到 0.02 mm. 因此从宏观的观点来看两个屏之间电子的“径迹”是很窄的，而且是十分确定的.

§6.12　详细地研究在什么样的条件下物理体系服从经典物理学的定律这是一个很有意义的，并且非同小可的问题. 有些人把必须做的事叙述如下：先用量子力学的方法来解问题，然后令 $\hbar = 0$，从而得到经典极限. 这个概念是不正确的. 我们不能假设 $\hbar = 0$，因为我们知道，$\hbar$（适当选取的单位制中）实际上等于一. 真正的问题是要说明，服从量子力学定律的体系（所有的物理体系都是如此），怎样会表现为服从经典物理学的定律，或者说以相当的精确度服从这些经典定律. 在研究这个问题的时候，像我们在以前所举的例子中那样，选取使 $\hbar = 1$ 的单位是一个很好的想法. 因为这样就可以迫使我们面对真正的问题.

怎样达到经典极限这个问题有几个方面，不可能用一句话就给出详尽的说明. 如果我们把“经典极限”理解为经典的质点动力学，一个条件是仪器装置必须不易观察到衍射效应. 在上一节里我们已经讨论过这一点了. 假定一个波包要保持局域化，并且具有十分明确的轨道，可以把这个轨道说成是粒子的轨道，那么决定轨道的狭缝的线度必须比德布罗意波长大得多. 可是经典动力学并不是唯一的“经典极限”. 找出在什么条件下经典电磁理论有效也是很有意义的. 在这个情况下，经典极限的条件并不是不能观察到衍射效应，恰巧相反，却是要求这里的许多单个光子不能把自己表现为粒子.

我们不准备更进一步去讨论经典极限的问题. 目前我们对这个问题有浅显的定性了解就已经足够了. 读者应当自己去思考这些问题. 正如我们的讨论所表明的，我们所说的“经典极限”的意义取决于所研究的体系，这是要领会的要点.

§6.13　作为涉及不确定关系的讨论的进一步例证，我们试着在这个关系的基础上估计氢原子的结合能，就像我们在第二章第 26 节中答应要做的那样. 在这个讨论中我们要用 MKS 单位制. 在这个单位制中不确定关系，即式（6a）具有下面的形式

$$\Delta x \Delta p \geqslant \hbar \tag{13a}$$

为了进行估计，我们假定电子在质子静电场中的总能量的经典表达式为

$$E = \frac{p^2}{2m} - \frac{1}{4\pi\epsilon_0}\frac{e^2}{r} \tag{13b}$$

在量子力学中仍然是有意义的．不过这里的变量 p 是指电子波的动量，而变量 r 是波的某种“位置坐标”．

E 的表达式中的第一项显然是正的，而第二项却是负的．基态能量是体系的最低可能能量，我们知道它必定是负数，否则就不会结合．在经典物理学中，我们可以要束缚能有多大就有多大，这只要给电子选择一个半径非常小的轨道就行了．对于这样的运动状态，位置的不确定度很小．如果我们也试图根据量子力学精神来处理问题．从不确定关系，我们可以断定动量的不确定度必定很大，意思就是 $p^2/2m$ 必定很大．换言之，如果我们试图把 r 取得很小，使势能变得很大（负的），那么动能也很大．如果动能项“占优势”，就会使总能量很大．另一方面，假如我们减小 p 使动能项变小，r 就必须增大，于是负的势能数值变小．我们可以想象会有某些最佳的轨道半径，使总能量具有最小的数值．

§6.14 为了说明动能和势能之间的这种“平衡”怎样导致结合，我们做一个粗略近似：用 r 代替位置的不确定度，用 p 代替动量的不确定度，我们把不确定关系重新写成下面的形式

$$rp \sim \hbar \tag{14a}$$

或者，为明确起见，我们假定

$$rp = \hbar \tag{14b}$$

我们现在应用关系式（14b），从总能量的表达式（13b）中消去 r，便得到

$$E = \frac{p^2}{2m} - \frac{1}{4\pi\epsilon_0}\frac{e^2 p}{\hbar} \tag{14c}$$

能量 E 作为 p 的函数在 $p = p_0$ 处有一个极小值．令 E 对于 p 的微商等于零以求出 p_0，即

$$\left(\frac{\partial E}{\partial p}\right)_{p=p_0} = \frac{p_0}{m} - \frac{1}{4\pi\epsilon_0}\frac{e^2}{\hbar} = 0 \tag{14d}$$

解出 p_0，并定义 $r_0 = \hbar/p_0$．于是我们得到

$$p_0 = \frac{e^2 m}{4\pi\epsilon_0 \hbar}, \quad r_0 = \frac{4\pi\epsilon_0 \hbar^2}{e^2 m} \tag{14e}$$

以及

$$E = \frac{p_0^2}{2m} - \frac{e^2 p_0}{4\pi\epsilon_0 \hbar} = -\frac{e^4 m}{32\pi^2\epsilon_0^2\hbar^2} = -R_\infty \tag{14f}$$

把这些结果和第二章第 23 节所得到的结果进行比较，我们发现方程（14f）所给出的能量 E 完全正确．方程式（14e）给出的“半径” r_0 也是“正确的”，它就是玻尔半径 $r_0 = a_0 = 0.53\times10^{-10}$ m.

§6.15 我们通过粗略的推论求出了正确的束缚能，这确实是个“意外”．然而，我们是不是得到了精确的能量数值并不是重要的问题．重要的是我们得出了束缚能和原子大小正确的数量级，特别是我们能够在波动理论的基础上理解原子为什

么不会崩溃. 原子结构是两个条件折衷的结果. 基态能量是原子能够存在所具有的最低可能能量，这个能量包括符号相反的两项之和. 如果我们通过把电子限制在原子核周围极小的空间以增大负的一项，即势能项，那么由于波具有很大的动量而使动能增大. 另一方面，我们不能使波过分弥散，否则势能项就要失去意义. 基态就相当于可能的“最佳”折衷方案. 图 15A 和图 15B 示意地说明了这些考虑.

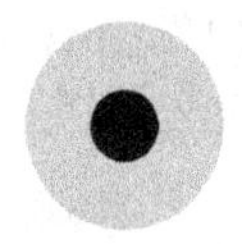

图 15A　如果把电子限制在原子核周围很小的空间内，电子位置的不确定度很小. 但是动量的不确定度就一定很大. 这就意味着它的动能也必须很大. 它的势能当然是负的，数值上也很大.

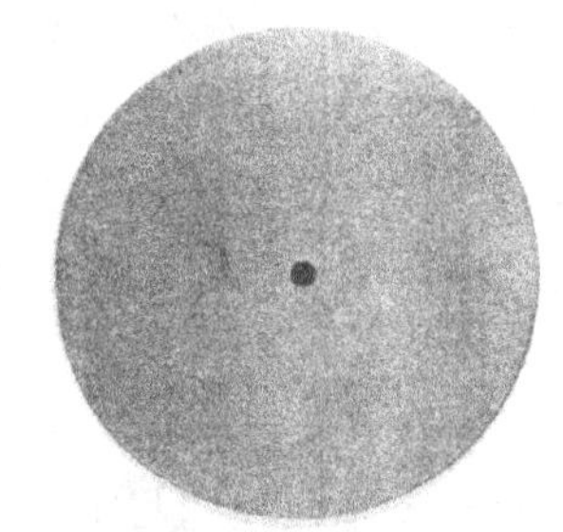

图 15B　如果希望动能非常小，我们必须给电子足够的空间. 电子位置的不确定度必定很大，那么电子离开原子核的平均距离就很大，势能的数值就很小.

基态是这两个条件折衷的结果，它的总能量是和不确定关系一致的最小的可能数值.

我们的讨论也表明，原子中经典轨道的概念和波动图像是根本不相容的. 在上一节里我们发现，氢原子中电子位置的不确定度和玻尔半径 a_0 同数量级. 这个估计显然可以应用于各个方向的位置坐标. 在这种情况下，讨论半径为 a_0 的圆周轨道是毫无意义的.

§6.16　下面我们应用不确定关系来对核力强度做粗略估计. 我们考虑原子核里面一个被限制在半径大约为 $r_0 = 1.2 \times 10^{-15}$ m 的球内的核子. 不确定关系告诉我们，动量的数量级至少为 $p \sim \hbar / r_0$，从而核子动能的数量级一定是

$$E_{\mathrm{kln}} \sim \frac{1}{2M_p}\left(\frac{\hbar}{r_0}\right)^2 \sim 10 \text{ MeV} \tag{16a}$$

因为核子被束缚在原子核里面，平均势能（用 $<U>$ 表示）必定是负数，它的数值应该比动能更大，我们可以断言

$$-<U> \geqslant 10 \text{ MeV} \tag{16b}$$

这个估计是十分粗略的，但它的确给出了所涉及的数量级的概念.

§6.17　我们注意到，可以用类似的论证来驳斥原子核是由质子和电子所组成的观点. 如果看看方程式（16a），我们会注意到动能反比于粒子的质量. 从而可以得出结论，电子的平均势能比式（16b）估算出的数值大了约 2 000 倍. 这与电子的相互作用主要是电磁性质的实验证据完全不符.

§6.18　我们可以提出和位置-动量不确定关系完全相类似的时间-频率不确定关系。令 $f(t)$ 为某一物理过程的（复数）振幅，例如，$f(t)$ 可以是空间某一固定位置上电磁波的振幅，这个振幅是时间 t 的函数. 如果这个波是由原子发射出来

的，那么它将是一个有限长度的波列．在时间 t 趋向于 $+\infty$ 或 $-\infty$ 时，这个振幅趋向于零．可以将这样的波看作一些单色波的叠加，我们可以用傅里叶积分来表示波分解成它的单色分量

$$f(t)=\int_{-\infty}^{+\infty}g(\omega)\mathrm{e}^{-\mathrm{i}\omega t}\mathrm{d}\omega \tag{18a}$$

其中函数 $g(\omega)$ 由下式给出

$$g(\omega)=(2\pi)^{-1}\int_{-\infty}^{+\infty}f(t)\mathrm{e}^{\mathrm{i}\omega t}\mathrm{d}t \tag{18b}$$

正如我们在第五章中所讨论过的那样；对于许多种“合理”的函数 $f(t)$ 或 $g(\omega)$，这两个积分中的任何一个都暗含另一个积分，这是一个定理．根据这个定理对于任意一个依赖于时间的过程我们都可以用它的简谐分量来分析该过程．

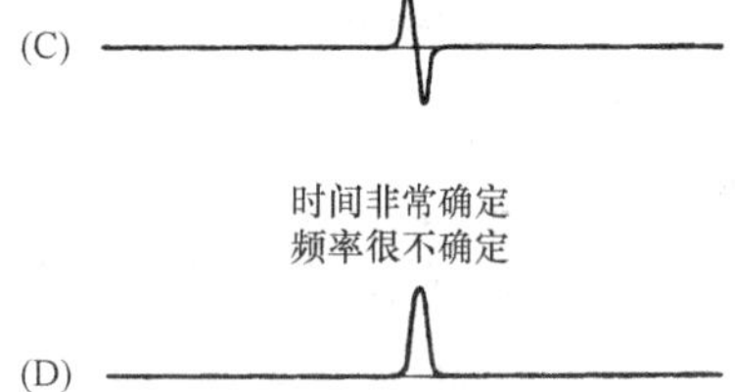

图 18ABCD　时间-频率不确定关系的图解．除了标题不同以外，这些图和图 5ABCD 是一样的．

假如式（18a）中的函数 $g(\omega)$ 只在紧邻着 $\omega=\omega_0$ 的附近具有大的数值，那么我们可以说频率是十分确定的：振幅 $f(t)$ 表示的是一个近乎单色的过程．在一段长的时间间隔内，振幅 $f(t)$ 的近似形式是 $f(t)=A\mathrm{e}^{-\mathrm{i}\omega t}$．在另一方面，假如振幅 $f(t)$ 只在 $t=t_0$ 附近某个小的时间间隔内有大的数值，这相当于 $f(t)$ 表示一个很尖锐的脉冲，这种情况下频率就很不确定．式（18b）给出的函数 $g(\omega)$ 将在相当大的频率范围内具有相当可观的数值．不能都以任意高的精密度来确定与该过程相关的频率和这一过程发生的时间．频率的不确定度 $\Delta\omega$ 和过程进行时间的不确定度 Δt 服从测不确定关系：

$$\Delta\omega\Delta t\geqslant 1 \tag{18c}$$

很明显，得出这一不确定关系的推理和得出位置-动量不确定关系的推理是完全相似的．我们把我们的概念表示在图 18ABCD 中．

§6.19　读者会想起我们在第三章第 20～23 节中讨论过激发态平均寿命 τ 和相应的能级的有限宽度 ΔE 之间的关系．我们断言：能级宽度反比于平均寿命．我们现在从时间-频率不确定关系的角度来讨论这个关系．

假定体系通过发射一个光子从激发态衰变到基态．设激发态的能级宽度为 ΔE，那么光子频率的不确定度就是 $\Delta\omega=\Delta E/\hbar$．发射过程的持续时间约为平均寿命 τ 的量级．所以发射时间的不确定度约为 τ，鉴于式（18c），我们可以写下

$$\tau\Delta\omega\sim 1 \text{或} \tau\Delta E\sim\hbar \tag{19a}$$

我们宁可写成一个近似的等式而不写成一个不等式．这里我们处理的是一个指

数式衰减的简谐振荡，如图19A所示. 这一过程的振幅显然和图18A中所画的振幅比较近似. 图19A中不确定度乘积比图19B中所画振动的不确定度乘积具有更小的数值. 图19B中，无论时间或频率都是很不确定的.

关系式（19a）似乎就是我们在第三章第20～23节中用不同的论证方法导出的关系式. 如果读者对这件事比较深入地思考一下，就会注意到这两种推导的基本思想并没有很大的差别. 可以把第三章的论证的特点说成是"伪傅里叶分析".

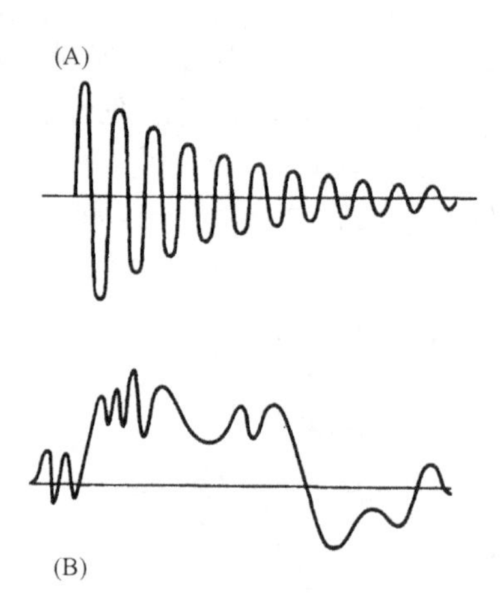

图19AB　图19A表示指数式衰减的简谐振荡. 很容易看出，这个过程的频率比之于图19B中的曲线所描绘的"不规则的"过程来说，更为确定. 对于上面的曲线，可以合理地把普遍的不确定关系不等式当作是一个近似的等式.

二、测量和统计系综

§6.20　在这章的其余部分里我们将讨论物理学中的测量过程. 我们要通过运用现在已有的知识分析一些简单的物理情况来做这件事. 我们的目的是寻求量子力学的思想模式而不是去试图建立某种完整的测量理论. 物理测量具有极其丰富多样的性质，简短的讨论是不可能反映出这种多样性的. 当我们想要理解某一理论的含义时，当然要去考察能够最清楚地显示我们感兴趣的特殊方面的高度理想化的实验情况. 我们暂时不考虑在真实世界中会遇到的所有实验技术上的困难，所以我们关于测量的理论讨论远不是实验室中实际发生过程的忠实报道.

§6.21　把测量过程分成两个阶段来考虑常常是方便的：被研究的系统的制备阶段，接着是实际测量阶段. 这无疑是简略的描述，因为制备阶段和测量阶段之间往往没有明显的界线，测量过程的某些部分也可以看作是制备过程的一部分，反之亦然.

研究散射实验的时候，分两个阶段来分析是特别合适的. 我们考虑粒子束中的粒子和靶中的粒子之间的相互作用. 制备阶段包括靶的安置和在加速器中产生粒子束. 测量阶段涉及观察从发生相互作用的区域内出射的粒子. 用光线做的实验就属于这一类. 制备光子是在光源中进行的，光源可以是配备有透镜系统、偏振器、棱镜、狭缝等的某种"灯". 测量是在某个观察区域内进行，观察区域在物理上是和光源分开的；测量仪器可以是光电倍增管加上其他光学元件.

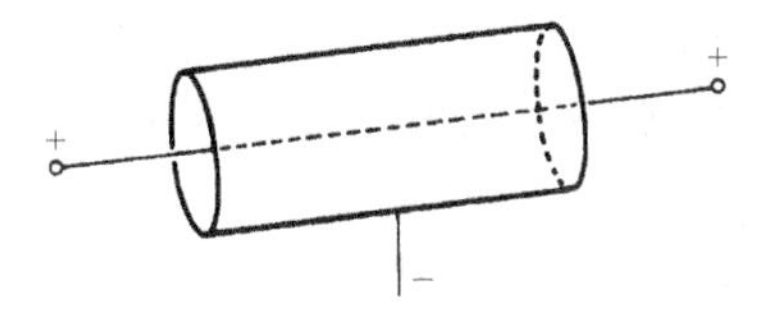

盖革-穆勒计数器的非常粗略的示意图．该器件由封闭在外壳内的两个电极构成，壳内填充适当的气体．图中正电极是一根细金属线，负电极是以该金属线为中心轴的圆柱体．两电极间保持约 1 000 V 的电势差．穿过电极之间的空间的高速带电粒子一路上使气体分子电离．如此产生的电子和离子向电极加速，只要电势差足够大，就会出现二次电离，以致引起电子雪崩．可以将产生的脉冲电流放大并记录下来．这样计数器就能计数单个带电粒子．当然，必须把这个装置调整到使每一个脉冲之后放电就会“熄灭”．这可以通过两种方法达到：或者用电子学方法利用辅助线路在每一脉冲之后瞬时地降低电压，或者采用一种填充气体来使放电自动熄灭．采用后一种方法的管子叫作自猝灭管．

§6.22　微观物理学中测量的特点是对以同样方式制备的体系进行重复多次测量．其结果的表述具有典型的统计特色：我们说在 N 个入射光子中平均有 N' 个光子被特定的光电倍增管记录下来．单次实验或单次测量只涉及一个光子，但是我们最终的报告涉及大量相同的单次实验的统计平均．

显然，两次单独的实验原则上并不是全同的，因为它们是在两个不同时刻进行的．但是，我们认为自然定律对于时间位移是不变的，所以什么时候进行实验是无关紧要的．由于这个原因，只要在每一基元实验中都以同样方式制备体系，在这个意义上，就可以将一系列重复的单个实验看作是一组全同的实验．

§6.23　一个射束包含许许多多粒子，但如果射束强度足够低，每个独立的散

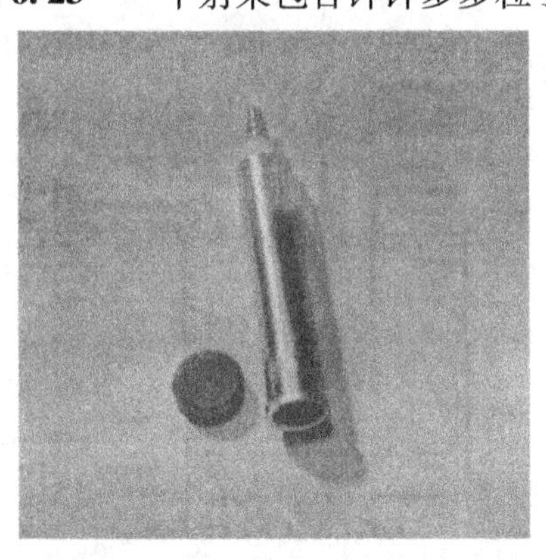

两种盖革-穆勒计数器产品．重要的设计考虑是要使被计数粒子进入到计数管起作用的空间中．为此目的，图上的计数器配有一片很薄的云母窗．左图的计数器是自猝灭计数器，它适用于计数 α 粒子，β 粒子和 γ 粒子的计数．计数器长约 12.7 cm，直径约 1.90 cm．在管的下端可以看到云母窗．对于高速 β 粒子的探测效率约为 85%．右图所示的计数管设计成具有尽可能大的进入窗（直径约 4.44 cm）．金属外壳是一个电极，通过云母窗可以看到另一电极．（照片承蒙纽约布鲁克林区 ENO 公司惠允．）

射事件就只涉及射束中的一个粒子．在实物粒子的散射实验中，以及在大多数光子束实验中，通常总能实现这种情况．我们可以说这种射束是*单粒子束*．用射束来做实验是把单个基元实验重复多次（一次只包括一个粒子）的实际方法．

散射实验中所用的靶可以是固体材料的薄片或箔，也可以是充满气体或液体的容器．如果射束强度相当高，很可能在靶上同时发生两次或多次相互作用，但是把射束描述成单个粒子束并不会失效．因为在靶上两个（或几个）同时发生的事件是彼此完全独立的．它们相当于两个独立的*基元实验*．只不过它们正巧同时发生而已．

原则上我们可以用强度非常低的射束来做实验，譬如说每分钟一个粒子，那么我们可以肯定一次只有一个粒子和整个靶相互作用．既然把射束实验当作一连串的单个粒子实验在概念上更简单，下面我们就假设，所用的射束强度如此低，以至于一次只能有一个粒子通过．在实际工作中，我们不去有意限制射束的强度，恰巧相反，通常总是试图用我们可能达到的最强的射束来做实验．

§6.24　为了说明我们的思想，考虑用一束光所做的实验．我们分析单个实验，即从光源发出的一个光子到来时发生的一系列事件．假设检测系统是装有光子计数器（例如光电倍增管）的某种光学器件．光子到达后我们发现某些计数器发出“咔嗒”声，而另一些计数器却没有出声．我们在实验记录本中记下发出“咔嗒”声的计数器．我们设想所有探测器在下一个光子到来之前都回到原始状态．当下一个光子真的到来时，又有一些计数器发声．这些计数器不一定都是上一次测量时发出“咔嗒”声的那几个．我们再把这些事实记录下来，重新调整好探测器，等待下一个光子．就这样继续下去直到重复基

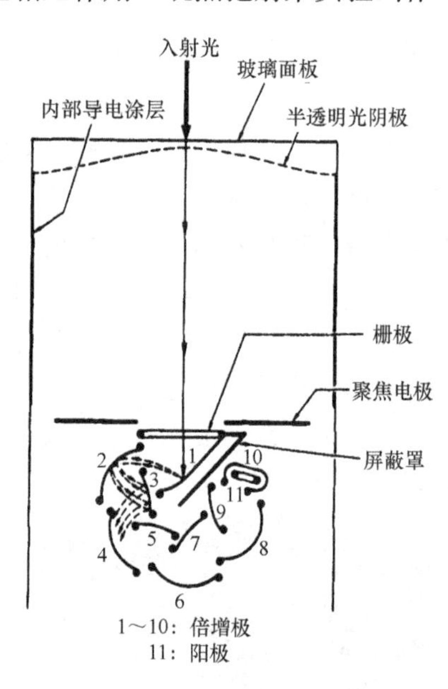

图24A　光电倍增管被广泛地用作光子探测器．图中简略地画出了这种管子的结构．光子通过管子的玻璃面板进入管内，使面板里面一层非常薄的碱金属膜放出光电子．电子被加速并会聚到第一个倍增极（图上用数字1标明），每个打到第一个倍增极上的电子产生好几个二次电子，这些二次电子被加速并会聚于第二倍增极，在那里又产生了更多的电子．二次电子又被加速并会聚于下一个倍增极．这样继续下去．对于探测到的每一个光子都引起一次电子雪崩到达阳极，阳极和外部放大器相耦合．由此可见，这种器件实际上是一个在同一玻璃壳内带有放大器的光电管．电流放大倍数很容易达到10^8的数量级．

元实验很多次，譬如说共有 N 个光子从光源到达.

对于这个体系的一次测量包括对所有计数器的观察，所记录的基本数据是某个计数器是否“咔嗒”发声，经过一系列的 N 次单个测量，我们可以说：

（a）对于每一个入射光子计数器 1 “咔嗒”发声的平均次数为 p_1. 这一平均值在实验上定义为

$$p_1 = \frac{N_1}{N} \tag{24a}$$

其中 N_1 是计数器 1 在连续 N 次单个实验中“咔嗒”发声的次数.

（b）单个实验中对于每一入射光子，计数器 1 和 2 都“咔嗒”发声这一事件发生的平均次数为 p_{12}. 这一平均值实验上定义为

$$p_{12} = \frac{N_{12}}{N} \tag{24b}$$

其中 N_{12}是一连串基元实验中计数器 1 和 2 都“咔嗒”发声的次数.

（c）计数器 2 每“咔嗒”发生一次计数器 1 也“咔嗒”发声的平均次数 $p(1:2)$. 这一数字定义为

$$p(1:2) = \frac{N_{12}}{N_2} \tag{24c}$$

其中 N_2 是计数器 2 “咔嗒”发声的次数，N_{12}是两个计数器 1 和 2 都“咔嗒”发声的次数.

§6.25　如果用上面的方式来表达所得结果，那么我们只表达了直接观察到的东西：上述数字是我们的原始数据. 然而，我们可以进行抽象，并把测量结果汇总如下：

（a）在我们的实验装置中计数器 1 “咔嗒”发声的概率是 p_1.

（b）（在单个实验中）计数器 1 和计数器 2 二者同时“咔嗒”发声的概率是 p_{12}.

图 24B　一种光电倍增管产品. 在管子中部可以看到倍增极，它的排列大体上像图 24A 中一样. 光敏阴极在管子上端的里面，这一种管子是配合闪烁计数器使用的. 它的特点是量子效率非常高（见图 24C）.（照片承蒙纽约市哈里森美国无线电公司惠允.）

(c) 已知计数器2“咔嗒”发声，计数器1也“咔嗒”发声的概率为p (1:2).

如果用这种方式来表达我们的结果，显然我们做了一个假设，这个假设是：如果我们把实验无限制地进行下去，数字N_1/N，N_{12}/N和N_{12}/N_2都会趋于确定的极限．这些假设的极限就是我们要去测定的．我们用概率p_1，p_{12}和p (1:2) 来表示这些极限．遗憾的是，在任何实际的一系列实验中N毕竟是有限的，因此极限的存在的假设，以及只要选择的N足够大，就能以任意的准确度和任何所要求的确信程度来确定这个极限的假设，都不过是一厢情愿．这种愿望的性质引起了许多哲学上的争论．我们应当把大自然具有这种类型的规律作为一个经验事实．

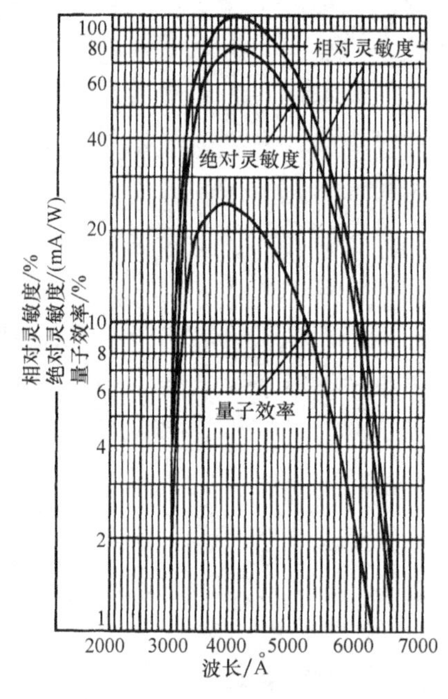

图24C　图24B中光电倍增管的探测效率图．注意标有“量子效率”的曲线．它描述探测光子的概率作为波长的函数．概率的最大值约为25%．对于光电管来说这是十分高的效率．曲线取自制造者描述管子的手册．(该图承蒙纽约哈里森美国无线电公司惠允.)

因此可以用概率来表述一系列N个单个实验的结果．数字p_1，p_{12}和p (1:2) 就是其中的一些特例．数字p_1是单纯计数器1“咔嗒”作声这一事件的概率，p_{12}是两个事件同时发生的概率，p (1:2) 是每发生一个事件而另一事件也发生的条件概率．我们可以考虑同样性质的许多其他概率，譬如说计数器2和计数器3“咔嗒”出声，计数器1也“咔嗒”作声而别的计数器却不发声的概率，等等．

§6.26　可以把我们的测量描述为在光源中以同样方式制备的大量光子所做的一系列实验．不过，我们稍微考虑一下“以同样方式”制备一批光子的意思是什么．假设在光源中有两盏相互无关的灯，譬如说一盏发射黄色光子的钠灯，和一盏发射蓝色光子的汞灯．在某一特定的实验中的光子可以是黄色也可以是蓝色．这个颜色就是我们可以在实验中确定的标志光子特征的变量．假设我们对一长串的光子做这个实验．我们就可以报告，在任一特定实验中光子是蓝色的概率是p_1，光子是黄色的概率是p_2．我们假定两盏灯的强度保持稳定，因而这些概率是可以重复的．如果我们进行几轮多次重复的实验，每一轮实验我们总能得到同样的概率p_1和p_2．

是不是我们想说，在这种情况下，在光源中所有的光子都是以“同样的方式”制备的呢？很难立即就看出来这是否是适当的表达方式．人们可以争论说，我们对于两盏灯的安排就在制备过程中引起了偶然因素，而只要我们在每一次只有一盏灯开着的情况下进行观察就很容易避免这种偶然因素．或许我们不应当说光子都是以同样的方式制备的，除非可使我们确信光子在某种意义上在最高的可能程度上是全同的．

这一情况的困难在于，对于每一种实验我们就都要确定是否都是“以最高可能程度同样地制备”粒子．显然这并不是一个无足轻重的问题．而且，从 p_1、p_2 以及描写探测器响应的任何其他概率都是稳定的和可重复的，在这个意义上说，两盏灯的实验和一盏灯的实验一样可靠．当然，这是确定计数率和概率的任何实验中必不可少的条件．而且除非光源正是在这个意义上稳定的，否则第 25 节的讨论就是不恰当和无意义的．

所以比较实际的想法是，如果可能保持光源稳定到这种地步以致所有的概率都是稳定和可重复的，那么就可以认为光子都是以相同的方式制备的．这就是我们下面所取的立场．

§6.27　在某种意义上，两盏灯的实验比一盏灯的实验更为现实．理想上我们宁可只开着黄灯做这个实验，但是在实验室中，“大自然”总是使蓝灯也开着（虽然它的强度可能很弱）．我们讨论两个例子来说明我们这里想的是什么．

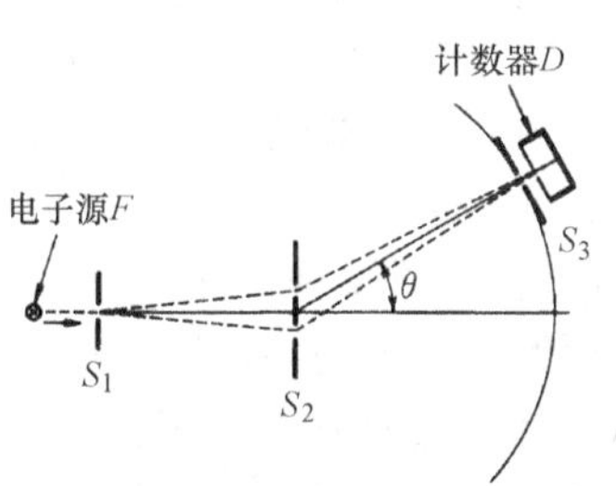

图 27A　说明第 27 ~ 30 节讨论的电子双缝衍射实验图解．当计数器和入射缝 S_3 沿着圆弧运动时，可以观察到计数率作为角度 θ 的函数．如果 S_2 上两个狭缝的距离比波长大得多，且电子源发出单一能量的电子，则计数率作为 θ 的函数是变化极快的．除非由计数器-狭缝装置所决定的角分辨率十分高，否则就观察不到衍射图样．如果电子不是单一能量的，例如当电子源是一个简单的灯丝时，就属于这种情形，属于不同能量的图样彼此重叠，衍射极大可能被弄得模糊不清以致不能再看出．

图 27A 表示一个半真实的电子衍射实验．这个实验的目的是观察由 S_2 屏上的两个狭缝所产生的衍射图样．电子从灯丝 F 发射出来，向着上面有一个狭缝的屏 S_1 加速．设通过狭缝的电子动量为 p．我们借助于放在距离第二个屏 S_2 的中心很远处的计数器 D 来观察双缝衍射图样．这一计数器可以沿图 27A 所示的圆弧运动．为简单起见，我们假定从计数器到双缝的距离是如此之大，因而可以认为连接计数器入射缝和 S_2 上两个狭缝的射线是互相平行的．（图 27A 所示的并不是这样，因为如果我们正确地画图就很难分辨出屏 S_2 上的两个狭缝．但是，这两条线平行与否并不影响讨论的实质．）

令 S_2 上两个狭缝间的距离是 $2a$，D 探测到的辐射强度角分布 $I(\theta,\ p)$ 可以写成如我们在第四章第 40 节中所见到的形式

$$I(\theta,p)=4I_0(\theta)\cos^2(ap\sin\theta) \tag{27a}$$

其中 $I_0(\theta)$ 是我们用单缝所观察到的角分布[⊖].

§6.28　为了强调强度的角分布是 p 的函数，我们把强度写成 $I(\theta,\ p)$. 我们假设 S_2 上的两个狭缝的宽度是相等的并且比入射电子的波长小得多. 因此在我们讨论的动量 p 的范围内，强度 $I_0(\theta)$. 不依赖于 p. 在另一方面，我们假定狭缝间的距离 $2a$ 比波长大得多. 为明确起见，假设对于射束的平均动量 p_0，有 $ap_0=\pi\times 10^5$. 于是对于这一平均动量我们得出角分布为

$$I(\theta,p_0)=4I_0(\theta)\cos^2[(\pi\times 10^5)\sin\theta]=2I_0(\theta)\{1+\cos[(2\pi\times 10^5)\sin\theta]\} \tag{28a}$$

如果我们现在研究强度表示式，并注意到它作为角度 θ 的函数是变化极快的. 则两个相邻极大值间的距离可表示为 $\delta\approx 10^{-5}/\cos\theta$.

所以如果我们想要清晰地看到衍射图样，就必须使探测装置的角分辨率非常好. 从 S_2 的中心观察，探测器 D 的入射狭缝所张开的角度必须比 δ 小得多，即远小于 10^{-5}. 我们假定情况正是如此. 如果情况不是这样，即如果角分辨率比 10^{-5}差很多，那么式（28a）最右边第二项的平均值实际上为零. 我们观察到的将是两倍于单缝衍射的强度.

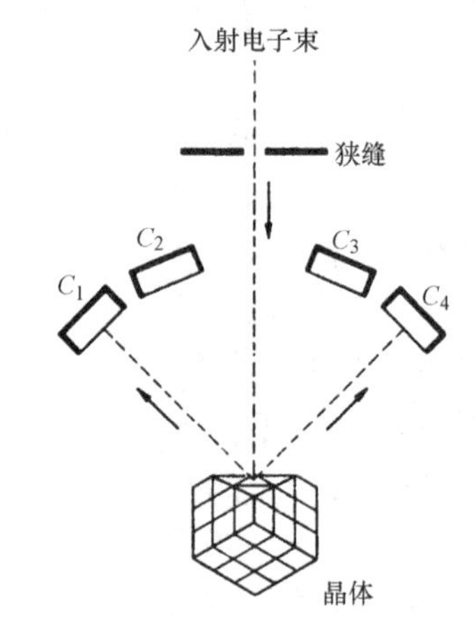

图 29A　说明 29 小节中的讨论的简图，图中表示观察电子从晶体表面向各个方向衍射的装置. 由于入射波被晶体“分裂”是不是我们用计数器 C_1 会发现只有半个电子?

§6.29　现在假设探测器的角分辨率非常好. 因而可以清楚地看到所有电子都具有动量 p_0 的电子束的双缝衍射图样. 不过，这样的射束是不现实的. 电子并非都以相同的能量从灯丝 F 发射出来，所以从狭缝 S_1 出射的电子并不都具有相同的动量. 这是由于灯丝中电子热运动的缘故. 我们以前曾经说过，无规热运动是“纯粹量子力学交响乐中的噪声”. 我们现在来看噪声是怎样妨碍我们欣赏音乐的.

在现实的实验中，出射电子的动量 p 具有有限的弥散度. 为简单起见，假设具有在区间（p_0-q，p_0+q）内的每一个动量的可能性是相等的. 数量 q 表示动量的弥散度. 为确定起见，我们假设 $q=10^{-2}p_0$：即动量可确定到 1% 的准确度.

如果我们用这样的射束来观察衍射图样，显然不会观察到分布 $I_0(\theta,\ p_0)$ 而只能观察到 $I(\theta,\ p)$ 在射线的动量分布范围内的平均值. 我们用 $\bar{I}(\theta)$ 来表示这一

⊖　在这里的讨论中，我们所用的单位是令 $\hbar=c=1$.

平均强度，它由下式给出

$$\begin{aligned}\bar{I}(\theta) &= \left(\frac{1}{2q}\right)\int_{p_0-q}^{p_0+q} I(\theta,p)\,\mathrm{d}p \\ &= 2I_0(\theta)\left[1+\frac{\cos(2ap_0\sin\theta)\sin(2aq\sin\theta)}{2aq\sin\theta}\right]\end{aligned} \tag{29a}$$

注意，如果我们令式（29a）中的 q 趋于零，我们又回到式（28a）.

按照我们的特殊假设，$ap_0=\pi\times10^5$ 以及 $q=10^{-2}p_0$，由式（29a）我们可以得到

$$|\bar{I}(\theta)-2I_0(\theta)|\leqslant 2I_0(\theta)\left|\frac{\sin[(2\pi\times10^3)\sin\theta]}{(2\pi\times10^3)\sin\theta}\right| \tag{29b}$$

在正前方，即 $\theta=0$ 的方向上，由式（29a）我们可以看到 $\bar{I}(\theta)=4I_0(\theta)$. 在这个特殊方向上，我们总是得到相长干涉而与动量 p 无关. 然而，假设我们偏离正前方来进行观察，譬如说满足条件 $|\sin\theta|>(2\pi)^{-1}\times10^{-1}\approx0.016$ 的 θ 方向上，不等式（29b）告诉我们

$$|\bar{I}(\theta)-2I_0(\theta)|<10^{-2}\times2I_0(\theta) \tag{29c}$$

在这些角度上很难观察到双缝衍射. 因为这时强度分布和单缝衍射的图样吻合到 1% 以内.

§6.30　应用我们在第四章第 41 节中讨论过的光子的经典弹子理论，我们可以预料双缝实验的强度 $I^*(\theta)$ 由下式给出

$$I^*(\theta)=2I_0(\theta) \tag{30a}$$

按照这种模型，不存在干涉现象，正如我们已经说过，这个预言是错误的，它与实验不符. 然而，如果我们把它和式（29c）中所包含的预言相比较，我们注意到式（30a）有时似乎是正确的. 如果量子力学干涉效应由于某种原因被“冲洗掉”，那么到最后我们就得到了经典预言的观察结果.

我们的讨论是对“向经典极限过渡”的一个方面的十分有意思的说明. 假设所考虑的实验中电子能量为 10 eV. 狭缝宽度 $2a$ 大约为 4×10^{-5} m，我们可以把它看作宏观量. 尽管如此，量子力学干涉效应肯定存在，但是为了观察到干涉效应，我们做实验时必须非常好地控制电子源使得动量的弥散度 q 保持很小的数值. 不然的话，量子力学的音乐将消失在噪声之中.

§6.31　作为干涉效应消失的另一个例子，我们考虑用迈克耳孙干涉仪观察干涉条纹的实验，图 31A 是这个实验的示意图. 从钠灯发出的光被一半涂银的镜子“分裂”. 实验要点是观察从反射镜 1 和 2 反射回来的两束光线之间的干涉. 我们把干涉仪的两条“臂” L_1 和 L_2 画成不一样长，于是两束光线的路程差就是 $d=2(L_2-L_1)$. 问题来了：是不是对于任意大的 d 都可以观察到干涉条纹？

问题的答案是：原则上是的，但实际上却不是. 光波波长的精密度给可以观察到干涉条纹的光程差规定了一个限度. 实际上波长总不可能有理想的精密度.

假定从光源发出频率为 ω 的光子. 从反射镜 2 反射回来的那一部分光子就要比从反射镜 1 反射的那一部分相位落后一个数量 $\delta(\omega)$：

$$\delta(\omega)=\omega d=2\pi\left(\frac{d}{\lambda}\right) \tag{31a}$$

其中 λ 是波长. 下面考虑两个不同的频率 ω' 和 ω''. 对这两个频率的光，位相落后是不同的，其差数由下式给出

$$\delta(\omega')-\delta(\omega'')=(\omega'-\omega'')d \tag{31b}$$

如果这个差的数值十分小，即 $|\delta(\omega')-\delta(\omega'')|\ll\pi$，那么，这两个频率的干涉条纹在很好的精确度下是相同的. 在另一方面，假定这个差值等于 π，即 $|\delta(\omega')-\delta(\omega'')|=\pi$，频率 ω' 的波相长干涉的位置就相当于频率 ω'' 的波的相消干涉的位置，反之亦然. 两个频率的干涉条纹体系互补，假如把它们以同样的强度互相叠加，就不能观察到干涉条纹. 这就提出了干涉条纹可见度的判据：假如要容易观察到干涉条纹，光源发出的光线的频率展宽 $\Delta\omega$ 必须满足下述条件：

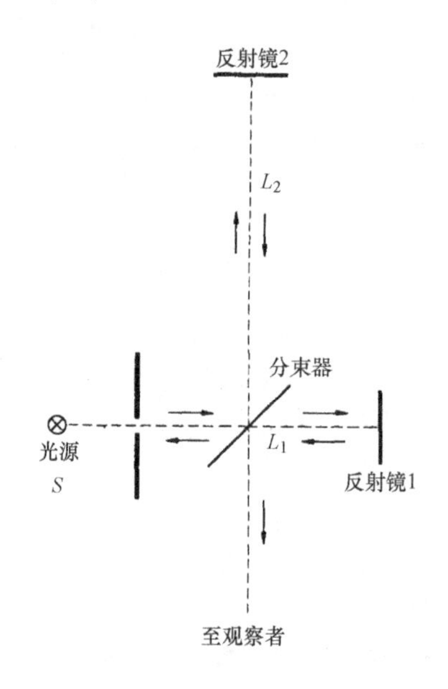

图 31A　不等臂的迈克耳孙干涉仪的示意图. （从反射镜到分束器的距离 L_1 和 L_2，如图所示.）可以观察到干涉的最大光程差 $2(L_2-L_1)$ 取决于近乎单色的光源的光谱线宽度.

$$d\Delta\omega\leqslant\pi \tag{31c}$$

对于一定的光源，即对于一定的 $\Delta\omega$，判据（31c）给我们指出了所要求的 d 的上限。

§6.32　对于一个频率为 ω 的近乎单色的光源，$\Delta\omega$ 是发射光的谱线宽度. 我们在第三章中已经介绍过，好几种物理效应都会增大谱线宽度. 光源中原子运动所产生的多普勒效应就是其中之一. 光源是许多相同的“灯”的集合体，但在实验室参考系中这些灯所发射的频率并不都是相同的，因为这些“灯”在光源中以随机的方式运动着.

让我们来讨论由于多普勒增宽所引起的对 d 的限制. 看清楚干涉条纹的条件是

$$d<\frac{\pi}{\Delta\omega}=\left(\frac{\omega}{\Delta\omega}\right)\left(\frac{\lambda}{2}\right) \tag{32a}$$

在第三章第 44 节中，我们导出了部分多普勒增宽的表示式，即

$$\left(\frac{\Delta\omega}{\omega}\right)_D \sim (0.52\times10^{-5})\sqrt{\frac{1}{A}\left(\frac{T}{293\text{K}}\right)} \tag{32b}$$

其中 T 是光源的有效温度，A 是发光原子的分子量，我们假定这些原子处于气体状态. 把式（32a）和式（32b）结合起来我们得到

$$d\leqslant\lambda\sqrt{\frac{A}{(T/293\text{K})}}\times10^5 \tag{32c}$$

设 $T=293$ K（室温），$\lambda=5000$ Å（可见光），$A=100$，从而我们得到 $d\leqslant 0.5$m. 这个估计和观察结果符合. 对于像气体放电管（激光除外）一类的“普通”光源，可以看到干涉条纹的最大路程差约为 1m 的量级.

§6.33　我们考虑的两个例子说明大自然总是力图“使两盏灯都开亮”. 我们周围环境中的热噪声背景给测量之前体系的制备引进了某些无规性.

我们的装置的技术上的不完善也在制备过程中引进了无规性. 例如，假定我们想产生具有十分严格确定的动量的高能电子束. 要得到这样的射束，我们必须能够非常精确地控制所有的加速电势，使射束聚焦的装置也必须近乎完美. 并且，我们还必须维持很高的真空，因为射束中的电子和真空系统中残留的气体分子相碰撞会改变它们的运动方向并损失能量. 世界上没有什么东西是完美无缺的，显然实际上在制备阶段中我们不可能做到完全的控制. 因而看一看理论上怎样描写“不完美的”制备过程是有意义的.

§6.34　假设我们有一套制备体系的装置，在一系列重复测量中能够做到“体系总是以同样的方式制备”. 正如我们以前已经商定的，所谓同样的方式的意思是多次测量的概率和平均值都稳定并能够重复. 设想我们已经测量了所有可能的物理变量的平均值. 我们说这些平均值的全体决定了*体系的统计系综*，我们还说在单次测量中所遇到的所制备体系的任何特例都是*系综的元素*.

无论“完美的”或“不完美的”特殊制备方法都提供了一种特殊的统计系综. 从数学观点来看，抽象的统计系综等效于物理变量的概率与平均值的集合. 当我们要考虑从物理上具体实现这个抽象概念时，我们可以把系综看作包括很大量的制备出的体系（元素）的集合. 这样我们可以把一束光描述为光子的统计系综，而其系综元素就是这些单个光子.

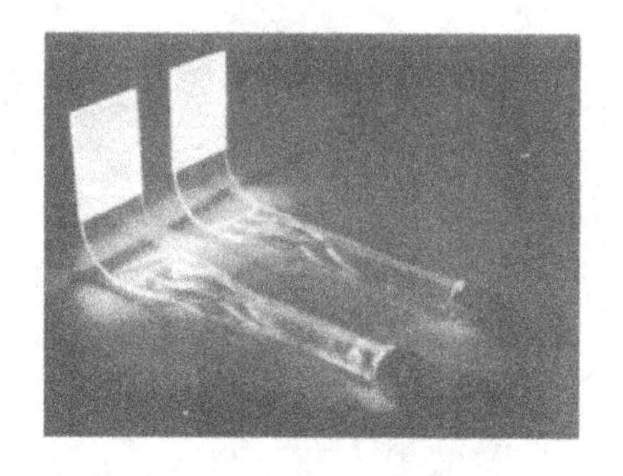

一对闪烁计数器. 当带电粒子撞击左边垂直的白色板时，材料发出闪烁光. 这些闪烁光通过一种丙烯树脂光导管“输送”到右边的光电倍增管. 在使用的时候计数器和导光管严严实实地裹在铝箔里面以防止杂散光.（承蒙伯克利的劳伦斯辐射实验室惠允.）

统计系综概念的另一重要应用是把容器中的一定量气体描述为分

子的统计系综．假如我们研究气体中各个分子的平均行为，这个描述是合适的．譬如说每当我们测量一个分子速度时，我们就是对系综的一个元素进行一次实验，多次速度测量得到平均速度，这就是描述该系综特征的平均值中的一个．在这一情况下，在容器中保存气体的各种条件就规定了该体系的制备程序．假如温度和压力保持恒定，平均速度也恒定不变．我们就可以说，分子都是以同样的方法制备的，因为它们都遵从宏观上全同的外部条件．当然这并不是说对两个个别的分子的两次特定的测量会得到同样的速度．从我们的观点来看，在某一时刻单个分子的速度是一个随机变量，我们所得到的数值表现为一个统计分布．

§6.35　考虑统计系综．作为我们手头有的一个具体例子，可以设想从我们技术上所能达到的最好的稳定和不变条件下运行着的加速器射出的电子束．我们重复地测量某一物理变量，譬如说，沿着射束方向的动量 p．我们以

$$\mathrm{Av}(p;\rho)$$

表示在长长的一系列测量中动量数值的平均值，其中字母 ρ 标志这一特定的统计系综，即特定的射束．我们把 $\mathrm{Av}(p;\rho)$ 这个量称为 p 的*系综平均值*．以 $\mathrm{Av}(p^2;\rho)$ 表示动量数值*平方*的平均值：这是动量平方的系综平均值．一般来说，$\mathrm{Av}(p^2;\rho)$ 与 $[\mathrm{Av}(p;\rho)]^2$ 不同．我们来研究这一个问题．p_1，p_2，…，p_N 表示各次测量得到的动量数值．上述两个平均值定义为

$$\mathrm{Av}(p;\rho)=\frac{1}{N}\sum_k p_k,\mathrm{Av}(p^2;\rho)=\frac{1}{N}\sum_k p_k^2 \tag{35a}$$

我们可以写下恒等式

$$\mathrm{Av}(p^2;\rho)-[\mathrm{Av}(p;\rho)]^2=\frac{1}{N}\sum_k[p_k-\mathrm{Av}(p;\rho)]^2 \tag{35b}$$

读者应该自己立即就可以证明它．式（35b）的右边是非负数项之和，我们可以断定

$$\mathrm{Av}(p^2;\rho)-[\mathrm{Av}(p;\rho)]^2\geqslant 0 \tag{35c}$$

当且仅当所有的 p_k（$k=1$，2，…，N）都相等时取等号，在这个情况下它们的共同值等于 $\mathrm{Av}(p;\rho)$．在这一特殊情况下射束中所有粒子都严格地具有相同的动量．

式（35c）左边的数量用

出现在本章示意图中的小巧的“理论家的计数器”和实验室实际应用的一些计数器之间有很大的差别．照片显示基本粒子物理学实验所配备的一组 24 个闪烁计数器．整个装置的边长大约 1 m，塑料的闪烁器位于图的中央，而把光电倍增管对称地放置在其周围．粒子束的方向垂直于图面．（照片承蒙伯克利劳伦斯辐射实验室惠允．）

于量度变量 p 的统计分布．一般情况下它大于零，我们可以把这表述为：对于这一特定的系综，动量有一个不确定度．

§6.36　我们可以用讨论动量的同样方法来讨论其他物理变量．对于特定的体系（射束）确定这些物理变量的平均值及其弥散，所谓弥散的意思表示类似于式（35c）左边的表示式所定义的统计分布．最简单的一种变量是描写计数器响应的变量．我们用 D 来代表它，并约定假如在特定的实验中计数器发出一声“咔嗒”，D 的数值是 +1，如果计数器不发声，D 的数值是 0．那么 Av（D；ρ）就正是我们用统计系综 ρ 的单个元素来做实验时计数器“咔嗒”作声的概率．

乍一看来可能认为，计数器变量 D 与动量变量 p 不是同一类型的．我们可能认为 p 是涉及体系的，即涉及粒子的，而 D 是涉及测量仪器的．但是，我们应当认识到所有有关体系性质的信息都是从观察测量仪器的响应推导出来的：体系的内禀变量是一些抽象的量．假如我们知道以某种方式安置的某个计数器“咔嗒”发声的概率，我们就知道了有关统计系综本质的某些东西，即关于射束中粒子的某些东西．事实上射束中粒子的动量常常是用计数器来测量的，如图 36A 所示。

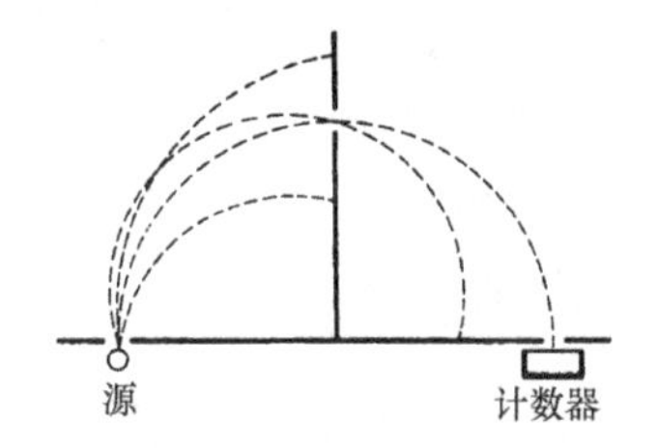

图 36A　说明所谓半圆 β 谱仪的原理．这种装置用来测量 β 放射原子核衰变时所发射电子的动量（或能量）的分布．电子从左边的放射性源发出，它被约束在图面中或在图面附近运动．这个装置放在垂直于图面的均匀磁场中，所以轨道是些圆弧，圆弧的半径取决于电子的动量．仪器中装有几个狭缝，使得除了轨道半径在很窄的范围内的电子以外，都不能到达右边的计数器．对于不同的磁场强度，计数单位时间内到达探测器的电子数目，我们就可以确定所发射的电子的动量分布，即发射的电子在不同动量间隔的相对数．

§6.37　现在我们进一步讨论第 26 节考虑过的情形，一个光源中有两盏灯：钠灯和汞灯．我们首先考虑只有钠灯工作的实验，于是射束由“黄色光子”组成．光源产生了光子的统计系综 ρ_1，对于这一系综，我们得到某一计数器变量 D 的平均值 d_1：

$$\mathrm{Av}(D;\rho_1) = d_1 \tag{37a}$$

接着我们考虑只有汞灯工作的实验．这个装置决定统计系综 ρ_2，同一计数器变量 D 的系综平均值 d_2 是

$$\mathrm{Av}(D;\rho_2) = d_2 \tag{37b}$$

我们最后考虑两盏灯都同时工作的情况．两盏灯一起决定了统计系综 ρ，这一情况下 D 的平均值为

$$\mathrm{Av}(D;\rho) = d \tag{37c}$$

现在假设每单位时间灯 1 在射束中产生 n_1 个光子通量，每单位时间灯 2 在射束中产生 n_2 个光子通量．于是单位时间射束中的总通量是（n_1+n_2）个光子．在

任何单次实验中光子或是“黄的”或是“蓝的”，取决于它是来自灯1还是来自灯2. 我们断定在任何单次实验中发现“黄色”光子的概率是

$$\theta_1 = \frac{n_1}{(n_1 + n_2)} \tag{37d}$$

而发现“蓝色”光子的概率是

$$\theta_2 = \frac{n_2}{(n_1 + n_2)} \tag{37e}$$

作为从式（37d）和式（37e）导出的结果，数值 θ_1 和 θ_2 满足下列条件：

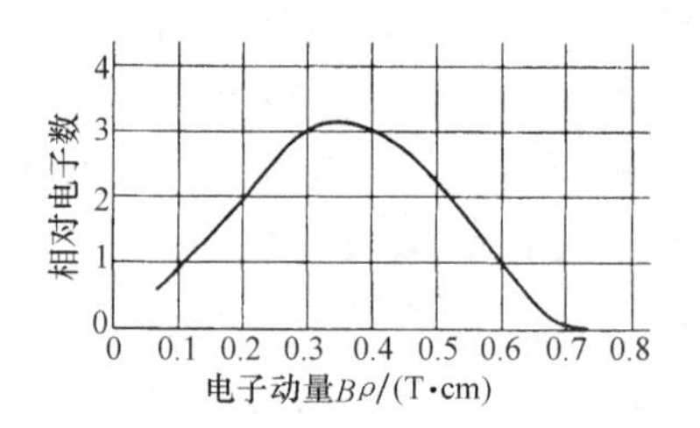

图36B　P^{32}的β谱. 曲线表示所发射的电子的相对数对于动量的函数关系. 动量用$B\rho$（以T·cm为单位）表示，其中ρ是场B中的曲率半径. 0.72 T·cm处的最大动量相当于最大动能1.7 MeV.

发出电子的能量可以从零到上限，因为衰变中放出的总（动）能（以随机的方式）分摊给电子、子核和反中微子.

$$1 \geqslant \theta_1 \geqslant 0, \quad 1 \geqslant \theta_2 \geqslant 0, \quad \theta_1 + \theta_2 = 1 \tag{37f}$$

式（37f）是两个事件相互排斥但其中之一必定发生的概率的特征.

§6.38　现在考虑单个实验，即涉及单个光子的事件. 关于用变量 D 描写的计数器“咔嗒”发声的概率 $d = \mathrm{Av}(D;\rho)$，我们可以说些什么呢？这里所讨论的光子或是黄色的或是蓝色的. 光子是黄色的概率是 θ_1；假如它是黄色的，那么计数器 D“咔嗒”发声的概率为 d_1. 光子是蓝色的概率是 θ_2，假如它是蓝色的，计数器“咔嗒”发声的概率是 d_2. 因为黄色和蓝色两种情况是互相排斥的，可以断定计数器 D“咔嗒”作响的概率 d 必定是

$$d = \theta_1 d_1 + \theta_2 d_2 \tag{38a}$$

或

$$\mathrm{Av}(D;\rho) = \theta_1 \mathrm{Av}(D;\rho_1) + \theta_2 \mathrm{Av}(D;\rho_2) \tag{38b}$$

系综 ρ 中 D 的平均值就以系综 ρ_1 和 ρ_2 中 D 的平均值和概率 θ_1 和 θ_2 来表示. 后面这两个概率表示由系综 ρ_1 和 ρ_2 怎样组成“组合”系综 ρ，因而它们是描写“组合”光源特征的量，它们不依赖于描写观察区中特定计数器的变量 D. 因此式（38b）对于每一种计数器变量 D 都成立.

式（38b）广泛适用于任意物理变量的平均值. 假如 Q 表示这样的变量，我们必定得到

$$\mathrm{Av}(Q;\rho) = \theta_1 \mathrm{Av}(Q;\rho_1) + \theta_2 \mathrm{Av}(Q;\rho_2) \tag{38c}$$

我们说统计系综 ρ 是概率为 θ_1 和 θ_2 的两个系综 ρ_1 和 ρ_2 的非相干叠加. 我们把这一表述用符号表达如下

$$\rho = \theta_1 \rho_1 + \theta_2 \rho_2 \tag{38d}$$

之所以要用“非相干”这一修饰定语的理由是我们必须小心地区分这一种叠

加和我们在第五章第 36 ~ 46 节所讲的波的叠加. 我们以后还要进一步说明这个区别.

§6.39　我们可以把两个系综叠加的概念毫无困难地推广到包含任意有限数目系综的非相干叠加. 考虑统计系综 ρ_k, $k=1$, 2, 3, …, n. 我们把每一个系综和概率 θ_k 联系起来，那么 θ_k 满足：

$$1 \geqslant \theta_k \geqslant 0, \sum_{k=1}^{n} \theta_k = 1 \tag{39a}$$

设 ρ 是这些概率为 θ_k 的系综的非相干叠加，我们把它用符号

$$\rho = \sum_{k=1}^{n} \theta_k \rho_k \tag{39b}$$

来表示.

这意味着对于系综 ρ，任何物理变量 Q 的平均值为

$$\mathrm{Av}(Q;\rho) = \sum_{k=1}^{n} \theta_k \mathrm{Av}(Q;\rho_k) \tag{39c}$$

我们应当假设，假如 ρ_1, ρ_2, ρ_3, …, ρ_n 是任意可能系综集合，那么这些系综的各种非相干叠加也是可能的系综. 这一假设与其说是物理的，还不如说是数学的. 我们之所以要做这个假设是因为我们希望所有统计系综的集合对非相干叠加具有封闭性. 这意味着，假如这个集合中包括任意有限数目的系综，则这些系综的所有可能的非相干叠加也包含在这一集合之中.

§6.40　注意我们在本章第 27 ~ 29 节的讨论中已经考虑过无限数目不相同的统计系综的非相干叠加. 设 $D(\theta)$ 为描述图 27A 中位于一定的角度 θ 的计数器 D 的变量. 令 ρ 表示由屏 S_1 左边的电子源给出的统计系综. 假定我们所考虑的电子源强度相当于使每秒有一个电子通过 S_1 上的狭缝. 假设计数器 D 所观察到的强度 $I(\theta)$ 用每秒电子数来表示，我们有

$$\mathrm{Av}[D(\theta);\rho] = I(\theta) \tag{40a}$$

在本章第 27 节的讨论中，我们首先考虑了强度为 $I(\theta, p)$ 的假想电子源，它产生的电子都具有完全确定的动量 p. 我们用 $\rho(p)$ 来表示这种源所决定的系综. 于是我们得到

$$\mathrm{Av}[D(\theta);\rho(p)] = I(\theta,p) \tag{40b}$$

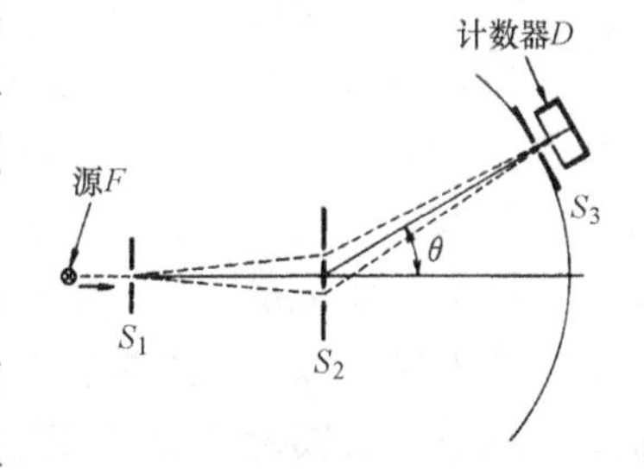

我们指出，如果电子源是一个具有加速电极的热灯丝，电子就不会带着十分确定的动量从 S_1 上的狭缝出射. [不过没有理由可以否定我们能够设计出非常复杂的带有“动量过滤装置”的源，使得射出电子的动量具有非常确定的数值，用 $\rho(p)$ 来描述这样的电子源.] 我们用$\bar{\rho}$来表示简单的灯丝电子源所引出的统计系综. 按照本章第 29 节中的讨论，我们可以得到

$$\mathrm{Av}[D(\theta);\bar{\rho}]=\bar{I}(\theta)=\frac{1}{(2q)}\int_{p_0-q}^{p_0+q}\mathrm{Av}[D(\theta);\rho(p)]\mathrm{d}p \tag{40c}$$

把此式和式（39c）进行比较．本章第29节中的推论显然就是把相当于“实在的”热灯丝电子源的统计系综$\bar{\rho}$看作相当于统计系综为$\rho(p)$的理想电子源的非相干叠加、换言之，和方程（39b）相似，我们有

$$\bar{\rho}=\frac{1}{2q}\int_{p_0-q}^{p_0+q}\rho(p)\mathrm{d}p \tag{40d}$$

三、振幅和强度

§6.41　可以将相干叠加与非相干叠加的区别说明如下：相干叠加中我们把振幅相加，非相干叠加中我们将强度相加．

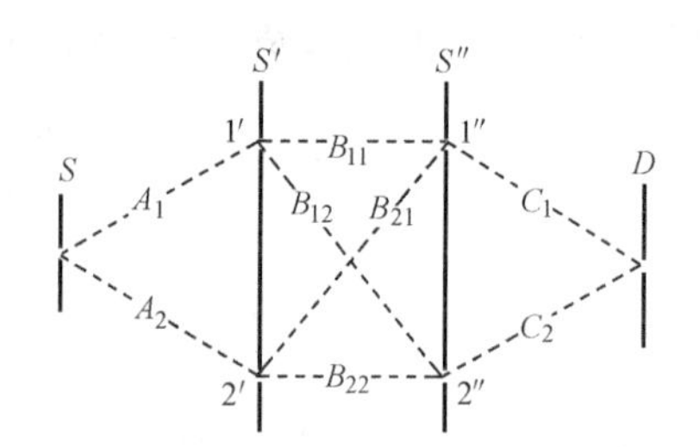

图41A　说明本章第41～43节中讨论的有点儿理想化的两个双缝实验．粒子（光子）通过S上的狭缝进入．我们感兴趣的是通过另一些狭缝的概率，特别是通过D上狭缝的概率．当然，在每一狭缝处应当把从前面狭缝来的波振幅相加而不是把强度相加．复数A_m，B_{mn}和C_m是缝之间的传递振幅．所有概率都可以用传递振幅来表示．

让我们自己来练习处理量子力学中的振幅和强度．图41A表示“半真实的”两个双缝实验．具有非常确定的动量的粒子，譬如说，以每秒一个粒子的速率通过屏S上的狭缝进来．我们把一个计数器放在紧靠狭缝的后面来观察通过另外五个狭缝的粒子的通量，每次观察一个狭缝．假设对某一个狭缝观察到的计数速率是每秒P个粒子，我们可以说，P就是穿过狭缝S进来的粒子通过所观察的狭缝的概率．

我们假定粒子的波长比狭缝的宽度大得多，并且还假定所有狭缝的宽度都是相同的．这样就可以讨论在狭缝处波的（复数）振幅了．

§6.42　当通过S上狭缝进来的波振幅为一个单位时，令狭缝$1'$处波的振幅为A_1．同样，当通过S上狭缝进来的振幅为一个单位时，令狭缝$2'$处的振幅为A_2．当狭缝$1'$处的振幅为一单位但狭缝$2'$处振幅为零时，狭缝$1''$处波的振幅为B_{11}，同样，狭缝$1'$处振幅为零，而在狭缝$2'$处振幅为一单位时狭缝$1''$处波的振幅为B_{21}．C_1为当狭缝$1''$处振幅为一单位而狭缝$2''$处振幅为零时，通过屏D上狭缝的振幅．用类似的方法定义其余的振幅．我们可以把这些振幅称为传递振幅，因为它们描写波从左狭缝到右狭缝之间的传播．图41A上的虚线象征性地表示这种传播．如上所述，传递振幅和每一虚线相对应．

传递振幅是一些复数，它们的绝对值的平方按照下述方式决定传递概率．$P_1'=|A_1|^2$等于通过S上狭缝进来的粒子，直接在狭缝$1'$后面被测到的概率．$P_2'=|A_2|^2$等于通过S上狭缝进来的粒子并且也通过狭缝$2'$的概率．$P_{12}=|B_{12}|^2$等于通过

狭缝 1′的粒子并且也通过狭缝 2″的概率. 在这种情况下必须关闭狭缝 2′以确保粒子确实通过狭缝 1′. 其他传递振幅绝对值的平方也有类似的解释. 我们把所有传递概率按照 8 个振幅排列如下：

$$\begin{aligned} P'_1 &= |A_1|^2, & P'_2 &= |A_2|^2 \\ P_{11} &= |B_{11}|^2, & P_{12} &= |B_{12}|^2 \\ P_{21} &= |B_{21}|^2, & P_{22} &= |B_{22}|^2 \\ P''_1 &= |C_1|^2, & P''_2 &= |C_2|^2 \end{aligned} \tag{42a}$$

读者应当仔细思考怎样应用计数器来测量这些传递概率，在需要的时候可以关闭某些狭缝.

§6.43　假如我们现在提一个问题：把所有狭缝都打开，通过 S 上狭缝射进来的粒子又从 D 上狭缝射出的概率 P 是多少？

我们先做一个轻率的回答：因为我们知道狭缝之间的所有传递概率，我们可以按照概率论的法则把这些概率复合以得到 P. 粒子通过 1″的概率就等于它经过狭缝 1′再通过 1″以及经过狭缝 2′再通过 1″的概率之和. 换言之，就等于 $(P'_1P_{11}+P'_2P_{21})$. 这种类型的推论最后导致下列错误结果：

$$P=(P'_1P_{11}+P'_2P_{21})P''_1+(P'_1P_{12}+P'_2P_{22})P''_2 \tag{43a}$$

正确的答案是什么呢？它由下式给出：

$$P=|(A_1B_{11}+A_2B_{21})C_1+(A_1B_{12}+A_2B_{22})C_2|^2 \tag{43b}$$

这并不等于方程（43a）中的错误表示式. 在各个狭缝处我们必须把到达狭缝的波振幅相加，因为波会互相干涉. 所以按照量子力学方程（43b）给出的是正确的答案，我们可以把方程（43a）的表示式看作是按照经典弹子理论的预测.

§6.44　如果我们只知道各个传递概率而不知道传递振幅，那么怎样求出 P 来呢？答案：我们根本不可能求出 P. 复数传递振幅的位相和绝对值必须都知道才可求出 P，但是传递概率只告诉我们振幅的绝对值.

我们来进一步讨论导致错误预言式（43a）的“概率复合”论证中的谬误. 考察数量 P'_1P_{11}. 它代表什么？它代表在狭缝 2′关闭着的时候粒子从 S 上的狭缝进来通过狭缝 1″的概率. 同样 P'_2P_{21} 代表当狭缝 1′关闭着的时候粒子从 S 上的狭缝进来并通过狭缝 1″的概率. 如果狭缝 1′和 2′都开着，粒子从 S 上的狭缝进来通过狭缝 1″的概率并非由和数 $(P'_1P_{11}+P'_2P_{21})$ 给出. 从狭缝 1′和 2′到狭缝 1″的波是彼此相干的，我们必须把它们的振

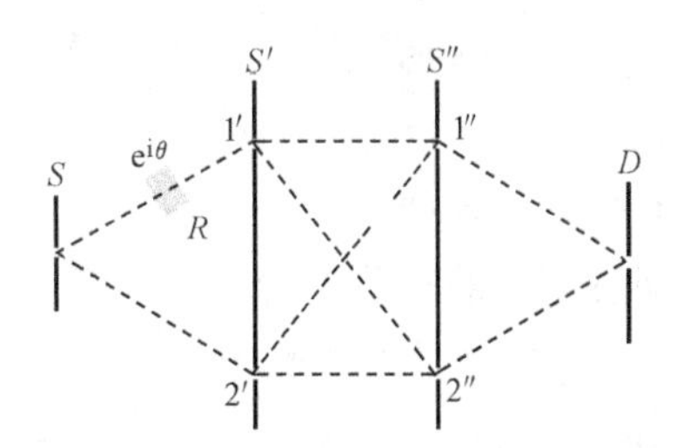

图 45A　这个图是对图 41A 所示的两个双缝实验的改进. 在狭缝 1′前面插入相位推迟器. 使通过它的波的复振幅改变因子 $e^{i\theta}$. 只要把传递振幅 A_1 用 $A_1e^{i\theta}$ 来代替，就可以应用图 41A 中所示实验的理论.

幅相加而不是把它们的强度相加.

§6.45　考察图 45A 中稍有改进的装置. 我们在从 S 上的狭缝到狭缝 $1'$ 的波传播路径上插入相位推迟器 R. 除此而外，这里的装置和图 41A 的完全相同. 相位推迟器唯一的效果是振幅 A_1 由振幅 $A_1 e^{i\theta}$ 代替；相位推迟器使相位推迟了一个数值 θ 但不影响波的振幅. 假如用光来做实验，我们可以用玻璃板做推迟器.

设 $P(\theta)$ 为通过 S 上狭缝进来的粒子通过 D 上狭缝出射的概率（所有别的狭缝也都打开）. 按照方程（43b），我们有

$$P(\theta) = |A_1 e^{i\theta}(B_{11}C_1 + B_{12}C_2) + A_2(B_{21}C_1 + B_{22}C_2)|^2$$
$$= |A_1(B_{11}C_1 + B_{12}C_2)|^2 + |A_2(B_{21}C_1 + B_{22}C_2)|^2 + U\cos\theta + V\sin\theta \tag{45a}$$

读者可以自己证明其中

$$U = A_1(B_{11}C_1 + B_{12}C_2)A_2^*(B_{21}^*C_1^* + B_{22}^*C_2^*) + A_1^*(B_{11}^*C_1^* + B_{12}^*C_2^*)A_2(B_{21}C_1 + B_{22}C_2) \tag{45b}$$

以及

$$V = i[A_1(B_{11}C_1 + B_{12}C_2)A_2^*(B_{21}^*C_1^* + B_{22}^*C_2^*) - A_1^*(B_{11}^*C_1^* + B_{12}^*C_2^*)A_2(B_{21}C_1 + B_{22}C_2)] \tag{45c}$$

如果愿意，我们可以把 $P(\theta)$ 的表示式重写成下列形式

$$P(\theta) = \frac{1}{2}[P(0) + P(\pi)] + \frac{1}{2}[P(0) - P(\pi)]\cos\theta + \frac{1}{2}[2P(\pi/2) - P(0) - P(\pi)]\sin\theta \tag{45d}$$

这就是说，作为 θ 函数的 $P(\theta)$ 可由它在三个角度 $\theta = 0$，$\pi/2$ 和 π 的数值唯一地决定.

§6.46　下面考虑图 46A 中的装置. 现在有两个分开的粒子源 1 和 2 "照明" 狭缝 $1'$ 和 $2'$. 其他各方面都和图 41A 中的情形相同. 设这两个粒子源强度相等.

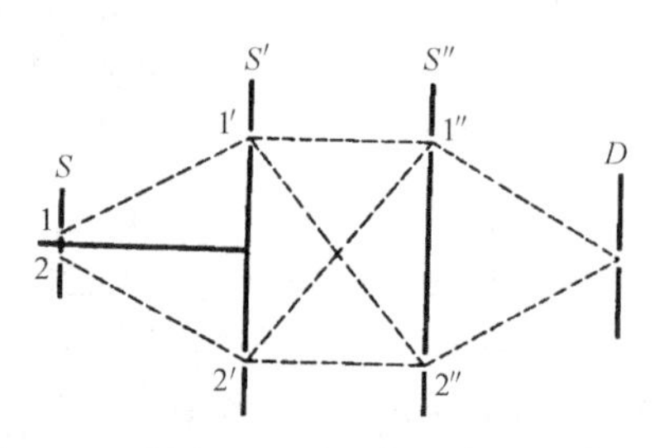

图 46A　对图 41A 所示的两个双缝实验在这里的改进中，狭缝 $1'$ 和 $2'$ 用两个独立的同样强度的粒子源照明. 从两个粒子源发射的波是不相干的，两个源都工作时任一个狭缝处的强度是每次只有一个粒子源工作时我们观察到的强度之和.

在这个图所示的实验和图 45A 所示的实验之间存在着有趣的关系. 这里的实验中测得的任何强度是图 45A 的装置中测得的相应强度遍及所有位相角 θ 的平均值. 这一事实常表述为：两个非相干粒子源发射相对相位杂乱的波.

通过屏 S 的粒子又穿过 D 上狭缝的概率 P_i 是什么？显然它由下式给出

$$P_i = \frac{1}{2}|A_1(B_{11}C_1 + B_{12}C_2)|^2 + \frac{1}{2}|A_2(B_{21}C_1 + B_{22}C_2)|^2 \tag{46a}$$

在这个情况中，我们需将各个粒子源分别在 D 上狭缝处产生的强

度相加以求出两个粒子源同时工作时的强度．表达式$|A_1(B_{11}C_1+B_{12}C_2)|^2$是粒子从源1来通过$D$上狭缝的概率，表达式$|A_2(B_{21}C_1+B_{22}C_2)|^2$是粒子从源2来通过$D$上狭缝的概率．无论从粒子源1来的，还是从粒子源2来的每一个粒子都以相等的概率通过D上的狭缝，因而在表达式（46a）中有因子1/2.

§6.47　我们提出一些与图45A和46A有关的更进一步的问题．我们把屏S'以及此屏左边的一切装置都当作粒子源．那么图45A和46A表示两个不同的粒子源所做的同样实验．我们可以问：对于图45A所示的情形，粒子通过屏S'过来并且也经过屏D上的狭缝的概率$P'(\theta)$是什么？因为通过D上狭缝的每一个粒子一定曾经通过屏S'，从而$P'(\theta)$必定等于方程（45a）给出的概率$P(\theta)$与来自S上狭缝的粒子通过S'的概率之比．后一个概率显然等于$[|A_1|^2+|A_2|^2]$，于是我们得到

$$P'(\theta)=[|A_1(B_{11}C_1+B_{12}C_2)|^2+|A_2(B_{21}C_1+B_{22}C_2)|^2+U\cos\theta+V\sin\theta][|A_1|^2+|A_2|^2]^{-1} \tag{47a}$$

也可以把它写成

$$P'(\theta)=\frac{1}{2}[P'(0)+P'(\pi)]+\frac{1}{2}[P'(0)-P'(\pi)]\cos\theta+\frac{1}{2}[2P'(\pi/2)-P'(0)-P'(\pi)]\sin\theta \tag{47b}$$

同样我们可以提问：在图46A所示的情况中通过屏S'过来的粒子也通过D上狭缝的概率P_i'是什么？我们很容易看出：

$$P_i'=[|A_1(B_{11}C_1+B_{12}C_2)|^2+|A_2(B_{21}C_1+B_{22}C_2)|^2]\cdot[|A_1|^2+|A_2|^2]^{-1} \tag{47c}$$

比较表达式（47c）和表达式（47a）我们注意到一个有趣的事实：假如我们对0和2π之间的所有角度θ求$P'(\theta)$的平均值我们就能够得到P_i'，即

$$P'_i=\frac{1}{2\pi}\int_0^{2\pi}P'(\theta)\,\mathrm{d}\theta \tag{47d}$$

实际上并不需要对所有角度求平均．我们也可得到

$$P'_i=\frac{1}{2}[P'(0)+P'(\pi)] \tag{47e}$$

因此我们可以把图46A所示的源（屏S'和S'左边所有东西都是粒子源）所确定的统计系综当作图45A所示的，以θ作为可变参数的一些源（不同的θ值相当于不同的源）所确定的两个或无限数目的统计系综的非相干叠加.

§6.48　式（47d）说明有关非相干叠加的普遍原则．如果我们有非相干的两个源，先把它们当作相干的，并把从两个源来的波的振幅相加，不过要带有一个可变的相对相位因子$e^{i\theta}$．我们计算任何作为θ的函数的有关“强度”$I(\theta)$，最后我们对0和2π之间所有角度求$I(\theta)$的平均．得到的平均值$\bar{I}$就是两个源非相干时相应的平均值．具有无规的相对相位差的两个源是非相干的.

§6.49　做完这些有关振幅、强度和概率的练习之后，我们继续进行统计系综的系统讨论.

所有统计系综的集合明显包括两个子集；一个子集包括可以当作两个或几个其他不同的统计系综的非相干叠加的那些系综；另一个子集包括不能当作这样的叠加的那些系综. 不能当作另一些系综的非相干叠加的统计系综叫作*纯系综*或*纯态*；另一类系综叫作*混合系综*或*统计混合物*.

现在考虑混合系综. 我们知道这种系综必定是另一些系综的非相干叠加. 把混合系综看作一些*纯*系综的非相干叠加是否也正确呢？这一问题实际上是关于所有物理上可实现的统计系综集合的本质的问题. 有可能会出现这种情况，即所有物理上可实现的统计系综集合并不包含任何纯态，在这种情况下我们的问题就会得到否定的答案. 而另一方面，我们可以把纯系综当作混合系综的极限情况，这样就可以扩大我们的统计系综集合，使其不仅包括所有物理上可实现的系综并且也包括这些系综的所有极限情况. 如果像我们将要做的那样，实行这样纯数学上的抽象，我们可以直觉上期望这样扩大了的系综集合具有这种性质，即每个统计系综或者是纯系综，或者是纯系综的非相干叠加.

在下面我们要作一个合理的假设. 作为*物理*假设，它是个理想化的东西；我们设想所有的纯系综实际上都可以实现，并且可以把所有其他系综都当作这些系综的统计混合物. 实际上不可能实现纯系综的理想情况，但是没有理由认为我们不能任意地接近这一理想情况.

四、每次测量的结果都是原则上可预言的吗？

§6.50　从直观上看很清楚，我们对纯系综的元素比对混合系综的元素了解更多. 例如，考察有两盏灯光源的例子. 显然当两盏灯都工作时，我们对光源发出的各个光子的性质比之于只有一盏灯工作时了解得要少. 具体地讲，对于光子的颜色了解得就要少些.

为了制备纯系综，我们必须完全控制整个制备阶段. 必须能够抑制原则上可以抑制的所有统计涨落源.

现在应当清楚了，当我们进行测量时希望以这样的方式来尝试安排制备阶段，使得系综是技术上可能实现的最纯状态. 这样就可以把数据中的统计弥散减到最小，这就意味着我们增加了结果的精确度. 我们可以进一步说，纯系综的实验结果的理论解释比混合系综的要简单些，而且清楚些. 对于纯系综，我们可以在最好的可能条件下研究体系的行为而不被*可以避免的*“噪声”所干扰.

§6.51　现在提出一个基本问题. 纯状态是不是以所有的物理变量都完全没有统计弥散为特征？换一种说法：对于纯态来说，每次测量结果是不是都可以精确地预言？

我们应当清楚懂得，这个问题是关于我们的世界的本性的问题，这个问题只能在实验研究的基础上给出答案. 关于答案应当是什么，纯逻辑什么也不能告诉我们.

经典物理学的理论的基础是建立在对这个问题以“是”作为回答的命题上的. 而量子力学的理论基础则是建立在以“非”作回答的命题上的（为了避免误解，我们在这里必须指出量子力学只是对这个问题回答是“非”的许多可能的理论中的一个特例）. 当我们承认量子力学是我们的理论时，我们就已经在自然界的描述中引进了不确定性，其精确意义为：无论我们怎样制备纯系综，测量的结果总是不可能在任何特定情况中都能够预言（不能预言的测量是什么，取决于系综的性质）. 这并不是说量子力学是“混乱的和含糊的”. 它是十分确定的理论，其中我们可以对概率或物理变量平均值做出精确定量的表述.

§6.52 按照我们所提的问题的性质，没有单独的一组实验可能最终断定答案应当是什么. 每当我们遇到某一现象，会使我们得出的答案是“非”的时候，我们总是要试图挽回局面，并辩解说：假如能以某种“更好的方法”进行测量，那么结论就会不同了. 换言之，总可以辩解说，不确定性只能归咎于实验装置并不是最好的这一事实. 在绝对意义上说，很难完全驳倒这一类辩白. 而另一方面，为公平起见，把支持自然界服从经典决定论的人叫来，请他明确地指出使量子力学的非决定论特色消失的测量是怎样做到的.

赞成回答“非”的依据有两个方面. 首先，对研究粒子所观察的性质的许多种实验的仔细分析看来总要得出结论：答案应当是“非”. 其次，存在这样的事实，以答案是“非”作为基石的量子力学理论的所有预言和所有观察事实看来都有非常好的一致性：假设“非”作为答案看来还从来没有和我们的经验发生任何矛盾.

§6.53 在第四章和第五章中我们已经提出了极有说服力的证据，表明答案必定是“非”. 自然界中找到的粒子都像波一样弥散在空间. 波被半镀银镜子或被双缝所分解，一般说来要被任何障碍物所衍射. 在另一方面，假如我们用光电池或某种其他的粒子探测器探寻粒子，而我们又从未找到过“部分光子”或“部分电子”. 为了前后一致地描述所有这些现象，我们被迫把波的强度解释为概率：正比于波函数绝对值平方的量必须代表概率. 我们只能陈述计数器发出“咔嗒”声的概率，但是我们永远不可能这样安排，使得我们能够确定每一单个实验中每一个计数器的反应.

譬如，考虑双缝实验. 如果我们要确定入射射束的动量，就必须这样安排，使得能够极好地确定粒子的动量. 当这样的射束入射到带有两个狭缝的屏上时，我们会观察到特有的双缝衍射图案. 只有当两个狭缝都打开时，即当粒子同时通过两个狭缝时，这种图案才会出现. 然而，假如我们将一个计数器放在其中一个狭缝后面试图捕获粒子，我们并不会探测到半个粒子，得到的却是整个粒子. 在任何单个实验中，计数器会发声，或者不会发出“咔嗒”声，我们事先并不知道一定会发生些什么：我们只能说计数器发出“咔嗒”声的概率．读者会说：这仅仅是由于系综不纯．但是，为使它做得更纯些，读者建议我们应该做些什么呢？

§6.54　症结显然在于，是否可能有比用波动理论描述更为精细的另外某种方法描写粒子．假如波动描述是正确的，并且，如果粒子具有不可分性因而永不可能探测到“部分粒子”，那么强度的概率解释看来就是不能避免的．我们来回忆一下这一章开头关于不确定关系的讨论．假定已经准确地知道粒子的动量，就必须用弥散在空间的波来描写它，从而粒子的位置就不可能准确地知道．动量测量中很小的统计弥散意味着位置测量上大的统计弥散．只要我们承认把强度解释为概率的波动描述，就无法推翻不确定关系．另一方面，并没有任何实验材料暗示可以用比波动描述所允许的更详尽地描写粒子：绝对没有任何“隐变量”的证据．

这些考虑导致下述量子力学的基本假设：粒子的纯态是用波描述的．*当并且只当系综的每一元素都用同一波函数来描述时，单粒子态的系综是纯的．*当我们能够说出描述系综中所有粒子的波函数时，就意味着我们对粒子源有最大可能的控制．没有比确定的波更纯的状态．

§6.55　把真实世界和幻想的经典世界某些方面做一个比较是有意义的．统计系综、统计混合物和纯态这些概念对经典物理学说来完全不是外加的．事实上统计系综的概念在发现量子力学很久之前就已经被引入经典统计力学中了．我们测量过程的讨论大部分也可应用于经典描述的框架之内．当我们能完全控制整个制备阶段时，就得到纯态．当我们的控制并不完全时，就得到统计混合物．经典描述和量子力学描述的关键区别在于纯态的本性．按照经典概念，纯态具有这样的性质，就是可以准确地预言每个单次测量的结果．如果给定的计数器在某一单次实验中“咔嗒”发声，那么它在以后的每一次实验中都同样会发出“咔嗒”声．每次重复实验时，都会发生以前曾经发生过的同样情况．对于纯态，任何物理变量都没有统计弥散．

在量子力学发展之前很久，即一个长时期内，物理学家就已经认识到，实际上不可能以无限的精确度预言宏观世界中发生的过程．我们不能控制的热噪声和其他多种“干扰”总是存在，在宏观情况下引起物理变量在数值上不确定的这些原因完全掩盖了量子力学所特有的不确定性．经典物理学家关于纯态是以变量中完全没有统计弥散为特征的信念在宏观情况中从来没有真正地得到过严格的验证，这就说明为什么这种信念持续了这么长久．

§6.56　认识到甚至包括纯系综的情况在内的所有预测的概率本质是物理理论发展中的重要一步．当我们回顾量子物理学的早期历史时，我们可以体会到在概率描述出现之前物理学家所面临的概念上的困难．光可能表现出波动性也可能表现出粒子性，这是使人迷惑的发现．按照第四章讨论的思路，现在很容易理解当时称呼的这个“二象性”．但是在量子力学的早期，局面就不同了．没有一个人曾想到过

把波振幅的平方解释为概率，而如果没有这么一个和经典概念根本背离的概念，人们就不可能理解光的“二象性”.

我们预测未来事件的本领有一个原则上的极限，这一点被许多人，特别是被有哲学思想的非物理学家认为是最深刻、最具变革性的概念. 不可避免地，关于这一问题（以及关于不确定关系）曾写出了大量胡言乱语. 这些作者们曾经引出了关于把量子力学纠缠到一般人类事务的种种牵强附会的结论.

作者并不否认可预测性和不可预测性的问题是一个很有兴趣的原则问题，并且这是哲学思辨的合法的主题. 不过这里要谈一谈，专业物理学家今天很少把注意力放在这个论题上. 作者回忆不起在哪一次非正式的讨论上提出过这个问题（许多非正式的讨论涉及占据物理学家思想其他方面的各种问题）. 事实上，公正地说，物理学家，除了他们讲授关于这一主题的基础课程以外，很少考虑量子力学中的测量理论.

五、偏振光和非偏振光

§6.57　光的偏振的研究可以对量子力学中纯态和统计混合物之间的区别做出很好的说明. 考虑如图 57A 所示的实验装置. 频率为 ω 的近乎单色的光子通过偏振滤波器 F_s 并且通过屏 S 上的狭缝从光源射出. 这里统计系综的制备是在 S 的左边进行. 用配有偏振滤波器 F_p 的光电池 P 研究发出的光子，并把偏振器和光电池一起看作用计数器变量 D 描述的一台仪器.

可能制造出极其完善的偏振器，使得它具有这样的性质：它们无阻碍地让一定的偏振态的波通过，但完全吸收相反偏振态的波. 我们假定滤波器 F_s 和 F_p 是完善的偏振滤波器，我们可以随意选择它们的性质.

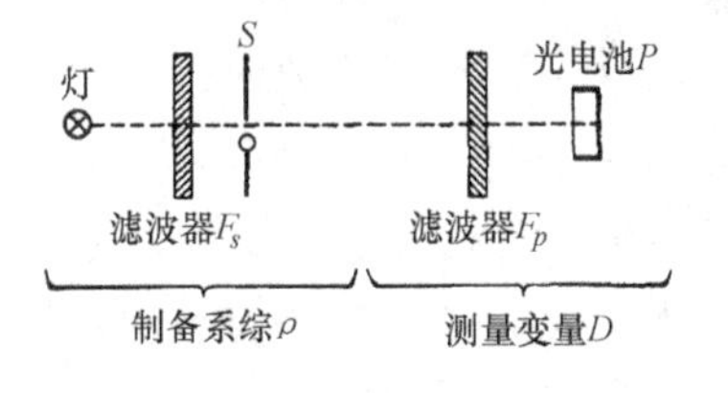

图 57A　偏振光实验的简图. 假设滤波器 F_s 和 F_p 都是理想的偏振滤波器（通过理想偏振滤波器的光成为一定的纯偏振态，滤波器对这种光是完全透明的）.

除非滤波器 F_s 和 F_p 都是同样的（纯）偏振态，否则计数器 P 对单个光子的反应就不能精确预料.

§6.58　现在假设滤波器 F_s 是只让左旋圆偏振波通过的滤波器：发出的光子是统计系综 ρ_L 的元素. 我们先确定拿掉滤波器 F_p 时的计数率：这可以告诉我们单位时间发出的光子数目并用它来把数据归一化. 我们假设计数器 P 有百分之百的效率，所以它能对到达它的每一个光子计数. 令计数率为单位时间 n 个光子.

我们考虑几种不同的滤波器 F_p，对于每一滤波器-计数器的组合有相应的计数器变量 D. 把 D 的平均值定义为比值 n'/n，其中 n' 是装上滤波器时的计数率. 假如 F_p 是只允许左旋圆偏振光通过的滤波器，相应的计数器变量用 D_L 表示；假如它只允许右旋圆偏振光通过，我们用 D_R 表示计数器变量；假如它允许 x 方向的线偏振光通过，我们用 D_x 表示变量；假如它允许 y 方向的线偏振光通过，我们用 D_y 表示它的变量. 最后，我们考虑只允许沿着正 x 和 y 轴的象限的等分线的线性偏振的光通过的滤波器（计数器变量 $D_{45°}$）以及只允许垂直于这一等分线的线偏振光通过的滤波器（计数器变量 $D_{135°}$）.

对于系综 ρ_L，我们得到下面的平均值

$$\mathrm{Av}(D_L;\rho_L)=1,\quad \mathrm{Av}(D_R;\rho_L)=0 \tag{58a}$$

$$\mathrm{Av}(D_x;\rho_L)=\mathrm{Av}(D_y;\rho_L)=\mathrm{Av}(D_{45°};\rho_L)=\mathrm{Av}(D_{135°};\rho_L)=\frac{1}{2} \tag{58b}$$

对于这一系综，我们已准确地知道两个变量 D_L 和 D_R，其余四个变量一点也不知道. 系综 ρ_L 是纯的吗？这个问题的真正意思是：我们能否使它更纯？回答是"不能". 假如我们要求变量 D_L 和 D_R 是准确地已知并且具有方程（58a）给出的数值，那么我们就知道从光源发射的光子必定是严格地左旋圆偏振. 但是每一左旋圆偏振波可以分解成两个振幅相等、偏振互相垂直的线偏振波. 假如我们插入滤波器以去掉一个线偏振分量，透射光的强度就是入射光强度的1/2. 变量 D_x，D_y，$D_{45°}$ 和 $D_{135°}$ 的平均值因而必定是方程（58b）所表示的那样. 假如我们现在把这个平均值的实验结果以及不能用偏振滤波器使光子（能量上）分裂的实验结果结合起来，我们必然引申出结论，就是在任何单个实验中不能精确预言四个变量 D_x，D_y，$D_{45°}$ 和 $D_{135°}$ 中的任何一个. 纵使事实上一定要把系综当作可能最纯的圆偏振光子系综，这些变量的不确定性实际上也很大.

§6.59　读者应当仔细注意，如果光子的行为各方面都像经典波列，那么结论就完全不同了. 这种情况下，变量 D_x 的平均值就会依赖于探测器的灵敏度. 假如探测器具有这样的灵敏度：它能记录半个波列所携带的能量，那么计数速率 D_x 就和计数速率 D_L 相同，即 $\mathrm{Av}(D_x;\rho_L)=1$. 假如灵敏度低到半个波列所携带的能量不足以触发计数器，那么平均值就变成零. 真正的光子的行为并不像经典波列那样：不管我们在计数器前放的是什么滤波器，我们总是发现被计数器记录的每一个光子都带有能量 $\hbar\omega$.

因而在任何有关纯系综 ρ_L 的单个实验中，不可能预料计数器的响应 D_x，D_y，$D_{45°}$，$D_{135°}$. 我们这里有极其有力的证据支持第51～54节中所述的普遍结论.

§6.60　假如我们拿掉滤波器 F_s 会发生什么情况呢？如果我们假设"灯"是球对称的物体，没有从优方向，每一偏振态与任何其他偏振态都是同样可能的. 我们说光线是非偏振的. 相应的系综 ρ_0 是关于偏振自由度的最混沌的系综，并且不管理想的偏振滤波器 F_s 的性质怎样，有滤波器时的计数率等于没有滤波器时的计数率乘以1/2. 于是我们测得平均值

$$\mathrm{Av}(D_L;\rho_0)=\mathrm{Av}(D_R;\rho_0)=\frac{1}{2} \tag{60a}$$

$$\mathrm{Av}(D_x;\rho_0)=\mathrm{Av}(D_y;\rho_0)=\mathrm{Av}(D_{45°};\rho_0)=\mathrm{Av}(D_{135°};\rho_0)=\frac{1}{2} \tag{60b}$$

注意式（60b）中的平均值和（58b）中的平均值相同，对系综ρ_L和ρ_0说来，关于D_x，D_y，$D_{45°}$和$D_{135°}$四个变量的无知程度因而是相同的．我们关于变量D_L和D_R的信息量在这两个系综中是不同的，对于ρ_L我们有关于这些变量完全的知识，而对于系综ρ_0我们几乎一点也不了解这些变量．

因此我们预计系综ρ_0必定是统计混合物．为了清楚地说明这一点，我们先考虑滤波器F_s只让右旋圆偏振波通过的实验．把相应的系综叫作ρ_R．系综平均值就由下式给出

$$\mathrm{Av}(D_L;\rho_R)=0,\mathrm{Av}(D_R;\rho_R)=1 \tag{60c}$$

$$\mathrm{Av}(D_x;\rho_R)=\mathrm{Av}(D_y,\rho_R)=\mathrm{Av}(D_{45°};\rho_R)=\mathrm{Av}(D_{135°};\rho_R)=\frac{1}{2} \tag{60d}$$

按照我们在本章第38节中的讨论，读者可以详细核对ρ_0，ρ_R和ρ_L的统计平均值可以写成下面形式

$$\rho_0=\frac{1}{2}\rho_L+\frac{1}{2}\rho_R \tag{60e}$$

因此我们可以把混沌系综ρ_0看作两个纯系综ρ_R和ρ_L的非相干叠加．

§6.61 作者要提到他在少年时代被非偏振光和圆偏振光之间的区别弄糊涂的事．一些书上说非偏振光是两个在垂直方向上偏振的光的混合物，而书上又说圆偏振光是两个垂直方向上偏振的光的叠加．作者终于明白圆偏振光是把两个线偏振分量的振幅相加，而非偏振光是把强度相加．圆偏振光是两个垂直方向线偏振光的相干混合物，而非偏振光是非相干混合物．

进一步学习的参考资料

1）读者阅读有关真实的计数器和相关设备的读物来补充本章的理论学习是恰当的．

a）D. Halliday；*Introductory Nuclear Physics*（John Wiley and Sons，Inc.，1950）．其中的第5章还专门讨论了带电粒子和光子的探测．各种类型的计数器和相关的电子设备都做了讨论．

b）计数器数据的统计分析在上述参考书中也有讨论，也可参阅，L. J. Rainwater and C. S. Wu："Applications of Probability Theory to Nuclear Particle Detection"，*Nucleonics* vol. 1，no. 2，p. 60，（1947）．其中有清晰而简略的讨论．

c）G. D. Rochester and J. G. Wilson：*Cloud Chamber Photographs of the Cosmic Radiation*（Academic Press，Inc.，New York 1952）．尤其值得看看这本书和其中许多有趣的图．

d）在 D. H. Frisch and A. M. Thorndike：*Elementary Particles*（D. van Nostrand

Company，Inc.，1964）一书中给出了粒子探测的基本讨论.

e）立体的气泡室图片的汇编，参见：*Introduction to the Detection of Nuclear Particles in a Bubble Chamber*（Prepared at the Lawrence Radiation Laboratory，The University of California，Berkeley.）（The Ealing Press，1964.）

2）注意《科学美国人》杂志中的下列文章：

a）O. M. Bilaniuk，“Semiconductor Particle-Detectors”，Oct，1962，p. 78.

b）G. B. Collins，“Scintillation Counters”，Nov. 1953. p. 36.

c）G. K. O’Neill，“The Spark Chamber”，Aug. 1962，p. 36.

d）H. Yagoda，“The Tracks of Nuclear Particles”，May 1956，p. 40.

e）D. A. Glaser，“The Bubble Chamber”，Feb. 1955，p. 46.

f）D. E. Yount，“The Streamer Chamber”，Oct，1967，p. 38.

习　题

1　下面是试图反驳不确定关系的人最喜爱的论证之一（见附图）．动量为 p 的单能量电子束从左边垂直入射到屏 S_1．屏上有一直径为 a 的圆孔．离开屏 S_1 距离 d 处有另一个屏 S_2，上面也有一个直径为 a 的圆孔．假设两个孔放置在沿入射束方向的一直线上．通过第一个孔中的电子有些会偏转，但是其中有一些会继续前进，通过第二个小孔．考虑通过第二个孔的电子．它的横向位置不确定度的数量级为 $\Delta x \approx a$．动量的大小是 p，因为这个实验中电子并不损失或获得能量，所以动量和入射射束中电子的动量相同．因为我们知道电子通过了两个圆孔，动量方向的不确定度必定小于或等于 $\Delta\theta = a/d$．从此得出，电子动量横向分量的不确定度的数量级为 $\Delta p \approx (a/d)p$．于是我们得到横向位置和横向动量不确定度的乘积为

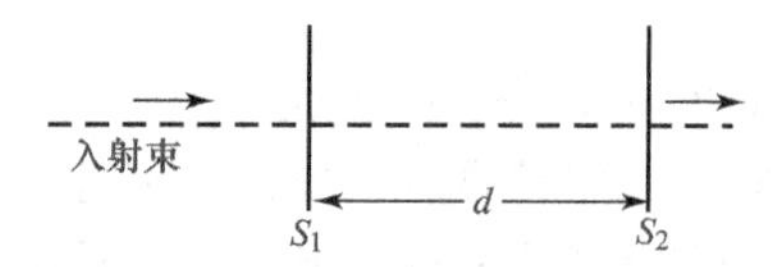

关于习题1的图，由此图作者错误地论证：假如我们把狭缝做得很窄并使距离 d 加大就可能违反不确定关系．可以看出，在粒子通过第二个狭缝的时候，横向动量不确定度和横向位置不确定度的乘积可以任意减小．这一概念错在什么地方？

$$\Delta x \Delta p \approx \left(\frac{a}{d}\right) ap.$$

减小 a 并增大 d，我们可以使这个乘积任意减小．从而破坏了作为量子力学基石之一的不确定关系．

你能推翻这一论证吗？对于你的论证会有各种反论证，要保证你能对付所有各种反论证．

上面的论证是通过否定不确定关系来反对量子力学的许多论证中的一个．现在

应当清楚了，只要承认波动力学的前提，不确定关系就永远不会有被这种或任何类似的论证所推翻的任何危险，因为就是在这些前提下证明了不确定关系．人们可以把对于波动力学的“驳斥”分为两大类：

（a）真正否定波动力学的论证，虽然这常常不是明白地提出来的．

（b）“糊涂的”论证，但是这些论证常常建立在波动力学某些概念的基础上．

通过仔细的概念分析．就会澄清“驳斥”的性质．当然，不能在逻辑基础上驳倒对于波动力学原则的彻底否认，但是人们总能够诉诸实验事实：这种“驳斥”引出的逻辑结论会和许多实验事实中的一个相矛盾．（b）类的论证显然是错误的．

2 （a）我们考虑一个理想实验，波长为 6 000 Å 的近乎完全单色光通过高速光闸．设光闸以下述方式周期性地开与关：即在一个周期中光闸开的时间是 10^{-10} s，关闭的时间为 0.01 s．光线通过光闸后就不再是单色光了，波长就会表现出一定的扩展．以 Å 为单位估计波长不确定度的大小．

（b）使从光闸出射的光通过充满二硫化碳的长管子，二硫化碳是色散介质，对于所考虑的波长，折射率 n 随波长的变化由下式给出

$$\frac{\lambda}{n}\frac{dn}{d\lambda} = -0.075$$

为了要测量通过光闸的脉冲光的速度，可以在第一只光闸后面一定距离的地方放另一只光闸，并在稍微晚一点时候打开第二只光闸．在二硫化碳中脉冲传播的速度是多少？

3 作者有一个违反不确定关系的新思想：这次是关于时间-频率不确定关系．实验装置十分简略地在附图中表示出来．近乎单色的光通过左边装有高速光闸的狭缝．我们这里不管纯粹技术上的困难，这样我们假设光闸可以在一个任意短的时间间隔打开，使一个确定的尖锐脉冲进入图中用三棱镜代表的摄谱仪．当然，入射光线不再是单色的了，就像习题 2 所讨论过的那样，会显出频率的扩散．不过，我们可以在摄谱仪上装上一个适当的出射狭缝，这个狭缝画在图的右边，这样就可以从入射光中选出波长落在极窄区域内的那部分．因此可以把出射狭缝出射的光线的单色性提高到任意高的程度：频率的不确定度可以随我们所愿地任意小．在另一方面，可以借助于光闸任意地缩短脉冲的持续时间．因此从出射狭缝出射的脉冲可以有任意短的持续时间，并且有任意准确的频率，这和不确定关系所说的相反．你能找出这一论证中的错误吗？

4 按照本章第 29 节中的讨论，假设灯丝温度为 1 000 ℃，还假设加速电压是 10 V．估计发射电子动量的相对精确度，即估计数量 q/p_0．只要做一个粗略估计就够了．解释你的想法．

5 只要我们能产生很低能量的电子束就可能进行“宏观”电子衍射实验．假设我们想产生平均能量为 0.01 eV 的具有确定动量的射束．讨论一下在这个想法中我们可能遇到的实际困难．显然，热灯丝加上一个加速电极是不行的，但是或许你

们会想出别的办法．如果你能想出，说明你的一些设想，并讨论它们在技术上是否可行的．

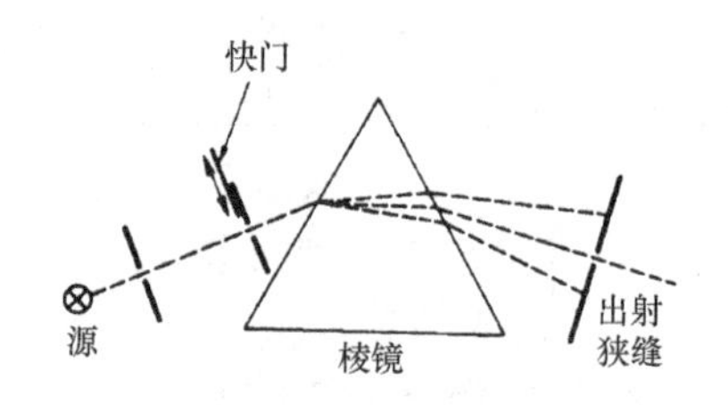

习题 3 的图．作者再一次试图违反不确定关系．三棱镜代表非常高分辨率的摄谱仪，用它从透射光中选出极窄的频率范围．用高速光闸控制入射光．作者错误地主张能任意精确地同时确定从出射狭缝出射的光脉冲的频率和时间．错在什么地方？

6　考虑第五章习题 5 的附图中所示的光栅，假设光栅不是无限长，而是只包含 N 条透光狭缝．在这个情况中光栅不是严格周期性的，因而衍射光束呈现角度弥散．我们可以按下述方式表达这个问题：传递给光栅的最小特征动量不再精确等于 $2\pi/a$，而只能确定到不确定范围 Δq．试求 N 和 Δq 之间的关系．把图转过 90°并与本章图 5ABCD 比较，这一比较会给你一些概念．应用这一结果推导各衍射光线出射角不确定度的表示式．

7　考虑从稳定光源出射的近乎单色的光束．问题是要通过在“实验区域”进行的测量来确定这一光束的未知偏振态．

（a）你们可以用理想的偏振滤波器和光电倍增管．为了完全确定射束的偏振态所必须进行的强度测量的次数最少是多少？说明你所说的结论的基础．

（b）假如给你一只光电倍增管，两片相同的偏振片和一片四分之一波片．只使用上述装置你怎样确定光束的偏振态？这里你们不能假设偏振片是理想滤波器．

8　本题的附图表示第 41 ~ 43 节中讨论的两个双缝实验的改进．理想的偏振滤波器放在（或不放在）狭缝前面以及光源和探测器前面．我们假设第 41 ~ 43 节中所讨论的传递振幅不依赖于偏振态，并且假设光源发出非偏振光．推导类似于式（43b）的，从 S 上的狭缝进入的光子通过 D 上狭缝概率的表示式，对于偏振滤波器的不同组合，列成下表：

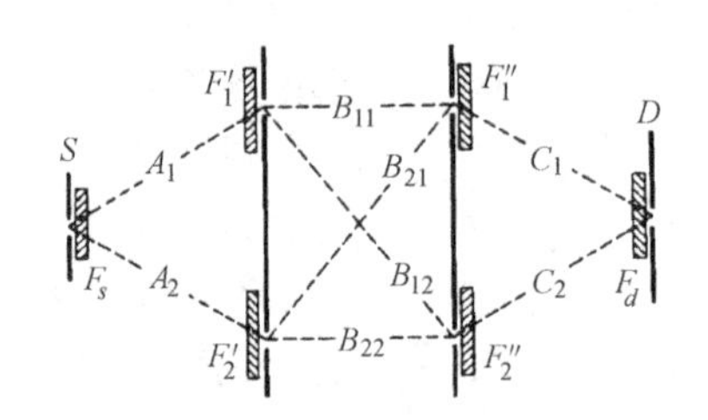

习题 8 的图表示图 41A 中两个双缝实验的改进．理想的偏振滤波器可以覆盖各个狭缝．问题在于确定通过 S 上狭缝进入的光子又通过 D 上狭缝出射的滤波器的各种组合概率．数值 A_m，B_{mn} 和 C_m 是没有滤波器时的传递振幅．假设传递振幅与偏振态无关

F_s	F_1'	F_2'	F_1''	F_2''	F_d
abs	H	V	abs	abs	abs
LC	H	V	abs	abs	abs

（续）

F_s	F'_1	F'_2	F''_1	F''_2	F_d
LC	H	V	abs	abs	RC
LC	H	V	RC	LC	H
abs	H	abs	abs	H	abs

表中“abs”表示那里没有滤波器，H 表示水平偏振器，V 表示垂直偏振器，LC 表示左旋圆偏振器，RC 表示右旋圆偏振器.

9　我们来考虑理想计数器和实际计数器的区别．即使所研究的事件没有发生，实际计数器却偏偏也会“咔嗒”作响，但有时在它应该计数的时候却不记数．在粒子源关闭的时候“咔嗒”作响的速率叫作*本底速率*．本底计数的一个来源是永远存在着的宇宙辐射．还有，如果两个事件相隔的时间间隔太小，实际计数器的响应只有一次“咔嗒”声．我们把可以作为分开的事件记录下来的两个事件之间的最小时间间隔 t_0 称为计数器的*分辨时间*．我们可以用下述方法确定计数器的分辨时间：我们有两个放射源 1 和 2，可以把它们放在靠近计数器的某一确定位置，使得计数器有大致相同的计数速率．令 N_0 是两个源都拿走时的计数率．令 N_1 是粒子源 1 在时的计数率，N_2 是粒子源 2 在时的计数率．N_{12} 是两个粒子源都在时的计数率．我们这样来安置它，使得 N_{12} 比之于 $1/t_0$ 虽然不能完全忽略但远小于 $1/t_0$．我们进一步假设，N_0 小于 N_1，或 N_2，或 N_{12}．证明测量这四个计数率可以确定 t_0，并导出用 N_0，N_1 和 N_{12} 表示的 t_0 表达式.

注意：对于理想计数器，并且在没有本底情况下，我们会得到 $N_{12} = N_1 + N_2$.

第七章　薛定谔波动力学

第七章 薛定谔波动力学

一、薛定谔的非相对论性波动方程

§7.1 现在我们把注意力转向一个唯象理论，它在量子力学的发展过程中起过极其重要的作用. 这就是薛定谔方程的理论，它是薛定谔（Erwin Schrödinger）在 1926 年首次阐述的㊀，当时正是海森伯发明矩阵力学之后不久，这两个理论是量子力学中某些原理最初的定量表述.

本书中讨论薛定谔理论是想要了解波动理论在实践上效果如何、并看看在这个理论范围内如何实际地计算问题. 我们选择非相对论性的薛定谔理论作为波动理论的范例，因为它在很多方面是一个特别简单的理论.

§7.2 薛定谔方程的理论（在最严格的意义上）是以一些严格的近似作为基础的. 在这些近似中，我们指出以下两点：

Ⅰ. 不考虑粒子的产生和湮没现象，因此在任何给定的物理条件下，假定在时间进程中，每一种粒子的数目都保持不变.

Ⅱ. 假定所有有关的速度都足够小，因而非相对论性近似有效. 这就是说，自始至终只讨论非相对论性的情况.

我们将这两个假设认为是极端的近似，因为经验告诉我们在自然界中确实存在

薛定谔（Erwin Schrödinger），1887 年生于维也纳，1961 年逝世. 薛定谔在维也纳大学学习物理学，1910 年获得学位. 在斯图加特（Stuttgart）和布雷斯劳（Breslau）短期逗留后，成为苏黎世大学的物理学教授. 1927 年，他作为普朗克的继任者受聘到柏林. 1933 年，薛定谔离开德国. 最后他接受了都柏林高级研究院的理论物理学院院长的职务. 他获得 1933 年的诺贝尔奖.

在这一章开始所提到的四篇论文是对物理学理论的不朽贡献. 他发现的波动力学在非常短的时间里就在原子物理学中引起了巨大的发展. 薛定谔本人在这一发展中起了积极的作用.

㊀ E. Schrödinger, "Quantisierung als Eigenwertproblem", *Annalen der Physik* **79**, 361 (1926); **79**, 489 (1926); **80**, 437 (1926); **81**, 109 (1926).

着粒子的产生和湮没现象，并且我们也知道任何基本理论都必须把狭义相对论中的许多事实考虑进去。

我们所做的这两个假设并非相互无关的．例如，考虑这样一种碰撞过程：两个质量相等、在质心系统中速度都接近于光速的粒子相互碰撞．在这种情况下，它们就有足够的动能可以产生同样质量，或者不同质量的新增加的粒子．反过来，如果速度很小，可资利用的动能也小，于是就不会出现粒子的产生现象，因为这是能量守恒定律所禁止的．不过，对这个结论有一个值得注意的例外情况．由于光子的静止质量为零，即使所有其他静止质量不为零的粒子都以非相对论性速度运动，光子的产生和消灭（即光子的吸收和发射）仍会发生．如果我们从较广泛的意义上来理解薛定谔理论，我们就可以把光的吸收和发射结合到理论中去，为此，我们必须把上述假设修改如下：

Ⅰ*．假定不会发生实物粒子的产生和湮没，然而可以发射和吸收光子．

Ⅱ*．假定所有实物粒子都以比较小的速度运动，因而可以非相对论性地描述这些粒子．对任何情况下都不能非相对论性地描述的光子则要给以特殊处理．

我们应当指出，也有“相对论性的”波动方程理论．在这种理论中，可以放宽上述第二个假设．著名的狄拉克方程就是这种方程的例子．至于薛定谔方程，它也有一种相对论性的形式．这里我们将不去讨论这些理论：当我们提到薛定谔方程时，我们指的就是根据上述假设的非相对论性形式．

§7.3　在这一章的第一节里，我们把薛定谔方程归类为唯象理论．之所以要这么说，是由于清楚地认识到，不能将薛定谔方程称为基础理论．我们已经提出为什么是这样的一些理由，希望读者能很清楚地理解这一点．薛定谔方程的理论和一般意义上的量子力学理论并不是同一回事．

然而我们还要明确说明，把薛定谔方程应用于原子和分子时，它被证明是极其成功的．上面所说的一点也不是想要把薛定谔方程贬低为一种有用的近似．

§7.4　在讨论薛定谔方程本身之前，让我们试着理解为什么建立在第2节所说的两个假设的基础上的薛定谔理论应用于原子和分子时，会如此成功．其根本的原因是精细结构常量$\alpha \sim 1/137$的数值“很小”．我们在第二章中曾经断言：由于α比1小得多，原子和分子的结构是缓慢地运动着的粒子的松散结合．除其他性质外，我们还发现，如果谈论氢原子中电子的速度还有意义的话，则这个速度必须是$\alpha c \sim c/137$的数量级．这个速度也是其他原子中的最外层电子的特征速度．分子中原子核以更小的速度运动，因而作为薛定谔理论基础的第二个假设在原子和分子的领域中能得到相当好地满足．

§7.5　关于第一个假设，可参考第二章中关于原子和分子的物理学中的特征跃迁能量的定性讨论．典型的分子结合能和光学跃迁能量约为1～10eV的数量级．和原子结构有关的最高能量是重元素发射的X射线的能量，这些能量不超过100 keV.

可以把这些能量和0.5 MeV的电子静能对比．除了光子，再也没有比电子更

企图做出原子逼真的图像的描绘的一切努力都是注定要失败的. 这样一张图提示我们某种实际上用眼睛能看到的东西. 但是原子的行为同任何熟悉的宏观物体的行为是如此不同，以致直接把它形象化是做不到的. 但这并不妨碍我们用图形来表示原子的某些方面. 这类示意图有点类似于漫画家对复杂的人类活动的描写. 如果图画所根据的习俗是通常能理解的，那么图画的确传达了一定信息.

上面的氦原子的图示并不是无意义的. 这里是要提醒读者，在（轻）原子里电子缓慢地运动着，这就是为什么非相对论性的薛定谔理论适用的道理. 在这个图的背后还有另一个目的. 无论什么时候，读者看到一张被认为是表示原子、原子核或分子的图画，他应该就想起这个威切曼模型和以上关于图画表示的评语.

轻的粒子了（我们已同意要用不同的方法处理光子）. 在电磁过程中不可能单独地产生一个电子，它只能够和正电子一起产生. 然而，产生电子对需要 1 MeV 的能量，这远大于典型的原子和分子的能量（读者可能会反驳说，静止质量为零的中微子实际上比电子更轻. 然而，中微子和其他粒子间的相互作用是非常之弱，与电磁相互作用相比较，完全可以忽略中微子的相互作用. 在原子和分子物理学中我们可以完全不考虑中微子的存在）.

§7.6　有充分的理由可以认为所谓*量子场论*的一个特例的量子电动力学是原子和分子的“正确”理论. 可以把应用于原子和分子领域内的薛定谔理论看作是这个“正确”理论的一级近似. 如果我们把量子电动力学的推论和薛定谔理论的推论进行比较，就能明白地考查后一理论的正确性. 一般的结果是：薛定谔理论可以正确地解释原子和分子结构的*主要*特征，这一点我们可以用数学表述如下：诸如定态能量、发射光谱线的波长、激发态的寿命、分子的几何参量等有关原子和分子的许多参数的理论表达式都可以展开成为精细结构常量 α 的幂级数. 在这些展开式中，薛定谔理论正确地给出主要项. 可以把高次项当作“相讨论性修正”. 因为 α 很小，这些修正项一般也都是很小的.

§7.7　现在，我们尝试对一个非常简单的物理情况，也就是一个粒子（例如电子）在外加力场中运动的情况，对它建立薛定谔理论. 薛定谔理论肯定远比这普遍得多，它可以用来描述任意数目的相互作用着的粒子的运动，不过，为了理解这个理论的一般面貌，我们应该从这个最简单的物理情况开始.

我们首先考虑一个更为简单的情况，就是不存在任何外力场的情况下单个粒子运动的情况. 在这种条件下，我们讨论的是*自由粒子*. 薛定谔理论关系到一个称为薛定谔方程的波动方程式，这个方程式描写和粒子相联系的德布罗意波. 在第五章第 37 节中，我们已经导出了这样的一个波动方程，就是克莱因-戈尔登方程. 这个方程式是相对论性不变式：不论粒子运动得是慢还是快，这个方程式都成立，并且在每个惯性参考系中都有相同的形式．我们现在要按照建立薛定谔理论所依据的原理来修改这个波动方程，这就是说我们要做非相对论性近似．再有，我们还要给描写德布罗意波的波函数 $\psi(\boldsymbol{x},\ t)$ 以确切的物理解释．

§7.8　在第五章中我们已经对波函数做了粗浅的解释："在振幅 $\psi(\boldsymbol{x},\ t)$ 大的空间区域中最有可能找到粒子"．我们现在要通过做一个特定的假设使这个概念精确化．

薛定谔波函数 $\psi(\boldsymbol{x},\ t)$，即薛定谔理论中德布罗意波的振幅，以下述方式描写粒子在空间和时间中的概率分布：假如我们想通过测量来确定粒子在某一给定的时刻 t 的位置，我们在包含 x 点体积为 dx^3 的小区域内找到粒子的概率正比于 $|\psi(\boldsymbol{x},\ t)|^2 d\boldsymbol{x}^3$．因而，概率密度正比于波函数绝对值的平方．

这个假设是薛定谔理论的特征和基础．如果我们希望能进行精确的计算，我们自然必须给波函数以某种诠释，上面阐明的概率诠释既方便，物理意义也明确．这一深刻而又重要的概念是玻恩（Max Born）首先提出来的[㊀]．

§7.9　薛定谔波函数是位置和时间的复数函数，它满足我们下面就要写出的（线性）薛定谔方程．每一确定的波函数对应于粒子的一个确定的运动状态．我们应当注意，如果 $\psi(\boldsymbol{x},\ t)$ 是一个可能的波函数，那么 $e^{i\theta}\psi(\boldsymbol{x},t)=\psi_1(\boldsymbol{x},t)$ 也是一个可能的波函数，其中 θ 是任意的实数常量．再者，也是最重要的一点，ψ 和 ψ_1 所确定的概率分布是全同的．这就是说，两个波函数 $\psi(\boldsymbol{x},\ t)$ 和 $\psi_1(\boldsymbol{x},\ t)$ 描写粒子的同一个运动状态．我们可以这样说：每一波函数都对应于粒子的一个唯一的运动状态．但是相反的表述却不成立：对于粒子的一个给定的运动状态，我们只能把它的薛定谔波函数确定到相差单位模量的常数复数因子，即绝对值为1的复数因子．两个仅仅相差这样一个因子的波函数对应于同一个物理状态．

波恩（Max Born）1882年生于德国布雷斯劳（现在波兰）波恩先在布雷斯劳、海德尔堡、苏黎世和哥廷根学习数学，但后来改学物理．1921年他受聘为哥廷根大学理论物理学教授．1933年，波恩离开德国．在剑桥待了三年之后，他受聘为爱丁堡大学自然哲学教授．1953年他退休后回到德国．1954年他被授予诺贝尔奖．

波恩对矩阵力学和波动力学以及其他物理学领域的发展都做出了许多重要的贡献．他的量子力学统计诠释特别突出．这是该理论真正能够做出前后一贯的物理解释的重要一步．（照片承蒙 *Physics Today* 杂志惠允．）

㊀ M. Born, "Quantenmechanik der Stossvorgänge," *Zeitschrift für Physik* **38**, 803 (1926).

§7.10　假定粒子的质量为 m. 考虑动量为 $\boldsymbol{p}$ 的平面波. 从而粒子的能量为㊀

$$E=\sqrt{m^2c^4+c^2p^2} \tag{10a}$$

现在我们做非相对论性近似，设粒子的速度远小于光速. 这意味着在式（10a）中 $(cp)^2$ 项远小于 $(mc^2)^2$ 项，从而我们可以把式（10a）中的平方根展开成级数，并且只保留前面两项.

$$E\approx mc^2+\frac{p^2}{2m} \tag{10b}$$

式（10b）中的第一项是粒子的静能，第二项是粒子动能的非相对论性表示式.

用 $\psi_B(\boldsymbol{x},t)$ 表示的相应的德布罗意波函数可由下式近似地表示为

$$\psi_B(\boldsymbol{x},t)=\exp\left(\frac{\mathrm{i}\boldsymbol{x}\cdot\boldsymbol{p}}{\hbar}-\frac{\mathrm{i}tp^2}{2m\hbar}\right)\exp\left(-\frac{\mathrm{i}tmc^2}{\hbar}\right) \tag{10c}$$

这里我们把波函数写成两个因子的乘积. 用 $\psi_S(x,t)$ 来表示其中的第一个因子：

$$\psi_S(\boldsymbol{x},t)=\exp\left(\frac{\mathrm{i}\boldsymbol{x}\cdot\boldsymbol{p}}{\hbar}-\frac{\mathrm{i}tp^2}{2m\hbar}\right) \tag{10d}$$

于是可得

$$\psi_B(\boldsymbol{x},t)=\psi_S(\boldsymbol{x},t)\exp\left(-\frac{\mathrm{i}tmc^2}{\hbar}\right) \tag{10e}$$

因而

$$|\psi_B(\boldsymbol{x},t)|^2=|\psi_S(\boldsymbol{x},t)|^2 \tag{10f}$$

从方程式（10f）可以看出，ψ_B 和 ψ_S 这两个波函数只相差单位模量的复数因子，并且这个因子与粒子的运动状态无关，亦即与 $\boldsymbol{p}$ 无关. 对于所有时刻和所有地点，这两个波函数的绝对值平方都是相等的. 要描写粒子的概率分布，我们可以用“正确的”德布罗意波函数 ψ_B，也可以用 ψ_S. 在薛定谔理论中我们就是这样做的. 因此，由式（10d）所给出的 ψ_S 就是描写以小的动量 $\boldsymbol{p}$ 运动的自由粒子的薛定谔波函数. 这个约定纯粹是为了方便：既然因子 $\exp(-\mathrm{i}tmc^2/\hbar)$ 根本没有“物理效应”，那么又何必在计算时带着这个因子呢?

§7.11　任何薛定谔波都可以由具有式（10d）形式的平面薛定谔波叠加得到. 为了求出每一个薛定谔波都能满足的波动方程，我们仿照第五章第 37 节的步骤处理. 换言之，我们要求为每一平面波函数所满足的最简单的线性波动方程. 这个推导和第五章的讨论完全相似. 我们得到

$$\mathrm{i}\hbar\frac{\partial}{\partial t}\psi(\boldsymbol{x},t)=-\frac{\hbar^2}{2m}\nabla^2\psi(\boldsymbol{x},t) \tag{11a}$$

这里我们略去了波函数的下标 S：今后我们只处理薛定谔波函数 $\psi_S(\boldsymbol{x},t)=\psi(\boldsymbol{x},t)$，因此下标就是多余的了.

㊀ 在这一章里，我们采用 MKS 或 cgs 单位.

方程式（11a）是自由粒子的薛定谔波动方程. 它描写自由粒子在非相对论性近似条件下的运动. 比较式（11a）和第五章中的相对论性方程式（37e），我们注意到式（11a）只包含对时间的一次导数. 还有，光速在式（11a）中也不出现，这与薛定谔方程的非相对论的性质是相符合的.

§7.12　考虑薛定谔方程（11a）的平面波解（10d）. 这个波的相速度 v'_f 是

$$v'_f = \frac{\omega}{k} = \frac{p}{2m},$$

其中

$$\omega = \frac{p^2}{2m\hbar}, \quad k = \frac{p}{\hbar} \tag{12a}$$

另一方面，（10c）给出的（非相对论性近似）德布罗意波的相速度 v_f 是

$$v_f \approx \frac{mc^2}{p} + \frac{p^2}{2m} \tag{12b}$$

读者可能对这个事实感到困惑：虽然我们假设 ψ_B 和 ψ_S 这两种波描写的正是同一物理状态，但是两个相速度 v'_f 和 v_f 却并不相等，不过，也不必奇怪：相速度和粒子的速度并不是同一件事，相速度并不对应于可以直接观测到的任何事物. 另一方面，下式给出薛定谔波的群速度

$$\frac{1}{v} = \frac{\mathrm{d}k}{\mathrm{d}\omega} = \frac{m}{p} \tag{12c}$$

这个速度才确实等于粒子的速度——也应该是这样. 在第五章中我们已经指出，德布罗意波的群速度也就等于粒子的速度，所以这两种波确实以相同的群速度传播.

§7.13　我们现在更进一步来考虑外力场中粒子的运动，这个外力可以从一个势场推导出. 我们用 $V(\boldsymbol{x})$ 来表示粒子的势能，它是位置的函数但不是时间的函数.

读者可能对在量子力学中引进势来描写作用于粒子上的力这一想法有些疑问. 当然，作用在一个粒子上的力是由于其他粒子存在. 一致性要求其他粒子也应当用量子力学来描写. 因此在给定的物理条件下，所有的粒子都应该用波来描写，而粒子相互作用的基本理论则必须是描写粒子的德布罗意波之间的相互作用的理论. 量子场论就是试图做出这种基本描述的理论. 按照这个理论，描写电子的德布罗意波和量子化的电磁场相互作用，这个电磁场再和描写质子的德布罗意波相互作用. 因此，电子和质子之间的电磁相互作用是间接发生的，它以量子化的电磁场为介质. 我们可以把这表示为：相互作用是通过交换光子来实现的（这是一个很美妙的图像）.

然而在这一章里，我们只限于在作为薛定谔理论特点的近似框架内讨论问题. 我们的理论不是基本理论而只是唯象理论. 我们只对单个粒子的运动感兴趣，因此试图把所有其他粒子的效应以有效势 $V(\boldsymbol{x})$ 来表示是合理的. 再有，在选择这个势时，以经典的类似作为依据也是合理的.

假如我们考虑带电粒子在由连接到电池上的一些导体所决定的宏观电场中运动，引入势函数的合理性将是非常清楚的．在这个情况中，我们知道用经典理论可以很高的准确度描写电子的运动．电子轨道的性质取决于导体系统所确定的静电势．用量子场论的语言来说，电子和导体中所有的带电粒子交换光子．而且根据直觉就可以明了，所有这些“光子交换”的净效应可以用电子在空间“看到”的静电势来描写．

§7.14　在薛定谔理论中引进有效势函数这个概念在许多方面都和经典光学中引进折射率十分类似．我们都很清楚，在微观尺度上，玻璃不是均匀的物体，而是由原子构成的．如果我们想用基本的方式描述光波（光子）通过玻璃的传播，我们就必须考虑光波和整块玻璃中所有的单个原子的相互作用．反过来，如果我们满足于光通过一块玻璃（这可能是光学系统的一个组成部分）传播的唯象描述，我们就可以用一个有效折射率来描写所有基元相互作用的效应．正如我们曾经说过的，在折射率和薛定谔理论的势之间具有一定的相似性．记住这个相似性将有助于我们对薛定谔理论的理解．我们还应该记住，通过折射率来描写固体的电磁性质是有它的局限性的．同样，在物理上也有基本粒子间的相互作用完全不能够用势函数来描写的情况：只有在薛定谔理论的两个基本前提成立的情况下，势函数才有意义．

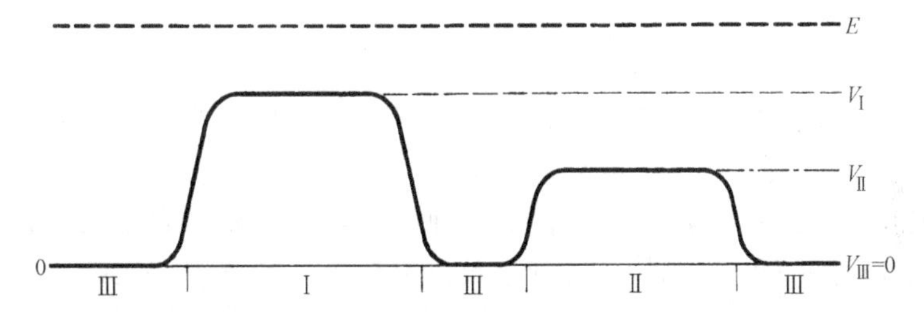

图 15A　我们是这样“导出”薛定谔方程的：首先找出在区域Ⅰ，Ⅱ和Ⅲ（在这些区域里势是常数）中波能合理地满足的方程式．很容易看出，方程式（16c）、方程式（16e）以及方程式（16f）必定成立．然后我们用某种技巧把这些方程式结合为一个方程式（17a），这就是薛定谔方程．

在图中，用实线表示势能曲线．假定能量 E 大于这三个区域内的势能．能量的大小用粗的虚线表示．这条虚线位于势能曲线的上面．

§7.15　现在考虑这样一种情况，假设在空间中有一个有界的区域，区域Ⅰ，其中粒子的势能是 V_{I}．设有另一个有界的区域，区域Ⅱ，其中粒子的势能为 V_{II}．再假设在这些区域的边界处势函数很快地降为零．我们把这两个区域以外的区域都叫作区域Ⅲ．假设 $V_{\mathrm{III}}=0$．我们把这个情况简单地表示在图 15A 中．图中粗的实线表示作为位置函数的势能．

设有一个总的非相对论性能量为 E 的粒子在这个力的势场中运动．由于我们的讨论是非相对论性的，因此 E 就是粒子的动能和势能之和；现在静能 mc^2 不包含在内. 按照经典力学，在区域Ⅲ中，粒子的动能就等于E，在区域Ⅰ中，粒子的动能是（$E-V_{\mathrm{I}}$），在区域Ⅱ中是（$E-V_{\mathrm{II}}$）. 粒子的动能E_{kin}和动量p的关系为

$$E_{\mathrm{kin}}=\frac{p^2}{2m} \tag{15a}$$

总能量在图15A中用虚线表示. 我们暂时假定总能量在各处都大于势能.

§7.16 我们现在来讨论和粒子相联系的薛定谔波的行为，波的频率ω和能量E之间的关系为$E=\hbar\omega$，因而波函数只通过因子$\exp(-\mathrm{i}tE/\hbar)$依赖于时间$t$. 由此，与以一定的能量$E$运动着的粒子相联系的薛定谔波满足方程式为

$$\mathrm{i}\hbar\frac{\partial}{\partial t}\psi(\boldsymbol{x},\ t)=E\psi(\boldsymbol{x},\ t) \tag{16a}$$

波与空间坐标的关系取决于粒子的动量：通过德布罗意方程$\lambda=\hbar/p$，动量p和波长λ相互联系起来. 考虑区域Ⅲ中能量为E的波. 设想把这个波分解为平面波的叠加. 这些平面波对空间坐标的依赖关系由指数因子$\exp(\mathrm{i}\boldsymbol{x}\cdot\boldsymbol{p}/\hbar)$给出，其中$\boldsymbol{p}$的数值由下式给出

$$E=\frac{p^2}{2m} \tag{16b}$$

由此可得，每一个平面波都满足微分方程

$$-\frac{\hbar^2}{2m}\nabla^2\psi(\boldsymbol{x},\ t)=E\psi(\boldsymbol{x},\ t) \tag{16c}$$

因此，对应于能量为E的粒子的薛定谔波在整个区域Ⅲ中必定满足微分方程式（16c）.

现在来考察区域Ⅰ中的波. 假定我们把这个区域内的波分解成形式为$\exp(\mathrm{i}\boldsymbol{x}\cdot\boldsymbol{p}/\hbar)$的平面波，动量$\boldsymbol{p}$的数值可以根据式（15a）来求出

$$\frac{p^2}{2m}=E_{\mathrm{kin}}=E-V_{\mathrm{I}} \tag{16d}$$

我们断定在区域Ⅰ中的薛定谔波必定满足方程式

$$-\frac{\hbar^2}{2m}\nabla^2\psi(\boldsymbol{x},\ t)=(E-V_{\mathrm{I}})\psi(\boldsymbol{x},\ t) \tag{16e}$$

同理我们断定，在区域Ⅱ中的薛定谔波函数必定满足微分方程：

$$-\frac{\hbar^2}{2m}\nabla^2\psi(\boldsymbol{x},\ t)=(E-V_{\mathrm{II}})\psi(\boldsymbol{x},\ t) \tag{16f}$$

§7.17 我们得出Ⅰ、Ⅱ和Ⅲ三个区域内的波函数所满足的方程式（16c）、方程式（16d）以及方程式（16f）的论证看来是合理的. 因此一件很吸引人的事是把这三个方程式归纳成一个方程式：

$$-\frac{\hbar^2}{2m}\nabla^2\psi(\boldsymbol{x},\ t)=[E-V(\boldsymbol{x})]\ \psi(\boldsymbol{x},\ t) \tag{17a}$$

其中$V(\boldsymbol{x})$是势函数，它在这三个区域内所取的数值分别为V_{I}、V_{II}和$V_{\mathrm{III}}=0$. 然

而必须注意，在势很快地变化的边界区域上，“正确的”微分方程应该是怎样的，对此我们没有提出任何论证. 所以方程式（17a）在各处都必然成立这一点并不是不证自明的，事实上，现在作者要坦白承认，是他有意识地安排了导致上述方程式的论证，并且精心设计画出图 15A，引导读者相信像式（16e）那样的方程式必定是正确的. 我们的整个论证中实际上是有缺点的. 只要区域Ⅱ的宽度比这个区域内的德布罗意波长大很多，我们就可以有把握承认上面的结论，即式（16e）是极其合理的. 在这个区域中波的局部行为应当不依赖于别处的势，因而波长和动能之间的关系就必定符合我们的假设. 但是，如果区域Ⅱ的宽度与波长相比是小量，也就是说如果在一个波长的范围内势 $V(\boldsymbol{x})$ 有明显的变化，情况就不同了. 在这个情况中，并不很清楚波函数对空间坐标依赖关系应当是什么样子的，因为根据用动能 $[E-V(\boldsymbol{x})]$ 表示的德布罗意关系，x 点的“波长”应是位置的函数.

因此，在空间各处以及对各种势函数 $V(\boldsymbol{x})$，方程式（17a）总是一个正确的方程式这一点并非不证自明的. 不过我们要追随薛定谔，假定方程式（17a）是正确的. 作为描写薛定谔波的行为的方程式，它至少是一个合理的方程式，我们应该给它一个公正的考验. 可是我们要讲清楚，我们的讨论并不是方程式（17a）的正确性的证明，而仅仅是支持它的似乎有理的论证. 实际上可以做得稍微好一些. 一种可能的处理方法是从量子电动力学出发，从而可以证明，方程式（17a）应用于包含原子和分子在内的非相对论性问题时，作为场论公式的一种近似得到，另一种途径是系统地研究具有合理的物理解释，包括第 8 节中所讨论的概率解释，可能的波动方程是什么. 对粒子受到力的作用的情况，我们希望保留关于波函数的概率解释. 那么人们就可以证明，方程式（17a）在某种意义上是量子力学问题的最简单的波动方程这个问题“对应”粒子在力的势能 $V(\boldsymbol{x})$ 中运动的经典力学问题. 详细地研究这些论证会使我们离题太远，因此我们必须把方程式（17a）作为建立在上面提出的论证基础上的一个工作假说而接受下来.

§7.18　方程式（17a）和具有一定能量 E 的波相联系. 对于这样的波，关系式（16a）成立，从而我们可以把方程式（17a）重新写成下面的形式：

$$-\frac{\hbar^2}{2m}\nabla^2\psi(\boldsymbol{x},\ t)+V(\boldsymbol{x})\psi(\boldsymbol{x},\ t)=\mathrm{i}\hbar\frac{\partial}{\partial t}\psi(\boldsymbol{x},\ t) \tag{18a}$$

在这个方程式里 E 不再出现，因此式（18a）对于各种能量 E 都成立，从而对于各种薛定谔波都成立.

方程式（17a）和方程式（18a）就是著名的薛定谔方程. 方程式（18a）叫作含时薛定谔方程，而方程式（17a）叫作不含时薛定谔方程. 我们要记住，方程式（18a）是对于所有薛定谔波都成立的方程式，而方程式（17a）（对于给定 E 的数值）只对于描写总能量为 E 的粒子的薛定谔波才成立.

当然，对于方程式（17a）和方程式（18a），可能的最好的证实在于把根据这些方程式所做出的推论和实验事实进行比较. 薛定谔伟大发现之后的一个短时期内，这个方程式应用于原子和分子物理学的许多问题上得到了惊人的成功，从而引起物理学的这些分支产生巨大的飞跃从而有巨大的进展. 在这个发展过程中，薛定谔本人起了积极的作用. 在下一章我们将看到他怎样解释原子的准稳定态. 我们有多种理由赞美薛定谔写出式（18a）这样一个方程式的深邃洞察力，这个方程式被证明为对于它企图描绘的情况都是正确的方程式.

在这门课程里我们不想讨论解方程式（18a）的一般理论，而把它留给更高级的课程去讨论. 我们只想讨论薛定谔理论的几个非常简单的应用，看一下它是怎样解决问题的.

二、几个简单的“势垒问题”

§7.19　我们已经假设薛定谔方程（17a）和方程（18a）对于任意势函数 $V(\boldsymbol{x})$ 成立. 然而在“导出”方程（17a）的过程中，仅考虑了势 $V(\boldsymbol{x})$ 在任何地方都比总能量 E 小的情况，现在让我们看看当空间中存在势能比总能量 E 大的区域时，情况如何. 按照经典力学这些区域粒子是不能进去的，但是我们将看到在量子力学里情形是不同的.

为简单起见，我们将把讨论局限于一维的空间：粒子可以沿一直线运动，它的位置由坐标 x 确定. 一维模型有很大的方便，它的不含时间的薛定谔方程是一个常微分方程，而不是偏微分方程，因此数学讨论简化了一个数量级. 但是一些基本的特性在这个简单模型之中都已显示出来了.

§7.20　考虑薛定谔方程在粒子的能量 $E>0$ 的情况中，方程（17a）的一维形式为

$$-\frac{\hbar^2}{2m}\frac{\partial^2}{\partial x^2}\psi(x,\ t)=[E-V(x)]\psi(x,\ t) \tag{20a}$$

波函数 $\psi(x,\ t)$ 对时间的依赖关系在因子（$-\mathrm{i}tE/\hbar$）中给出，如果愿意的话，波函数可以写成

$$\psi(x,\ t)=\varphi(x)\exp\left(-\frac{\mathrm{i}tE}{\hbar}\right) \tag{20b}$$

在这种情况下，与时间无关的因子 $\varphi(x)$ 满足与方程（20a）同样的方程，即

$$-\frac{\hbar^2}{2m}\frac{\mathrm{d}^2}{\mathrm{d}x^2}\varphi(x)=[E-V(x)]\varphi(x) \tag{20c}$$

这是一个常微分方程. 如果我们从这个方程解出 $\varphi(x)$，那么从方程（20b）就得到薛定谔波函数 $\psi(x,\ t)$.

§7.21　现在考虑图21A所示的情况，图中粗的虚线表示总能量 E，实线表示势函数 $V(x)$. 我们假定，在图的左边势函数为常数零，到图的右边，它是常数 $V_0>E$. x_0 点，这里动能为零，叫作转折点. 根据经典力学，从左面入射的粒子就要

在这里停下来，并且转回去．x_0 点右边的区域是经典粒子不能进去的．

现在对如图 21A 所示的势函数求解方程(20c)．解 $\varphi(x)$ 是 x 的某种函数，它是连续的，并有连续的一阶微商．我们不必真实地解出这个方程，就能推测出波函数 $\varphi(x)$ 在 x_0 的右边不为零，按照我们对波函数的概率解释，这意味着在 x_0 的右边存在着找到粒子的某种不等于零的概率．因此量子力学预言，粒子能够穿透到经典力学禁止的区域．

图 21A　说明第 21 节的讨论的图解．实线表示势函数，粗虚线表示总能量 E 的量值．在点 x_0 处势和 E 相等，是经典转折点．根据量子力学在经典物理学禁止的区域内，有找到粒子有限的概率．

§7.22　让我们试着更直接地研究这个现象．为此目的，我们进一步把问题简化，并用图 22A 中的阶跃势来代替图 21A 中平滑地上升的势．为方便起见，我们仍选取转折点 x_0 作为 x 轴的原点，即 $x_0=0$．这样就有

$$\begin{cases} V(x)=0, x<0\text{时} \\ V(x)=V_0, x>0\text{时} \end{cases} \tag{22a}$$

图 22A 所表示的势可以认为是图 21A 所表示的那种类型势的极限情况，势的上升越来越陡，直至达到如图 22A 所表示的理想情形．只要势是连续函数，波函数就是连续的并且有连续的一阶微商，这种性质在阶跃势的极限情况中也被保留下来．但是在后一种情况里，波函数的二阶微商一般会显现出一个“跳变”．应该注意，这种表述是关于薛定谔理论中出现的微分方程的数学表述．作为物理学家我们应当总是把阶跃势看作是实际势的理想化，因此决不会怀疑物理的波函数必须满足所提到的连续性．

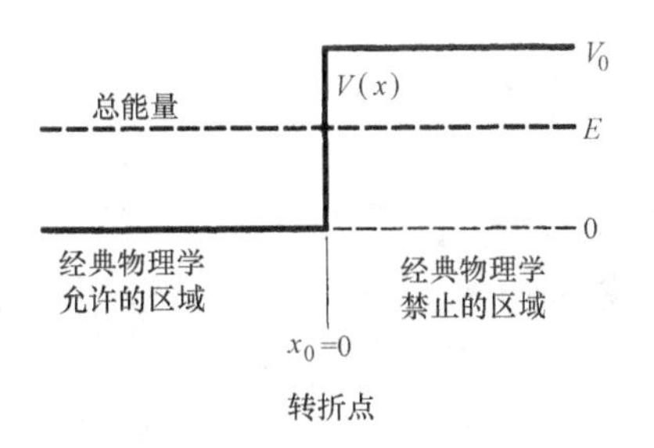

图 22A　为了简化数学讨论，用上图中的阶跃势来代替图 21A 中的连续变化的势．

§7.23　让我们考虑 $x>0$ 的区域里的波动方程．在这个区域中它具有下述形式

$$-\frac{\hbar^2}{2m}\frac{\mathrm{d}^2}{\mathrm{d}x^2}\varphi(x)=(E-V_0)\varphi(x) \tag{23a}$$

我们可以立刻求出两个线性独立的解，即

$$\exp(-xq),\ \exp(+xq) \tag{23b}$$

其中

$$q=\sqrt{\frac{2m(V_0-E)}{\hbar^2}}$$

解 $\exp(+xq)$ 随 x 增加指数式地增加，它的绝对值的平方也是如此．按照波函数的概率诠释，这意味着找到粒子的概率密度随 x 的增大而无限地增大．这种性质的解在物理上是不能接受的．这里遇到了波动方程的有物理意义的解必须满足边界条件的另一个例子：根据物理的理由，当趋向无穷大时，无限增大的解必须去掉．这样给我们留下唯一可能的解就是 $\exp(-xq)$．若我们用 $\varphi_R(x)$ 来表示 $x>0$ 的区域内的波函数，则有

$$\varphi_R(x)=\exp(-xq) \tag{23c}$$

§7.24　其次考虑 $x<0$ 的区域．在这个区域中薛定谔方程取下述形式

$$-\frac{\hbar^2}{2m}\frac{\mathrm{d}^2}{\mathrm{d}x^2}\varphi(x)=E\varphi(x) \tag{24a}$$

它的两个线性独立的解是

$$\exp(\mathrm{i}xk),\ \exp(-\mathrm{i}xk). \tag{24b}$$

其中

$$k=\sqrt{\frac{2mE}{\hbar^2}}$$

这两个解是振荡解：当 x 趋于 $-\infty$ 时，它们不无限地增加．这两个解在物理上都是可接受的[⊖]．若用 $\varphi_L(x)$ 表示在 $x<0$ 的区域内的波函数，则我们得出结论，波函数必然是下面的形式

$$\varphi_L(x)=A\exp(\mathrm{i}xk)+B\exp(-\mathrm{i}xk) \tag{24c}$$

这里 A 和 B 是常数．

如何确定常数 A 和 B 呢？上面讲过波函数必须是连续的，并具有连续的一阶微商．这意味着函数 $\varphi_R(x)$ 和 $\varphi_L(x)$ 在原点必须以这种方式相匹配，使得

$$\varphi_R(0)=\varphi_L(0),\ \varphi'_R(0)=\varphi'_L(0). \tag{24d}$$

因为它们两者都表示同一个波函数，只不过分别是在转折点 $x_0=0$ 处相会合的两个不同的区域内．式（24d）中的两个条件给出了两个方程，即

$$A+B=1,\ \mathrm{i}k(A-B)=-q \tag{24e}$$

这两个方程确定了两个常数 A 和 B，其解很简单

$$A=\frac{(1+\mathrm{i}q/k)}{2},\ B=\frac{(1-\mathrm{i}q/k)}{2} \tag{24f}$$

§7.25　为了解释上面的解，用常数 $1/A$ 乘波函数（在每个地方）是方便的：因为薛定谔方程是线性方程，所以我们可以这样做．于是我们可以把解直接地写成下面的形式

$$\varphi(x)=\mathrm{e}^{\mathrm{i}xk}+\left(\frac{1-\mathrm{i}\sqrt{V_0/E-1}}{1+\mathrm{i}\sqrt{V_0/E-1}}\right)\mathrm{e}^{-\mathrm{i}xk}\qquad(x<0) \tag{25a}$$

⊖ 如果读者为这种说明所困惑，请看本章 51 节．

和

$$\varphi(x)=\frac{2\mathrm{e}^{-xq}}{1+\mathrm{i}\sqrt{V_0/E-1}}\quad (x>0) \tag{25b}$$

其中

$$k=\sqrt{\frac{2mE}{\hbar^2}},\ q=\sqrt{\frac{2m(V_0-E)}{\hbar^2}} \tag{25c}$$

现在来考察式（25a）给出的在区域 $x<0$ 中的波函数．它是两个波的叠加，第一项 $\exp(\mathrm{i}xk)$ 表示向右行进的波，第二项与 $\exp(-\mathrm{i}xk)$ 成正比，它表示向左行进的波．第二项中 $\exp(-\mathrm{i}xk)$ 前面的系数的模为 1，即

$$\left|\frac{1-\mathrm{i}\sqrt{V_0/E-1}}{1+\mathrm{i}\sqrt{V_0/E-1}}\right|=1 \tag{25d}$$

因此两列波具有同样大小的振幅．由于波的振幅的绝对值的平方必须和粒子“通量”成正比，因此我们得出结论：式（25a）的波函数描述从左面入射的粒子被势“丘”反射回左面的情形．这种解释与过程进行的经典图像是一致的．

在 $x>0$ 的区域内，波函数由式（25b）给出，它描述了薛定谔波穿透并进入经典粒子禁止的区域．穿透波的振幅随着进入禁区的深度而指数式地减少，在离势垒较远处，波函数的振幅实际上为零，这也与经典的图像相符合．图 25A 画出了这些特色．

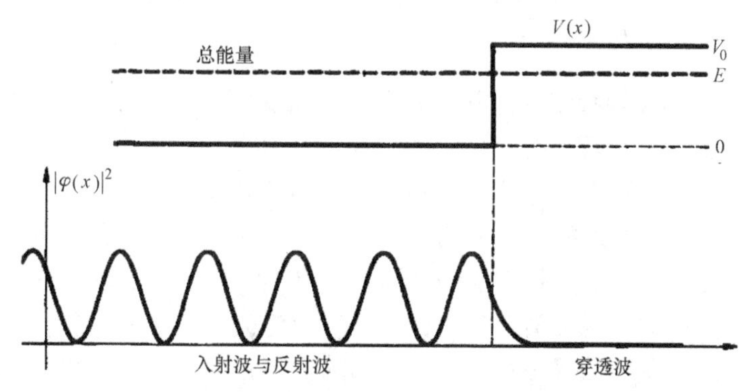

图 25A　图的上面部分表示势 $V(x)$．总能量 E 用粗虚线表示．图的下面部分表示波函数 $\varphi(x)$ 的绝对值的平方．正如我们看到的，波穿透并进入了经典粒子禁止的区域．在势垒的左边有驻波的图样，它是由于入射波同反射波的干涉引起的．注意波函数和它的微商在转折点处是连续的．

§7.26　考虑势垒的高度趋向无穷大，即 $V_0\to+\infty$ 的极限情况是有趣的（能量 E 保持常数）．考察式（25c），我们看到当 V_0 趋于无穷大时，q 也将趋于无穷大，这意味着波函数随（离经典转折点的）距离而减少的速率趋于无穷大，穿透到禁区的波函数越来越少．考察式（25b）我们看到，当 V_0 趋于无穷大时，穿透

波的振幅趋向于零，因而在无限高势“丘”的极限情况，我们得到

$$\text{当 } x<0,\ \varphi(x)=e^{ixk}-e^{-ixk} \tag{26a}$$

$$\text{当 } x>0,\ \varphi(x)=0 \tag{26b}$$

我们的结论是：如果势垒无限高，那么在势垒处，即在 $x=0$ 处，以及在势垒的右边，即 $x>0$ 处，波函数必然消失.

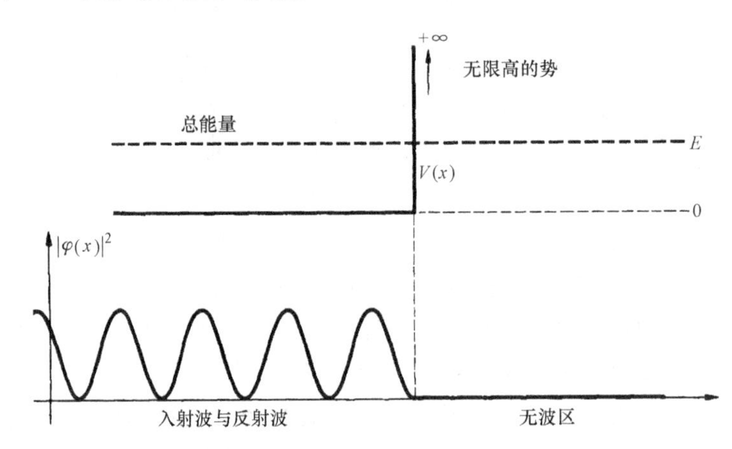

图 26A　此图画出无限高势垒的极限情况.（与图 25A 相比较）图的上面部分表示势. 粗虚线表示总能量 E. 图的下面部分表示波函数 $\varphi(x)$ 绝对值的平方. 波函数在转折点变为零，但它的微商不为零. 当然波函数平方的微商在转折点也为零.

图 26A 表示了波函数绝对值平方的行为，也就是粒子的概率密度. 注意概率密度在势垒的左边显示振荡的行为，这是量子力学的干涉效应，这在经典力学中没有相应的现象. 当然在图 25A 中也可以看到同样的特点.

§7.27　我们之所以如此详细地考察阶跃势的情况，是为了使读者确信薛定谔方程是能够解的，它的解在物理上是能够给予物理解释的. 给定任意合理连续的或分段连续的势，我们可以确信解是存在的. 然而要明确地求出这个解常常不是一件容易的事. 但是复杂之处仅是数学技巧方面的性质，即使不知道精确明白的解，我们往往能说出许多关于解的性质，从而对物理体系的行为做出一般的说明. 到目前为止，在我们研究的基础上能够得出结论：薛定谔波能够穿透到经典力学中粒子被禁止的区域中去.

§7.28　为了增加读者对薛定谔方程的理解，让我们考虑下面的情况. 图 28A 表示了一个“势的阶跃”，我们要研究能量 $E>V_0$ 的粒子在该势中的运动（详细的研究留给读者作为练习：本章末的第一个习题 1）.

读者会注意到在阶跃左边的区域里，我们能找到波动方程（20c）的两个物理上可接受的解，并且我们也能够在阶跃的右边区域找到两个在物理上可接受的解. 我们如何知道该选取哪个解呢？这取决于我们想研究的物理情形. 假定我们要考察

粒子从左边入射到阶跃处的情况，或许波会部分地在阶跃处被反射，但是一部分波会通过阶跃而继续向右行进．这就是说对于这问题，正确的波函数必须是这样的，它表示粒子在阶跃处右边的区域中仍向右行进，即对于 $x>0$，它必须是 $\exp(\mathrm{i}xk')$ 的形式．在阶跃左边的区域里，波函数可以是 $[A\exp(\mathrm{i}xk)+B\exp(-\mathrm{i}xk)]$ 的形式．这里第一项表示向右行进的波，第二项表示向左行进的波．第二项表示反射波，第一项表示入射波．如何确定 A 和 B 呢？A 和 B 由波函数及其一阶微商在任何地方、特别是在阶跃处必须连续这两个条件决定．这样对于两个未知数给出了两个方程，求出了这两个振幅后，我们就能够求出入射波、反射波和透射波的强度，从而求出这种类型的“势垒”的反射系数．

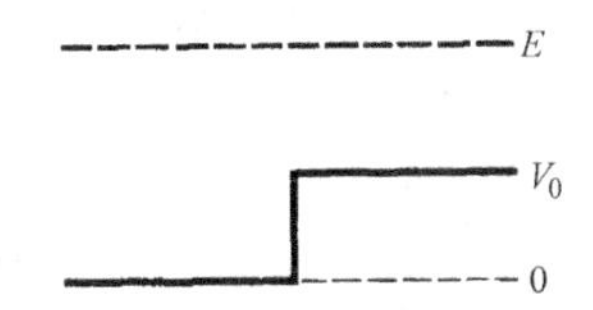

图 28A　说明 28 节内的讨论．这里粒子的能量 E 大于势垒的高度．根据经典理论，粒子不会被势垒反射，但是按照量子力学入射波会一部分地透射，部分地被反射．

代替上述情况，假定我们考虑的是粒子从右面入射时所发生的情形．我们知道在这种情况下势垒左面的波函数必定是 $\exp(-\mathrm{i}xk)$ 的形式，因为在势垒左边只有向左行进的波，在势垒的右边，波函数是 $[A'\exp(\mathrm{i}xk')+B'\exp(-\mathrm{i}xk')]$ 的形式，加上波函数及其一阶微商在阶跃点必定连续这两个条件，我们再次求出 A' 和 B'．因此，波函数的选择取决于我们所要考虑的物理问题．

从考察在图 28A 那样的势中运动的粒子的行为所学到的是：一般来讲，粒子会被势场中的任一突变点部分地反射，并且粒子能部分地穿过不连续区．

§7.29　我们下面考虑图 29A 所表示的情况．图中势在 $x=0$ 及 $x=a$ 两点不连续．鉴于上节所学到的，在两个不连续处波将部分地被反射和部分地透射．

假定我们想要考虑粒子从左面入射到这个势垒的情况．读者也许认为这是一个困难的问题，应该按下述办法来求解．我们考虑波从左边入射，求出这个波在 $x=0$ 的第一个不连续点被反射的部分以及透射的部分．透射波射到 $x=a$ 的第二个不连续点，也是部分地被反射，部分地透射．反射部分返回到 $x=0$ 的不连续点，它再次部分地被反射和部分地透射．这样，为了求出由势垒向右面出射的波，我们必须考虑在两个不连续点之间无数次来回的反射，并把所有透射到点 $x=a$ 的右边的分波振幅加起来．我们真的能解这个问题吗？回答是，问题的确能够以这种方式求解，但是有一个容易得多的求解方法．我们所要做的只是去找寻薛定谔方程 (20c) 的解，它处处连续，处处具有连续的微商，并且当 $x>a$ 时它的形式为 $\exp(\mathrm{i}kx)$．最后一个条件表示能够穿透势垒的那部分入射波在

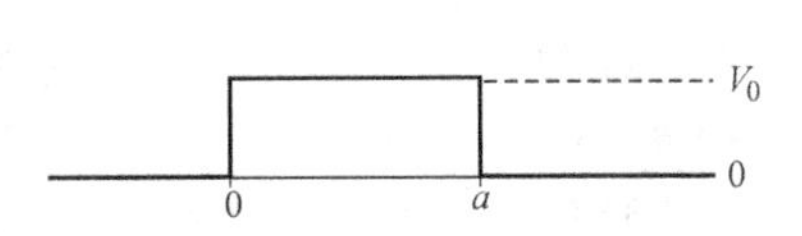

图 29A　说明第 29 节讨论的图．通过考虑在不连续点 $x=0$ 和 $x=a$ 处所有重复的部分反射和透射，这个问题能够求解．然而直接求出薛定谔方程的全局解却要容易得多：这样一下子就计入了所有的多次反射．

$x>a$ 的区域里必然向右行进：这相当于我们所要考虑的物理条件.

因此对于 $x>a$，波函数的形式为 $\exp(ixk)$，当 $a>x>0$ 时，波函数的形式是 $[A\exp(ixk')+B\exp(-ixk')]$，为了求出 A 和 B，我们给波函数及其一阶微商加上必须在 $x=a$ 处连续的条件. 在 $0>x$ 的区域，波函数的形式是 $[A'\exp(ixk)+B'\exp(-ixk)]$，然后加上波函数及其一阶微商在 $x=0$ 处必须连续的条件，我们就可以确定 A'和 B'. 这样我们求出了与我们想要研究的物理问题相对应的薛定谔方程（20c）的全局解，这个解是单值的（除相差一个总的常数因子）. 经过有限的努力，我们显然能解决这个问题.

§7.30 需要理解的重点是求解这类势垒问题所要做的只是求出处处有效的薛定谔方程（20c）的解，而且这个解依赖于所研究的物理问题的*边界条件*，即诸如在势垒右边的波必须是 $\exp(ixk)$ 的形式这类的条件. 这个步骤自动地考虑到了根据物理直觉所想到的所有“多次反射”. 试着从考虑多次反射来求解这个问题并不错，但是直接求薛定谔方程的全局解要容易得多.

考虑如图30A所示的势垒. 粒子在什么地方发生反射呢？答案是，发生在有势函数变化的整个区域. 如果愿意，可以把连续变化的势函数 $V(x)$ 用大量非常小的阶跃来近似，如图30B所示. 在每个阶跃处，波部分地透射和部分地被反射，我们可以再次把这个问题当成是“多次反射问题”. 薛定谔方程（20c）简明地描述了所有这些多次反射. 如果愿意，我们可用这种方式来解释薛定谔方程. 如果我们求出了方程（20c）的全局解，从效果上看，就是一下子把所有这些无限多的局部反射和透射都计算进去了.

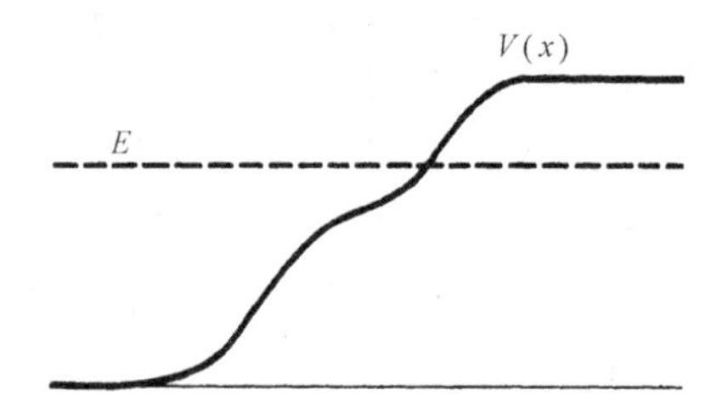

图30A　因为能量 E 小于在右面的势的极限值，所以粒子（波）被这个势垒反射（总能量由虚线表示，势由实线表示）. 粒子在什么地方发生反射呢？答案是发生在势函数变化的整个区域.

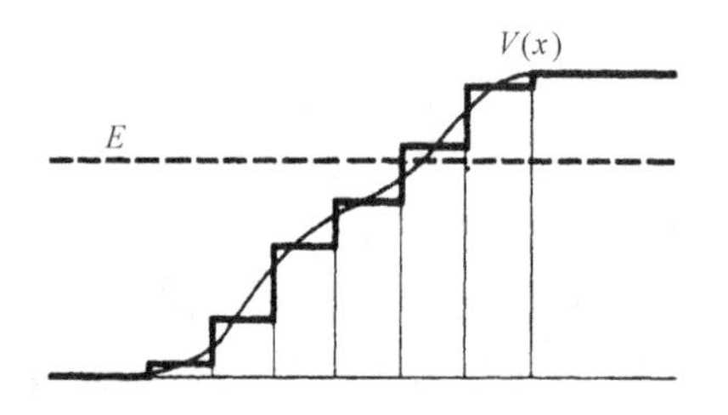

图30B　近似地将图30A的势用阶跃变化的势表示. 在每个不连续处波部分地被反射并部分地穿透. 薛定谔方程的解计入了所有的“多次反射”.

§7.31 现在考虑另一个容易想到的问题. 倘若势是图31A所示的样式，势垒的高度 V_0 大于 E 时会发生什么情况呢？

答案是很容易猜出来的：从左面入射的波会部分地被势垒反射，并且部分能穿

透势垒进入区域Ⅲ. 按照经典的观点，原来在区域Ⅰ的粒子在 $x=0$ 的点会被反射，它不可能穿透到区域Ⅱ和Ⅲ. 一个粒子能“漏过”按经典观点看来是绝对不透明的势垒，这是量子力学的惊人特色之一. 这现象称为隧道效应.

要对图 31A 所示情况求解薛定谔方程可以按照第 28 ~ 30 节所说明的那样去做. 我们求三个区域Ⅰ、Ⅱ和Ⅲ的每个区域中的一般解，然后加上波函数及其一阶微商必须处处连续的条件，特别是在两个转折点 $x=0$ 和 $x=a$ 处必须连续. 这样，图 31A 的势垒问题原则上并不困难，但是要求出详细的解是很费劲的. 好在我们用不到完全解薛定谔方程就能够了解这个问题的本质特征，因此可以把详细求解留给以后的课程（或作为习题：参看习题 2）.

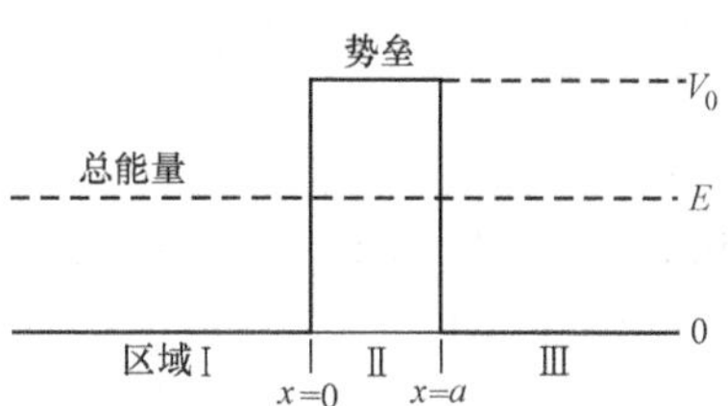

图 31A　实线表示势，粗虚线表示总能量. 按照经典理论，从左面反射的粒子是不能通过这个势垒的；按照量子力学，存在粒子“漏过”势垒的有限的概率. 此现象称为隧道效应.

§7.32　考虑当粒子从左边入射这一特殊情况的解. 粒子被势垒部分地反射，并且能够部分地穿透. 我们感兴趣的是在区域Ⅲ中波函数的形式为 $\exp(\mathrm{i}xk)$ 的薛定谔方程的解，它表示粒子在这个区域内向右传播，在区域Ⅰ中必然有两列波：一列向左传播，一列向右传播. 前者代表反射波，后者表示入射波. 因此在区域Ⅰ波函数的形式为

$$\varphi(x)=\mathrm{e}^{\mathrm{i}xk}+A\mathrm{e}^{-\mathrm{i}xk}, \tag{32a}$$

其中

$$k=\sqrt{\frac{2mE}{\hbar^2}},$$

A 是一个常量，它描述反射波的振幅. 因为入射波的一部分穿透势垒，所以它的绝对值小于 1.

在势垒内部，波函数基本上是下面形式的指数函数

$$\varphi(x)\approx B\exp(-xq),\ q=\sqrt{\frac{2m(V_0-E)}{\hbar^2}} \tag{32b}$$

这里 B 是常数. 上面的波函数仅是近似的，如果势垒不是太低的话，这种近似是很好的.

我们假设 aq 比 1 大，则在这种情况下由式（32b）给出的波函数的比值 $\varphi(a)/\varphi(0)\approx\exp(-aq)$ 是一个小量. 如果回忆一下第 24 节中关于如何使两个解在转折点相匹配的讨论，就可以断言：在区域Ⅲ中的波函数的振幅与区域Ⅰ中向右行进的波函数的振幅之比的绝对值，必定大致由比值

$$\varphi(a)/\varphi(0)\approx\exp(-aq)$$

给出. 所说的比值不仅是指数因子，这肯定是对的，最重要的是当 aq 比 1 大很多，即势垒既高又厚时，这个因子就完全处于支配地位.

§7.33　我们已假定入射波具有单位振幅，透射至区域Ⅲ的波的振幅是比较小的．它的量值或更正确地说它的数量级近似等于 $\exp(-aq)$．这个振幅（绝对值）的平方 T 有一个简单的物理解释．它等于射到势垒上的粒子通过势垒的概率．由此，这个概率由下式给出

$$T=|\varphi(a)|^2\sim\exp(-2aq) \tag{33a}$$

或由式（32b）的第二个表示式得到

$$T\sim\exp\left\{-2a\sqrt{\frac{2m(V_0-E)}{\hbar^2}}\right\} \tag{33b}$$

量 T 称为势垒的透射系数．正如我们所看到的，这个量的表示式（33b）的近似推导是基于这样一个非常简单的事实：在势垒内部往右行进的波函数的振幅大致上指数式减少．我们主要感兴趣的是 aq 大的情况，这意味着 T 非常小．当然，我们可以导出 T 的严格表达式，这种情况下，在式（33b）中将出现一个附加因子．然而上面所给出的指数因子是决定性的因子，并且对我们的目的而言近似式（33b）已经完全足够了．

图33A示意地表示了势垒的效应．图的上部分表示势，图的下部分表示波函数绝对值的平方．透射波是向右行进的单一复数波，因此它的模数是常数，如图所示．

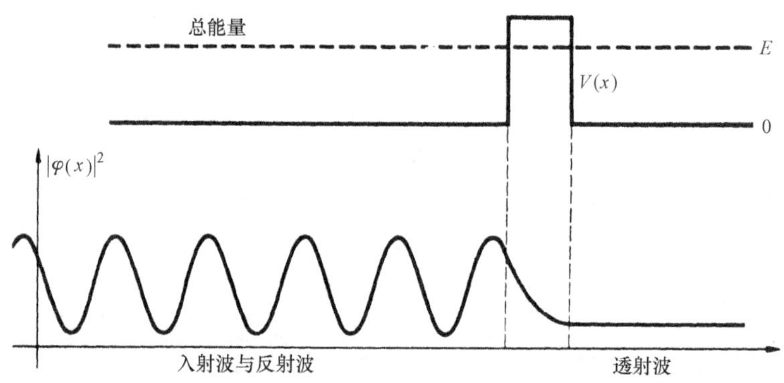

图33A　隧道效应的示意图．图的上面部分表示势（以及由虚线表示的总能量）．下面部分表示波函数的绝对值平方．注意透射波，并注意势垒内部波函数指数式减少．在势垒左边有不完全的驻波图样．反射波的振幅比入射波的振幅小，因此合成后的振幅没有一处为零．

§7.34　在考虑量子力学隧道效应理论的物理应用之前，我们要指出在经典电磁理论中与这种效应相类似的现象．这涉及平面电磁波在折射率不同的两个区域的界面上的反射．

假定在某介质中行进的平面波（由图34A阴影区域表示）入射到光疏介质和光密介质之间的边界平面上（光密介质的折射率比光疏介质的折射率大），进一步

假定入射角大于全反射角，且光疏介质延伸到边界左边无穷远处，那么波就要被全反射. 图34A示意地表示这一情形，图中虚线表示“光线”，即该局部的波前的法线. 尽管波不能在光疏介质中传播是完全正确的，但在界面附近电场不为零：场透入到光疏介质中. 当进一步从界面向左深入，电场的振幅指数式减少. 这种情况与在第22～25节中所考虑的量子力学问题完全类似.

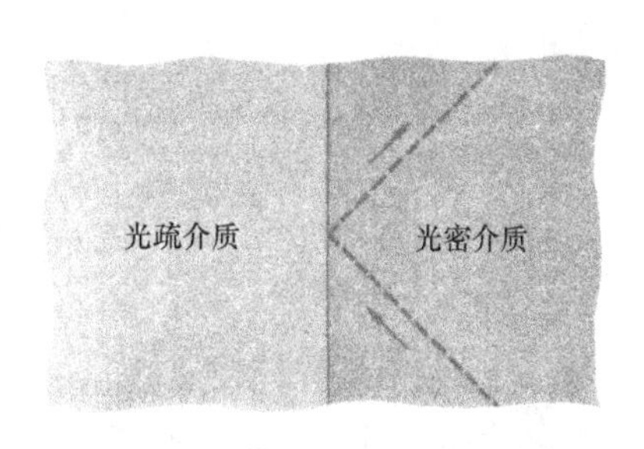

图34A 在折射率不同的两种介质的分界平面上，平面电磁波的全反射. 虚线表示光线的反射.

现在考虑图34B所示的情形. 图中的光疏介质仅是一薄片. 在这种情况下，从右边入射到边界上的波部分地被反射. 然而一部分波能够穿透“禁区”，因此这部分波将会在光密介质中向左传播. 这种情形与量子力学的势垒穿透相类似. 注意我们没有在禁区画“光线”，理由是“光线光学”在此区域不适用：波矢量是一个复矢量.

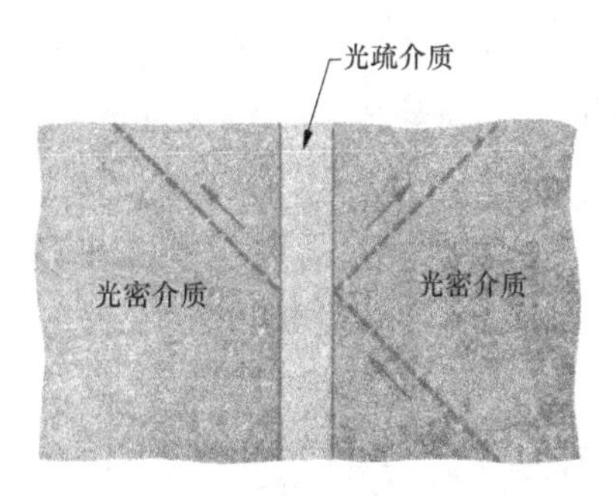

图34B 受抑透射. 经典电磁理论预言入射至薄片面上的波，当入射角大于全反射的临界角时，将部分地透射和部分地反射. 这现象与量子力学隧道效应相类似. 用虚线表示透射和反射的射线.

刚才所描述的现象完全能用经典电磁理论来说明. 对于图34B所示的情形一旦当光疏介质薄片的厚度比入射光的波长大时，透射系数就非常小. 随着厚度减少，透射系数增加，当厚度为零时，透射系数的值达到1.

§7.35 现在把我们对量子力学隧道效应的讨论推广. 代替图31A所示的矩形势垒，我们考虑如图35A所示的任意形状的势垒. 假定能量为E的波从左面入射，波部分地被反射并且部分地透射. 我们主要关心的是对于势垒总的透射系数T. 为了精确地求出这个系数，我们必须求解势为$V(x)$的薛定谔方程. 然而根据第32～33节的讨论，我们能用另一种方法来得出关于T的近似表达式. 比之于势垒宽度波长越小，这种近似就越好.

为了导出透射系数T的近似表示式，我们想象把势垒区域分成几个子区域，如图35B所示. 在每个子区域，用恒定的势来代替真实的势，如图所示，对于矩形势垒，我们已经求出了透射系数. 设图35B所示的5个矩形势垒的透射系数为T_1，…，T_5. 因此总透射系数T必然近似地等于这些子区域的透射系数的乘

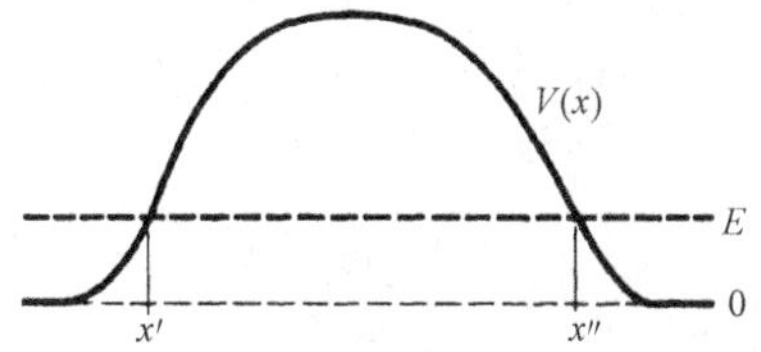

图35A 实线代表势函数，粗虚线表示总能量E. 我们如何导出这类垫垒的透射系数的表示式呢?

积，即

$$T \approx T_1 \cdot T_2 \cdot T_3 \cdot T_4 \cdot T_5 \tag{35a}$$

或

$$\ln T \approx \ln T_1 + \ln T_2 + \ln T_3 + \ln T_4 + \ln T_5 \tag{35b}$$

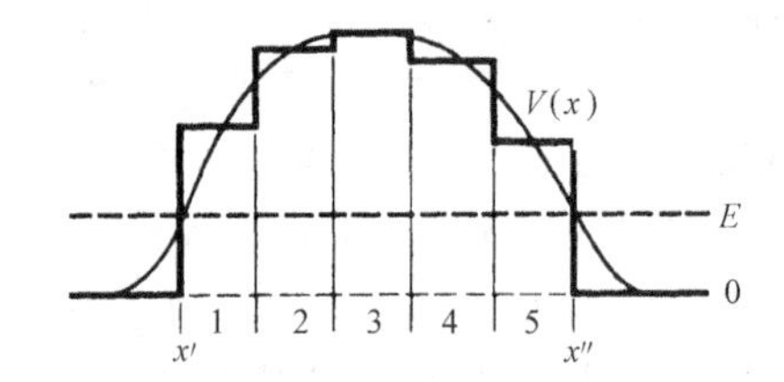

图 35B　用图说明对于图 35A 所示势垒的透射系数的近似表示式的推导. 我们想象用一系列矩形势垒来近似地代替连续变化的势. 总透射系数是所有矩形势垒透射系数的乘积. 注意这种方法只是近似地正确：没有计入多次反射.

§7.36　现在考虑方程（33b）. 如果 dx_n 表示一个矩形势垒的厚度，并且 $V(x_n)$ 是势垒的高度，那么这个势垒的透射系数 T_n 由下式给出

$$\ln T_n \approx -2\sqrt{\frac{2m[V(x_n)-E]}{\hbar^2}}dx_n \tag{36a}$$

根据式（35b），对所有子区域求和就能得出总透射系数的对数，如果我们取无限细分的极限，我们就能用积分来代替求和，最后得

$$\ln T \approx -2\int_{x'}^{x''}\sqrt{\frac{2m[V(x)-E]}{\hbar^2}}dx \tag{36b}$$

我们提醒读者，这个公式是透射系数的近似表式. 然而它却是个十分有用的公式，因为它给出了势垒穿透现象很好的定性图像. 注意积分的上、下限是两个经典转折点 x'和 x''.

应当特别注意透射系数与式（36b）中的参量的依赖关系. 当其他参量保持固定时，透射系数随粒子质量的增加而减少. 同样，透射系数随总能量 E 增加而增大，其原因有二. 当转折点相互靠近时，永为正值的被积函数变小，而且积分区域也变小. 透射系数自然随着势垒宽度的减小而增加.

三、α 放射性理论

§7.37　我们现在尝试把势垒穿透理论应用到实际的物理情形中去.

在第二章末尾的习题 3 中，读者已注意到放射 α 粒子的镭原子核 $_{88}\text{Ra}^{226}$ 的半衰期必须被认为是“反常地长”，其半衰期为 1622 年. 按照任何合理的原子核的时间尺度，这样看来的确非常长. 我们可以选取光通过核所需要的时间作为核过程的特征时间，这个时间为 10^{-23}s 的数量级. 然而镭的半衰期为 5×10^{10}s，或者约为 10^{33}个“自然核时间单位”. 这样，我们就面临说明这个巨大数值 10^{33} 的问题. 虽然“自然核时间单位”是个不严格的概念，但是即使我们把核时间单位加大 1000 倍，问题也并不会变得简单.

我们必须注意到有更多的实验事实：某些 α 放射性的原子核具有比这更短得

多的寿命．例如 α 放射性的钋同位素$_{84}Po^{212}$的半衰期仅为 3×10^{-7}s．在另一极端我们注意到铀的同位素$_{92}U^{238}$，它也是 α 放射核，而它的半衰期是 4.5×10^{9} 年．因此实质问题是我们见到的各种 α 放射核的寿命覆盖了极其巨大的范围．

被发射出来的 α 粒子的能量基本上都在 4～10MeV 的范围内．虽然在某些情况下，一种原子核能够放射几个不同分立能量的 α 粒子，但是每个 α 放射性的同位素一般都以所放射的 α 粒子的确定能量为特征．让我们忘记在第三章第 40 节中已简单讨论过的复杂情况．经验告诉我们，原子核的寿命与放射的 α 粒子能量之间存在着很强的相关性：能量越大，寿命越短．

图 37A　早期的云室照片，显示放射性物质放射 α 粒子径迹．照片取自 L. Meitner："Über den Aufbau des Atominnern," Die Naturwissenschaften 15：1, 369（1927）．

一定能量的 α 粒子在大块物质内具有非常确定的射程．α 粒子因使物质内的原子电离而失去能量．当 α 粒子失去了它的全部初始动能后，它的径迹就结束．在空气中，在标准的压强和温度下射程 R（以 cm 为单位）大致为 $R=0.32\times E^{3/2}$，这里 E 是以 MeV 为单位的能量．

位于图的底部的放射源放射两种不同能量的 α 粒子．我们可以清楚地看到能量较大的一群粒子的非常明确的射程．较慢的粒子可达到的距离仅为较快粒子的一半．（承蒙 Springer 出版社惠允．）

§7.38　现在来看一看我们是否能说明观察到的事实㊀．只要 α 粒子在原子核的内部，它就受到强大核力作用．正如已说明的，这些力是短程力，并且可以认为它们在半径 R 的核表面以外不起作用．在核表面以外起支配作用的力是带有电荷 $+2e$ 的 α 粒子与衰变后留下的子核之间的静电斥力．如果子核的原子序数为 Z'，它带有电荷 $+Z'e$．原来的核，即母核，带有电荷 $+Ze$，这里 $Z=(Z'+2)$是其原子序数．图 38A 示意地表示这一情形．离核中心的距离向右增加．实线表示有子核存在时 α 粒子的势能．在核表面之外，即 $r>R$，这种势只是库仑势

$$V(r)=\frac{1}{4\pi\varepsilon_0}\frac{2e^2Z'}{r},\quad r>R \tag{38a}$$

当我们到达原子核的表面，强大的核力吸引起作用了，这意味着势能曲线必定急剧地下降．在图 38A 中我们把情形理想化了，做了实际存在阶跃势的假定．我们没有画出原子核内部的势能曲线，因为对它还不很清楚．事实上，它不是很确定的，因为当 α 粒子处于强大的核力场中时，它可能不再具有作为一个粒子的独立性了．

㊀　试图根据薛定谔理论来作出解释之所以合理是由于在核表面外的 α 粒子的速度是"非相对论性"的，读者可以自己估计一下．记住 α 粒子的能量不超过 10 MeV．

虚线表示 α 粒子的总能量．这个能量 E 也就是 α 粒子最后出现在离核较大距离处所具有的能量，在那里静电势能实际上为零．

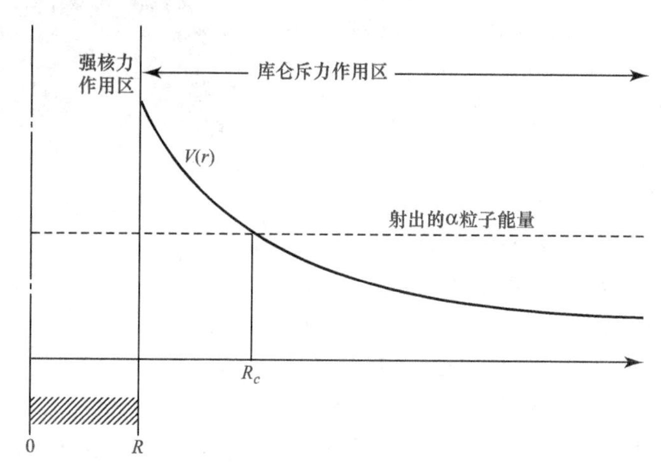

图 38A　在原子核附近 α 粒子经受到的势的示意图（实线）．在核的外面，即距离 R 以外，势为库仑势．在核内部，核力是强大的吸引力．势的精确形式还不知道，但是吸引力由势在 R 处的突然降落表示出来了．虚线表示 α 粒子的总能量．根据量子力学，α 粒子能够穿透势垒．这种过程发生在重核的 α 衰变中．

§7.39　我们绘制图 38A 的方式可以表明 α 粒子在发射之前，必须穿透从 R 到 R_c 区域内的势垒．让我们立即检查一下这是否是一个正确的图像．如果这图像是正确的，那么经典的转折点 R_c 由下式给出

$$R_c = \frac{1}{4\pi\varepsilon_0}\frac{2e^2Z'}{E}, \tag{39a}$$

它必须满足 $R_c > R$ 的条件．

把关于镭 $_{88}\mathrm{Ra}^{226}$ 的数值代入上式，对此 $Z=88$，$Z'=86$（惰性气体氡的原子序数），$E=4.78$ MeV，于是得到 $R_c \approx 50\times10^{-15}$ m $=50$ fm．为简化数学运算，可以把 R_c 写成

$$\begin{aligned} R_c &= (1/4\pi\varepsilon_0)(e^2/m_ec^2)\times(2Z')\times(m_ec^2/E) \\ &\approx (1/4\pi\varepsilon_0)(2.8\times10^{-15}\ \mathrm{m})\times(172)\times(0.5\ \mathrm{MeV}/4.78\ \mathrm{MeV}) \\ &\approx 50\ \mathrm{fm} \end{aligned}$$

这里 m_e 是电子质量．

在第二章第 36 节中，我们说过质量数为 A 的原子核的半径 R 由下式给出

$$R\approx r_0A^{1/3},\ r_0 = 1.2\times10^{-15}\ \mathrm{m} \tag{39b}$$

对于镭 $_{88}\mathrm{R}^{226}$ 来讲，$A=226$，于是我们得到 $R\approx7.3$ fm．

因此，上述图像是定性正确的：α 粒子确实不得不穿透势垒．定量上这个图像是不对的：应将势垒画得更加厚．我们这样作图的动机是出自审美的考虑：但是这种情形的重要特点是定性地描绘出来了．

对于 α 放射性核，不等式 $R_c > R$ 一般讲是对的. 这些放射性元素都是些原子序数 Z 较大的重元素. 同位素 ${}_{88}Ra^{226}$ 可以认为是典型的 α 粒子放射核. 因此 α 粒子必须穿透势垒是 α 衰变过程的本质特征，我们可以希望用隧道效应的简单理论来理解寿命作为能量 E 的函数的不寻常的变化.

§7.40 因此让我们对图 38A 所示的势垒计算透射系数 T. 按照式（36b）的结果，T 由下式给出

$$\ln T \approx -2\int_R^{R_c}\sqrt{\frac{2m_\alpha(2e^2Z'/r-E)}{\hbar^2}}\mathrm{d}r \tag{40a}$$

这里要注意，鉴于式（39a）被积函数在上限 R_c 处为零. 为了讨论这个积分，我们引进一个由 $x=r/R_c$ 定义的新积分变量. 当 r 从 R 变到 R_c 时，新变量 x 从 $x_c=R/R_c$ 变到 $+1$. 考虑到关系式（39a），于是我们可以把式（40a）写成如下形式

$$\ln T \approx -\frac{4e^2Z'}{\hbar}\sqrt{\frac{2m_\alpha}{E}}\int_{x_c}^{1}\sqrt{\frac{1}{x}-1}\mathrm{d}x \tag{40b}$$

式（40b）中的积分能够相当容易地求出闭合形式的值. 然而由于 $x_c=R/R_c$ 通常是一个相当“小”的量，因此对我们的目的而言，进行近似求值，其中只保留 x_c 的展开式中的前两项就已是够好的了. 计算过程如下

$$\begin{aligned}\int_{x_c}^{1}\sqrt{\frac{1}{x}-1}\mathrm{d}x &= \int_0^1\sqrt{\frac{1}{x}-1}\mathrm{d}x-\int_0^{x_c}\sqrt{\frac{1}{x}-1}\mathrm{d}x\\ &\approx \int_0^1\sqrt{\frac{1}{x}-1}\mathrm{d}x-\int_0^{x_c}\sqrt{\frac{1}{x}}\mathrm{d}x\\ &= \int_0^1\sqrt{\frac{1}{x}-1}\mathrm{d}x-2\sqrt{x_c}\end{aligned} \tag{40c}$$

如果做一个代换令 $x=\sin^2\theta$，我们就能轻易地计算出式（40c）中最右边的第一项. 我们得到

$$\int_0^1\sqrt{\frac{1}{x}-1}\mathrm{d}x = 2\int_0^{\pi/2}\cos^2\theta\mathrm{d}\theta=\frac{\pi}{2} \tag{40d}$$

因此式（40b）中的积分近似地由下式给出

$$\int_{x_c}^{1}\sqrt{\frac{1}{x}-1}\mathrm{d}x \approx \frac{\pi}{2}-2\sqrt{\frac{R}{R_c}} \tag{40e}$$

若把该表示式代入式（40b），同时计及式（39a），则得到

$$\ln T \approx -\frac{2\pi e^2Z'}{\hbar}\sqrt{\frac{2m_\alpha}{E}}+\left(\frac{8}{\hbar}\right)\sqrt{e^2Z'Rm_\alpha} \tag{40f}$$

§7.41 为了得出一个有用而明晰的公式，我们还要进一步做一些近似. 我们令 $Z'=86$，$R=7.3$ fm，它是镭的同位素 ${}_{88}Ra^{226}$ 为母核的情况下参量的数值. 于是我们认为 Z' 和 R 的这些值是所有 α 放射性核“代表性”的数值. α 粒子放射核都是重原子核，实际上发现的这一类核 Z' 的变化不是很大. 在式（40f）中的重要参

量是能量 E，正如我们说过的，它在 4～10 MeV 的范围内变化．因此上述近似是相当合理的，特别是考虑到我们已经作了一些其他近似．

现在把这些物理常量的适当的数值代入式（40f），并令 $Z'=86$，$R=7.3$ fm，最后得到，

$$\lg T \cong -\frac{148}{\sqrt{E/\mathrm{MeV}}}+32.5 \tag{41a}$$

注意，式（41a）给出的是 T 的常用对数（即以 10 为底的对数）．为了从自然对数变换到常用对数，我们应用了关系式

$$\lg x=(\lg \mathrm{e})(\ln x)\approx 0.434\ \ln x.$$

我们现在已导出了 α 粒子在放射过程中所必须穿透的势垒的透射系数 T 作为能量 E 的函数的一般表达式．让我们看一看如何才能用这个结果来求 α 粒子放射核的寿命．

§7.42　为此目的考虑该过程的一个朴素的模型．假定在放射之前，α 粒子在核内沿着直径来回弹跳．设 α 粒子相继两次同“壁”碰撞之间的时间为 τ_0，在每一次碰撞中都存在着 α 粒子漏出势垒的一定机会，事实上在任何单次碰撞中的放射概率就等于透射系数 T．所以 α 粒子在它出来之前所作的碰撞次数为 $1/T$ 的数量级，因此可以把寿命 τ 写成

$$\tau=\frac{\tau_0}{T} \tag{42a}$$

或

$$\lg\tau=\lg\tau_0+\frac{148}{\sqrt{E/\mathrm{MeV}}}-32.5 \tag{42b}$$

为了估计 τ_0，根据上面的朴素模型可以假设 α 粒子在核内运动的速度与其放射后的速度相同．因此

$$\tau_0=\frac{2R}{v},\ v=\sqrt{\frac{2E}{m_\alpha}} \tag{42c}$$

若把这个估计应用于作为“标准的” α 放射核的镭同位素 $_{88}\mathrm{Ra}^{226}$，得到 $\tau_0\approx 10^{-21}$s.

从式（42c）可以看到，时间 τ_0 的确依赖于能量 E，而且也依赖于核的半径 R．然而，量 τ_0 在式（42b）中是作为对数的自变量，并且其中第一项随 E 的变化与第二项随 E 的变化相比是完全微不足道的．为了看清楚这点，考虑一下 E 从 9 MeV变到 4 MeV 时发生了什么．式（42b）中的第一项的增加量等于 $\lg(3/2)\approx 0.18$，式（42b）的第二项的增加量要大得多，即 $148\times\left(\frac{1}{2}-\frac{1}{3}\right)\approx 25$，因此，我们可以恰当地假定 $\tau_0=10^{-21}$ s 对所有 α 粒子放射核都近似适用，而我们正是要这样做．我们可以把这一点说明如下：在 α 粒子放射中占支配地位的因素是势垒穿

透现象. 发射前在原子核内发生些什么我们不大清楚，但是可以说这些内部过程确定了时间 τ_0，它可以解释为 α 粒子相继两次企图穿透势垒之间的时间. 该时间肯定依赖于所讨论的母核，但是可以合理地假定对所有的 α 粒子放射核，该时间大致具有相同的数量级. 无论如何，对任何合理的模型可以预期式（42b）中的第一项的变化要比第二项的变化小. 根据这个理由，上面的朴素模型至少应该给出 τ_0 的正确数量级，这个模型并不像我们起初所认为的那样不好，或者更正确地说，它或许是不好的，但是即使它是不好的，那也没有多大关系.

这样达到了我们的最终目的，即得到了寿命 τ 和 α 粒子放射核的能量 E 之间的一般关系式

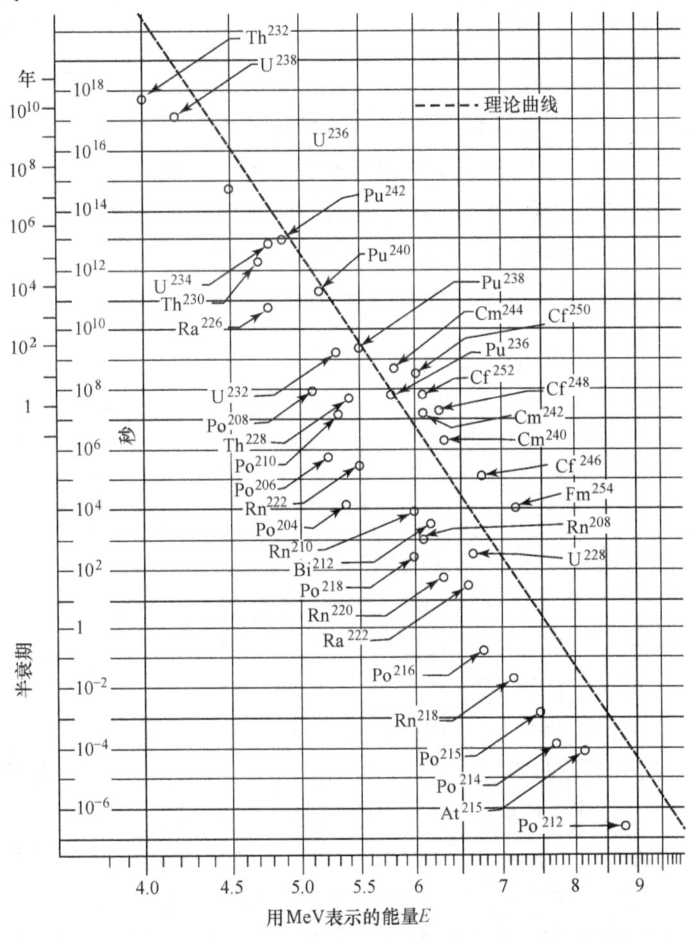

图 43A α 粒子放射核的半衰期与能量的函数关系. 图中小圆圈表示所选出的 α 放射性核. 纵坐标是半衰期的对数，横坐标为 $-1/\sqrt{E}$，这里 E 是放射出的 α 粒子的动能. 我们的简单理论预测这许多点应位于图中用虚线表示的直线上. 正如所看到，在细节上这种一致是远非完美的，但是半衰期取决于能量的总趋势的确是正确地体现出来了，从整体来看这张图是量子力学概念给人印象最深刻的证明.

$$\lg(\tau/\mathrm{s}) \approx \frac{148}{\sqrt{E/\mathrm{MeV}}} - 53.5 \tag{42d}$$

§7.43　图43A画出了α粒子放射核的半衰期与能量E的函数关系：虚线表示等式（42d）. 在这图纵坐标是$\lg(\tau/\mathrm{s})$，横坐标是$-1/\sqrt{E/\mathrm{MeV}}$，因此关系式（42d）表现为一条直线. 为了把理论与观察事实作比较，在同一图中画出了大量已知的α粒子放射核. 我们注意到不是所有的实验点都落在理论曲线上，然而它也清楚地表明图中曲线正确地再现了观察数据的总趋向. 这简单而朴素的理论使我们在对于起初看来似乎是复杂得令人绝望的α放射性现象的理解方面达到了这种水平，这可以认为是量子力学的一个惊人成就.

量子力学的势垒穿透理论首先是1928年由伽莫夫（Gamow）提出，并且康登（Condon）和格尔奈（Gurney）[⊖]也独立地提出. 从此以后，对于α蜕变理论当然已经添加了许多改进，这些理论能够说明观察到结果的许多细节.

§7.44　图43A中给出的寿命就是放射性核的*半衰期*. 正如读者无疑知道的，放射性衰变是遵从指数定律的. 就是说如果开始时，在$t=0$时刻，存在N_0个某种原子核，那么，过了一段时间t，原子核的平均数由下式给出

$$N(t) = N_0 \exp(-\lambda t) \tag{44a}$$

常数λ称为*衰变常量*或*衰变率*，它的倒数$1/\lambda$称为原子核的*平均寿命*. 半衰期定义为$N(t)=N_0/2$的时间t：到这时刻平均地讲原有原子核的一半已经衰变了. 如用τ_m表示平均寿命，用$\tau_{1/2}$表示半衰期，则有

$$\tau_{1/2} = \frac{1}{\lambda}\ln 2 = \tau_m \ln 2 \tag{44b}$$

我们可能想知道式（42d）给出的究竟是平均寿命，还是半衰期，还是某种别的“寿命”. 实际上我们的推理给出的是平均寿命，但是在讨论的精确度范围内，不论是讲平均寿命还是半衰期，都毫无差别，正如在图43A看到的，上述结果的精确程度可以相差100或1 000倍.

§7.45　再考虑图38A. 该图也与一个具有低于势垒高度的能量E的带电粒子与原子核碰撞的“逆”过程有关. 这里所指的粒子可以是α粒子或质子，也可以是氘核. 如果粒子能进入势垒内部，即进入强大的核力起作用的区域，那么在一般情形下将会发生核反应. 按照经典力学，粒子不可能穿透势垒，但是我们现在知道在量子力学里情况是不同的. 如果能量E很小，透射系数T也小，任何一次碰撞都很少有可能发生核反应. 随着粒子能量增加，势垒的透明度就增加，核反应的机会也就增加. 这种增加大致由能量的指数函数表示. 因此势垒穿透现象是许多涉及

⊖ G. Gamow, “Zur Quantentheorie des Atomkernes”, *Zeitschrift für Physik* **51**, 204 (1928). 也可参看G. Gamow, “Quantum theory of nuclear disintegration”, Nature **122**, 805 (1928); R. W. Gurney and E. U. Condon “Wave mechanics and radioactive disintegration”, *Nature* **122**, 439 (1928).

能量不太高入射的带电粒子的核反应的重要特征．入射粒子是中子时，情况就完全不同了．这时不存在库仑势垒，不管中子的能量是如何小，它都可以自由地进入核内．实际上许多核反应对热中子具有大的产额，所谓热中子，我们理解为中子的能量相当于在室温下、就是大约 1/40MeV.

§7.46　重的放射性核可以分成四个组，相当于四个不同的放射系，或衰变链．在 α 放射中，原子核的质量数 A 变化 -4 单位，核电荷数 Z 变化 -2 单位，在 β 衰变中，放射一个电子（或正电子）和一个反中微子（或中微子），质量数不变，但是电荷数改变 $+1$（或 -1）．某些重核通过 α 发射而衰变，有些是通过 β 发射而衰变．还有一种可能性是：原子核可能从围绕它的电子云中俘获一个电子，同时发射出一个中微子，这过程称为 K 俘获，这与 β 衰变密切相关．支配 K 俘获和 β 衰变的基本相互作用是普适的*弱相互作用*．这在前面已提过．电子、正电子和中微子并不参与强相互作用．“核力”是强相互作用的一个例子，而 α 粒子是参与其中的，关于在 β 衰变或 K 俘获中所遇到的长寿命原因并不在于势垒穿透效应，而仅仅是由于弱相互作用的内禀微弱性．

在 α 衰变、β 衰变或 K 俘获中，质量数 A 或者变化 4 单位，或者一点也不变．因此放射性原子核分成四个系列．在每一系列内质量数的形式为 $A=(4n+r)$，这里 n 是可变的，但 r 是固定的．这四个系列对应于 $r=0$，1，2 或 3 四个不同的值．对于 $r=2$ 的放射性衰变系列，画在图 46A 和图 46B 中．

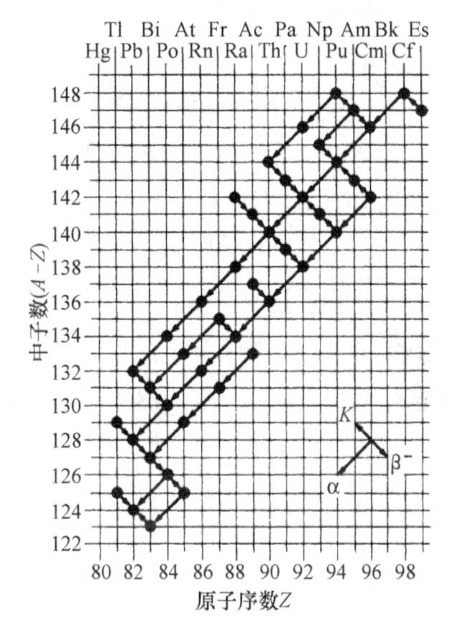

图 46A　质量数为 $A=4n+2$ 的形式的重放射性原子核．箭头表示放射性衰变，衰变的类型由箭头的方向表示．如图右下方的小插图所示．符号 α 表示 α 衰变，符号 β^- 表示 β 衰变（通过发射出电子和反中微子），而符号 K 表示 K 俘获．

注意某些核以两种不同的方式衰变．也要注意所有上面的衰变链的最终产物是稳定的铅同位素 Pb^{206}．

天然存在的放射性元素，或者是具有很长的寿命，或是起源于长寿命元素的衰变链中的一个．在长寿命的重原子核中，我们注意到 U^{238} 的半衰期为 4.5×10^9 年，Th^{232} 的半衰期为 1.4×10^{10} 年，U^{235} 的半衰期为 7.13×10^8 年．在（$4n+1$）族中寿命最长的成员是镎的同位素 Np^{237}，半衰期为 2.2×10^6 年．按地质学的时间尺度，这是一个短的时间．因此不存在天然的（$4n+1$）族放射性元素．

少数天然存在的轻原子核也是放射性的．例如半衰期为 1.3×10^9 年的 β 放射性核 K^{40} 以及半衰期为 4.7×10^{10} 年的 Rb^{87}．

§7.47　天然放射性现象可以用来确定岩石的年龄. 即从通过化学变化最后形成岩石以来所经历的时间. 原理是很简单的. 我们测定样品中存在的长寿命放射性同位素与该蜕变链中稳定的最终产物的相对含量. 例如，考察铀-镭衰变链，它起始于 U^{238}，终止于稳定的铅同位素 Pb^{206}. 假定我们在给定的样品中发现 Pb^{206} 的量相当于 N_{Pb} 个原子，U^{238} 的数量相当于 N_U 个原子. 如果假定所有的 Pb^{206} 原子都来自铀的衰变，我们可以写出

$$N_U = N_0 e^{-\lambda T},\ N_{Pb} = N_0(1 - e^{-\lambda T}) \tag{47a}$$

这里 N_0 是最初存在的 U^{238} 的原子数目，λ 是铀的衰变率，T 是样品的年龄. 因为 $N_0 = N_U + N_{Pb}$，我们得到

$$e^{\lambda T} = \frac{(N_{Pb} + N_U)}{N_U} \tag{47b}$$

由于 λ 已知，所以我们能求出 T. 实际上这种计算方法只给出 T 的上限，因为今天存在的某些 Pb^{206} 原子，可能在矿物形成时就已经存在了. 因此，需要更复杂的处理方法，我们必须把不含铀的矿物中铅的同位素成分与其在含铀矿物中的成分进行比较. 因此我们的例子是过于简单了，但它的确说明了其中的原理.

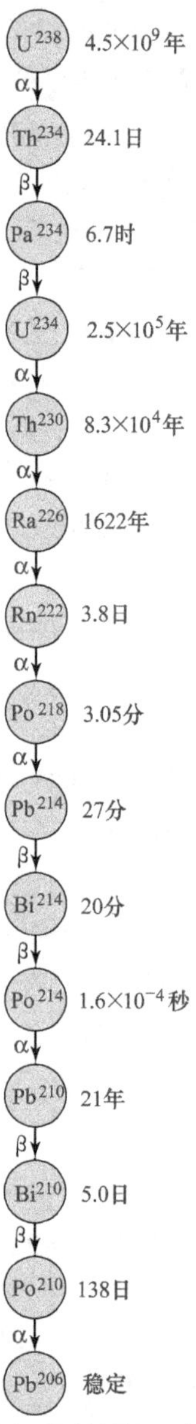

同位素	半衰期	衰变模式
U^{238}	4.5×10^{9} 年	α
Th^{234}	24.1日	β
Pa^{234}	6.7时	β
U^{234}	2.5×10^{5} 年	α
Th^{230}	8.3×10^{4} 年	α
Ra^{226}	1622年	α
Rn^{222}	3.8日	α
Po^{218}	3.05分	α
Pb^{214}	27分	β
Bi^{214}	20分	β
Po^{214}	1.6×10^{-4} 秒	α
Pb^{210}	21年	β
Bi^{210}	5.0日	β
Po^{210}	138日	α
Pb^{206}	稳定	

图 46B　铀-镭-铅放射性链. 半衰期表示在右边，衰变模式表示在左边. 这些同位素（在铀矿物中）天然存在着，因为它们起源于长寿命的铀同位素 238. 属于这个系列（质量数的形式是 $4n+2$）的铀后元素的半衰期按地质时间的尺度来看都是非常短的.

另一种方法取决于把岩石中氦的含量和其中的铀的含量进行比较. 在衰变链的每个 α 蜕变中都产生一个氦原子核，如果我们能肯定氦不从岩石内部逃走，那么我们就能找出自岩石形成以来多少铀原子已经蜕变[㊀].

㊀ 第一次根据放射性来估计地球年龄的是卢瑟福做的. 参看 E. Rutherford, "The Mass and Velocity of the a particles expelled from Radium and Actinium", *Philosophical Magazine* **12**, 348 (1906), 参看 *pp*. 368-369. 在这里卢瑟福从他研究的矿物得出年龄为 4 亿年的估计.

按照诸如此类的一些方法已发现地壳中最古老的岩石年龄约为 3×10^9 年. 这肯定是地球年龄的下限，因为地壳在过去经历过了许多化学变化. 人们对陨石也曾经做过研究，已发现它们的年龄约为 4.6×10^9 年. 陨石是如何形成的还不能确切知道，但是有很好的证据表明它们是和太阳系中其他坚固的物体差不多同时形成（结晶）的. 因此地球作为一个坚固物体其年龄约为 4.6×10^9 年. 利用放射性“钟”还可以进一步估计从陨石里最初形成化学元素到它结晶所经过的时间. 根据这样的一个估计㊀，这个时间大约为 0.35×10^9 年. 这意味着约在50亿年前最终形成的行星和陨石中含有化学元素. 这就是我们对太阳系年龄的估计.

§7.48　自然，人们会做进一步的推测，宇宙年龄有多大? 化学元素是如何形成的? 这里我们不讨论怎样估计宇宙年龄的想法. 一般相信宇宙年龄也许有百亿年上下，大致与太阳系的年龄同数量级.

一般相信化学元素是由星体中氢的核反应形成的. 图48A 表示太阳系中化学元素的估计丰度. 如果说实验点应当是对同一个“标准样品”的测量得出的数据，那么图中代表各个化学元素的那些点就不是实验点. 这些点表示的是根据大量不同类型测量而做出的估计，例如，太阳大气层中的相对丰度的光谱测定，陨石中的相对丰度测定以及地壳的化学成分估计. 注意氢是远超过其余的最丰富的元素，还要注意丰度曲线的峰值相当于特别稳定的元素. 这里有一个可以清楚看出的系统性倾向：原子序数为偶数的元素比相邻原子序数为奇数的元素要丰富得多. 这反映了这样的事实：具有偶质子数和偶中子数的核倾向于比其他的核更稳定.

说明这条曲线的所有细节，从而追溯太阳系的早期历史是一个令人神往的问题. 目前人们认为对丰度曲线的主要特点已经了解得相当清楚了.

至于氢最初来自哪里，对这个问题，作者一点儿也说不出.

表48A　地壳内8种最普通的元素

元素	原子数目的百分比
氧	62.6
硅	21.2
铝	6.5
钠	2.64
钙	1.94
铁	1.92
镁	1.84
钾	1.42

本表表示包括海洋和大气在内的地壳最外面10英里内元素的估计成分. 这8种元素构成了这个范围内近99%的质量. 地球的弱引力场不能保留轻的元素氢和氦，这说明了与“宇宙”数据相比，它们的丰度低. 关于地球内重元素的丰度可以预期与宇宙丰度相似，但是地球上的地质过程已引起元素的化学偏析，而地壳的数据并不代表地球整体的情况.

㊀ J. H. Reynolds, “Determination of the age of the elements”, *Physical Review Letters* **4**, 8 (1960). 也可参看C. *M. Hohenberg, F. A. Podesek, and J. H. Reynolds. “Xenon-Iodine Dating: Sharp Isochronism in Chondrites”* *Science* **156**, 202 (1967). 其中有些结果表明这个时间可能更要短很多.

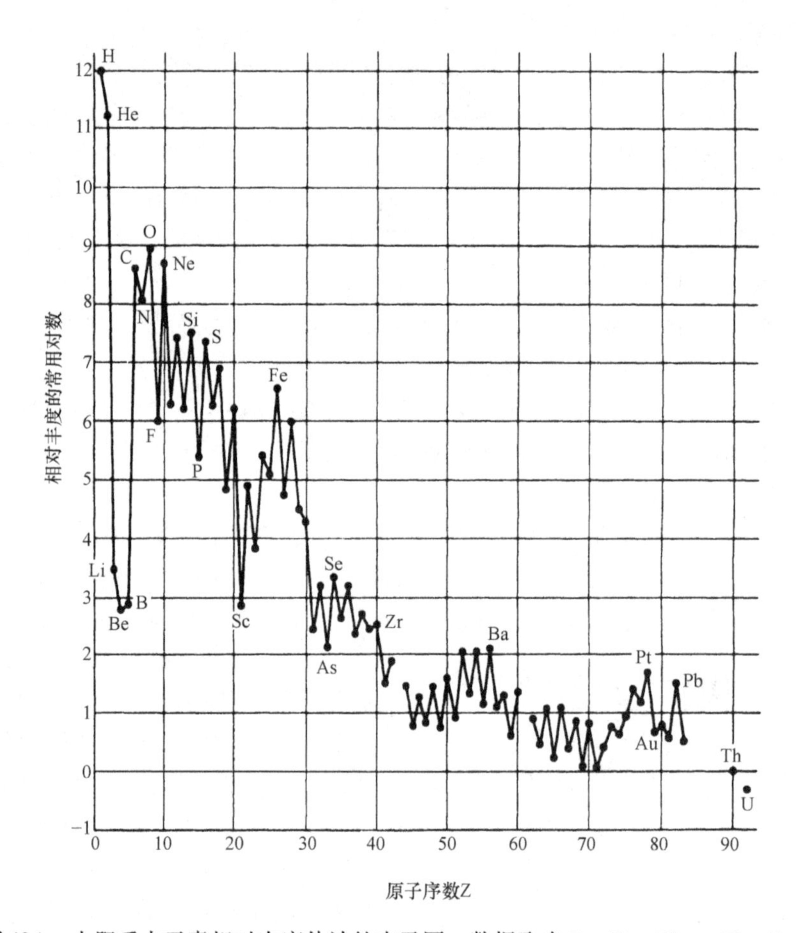

图 48A　太阳系中元素相对丰度估计的表示图. 数据取自 L. H. Aller：*The Abundance of the Elements*（Interscience Publishers., Inc., New York, 1961）一书（p. 192 ~ 193）中的表，此图是受到同书 191 页类似的图启发作出的.

纵坐标取相对丰度（即相对原子数）以 10 为底的对数. 为了容易解读，已把代表相邻元素的点连接起来了. 这类图是根据各式各样不同类型的测量，以及特定的理论概念得到的. 较轻元素的数据主要来自太阳的光谱研究，而对于较重元素的估计则取自陨石成分的研究. 图是现有知识的合理概括，但必须认识到某些列出的数据是不很肯定的和尝试性的.

可以相信在整个（可见的）宇宙内元素的丰度和太阳系内元素的丰度是大致相同的. 但在我们身边的环境中发现的元素丰度与“宇宙”丰度显著不同（参看表 48A）.

四、提高课题：波函数的归一化㊀

§7.49　我们来讨论薛定谔波函数，为简单起见，只考虑一维情况，波函数

㊀ 初读时可略去.

$\psi(x, t)$是x和t的函数. 我们说过波函数绝对值的平方正比于概率密度. 其意义是：在时刻t，在间隔$x_2 > x > x_1$内，找到粒子的概率是

$$P(x_1, x_2) = N\int_{x_1}^{x_2} |\psi(x, t)|^2 \mathrm{d}x \tag{49a}$$

这里N是某个与x无关的常数. 如何确定N呢？按照这一简单要求，粒子无论出现在哪个地方，出现的概率必然都会是1，也就是

$$1 = N\int_{-\infty}^{+\infty} |\psi(x, t)|^2 \mathrm{d}x \tag{49b}$$

可以想象得到，可能会出现方程（49b）中的积分不收敛的情况. 如果这样，常数N必须为零，并且由方程（49a）可知，在任何有限范围内找到粒子的概率也必须为零. 这不可能与任何有物理意义的事件相对应，我们得出重要结论：*对于所有的t值，薛定谔波函数$\psi(x, t)$必然是x的平方可积函数*，我们把“平方可积”这个词理解为方程（49b）中的积分收敛.

因此假定波函数$\psi(x, t)$确实是平方可积的，于是我们可定义一个新的波函数$\psi_n(x, t)$

$$\psi_n(x, t) = \sqrt{N}\psi(x, t) \tag{49c}$$

这里N由方程（49b）给出. 这个波函数具有下列美妙的性质

$$\int_{-\infty}^{+\infty} |\psi_n(x, t)|^2 \mathrm{d}x = 1, \quad P(x_1, x_2) = \int_{x_1}^{x_2} |\psi_n(x, t)|^2 \mathrm{d}x \tag{49d}$$

这样一来，概率密度就等于波函数绝对值的平方.

满足式（49d）中第一个条件的波函数称为*归一化的波函数*，或者说被*标准化为一单位*. 很显然使用这样的波函数是方便的，因为它的绝对值平方等于概率密度.

§7.50 现在必须解决一个重要问题：由方程（49b）定义的常数N是否依赖于时间t？我们已假定$\psi(x, t)$是薛定谔方程的真实解，即

$$-\frac{\hbar^2}{2m}\frac{\partial^2}{\partial x^2}\psi(x, t) + V(x)\psi(x, t) = \mathrm{i}\hbar\frac{\partial}{\partial t}\psi(x, t) \tag{50a}$$

倘若常数N与时间无关，则新的波函数$\psi_n(x, t)$也是这个方程的解.

我们要证明下述定理：如果$\psi(x, t)$满足方程（50a）并且如果当x趋向于$+\infty$或$-\infty$时$\psi(x, t)$“足够快”地趋向零，则

$$\frac{\mathrm{d}}{\mathrm{d}t}\int_{-\infty}^{+\infty} |\psi(x, t)|^2 \mathrm{d}x = 0 \tag{50b}$$

在这里，“足够快”的意义之一就是$\psi(x, t)$是平方可积的.

为了证明这个定理，我们对积分号内的函数微分，即

$$\begin{aligned}\frac{\partial}{\partial t}|\psi(x, t)|^2 &= \frac{\partial}{\partial t}\psi^*(x, t)\psi(x, t) \\ &= \psi^*(x, t)\frac{\partial\psi(x, t)}{\partial t} + \frac{\partial\psi^*(x, t)}{\partial t}\cdot\psi(x, t)\end{aligned} \tag{50c}$$

方程（50a）给出了$\psi(x, t)$对时间微商的表达式，为了得到这个波函数的共轭复数$\psi^*(x, t)$的类似表示式，只要做出方程（50a）的复数共轭，得到方程：

$$i\hbar\frac{\partial}{\partial t}\psi^*(x, t)=\frac{\hbar^2}{2m}\frac{\partial^2}{\partial x^2}\psi^*(x, t)-V(x)\psi^*(x, t) \tag{50d}$$

这里我们曾假定$V(x)$是实函数，这在薛定谔理论中是合理的，因为这个势与“相应的”经典问题中的势是一致的．势是实数这一点对于我们的论证是必不可少的，并且在薛定谔理论中总是要做这样的假定．

用方程（50a）和方程（50d），消去方程（50c）中的时间微商，我们得到

$$\begin{aligned}\frac{\partial}{\partial t}|\psi(x, t)|^2 &=\frac{i\hbar}{2m}\left(\psi^*\frac{\partial^2\psi}{\partial x^2}-\psi\frac{\partial^2\psi^*}{\partial x^2}\right)\\ &=\frac{i\hbar}{2m}\frac{\partial}{\partial x}\left(\psi^*\frac{\partial\psi}{\partial x}-\psi\frac{\partial\psi^*}{\partial x}\right)\end{aligned} \tag{50e}$$

因而得到

$$\begin{aligned}\frac{d}{dt}\int_{-\infty}^{+\infty}|\psi(x, t)|^2dx &=\int_{-\infty}^{+\infty}\frac{\partial}{\partial t}|\psi(x, t)|^2dx\\ &=\frac{i\hbar}{2m}\left[\psi^*\frac{\partial\psi}{\partial x}-\psi\frac{\partial\psi^*}{\partial x}\right]_{-\infty}^{+\infty}\end{aligned} \tag{50f}$$

然而，如果波函数对x的微商是有界的，那么式（50f）右面的表达式将为零，因为我们曾假定波函数在无穷远处为零．因此，关系式（50b）成立，同时从式（49b）直接得到如下结论，N的确是一个与时间t无关的常数．因而波函数$\psi_n(x, t)$也是一个真正的波函数，即薛定谔方程（50a）的解．我们总可以由给定的物理波函数做出归一化的波函数，只要我们愿意，我们全部都可以用归一化的波函数．

对于三维情况，这些重要的结论也成立．我们在这里仅指出其证明和一维情况类似，而不去证明了．

§7.51　讲到这里，读者可能颇为惊讶，每个物理上有意义的波函数必定是平方可积的．这个严格的结论看来要引起对本章前面关于平面单色波的讨论的怀疑．很清楚，形式为$\exp(ixp/\hbar-itp^2/2m\hbar)$的波函数不是平方可积的，因而也不能被归一化．我们不得不做出结论：具有严格确定的动量p的波，它对坐标x的关系仅取决于因子$\exp(ixp/\hbar)$，这样的波并不对应于物理上可实现的粒子的运动状态．另一方面我们并没有被禁止去考虑在x轴的很大区间内，对x的关系取决于因子$\exp(ixp/\hbar)$的波，只要当x趋于$+\infty$或$-\infty$时，这个波函数肯定趋于零．这样，我们可以解决我们的困难，只要我们同意当讨论“具有严格确定的动量的波”时，我们的真正意思并不是说这个波在各处都具有$\exp(ixp/\hbar)$这种形式．我们认识到在无穷远处波函数必须趋于零．然而我们假定在我们原来有兴趣的x轴上很大范围的区域内，波函数是这种形式．我们的“单色波”应被理解为“几乎是单色的

波”. 根据这种理解，和几乎所有量子力学教科书中所做的那样，我们就可以有把握地继续谈论对坐标的关系取决于因子 $\exp(ixp/\hbar)$ 或 $\exp(i\boldsymbol{x}\cdot\boldsymbol{p}/\hbar)$ 的波. 我们可以把不可归一化的波当作是可归一化的波的极限情况. 要是愿意，我们可以称不可归一化的波函数为*非正常的波函数*. 这个用语也会使数学家谅解，物理学家常常以不严格的方式谈论平面波，好像这种波真的就是薛定谔波函数，而这的确会使数学家不愉快.

进一步学习的参考资料

1）薛定谔关于量子力学的原始论文的英文译文发表在 E. Schrödinger：*Collected Papers on Wave Mechanics*（Blackie and Son，Ltd.，Glasgow，1928）.

关于这个主题的历史，我们也可以参考第一章结尾部分（第 3 项和第 5 项.）提到的书籍.

2）有些读者可能有强烈的愿望要立即学习更多有关薛定谔方程的内容. 为此我们介绍以下书籍：

a）R. M. Eisberg：*Fundamentals of Modern Physics*（John Wiley and Sons，New York，1961）.

b）E. Merzbacher：*Quantum Mechanics*（John Wiley and Sons，New York，1961）.

c）L. I. Schiff：*Quantum Mechanics*，3rd edition（McGraw-Hill Book Company，New York，1968）.

这些书都比我们这本书更深，其中的第三本是最高深的. 作者之所以推荐这些书，只是因为读者可能有兴趣看看某些特定题目的完整论证. 简单的势垒问题在前面两本参考书中都做了详尽的讨论.

3）当然，在所有关于原子核物理学的书中都讨论放射性和原子核反应. 我们在许多书中选出以下几本：

a）D. Halliday：*Introductory Nuclear Physics*（John Wiley and Sons，New York，1955）.

b）E. Segrè：*Nuclei and Particles*（W. A. Benjamin，New York，1964）.

4）关于化学元素的形成问题，以及太阳系和宇宙的年龄问题，我们介绍：

a）E. M. Burbidge，G. R. Burbidge，W. A. Fowler，and F. Hoyle：“Synthesis of the Elements in Stars”，*Reviews of Modern Physics* **29**，547（1957）.

b）W. A. Fowler and F. Hoyle：“Nuclear Cosmochronology”，*Annals of Physics* **10**，280（1960）.

c）J. H. Reynolds：“The Age of the Elements in the Sclar System”，*Scientific American*，Nov. 1960，p. 171.

习　　题

1　考虑图28A中所示势垒对于$E>V_0$的情况.

（a）首先考虑粒子从左面入射的情况，这个粒子（波包）部分被阶跃势反射，部分透射. 为了讨论这种情况，我们需要这样的解，就它在右面区域描述向右行进的波. 试求各个区域的解，并导出反射系数R，即粒子被反射的概率表示式. 那么透射系数T，即粒子透射的概率等于$(1-R)$.

（b）其次考虑粒子从右面入射的情况. 在这种情况下，我们想要这样的薛定谔方程解，它在左面区域表示向左传播的波. 试对各个区域求这个解，并推导反射系数R'及透射系数$T'=(1-R')$的表示式. 注意经典粒子完全不会被阶跃势反射.

2　推导图31A所示势垒的透射系数的精确表示式，并把你的精确结果同本书中的近似公式（33b）相比较. 最好把这两个T的表示式各取对数进行比较. 我们在近似结果是在高而厚的势垒的极限情况下得出的.

3　考虑图34B画出的光学势垒穿透效应的一个特殊例子是有趣的. 火石玻璃对波长6 000 Å（在空气里）的折射率是1.75. 假定图34B里的光密介质是火石玻璃，并假定光疏介质是空气. 设入射角是45°，两平面的间隔是10^{-5} m. 估计能够穿过势垒的光所占的比例.（不必进行严格的计算：根据我们讨论势垒穿透的精神，估计一下就足够了）.

注意透射光的强度随两个玻璃棱镜之间空气隙的厚度而指数地减少. 重要的量是厚度与波长之比. 注意在空气隙和玻璃中波矢平行于界面的分量是相同的.（为什么?）

4　让我们挑剔一个微小的细节：图34B是否画得适当? 考虑透射光线与入射光线之间的关系. 或许应当把透射光线画成和入射光线连续，而不是像图中所画的那样? 为了找出这个图究竟应该怎样画，我们或许可以做些实验. 假定光疏介质的厚度是所用光的波长的数量级. 利用带有狭缝的装置，我们选择极其狭窄的光线束作为入射光束，这束光用图中右下部的虚线表示. 这样我们就能够研究透射光束并找出它实际上是否沿着图中左上部的虚线. 其实不必真的在实验室里做这个实验：可以用一个理想实验来代替，因为在这个实验里没有什么事情是电磁理论不能精确预言的.

考虑了这个实验后，谈谈你对图34B是否画得正确的意见.

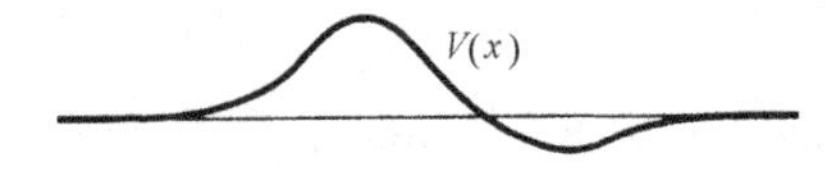

习题5图. 你能不能证明：对于这种类型的任意势垒，用向右和向左传播的波的振幅定义的反射系数和透射系数实际上加起来为1

5　考虑粒子在右图中所示的"任意"势垒里的运动. 当x趋于$+\infty$或$-\infty$时，函数$V(x)$趋向于零.

假定能量为E的粒子从左面入射，那么

波函数 $\varphi(x)$ 必定是这种形式：对于很大的负 x，$\varphi(x)=(\mathrm{e}^{\mathrm{i}xk}+A\mathrm{e}^{-\mathrm{i}xk})$；对于很大的正 x，$\varphi(x)=B\mathrm{e}^{\mathrm{i}xk}$. 要真正求出两个常数 A 和 B，我们应该求解势为 $V(x)$ 的薛定谔方程.

我们已经把 $|A|^2$ 解释为势垒的反射系数，把 $|B|^2$ 解释为透射系数. 如果这个解释是有意义的，那么很显然必然有

$$|A|^2+|B|^2=1 \tag{a}$$

这就引起一个有趣的原则性问题. 上述关系是否对所有的势函数 $V(x)$ 都成立？

请普遍证明这个关系. 提示：考虑函数

$$F(x)=\varphi^*(x)\frac{\mathrm{d}\varphi(x)}{\mathrm{d}x}-\varphi(x)\frac{\mathrm{d}\varphi^*(x)}{\mathrm{d}x}$$

并证明若 $\varphi(x)$ 满足薛定谔方程，则 $\mathrm{d}F(x)/\mathrm{d}x=0$.

这个问题说明了一个事实，这就是有时可以证明关于解的性质的一般表述，而实际上用不着明显地求出解. 在这种特殊情况下，我们已发现了薛定谔方程及其解的一个重要的普遍性质. 如果要这个理论有意义，那么方程（a）必须成立，我们能够证明它是令人鼓舞的.

6　关于上题图中所表明的情况，我们可提出一些更有兴趣的问题. 例如：势垒的透明度在两个方向上是否相同？

定理：当粒子从左面入射时，其透射系数与粒子从右面入射时相同，只要在这两种情形下粒子的能量相同.

请证明这个定理. 提示：注意，正如上一题中所讨论的，若 $\varphi(x)$ 是薛定谔方程的解，则 $\varphi^*(x)$ 也是方程的解，并且 $\varphi(x)$ 和 $\varphi^*(x)$ 的每个线性组合也是方程的解. 考虑一个 $\varphi(x)$ 和 $\varphi^*(x)$ 适当的线性组合.

7　许多不稳定的原子核通过放射一个正电子和中微子而衰变，射出正电子的能量在 10keV 到几个 MeV 的范围内. 正如以前所述，这种衰变是弱相互作用的结果. 我们还进过，β 放射性核有一些是长寿命的，原因是这种相互作用本来就很微弱. 这并不排除势垒穿透效应也起了重要作用的可能性. 用一些明确的数值例题来研究这个问题，也就是估计正电子所必须穿透的“典型”势垒的透射系数，就能证明势垒穿透现象在这里并不是决定寿命的主要因素.

8　有一次迈特纳（L. Meitner）和奥尔特曼（W. Orthmann）[*Zeitchrift für Physik*60, 143（1930）] 对于 RaE（这是原子核 Bi^{210} 的旧名）β 衰变所释放出来的能量进行量热测量. 在这个实验中，他们用放在一个合适的量热器中的 RaE 样品，他们测量了在量热器中热的释放速率. 从已知的 RaE 半衰期（5.0 天）及样品的尺寸，他们就能够求出 RaE 每秒钟蜕变的数目，从而算出每次蜕变放出的热能. 得到这个热能的数值是：(0.337 ± 0.020)MeV/1 次蜕变.

另一方面已经知道，被放射出来的电子的最大动能是 1.170 MeV. 从而显现出

在已知的最大能量和用量热器测得的能量之间存在着干扰偏差，这使当时的物理学家们很伤脑筋是不足为奇的. 因为我们以为衰变发生在两个确定的能级之间，因此必须假定能量1.17 MeV是每次衰变所释放的动能，那么问题来了，为什么在量热器中这个能量的一部分“消失了”. 事实上当时的物理学家如此不安，以致有些人，包括玻尔，他们认真思考能量守恒原理在微观物理学中不成立的可能性.

根据你对β衰变的知识，详细解释上面所述的情况（包括当时物理学家感到忧虑的心情）.

9　在自然界存在的铀里面，同位素235的丰度是0.71%，同位素238的丰度是99.28%，U^{235}的半衰期是7.1×10^{8}年，U^{238}的半衰期是4.50×10^{9}年.

(a) 上面所列举的丰度对所有地球上的样品，并且对所有含铀陨石都是适用的. 由此情况能得出什么结论？

(b) 如果你做一个简单的假定：在太阳系里铀的两种同位素原来的数量是相等的，则对太阳系的年龄能做出怎样的估计？

10　(a) 计算在含有1吨铀的铀矿石中能找到的镭的数量. 如果矿物的年龄是100万年或是5亿年，这会产生什么差别？

(b) 如果矿物年龄是5亿年，你预料能找到多少数量的铅？

第八章　定 态 理 论

第八章　定态理论

一、作为本征值问题的量子化

§8.1　上面的小标题是薛定谔讨论波动力学的四篇著名论文[⊖]的总题目，在这些论文中他证明了原子中分立能级的存在，并说明了如何依据波动的图像，特别是依据薛定谔方程来理解.

在薛定谔理论之前，玻尔于1913年就已经用公式阐明了原子的半经典理论. 我们说"半经典"的，是因为他假设了一个用经典力学的定律描述的行星模型，但同时加上一个假设，即并不是每一条经典上允许的轨道都是实际上可实现的. 实际的轨道要受到若干完全不是经典性质的量子条件所限制. 作为例子，我们指出原子中粒子由于轨道运动而产生的总角动量必须是$\hbar$的整数倍这个法则. 与量子条件所允许的轨道相联系的总能量的数值在很多情况下（但并不总是）形成分立的一组数值. 玻尔以这种方式创立了一个原子的分立能级理论. 他的方法可以称为原子内部运动的量子化，这就是"量子化"一词的历史起源.

§8.2　玻尔的量子条件是一种特别的性质，很难令人满意. 在薛定谔发表论文的时候，玻尔的理论确实解释了一些观察到的事实这已经是很明白的了. 但这个理论也还有着一定的缺点和完全失败之处. 因此提出新概念的时机已经成熟.

薛定谔的伟大贡献在于证明了：如果严格地采用物质的波动图像，那就会有一个系统和自然的方式来"量子化". 他指出，在适当的条件下，他的波动方程具有描述驻波的解，并且他把这些解和原子的定态联系起来. 这些驻波解均有按$\exp(-i\omega t)$随时间变化的特征，可能的频率形成一组分立的集合，比如说为ω_1，ω_2，ω_3，…，而第n个定态的能量由$E_n=\hbar\omega_n$给出. 在这一章中，我们将遵循薛定谔的脚步，探索这个思想.

§8.3　在第七章中我们通过一系列似乎合理的论证得出了薛定谔方程

$$-\frac{\hbar^2}{2m}\nabla^2\psi(\boldsymbol{x},\ t)+V(\boldsymbol{x})\psi(\boldsymbol{x},\ t)=i\hbar\frac{\partial}{\partial t}\psi(\boldsymbol{x},\ t) \tag{3a}$$

它描述了质量为m，并在可以从势函数$V(\boldsymbol{x})$导出的力场中的运动的粒子. 在"推导"中，我们认识到这个方程显然是近似的：对粒子的运动做了非相对论性处理，并且忽略了所有的产生和湮没现象. 我们说明了为什么这些方程会在原子

⊖ E. Schrödinger, "Quantisierung als Eigenwertproblem", *Annalen der Physik* **79**, 361 (1926); **79**, 489 (1926); **80**, 437 (1926); **81**, 109 (1926).

和分子物理学中，以及在原子核物理学的某些情况中，都非常有用. 在后一领域中，我们把能够用量子力学隧道效应解释 α 放射核的寿命对射出粒子的能量的依赖关系的评价看作为巨大成功.

正如我们在第七章中讨论的一样，在这里考虑描述一维问题的薛定谔理论的简化形式是有启发的. 这类问题的薛定谔方程形式为

$$-\frac{\hbar^2}{2m}\frac{\partial^2}{\partial x^2}\psi(x,\ t)+V(x)\psi(x,\ t)=\mathrm{i}\hbar\frac{\partial}{\partial t}\psi(x,\ t) \tag{3b}$$

讨论方程（3b）比讨论三维的方程（3a）在数学上要简单得多. 由于我们现在感兴趣的现象的根本特征在这两个方程中表现得差不多一样，所以我们可以通过研究较简单的方程（3b）来理解薛定谔理论是如何解决问题的. 此外，应该说明这个方程并不像人们起初所认为的那么不现实：许多涉及三维运动的问题都可以简化为等价的一维问题.

§8.4　让我们从一个简单的问题开始. 一个粒子被限制在一个长为 a，墙壁无限高的"匣子"里. 图 4A 中的实线表示这个问题中的势函数 $V(x)$. x 在区间 $(0,a)$ 内势 $V(x)$ 为零，在此区间外则为 $+\infty$.

在第七章第 26 节中我们考虑的是只有一个无限高势壁的情况. 在那里我们得到了单色驻波解，它描述一个具有任意正能量 E 的粒子被壁所反射. 现在情况下的新特点是粒子被限制在两个无限高势壁之间.

现在让我们尝试求解薛定谔方程（3b），设波函数 $\psi(x,\ t)$ 以一个简单的指数因子随时间变化，即

$$\psi(x,\ t)=\varphi(x)\exp\left(-\frac{\mathrm{i}tE}{\hbar}\right) \tag{4a}$$

将这样形式的波函数代入方程（3b）便得到与时间无关的薛定谔方程

$$-\frac{\hbar^2}{2m}\frac{\mathrm{d}^2}{\mathrm{d}x^2}\varphi(x)=[E-V(x)]\varphi(x) \tag{4b}$$

在第七章第 26 节的讨论中，我们曾得出在

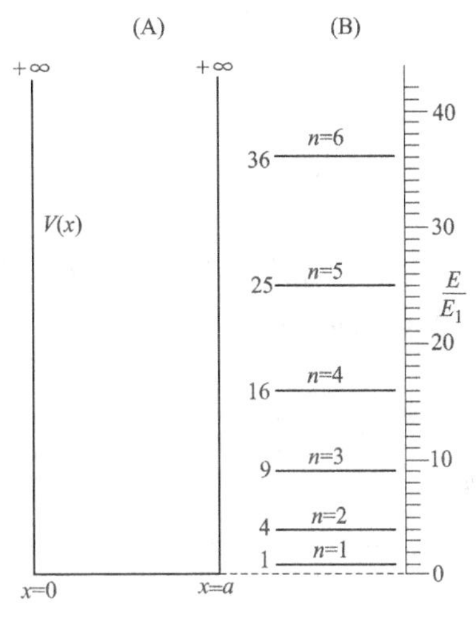

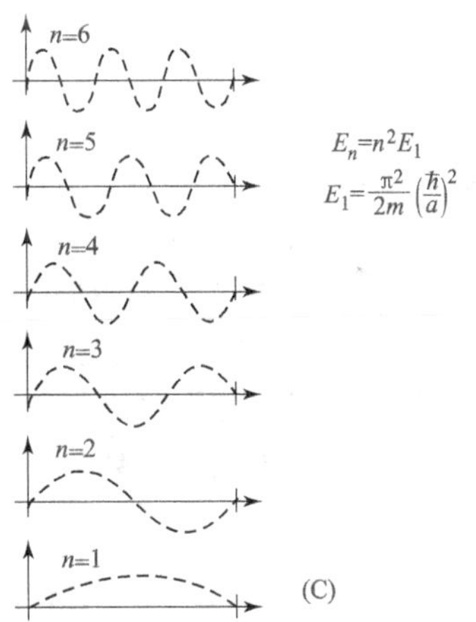

图 4ABC　一个被限制在一维匣子内的粒子，这种有点不实际的情况给我们提供定态薛定谔理论的实质的简单例证. 图 4A 表示势函数，在 $x=0$ 及 $x=a$ 两点它变成无穷大. 与定态相对应的波函数在这些点上必定为零. 这只有在（总）能量取谱项图即图 4B（仅给出最小的 6 个数值）中的某一数值时才是可能的. 图 4C 表示与这 6 个定态相对应的波函数（本征函数）.

势函数是无限大的区域内，以及在这样的区域的边界上，波函数必须为零的结论. 因此在现在的问题中，波函数在 $x=0$ 和 $x=a$ 处，以及在区间（0，a）之外均应为零.

方程（4b）在匣子内的通解的形式为

$$\varphi(x)=A\exp(\mathrm{i}xk)+B\exp(-\mathrm{i}xk) \tag{4c}$$

其中

$$k=\sqrt{\frac{2mE}{\hbar^2}} \tag{4d}$$

而 A 和 B 为常数. 若我们现在先加上 $x=0$ 处波函数应为零的条件，就会发现物理上可接受的解必须是如下形式

$$\varphi(x)=C\sin(xk) \tag{4e}$$

其中 C 为非零常数. 在 $x=a$ 处波函数也应为零，于是我们就得到另一个条件

$$C\sin(ak)=0 \text{ 或 } ak=n\pi \tag{4f}$$

这是一个关于 k 的条件，因此也是一个关于能量 E 的条件. 代入式（4d）的 E 和 k 之间的关系，我们就有

$$E=\frac{n^2\pi^2\left(\frac{\hbar}{a}\right)^2}{2m} \tag{4g}$$

这里的 n 是正整数：除非 E 是这样的形式，否则我们的问题就没有物理上可接受的解. 将 $n=0$ 的情况排除在外，因为这对应于一个恒等于零的波函数，在物理上是不能接受的. 由于我们曾假定 k 为非负数，所以 n 为正.

§8.5　这样我们就发现了对于在匣子中的粒子，薛定谔方程（3b）具有随时间按简单的指数规律变化的定态解，即具有形式为 $\psi(x,\ t)=\varphi(x)\exp(-\mathrm{i}tE/\hbar)$ 的解，其中的能量 E 只能取一系列分立值 E_1，E_2，E_3，…，E_n，…中的一个，它们由

$$E_n=\frac{n^2\pi^2\left(\frac{\hbar}{a}\right)^2}{2m} \tag{5a}$$

给出，这里 n 是任意的正整数. 因此，在区间（0，a）之内对应于第 n 个可能的能量 E_n 的归一化[⊖]波函数 $\psi_n(x,\ t)$ 的形式为

$$\psi_n(x,\ t)=\sqrt{\frac{2}{a}}\sin\left(\frac{n\pi x}{a}\right)\exp\left(-\frac{\mathrm{i}tE_n}{\hbar}\right) \tag{5b}$$

在区间外面则为零. [这个波函数是正确地归一化的，这一点我们通过对 $|\psi_n(x,t)|^2=(2/a)\sin^2(n\pi x/a)$ 从 0 到 a 积分就可看到：结果是 1.]

我们用图 4A 和图 4B 所示的这个体系的谱项图的形式来表示能量 E_n，在该图中画出了开始的 6 个能级. 在图 4G 中我们画出了相应的波函数 $\varphi_n(x)$. 当然，

⊖ 关于薛定谔波函数归一化的讨论，参看第七章第 49 节.

这些函数等于特定时刻 $t=0$ 时的函数 $\psi_n(x, t)$.

也可以参看组合在一起的图 5A.

§8.6 现在让我们来研究薛定谔方程（3b）的定态解与非定态解之间的差别.

首先，考虑由式（5b）给出的第 n 个定态解. 由于解是归一化的，因此波函数的绝对值平方给出了在 x 轴的任何地方找到粒子的概率密度 $P_n(x)$. 我们发现在区间（$0,a$）内

$$P_n(x) = |\psi_n(x, t)|^2 = \left(\frac{2}{a}\right)\sin^2\left(\frac{n\pi x}{a}\right) \tag{6a}$$

在此区间外 $P_n(x)=0$. 正如我们所看到的，定态解的概率密度是不随时间变化的.

让我们接着来考虑一个非定态的解. 由于薛定谔方程（3b）是一个线性微分方程，任意两个解的线性组合给出一个新的解. 若两个原来的解满足边界条件 $\psi(0, t)=\psi(a, t)=0$ 则新的解也满足同样的边界条件. 根据叠加原理，我们可以断定，任何定态解（5b）的线性组合给我们在物理上可以接受的新的解.

为了看看在这样的两个解的叠加中会发生什么，让我们来考虑特定的线性组合

$$\psi(x,t) = \sqrt{\frac{1}{2}}\left[\psi_{n'}(x,t) + \psi_{n''}(x,t)\right] \tag{6b}$$

这里设 $n' \neq n''$. 我们要求薛定谔方程的这个新解归一化（对于所有的时间 t）. 对应于解（6b）的概率密度 $P(x, t)$ 由下式给出

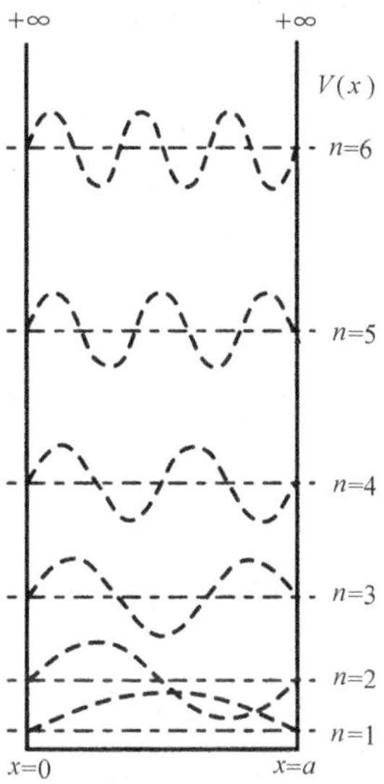

图 5A　在有关量子力学的教科书中经常会出现这样的图. 图 4A ~ 图 4C 中的三个图被合成一个图. 这或许是一种不好的做法，但是由于这种图从未被作者误解，而且他也认为这不会使读者误解.

能级用细的虚线给出. 每一根这样的线，又作为 x 轴而在它上面叠加一条曲线表示相应的波函数.

$$P(x,t) = |\psi(x,t)|^2 = \left(\frac{1}{a}\right)\left\{\sin^2\left(\frac{n'\pi x}{a}\right) + \sin^2\left(\frac{n''\pi x}{a}\right) + 2\sin\left(\frac{n'\pi x}{a}\right)\sin\left(\frac{n''\pi x}{a}\right)\cos\left[\frac{t(E_{n'} - E_{n''})}{\hbar}\right]\right\} \tag{6c}$$

将 $P(x, t)$ 的这个表示式从 0 到 a 积分，读者可以立即证实由式（6b）给出的波函数确实是归一化的.

如我们所见，概率密度 $P(x, t)$ 不是与时间无关的：式（6c）的最后一项表示一种振荡行为，这个振荡的频率由下式给出

$$\omega_{n'n''} = \frac{E_{n'} - E_{n''}}{\hbar} \tag{6d}$$

§8.7 略加思考就可知道，只要在叠加中至少出现两个不同的定态解所有定态

解（5b）的叠加都必定显示这种行为.（叠加可以包含任意数目的定态解：甚至可能存在无限个解.）进一步我们很容易看出，假使在叠加中出现定态解 $\psi_{n'}$ 和 $\psi_{n''}$，那么在概率密度中必然会有由方程（6d）给出的频率为 $\omega_{n'n''}$ 的振荡项. 这一项来自在波函数 $\psi(x, t)$ 的绝对值平方的展开式中出现“交叉项”$\psi_{n'}^{*}\psi_{n''}$ 和 $\psi_{n''}^{*}\psi_{n'}$

$$\psi(x,t) = \sum_{n} C_n\psi_n(x,t) \tag{7a}$$

式中，C_n 是一些常数.

现在实际上可以证明一个定理：对于关在匣子内的粒子问题，其薛定谔方程的每一个在物理上可接受的解，都可用这个问题的定态解（5b）以唯一的方式写成如式（7a）所示那样的展开式. 这里我们不去证明这个定理，而把它看作似乎非常有道理的来接受：在数学上这是关于傅里叶级数的定理. 接受了这个定理我们就可以断定，只有对应于概率密度与时间无关的薛定谔方程的那些解才是定态解.

§8.8　现在我们已经学了定态的薛定谔理论以及量子力学系统能级的实质. 定态相应于薛定谔方程的稳定解，对于定态，概率密度与时间无关. 对于非定态，则概率密度随时间变化而振荡，可能发生的振荡频率则按照不同定态能级之间的能量差由式（6d）给出. 这些频率显然是我们可以预料的系统发射或吸收辐射的特征频率：也就是这些是系统共振的频率. 跃迁频率 $\omega_{n'n''}$ 反过来决定能级的位置，只是差一个共同的附加常数，我们可通过给基态指定的某一适当能量来确定这个常数.（在我们的例子里取“势阱的底”为零点.）

现在我们可以提出一个雄心勃勃的计划：对于可以把薛定谔理论看作是很好近似的物理上有意义的所有情况，求解薛定谔方程（适当地推广应用于多粒子体系）. 特别是，我们要寻找可以归一化的定态解：它们给出定态以及相应的能级. 不用说，实际上这个雄伟的计划远未实现：虽然我们可以相当好地处理简单的体系，但是我们的数学能力完全不适应于精确求解复杂体系的薛定谔方程.

§8.9　考虑上述的计划时，我们可以问，这是否真正就是我们所需要的. 正如我们在第三章中详细讨论过的，严格地讲“定”态根本就不是稳定的. 另一方面，我们的匣子里的粒子的理论确实给出严格的定态. 我们所提出的计划也是想给我们严格的定态，但这与已知的观察到的事实相矛盾. 这里我们遇到了薛定谔方程的一个明显缺点：它没有描述辐射跃迁. 因此薛定谔方程并非全部情况，某些东西被漏掉了. 在这方面薛定谔理论类似经典理论，在这个经典理论中只计入了电子和原子核之间全部静电相互作用而把运动粒子产生电磁波的辐射给忽略掉了. 不过我们还是可以指望薛定谔理论在原子和分子物理中是很好的近似. 这样我们可以期望由薛定谔方程所预言的定态与“真正的”理论中的几乎是稳定的状态相对应，并且这个真正的理论所预言的几乎是稳定的状态的“平均能量”将十分接近于由薛定谔方程所预料的精确能量值.

§8.10　我们在继续讲下去之前，先解释几个经常用到的术语. 当我们希望找出一个系统的能级时，与时间无关的薛定谔方程（4b）是我们必须考虑的典型方

程. 让我们用符号形式来写这个方程

$$H\varphi(x)=E\varphi(x) \tag{10a}$$

其中 H 代表下列微分算符

$$H\equiv-\frac{\hbar^2}{2m}\frac{\mathrm{d}^2}{\mathrm{d}x^2}+V(x) \tag{10b}$$

我们想要求出微分方程（10a）的解 $\varphi(x)$. 对任何的能量 E，这个方程总是有解的，但并非所有这些解都是在物理上可接受的. 所以我们着重把物理上可接受的条件，即波函数是平方可积㊀，作为问题的必要部分. 如果我们这样做，我们就会发现能量 E 不能是任意的. 那些使方程（10a）具有物理上可以接受的解的 E 的数值称为微分算符 H 的本征值. 相应的波函数称为算符的本征函数.㊁

现在我们可以明白为什么薛定谔将他的论文命名为"作为一个本征值问题的量子化".

§8.11　限制在无限高壁垒的势阱中的粒子的问题有点不切实际. 现在让我们更一般地考虑一维本征值问题. 假设势函数 $V(x)$ 没有一处是无限大，而是具有如图 11A 所示的形式. 我们假定 $x\to+\infty$ 时势函数趋向常数值 V_+，在 $x\to-\infty$ 时趋向常数值 V_-. 用 V_0 表示势能的最小值. 当然这个特别的势函数是一种特殊情况，但考虑这样的特殊情况是很有益的. 我们假设 $V_+\geqslant V_-$.

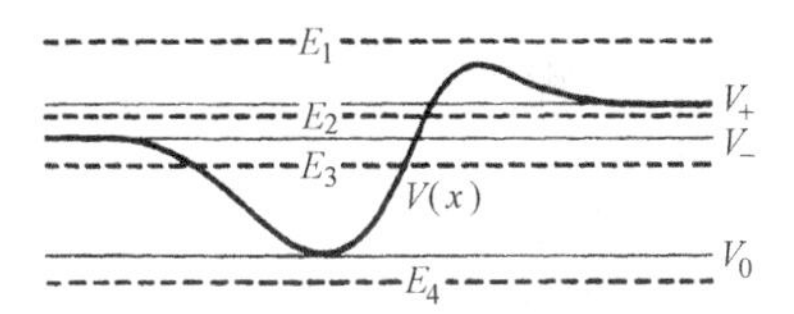

图 11A　一种特别的势函数，它在 x 趋　向 $+\infty$ 或 $-\infty$ 时分别趋向于常数值 V_+ 和 V_-. 我们要研究对于总能量 E 取不同数值时薛定谔方程解的性质. 水平的虚线表示的四个能量，代表可能出现的情况.

我们来考察对于势函数 $V(x)$ 的与时间无关的薛定谔方程（4b）的解的性质. 我们把这个方程写成

$$-\frac{\mathrm{d}^2}{\mathrm{d}x^2}\varphi(x)=-\left(\frac{2m}{\hbar^2}\right)[E-V(x)]\varphi(x) \tag{11a}$$

我们考虑这个方程的能量参数 E 取下面各种不同的数值时的情况；

$E\leqslant V_0$；$V_-\geqslant E>V_0$；$V_+\geqslant E>V_-$ 和 $E>V_+$. 应该清楚地懂得对于所有的 E 值，微分方程（11a）总会有解，但这些解一般并不都是物理上可接受的.

一般地，用图表示复数的波函数有一些问题. 一个可能性是画出波函数的绝对值. 另一个可能性是考虑方程（11a）的实数解. 我们注意到如果 $\varphi(x)$ 是方程（11a）的任意一个（复数）解，则 $\varphi^*(x)$ 也是一个解，因为 E 和 $V(x)$ 两者都是实数. 解 $\varphi(x)$ 的实部 $[\varphi(x)+\varphi^*(x)]/2$ 和虚部 $[\varphi(x)-\varphi^*(x)]/2\mathrm{i}$ 也是方程

㊀　正如我们在第七章第 26 节中所讲的，在具有无限高壁"势阱"的情况中，从这个条件导出在阱外以及在边界上波函数为零的条件.

㊁　单词"eigenvalue"和"eigenfunction"是德语和英语的混合词，它们已在物理学中深深扎根了. 它们的德语形式分别是"Eigenwert"和"Eigenfunktion".

（11a）的解，因此我们可以设想绘制这些实函数的图.

§8.12　让我们首先考虑实数解在 $[E-V(x)]<0$ 的整个区间内的局部行为，对薛定谔方程（11a）的考察表明，在这个区间内波函数的二阶微商具有与波函数相同的符号. 由此可知，如果波函数在一个区间内不为零，那么它就会“向 x 轴凸出”，即如图12A画出的两段曲线. 假使波函数通过轴，则将在零的两边从轴“生长出去”，如图12B所示. 波函数也可能或者从左边或者从右边渐近地趋向于 x 轴，即如图12C所示的两段曲线.

我们断定：假使对所有 x 的值都有 $V(x)>E$，则方程（11a）的解在物理上是不可能接受的，因为波函数的绝对值在左边，或右边，或者可能在两边都无限地增长. 参照图11A，物理系统是不可能具有比 V_0 更小的能量 E 的.

§8.13　下面我们来考虑波函数在整个 $[E-V(x)]>0$ 的区间内的性质. 这种情况下，波函数的二阶微商和波函数符号相反. 这就导致波函数在不为零的区间

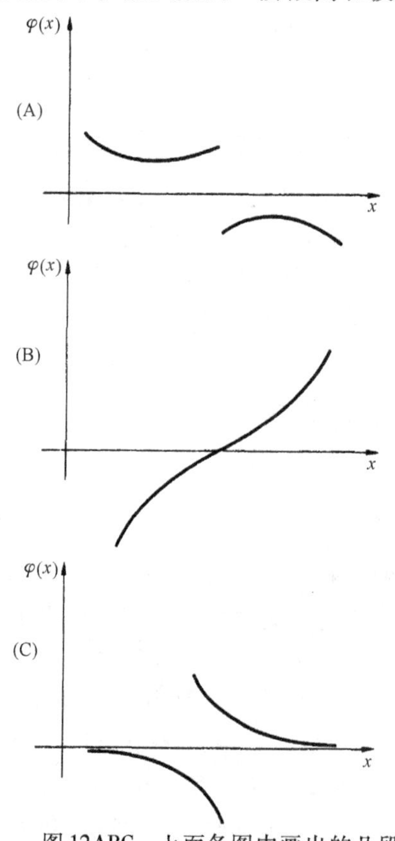

图12ABC　上面各图中画出的几段曲线说明了在 $E<V(x)$ 的全部区间内（实数）波函数的局部行为. 在这样的区间内二阶微商具有和波函数相同的符号.

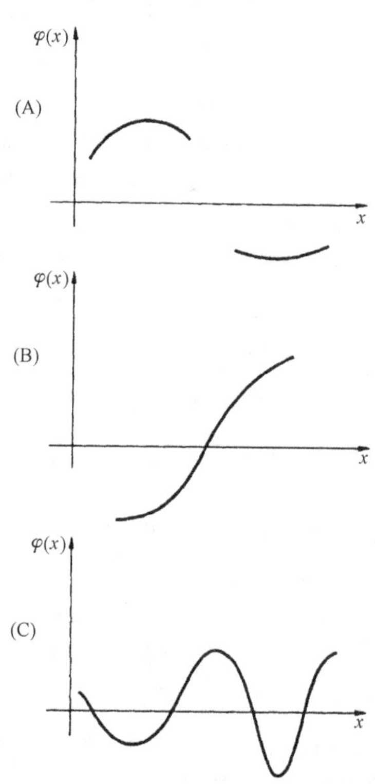

图13ABC　上面图中的曲线段画出了在 $E>V(x)$ 整个区间内（实数）波函数的局部行为. 在这样的区间内波函数与其二阶微商符号相反. 读者可将这三个图与图12ABC仔细地做比较.

内必然是“离开 x 轴向外凸出.”这一点可由画在图 13A 中的两段曲线来说明. 若波函数通过轴，在曲线与轴交点两边的曲线各自向轴弯曲. 这个行为在图 13B 中说明，应将该图与图 12B 比较.

表示波函数的曲线中较长的一段可能多次通过 x 轴，这样我们就得到如图 13C 所示的“振荡的”行为.

§8.14　最后我们考虑在整个区域内 $[E-V(x)]=0$ 的情况（这个极其特殊的情况只有在势函数 $V(x)$ 在整个区间内为常数时才会发生）. 波函数的二阶微商必定为零，从而其一阶微商必定是一个常数. 代表波函数的曲线就是直线，如图 14AB 所示的线段.

这里我们注意到，对于如图 11A 所示的势函数，物理上有意义的波函数及其一阶微商不可能在同一点上都为零，因为若发生这种情况，则波函数必定处处为零. 这个表述是常微分方程理论中的一个定理. 根据这个理由图 12ABC、图 13ABC 和图 14AB 中的曲线段虽然可能穿过或渐近地趋于 x 轴，但决不会与 x 轴相交.

§8.15　让我们用关于波函数的局部行为的知识来讨论当势函数如图 11A 所示样式时，波函数对所有 x 值的全局行为. 现在我们必须对微分方程（11a）的解加上物理上有意义的波函数所应满足的条件.

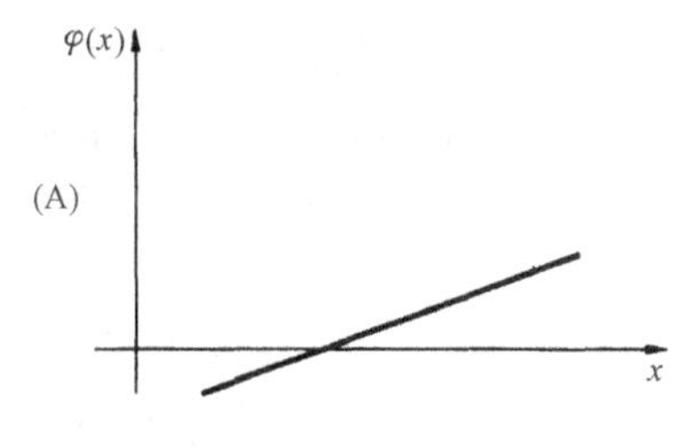

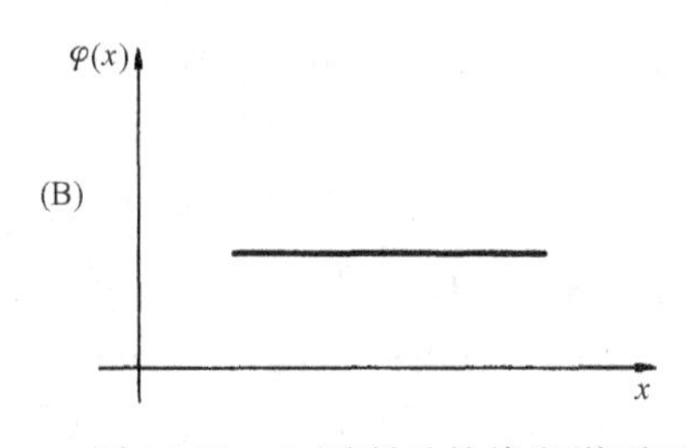

图 14AB　上图所示的线段说明了（实数）波函数在整个 $E=V(x)$ 区间的局部性质. 这是一个只有当势函数 $V(x)$ 在区域内是常数时才会发生的特殊情况. 波函数的二阶微商等于零，因此波函数由一条直线来表示.

参照图 11A，我们首先来考虑能量 E 满足条件 $E>V_+$ 的情况. 这样的一个能量 E_1 在图中用标有 E_1 的虚线来表示. 这个情况实际上多少有点特殊，因为对于所有的 x 我们都有 $[E-V(x)]>0$. 解在每个地方，特别在 $+\infty$ 和 $-\infty$ 处，都是振荡的. 只要 $E>V_+$，即使能量 E 低于势函数 $V(x)$ 的最大值，解在 $+\infty$ 和 $-\infty$ 之间也还是振荡的：在这种情况下我们遇到了势垒穿透问题. 因此对每一个 $E>V_+$，我们可以找到两个线性无关的，在无限远处是振荡的解，而这些解描述行进的粒子（或波）. 在第七章中，我们已经讨论过这样的解及其物理解释. 一个固定 E 的解不是归一化的，但我们可以用行波解的（连续）叠加形式来构成可归一化的解. 在第七章第 51 节中，我们约定把对应于一定的 E 值的解称为非正常波函数，这样对任何 $E>V_+$ 我们就有两个线性无关的非正常波函数. 这些波函数，或者不如说是可以由它们构成的归一化的波包，可以描述一个，例如，从“势垒”左边入射的粒子. 这个粒子部分地被反射回左边，部分地透射过势垒到

右边. 同样，粒子也可以从右边入射.

§8.16　接下来假设 $V_+ > E > V_-$，在这种情况下，在右边我们有一个区间 $[E-V(x)]<0$，而在左边有一区间 $[E-V(x)]>0$. 这是我们在第七章第21～25节中考虑过的同一类问题. 这种情况下，在右边区间内的两个线性无关的解中只有一个是物理上可接受的，即当 x 趋向于 $+\infty$ 时趋向于零的解（相应于图12C中右面的一段曲线）. 当连续到左边去时，这个解在区间 $[E-V(x)]>0$ 内具有振荡行为，(当然，波函数及其一阶微商都是到处连续的，否则波函数就不可能对应于薛定谔方程的全局解.) 这样对于每一个 $V_+ > E > V_-$ 的 E 值我们就有一个（非正常的）波函数，这个波函数描述一个由左边入射的粒子被势的“山峰”反射，正如在第七章中所讨论的问题一样.

§8.17　让我们接下去考虑 $V_- > E > V_0$ 的情况. 这样的一个例子就是在图11A中标有 E_3 的虚线所表示的能量. 在此情况下我们在左边和右边各有一个 $[E-V(x)]<0$ 的区间，而在中间有一个 $[E-V(x)]>0$ 的区间. 把这些区间彼此分隔开来的两个边界点就是*经典的转折点*：我们将用 x_1 和 x_2 来表示它们.

在 x_1 的左边波函数一定渐近地趋于 x 轴，而它的行为必定像图12C中左边线段所示的那样（除波函数的符号外，这是无关紧要的）. 如果波函数的行为不是这个样子，就是当 x 趋向 $-\infty$ 时它要增大，而一个不断地增大的波函数在物理上是不可接受的. 在 x_2 的右边，波函数的行为应该表现得像图12C中右边的线段那样. 在 x_1 和 x_2 之间的中间区域里，波函数表现出振荡行为，在这个区域内我们有两个物理上可接受的线性无关的解. 现在的问题是把这些不同类型的解“匹配”起来以使我们获得物理上可接受的波函数，这个波函数到处连续并到处有连续的一阶微商[⊖]对于一个任意的 E，*这一点是办不到的：物理上可接受的解（它是平方可积的），只能对某些分立的能量 E 值才能求得. 这些能量的每一个都相应于体系的一个束缚态.*

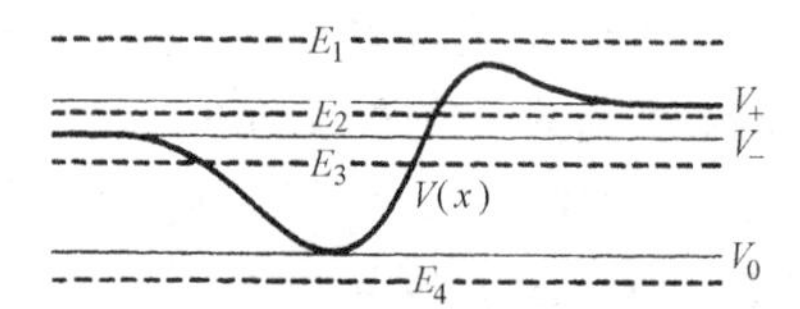

为了方便读者，我们再次在这里展示图11A. 当 x 趋向于 $+\infty$ 或 $-\infty$ 时，势函数分别趋向于常数值 V_+ 或 V_-. 水平的虚线表示四个能量，代表可能出现的情况.

§8.18　这个现象可以容易地借助于图18ABC来理解. 假设取一个任意的能量 E，使 $V_- > E > V_0$. “对左边”我们用取一个满足“左边”的物理条件的解. 当 x 趋向于 $-\infty$ 时这个函数渐近地趋于 x 轴. 在转折点 x_1 处，这个解必须与在 x_1 和 x_2 之间的振荡解相“匹配”. 由于波函数及其一阶微商都必须连续，对于这个区域我们就得到了一个*唯一*的解. 这个解必须与 x_2 右边的解相“匹配”，我们就再次得到一个 x_2 右边的唯一的解. 除非能量 E 正好合适，否则这个解不会表现出图12C中右边线段的行为，而是相反地离开轴向外伸展，在这种情况下整个解不是物理上可接受

⊖ 假使我们找到了波动方程的一个全局解，当然也就自动做到了“匹配”.

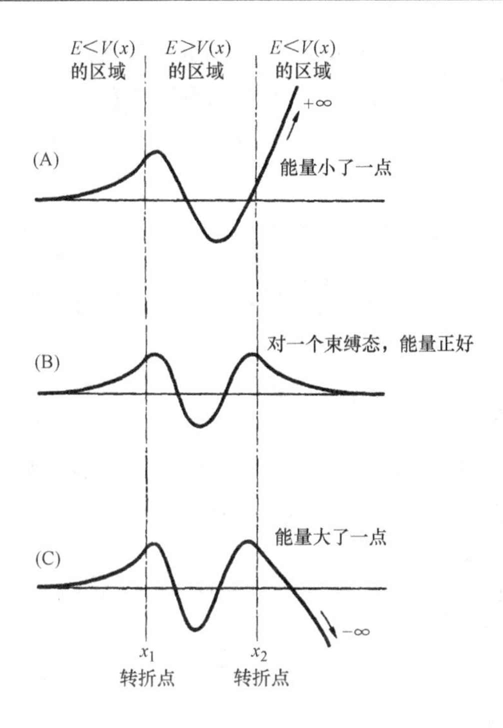

图 18ABC 表示薛定谔方程解的行为的简图：当 x 趋向于 $-\infty$ 时这个解就渐近地趋于零．图中的三条曲线代表三个不同能量的解．除非能量参数的值“正好合适”，否则当 x 趋向于 $+\infty$ 时，解就向 $+\infty$ 或 $-\infty$ 发散．微分方程的无界限的解不是物理学上可接受的：它们不是薛定谔问题的解．对于曲线 B 的能量值“正好合适”：当 x 趋向于 $+\infty$ 时，波函数渐近地趋向于零．这条曲线代表一个束缚态的波函数．

的．波函数在左边和在右边都减少的条件，一般情况下是不相容的，除非 E 是一组分立值中的一个．这些数值必须大于 V_0．我们早已断定对于 $E<V_0$，不可能有物理上可接受的解．

对于图 11A 所示的势函数问题，谱项图是在 V_0 和 V_- 之间的一组分立能级（也可能是空的），在能量 V_0 之上则是一个连续区．

§8.19 刚才讨论的这种一维问题画在图 19A 中，这种问题比较容易做解析处理．这里的情况中 $V_+=V_-$，因此势函数在每一段中是常数．在图的右面我们画出谱项图，可以看到在

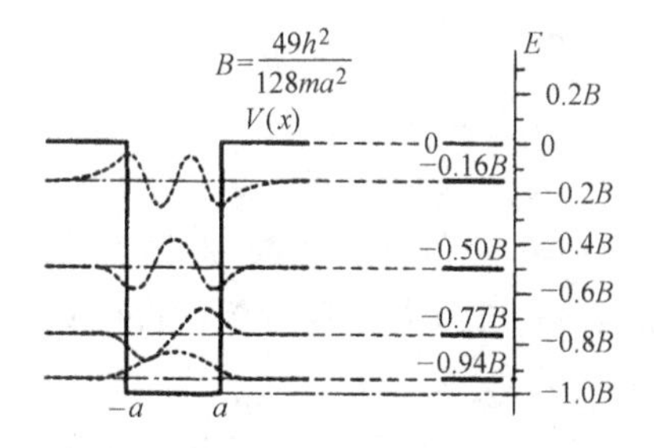

图 19A 粒子在一深度为 B 的势阱中的情况．此图是根据 R. B. Leighton, *Principles of Modern Physics*, p. 154（McGraw-Hill Book Co., New York, 1959）所给出的例子．势阱画在左面，谱项图画在右面．有四个束缚态（四个分立的能级）．相应的本征函数画在左边，叠加在势函数图上面．连续区开始于势阱的顶部，在谱项图中用灰色表示．

连续区下面有四个束缚态．在图的左边画出相应于这些束缚态的波函数．注意第一个波函数有一个极值（没有节点），第二个波函数有两个极值（有一个节点），而相应于最高的分立能级的第四个波函数有四个极值（有三个节点）．对于更深的势阱我们会有更多的束缚态，对于无限深阱的极端情况我们就有无限多的束缚态，这正是第4节中讨论的问题．应将图4B和图19A中的谱项图进行比较：在这两种情况下，最初的四个束缚态能级的位置虽然不全同，但却是相似的．

读者可能想尝试解这个问题，求出图19A所示情况的束缚态：这并不特别困难．

现在，在薛定谔理论的基础上我们能够懂得为什么一个量子力学系统会有束缚态，以及为什么当超过一定的极限值时一般讲是一个可能能量的连续区．连续区的开始就是这样的能量值，超过这个能量体系就要离解．在我们的简单的例子中，离解的意思就是粒子表现为像一个远离“中心区域”传播的波包．

§8.20　下面指出如何理解我们在第三章第38节中遇到过的在连续区起点以上存在能级的现象．（参看第三章图38A中的谱项图．）

如我们考虑图20A所示的一维势函数问题．它与图19A的问题的不同在于势函数在势阱外并不是始终都是常数，而是在离势阱一定的距离处阶跃式地减小到数值 $-B_\infty$．假设在这些阶跃之外势函数保持为常数 $-B_\infty$．

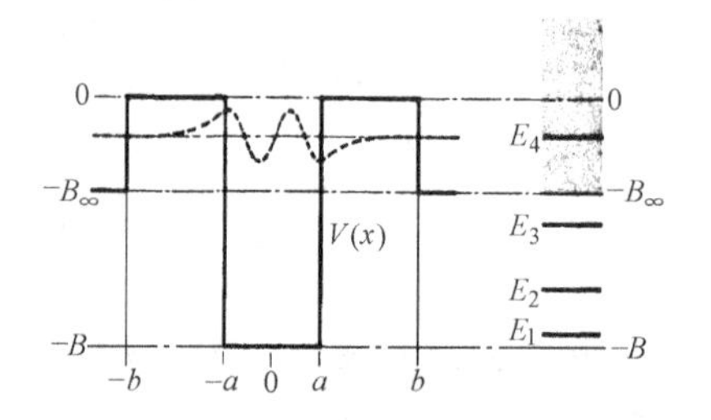

图20A　这张图说明图19A所示情况的一个改变．势函数在区间 $(-b,\ +b)$ 内没有改变同样的，但图中表示出，在此区间外的势函数是一个恒量 $-B_\infty<0$．因此在现在的情况下，连续区从 $-B_\infty$ 开始，并且只有三个严格的定态．然而，若 b 很大，相应于很厚的“势垒”，那么将会有第四个接近稳定的状态．在上图中将这个虚能级标作 E_4．它相当于图19A中的第四个定态能级．

按照我们的理论，现在的连续区将如图20A右边的谱项图所示的那样，在能量 $-B_\infty$ 处开始．对于一个不太小的 b，将有三个束缚态．只要常数 b 是大的，即当图20A中的两个势垒足够厚，那么这些能级 E_1、E_2、E_3 就和图19A谱项图中前三个能级十分接近．让我们考虑局限于 b 非常大的情况．若 b 是无限大，则图20A中的问题就变得和图19A中的问题相同．连续区就由能量0开始，在能量为 E_4 的第四个束缚态就会出现．对于任何有限的 b，不论它多么大，我们只有三个严格的定态，而连续区从 $-B_\infty$ 开始．然而，如果设想势阱的宽度是典型的原子尺度，深度是10eV的数量级，粒子是一个电子，而 b 大于1km．那么在这些条件之下，就很难看出图20A中的情况与图19A中的情况能有多大差别．常识告诉我们，势阱周围的粒子的行为在这两种情况下一定十分相似，因此，我们期望在图19A的谱项图中的第四个束缚态也一定会在图20A的问题中以某种方式出现．

对此情况的仔细的数学考察证实了这一点，我们不能在这里进行这样的考察．然而，让我们试着指出一条可能的分析思路．

§8.21　我们比较在两种情况下一个特殊的薛定谔波函数 $\psi(x, t)$ 随时间变化的行为．假设在时间 $t=0$ 时，波函数和图 19A 中的相应于第四个能级 $E_4 \approx -0.16B$ 的第四个本征函数一样．换言之，我们有

$$\psi(x,0)=\varphi_4(x) \tag{21a}$$

其中波函数 $\varphi_4(x)$ 就是图 19A 中 E_4 能级上点线表示的波函数．在图 20A 中也用点线画出这同一个波函数．注意此波函数在势阱外相当快地趋向于零．

对于图 19A 中的问题，很容易解出满足由式（21a）给出的初始条件的含时间的薛定谔方程（3b）．由于 $\varphi_4(x)$ 是薛定谔微分算符的本征函数，所以我们就有

$$\psi(x,t)=\varphi_4(x)\exp\left(-\frac{\mathrm{i}tE_4}{\hbar}\right) \tag{21b}$$

它表达了 $\psi(x, t)$ 的定态性质．现在我们来求在势阱内找到粒子的概率

$$P(t) = \int_{-a}^{a} |\psi(x,t)|^2 \mathrm{d}x = P(0) \tag{21c}$$

正如我们所见，这个概率与时间 t 无关，它再次反映了波函数 $\psi(x, t)$ 的定态性质．注意（21c）中的积分只取势阱内的部分，即由 $-a$ 到 a．

§8.22　如果现在我们尝试对图 20A 所示的情况求解同样的问题，即用同样的初始条件（21a），那么解就不是式（21b）的形式，虽然可以说它近似地是这样的形式．假使我们真的找到了图 20A 中问题的与时间有关的波函数 $\psi(x, t)$，然后计算在势阱内找到粒子的概率 $P(t)$，那么就可以证实，代替式（21c）的是近似的关系式

$$P(t) = \int_{-a}^{a} |\psi(x,t)|^2 \mathrm{d}x \approx P(0)\exp\left(-\frac{t}{T}\right) \tag{22a}$$

其中 T 是一个正的常数．我们强调关系式（22a）是一个近似关系式：这只有在时间 t 不是“太大”时才有效．这个结果的详细证明离题太远，但我们将试图把它讲得似乎有点道理．

对式（22a）结果的解释是，假使在 $t=0$ 时刻，把能量大致等于 E_4 的粒子放“在阱里”，那么粒子最终要从阱中漏出来．假使 T 是大的，也就是 b 是大的情况，那么就需要较长的时间粒子才会漏出，因此我们就有一个近似的定态．时间 T 就是这个态的平均寿命．如果我们令 b 趋向于无穷大，T 也趋向无穷大，我们就得到严格的定态就像图 19A 中的问题一样．假使我们让 b 趋向于 a，T 就变得更小，而在极限 $b=a$ 时，能量 E_4 的“态”失去了它作为准定态的意义．

从这个结果来看，我们在图 20A 的谱项图中把第四个能级 E_4 画在连续区内是有道理的：它相应于一个近似的定态．

这样的能级常称为虚能级．

可以用定性的方式将式（22a）作为一个像我们在第七章已经讨论过的势垒穿透现象的结果来解释. 假使采用经典力学，那么一个能量为 E_4 的粒子被限制在势阱里边，它就会永远停留在阱内. 在量子力学的框架内就不是这样了：粒子可以从阱的两边穿过势垒漏出来. 势垒越宽则所需时间越长，因此常数 T 就越大. T 很大，则粒子在阱内就要来回弹跳很多次，因此粒子的行为就近似地像是处在定态中.

§8.23　到目前为止，在我们讨论的每一种情况中，可以将解定态的问题看作在两个经典的转折点之间匹配一个合适的振荡波函数的问题来处理. 对于基态，波函数有一个最大值，并且没有节点. 对于第二个态，波函数有两个极值，一个节点. 一般地，相应于第 m 个态的波函数就有 m 个极值和（$m-1$）个节点. 我们用量子数 n 来标记定态，这里 n 就是波函数的节点（零）数目. 这样基态的量子数就被指定为 $n=0$，而第 n 个激发态的量子数就被指定为 n. 相应于量子数 n 的波函数有（$n+1$）个极值.

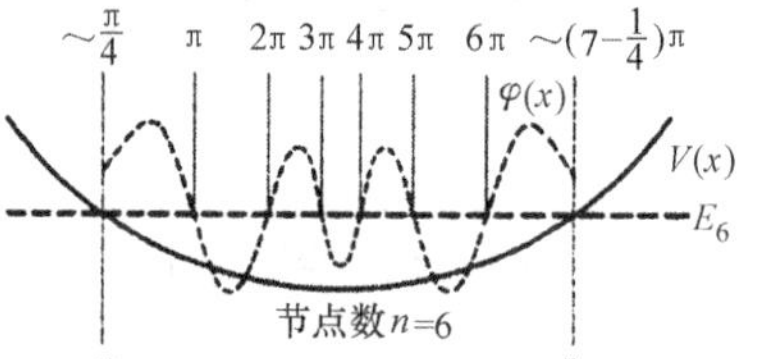

现在让我们试着去寻找决定一个在势谷中的粒子的近似能级的方法. 为此目的，我们考虑图23A，它给出了对于这类典型问题的势函数.

粗实线表示势能. 粗的虚线表示第六个激发态的能量 E_6，而振荡的虚线代表相应的波函数. 只在转折点 x_1 和 x_2 之间［由 $V(x_1)=V(x_2)=E_6$ 所定义］画出了波函数. 在此区间之外波函数渐近地趋向 x 轴.

图23A　说明我们用来解定态问题的所谓WKB近似法的讨论. 为了求出第（$n+1$）个态，即第 n 个激发态，我们试图去选取能在经典的转折点之间匹配 $\left(n+\frac{1}{2}\right)$ 个“半波”的能量. 在一点上的“局部波长”取决于该点的势能和总能量.

实线代表势能，虚线代表对应于第6个激发态的波函数（在转折点之间）. 在转折点以及节点的上面表示出位相 $f(x)$ 的数值. 在这个特殊情况中（在转折点之间）总的相位变化服从关系式 $\Delta f \approx \left(n+\frac{1}{2}\right)\pi=\left(6+\frac{1}{2}\right)\pi$.

§8.24　我们试图用下面的表达式来代表图23A所示的那种波函数

$$\varphi(x)=A(x)\sin[f(x)], \tag{24a}$$

这里 $A(x)$ 是一个正的振幅，而 $f(x)$ 是一个随 x 单调地增加的相位函数. 每当相位函数 $f(x)$ 取值 $k\pi$ 时（k 是一个整数），波函数就有一个节点. 让我们来考虑在转折点之间相位函数的改变 Δf

$$\Delta f=f(x_2)-f(x_1) \tag{24b}$$

看一下图23A，我们发现对于图中所示的波函数其相位改变约为 $\left(6+\frac{1}{2}\right)\pi$. 我们按照这个示意图，假设第 n 个激发态的波函数是这样的，即其相位函数在转折

点之间的改变量是

$$\Delta f_n \approx \left(n+\frac{1}{2}\right)\pi \tag{24c}$$

为了便于得到一个明确的公式，我们做了假设，即式（24c）. 假使我们要更正确一点，我们至多能规定一个不等式，即

$$(n+1)\pi \geqslant \Delta f_n > n\pi \tag{24d}$$

读者自己可以容易地证明. 假使我们看一下图 4C，我们会发现在这种情况下应取式（24d）的上限，而对于图 19A 中的第三个激发态则较接近于下限. 所以方程式（24c）代表一种折中情况.

§8.25　下面让我们试着去推导波函数的相位变化作为能量 E 的函数的近似表达式. 首先考虑一个势能是常数 V 的区间. 在这样的一个区间内，对于 $E>V$，波函数为

$$\varphi(x) = A\sin\left[(x-x_0)\frac{P}{\hbar}\right] \tag{25a}$$

其中 A 和 x_0 是常数，而

$$P = \sqrt{2m(E-V)} \tag{25b}$$

比较式（25a）和式（24a）得到

$$f(x) = (x-x_0)\left(\frac{P}{\hbar}\right) \tag{25c}$$

当我们向右移动一个距离 dx 时，相位变化 df 是

$$\mathrm{d}f = \left(\frac{P}{\hbar}\right)\mathrm{d}x = \frac{1}{\hbar}\sqrt{2m(E-V)}\,\mathrm{d}x \tag{25d}$$

现在让我们把式（25d）作为当 $V(x)$ 不是一个常数时的相位随 x 而变化的近似表达式. 势能 $V(x)$ 随位置变化越缓慢，则这个近似越是合理. 在这个近似下，两个转折点 x_1 和 x_2 之间的总的相位变化由下式给出

$$\Delta f = \int_{x_1}^{x_2}\frac{\mathrm{d}f}{\mathrm{d}x}\mathrm{d}x \approx \frac{1}{\hbar}\int_{x_1}^{x_2}\sqrt{2m[E-V(x)]}\,\mathrm{d}x \tag{25e}$$

让我们把这个关系式用到能量为 $E=E_n$ 的第（$n+1$）个定态的情况中去. 总的相位变化也近似地由式（24c）给出，如果我们使这两个关于相位变化的表达式相等，我们就得到

$$\int_{x_1}^{x_2}\sqrt{2m[E_n-V(x)]}\,\mathrm{d}x \approx \left(n+\frac{1}{2}\right)\pi\hbar \tag{25f}$$

§8.26　方程（25f）是一个可以用来确定第（$n+1$）个定态的能量 E_n 的方程式. 要这么做，我们首先求出转折点 x_1 和 x_2 作为能量参数 E 的函数，这可由解方程

$$V(x_1) = V(x_2) = E, x_2 > x_1 \tag{26a}$$

得到.

我们用 x_1（E）和 x_2（E）来表示它的解．接着我们计算积分

$$g(E) = \int_{x_1(E)}^{x_2(E)} \sqrt{2m[E - V(x)]}\mathrm{d}x \tag{26b}$$

这就给出了一个关于 E 的函数 g（E）．最后，能量 E_n 就作为方程

$$g(E) = \left(n + \frac{1}{2}\right)\pi\hbar \tag{26c}$$

的解得到，其中 $n=0$，1，2，…．

我们刚找到的，决定一个粒子在一个类似图23A所示的“势谷”中的能级的近似法称为温-克-布三氏法（WKB法）[⊖]．很多情况下它给出相当准确的结果，并且在我们对能级位置试图得出一个粗略的概念时总是有用的．这个近似的性质和第七章中推导势垒的穿透系数公式（36b）所做的近似性质很相似：实际上在两种情况中都出现同样类型的积分．

注意到我们在波动力学的框架内推导的方程（25f）和老的玻尔理论中的所谓玻尔-索末菲量子条件完全相同，这是件很有意思的事．这样我们就对为什么玻尔理论有时用起来相当令人满意有了一定的理解，并且我们还能够看出为什么玻尔理论有时会完全失败：正是因为方程（25f）不是严格地正确，而只是一个近似关系式．

二、谐振子　分子的振动和转动激发

§8.27　让我们把上述的近似法应用于最重要的本征值问题之一：求一维谐振子的能级．这个问题的势函数 V（x）为

$$V(x) = \frac{K}{2}x^2 \tag{27a}$$

其中 K 是“弹簧常量”．若粒子的质量为 m，则振荡的（角）频率 ω_0 在经典力学中由下式给出

$$\omega_0 = \sqrt{\frac{K}{m}} \tag{27b}$$

要执行第26节中描述的量子化步骤，我们首先必须找出转折点．它们相对于原点是对称的，因此我们可以写出 $x_1 = -x_0$，$x_2 = x_0$，根据式（26a），我们有

$$x_0(E) = \sqrt{\frac{2E}{K}},\ E = \frac{K}{2}x_0^2 \tag{27c}$$

接着我们要求函数 g（E），由式（26b）的定义

$$g(E) = \int_{x_1}^{x_2} \sqrt{2m[E - V(x)]}\mathrm{d}x = \int_{-x_0}^{x_0} \sqrt{Km(x_0^2 - x^2)}\mathrm{d}x \tag{27d}$$

⊖ 由 G. Wentzel，H. A. Kramers 和 L. Brillouin 得名．参看 H. A. Kramers，“Wellenmechanik und halbzahlige Quantisierung”，*Zeitschrift für Physik* **39**，828（1926）．

由 $x=x_0\sin\theta$，引进一个新的积分变量 θ，我们得到

$$g(E)=2\sqrt{Kmx_0^2}\int_0^{\frac{\pi}{2}}\cos^2\theta\mathrm{d}\theta=\pi E\sqrt{\frac{m}{K}} \tag{27e}$$

这里我们利用式（27c）消去了 x_0. 把此式 g（E）的表达式代入式（26c）中，我们得到了谐振子的第（$n+1$）个定态能量 E_n 的非常简单的结果

$$E_n=\left(n+\frac{1}{2}\right)\hbar\omega_0 \tag{27f}$$

其中 $n=0$，1，2，…是任何非负的整数.

§8.28　对谐振子情况，也即是对于势函数由式（27a）给出的薛定谔方程（4b）的严格解，正好给出了式（27f）的结果.

本书不是专门去求解特殊情况下的薛定谔方程，因此我们不去尝试严格地求解谐振子问题. 由于一个值得注意的偶然性，我们的近似方法实际上给了我们正确的结果，这是出乎我们意料之外的.

图 28A 表示一个谐振子的谱项图（左边）和势函数（右边）. 注意能级之间独特的等间隔. 图中我们选定势阱的底为能量的零点：当然这是一个任意的惯例.

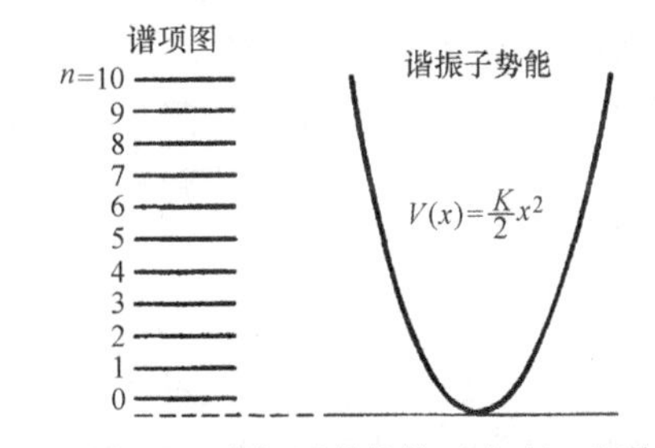

图 28A　谐振子的势能（右边）和谱项图（左边）. 从势“阱”底算起第（$n+1$）个能级的能量由 $E_n=\left(n+\frac{1}{2}\right)\hbar\omega_0$ 给出，其中 ω_0 是经典频率. 温-克-布三氏法给出和严格理论相同的结果.

假使振荡的粒子带有电荷，那么我们可以预料在能级之间会产生辐射跃迁，计入辐射过程后，$n>0$ 的能级就不再是绝对稳定的了. 可以证明对于电偶极跃迁的选择定则是 n 改变一个单位. 因而对于任一个这种跃迁所发射的量子必定具有经典频率 ω_0. 这也就是我们在经典理论的基础上可以预期的.

§8.29　谐振子的理论在物理学上很重要，因为很多看来完全不相关的物理系统的运动方程与许多相互之间作用很微弱的谐振子组成的系统的运动方程在形式上是等价的. 作为一级近似，略去振子之间的相互作用，这种系统的量子理论和分析上十分简单，相互完全独立的谐振子系统的理论在数学上是等价的. 后一种系统易于讨论，因为每一个振子就像其他振子不存在那样独立地振荡着，很清楚，只要我们能描述一个这样的振子，我们就能描述任意多个这样的振子.

作为这种系统的例子，我们可以把电磁场比作弹性振动的固体，以及许多量子场. 此外所有的分子都有可以用谐振子理论很好地近似描述的振动模式. 通常，我们可以说，谐振子理论适用于满足线性或近似线性的运动方程的系统.

§8.30　图 30A 说明一个实际分子的线性振子，即氢分子的近似简谐性质. 这个分子有两个质子相对振动的激发模式. 可以用图的右面部分画出的有效的核间势来

说明这些模式．图中表示系统的势能（用 eV 为单位）作为核间距离的函数．这种有效势的存在及其与核间距离的函数关系是可以从理论上很好理解的．我们将在下节讨论这个势．因此，要研究这个或任何另外的双原子分子的振动状态，我们首先要寻找有效势，然后我们求解含有这个势的一维薛定谔方程以求出振动态的能级．

如同图 28A 一样，我们选择势阱的底作为能量的零点．当核间距离 r 趋向于零时我们可以设想势趋向于无限大．然而，当 r 趋向于无限大时，势趋向于一个常数，在图中是 +4.8eV．分子到这个能量时离解，连续谱就从此处开始，正如图中左边的谱项图所示那样．所以势能并不和谐振子的势能完全相同，但是，我们只要不是离开势阱底走得太高，那么曲线就具有近似的抛物线形状．事实上，任意一条有一个最小值并在最小值处二阶微商不等于零的光滑曲线，在最小值附近都是“近似抛物线的形状”．所以对于不太高的激发，我们可以预料系统近似地表现得像谐振子．比较图 28A 和图 30A，可以看出真正的谐振子和近似的谐振子之间的区别．在图 30A 的谱项图中，能级不是等间距的，但对于小的激发，它们是近似等间距的．而且一个分子只有有限数量个振动态．

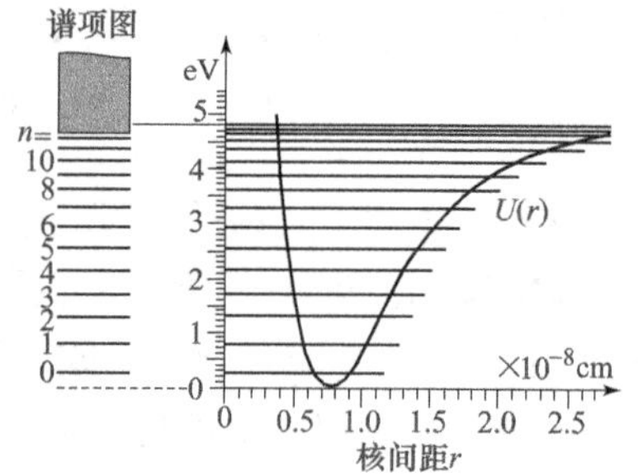

图 30A　图的右部表示氢分子的有效核间势能 $U(r)$．左边部分是相应的谱项图．对于最低的一些激发态，分子表现像一个谐振子．势能曲线在最小值附近是近似的抛物线形状，因此，最低的一些能级和谐振子中的能级位置大致相同．（参见图 28A.）核间距离增大，势能就趋向一个常数值．谱项图中的连续区开始于相当分子的离解能量的能级．

势能 $U(r)$ 并不描述一种“新”的力，它不过是电磁力的一种特殊表现形式．

分子的离解能是为使基态的分子离解所必须提供的能量．从图 30A 我们看到氢分子的离解能量约为 4.5 eV：这是连续谱的下限和基态之间的能量差．

当这个分子处于基态时，原子核（质子）之间的距离约为 0.75 Å：基态波函数显然集中在与势的最小值相对应的 r 处．

§8.31　现在让我们来讨论图 30A 右面部分所示的有效核间势的意义．我们是从一个研究分子结构的近似方案，即所谓的玻恩-奥本海默近似得出这个势能的．其概念如下．由于原子核（质子）比电子重得多，所以在分子中它们将以比电子的速度小得多的速度运动．在一级近似中我们可以假设原子核是完全不动的，只是相互之间保持一个固定的分开距离 r_0．具体地说，我们讨论氢分子，但类似的考虑也可用到其他分子上．于是，在这个一级近似中要解决的问题就是求出这两个电子在两个质子的静电场中的基态．假定我们对任意的核间距离 r 求这个问题的解，在这种情况下，我们求这一系统的、作为 r 的函数的基态能量 $U(r)$，即包括两个质子间的相互排斥静电能．在 r 很小时，能量 $U(r)$ 很大，并且是正的，因为当 r 趋向于零时，两个质子间的静电排斥能量趋向于 $+\infty$．在 r 非常大时，能量 $U(r)$ 趋

向于常数值 U_∞，此即两个相距无限远的氢原子的基态能量. 恰巧有一个 r 值的范围，在此范围内 $U(r)<U_\infty$，如图 30A 所示. 函数 $U(r)$ 在 $r_0\approx 0.75$ Å 处有一个最小值. 这样在假定质子不动的情况下，分子最低的可能的能量就是 $U(r_0)$，在玻恩-奥本海默近似法第一步中，这就是分子的基态能量.

§8.32 然而，质子事实上是在运动的，因此在玻恩-奥本海默近似的下一步就是计入这个运动. 这一步是假设质子相互间在“平衡距离” r_0 附近振动. 在这个（缓慢的）振荡运动中（当然这要用量子力学来描述），其有效势能由近似方案的第一步中得到的函数 $U(r)$ 给出.

因而函数 $U(r)$ 就是在玻恩-奥本海默近似的第二步的有效势能，在这一步中计入了两个质子的相对振动. 所以，我们借以理解分子结构的基本的相互作用就是氢分子中四个带电粒子之间的静电相互作用. 有效势能 $U(r)$ 就作为这个基本的相互作用的结果而出现，所以它并不表示什么新型的力. 我们可以说它是伪装的静电力. 这是一个应当理解的要点.

§8.33 如何明确求出 $U(r)$ 的问题超出了本书范围. 然而，让我们试着用一个完全定性的方式来理解一下 $U(r)$ 怎么会有一个最小值. 为此，我们自己必须确信，虽然在分子中电子与质子的距离并不比在原子中小，但却存在着分子中粒子的一些组态，在这种组态的静电能量比两个分离得无限远氢原子的更小（即负值更大）. 这肯定是分子结合的一个必要的，虽然不是充分的条件.

考虑如图 33A 所示的组态，其中两个电子和两个质子被安置于边长为 a 的正方形的顶点. 线条表示六对粒子之间的静电相互作用. 对于这个特定的组态，总的静电势能 E'_{pot} 由下式给出

$$E'_{\text{pot}}=\frac{1}{4\pi\varepsilon_0}\left(2\frac{e^2}{a\sqrt{2}}-4\frac{e^2}{a}\right)=\frac{1}{4\pi\varepsilon_0}\frac{e^2}{a}(\sqrt{2}-4)\quad(33a)$$

将这个势能与相互之间隔开一个很大距离的两个氢原子的势能 E''_{pot} 比较. E''_{pot} 由下式给出

$$E''_{\text{pot}}=-\frac{1}{4\pi\varepsilon_0}2\frac{e^2}{a_0}\quad(33b)$$

这里 a_0 是玻尔半径. 这一特定情况中，取 $a=a_0$，E'_{pot} 和 E''_{pot} 两个量之差是负的，即

$$\Delta E'_{\text{pot}}=E'_{\text{pot}}-E''_{\text{pot}}=\frac{1}{4\pi\varepsilon_0}\frac{e^2}{a_0}(\sqrt{2}-2)\approx-1.2R_\infty\quad(33c)$$

这里 R_∞ 是里德伯常量，

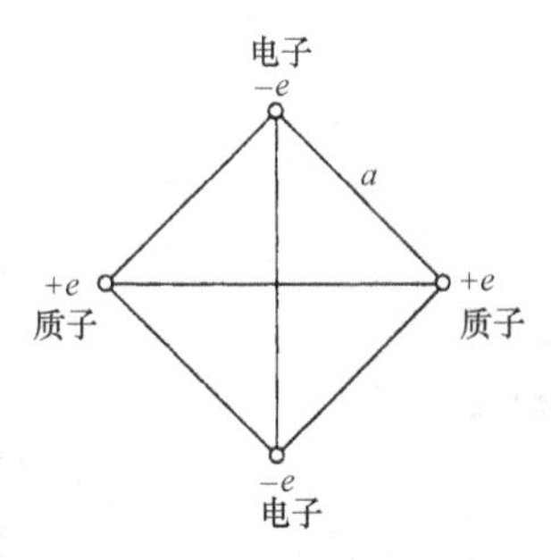

图 33A 在图示组态中若 $a=a_0$，则势能将比分开距离很大的两个氢原子的总势能更小. 于是在上面的“分子”中的电子与质子的距离和在氢原子中是同样的，我们可以想象在两个氢原子靠近时会出现这种组态. 这个例子表明两个氢原子之间的力可以是吸引力. 但无论如何这并不证明事实上可以存在稳定的分子.

$$R_\infty = \frac{1}{4\pi\varepsilon_0}e^2/(2a_0) \approx 13.6\text{eV}.$$

这样，我们找到了一个特殊的组态，ΔE_{pot}是负的．然而，显然还存在着一些ΔE_{pot}也是负的“邻近的”组态：粒子并不一定要处在正方形顶点．

§8.34　氢分子的总能量是势能和动能之和．如果现在我们回忆一下第六章第14节中不确定关系对氢原子结构影响的讨论，我们就会认识到应该给氢分子中的电子在分子中有“足够的空间”，否则不确定关系就要求它们的动量，从而它们的动能都很大．在我们的氢原子的讨论中，我们总结为：当电子位置的不确定度约为a_0时，即意味着它“占有”一个线度为a_0的区域，那么动能的量级就是R_∞．把同样的考虑应用到氢分子上：假使动能是这个数量级，则我们就应当给电子占有大小为a_0的区域．

假如要再深入一步，我们就必须对电子的各种限制区域进行实验，而对每一种选择我们都要考虑不确定原理的要求来计算势能和动能．这多少有点复杂，在这里我们就不去做这件事了．解决这个问题的最好方法是尝试构建描写两个电子的适当的波函数，然后按照薛定谔理论去计算这些波函数的总能量．由于我们没有讨论过双粒子波函数，我们就没有尝试这个探讨的准备知识㊀．考虑到以前已经讲过的知识，读者或许已经准备好了，并相信作为核间距离r的函数的总能量$U(r)$有一个最小值．正如我们讨论氢原子那样，能量最小值是一个折衷的结果：为使动能可以保持小些，必须允许电子有充足的空间，但为了使势能可以估计，又要将电子限制在一个足够小的范围内．粗略地讲，总势能是*负*的并且与分子的“大小”成反比，而总动能是*正*的并且和分子大小的*平方*成反比．对于分子的某个最佳尺寸，这两项的总和应该有一个最小值．

§8.35　现在让我们试着来估计（双原子）分子的“典型的”振动频率．势能曲线在最小值（在$r=r_0$处）附近是近似抛物线，所以我们可以试着将势能函数$U(r)$表示为

$$U(r) \sim \left(\frac{r-r_0}{a_0}\right)^2 R_\infty + U(r_0). \tag{35a}$$

这是一个合理的推测．当$r=r_0$时，右边取正确数值$U(r_0)$．当$|r-r_0|=a_0$时，势能比$U(r_0)$大一个量R_∞，因为一个分子的大小为a_0的量级，并且结合能约为R_∞，所以我们能够预料势能大概就是这样的形式．

式（35a）的右边是一个谐振子的势．这个振子的“弹簧常量”K是

$$K \sim \frac{2R_\infty}{a_0^2} = \frac{\alpha^2 mc^2}{a_0^2} \tag{35b}$$

㊀　第一个令人满意的分子结合的理论见 W. Heitler and F. London，“Wechselwirkung neutraler Atome und homöopolare Bindung nach der Quantenmechanik”，*Zeitchrift für Physik* **44**，455（1927）．

设振子的有效质量为 M. 则分子的振动频率 ω_v 就是

$$\omega_v = \sqrt{\frac{K}{M}} \sim \alpha^2\left(\frac{mc^2}{\hbar}\right)\sqrt{\frac{m}{M}} \tag{35c}$$

这里我们已经代入玻尔半径的表示式 $a_0 = \alpha^{-1}(\hbar/mc)$. 我们强调，近似式（35c）只是一个粗略的数量级上的估计.

我们在第二章关于原子物理学特征量值的讨论中断言，我们可以把量

$$\omega_e = \alpha^2\left(\frac{mc^2}{\hbar}\right) \tag{35d}$$

看作一个与原子或分子中的光学跃迁（即电子组态发生变化的跃迁）相联系的“典型的”频率. 这样我们可以把式（35c）写成下列形式

$$\omega_v \sim \omega_e\sqrt{\frac{m}{M}} \tag{35e}$$

表 35A　选出一些双原子分子的振动频率

分子	频率/Hz	波数(m^{-1})
C_2	4.921×10^{13}	164135
N_2	7.074×10^{13}	235961
O_2	4.374×10^{13}	158036
NO	5.708×10^{13}	190403
CO	6.506×10^{13}	217021
IBr	0.805×10^{13}	26840
S_2	2.176×10^{13}	72568

对于所有的分子，数量 M 为原子核质量的数量级，而 m 是电子质量. “典型的”电子频率 ω_e 位于电磁波谱的可见光区内. 正如我们所看到的，分子的“典型的”振动频率 ω_v 小了一个因子 $\sqrt{\frac{m}{M}}$. 因此它们将出现在近红外区，这个预期与观察是符合的.

§8.36 我们来求双原子分子的有效质量. 双原子分子的两个原子核质量分别为 M_1 和 M_2. 这两个核作相对振动，其质心始终在连接两个核的直线上. 令 r 为核间距离，r_1 和 r_2 为两个原子核分别离开质心的距离，如图 36A 所示. 于是，这个体系的动能就是

$$T = \frac{1}{2}M_1\dot{r}_1^2 + \frac{1}{2}M_2\dot{r}_2^2 = \frac{1}{2}\left(\frac{M_1M_2}{M_1+M_2}\right)\dot{r}^2 \tag{36a}$$

M_1　$r_1 = \frac{M_2 r}{M_1+M_2}$　r　$r_2 = \frac{M_1 r}{M_1+M_2}$　M_2

图 36A　双原子分子的图示. 原子核的质量分别为 M_1 和 M_2. 在连接原子核的直线上的小白圆圈表示体系的质心. 在课文中我们考虑原子核作相对振动的振动激发.

其中，上加点号表示对时间的微商. 式（35a）给出振子的势能作为 r 的函数，而式（36a）给出动能作为 $\dot{r}$ 的函数. 这样，这个振

子的有效质量 M 就是 $\dot{r}^2/2$ 的系数，即

$$M=\frac{M_1M_2}{M_1+M_2} \tag{36b}$$

这就是应该代入式（35c）中的表示式．质量 M 称为两体系统的约化质量．

§8.37　由于我们对第35节中所估计的“弹簧常量” K 没有一个合适的精确表示式，我们就无法求出双原子分子的精确的振动频率．然而，我们可以做出关于同位素效应的精确的预言．首先考虑一个原子核质量为 M'_1 和 M'_2 以及振动频率为 ω'_v 的分子．接着考虑，用另外的质量为 M''_1 和 M''_2 的同位素来替代原先的原子核组成的分子，除这一点外它与原先的分子全同，也就是在化学上是完全相同的．令这个分子的振动频率为 ω''_v．两个分子的弹簧常量 K 是相同的（在玻恩-奥本海默近似的范围内），因为我们求有效势能 $U(r)$ 时忽略了核的运动．由此得出频率 ω'_v 和 ω''_v 的关系式如下

$$\frac{\omega'_v}{\omega''_v}=\sqrt{\frac{M''_1M''_2(M'_1+M'_2)}{M'_1M'_2(M''_1+M''_2)}} \tag{37a}$$

已经发现这个预言十分准确地和观察结果相一致．这也增强了我们对所提出的简单概念本质上是正确的信心．

§8.38　现在让我们来考虑分子的转动激发．对每一个分子来说，都有一个与分立分子转动态有关的体系．在这些转动态中，分子作为一个整体围绕着某个轴转动．让我们试着估计一下与一些转动激发相关的能量差的数量级．

为简便起见让我们考虑一个如图36A所示的双原子分子．设想在一个特定的转动态中，分子以角速度 ω_a 绕一个通过分子的质心并与分子对称轴（即连接两个核的直线）相垂直的轴转动．我们暂时忽略振动，从而我们把分子看作一个刚性的“哑铃”．这样，根据图36A中的记号，原子核1的速率是 $\omega_a r_1$，而原子核2的速率就是 $\omega_a r_2$．因此转动的动能 T_r 就由下式给出

$$T_r=\frac{1}{2}M_1(\omega_a r_1)^2+\frac{1}{2}M_2(\omega_a r_2)^2 \tag{38a}$$

如图36A所示，用质量 M_1 和 M_2 以及核间距离 r 来表示 r_1 和 r_2，我们就得到

$$T_r=\frac{1}{2}\left(\frac{M_1M_2}{M_1+M_2}\right)(\omega_a r)^2=\frac{1}{2}M(\omega_a r)^2 \tag{38b}$$

这里 M 是在方程（36b）中所定义的分子的约化质量．

对于转动轴分子的转动惯量 I 由下式给出

$$I=M_1r_1^2+M_2r_2^2=Mr^2 \tag{38c}$$

我们还要求出分子对于转动轴的角动量 J．它由下式给出

$$J=M_1r_1^2\omega_a+M_2r_2^2\omega_a=Mr^2\omega_a=I\omega_a \tag{38d}$$

因此我们可以把分子的动能写成下面的形式

$$T_r = \frac{J^2}{2I} \tag{38e}$$

这里我们用关系式（38d）从表达式（38b）中消去了角速度 ω_a.

§8.39　我们可以猜想在分子中遇到的角动量典型地为 $\hbar$ 的数量级．由此得到，与转动激发态相联系的典型的能量是下面的数量级

$$T_r \sim \frac{\hbar^2}{2I} \tag{39a}$$

用 ω_r 表示相应的频率，我们可以写出

$$\omega_r = \frac{T_r}{\hbar} \sim \frac{\hbar}{2I} \tag{39b}$$

根据式（38d），角动量由 $J = I\omega_a$ 给出，因为我们假设 $J \sim \hbar$，即可得到 $\omega_a \sim \frac{\hbar}{I}$．由此可知，角速度 ω_a 和由式（39b）定义的转动特征频率 ω_r 同数量级，这正和我们在经典模型基础上所期望的一样.

哑铃分子的完整的量子力学理论导出了关于能级的十分简单的公式．每一个转动态都由一个称作角动量量子数 j 的非负整数表征，而态的能量则由下式给出

$$E_j = \frac{j(j+1)\hbar^2}{2I} \tag{39c}$$

这里 $j = 0$，1，2，3…．虽然我们在本书中将不去推导这个公式，但作者觉得无论如何提一下总是值得的.

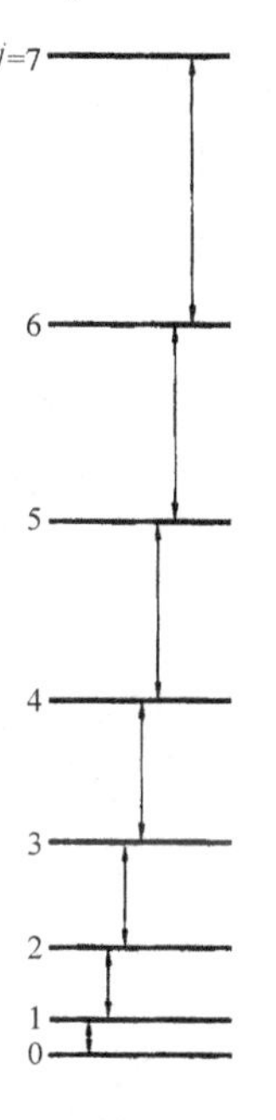

图 39A　谱项图画出双原子分子（把分子作为一个刚性哑铃来处理）的前八个转动能级．按照式（39c），角动量为 j 的状态的能量 E_j 由 $E_j = Bj(j+1)$ 给出，其中 $B = \hbar^2/(2I)$ 是分子的转动常量．竖直的箭头表示 j 变化一个单位的电偶极跃迁.

表 39B　选出一些双原子分子的转动常量 B_e

分子	B_e/兆赫	r(Å)
BrF	10 700	1.76
KCl	3 800	2.79
KBr	2 400	2.94
$C^{12}O^{16}$	57 900	1.13
OH	566 000	0.97
NO	51 100	1.15

常量 B（见图 39A）在这里用相应的频率 $B_e = B/h = h/(8\pi^3 I)$ 以兆赫（MHz）为单位来表示．在第三列中给出了核间距离 r.

§8.40　在任何一个分子中原子核之间的距离约为玻尔半径 a_0 的数量级．因此

我们估计转动惯量为 $I \sim Ma_0^2$，假如我们将这个 I 的表达式代入式（39b）中，我们得到

$$\omega_r \sim \frac{\hbar}{2Ma_0^2} \tag{40a}$$

用电子特征频率 $\omega_e = \alpha^2 (mc^2/\hbar)$ 来重写这个估计是有益的．因为玻尔半径由 $a_0 = \alpha^{-1}(\hbar/mc)$ 给出，我们可以把（40a）写成

$$\omega_r \sim \omega_e \left(\frac{m}{M}\right) \tag{40b}$$

作为数量级上的估计．（当然，2 这个因子，在这样的估计中是不重要的．）

让我们把转动特征频率和我们在第 35 节中估算过的典型振动频率作一比较．结合估计式（35e）和式（40b），我们可以写出

$$\omega_e : \omega_v : \omega_r \sim 1 : \sqrt{m/M} : (m/M) \tag{40c}$$

这里 ω_e 是“典型的”电子跃迁频率，ω_v 是“典型的”振动跃迁频率，而 ω_r 是“典型的”转动跃迁频率．正如我们所看到的，转动跃迁频率比电子和振动频率两者都要小得多．它们处在远红外（微波）区域．

§8.41　全面解释分子发射的十分复杂的光学带状光谱的关键概念是每一个分子都有三种不同激发：由电子频率 ω_e 表征的电子激发，由频率 ω_v 表征的振动激发和由频率 ω_r 表征的转动激发．假使我们将情况过分简单化，我们就能想象存在着对应于三种不同激发的三个能量体系．这样，分子的定态能量就是三项之和：电子项、振动项和转动项．在各种可能的能级之间发生跃迁时，分子就发射或吸收光子．在一个光学跃迁中分子的电子态（组态）变化了，一般说来，振动和转动态也同时变化．所以可能的跃迁频率的数目是非常大的，其光谱就表现为由间隔极小的线条组成的带．（作为一个例子，参看第三章图 6B）．

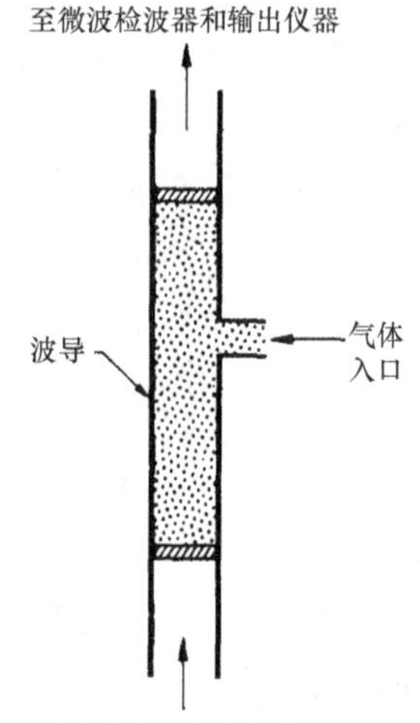

图 41A　一个可以用在微波谱学的装置的非常简略的图．要研究的分子以气体的形式充入一段波导中．使辐射（在微波范围内）通过波导，透射的数量由检波器和输出仪器测出．气体吸收分子的共振频率的微波辐射，测量作为频率的函数的吸收，就可以确定共振频率的位置．

所谓“微波区”，是指波长范围大致在 1mm ~ 1m 的区域．

要分开研究振动和转动光谱，即研究分子的电子态不发生变化的跃迁，是可能的．在第二次世界大战之后，引入了对于这方面研究的新方法，并建立了微波谱学作为光谱学的一个分支以补充较古老的光

谱学分支.

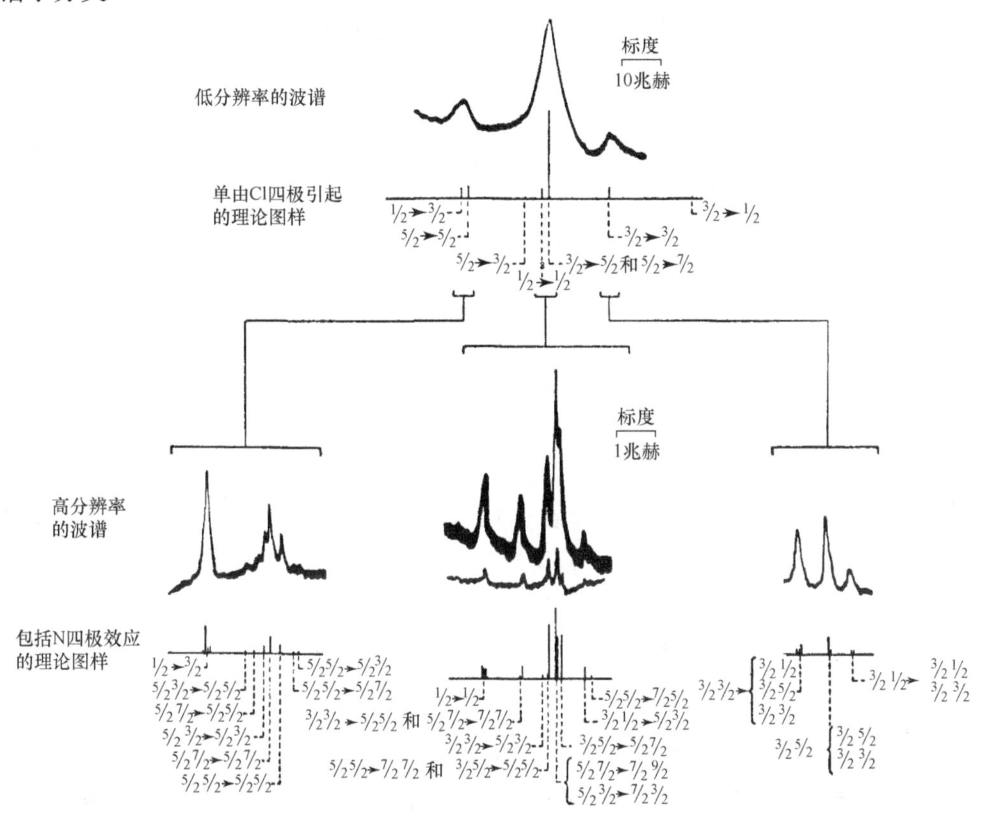

图41B　在低的和高的分辨率的微波谱中，显示了三原子分子 $Cl^{35}C^{12}N^{14}$ 的 $J=1$ 到 $J=2$ 的跃迁. 正如我们所见，此微波跃迁“谱线”呈现出精细结构：由一些间距很近的成分组成. 中间峰的频率是 23 883.30 兆赫. 锯齿状的曲线是实际测量到的：作为频率的函数的微波功率的吸收.

下面的光谱给出了一个在微波谱学中可以获得的高精度的优良图像. 还要注意到这一切在理论上也可以说明得很好.

此图出现在 C. H. Townes and A. L. Schawlow, *Microwave Spectroscopy* (McGraw-Hill Book Co., NewYork, 1955) 一书第 171 页上. 也可以参看 C. H. Townes, A. N. Holden and F. R. Merrit, “Microwave Spectra of some Linear XYZ Molecules”, *Physical Review* **74**, 1113 (1948). (承蒙伯克利的汤斯教授惠允.)

三、类氢系统

§8.42　现在我们来考虑一个三维问题，即求氢原子能级的问题. 在本课程中我们并不真正解出此问题，但考虑它的某些方面会有启发性.

让我们实际上考虑一个多少是更一般的问题. 一个质量为 m，电荷量为 $-e$ 的粒子在由原子核电荷 $+eZ$ 所产生的静电势场中运动. 我们假设原子核是固定在原点不动的．实际上只有原子核是无限重时才固定不动．然而，如果原子核质量M对“电子”质量m之比M/m很大时，在一级近似下，我们可以把原子核当作是无限重．

这样，对于我们的问题，与时间无关的薛定谔方程如下

$$-\frac{\hbar^2}{2m}\nabla^2\varphi(\boldsymbol{x})-\frac{e^2Z}{x}\varphi(\boldsymbol{x})=E\varphi(\boldsymbol{x}) \tag{42a}$$

其中$x=|\boldsymbol{x}|$．

§8.43　让我们引入新的独立变量y

$$\boldsymbol{x}=\frac{\hbar}{mc\alpha Z}\boldsymbol{y}$$

其中

$$\alpha=\frac{e^2}{\hbar c}\frac{1}{4\pi\varepsilon_0} \tag{43a}$$

让我们再引入一个新的“能量参数”λ

$$E=(\alpha Z)^2mc^2\lambda \tag{43b}$$

并且定义波函数$f(\boldsymbol{y})$为

$$\varphi(\boldsymbol{x})=f(\boldsymbol{y}) \tag{43c}$$

用我们的新的变量和参数来重写微分方程（42a），我们得到

$$-\frac{1}{2}\nabla_y^2f(\boldsymbol{y})-\frac{1}{y}f(\boldsymbol{y})=\lambda f(\boldsymbol{y}) \tag{43d}$$

其中∇_y^2是对于变量$\boldsymbol{y}$的拉普拉斯微分算符．

方程（43d）是薛定谔方程（42a）的“无量纲形式”．无量纲的意思是：物理常数m，e，$\hbar$，c和Z都不在其中出现．假使我们能解出方程（43d），我们就可以用方程（43a）~方程（43c）来重新引入旧的变量，所以很清楚，方程（43d）与方程（42a）是完全等价的．

§8.44　这样我们面对的就是求解方程（43d）的纯粹数学问题．我们不去解这个问题，而只给出如下结果：[㊀]

Ⅰ．薛定谔方程（43d）只有当参数λ的形式是

$$\lambda_n=-\frac{1}{2n^2} \tag{44a}$$

时，才有平方可积的解，其中n是任意的正整数．这个整数称为类氢原子的主量子数．（请读者不要将它与我们在讨论量子力学振子时引入的量子数n相混淆．）

Ⅱ．连续区从$\lambda=0$开始．从而，按照式（43b），原子高于能量$E=0$时就电离．

Ⅲ．对任意给定的n值，以及$\lambda=\lambda_n$，微分方程（43d）有n^2个线性独立的

㊀　氢问题的解当然在每一本高级或中级的量子力学书中都有推导．这首先是由薛定谔在他的第一篇关于波动力学的论文：“Quantisierung als Eigenwertproblem”，*Annalen der Physik* **79**，361（1926）中给出．

解．这些解可以借助于量子数 l 来分类，量子数 l 是描写波函数的空间对称性的．例如，所有 $l=0$ 的解是球对称的．量子数 l 在 0 到（$n-1$）的范围内排列，对于每一对（n，l），方程式有（$2l+1$）个线性独立解，分别对应于原子的不同的取向．量子数 l 也可给予物理解释：它是原子角动量的量度，所以这就称为轨道角动量量子数[⊖]．

§8.45　鉴于这些数学事实，现在我们可以断定，原子（在其非电离态）具有的能级由下式给出

$$E_n=-\frac{1}{2}(\alpha Z)^2mc^2\left(\frac{1}{n^2}\right) \tag{45a}$$

为了满足读者的好奇心，我们引述薛定谔方程（42a）的一个明显形式的解，即基态的波函数．在这种情况下，我们有 $n=1$，因而 $l=0$，这意味着波函数是球对称的．明确地说，这个波函数的表达式为

$$\varphi_{10}(\boldsymbol{x})=\sqrt{\frac{Z^3}{\pi a_0^3}}\exp\left(-\frac{xZ}{a_0}\right) \tag{45b}$$

其中 $a_0=\hbar/(mc\alpha)$．

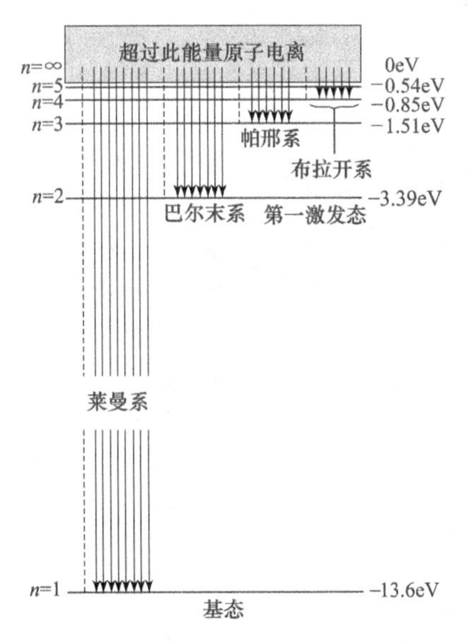

图 45A　氢原子的谱项图．主量子数为 n 的能级的能量 E_n 的一个很好的近似，由 $E_n=-R_H/n^2$ 给出，其中 $R_H=(1+m/M_p)^{-1}R_\infty=13.5976\text{eV}$.

垂直线表示可能的电偶极跃迁．可把这些跃迁整理成四个系列，均由早期的光谱工作者的名字命名．莱曼系的光谱线都在紫外光谱区．巴尔末系处在可见光谱区内．可见的氢原子光谱的外貌和一些巴尔末系的波长可参见第三章图 1B.

⊖　可将此与第三章第 30～31 节及第 54 节做比较．

读者可能愿意自己去验证一下波函数 $\varphi_{10}(\boldsymbol{x})$ 确实满足波动方程（42a），并且是归一化的，意思是波函数的平方对整个空间的积分等于1.

§8.46　到目前为止，我们的讨论都是基于假定原子核始终固定在原点．我们可以很容易地把以上的讨论推广到原子核也在运动的情况．令原子核的质量为 M，并令电子的质量为 m．则核-电子系统的约化质量 μ 由我们在第36节中的讨论给出

$$\mu = \frac{mM}{m+M} = m\left(1+\frac{m}{M}\right)^{-1} \tag{46a}$$

研究两个粒子在它们的质心系中的问题（这种运动受只依赖于两个粒子之间距离的势能所表示的力的影响），完全等价于讨论具有系统的约化质量的单个（虚构的）粒子的运动．这个粒子，在一个固定的力场中运动，力场由原来作为粒子间距的势函数来描述．考虑到原子核的运动，我们应该在所有的公式中用约化质量 μ 来替换质量 m．系统的能级由下式给出

$$E_n = -\frac{1}{2}(\alpha Z)^2\mu c^2\left(\frac{1}{n^2}\right) \tag{46b}$$

我们也可把它写成

$$E_n = -\left(\frac{\mu}{m}\right)Z^2R_\infty\left(\frac{1}{n^2}\right) \tag{46c}$$

其中 R_∞ 是里德伯常量

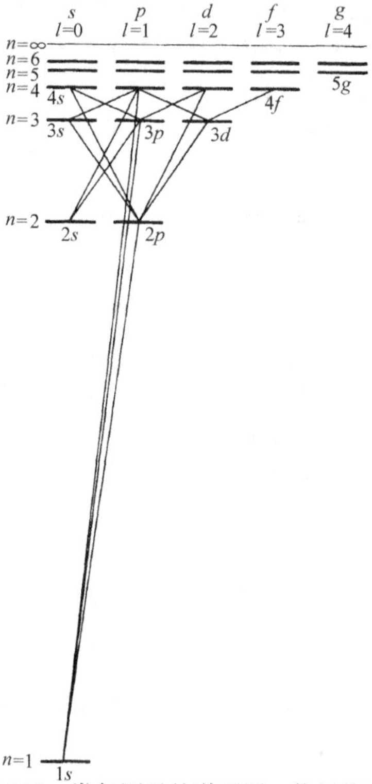

$$R_\infty = \frac{1}{2}\alpha^2mc^2 \approx 13.6\text{eV} \tag{46d}$$

图45B　类氢原子的谱项图．能级按不同的轨道角动量量子数 l 排成纵列．画出了所有的主量子数为4或更小的能级之间的电偶极跃迁．这些跃迁中，l 必须变化1个单位．注意，2s态不能通过电偶极跃迁而衰变：该能级是亚稳的．

应将上面的谱项图与第三章图28A和32A中的碱金属谱项图比较．其间有很多相似之处．

我们应立即注意到在氢原子（这里 $m/M\approx1/1836$）的情况中，约化质量和电子质量很接近．正如我们可以从式（46a）中看到的，其差别约为两千分之一．

我们还注意到氘原子的约化质量与氢原子的约化质量不同，由于这个原因氘原子的光谱和氢原子的光谱稍微有一点差别．（见第二章的问题7.）光谱学上很容易观察到这个差别．

§8.47　式（46c）描述一般的“类氢系统”的能级，所谓类氢系统，指的是两个带相反电荷的粒子的束缚系统，只要其束缚力是仅由两粒子间的库仑引力引起的. 在式（46c）中，令 $Z=2$，我们得到一次电离的氦的能级，而令 $Z=3$，我们就得到二次电离的锂的能级. 由方程（46a）得出正确的约化质量和电子质量十分接近，其中 M 用氦核或者锂核的质量来代替.

原子中的一个电子被一个 μ 子代替时，这种“原子”就称为 *μ 原子*. 这是一个负的 μ 子在大块物质中慢下来而被原子核的库仑场俘获形成的. 首先让我们指出，“原子”的玻尔半径和“电子”的质量成反比. 这就意味着一个 μ 原子必定比一个普通的原子小约 200 倍，因为 μ 子质量约为 200 个电子质量. 现在假设一个 μ 子被（比如说）一个铝原子俘获. 通过发射电磁辐射，系统很快地进入到 μ 子和铝核非常靠拢的状态：即 μ 子的波包比电子的波包更集中到原子核周围. 这样，μ 子和铝核就在电子“云”里边形成一个小的 μ 原子，这个 μ 原子显然是一个类氢系统.

通过实验观察 μ 原子所发射的电磁辐射，已经证实确定是以上述方式形成了这种原子㊀. 正如我们可以从式（46b）看出：在此情况下的约化质量和 μ 子的质量相近，这种辐射总是处在 X 射线区内.

第五章中有一个小标题是：“只有一个普朗克常量.”这里我们注意到，实验证实了关于 μ 原子能级的理论预言是德布罗意关系的普适性的一个非常好的证据.

§8.48　我们把对类氢“原子”的讨论概括如下：系统是由两个粒子组成，一个的电荷量是 $-e$，一个的电荷量是 $+eZ$. 不必明确地解出描述这个系统的双粒子薛定谔方程的解（我们甚至没有把它写出来过），我们能够确定它的分立的能级由下式给出

$$E_n=(\alpha Z)^2(\mu c^2)\lambda_n \tag{48a}$$

其中 μ 是约化质量，α 是精细结构常量，而无量纲的 λ_n 则是由无量纲的单粒子薛定谔方程（43d）所定义的本征值. 求 λ_n 的数值纯粹是一个数学问题. 我们把它留给以后的课程，虽然我们已经揭示了这些数实际上由 $\lambda_n=-1/(2n^2)$ 给出.

换言之：假使我们知道氢光谱，我们也就知道氘，一次电离的氦，两次电离的锂的光谱，以及所有的一个 μ 子被任意一个原子核的静电场所束缚的 μ 原子光谱. 之所以如此是因为我们能够找出能级是如何必须依赖于有关物理参量，诸如电荷数 Z，两个粒子的质量，等等. 我们的讨论说明了简单的量纲论证的威力.

四、提高课题：薛定谔理论中的位置变量和动量变量㊁

§8.49　现在让我们试着在简单的薛定谔理论中寻找在量子力学中起经典力学

㊀ V. L. Fitch 和 J. Rainwater，“Studies of X-rays from Mu-Mesonic Atoms”，*The Physical Review* **92**，789（1953）.

㊁ 初读时可略去.

中的位置和动量变量作用的数学对象.

令 $\psi(x, t)$ 为归一化的薛定谔波函数. 在本节和下节中我们将考虑某一固定的瞬时 t 的波函数；因此，为简短起见，我们可以省去时间变量而写成 $\psi(x)$ 的形式.

由于 $|\psi(x)|^2$ 是概率密度，它规定了物理的可观察量 x 的概率分布，x 和 x^2 的平均值必定由下式给出

$$\mathrm{Av}(x) = \bar{x} = <\psi \mid x \mid \psi> = \int_{-\infty}^{+\infty} x \mid \psi(x) \mid^2 \mathrm{d}x \tag{49a}$$

$$\mathrm{Av}(x^2) = <\psi \mid x^2 \mid \psi> = \int_{-\infty}^{+\infty} x^2 \mid \psi(x) \mid^2 \mathrm{d}x \tag{49b}$$

记号 $<\psi \mid x \mid \psi>$ 在量子力学中用得很普遍，读作“对于状态 ψ，x 的期望值”.

现在令 $\bar{x}$ 表示 x 的平均值，我们定义 x 的不确定度，或 x 的方均根偏差，为

$$\Delta x = \sqrt{\mathrm{Av}((x-\bar{x})^2)} \tag{49c}$$

或

$$\begin{aligned}(\Delta x)^2 &= \int_{-\infty}^{+\infty} (x-\bar{x})^2 \mid \psi(x) \mid^2 \mathrm{d}x \\ &= \mathrm{Av}(x^2) - 2\bar{x}\mathrm{Av}(x) + \bar{x}^2\end{aligned} \tag{49d}$$

由此得到

$$(\Delta x)^2 = \mathrm{Av}((x-\bar{x})^2) = \mathrm{Av}(x^2) - [\mathrm{Av}(x)]^2 \tag{49e}$$

我们指出，波函数 $\psi(x)$ 在平均位置 $\bar{x}$ 周围越是集中，则 Δx 越是小. 位置精确地知道的状态，即 $\Delta x = 0$ 的状态，在物理上是不能实现的.

用类似于给出 x 和 x^2 平均值的式（49a）和式（49b），能够计算 x 的任何函数的平均值. 特别是，势能的平均值为

$$\begin{aligned}\mathrm{Av}(E_{\mathrm{pot}}) &= \mathrm{Av}(V(x)) = <\psi \mid V(x) \mid \psi> \\ &= \int_{-\infty}^{+\infty} V(x) \mid \psi(x) \mid^2 \mathrm{d}x\end{aligned} \tag{49f}$$

§8.50　让我们更加仔细地考虑上述内容真正意味着什么. 薛定谔波函数的概率诠释要求我们根据方程（49a）去定义位置变量 x 的平均值. 这样，只要给出描述粒子的任何特定状态的波函数，这个方程右边的积分就允许我们能求出量子力学的位置变量 x 平均值的数值. 但是，“量子力学变量 x 本身”的数值又是什么呢? 回答是，量子力学变量是没有确定数值的：它只能通过可对任何给定的波函数计算其平均值的步骤来定义.

位置变量 x 在薛定谔理论中是一个特别简单的变量，对于这个变量来讲，量子力学的变量是通过它们的平均值（对所有状态）为定义的这个基本原理的全部含义并不是一眼就看得出来的. 符号 x 也作为一个独立变量在波函数中出现，所以式（49a）可能并不会使我们感到特别深奥. 然而，考虑一下量子力学的动量变量

（用 p 来表示）．符号 p 并不“出现”在波函数中，由于这一点，我们一开始就会感到惊异，动量变量到底是否“存在”．为了解决这个问题，我们通过对任一个可以对任何已知状态算出 p 的平均值的明确规定来定义量子力学中的动量变量 p．因此，真正的问题在于我们能否用一种物理上合理的方法来定义平均动量．

§8.51　为了使我们能适应上面的分析，首先来考虑一个归一化的波函数，这个波函数的形式在一个很大的区间内为 $\psi(x)=C\exp(\mathrm{i}x\bar{p}'/\hbar)$．在这个区间外波函数就趋近于零．对于这样的波．平均动量应当与 $\bar{p}'$ 十分接近，我们可以写出 $\mathrm{Av}(p)\approx\bar{p}'$．在上面提到的区间内，我们有

$$-\mathrm{i}\hbar\frac{\partial}{\partial x}\psi(x)=\bar{p}'\psi(x) \tag{51a}$$

由于波函数是归一化的，我们有

$$\bar{p}'\approx\int_{-\infty}^{+\infty}\psi^*(x)\left(-\mathrm{i}\hbar\frac{\partial}{\partial x}\right)\psi(x)\,\mathrm{d}x \tag{51b}$$

在这里我们已经假设，对积分的大部分贡献来自使式（51a）有效的区域．于是，对于所考虑的特殊形式的波函数，我们就可以通过计算积分，即（51b）求得平均动量．现在，我们假设对于所有（归一化的）波函数，这个积分准确地给出了平均动量．因此，我们假设：对于每一个归一化的薛定谔波函数 $\psi(x)$，

$$\begin{aligned}\mathrm{Av}(p)&=\langle\psi|p|\psi\rangle\\&=\int_{-\infty}^{+\infty}\psi^*(x)\left(-\mathrm{i}\hbar\frac{\partial}{\partial x}\right)\psi(x)\,\mathrm{d}x\end{aligned} \tag{51c}$$

其意义就是，在薛定谔理论中，动量变量 p 由一个微分算符来表示．这就是在方程（51c）的积分中作用在它右边的波函数上的那个算符．换言之

$$p=-\mathrm{i}\hbar\frac{\partial}{\partial x} \tag{51d}$$

§8.52　因此，动量变量的平方由下列算符表示

$$p^2=-\hbar^2\frac{\partial^2}{\partial x^2} \tag{52a}$$

动量平方的平均值则由下式给出

$$\begin{aligned}\mathrm{Av}(p^2)&=\langle\psi\mid p^2\mid\psi\rangle\\&=\int_{-\infty}^{+\infty}\psi^*(x)\left(-\hbar^2\frac{\partial^2}{\partial x^2}\right)\psi(x)\,\mathrm{d}x\end{aligned} \tag{52b}$$

完全与式（49c）~式（49e）相似，我们用下列方程定义 p 的不确定度 Δp

$$\Delta p=\sqrt{\mathrm{Av}((p-\bar{p})^2)} \tag{52c}$$

$$(\Delta p^2)=\mathrm{Av}((p-\bar{p})^2)=\mathrm{Av}(p^2)-[\mathrm{Av}(p)]^2 \tag{52d}$$

其中 $\bar{p}=\mathrm{Av}\ (p)$．

注意导致我们在式（51c）中定义平均动量的同样论证也用到如在式（52b）中那样的 p^2 的平均值的定义上了．

§8.53　如果我们现在观察一下式（49a）、式（49b）、式（49f）、式（51c）和式（52b），就会发现一个共同的元素：量子力学变量 Q 的平均值是由下列形式的表达式给出的

$$\mathrm{Av}(Q) = \langle \psi \mid Q \mid \psi \rangle = \int_{-\infty}^{+\infty} \psi^*(x) Q\psi(x)\,\mathrm{d}x \tag{53a}$$

这里 Q 或者是作用在其右边的波函数上的微分算符，或者就是 x，x^2 或其他关于 x 的函数，事实上，这就是（在薛定谔理论中）据以定义量子力学变量的普遍方案：变量 Q 的平均由诸如方程式（53a）的右边那样的表达式给出，其中 Q 是一个作用在位于其右边的波函数上的一个适当的线性算符.（对于位置变量，线性算符简单地就是“乘以 x”.）此外：由在积分中用 Q^2 代替 Q 来得到 Q^2 的平均值，其中 $Q^2\psi(x)$ 就是我们将 Q 作用在 $\psi(x)$ 上两次后所得到的东西.

§8.54　我们通过一些进一步的例子来说明这些概念. 令粒子的质量为 m. 于是粒子的动能 E_{kin} 就由微分算符

$$E_{\mathrm{kin}} = \frac{p^2}{2m} = -\frac{\hbar^2}{2m}\frac{\partial^2}{\partial x^2} \tag{54a}$$

表示.

用算符 H 来描述粒子的总能量，它就是描述动能和势能的算符之和. 于是在薛定谔理论中能量算符 H 就是一个微分算符

$$H = \frac{p^2}{2m} + V(x) = -\frac{\hbar^2}{2m}\frac{\partial^2}{\partial x^2} + V(x) \tag{54b}$$

和我们在本章第 10 节中所讨论的一致.

§8.55　读者应注意到：直至第 51 节，我们对动量在薛定谔理论中的意义是什么，一直还是模糊的. 只要处理形式为 $\exp(\mathrm{i}xp/\hbar)$ 的波，我们就会明白，出现在指数中的 p 就是动量. 然而，我们必须对所有的（归一化的）薛定谔波函数的动量有一个普适性的定义，这也正是我们通过式（51c）和式（51d）所做的.

我们也许想知道动量是否可以用另一种方式来定义. 对这个问题的仔细考察表明，如果要求我们选择的动量变量的必要条件是应该具有与在经典物理中的动量概念相一致的合理的物理解释. 从这个意义上来讲，我们的定义实际上是唯一的.

§8.56　平均动量的定义（51c）的合理性可以根据下面的埃伦费斯特（P. Ehrenfest）定理得到极大的加强，我们在这里只叙述而不证明这个定理[㊀]：

量子力学中变量的平均值与在对应的经典描述中的相应经典变量满足同样的运动方程. 具体讲，这个定理为

$$\frac{\mathrm{d}}{\mathrm{d}t}\mathrm{Av}(x) = \frac{1}{m}\mathrm{Av}(p) \tag{56a}$$

㊀ P. Ehrenfest, “Bemerkung über die angenäherte Gültigkeit der klassischen Mechanik innerhalb der Quantenmechanik”, *Zeitschrift für Physik* **45**, 455 (1927).

$$\frac{\mathrm{d}}{\mathrm{d}t}\mathrm{Av}(p) = -\mathrm{Av}\left(\frac{\mathrm{d}V(x)}{\mathrm{d}x}\right) \tag{56b}$$

只要借以计算上述平均值的薛定谔波函数 $\psi(x, t)$ 满足薛定谔方程

$$H\psi(x,t) = \mathrm{i}\hbar\frac{\partial\psi(x,t)}{\partial t} \tag{56c}$$

其中 H 是式（54b）所给出的微分算符.

薛定谔波函数 $\psi(x, t)$ 是与时间 t 有关的，它与时间的依赖关系由薛定谔方程（56c）描述. 从而，x 和 p 的平均值也与时间有关，可以证明方程（56a）和方程（56b）必定成立. 其证明并不特别困难. 我们在定义平均值的积分内对时间求微商. 然后用薛定谔方程（56c）及其复共轭形式消去 ψ 和 ψ^* 的时间微商. 通过分部积分法来整理各项，我们就得到方程（56a）和方程（56b）中所表示的结果. 有兴趣的读者可能会想要对这个问题详细地验证一番：我们不打算给出详细的证明，因为它们有点乏味㊀.

§8.57　我们方才叙述的定理可以毫无困难地推广到三维情况，这个定理对我们理解量子力学的概念是十分重要的. 它解释了，每当我们可以忽略变量的不确定度，即不计及量子力学中典型的变量统计弥散时，经典力学就可以作为量子力学的极限情况. 当然，我们希望具有这种经典和量子力学之间的对应性；而且，埃伦费斯特定理可以确证我们的动量变量，这一事实强有力地表明我们的选择是正确的.

经典力学可以作为量子力学的一个极限情况出现是玻尔对应原理的精髓. 这是一个重要的原理，因为假使量子力学要作为一个全面的描述，它就应该能够说明所有的物理现象，包括那些也能够经典地描述的现象. 历史上对应原理曾作为早期发展量子力学的向导. 我们可以讲，它对可能新的理论给予一种制约，但不应认为对应原理唯一地决定了这些新理论. 对于“量子化”不存在程式化的东西，也就是说，对于如何从经典描述过渡到量子力学描述不可能有什么规定. 很明显，下面的说法是没有意义的：“为了寻找正确的（量子力学的）方程就必须首先叙述错误的（经典的）方程，然后用某种魔法使错误的方程过渡到正确的方程.”倒不如说，物理学的正确方程是在已知实验事实的引导下通过聪明的猜测得到，这些猜测再受到进一步的实验考验.

§8.58　对任一量子力学变量 Q，对给定波函数计算的量

$$\Delta Q = \sqrt{\mathrm{Av}(Q^2) - [\mathrm{Av}(Q)]^2} \tag{58a}$$

可以作为对这个波函数所描写的状态下变量 Q 的了解程度的精确性的量度. 变量 Q 在，而且只在，$\Delta Q = 0$ 的特殊状态下有精确值. 作为这个概念的一个例子，我们可以提出能量变量 H 对于每一个定态都是精确知道的：它具有数值 E，而 E 就是

㊀ 读者可以在 E. Merzbacher, *Quantum Mechanics* (John Wiley and Sons, New York, 1961), p. 41 和 L. I. Schiff, *Quantum Mechanics*, 3rd ed. (McGraw-Hill Book Co., New York, 1968), p. 28 中找到证明.

该定态的能量. 对于非定态，我们就有$\Delta H>0$.

一般讲，不确定关系是同时知道两个不同变量的精确度的限制：它取包含两个变量Q'和Q''的$\Delta Q'$和$\Delta Q''$的不等式形式. 现在我们可做出由方程（49e）给出的Δx的精确定义，和一个由方程（52d）给出的Δp的精确定义. 我们可以不太困难地证明精确的不确定关系

$$\Delta x \Delta p \geqslant \frac{\hbar}{2} \tag{58b}$$

即证明不等式（58b）对所有的波函数都成立，而且，对于某些波函数，式（58b）是一个等式. 这里我们不做这个证明，因为我们对为什么像式（58b）这样的关系式必须成立已有了很好的定性理解，这对本课程来讲已足够了.

进一步学习的参考资料

1）有关薛定谔理论中简单问题的讨论，我们推荐第七章末（第2项）介绍的参考书.

2）G. M. Barrow：*The Structure of Molecules*（W. A. Benjamin，Inc.，New York，1963），这是一本可读的关于分子结构和分子光谱的导言书.

3）F. O. Rice and E. Teller：*The Structure of Matter*（Science Editions，Inc.，1961）正如其书名所表明的，它对物质结构（从量子力学的观点）作了一般性的讨论. 这些讨论是初等的，有了我们的课程准备，这本书容易读懂. 读者可以从这本书中选择适当的章节以补充我们的讨论.

习　题

1 （a）考虑粒子被限制在一个如图4A所示的无限高墙壁势阱中的问题. 让我们研究由式（6b）给出的波函数，取$n'=17$和$n''=18$. 对下述各时刻画出方程（6c）给出的概率密度：$t=0$、$t=t_0/4$、$t=t_0/2$、$t=3t_0/4$和$t=t_0$，这里$t_0=(4ma^2)/(35\pi\hbar)$. 这些图说明粒子在势壁之间来回作周期运动. 此运动的周期是t_0.

（b）考虑质量为m，能量为$E_c=\frac{1}{2}(E_{17}+E_{18})$的经典粒子在同一势阱中的运动，并对此运动的周期和上面求出的t_0做比较.

（c）此题（a）部分中的波包并没有被限制得非常好. 事实上它扩展到阱外约阱的大小1/2. 为了产生一个更加类似经典点粒子的尖锐的波包，我们需要将大量的本征函数叠加起来. 假使要把位置限定得很好，那么动量，进而是能量也就不能明确确定. 现在注意到第n能级的能量是和n^2成比例的，而两个相邻能级的间距则近似正比于n. 对于一个平均能量很高的波包，有可能是把大量的本征函数的叠加，从而粒子的瞬时位置就可以合理地很好确定并且能量弥散的相对值也很小. 这

里我们遇到了另一个过渡到经典极限的例子．势阱中的波包可以表现得像经典粒子，只要它的平均能量比基态能量高得多．

我们不能在这里研究向经典极限过渡的全部细节，让我们仅仅研究问题中的一个方面．令 $n'=n$，以及 $n''=n+1$．求出由叠加式（6b）表示的波包运动的周期，并将此周期和一个能量 E 为 $E_{n+1}\geqslant E\geqslant E_n$ 的经典粒子运动的周期做比较．特别考虑 $n\to\infty$ 的极限．

2　为了辩论的目的，作者提出下述主张（受到某些通俗读物中一些"解释"量子力学的某些尝试的启发）．由波函数 $\psi(x,t)$ 描述的定态的概率密度 $p(x)=|\psi(x,t)|^2$ 可以理解为描述粒子的概率密度的时间平均，该粒子是一个具有定态的能量并在势场中作经典运动的粒子．换言之：粒子作经典运动，但假使我们对这个运动在一个大于其运动的自然周期的时间内做平均，那么我们就得出概率密度 $p(x)$．对于一个作三维运动的粒子，例如氢原子中的一个电子，我们可以对描写定态波函数的绝对值平方做同样的解释．粒子作经典运动，但我们的测量仪器太粗糙，所以无法跟踪运动的细节，因此作为代替，我们就观察原子中电子的概率分布，而这可以理解为长时间经典运动的平均的结果．

读者会注意到这个主张按字面上来解释是可以立即予以驳斥的．由此作者就退后一步．他改而主张虽然这个波函数的平方的解释并非严格地正确，但这无疑是一个考虑粒子的量子力学运动的很有用的方法：倘若从近似的意义上来解释它，它让我们真正洞察到什么正在进行．

读者的任务是彻底驳斥这些观念；素朴的第一主张和修改过的第二主张二者．为此，读者应当考虑到本章开始的讨论，以及在第四和第五章中我们对"双缝实验"的讨论．

3　方程（22a）中的积分范围是从 $-a$ 到 $+a$．若我们代之以从 $-\infty$ 到 $+\infty$ 的积分．则这个积分将随时间 t 怎样变化，在 $t=0$ 时其值为多少？

4　我们应该使自己相信，一个吸引势场并不一定导致束缚态．要做到这一点，我们考虑下一页的示意图中所示的具体的例子．令 B 为势阱的深度，并令它的宽度为 a，粒子的质量为 m．试证明当量 $G=a^2Bm/\hbar^2$ 比某个数值 G_0 小的情况下没有束缚态，而当 $G>G_0$ 时，至少有一个束缚态．试求此常数 G_0．注意，这些考虑只能用于有一个壁为无限高的势阱．对于一个如图 19A 所示的势阱，则无论势阱多么浅，至少存在一个束缚态．

在这个例子的指引下，试论证，为什么下述每一条件都有利于出现束缚态：(a) 质量 m 大．(b) 势阱深．(c) 势阱宽．对于比图 19A 所示的更为一般的势阱说明你的论点，并适当地画图表示．

根据这个例子，我们可以理解为什么两个原子并不总是构成一个稳定的分子，尽管它们之间的作用力在一定的距离下事实上可能是吸引力．（假使作用力处处是斥力，有时就是这种情形，自然就不会有任何束缚态．）我们可以把本题图中所示的势能作为图 30A 所示的更实际的分子势能的理想化．

5　作为氘核（这是一个中子和一个质子的束缚态）的一个简单的一维模型，让我们假设中子-质子势能就如本题右边附图所示的那样，其中$a = 1.85 \times 10^{-15}$ m，而 $B = 41.6$ eV. 试求此模型中氘核的结合能，并与实验值 2.21 eV 做比较. 当然，这样好的符合并不是这个理论的胜利，因为在确定 a 和 B 的合理的数值时我们曾经用到观察到的结合能和其他观察数据. 我们所考虑的势能并不是真实的，虽然它正确地重现了中子-质子相互作用的某些特征. 但是从“第一性原理”中求出有效势能的问题并没有解决. 注：质量 m 是质子-中子系统的约化质量，$m = M_p/2$.

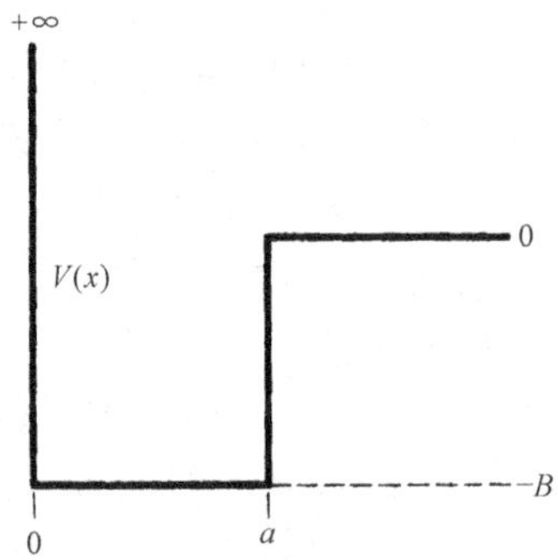

第 4 和第 5 题的图. 在第 5 题中，实线表示根据一个过分简化模型的中子-质子系统的势能. 然而，这个模型对理解氘核的某些性质以及低能中子-质子散射的某些特征还是有用的. 横坐标是中子和质子之间的距离.

6　在氯化氢（HCl）的振动光谱中，发现谱线实际上都是靠得很近的双线. 这此双线中的短波长的谱线的强度约为长波长的谱线强度的三倍. 对出现在（波数）大约 5600 cm^{-1}附近的谱线，测出两条谱线的距离约为 400 m^{-1}. 试解释这个现象，并从理论上推导两谱线之间的距离. 解释双重线的两谱线的相对强度.

7　在研究和氯化碘（ICl）分子中转动跃迁相关的频率时，测量到了下列各频率（以兆赫表示）

ICl^{35}	6980 兆赫	27 366 兆赫
ICl^{37}	6684 兆赫	26 181 兆赫

上边一行来源于含有同位素 Cl^{35}的分子的，而下边一行则来自含同位素 Cl^{37}的分子. 在这两种分子中，碘原子核都是同位素${}_{53}I^{127}$.

（a）给出了上边一行的频率，你能否解释下边一行的频率？

（b）若测量中所用样品是用天然存在的氯来制备的，自然会观测到所有 4 个频率，你能否预言上面一行谱线的强度和下面一行谱线的强度之比？

（c）考虑双原子分子转动能级的一般同位素效应. 令 ω_r'是原子核质量分别为 M_1'和 M_2'的分子的一个转动跃迁频率，并令 ω_r''为一个化学上完全相同的分子的相应的频率，但此分子是由原子核质量为 M_1''和 M_2''的另外的同位素所构成. 我们可以不用详细的分子理论再把 ω_r'和 ω_r''联系起来. 证明两频率之比具有下列形式

$$\frac{\omega_r'}{\omega_r''} = \left[\frac{M_1''M_2''(M_1' + M_2')}{M_1'M_2'(M_1'' + M_2'')}\right]^k$$

并决定正确的指数 k 值. 将你的表达式仔细地和式（37a）做比较，式（37a）描述了振动光谱的同位素效应. 在两种情况下，对同位素质量的依赖关系是不同的.

习题 7 附表

同位素种类	$J=1\leftarrow 0 \quad v=0$ 转动频率（兆赫）	B_e（兆赫）
$C^{12}O^{16}$	115 271.204 ±0.005	57　89
$C^{13}O^{16}$	110 201.370 ±0.008	55　3
$C^{12}O^{18}$	109 782.182 ±0.008	55
$C^{14}O^{16}$	105 871.110 ±0.004	53
$C^{13}O^{18}$	104 771.416 ±0.008	5
$C^{12}O^{17}$	112 395.276 ±0.060[b]	

实验测得的具有不同同位素成分的一氧化碳分子的转动频率．表中的部分取之于 B. Rosenblum，A. H. Nethercot，Jr.，and C. H. Townes，“Isotopic mass ratios，magnetic moments and sign of electric dipole moment in CO，” The *Physical Review* **109** 2228（1958）．所引用的数据给出了微波谱学中可以达到的精确度的一个很好的图像．

解出习题 7 的读者可能希望把自己的结果去和上表给出的数据作核对．两者会符合得颇佳但却不完美．在我们的理论中，把双原子分子作为刚体是过分简单化了．为了将实验数据解释到已知的精密度，就需要更复杂的理论处理方法．

8　考虑原子量为 A 的原子所构成的“典型”晶体．设晶体是一个边长为 L 的立方体．试对下列频率作出数量级估计：（a）晶体的最低（振动的）共振频率．（b）晶体的最高共振频率．将结果写成这样的形式，即把频率对基本常数 α，$\beta = m/M_{\mathrm{p}}$ 和 $\hbar/\mathrm{mc}^2$ 以及常数 A 和 $N \sim L/a_0$（其中 a_0 是玻尔半径，而 M_p 是质子的质量）的依赖关系明白表示出来．（c）举出一些特殊的数字例子，把其中的频率用兆赫表示．

9　在第二章第 50 节中，我们说过，原则上可能推导出这样一个晶体中的声速 c_s 和光速 c 之比的表达式，就是 c_s/c 只用四个常数来表示：精细结构常量 $\alpha \approx 1/137$，电子-质子质量比 $\beta = m/M_p$，以及晶体原子的原子量 A 和原子序数 Z．推导 c_s/c 的精确表达式是一个很难的问题，但我们能很容易做出数量级上的估计以说明 c_s/c 对 α，β 和 A 的主要依赖关系．试导出这样的数量级关系式，并以铜为例来检验你的公式．（$A=63.6$，$c_s=4700$ m/s.）

10　（a）对图 30A 所示的势能 $U(r)$，我们注意到随着量子数 n 的增加，相邻能级的间距就减少．定性地解释为什么是这样的．

（b）画一条描绘严格的谐振子势函数的抛物线．在同一图上另外再画两条对原点对称的描写两个“近似简谐的”势能曲线，并且使这三者在原点（势能的最小值）的曲率半径相同．这两条曲线要这样画，使其中第一条的相邻能级的间距随量子数 n 而增加，而第二条的相邻能级间距则随量子数 n 而减少．不必明确地求出各能级，但应解释为什么这两条曲线具有所述的性质．

11　正如我们在第 47 节中所解释的，可以将单电离的氦原子能级重新定标，以得出二次电离的锂原子能级，定标的比例因子接近于 9/4．两个离子都是类氢单电子系统．为了引起讨论，现在作者要坚持应该可以将中性的氦原子能级同样重新定标得到单电离的锂能级，因为二者都是双电子系统，仅仅在核电荷数量值上有差别．换言之，相应的光谱线的波长的比例应该是一个常数，就像在二次电离的锂和单电离的氦的情况那样．然而，实验结果并非如此．中性氦和单电离锂的谱项图是十分相似的，但相互间却不能用一个简单的定标来求得．试清楚地解释为什么简单的重新定标方法对单电子系统是行得通的，而对双电子系统就行不通．

12　氢原子的 $2p$ 态的平均寿命是 0.16×10^{-8} s．那么在单电离的氦中 $2p$ 态的平均寿命是多少？

13　参照上题，铝俘获负 μ 子所形成的 μ 原子的 $2p$ 态的平均寿命是多少？

14　试计算一个 μ 铝原子由 $3s$ 态到 $2p$ 态跃迁所发射光子的波长．

15　试求下述原子的"玻尔半径"：（a）μ 铝原子．（b）μ 铅原子．并将这些半径和原子核半径做比较．

做这样的比较是有意思的，因为如果得到的"玻尔半径"和原子核半径可相比较，那么我们就明显地不可以把原子核当作没有广延的点电荷，这就意味着 μ 原子的能级不能够用一个像式（46b）那样的公式来精确表示，实验上已经发现，重 μ 子的原子能级系统与式（46b）所预期的有很大的偏离．通过系统地观测这些偏离，对于原子核中电荷分布以及原子核的大小就可做出一定的结论．

16[⊖]　试根据第56节所指出的思路，证明该节中所提到的埃伦费斯特定理．要得到更多的启发，可参看第七章第50节．

17[⊖]　（a）将埃伦费斯特定理应用于一个势函数由 $V(x)=(K/2)x^2$ 给出的谐振子的情况，并得出 $\mathrm{Av}[x(t)]$ 和 $\mathrm{Av}[p(t)]$ 所满足的两个微分方程．解这两个方程，并用 $\mathrm{Av}[x(0)]$ 和 $\mathrm{Av}[p(0)]$ 来表示 $\mathrm{Av}[x(t)]$．对这个解和相应的经典问题的解做比较．

（b）对定态 $\mathrm{Av}[x(t)]=0$，但是对非定态，一般讲 $\mathrm{Av}[x(t)]$ 是时间振荡的非零函数．记住本章第27节中的讨论，根据本题（a）中的结果，试论证谐振子的能级应该是等间距的效应，且其间距为 $\hbar\sqrt{K/m}$．注意第27节中的讨论只告诉我们能级间距必定近似地是一个常数，虽然恰巧能级间距是准确等于 $\hbar\sqrt{K/m}$ 的常数．

18　让我们考虑一个"哑铃"状双原子分子．我们在第38～40节中讨论了这种分子的转动激发．让我们假定分子的电荷中心和它的质心并不重合．这样分子就带有一个电偶极矩，所以当它转动时，根据经典物理学，我们预料它会发射电磁辐射，其频率与经典的角速度 ω_a 相等．

根据量子力学，分子的能级由式（39c）给出．可以合理地假设分子发射或吸收电偶极辐射时，量子数 j 改变一个单位．试用分子初态的角动量量子数 j 来表示所发射的辐射的频率，并将此结果与经典导出的公式做比较．当 j 的数值很大时，我们理应接近"经典极限"．情况确实是这样吗？

⊖　习题16和习题17这两个问题与提高课题有关，初读时可略去．

第九章　基本粒子和它们的相互作用

第九章　基本粒子和它们的相互作用

一、碰撞过程和波动图像

§9.1　在这最后一章中我们要讨论今日物理学中最基本、最核心问题的某些方面，这些问题涉及基本粒子和它们的相互作用. 在物理学的这个领域中，我们遇到大量至今尚无解答的问题. 我们很想有一个理论，根据这个理论我们能够“了解”为什么会存在各种基本粒子以及为什么它们会有自身所具有的性质. 换句话说，我们希望能够提出几条最基本的原理，根据这些基本原理就能够解释大量观察到的现象. 这种希望是否合理？当然没有任何逻辑根据. 很可能发生的情况是我们不得不接受一些唯象理论，这些理论用比一组表格和图表可能做到的更为经济的方式概括实验事实，但却缺乏我们希望在基本理论中看到的那种概括性、概念上的简单和优美. 作者感到期待这种可能性是最不愉快的. 他宁愿相信在某种意义上事物最终是简单的，并且他认真思考了整个物理学的历史发展而受到某种鼓舞. 物理学作为人类知识的重要部分，已经以非常快的速率扩展，我们现在拥有的详细描述现象的资讯数量是惊人的. 但更为惊人的事实是，我们能够用相当简单的理论来说明各种现

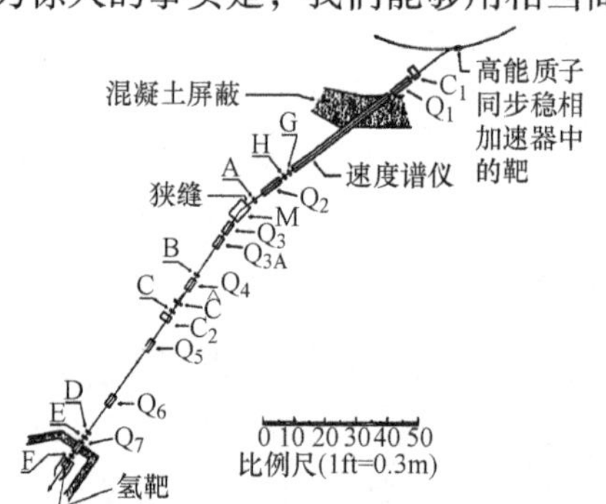

图 2A　测量反质子-质子的弹性和非弹性散射的各种截面实验的总设计图. 反质子从加速器（顶端右方）的靶中射出，然后被偏转并聚焦于液态氢靶上（底部左方）. C_1，C_2 和 M 是偏转磁铁. Q_1 ~ Q_7 是聚焦磁铁. A ~ H 是闪烁计数器. $\hat{C}$是切连科夫计数器. 液态氢靶中发生的事件，通过围绕靶的计数器观察.（图中未画出这些计数器.）相当精细地安排计数器和磁铁的目的是为了确定反质子束，以及甄别靶中反质子以外的粒子所引起的事件. 测量的反质子的能量是 1.0 BeV，1.25 BeV 和 2.0 BeV.

图取自 R. Armenteros et al.，“Antiproton-Proton Cross Sections at 1.0，1.25，and 2.0 BeV.” *The Physical Review* **119**，2068（1960）. 进一步的细节可查阅上述资料. 其结果可见本章图 5A（承蒙 *Physical Review* 杂志惠允.）

象的细节也是同样的好．作者这么说并不想暗示理论物理学是一门意义不大的学科，但作者的确感到我们的理论（如现在所理解的）所依据的基本原理是以十分惊人的概念的简单性为特征．如前所述，至今还没有“简单”而全面的基本粒子理论．本章中我们试图给读者介绍一些已经尝试过的方法的概念，以及在物理学的领域中所遇到的一些争论和问题．

§9.2　我们有关基本粒子的大多数知识来源于碰撞实验．因此在这里谈一谈有关这些实验的解释是适当的．在散射实验中，从加速器出来的一束 A 粒子冲击到 B 粒子的（固态、液态或气态形式的）靶上，观察每一次从 A 粒子与 B 粒子碰撞后出现的粒子．如果在碰撞中不出现新粒子：A 粒子仅仅被 B 粒子散射，则我们说碰撞是*弹性的*．如果出现其他粒子，则我们就说是*非弹性过程*．

图 2B　图 2A 实验所用的液态氢靶的照片．氢放在位于装置中央部分的容器中．反质子垂直于图面入射（照片承蒙伯克利劳伦斯辐射实验室惠允．）

观察结果一般用各种截面来表示．我们首先考虑其中最简单的一种，即总截面．我们用 σ_T 表示这个量．为了对 σ_T 下一个操作型定义，我们设想靶是一个非常薄的B粒子随机分布的平面层状片．设层中粒子的（平均）均匀密度是单位面积中有 n 个粒子．于是，总截面定义如下

$$\sigma_T = \frac{P}{n} \tag{2a}$$

其中 P 表示一个垂直于薄片入射的A粒子与一个B粒子经历某些相互作用后离开入射束的概率．这个定义中，重要的是要求该平面层足够薄，以致观察到的概率 P 比1要小很多（在第4节中将详细叙述这一点）．

§9.3 可以用下面所说的模型来理解总截面．对每一个B粒子设定一个面积为 σ_T 的圆盘，圆盘面与入射的A粒子束垂直，并且想象它具有这样的性质：即第一个A粒子射中一个圆盘就离开射束，而未射中者则不受影响．再来考虑我们的单位面积有 n 个B粒子的薄靶层．在面积为 F 的区域中圆盘覆盖的总面积等于 $nF\sigma_T$．这意味着靶层中有 $n\sigma_T$ 部分是“不透明”的，$(1-n\sigma_T)$ 部分是“透明的”．因此入射束中的一个A粒子离开射束的概率为 $P=n\sigma_T$．也可以照这样来解释关系式（2a），但读者应明白，不透明的圆盘仅仅存在于我们的想象之中．截面是A粒子与B粒子相互作用趋势的非常便利的量度，但决不能认为它涉及这两种粒子中任何一种的几何性质．

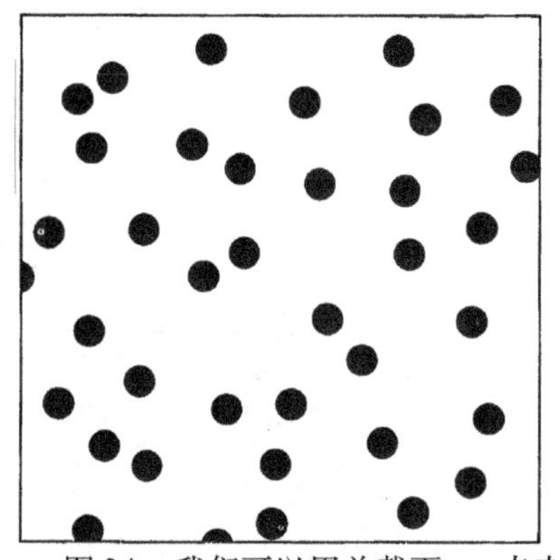

图3A　我们可以用总截面 σ_T 来表示（靶中的）B粒子从入射束中除去A粒子的有效程度．每一个B粒子有一个面积为 σ_T 的圆盘与之相联系，这样，当且仅当一个A粒子（想象为一个点）射中圆盘时，它才与B粒子发生相互作用．上图表示一很薄的B粒子层的这种假想圆盘．如果单位面积有 n 个B粒子，则单位面积中总的“阻挡”面积将是 $n\sigma_T$．从而一个A粒子穿过这种薄层的概率为 $(1-n\sigma_T)$．当然，不应该从字面上来理解上面的图形．B粒子实际上既不是小圆盘也不是小圆球．

§9.4 考虑将关系式（2a）推广到靶层不一定很薄的情形．令 $P(n)$ 表示A粒子射入投影面密度 n 均匀分布的B粒子靶层后离开入射束的概率，那么量 $T(n)=1-P(n)$ 就是透过靶层的概率．假定将一个投影面密度为 n_1 的靶层放置在另一个投影面密度为 n_2 的靶层后面，则组合层的面密度是 (n_1+n_2)．显然，一个粒子穿过这两层的概率由下式给出

$$T(n_1+n_2)=T(n_1)T(n_2) \tag{4a}$$

这个方程对一切正实数 n_1 和 n_2 必定成立，它的通解为

$$T(n)=\exp(-Cn) \tag{4b}$$

其中 C 为实常数. 这样，我们有

$$P(n)=1-\exp(-Cn) \tag{4c}$$

注意到

$$\lim_{n\to 0}\frac{P(n)}{n}=C \tag{4d}$$

若将这个关系式与关系式（2a）（假定它在 n 很小时成立）相比较，就得到 $C=\sigma_T$. 从而我们有

$$P(n)=1-\exp(-n\sigma_T),T(n)=\exp(-n\sigma_T) \tag{4e}$$

可见透射束的强度随靶的厚度指数式递减. 实际上可以用不同厚度的箔作为靶层. 为测量总截面，我们做一个简单的衰减测量：用计数器测定作为箔厚度函数的透射束强度减少的相对值，然后用关系式（4e）计算散射截面.

§9.5 用同样的方法，可以定义其他各种类型的截面. 例如设 A 粒子可能与 B 粒子起反应而产生 C 粒子和 D 粒子

$$A+B\to C+D \tag{5a}$$

那么，由下式定义这种过程的反应截面 $\sigma_{AB\to CD}$：

$$\sigma_{AB\to CD}=\sigma_T P_{AB\to CD} \tag{5b}$$

其中 $P_{AB\to CD}$ 是一个 A 粒子与靶中的一个 B 粒子相互作用而从入射束中除去并产生反应即式（5a）的概率. 假定式（5a）是唯一的反应，亦即唯一可能发生的*非弹性过程*. 但粒子也可因受到弹性散射而从入射束中除去，在这个过程中 A 粒子和 B 粒子在碰撞后仍旧保留着. 我们定义*弹性截面* σ_e 如下

$$\sigma_e=\sigma_T P_e \tag{5c}$$

其中 P_e 是从入射束中除去一个粒子的碰撞事件是弹性的概率. 三种截面的关系如下

$$\sigma_T=\sigma_e+\sigma_{AB\to CD} \tag{5d}$$

显然我们有 $P_e+P_{AB\to CD}=1$.

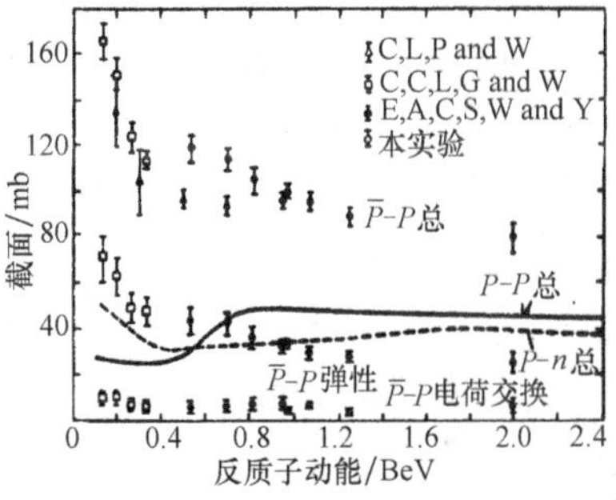

图 5A　图示反质子-质子截面作为反质子动能的函数. 空心圆表示的三个实验点是从图 2A 所描绘的实验中获得的. 质子-质子散射截面也在同一图上画出以便进行比较. 注意，反质子-质子总截面大约是质子-质子总截面的两倍.

本图取自 R. Armenteros et al.，"Anti-proton-Proton Cross Sections at 1.0, 1.25, and 2.0 Bev," *Physical Review* **119**, 2068 (1960).（承蒙 *Physical Review* 杂志惠允.）

§9.6 在核物理学和基本粒子物理学中表示截面时采用*靶*（符号为 b）和*毫靶*（符号为 mb）作为单位，其中

$$1\text{b}=10^{-28}\text{m}^2,1\text{mb}=10^{-3}\text{b} \tag{6a}$$

图 6A 表示对镉的中子总截面作为中子动能的函数. 图 6B 表示中子与银碰撞的类似的图. 注意，这些曲线中提到的都是*化学元素*，因此，它们都是对天然存在的各种同位素的平均结果.

看看这些图形就会立即明白，总截面与原子核的“几何”性质毫不相干. 例如，注意截面对能量的引人注目的依赖关系. 对于镉，截面从中子能量为 0.176 eV 处的峰值 7 200 b 降至 1 eV 的 20b. 银的截面曲线同样显示出对能量有强烈的依赖关系，在大约 0.52 eV 处有一个非常显著的共振峰.

再考虑截面的大小. 银与镉原子核的大小大体相等. 根据由质量数 A 给出的原子核半径公式

$$r \approx A^{1/3} \times (1.2 \times 10^{-15}\ \mathrm{m}) \qquad (6b)$$

可以估计出银与镉的核半径 $r \sim 5.8$ fm（因为$A \sim 110$），从而其相应的几何截面 πr^2 约 1.0 b. 这比图 6A 中的截面峰值相差约 7 000倍.

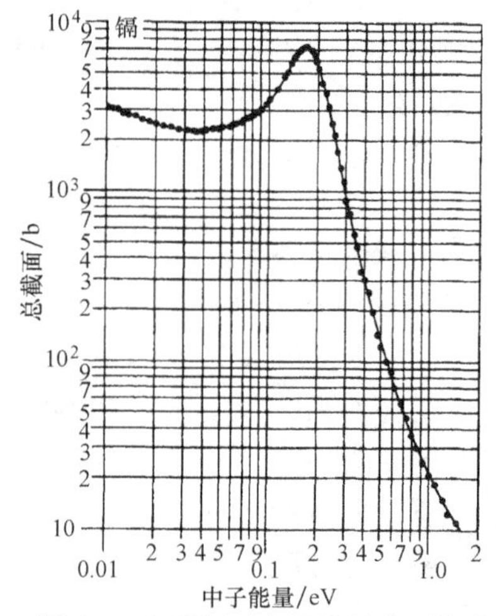

图 6A　表示镉对中子的总截面作为中子能量的函数的曲线. 注意此曲线是对于天然存在的镉得到的，因此截面是镉的各种同位素的截面的平均值. 这样的截面从基本理论的角度来看意义不大，因为基本理论考虑的是各个同位素的截面. 但平均截面在工程应用中是有用的概念. 由于镉对低能中子的截面很大. 因此它被普遍用来控制核反应堆的反应速率.

上述曲线是 H. H. Goldsmith，H. W. Ibser，and B. T. Feld 汇编的“Neutron Cross Sections of the Elements”，*Reviews of Modern Physics* **19**，259（1947）中一些图之一.

读者还应参看本章的图 24A 和图 24B. 图 24B 表示质子对正负 π 介子的弹性散射截面. 图 24A 主要表示的是核反应 $Al^{27} + p \rightarrow Si^{28} + \gamma$ 的反应截面. 注意有很多尖锐的共振峰.

§9.7　前面讨论的截面（作为能量的函数）提供某些关于粒子在碰撞过程中相互作用的知识. 如果我们也测量从碰撞区域出射的粒子的角分布，就可获得更加多的知识. 为简单起见，考虑入射束中 A 粒子被靶中 B 粒子弹性散射. 用置于不同位置但离靶的距离为一定的计数器测量在不同方向上散射的 A 粒子的强度. 在这一系列测量中保侍入射粒子束的强度不变. 我们用*微分截面* $\sigma_e(E;\ \theta,\ \varphi)$ 表示测量结果. 这个量是用以表明观察方向的相应的极角 θ 和 φ 的函数. 正如我们曾明确指出的，它也是能量的函数. 微分截面是这样定义的，靶是面密度为 1 单位的 B 粒子靶层的情况中，$\sigma_e(E;\ \theta,\ \varphi)\mathrm{d}\Omega$ 等于入射的一个 A 粒子散射到以极角 θ 和 φ 为中心方向上，大小为 $\mathrm{d}\Omega$ 的立体角中的概率. 同一计数器离靶的距离相同而方位不同时，它的计数率直接正比于微分截面.

实际上，在大多数散射情况中，微分截面仅依赖于能量和入射束与被散射的 A 粒子方向的夹角. 若以 θ 表示该角度，则可将微分截面写成 $\sigma_e(E;\ \theta)$，因为它不

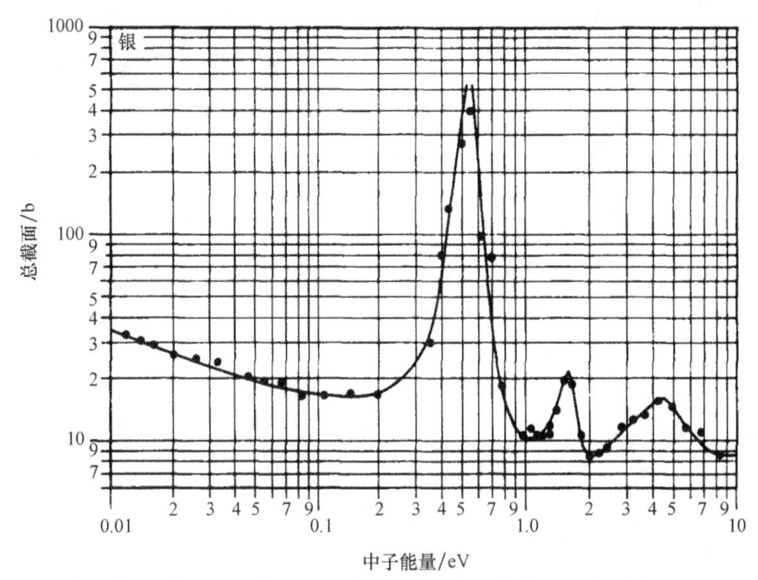

图 6B 表示天然银元素对中子散射的总截面作为中子能量的函数的曲线. 注意其显著的共振峰. 从本图以及类似的图 6A 不难看出, 散射截面与原子核的大小并无特别的关系. 银和镉的曲线很不相同, 但两者都显示随能量而剧烈地变化. 碰撞的波动理论能很好地说明观察到的截面曲线的普遍性质.

上述曲线是 H. H. Goldsmith, H. W. Ibser, and B. T. Feld 编辑的 "Neutron Cross Sections of the Elements", *Reviews of Modern Physics* **19**, 259 (1947) 一文中图的一部分. 读者可查阅此论文作为该领域中早期工作的参考.

依赖于另一极角[⊖].

将微分截面对所有的方向积分就可得到总弹性散射截面. 如上所述, 如果微分截面不依赖于角 φ, 则可得

$$\sigma_e(E) = \oint \sigma_e(E;\theta)\,\mathrm{d}\Omega = 2\pi \int_0^\pi \sin\theta\sigma_e(E;\theta)\,\mathrm{d}\theta \tag{7a}$$

用类似的方法可以定义非弹性散射过程的微分截面.

图 7A 散射实验的非常概略的表示. 从加速器射出的粒子束冲击到一个靶上. 用一计数器测定散射到各方向的粒子的相对数量. 此图表示检测散射角 θ 上的粒子. 在这类实验中可以测定散射过程的微分截面.

§9.8 作为能量的函数的各种散射截面构成了我们从散射实验获得的原始数据. 于是我们面临着从这些数据推知或许是未知的相互作用的某些性质的问题. 或者, 我们可能已经有了理论, 那么就用此理论计算

⊖ 我们用的符号虽然是相当标准的, 但并不满意, 因为微分截面和前面讨论的总截面用的是同一符号, 这两类截面仅仅以该量的符号中有没有明显出现角度变量来区别.

预期的散射截面，然后将它与实验结果比较.

如前所述，我们关于基本粒子的大多数知识来自对散射实验的分析. 为做这种分析，人们已经发展了一些特殊的数学方法. 在这里讨论这些将会离题太远. 不言而喻，从散射截面寻找“力”的问题实际上远远不是简单的，虽然在原则上是直截了当的事情（在某种意义下）.

§9.9 假如用经典理论来解释散射事件的话，我们就要说入射粒子在靶粒子的力场中被偏转. 而在量子力学中我们把它看作是波的衍射的一种表现. 事实上，在第五章中我们正是这样讨论电子衍射的. 我们曾这样解释观察到的现象，即入射电子波被晶体中所有的原子所衍射. 在某些方向上衍射波相长干涉，这些就是观察到的强度极大值的方向，从而，散射就是德布罗意波被障碍物，也就是晶体中的原子衍射的现象.

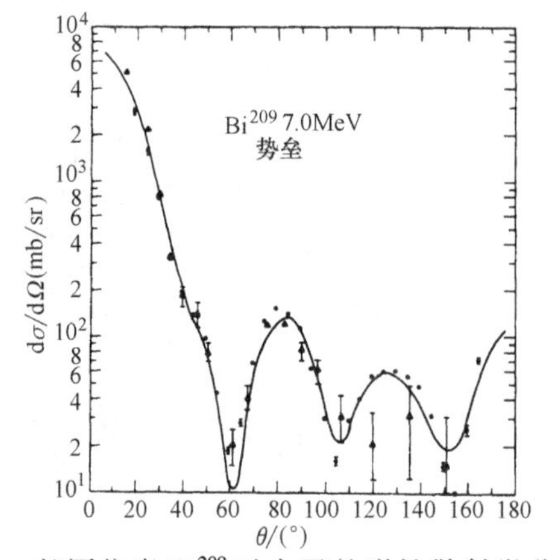

铋同位素 Bi^{209} 对中子的弹性散射微分截面. 图中表示实验点和根据某种模型计算的理论曲线. 横坐标是散射角，纵坐标是微分截面，单位是mb/球面度. 中子的动能是7MeV.

图形取自 C. D. Zafiratos, T. A. Oliphant, J. S. Levin and L. Cranberg, “Large-Angle Neutron Scattering from Lead at 7 Mev.” *Physical Review Letters* 14, 931 (1965). （承蒙 *Physical Review Letters* 杂志惠允.）

现在读者应注意，我们对电子衍射的描述具有一种令人不满意的“不对称”的特点. 我们是说入射电子波被“障碍物”所衍射，但“障碍物”也是物理粒子，众所周知，所有物理粒子都是波. 显然，这里随意认为某些粒子是波，而另外一些粒子是经典的“障碍物”，这是不能自圆其说的. 我们在电子衍射实验中所看到的是入射电子波与代表晶体中的原子的波包的相互作用. 如果要协调一致就必须认为散射是波与波相互作用的结果.

在本章的后面，我们将进一步探讨这一概念. 这里请注意，这种新见解不会使我们过去对电子衍射的讨论失效. 重要的是入射波遇到某种东西，而与这种东西的相互作用引起波的衍射. 只要我们把注意力只集中于入射粒子上，入射粒子遇到的是什么就无关紧要了，不管它是一个“经典粒子”还是一个集中的波包.

§9.10 现在让我们试着提出散射波动理论的最简单明了的纲要. 考虑一种最简单的可能情形，亦即表示A粒子的波在一个中心固定的对称力场中做弹性散射（衍射）. 我们可以想象这个力场可由一势场得出，这势场随着到力场中心距离的增加而迅速地趋于零. 我们现在的问题与第七章讨论过的势垒问题具有某些相似性. A粒子处于势函数随位置改变的区域中，其结果是入射的平面波在势场中衍射.

根据我们考虑的模型，可将靶中的B粒子用一球对称势场来描述，虽然我们知道也应当用波动来描述B粒子. 然而，事实上两粒子散射的正确的量子力学描述在数学上与我们的模型是等价的，因此我们的模型一点也不差．如果仔细想一下现在所做的工作，就会认识到我们以前已经做过类似的工作．在第七章中讨论 α 放射性时，我们把情况描述为“量子力学的” α 粒子在力的势场中运动．在讨论分子的振动时，我们考虑单个粒子在近似简谐的分子势场的影响下的运动．在上述每一种情况下，实际问题总是：包括至少两个粒子的运动．为了代替它，我们采用的模型问题是：单个粒子在描述它与其他所有粒子相互作用的势场中的运动．

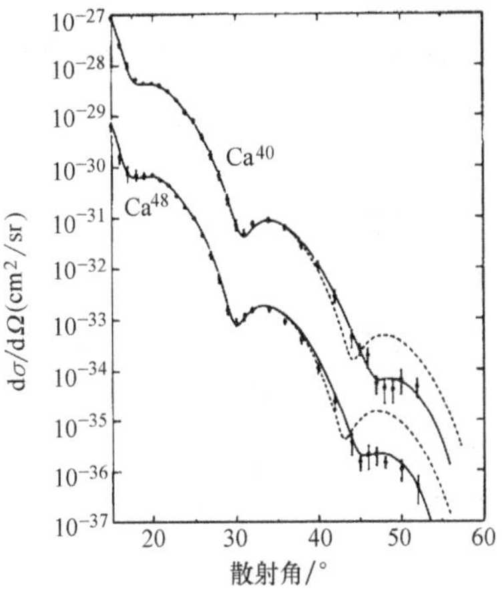

表示钙元素的两种不同同位素对电子的弹性散射的微分截面图．纵坐标表示微分截面，单位是：$\mathrm{cm}^2/\mathrm{sr}$．已将 Ca^{48} 的数据乘 10，将 Ca^{40} 的数据除以 10．（这两根曲线很相似，因而我们用这样的标度因子将它们分开．）电子能量为 750MeV．

对这些散射起作用的是电子和原子核的电磁之间相互作用，测量的目的是探究原子核的电荷分布．注意微分截面随散射角的变化很大（10^9 倍）．

图形取自 J. B. Bellicard et al.，“Scattering of 750MeV. Electrons by Calcium Isotopes”，*Physical Review Letters* **19**，527（1967）．（承蒙 *Physical Review Letters* 杂志惠允．）

§9.11　假定有如下形式的平面波

$$\psi_t(\boldsymbol{x},t)=C\exp(\mathrm{i}\boldsymbol{x}\cdot\boldsymbol{p}_i-\mathrm{i}\omega t) \qquad (11\mathrm{a})$$

它表示一个 A 粒子入射到一个 B 粒子（在坐标原点即 $\boldsymbol{x}=0$）上．这里 $\boldsymbol{p}_i$ 是波的动量，ω 是能量㊀，C 是归一化常数．平面波被 B 粒子衍射．我们试着猜测描述在离原点很远处的衍射波的波函数形式．我们来论证函数

$$\psi_s(\boldsymbol{x},t)\approx Cf(\theta)\frac{1}{x}\exp(\mathrm{i}xp-\mathrm{i}\omega t) \qquad (11\mathrm{b})$$

是一个合理的选择，以 x 表示离原点的距离，以 p 表示入射粒子的动量数值，亦即 $x=|\boldsymbol{x}|$，$p=|\boldsymbol{p}_i|$．θ 是位置矢量 $\boldsymbol{x}$（从原点到观察点）的方向与入射动量 $\boldsymbol{p}_i$ 的方向之间的夹角，$f(\theta)$ 是 θ 角的某一函数．

现在研究波函数 ψ_s 的各种特点，来看它是否能代表散射波．散射波的振幅正比于入射波的振幅 C，我们的猜测反映了响应是线性的这种合理的假设．散射波的频率 ω 与入射波的频率相同．这意味着 A 粒子的能量守恒，因为所要考虑的是在 B 粒子的固定力场中的弹性散射，所以必须如此．

显然，因子 $\exp(\mathrm{i}xp-\mathrm{i}\omega t)$ 描写向外传播的球面波．任一点波的相速度都沿矢径指向离开原点的方向．表示散射粒子的波显然必须具有这种性质．式（11b）中的因子 $1/x$ 描述散射波的振幅随距离的增加而减少．波的强度正比于波函数的绝对值平方．散射波的强度是向外概率通量（或者说是一系列重复测量中得到的粒子通量）的量度，它必须随距离按 $1/x^2$ 减少．因此振幅必须如我们所假设的那样按 $1/x$ 减少．

㊀　采用使 $\hbar=1$ 单位制．

§9.12　我们看到，物理上的简单考虑要求描述散射波的波函数具有式（11b）的形式，函数 $f(\theta)$ 称为散射振幅．显然，它描述散射粒子的角分布．关于散射振幅与微分截面的关系，我们论证如下．考虑中心位于原点并通过 x 点的球面上包含 x 点的一个面元．设 $\mathrm{d}F$ 为面元的面积．散射粒子穿过该面积的概率 $\mathrm{d}P$ 必定正比于 $\mathrm{d}F$ 和波函数 $\psi_s(\boldsymbol{x}, t)$ 绝对值平方的乘积，因此可写成

$$\mathrm{d}P = k\,|\,\psi_s(x,\ t)\,|^2\mathrm{d}F = k\,|\,C\,|^2\,|\,f\ (\theta)\,|^2\left(\frac{\mathrm{d}F}{x^2}\right) \tag{12a}$$

其中，k 为某固定的比例常数．因为 $\mathrm{d}F/x^2 = \mathrm{d}\Omega$ 是小面元对原点所张之立体角的大小，故可写成

$$\mathrm{d}P = k\,|\,C\,|^2\,|\,f(\theta)\,|^2\mathrm{d}\Omega \tag{12b}$$

注意 $\mathrm{d}P$ 是散射粒子从立体角 $\mathrm{d}\Omega$ 的小锥体中射出的概率．

其次考虑由式（11a）给出的入射波．设想一个中心位于原点的单位面积的圆盘，盘面垂直于入射粒子的动量 $\boldsymbol{p}_i$．入射粒子穿过该圆盘的概率必定等于

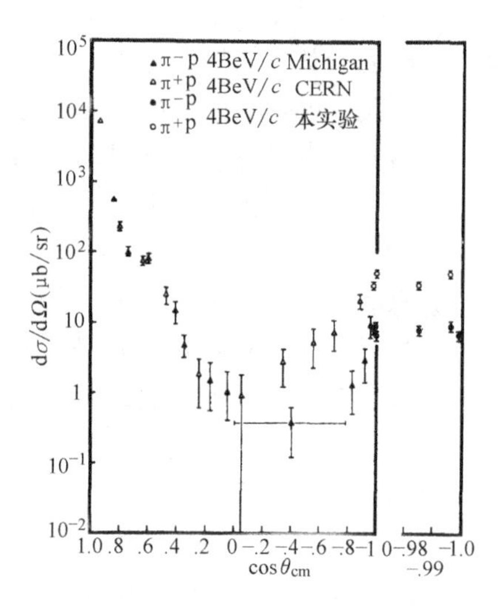

π 介子-质子弹性碰撞的微分截面图．π 介子动量为 4BeV/c．横坐标表示在质心系中散射角的余弦．纵坐标表示微分截面，单位是 μb/sr．反向（亦即 $\cos\theta_{\mathrm{cm}}$ 接近于 -1）区域附近的散射截面表示在右方伸展出来的水平标尺上．注意，正、负 π 介子的数据均标了出来；不同实验点的识别标记在图形的顶部给出．

图形取自 W. R. Frisken et al, "Backward Elastic Scattering of High-Energy Pions by Protons," *Physical Review Letters* 15, 313（1965）．（承蒙 *Physical Review Letters* 杂志惠允．）

$$P_i = k\,|\,\psi_i\,|^2 = k\,|\,C\,|^2 \tag{12c}$$

其中 k 是式（12a）和式（12b）中的同一个常数．

考虑式（12b）和式（12c），我们可得如下结论，在一系列重复散射实验（其中 A 粒子总具有相同的初始动量 $\boldsymbol{p}_i$）中，从立体角 $\mathrm{d}\Omega$ 的锥体内射出的散射粒子数与入射到单位面积圆盘上的粒子数之比等于

$$\frac{\mathrm{d}P}{P_i} = |\,f(\theta)\,|^2\mathrm{d}\Omega \tag{12d}$$

回忆第 7 节中关于微分截面 $\sigma_e(\theta)$ 的讨论可知，比值 $\dfrac{\mathrm{d}P}{P_i}$ 正好就是微分截面与 $\mathrm{d}\Omega$ 的乘积．由此得到一个重要关系式

$$\sigma_e(\theta) = |\,f(\theta)\,|^2 \tag{12e}$$

这说明微分截面就是散射振幅绝对值的平方．

§9.13　若要得到散射振幅$f(\theta)$的理论表达式，当然必须直接求解衍射问题．这意味着我们必须求薛定谔方程或其他适用于该问题的某些方程的解．对于我们的模型，必须求解具有由于B粒子的存在而使A粒子经受到的势场的薛定谔方程．量子力学的波动方程具有无限多个解，故还需寻找能够描述散射情况的正确的一个解．我们必须加上的条件是在远离原点处波函数必须具有如下形式

$$\psi(\boldsymbol{x},t)\approx C\exp(\mathrm{i}\boldsymbol{x}\cdot\boldsymbol{p}_i-\mathrm{i}\omega t)+Cf(\theta)\frac{1}{x}\exp(\mathrm{i}xp-\mathrm{i}\omega t) \tag{13a}$$

这就是说，在远离散射中心的地方，波函数是平面“入射波”和出射的散射波的叠加．这里我们不准备解这个问题．可以在很一般的条件下证明，对于每一选定的入射动量$\boldsymbol{p}_i$，存在着波动方程的唯一解，它在远离原点处渐近于式（13a）．因此在给定的动量和一定的相互作用（势场）下，散射振幅被唯一地确定了．一般讲，它依赖于入射动量$\boldsymbol{p}$的大小，如果要强调这点，则可把散射振幅写成$f(p;\ \theta)$．一旦确定了散射振幅，就可以按式（12e）求出微分截面．

§9.14　我们考虑一个重要而简单的特殊情形，就是散射振幅与散射角θ无关亦即“$f(\theta)=f=$常量”的情形．于是，微分截面$\sigma_e(\theta)=|f|^2=$常量，角分布是球对称的．这种情况常发生于低能散射，也很容易定性地说明其原因．当入射波的波长与使波衍射的“物体”的大小相比为小量时，角分布变得很复杂，亦即是随θ而迅速变化的函数．可以想象衍射发生于整个物体上，所以物体的每一“部分”都发送出一个衍射波，在给定的方向上，这些波根据其相对相位彼此进行相长或相消干涉．如果波长与物体相比为小量，那么观察方向的微小改变就会使相对相位有可觉察到的效应，从而微分截面随θ角迅速变化．然而，如果波长与物体相比为大量，那么这些“几何”干涉效应就不会发生，散射振幅将是随方向而缓慢变化的函数．在极低能的极限情况下，波长与散射物体的大小相比是非常大的，散射振幅与角度无关，散射是球对称的．

§9.15　在“$f(\theta)=f=$常量”的情况下，散射波

$$\psi_s(\boldsymbol{x},t)=\frac{Cf}{x}\exp(\mathrm{i}xp-\mathrm{i}\omega t) \tag{15a}$$

仅通过参数C依赖于入射波，C表示入射波在原点的振幅．特别是，散射波与入射动量$\boldsymbol{p}_i$的方向无关，这正是在散射物体远小于波长的情况下我们所预期的．

假定我们将式（11a）给出的平面波用其对$\boldsymbol{p}_i$的所有方向的平均值来代替，也就是考虑一个新的散射问题，这里的入射波形式如下

$$\psi_{i0}(\boldsymbol{x},t)=\frac{1}{4\pi}\oint C\exp(\mathrm{i}\boldsymbol{x}\cdot\boldsymbol{p}_i-\mathrm{i}\omega t)\mathrm{d}\Omega_p \tag{15b}$$

如果选择$\boldsymbol{x}$与$\boldsymbol{p}_i$的夹角θ作为$\boldsymbol{p}_i$的一个极角，很容易计算这个对所有方向的积分．于是可得

$$\psi_{i0}(\boldsymbol{x},t)=\frac{1}{4\pi}\int_0^{2\pi}\mathrm{d}\varphi\int_0^{\pi}\sin\theta C\exp(\mathrm{i}xp\cos\theta-\mathrm{i}\omega t)\mathrm{d}\theta$$

$$=\frac{C}{2\mathrm{i}xp}[\exp(\mathrm{i}xp)-\exp(-\mathrm{i}xp)]\exp(-\mathrm{i}\omega t) \tag{15c}$$

若散射波不依赖于入射动量的方向，具有ψ_{i0}形式的入射波会同式（11a）的平面波一样产生相同的散射波．我们可以把波ψ_{i0}看作入射平面波的球对称部分．只有入射波的这一部分才会引起式（15a）的球对称波ψ_s．

§9.16 入射平面波的球对称部分ψ_{i0}具有一有趣的形式．观察式（15c），并注意到它是一个出射球面波与一个入射球面波的和．因为平面波既描述向着原点的运动又描述背离原点的运动，所以它“包含”着这样的两列波．两列波的振幅大小相同，这是必然的．不然的话向外的粒子通量与向内的粒子通量就不相等．由于我们已经假定是弹性碰撞（其中A粒子保持不变），所以向内和向外的粒子（A粒子）通量必定相等．

现在考虑在“$f(\theta)=f=$常量”的情况下，表达式（13a）的球面平均，这个平均由下式给出

$$\begin{aligned}\psi_0(\boldsymbol{x},t)&=\psi_{i0}(\boldsymbol{x},t)+\psi_s(\boldsymbol{x},t)\\&=\frac{C}{2\mathrm{i}xp}[(1+2\mathrm{i}pf)\exp(\mathrm{i}xp)-\exp(-\mathrm{i}xp)]\exp(-\mathrm{i}\omega t)\end{aligned} \tag{16a}$$

我们可以把上式解释为以球面波ψ_{i0}作为入射波时，描述散射情况的波函数的渐近形式．细看方程（16a）可知，波函数ψ_0（$\boldsymbol{x}$，t）也具有入射和出射两部分．若散射过程是弹性的，则这两列波的振幅的绝对值必须相等，于是就导致关于散射振幅f的一个重要条件

$$|1+2\mathrm{i}pf|=1 \tag{16b}$$

将方程（16b）的通解写成如下的形式是方便的

$$f=\frac{1}{2\mathrm{i}p}(\mathrm{e}^{2\mathrm{i}\delta}-1) \tag{16c}$$

其中δ是任何实数．量δ称为（s波）相移．它一般是动量的数值p的函数．

§9.17 我们来研究球对称散射情形中的弹性截面可能有多大．微分截面等于$|f|^2$，在所有方向上对微分截面积分就可得到总弹性截面σ_e．从而有［考虑到式(16c)］

$$\sigma_e=\frac{\pi}{p^2}|\mathrm{e}^{2\mathrm{i}\delta}-1|^2 \tag{17a}$$

对一定的p，当δ取形式$\delta=\left(n+\frac{1}{2}\right)\pi$时$\sigma_e$为极大．其中$n$是任意整数，极大值等于

$$(\sigma_e)_{\max}=\frac{4\pi}{p^2} \tag{17b}$$

上述公式用的是$\hbar=1$的单位制．很容易将常数$\hbar$“恢复”．由于截面的量纲是

面积，必须在分子中出现$\hbar$的平方．在cgs或MKS单位制中，就有

$$(\sigma_e)_{\max}=4\pi\left(\frac{\hbar}{p}\right)^2 \tag{17c}$$

所以，球对称散射截面的极大值是入射粒子的德布罗意波长$\frac{\hbar}{p}$的平方乘以$\frac{1}{\pi}$. 对较小的动量，该截面可能很大．因此在散射的波动图像基础上，我们就能容易理解第6节中提到的大散射截面，在那里，这样大的散射截面或许曾使读者感到困惑．

§9.18　我们已经说过，相移δ是入射动量数值大小p的函数．因为入射能量ω是p的单调函数，因此我们同样可以把δ当作能量的函数．于是我们把相移写成σ（ω）以强调其与能量的依赖关系．

相移作为能量的函数只要它经过一个$\left(n+\frac{1}{2}\right)\pi$中的一个值时，截面取式（17b）给出的极大值．我们称散射在这些点产生共振．现在研究散射振幅和散射截面在共振处附近的行为．若共振处的能量用ω_0表示，则对整数n_0我们有$\delta(\omega_0)=\left(n_0+\frac{1}{2}\right)\pi$.

利用定义余切的关系式，

$$\cot(\delta)=\frac{\cos(\delta)}{\sin(\delta)}=\frac{i(e^{i\delta}+e^{-i\delta})}{(e^{i\delta}-e^{-i\delta})} \tag{18a}$$

来改写式（16c），读者自己立即会证明，可将式（16c）写成

$$f(\omega)=\frac{1}{2ip}[e^{2i\delta(\omega)}-1]=\frac{(1/p)}{\cot[\delta(\omega)]-i} \tag{18b}$$

在点$\omega=\omega_0$处，我们有$\cot[\delta(\omega_0)]=0$. 在点$\omega=\omega_0$附近将$\cot[\delta(\omega)]$按$(\omega-\omega_0)$的幂级数展开．仅保留线性项，则得

$$\cot[\delta(\omega)]\approx-\frac{2}{\Gamma}(\omega-\omega_0) \tag{18c}$$

其中根据习惯，已将$\cot[\delta(\omega)]$在ω_0处的导数写成$-2/\Gamma$.

假定相移在共振附近随能量而增加，这意味着$\cot[\delta(\omega)]$随能量增加而减少以及式（18c）中引进的参数Γ是正值．将近似式（18c）（仅在共振处附近成立）代入式（18b），得

$$f(\omega)\approx-\frac{1}{p}\left[\frac{\Gamma/2}{(\omega-\omega_0)+i\Gamma/2}\right] \tag{18d}$$

以及

$$\sigma_e(\omega)\approx\frac{4\pi}{p^2}\left[\frac{(\Gamma/2)^2}{(\omega-\omega_0)^2+(\Gamma/2)^2}\right] \tag{18e}$$

读者会认出式（18e）就是第三章中的布雷特-维格纳共振公式（21d），我们

在那里曾用一条不同的推理路线导出了它．量 Γ 是共振的宽度．在第三章中，我们曾把共振与激发能级联系起来，在这里我们仍坚持这个思想，而且量 $1/\Gamma=\tau$ 是激发能级的平均寿命，激发能级本身就表现为共振．

二、粒子是什么意思？

§9.19　在进一步考虑相互作用问题之前，先审查一下我们关于什么是粒子的概念对我们来说是适宜的．设想我们尝试对全套粒子集的成员进行合理分类．

在某种意义下一个粒子就是“单个的”凝聚的客体，它具有确定的个性，并可在给定的时间局限于空间的有限区域内．它由一定的物理属性表征，我们可以试探性地要求粒子有一定的质量、一定的电荷、一定的内禀角动量等，并且当它独自在空间中时应当是绝对稳定的．

§9.20　按照这些规定，我们要承认质子、电子、正电子、中微子、光子以及稳定原子核都是粒子．但是，这种归纳方法立即会引起一些问题．中性原子以及所有处在基态的离子也满足以上判据，那么也都应该纳入．同样的判据也适用于所有的基态的分子和基态的分子离子，如果我们要做到完全公平，我们也必须把这些客体包括在粒子之中，这样一来，全部粒子集就会变得多到令人大伤脑筋．另一方面我们必须拒绝承认诸如具有 α 放射性的镭原子核$_{88}\mathrm{Ra}^{226}$这样的客体为粒子，因为它是不稳定的．这样做还是不能令人满意，因为我们必须承认它是几乎稳定的(半衰期达 1622 年)，并且从化学家的观点来看，镭原子是与钡原子同样地合格．更糟糕的是，我们会被迫把中子排除在外，中子是质子的孪生兄弟，我们认为它是原子核的成分之一．在稳定的原子核内，中子和质子同样稳定，但是当它在空间单独存在时，它就要衰变．然而中子的平均寿命是 17 min，按核或原子的时间标度，这是很长的时间了（即比起 10^{-24} s 或 10^{-8} s 来是很长的）．有许多现象发生的时间与 17 min 相比是很短的，在研究这些现象的实验中，中子的行为就像稳定的粒子一样．例如，我们可以进行中子在晶体上衍射的实验．

最后，还可以用下面的论点来反对上述归纳原则，那就是很可能发生这样的情况，我们认为是“稳定的”某些原子核事实上是不稳定的，虽然它们的寿命是如此之长以致我们还没有知道它们的不稳定性．这就要求我们把那些原本认为是合适并被承认为粒子的对象排除掉．

§9.21　由以上所述的观点不难知道，要合乎情理，我们必须修正我们的归纳判据．我们现在要承认那些只是稍有点“不稳定”的客体，在新的规定下，我们算上中子和镭原子核．这意味着我们也放弃了粒子必须具有确定的质量的要求，因为由第三章知道，如果一个系统具有一定的寿命 τ，那么其能量（这种情况下指粒子的静能）只确定到数量级为 $\hbar/\tau$ 的不确定范围内．换句话说，如果粒子的平均寿命是 τ，那么，其静质量的不确定度必定是以下量级

$$\Delta m \sim \frac{\hbar}{\tau c^2} \tag{21a}$$

对于中子，这个不确定度非常小；它约为 10^{-27}amu.

§9.22　一旦我们在绝对稳定性的要求上做出让步，就会发觉很难确定究竟可以允许一个粒子有多大的不稳定性. μ 子的半衰期约为 10^{-6} s，这在宏观尺度上是短的，但在原子核时间尺度上却是很长的. 带电的 π 介子也是这样，其半衰期约为 10^{-8} s. 因此必须收纳它们. 中性 π 介子的平均寿命约为 10^{-16} s 的数量级，这同 10^{-24} s 相比仍很长，而且中性 π 介子显然同带电 π 介子是相关联的. 因此我们也要接纳中性 π 介子以及诸如 K 介子和一些超子等. K 介子和超子的平均寿命一般是 10^{-10} s 的数量级. 注意. 由方程（21a）给出的相应的静质量的不确定度，同它们的静质量相比仍然是很小的.

§9.23　我们现在必须确定是否应该收纳所有激发态的原子、分子和原子核. 赞同收纳它们的理由是，很多激发态的寿命比中性 π 介子的寿命长很多，或者说事实上比中子的寿命还长. 一些激发态放出物质粒子而衰变. 另一些则放出光子而衰变，如果我们收纳 ${}_{88}Ra^{226}$ 的“基态”，这个“基态”同样通过放出一个粒子而衰变，那么排除激发态的做法是合理的吗？而且或许某些超子还应该认为是核子的激发态呢？（超子全都衰变成几个其他粒子，其中有且仅有一个是核子）. 我们感到很难抗拒这些压力，因此我们将收纳这些“激发态”.

§9.24　到这里，我们认识到，粒子成员数已远超过百万大关，这是难以令人苟同的. 如果我们原先的意图是形成一个适当小的并易于处理的合格的粒子集团，那么这个目的现在遭到挫折. 况且，由于我们最后的让步，收纳了“激发态”作为粒子，这引起了对我们整个收纳方案的某些严重质疑. 为了说明这一点，我们来考虑从实验来确定激发态，即系统处在高于基态的能级上. 在第三章中我们解释了激发态如何表现为散射过程中的共振. 原子对光的共振散射就是一个例子. 如果我们测量原子作为光的散射体的效率作为光频率的函数，我们发现在相应于基态和激发态的能量差的频率处有尖锐的极大值. 这个现象并不局限于光的散射；在物质粒子的散射中也会遇到这种情形. 图 24A 就是一个例子. 纵坐标代表截面的量度，曲线表示实验测得的质子被铝吸收的截面作为能量的函数. 截面的尖峰显示反应中产生的硅原子核的激发态的位置.

共振峰的宽度 T 是相应激发态能量不确定性的量度. 只要共振是很尖锐的，那么把共振解释为激发态的表现就是清楚明白的. 我们都已经同意这些激发态是“粒子”. 现在来看图 24B，它表示 π 介子在质子上散射的截面作为能量的函数. 正 π 介子的截面具有一个显著的尖峰，并且在较高能量的区域有一微小的“隆起”. 负 π 介子的截面具有三个刚好看得见的峰. 所有这些峰都对应于粒子吗？现今很多物理学家都倾向于认为它们是粒子. 这些“粒子”（?）的质量就是最大值的横坐标.

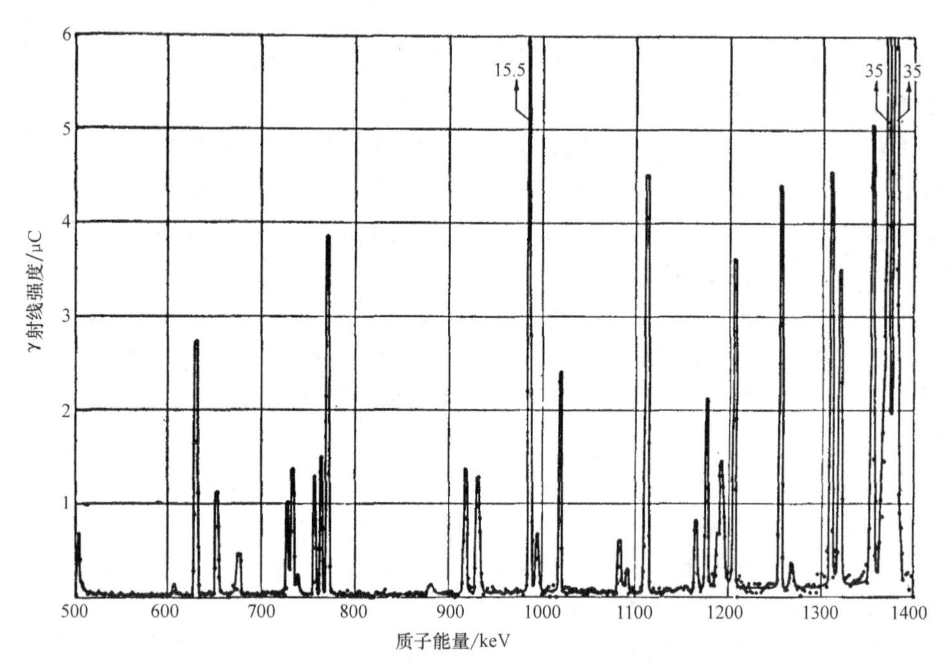

图24A　核反应 $Al^{27}+p \rightarrow Si^{28}+\gamma$ 的产额曲线图，取自论文 K. J. Broström, T. Huus and R. Tangen, "Gamma-Ray Yield Curve of Aluminum Bombarded with Protons", *Physical Review Letters* **71**, 661 (1947). 纵坐标是反应截面的量度，横坐标是入射质子在实验室参考系中的动能，单位是 keV. 尖峰为共振. 它们揭示了在反应中产生的硅原子核的激发态的存在.（承蒙 *Physical Review Letters* 杂志惠允.）

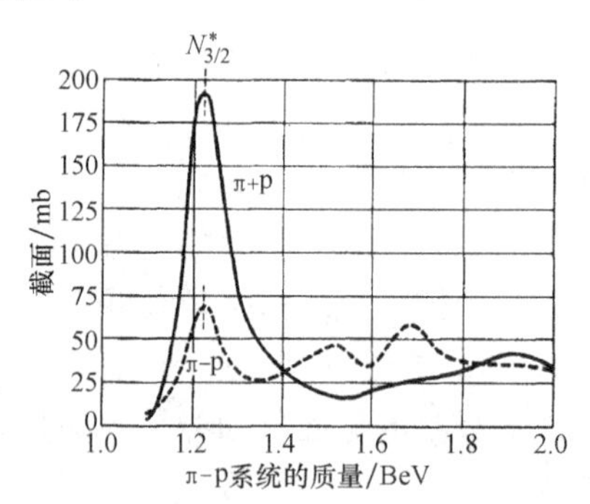

图24B　两条曲线表示测量到的正的和负的 π 介子在质子上散射的截面，纵坐标是总截面，单位为 mb. 横坐标是 π 介子和质子在质心系中的总能量. 这样表示能量是很方便的，因为突出的峰的位置直接对应于"粒子"或共振态的质量.

注意在能量大约 1.238 BeV 处的高大峰，此能量相应于一个在实验室参考系中数值约为 195 MeV 的 π 介子的动能，在该坐标系中入射的 π 介子与一个静止的质子相碰撞.

我们已将这些共振用符号 $N^*_{3/2}$ 来表示. 在文献中也常常用符号 Δ (1238).

§9.25　我们所面临的困境是界线应画在什么地方. 我们肯定不会认为作为能

量函数的截面曲线中每一个小的“隆起”都对应于一种粒子；但是另一方面，如果我们按照共振必须“足够”狭窄的任何标准来定义粒子，那么这种标准就有些任意性. 换句话说：如果一个客体被纳入到粒子集中，那么它的寿命不能太短，但我们把界线画在哪里呢？

我们重新检查我们的目标. 试图严格定义所谓的粒子我们一般指的是什么，事实上或许什么也得不到。我们的意图导致一族有百万成员的客体，其中包含着诸如 π 介子和蛋白质分子这样性质不同的客体. 按通常的英语用法，可以把这些客体合理地都称为粒子，但是如果在我们的基本理论中试图把 π 介子和蛋白质分子当成等同的东西对待，我们很难期望能学到有关基本相互作用的任何深刻的知识. 某些粒子显然是复合的系统，在我们的理论中应该这样描述它们：即应当根据其更基本的组成部分的相互作用来“解释”它们.

从实用的观点出发，我们可以考虑一个越来越基本的粒子层次体系. 根据我们所考虑的物理现象的类别，我们关于复合系统的“基本组成部分”的概念也随之改变. 按普通英语用法，分子是几个原子的束缚态，原子是一个原子核和一些电子的束缚态，一个原子核是质子和中子的束缚态. 而且，质子、中子和电子并不明显地是其他东西的束缚态：它们很可能属于最终的基本粒子. 因此，它们是基本理论中特别令人感兴趣的对象。

§9.26　现考虑在我们全部粒子中（真正的?）基本粒子的子集. 我们的第一原则是这个较小的和更高级的集合中不容纳任何“显然是复合的”客体. 在第一章中我们曾讨论了关于粒子是复合的还是基本的这种性质的一些实验判据. 所有的原子、分子和比质子重的原子核很显然都是复合的，因此排除在我们的新的集合之外. 这样就剩下大约一百个“不是明显复合的”粒子. 我们容纳质子、中子、反质子、反中子、长寿命超子和它们的反粒子、π 介子、K 介子、μ 子、中微子、电子和正电子以及光子. 除质子、反质子、电子、正电子、光子和中微子外，所有这些粒子均不稳定；但是，鉴于前面的讨论，我们不采用绝对稳定作为判断是否可称为粒子的条件.

基本粒子分为四类. 光子是第一类的唯一成员. 其他各类为轻子、介子和重子（包括反重子）. 表 26A ~ 表 26C 列举了轻子和最合格的介子以及重子的某些性质㊀（也可参看附录表 B）。

表 26A　轻子

粒子		电荷	质量/MeV
e^-	电子	$-e$	0.511
e^+	正电子	$+e$	0.511
μ^-	μ 子	$-e$	105.7
μ^+		$+e$	105.7

㊀ 基本粒子的命名似乎是想要给这个学科某种经典的希腊味道. 虽然作者在经典语言方面的知识极其有限，然而觉得有很好的理由怀疑作为用“希腊语”发音的名词的结构基础的语言学原理并不完全正确.

（续）

粒　　子	电　　荷	质量/MeV
ν_e　e-中微子 $\bar{\nu}_e$　e-反中微子	0 0	0 0
ν_μ　μ-中微子 $\bar{\nu}_\mu$　μ-反中微子	0 0	0 0

μ 子是不稳定的，按如下方式衰变：$\mu^{\pm}\to e^{\pm}+\bar{\nu}+\nu$.（中微子中，一个大概是 μ 中微子，另一个是 e 中微子.）μ 子的平均寿命是 2.20×10^{-6} s，其余的粒子是稳定的．轻子的自旋角动量都是1/2.

表26B　主要的介子八重态

粒子	质量/MeV	平均寿命/s	主要衰变方式
π^+ π^-　带电 π 介子	139.60	2.61×10^{-8}	$\mu^+\nu_\mu$ $\mu^-\bar{\nu}_\mu$
π^0　中性 π 介子	134.98	0.89×10^{-16}	$\gamma\gamma$ $\gamma e+e-$
K^+ K^-　带电 K 介子	493.8	1.23×10^{-8}	$\mu^{\pm}\nu$ $\pi^{\pm}\pi^0$ $\pi^{\pm}\pi^+\pi^-$
K^0 $\bar{K}^0$ 中性 K 介子 $\{K_1$	497.9	0.87×10^{-10}	$\pi^+\pi^-$ $\pi^0\pi^0$
$\{K_2$		5.68×10^{-8}	$\pi^0\pi^0\pi^0$ $\pi^+\pi^-\pi^0$ $\pi\mu\nu$ $\pi e\nu$
η　η 介子	548.6	? $<7\times10^{-20}$ $>7\times10^{-21}$	$\gamma\gamma$ $\pi^0\pi^0\pi^0$ $\pi^0\gamma\gamma$ $\pi^+\pi^-\pi^0$ $\pi^+\pi^-\gamma$

上述介子的自旋角动量是0，重子数是0，两个中性 K-介子 K^0 和 $\bar{K}^0$ 衰变的行为犹如两个寿命不同和质量差别极小的粒子 K_1 和 K_2 的“混合物”。

表26C　主要的重子八重态

粒子	质量/MeV	平均寿命/s	主要衰变方式
p　质子 n　中子	938.256 939.550	稳定 1.01×10^3	— $pe-\bar{\nu}$
Λ　Λ 超子	111 5.58	2.51×10^{-10}	$p\pi^-$ $n\pi^0$

（续）

粒子		质量/MeV	平均寿命/s	主要衰变方式
Σ^+	Σ超子	1 189.47	0.81×10^{-10}	$p\pi^0$ $n\pi^+$
Σ^0		1 192.56	$<10^{-14}$	$\Lambda\gamma$
Σ^-		1 197.44	1.65×10^{-10}	$n\pi^-$
Ξ^0	级联粒子	1 314.7	3.0×10^{-10}	$\Lambda\pi^0$
Ξ^-		1 321.2	1.7×10^{-10}	$\Lambda\pi^-$

这些粒子的自旋角动量均为1/2，重子数均为+1．存在由上述粒子的反粒子组成的反重子八重态．反粒子具有与以上相同的质量、自旋和平均寿命，但电荷和重子数的符号相反．

§9.27　在图27A～图27B中用图解表示表26B～表26C中所列的介子和重子，这种图解同第三章中讨论的谱项图极其相似．在图上用一短横线代表每个粒子，图的纵坐标是静止质量（单位为MeV），横坐标是电荷（横线的中点指出粒子的电荷）．

按照现时的概念，应把粒子的图解看作完全相似于原子的谱项图．每个图解对应于一些密切相关粒子的“多重态”，在某种意义下可把这些粒子看作是这个具有多重态的“综合”粒子的不同状态．

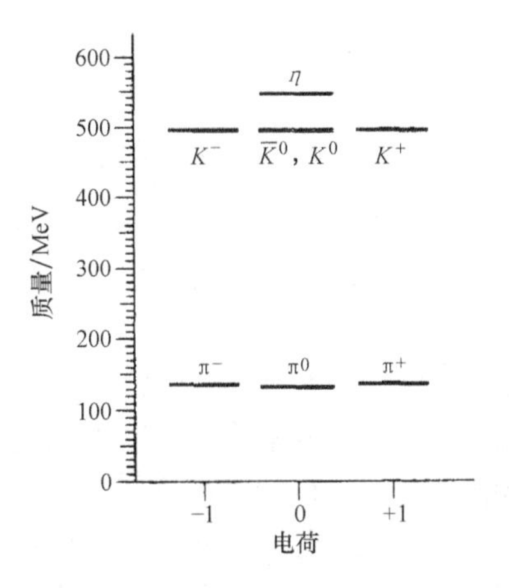

图27A　π介子和K介子所属的介子八重态的质谱，这些粒子的重子数和自旋角动量全都是零．谱项图中用双线表示的[㊀]两个中性K介子K^0和$\overline{K}^0$在图解的精度内具有相同的质量．粒子-反粒子对称地安放在相应于零电荷的垂线两边．π^0粒子和η粒子是它们自己的反粒子．$\overline{K}^0$是K^0的反粒子．

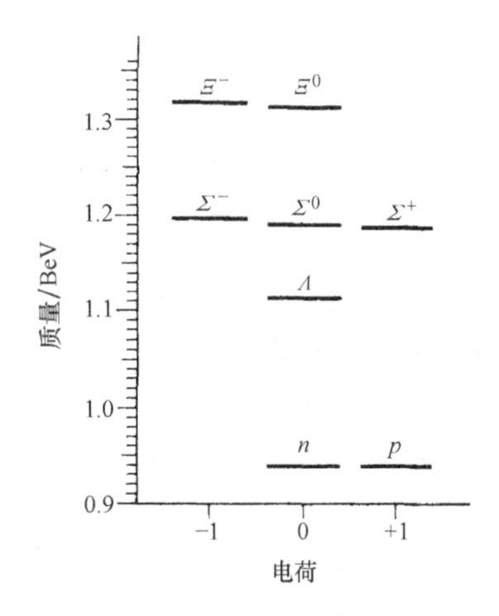

图27B　质子（p）和中子（n）所属的重子八重态的质谱．这些粒子的重子数均为+1，自旋角动量均为1/2．可把此图解释为表示与这个多重态相联系的“综合粒子”的八个不同状态的谱项图．

㊀ 图27A中的双线（$\overline{K}^0$，K^0）没有明显画出来，原版书的图也不能分辨双线．——译者注

图27C表示8个粒子的反重子多重态，这8个粒子是图27B中8个重子的反粒子．在同一图解中也包含了图27A中所示的介子的反粒子：我们说介子的八重态是自共轭的。这样负π介子就是正π介子的反粒子，负K介子就是正K介子的反粒子．K^0和$\overline{K}^0$所表示的粒子形成粒子-反粒子对．中性π介子和η介子各是它们自己的反粒子．

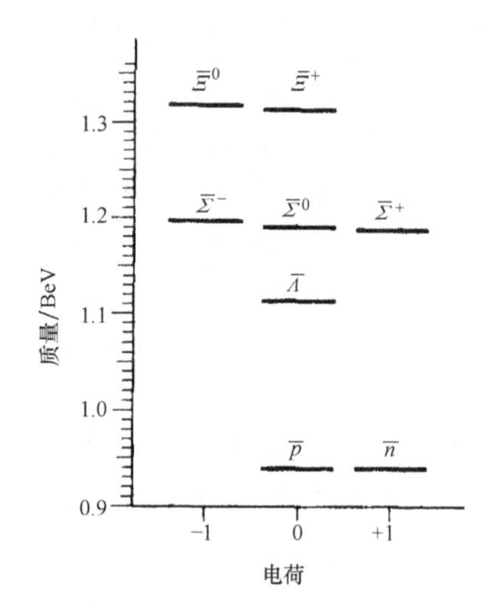

图27C　包括图27B所示粒子的反粒子的反重子八重态质谱图．多重态中右边粒子的重子数均为−1，自旋角动量均为1/2.

如果把重子图对相应于零电荷的垂直线反射，就获得反重子图，反之亦然．

图27D表示一个10个重子的多重态，这10个重子中包括图24B中以$N_{3/2}^*$标记的共振态．关于这些粒子（共振态）的身份可能还有某些疑问，但是今天大多数物理学家愿意把它们列入基本粒子．

§9.28　我们将自然界中发生的相互作用分为*强相互作用*（“核力”属于这一类），*电磁相互作用*，*弱相互作用*和*引力相互作用*．介子、重子和反重子之间的相互作用都很强，光子和轻子不受强相互作用影响：它们的行为由电磁相互作用和弱相互作用支配．强相互作用粒子（现在常称为“*强子*”）也参与电磁相互作用和弱相互作用，其中很多不稳定粒子“通过”弱相互作用而衰变，从而它们的寿命以原子核时间标度衡量是很长的．

基本粒子的相互作用受到若干非常显著的守恒定律和对称原则支配．这些守恒定律中的一个是总电荷在所有相互作用中守恒[㊀]，还有类似的*重子数*守恒定律．如果我们设定光子、轻子和介子的重子数为0，表26C中重子的重子数为+1，以及相应的反重子的重子数为−1，那么我们就可以说在所有相互作用中，总重子数守恒．这个原理在某种意义上可以“解释”质子的稳定性．因为它是重子中最轻的，

㊀　电荷守恒是电磁理论中的一个基本原理．见《伯克利物理学教程》第2卷电磁学，第3页，1.2小节的讨论．

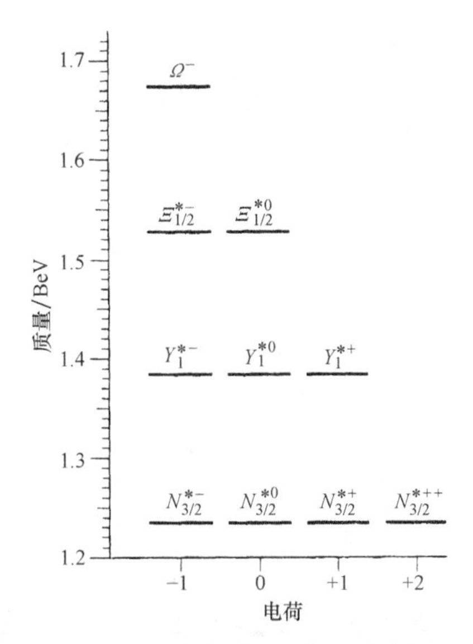

图 27D　表示包括在 π 介子-核子散射中最突出的共振态的 10 个重子多重态谱项图（π 介子-核子截面见图 24B）. 图中用 $N^*_{3/2}$标记共振态（文献中也有用 Δ 符号表示这些粒子的）. 图中所示粒子的重子数均为 +1，自旋角动量均为 3/2.

上图中粒子排列的规则性是很明显的. 目前尚未完全了解其详情. 在 10 个粒子的多重态中应包含 π 介子-核子共振态，这可以在称为八正法的对称原理的基础上说明之. 事实上在实验发现之前理论上已经预言负 Ω 粒子. 这个粒子的平均寿命是 1.5×10^{-10} s. 图中所有其他粒子的寿命均极短.

所以它不可能衰变成任何其他粒子而不破坏守恒原理.

§9.29　一般相信，上述的守恒定律对所有的相互作用均成立. 我们知道还有其他的守恒定律，它们看来是不同类型的相互作用的特征. 在强相互作用和电磁相互作用中称为超荷的守恒就是一个例子. 可以这样来给每个强相互作用粒子设定超荷量子数（它是个整数），使得总超荷在所有强相互作用和电磁相互作用过程中都要守恒. 不过，在弱相互作用中超荷不守恒. 图 29A ~ 图 29D 中的图解表示对选出的强相互作用粒子如何设定超荷量子数的.

我们来考虑说明超荷守恒的含意的一些例子.

$$\pi^- + p \rightarrow K^0 + \Lambda^0 \tag{29a}$$
$$(0)(+1)(+1)(0)$$

这是超荷守恒原理允许的，大家都知道，当能量足够大的负 π 介子同质子碰撞时，上述反应很易发生（粒子符号下的数字代表它们的超荷），反应

$$\pi^- + p \rightarrow \pi^0 + \Lambda^0 \tag{29b}$$
$$(0)(+1)(0)(0)$$

按照超荷守恒原理是禁止的. 特别是，这暗示，π 介子-质子碰撞不可能产生 Λ 粒子，除非能量足够高使得可以按式（29a）产生 K 介子. 从未观察到式（29b）的事例. 反应

$$n + p \rightarrow \Lambda^0 + p \tag{29c}$$
$$(+1)(+1)(0)(+1)$$

也是禁止的. 这种强相互作用在自然界中不会发生已在实验中得到很好的确证.

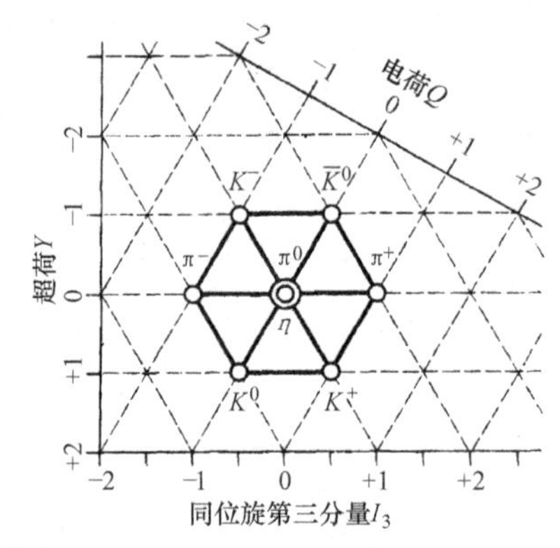

图29A 介子八重态中各个的粒子的电荷和超荷图，这些粒子的质谱画在图27A 中. 总超荷在任何强相互作用或电磁相互作用中守恒. 总电荷在所有的相互作用中守恒.

如果把粒子画在如上图的六角坐标网上，则图样就特别令人感到清楚、美妙. 对称性的八正法理论预言图样应如上所示的样式，特别是理论预言了图中央有两个粒子，这是 π^0 粒子和 η 粒子.

横坐标表示称为同位旋的第三分量的另一个常用的量子数. 这个量（用 I_3 表示）在所有的强相互作用和电磁相互作用中也守恒.

图中粒子的重子数均为0，自旋角动量均为0.

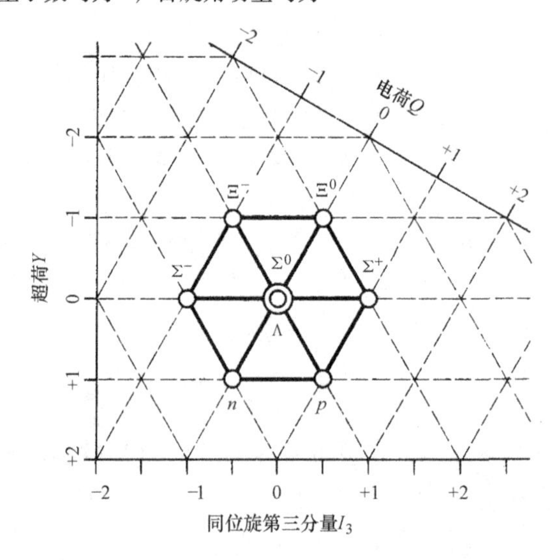

图29B 重子八重态的八正法对称图，其中质子和中子都是重子. 应该清楚理解，在超荷对电荷作图中的粒子图样是由这些量的实验观察值决定的. 因此，这个图表示的是实验结果，然而它同八正法对称理论符合得很好. 注意，这个八重态结构与图29A 中的介子八重态的结构相同.

图上所有粒子的重子数均为+1，自旋角动量均为1/2.

Λ 粒子的一种衰变方式是

$$\Lambda^0 \to \pi^- + p. \tag{29d}$$
$$(0)(0)(+1)$$

它违反超荷守恒. 这种衰变的原因是弱相互作用, 这种衰变的发生率相对低就表明了这一点. 可以这样来解释 Λ 粒子的长寿命 (在"核"时间标度上平均寿命 10^{-10} s 算是长的了), 重子数和超荷数的守恒原理禁止它通过除弱相互作用以外的任何其他方式衰变.

§9.30　图 29A ~ 图 29D 中的图解反映实验观察到的粒子性质. 它们具有十分引人注目的外貌. 很显然, 我们这里似乎瞥见了自然界的对称性中隐藏着的些许秘密. 如果看看图 27D 中的谱项图, 我们会得到同样的印象: 注意能级之间非常有规则的间隔.

目前我们对实验已经发现的所有这些逗人的对称性和规律性的"背后"是什么了解得非常有限, 但我们有一个在图 29A ~ 图29D 中的对称性图解的唯象理论 (称为八正法). 在这个理论的基础上, 人们可以找到所有可能的对称性图解, 关于与图解相联系的粒子, 人们也有很多可讨论. 盖尔曼 (Murray Gellman) 早先对图 27D 和图 29D 中用 Ω^- 表示的粒子存在的预言得到了实验的证实, 这是对这个理论的最有力的支持[㊀].

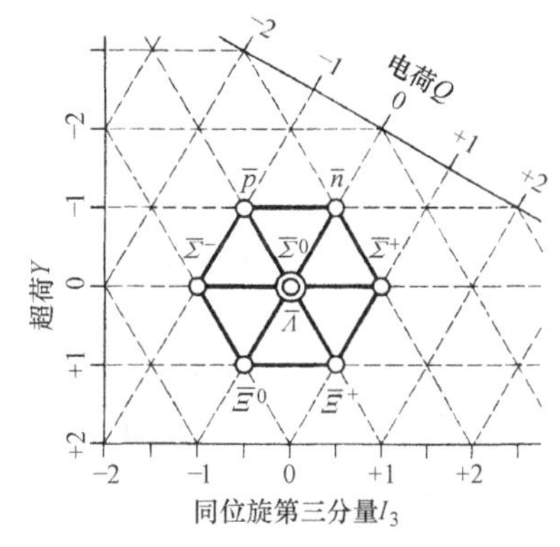

图 29C　相应于图 29B 所示的重子的反重子八重态的八正法对称图. 这里在粒子符号上方加一横表示反粒子. 图中所示粒子的重子数均为 -1, 自旋角动量均为 1/2.

反粒子具有与相应粒子符号相反的电荷及相反的超荷.

§9.31　上述基本粒子 (加上另外的一些) 看来都似乎是"同等基本": 它们之中没有一个是"复合的". 但有人仍然推测可能存在更基本的实体. 盖尔曼曾提出介子和重子或许是由至今未知的粒子所组成的复合系统, 他建议把这种未知粒子称为夸克. 这并非是一个没有根据的不负责任的建议: 盖尔曼当时已经注意到, 如果夸克 (和反夸克) 果真存在, 则介子和重子的某些性质, 特别是支配其相互作用的对称原理, 就可以用美学上满意的方式来解释. 按照盖尔曼的想法, 这些粒子可能带有 $\pm e/3$ 和 $\pm 2e/3$ 的电荷, 其中 e 是质子的电荷, 在这方面它们与所有已知的粒子显著不同. 图 31A 表示夸克的对称图.

㊀ V. E. Barnes et al., "Observation of a Hyperon with Strangeness Minus Three", *Physical Review Letters* **12**, 204 (1964). (也许要提一下这篇论文列出 33 位作者.)

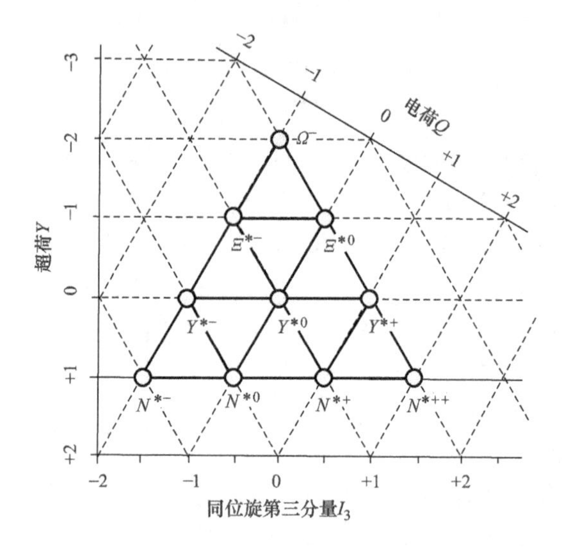

图 29D　主要的π介子-核子共振态所属的重子十重态的八正法对称图．该图表示对十重态中的粒子如何确定超荷．这些粒子的质量列在图 27D 中。

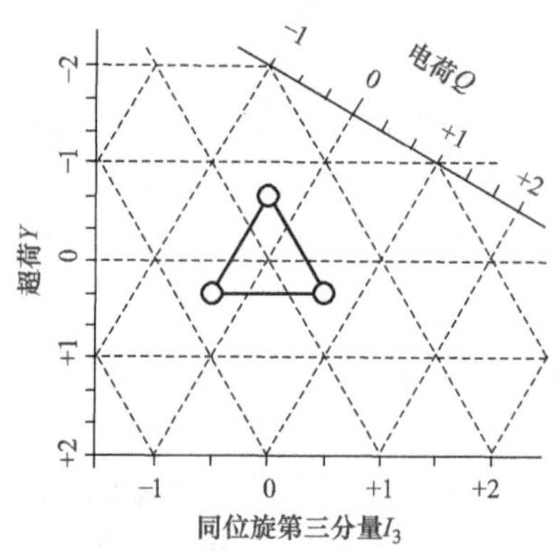

图 31A　假如夸克确实存在，它就会具有如图上的八正法对称图．这个三重态中粒子的重子数可能均为 +1/3，并可推测出自旋角动量均为 1/2．注意，其中两个粒子带 −1/3 电荷，而第三个粒子带 +2/3 电荷．可将上图对相应于零电荷的线反射得到相应的反夸克的三重态的对称图．反夸克的重子数可能为 −1/3．图 29A 的八重态中的介子可认为是一个夸克和一个反夸克的束缚态．可把图 29B 的八重态中的重子认为是三个夸克的束缚态。

对夸克的寻找一直在进行着，但至今一个也没有找到㊀．与核子相比，夸克必定是非常重的：否则在加速器实验中早就“看到”它们了．由此可以断言，如果

㊀ 事实上，6 种夸克在 20 世纪末就已经全被人们发现了，而在写本书时夸克的概念才刚刚被提出，参见本章末的译者注．——编辑注

核子确实是（三个）夸克的束缚态，那么，束缚能与核子的质量相比必定是非常大的．从而核子将是一个非常紧密的束缚系统，从这一点来看，它们根本不同于我们熟知的束缚系统，即原子、分子和原子核（原子、分子和原子核的束缚能与系统的质量相比是较小的）．所以可以有把握地说，即使有朝一日发现核子是复合系统，也肯定不同于，例如，氘是复合系统同样意义上的复合．

三、量子场论的基本概念

§9.32　我们紧接着考虑理解粒子间相互作用的某些理论尝试．我们将继续第9节中得出的概念，亦即把散射现象认为是波与波相互作用的表现．相互施加作用力的两个粒子的经典概念在量子力学中对应于粒子的德布罗意波之间相互作用的概念．这是什么意思呢？它的意思是一个粒子的德布罗意波的存在会影响另一个粒子的德布罗意波的传播．这种情形仅在德布罗意波传播所在介质是非线性时才会发生，亦即介质的“响应”是非线性的．在线性介质中是用线性微分方程描述波的传播，任何两列波的线性叠加是另一列可能的波．一列波的存在并不影响另一列波的行为．

§9.33　我们来讨论真空即空的空间的性质．19世纪电磁理论发展时，真空是用另一个名字，即“以太”来称呼的．当我们考虑波动时自然会问，是什么东西在“振动”．19世纪的物理学家会说那是以太的振动．麦克斯韦方程组描写了电磁波在以太中的行为．那个时代的物理学家很自然地要尝试用机械模型来解释电磁学，并认为电磁波与固体中的弹性波有着某种类似．为建立这种解释，人们曾付出了很大的努力．结果发现，以太的机械性质与任何真正的固体和液体的性质十分不同，但是这种情况本身并不应该认为是与理论相矛盾的．

人们可以在认识论的基础上强烈反对以太的机械理论：考虑以太的机械性质是不必要的，它在我们对电磁学的了解上并没有增添什么．不需要任何机械解释，麦克斯韦方程组本身就能告诉我们具有任何实验意义的经典电磁理论的全部内容。例如，如果要描述无线电波从一个天线到另一个天线的传播，只要在适当边界条件下求解麦克斯韦方程组就足够了，至于我们是否有一个波传播的机械模型是无关紧要的．物理学家们逐渐认识到，在研究电磁学中所有的问题都在麦克斯韦方程组中．因此放弃了建立机械模型的努力，“振动实际上是什么东西”的问题被认为是在操作上无意义的问题．

§9.34　狭义相对论的发展大大加速了机械以太理论的消亡。我们来回想这方面的原因．如果以太确实具有任何与通常的固体或液体类似的性质，那么当然可以期望存在一个惯性系，对于这个惯性系以太是静止的，至少是局部静止的．另一方面，所有有关的实验都表明，无法确定相对于以太的绝对运动状态：所有的惯性系彼此完全等价．当然后面这一点是狭义相对论的基石之一．如果真的是这样（我们坚

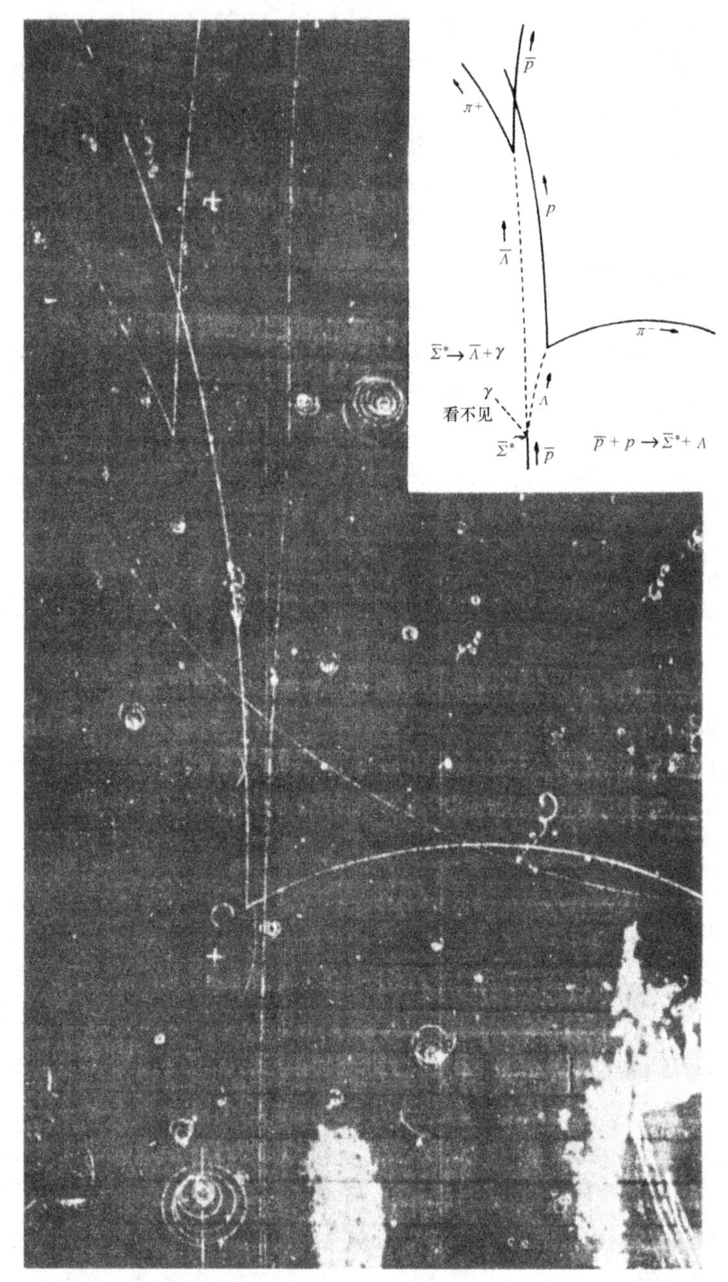

表示一个反Σ零粒子的产生和衰变的气泡室照片．上角插入的示意图表示反应过程并标明了各种径迹．中性粒子（在示意图中用虚线表示）当然不留下可见的径迹．带电粒子的径迹是弯曲的，因为气泡室是在垂直于图面的磁场中．

由反质子和质子碰撞产生反Σ零粒子和Λ粒子的反应是强相互作用．反Σ零粒子通过电磁相互作用衰变为一个反Λ粒子和γ射线．照片中看到的其他衰变过程均显示弱相互作用．（照片承蒙伯克利劳伦斯辐射实验室惠允．）

信如此），那就是说，运动的以太与静止的以太有相同的物理特性，这无疑是任何通常的固体或液体都没有的性质. 由于以太的这个基本的“非机械的”性质，试图再给以太加上别的机械性质，看来就无意义了.

§9.35　今天已从物理世界中排除了机械以太，并且“以太”这个词本身，由于它的“坏的”含义，已不再出现在物理学教科书中. 相反，我们夸耀地谈论“真空”，从而表示我们对波在其中传播的介质没有兴趣. 当我们研究电磁波或德布罗意波时，我们不再问“实际上振动”的是什么东西。所有我们要做的是建立这些波的*波动方程式*，通过这些方程式可以预言实验中观察到的现象. 如我们早已说过，如果这些波动方程式要描述相互作用的粒子，它们必须是非线性的. 这些波动方程式的建立以及由它们得出一些实验预言是*量子场论*的目的，可以认为量子场论是基本粒子的基本理论，在这种理论中用*量子场*来描述波，在某种意义下这种理论是波的经典理论的量子力学推广.

用量子场描述相互作用的思想，在很多方面是吸引人的. 我们可以适当地尝试了解这个理论的一般特点. 完全的讨论需要相当复杂的数学工具，目前，我们尚不具备它们，所以我们只能略去所有的细节.

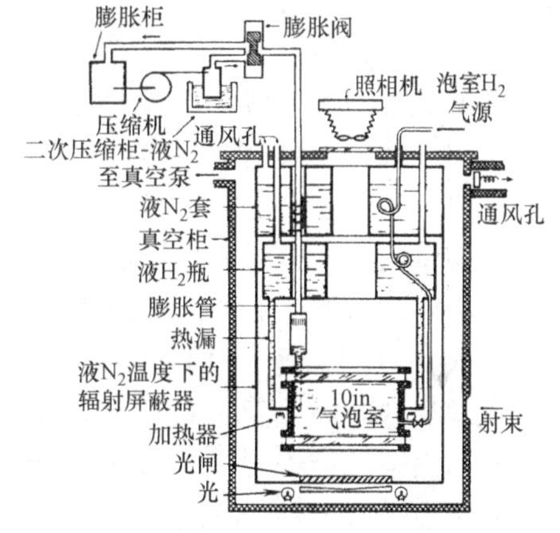

液态氢气泡室示意图. 气泡室在液态氢突然减压下激活. 减压下的液体的温度高于沸点，但并不立即沸腾：液体在短时间内处在过热状态. 带电粒子穿过液体时沿路径引起局部汽化. 形成一条由很小的由气泡组成的可见径迹，气泡室上面的照相机拍下径迹的照片. 然后重新使压强回升，所有的径迹消失. 气泡室就准备好下一次拍照.（承蒙伯克利劳伦斯辐射实验室提供示意图.）

§9.36　我们来比较一般地考虑描述两个（或多个）粒子相互作用的问题，认定我们自己的目标，首先在经典物理的框架内考虑这个问题。在非相对论理论中我们可以引进依赖于位置的粒子间作用力. 作用于一个粒子的力依赖于该粒子的位置以及在同一时刻其他粒子的位置. 在这种情况下力的作用是瞬时的：如果一个粒子的位置突然改变，相应的力的改变就会立即被另一粒子觉察到。

我们相信自然界的每一个基本理论都必须与狭义相对论原理一致. 我们注意到上述那种相互作用同这些原理有明显的矛盾. 信号的传播速度不能大于 c，因此力的作用不可能是瞬时的. 如果一个粒子的位置或运动状态突然改变，那么这一改变必须经历一定的时间才能被其他粒子察觉到，所需的最短时间是光信号在两粒子间传递的时间.

建立一个相互作用的经典粒子的相对论不变性理论不是微不足道的小事，这就

要求人们对超距的瞬时作用的非相对论观念作深刻的改变.

§9.37 引进（经典的）场是摆脱困境的一个可能的方法. 每个粒子是一个场的源头，场可在空间传播，但传播速度永远不会大于 c，这个场可以影响其他粒子的运动. 因此在这种相对论经典理论中，使我们既要考虑粒子，也要考虑场. 带电粒子通过电磁场作为介质而相互作用是这种理论的一个好例子：电荷是电磁场的源，电磁场又转而影响带电粒子的运动.

§9.38 现在我们从另外的角度来看粒子相互作用问题. 在经典的非相对论理论中，我们是通过力的瞬时作用来描述相互作用的，如果在某一瞬时给定所有粒子的位置和速度，就唯一地确定了这些粒子组成的孤立系统将来的行为，换句话说，如果有 N 个粒子，那么这个系统的运动状态就由 $6N$ 个参数确定，这说明系统具有有限个数的自由度。另一方面，在用场来描述相互作用的相对论性理论中，仅仅指明给定的时刻所有粒子的位置和速度是不够的. 我们还必须指明场的状态. 经典电磁场理论很清楚地说明了这一点：电磁场绝不是仅由所有带电粒子在某一瞬间的位置和速度唯一确定的. 在初始条件中我们还必须包括给定空间各处的电场和磁场，然而描述电磁场的状态需要无限多的参数，我们的系统不再是一个有限数目自由度的系统，这显然是相对论性和非相对论性理论之间的深刻区别.

§9.39 我们应该注意（经典的）相对论性理论还有一个特征：在任何时刻，系统的总能量的一部分存在于场中. 只要在一个理论中，相互作用是通过场作为介质的，就必须是这样. 例如，考虑两个粒子 A 和 B 相互作用. 假定 A 粒子与第三个粒子 C 突然碰撞，这个 C 粒子并不直接与 B 粒子相互作用. A 的运动状态因此改变. 在适当的时候由于 A 粒子状态改变所引起的场的改变会在 B 粒子所在的地方自发显示出来. 最终 B 粒子的运动状态就会改变，特别是粒子的动能会改变. 这样，两个粒子 A 和 B 之间就有通过场作为介质的能量交换. 如果我们需要一个理论，其中讨论某一时刻的总能量是有意义的，并且如果我们要保留孤立系统的总能量是运动常量这一原理，那么我们就要问，最后交给 B 的那些能量在从 A 和 C 碰撞的时刻到 B 首次感觉到 A 的运动状态改变的时刻之间的一段时间里到哪里去找呢？我们不得不做出结论，这能量必定存在于场中.

§9.40 这一推理思路可导致一个有效的进一步结论. 假定情况是没有 B 粒子，其余都相同，在 A 与 C 碰撞的瞬时，A 产生的场发生了改变：一定量的能量传递给场. 这能量的大小必定与 B 存在时相同，因为粒子 A 不可能明确“知道”准备接受能量的 B 粒子根本就不在那里，如果现在 B 不存在，那么传递给场的能量到哪里去了呢？它必定跑到某些地方去了，一个可能性是辐射出去了. 事实上在电磁理论中就是这种情况：如果粒子 A 与另一粒子 C（可以假定它不带电）碰撞，粒子 A 会发射电磁波，这波将把能量带到“无限远处”，前提是没有另外的粒子吸收这个能量的一部分.

所以我们得到了一个非常普遍的推测，如果粒子间的相互作用是通过场作为媒

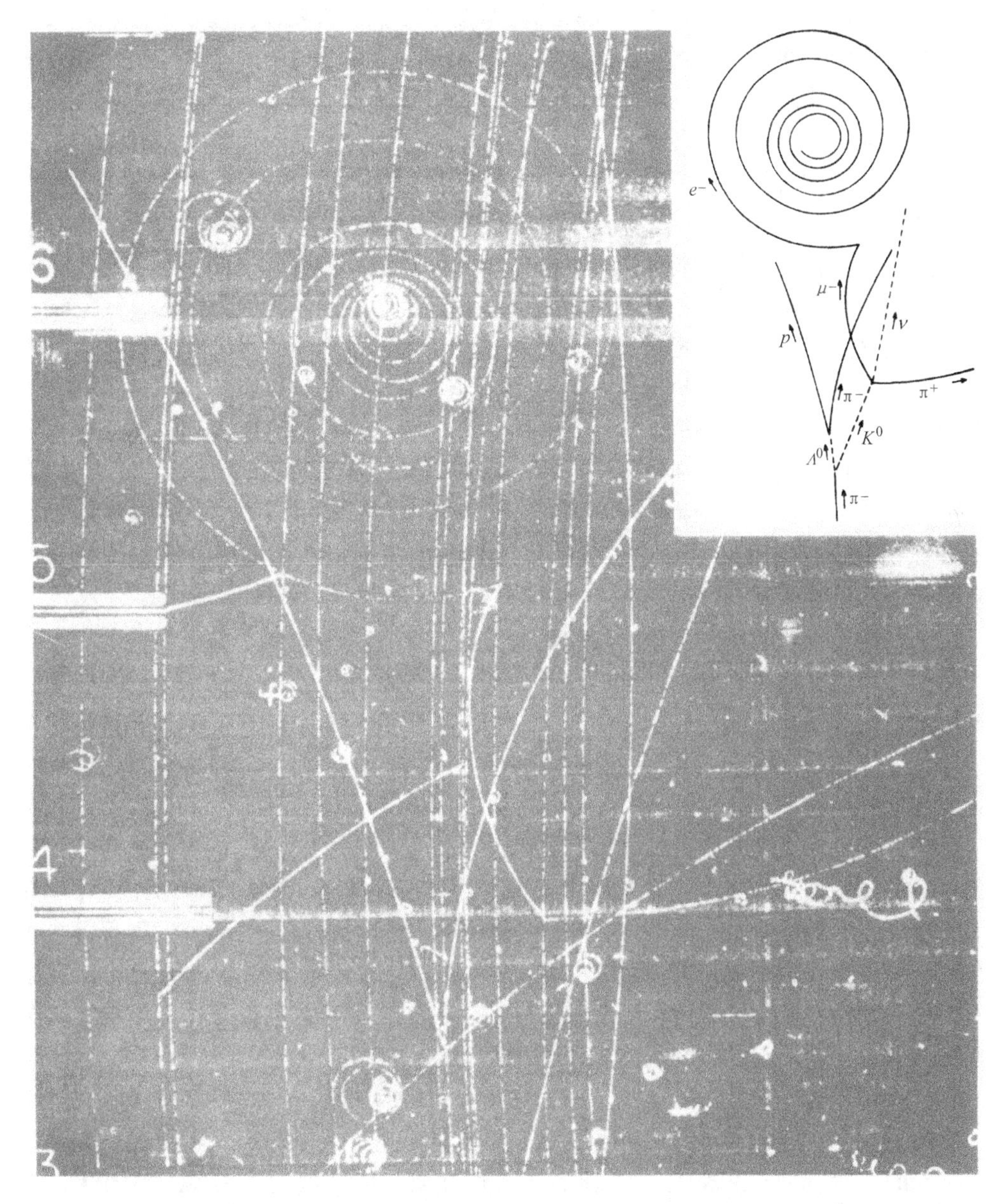

显示一个（中性）Λ 粒子和一个中性 K 介子的产生和衰变的气泡室照片．右上方插入的示意图中标出了各种径迹．只有带电粒子留下可见的径迹，并且是弯曲的，这是因为气泡室放置在磁场中．强作用产生反应是：$p+\pi^-\rightarrow\Lambda^0+K^0$．衰变相互作用全是弱的．$K^0$ 衰变时放出的负 μ 子衰变成一个电子、一个中微子和一个反中微子．后面两个粒子是中性的，所以看不见．（照片承蒙伯克利劳伦斯辐射实验室惠允．）

介质，那么这个场也能表现为自由传播的、携带能量的波的形式．

§9.41　现在我们从量子力学的观点来考察粒子的相互作用问题．前几章的讨论已经使我们习惯于相信每个粒子都有一个与之相联系的波，反过来每个波都具有一些粒子性的方面. 我们可以说量子力学的波与量子力学的粒子事实上就是同一样东西：它是单纯的客体，既不全像经典粒子，又不全像经典波包. 这使我们的概念非同寻常地得到统一. 在经典物理学中，我们引进两种不同类型的对象. 即一方面是粒子，另一方面是场，场是传递粒子间相互作用的介质. 在量子物理学中，我们可以和场同样的地位来处理“粒子”以避免这个不能令人满意的二元论. 我们系统地建立场论，它描述波场，就是粒子的德布罗意波，的传播. 同时，场论描述波与波之间的相互作用，从而在某种意义上也描述了粒子间的有效作用力.

显然这是很吸引人的想法，这就是量子场论的基本思想. 在薛定谔理论中，必须特别引入粒子间的力，给出这些力我们才能预言粒子的运动，但是薛定谔理论不能给我们提供为什么力是那个样子的任何“解释”. 另一方面，在量子场论中力的存在和本性是同粒子的存在有着密切联系的：我们有了粒子、波和力的统一描述. 作为场论的一个例子，量子电动力学提供给我们这些特征的一个实例. 它既描述电子（或正电子）间以电磁场为介质的作用力，也描述相互作用的电子能够发射出来的电磁量子（光子）.

§9.42　我们考察一下量子场论的主要特点. 为此引入量子场来描述粒子及其相互作用. 这些场是位置和时间的函数，可以说它描述了真空的*局域态*[⊖]. 一开始就把物质的波动特性建立在理论之中：量子场论方程的解是波. 波也具有粒子的特性. 一个位置相当确定的粒子相应于一个集中的波包：最可能在场的振幅大的空-时区域中发现粒子.

场方程是非线性方程，这样它们可以描述波包（粒子）之间的*相互作用*. 只有当场的振幅大时非线性才自然地表现出来：如果振幅小，波近似地像在线性理论中一样传播. 如果在某一瞬时相应于两个粒子的波包在空间某一区域中重叠，非线性就显示出来，两个波就相互影响. 在经典图像中这相应于两个粒子间的相互作用. 另一方面，如果波重叠得不多，那么它们的相互作用就不强，这相应于经典图像中两个粒子相距较远时它们的相互作用就很弱.

§9.43　量子场论本质上是*多粒子理论*. 我们有一个统一的数学描述形式，通过它能描述存在任何数量给定种类的粒子世界的状态. 粒子的产生和消灭现象是量子场论的自然特征. 它来自场方程的非线性性质. 两个波包（相应于两个粒子）可以重叠并相互作用，从而产生新的波包（相应于新的粒子）. 例如，如果两个电子碰撞（亦即相互靠近），就会发射电磁波. 我们就说产生了光子.

§9.44　根据这种思想已经系统地提出了多种量子场论，其包含内容有广有狭. 量子电动力学理论就是这些理论中的一个，在描述带电粒子的电磁相互作用，特别是在原子物理学中，这个理论已经取得了某些惊人的成功. 相比之下专为描述

⊖　这些场实际上不是位置和时间的“寻常”复值函数，它们是数学上称为“算符值分布”的东西. 但为我们的目的可以想象它为通常的函数（描写“非线性以太中的声波”）.

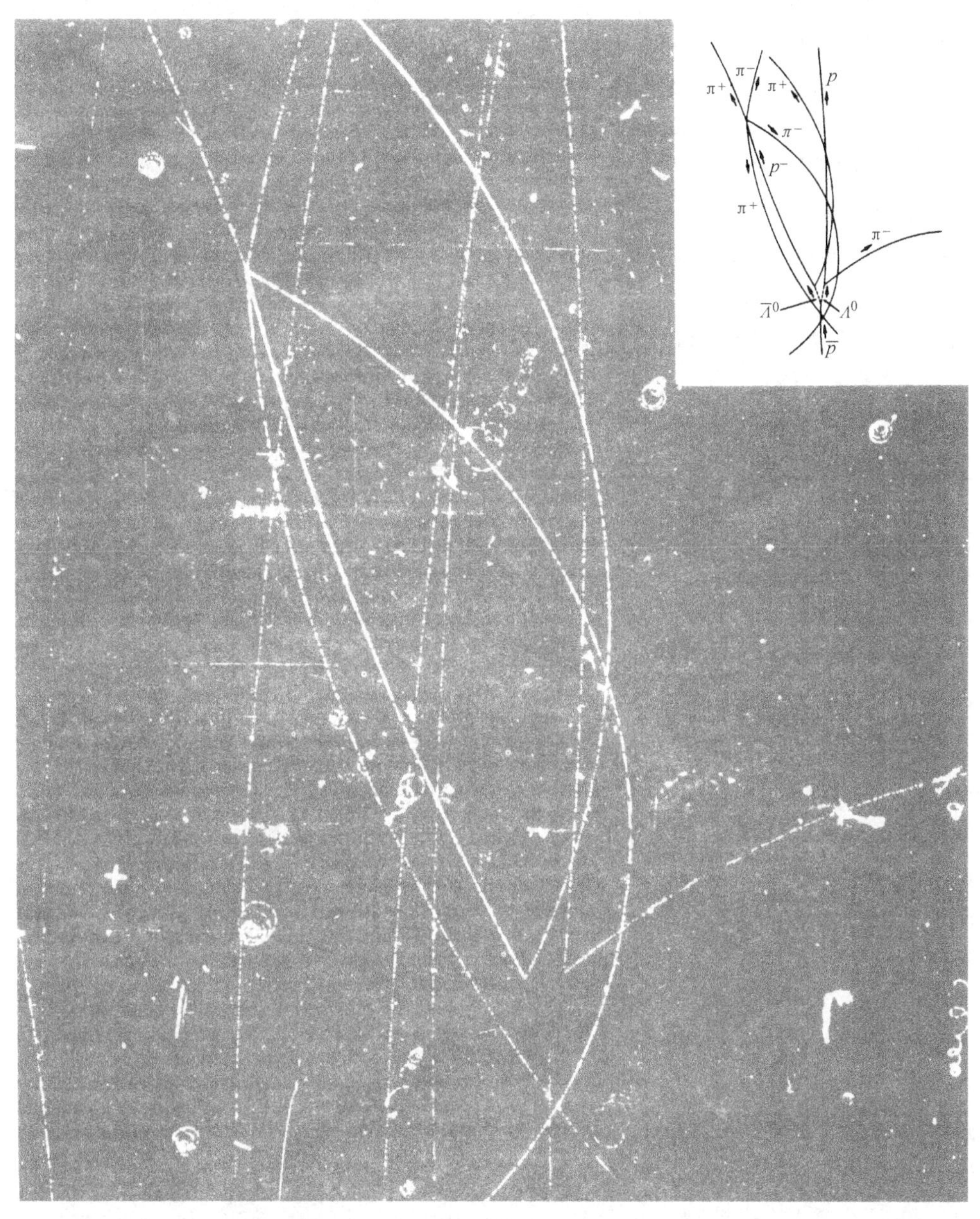

显示一个 Λ-反 Λ 粒子对的产生和紧接着衰变的气泡室照片. 右上角的插图标记了各个粒子的径迹。入射的一个反质子与一个质子碰撞产生了 Λ-反 Λ 粒子对，这对粒子并不产生可见的径迹，因为它们是中性的. Λ 衰变成一个负 π 介子和一个质子（通过弱相互作用），反 Λ 粒子衰变为一个正 π 介子和一个反质子. 接着反质子与一个质子碰撞湮没产生 π 介子，所产生的 π 介子中有 4 个是带电的，留下可见的径迹.

把本照片放在我们量子场的讨论的中间是为了提醒读者，量子场论的目的之一就是要对诸如在照片中所见到的这类事件给一个理论上的解释.（照片承蒙伯克利劳伦斯辐射实验室惠允.）

弱相互作用以及强相互作用而提出的其他场论取得的成功则要小得多. 这些理论虽然已经使我们对基本粒子的少数几个非常普遍的性质有所了解，但除此之外并没有真正引导我们做出任何有用的实验预言，在强相互作用的情况中，人们发现逐步求近似的方法行不通了；而量子电动力学的一些预言则正是建立在逐步求近似方法基础上的. 电动力学成功的原因无疑是精细结构常量很小，即电磁相互作用很弱. 本质上强相互作用是较强的，因此还没有找到对我们已经提出的一些场方程求解的可能，并且也不知道这些方程是否真的正确. 很可能它们是不正确的. 实际上对方程式选择的余地是无限的，过去我们唯一的指导原则就是“简单性原理”. 在量子电动力学中我们一直把带电的弹性球与电磁场相互作用这种经典类比以明确的方式作为指导原则.

§9.45　我们不能克服理论中出现的巨大数学困难以及实际上不能解出所提出的描述强相互作用的具体的场方程，这种事实已经很自然地引起人们在一定程度上对这种场论的失望，已经听到强烈要求放弃沿此方向做任何尝试的呼声.

可以对量子场论提出具有认识论性质的更有力的反对意见. 人们可以说这个理论的很多基本概念没有任何直接操作上的意义而加以反对. 并不清楚如何测量场本身：仅在某些特殊情况下，对于这个问题才得到还远不令人满意的解答. 在一个非常小的区域，譬如说 10^{-102} m 的线度内，场是什么意思？如何、以及用什么仪器去测量在这个区域中的场？谁又曾真实地，从这个字的任何意义上讲，测量过比 10^{-15} m 还要小的距离呢？

这些的确都是强烈的反对意见. 针对这些异议，人们可能会说，理论中的每一个概念并不真正都需要具有直接操作的意义. 即使很难看出如何“测量” 10^{-102} m 的距离，仍然可能在描述物理事件发生的“竞技场”上保留我们的时空坐标. 另一方面，也可能未来满意的基本粒子相互作用理论必须建立在抛弃我们的空间和时间的某些概念的基础上. 期望量子场论详尽地描述在每一瞬时空间每一点上发生的事件，这可能太过分了：在原则上它可能超出了我们的知识范围.

§9.46　出于这样一些考虑的驱使，维尔纳·海森伯于 1943 年尝试建立粒子相互作用的所谓 S 矩阵理论. 在该理论中（我们在这里不予讨论），海森伯根据他在 1925 年建立矩阵力学时遵循的同样的原则，尝试在理论中只采纳那些具有明确操作意义的概念. 我们可以说这个理论只关心碰撞过程的结果，而不涉及在过程中发生的一连串事件的细节. 至今这些意图还未导致满意的理论.

现今还不存在任何强相互作用的基本理论. 虽然做过很多努力，但结果均不令人信服. 未来的最终理论将是场论，还是 S 矩阵理论，或者是由读者之一所创立的一种完全崭新类型的理论，现在来回答这个问题为时尚早.

四、π 介子和核力

§9.47　要在本书中讨论量子场论的任何细节已超出了我们的范围：要有效地

进行讨论需要相当高深的数学工具. 另一方面，我们刚才已经看到这个理论的基本概念一点也不复杂. 在结束这个主题之前，我们来考虑汤川秀树（Hideki Yukawa）在 1934 年首次成功解决的问题.

这个问题涉及下述的疑问. 是否存在与核力相联系的粒子，亦即核力场的量子？如果存在，那么这个粒子的性质是什么？我们能不能通过实验找到这个粒子？

汤川秀树（Hideki Yukawa）1907 年生于东京. 汤川在京都大学学习物理学，并于 1929 年毕业. 在京都大学和大阪大学担任讲师职位后，1939 年受聘任京都大学理论物理学教授. 第二次世界大战后，汤川作为普林斯顿高级研究所成员和哥伦比亚大学教授在美国度过了一段时间. 他在 1955 年回到日本，担任在京都新建立的基础物理学研究所所长并重新担任京都大学物理学教授. 他因关于介子和场论的研究工作而被授予 1949 年的诺贝尔奖.（照片承蒙 *Physics Today* 杂志惠允.）

我们知道存在一种与带电粒子间相互作用的电磁力相联系的粒子，就是光子. 我们还知道使核结合在一起的力不可能来自电磁力. 这些力比电磁力强了许多，而且还有个特点是它们的短程性. 例如，在超过 10^{-14} m 的距离时这种力很快地趋于零，而且从所有的实用目的看，超过 10^{-13} m 的距离就认为它不存在. 如果我们现在接受量子场论的概念. 就必须指望核力场也表现为自由传播的波，我们就可以寻找相应的粒子. 如同两个带电粒子碰撞放出光子一样，我们也可以指望两个核子在足够强烈的碰撞中释放出核力场的量子.

§9.48　读者很可能听说过这种粒子的确存在. 它们不是别的，就是 π 介子. 汤川在进行这些研究工作的时候他并不知道介子，因此他提出介子存在的建议确实是一种预言. 他知道核力的两个突出的性质，即它们大的强度和作用的程短. 他向自己提出了我们提出过的同样的问题. 在他的核力性质知识的基础上，他能预言这种量子的存在，并且预言其质量应当大约等于电子质量的 200 倍，在他的研究中无疑曾以与电磁相互作用类比作为指导.

实验上发现汤川的介子还有一段有趣的曲折故事. 1937 年前后，人们在宇宙射线中发现质量为电子质量 200 倍的粒子，他们自然会联想到这些粒子就是汤川的量子. 但进一步的工作揭示这些现在称为 μ 子（那时也称为 mu-meson［μ 介子］）的粒子与物质（即与原子核）的作用极其微弱. 因此这些粒子不可能恰好就是产生强的核力的粒子. 通过主要由鲍威尔（C. F. Powell）及其合作者在 1947 年所做的工作，人们在宇宙射线中发现了另一种粒子㊀，终于解开了这个谜。这种粒子就是π介子. 它的质量约为电子质量的280倍；它与原子核强烈地相互作用，无疑应把它确认为汤川的量子.

到1948年，粒子加速器的发展已经达到了能够在核子-核子高能碰撞时大量地产生π介子的阶段. 人们已经广泛地从实验上研究了π介子的性质，现在知道它在所有涉及强相互作用的现象中起着主要的作用.

§9.49　现在我们尝试“重复”汤川的伟业㊁. 我们认为两个静止核子间的作用力与两个静止带电粒子间的静电力类似，我们在这种假定的相似性基础上来解我们的问题. 必须承认，虽然这种类似远非完美的，但这种论证的思路还是可以使我们得到π介子质量和两个核子间作用力性质之间的正确的基本关系.

我们的论证如下：麦克斯韦方程组描述没有任何源的情况下自由传播的电磁波. 这些同样的方程式也可以描述静止的点电荷的静电场，因此也描述两个静止点电荷的相互作用势能. 事实上，静止电荷中一个的静电势在电荷外的各处空间均满足波动方程，并且这种波动方程的解具有球对称和静态（与时间无关）的特殊性质。所以我们来考虑自由传播的介子满足的波动方程并寻找这个方程的球对称并且静态的解. 希望这能给我们在原点的单个核子核力场的势. 我们用 $V(r)$′来表示这个势. 于是相距为 r 的两个静止核子的相互作用能量与 $V(r)$ 成正比，其中比例常数描述核子与π介子场的耦合强度.

§9.50　π介子德布罗意波函数 $\psi(\boldsymbol{x},\ t)$ 满足的波动方程是克莱因-戈尔登方程，我们在第五章中早已推导和讨论过这个方程. 设π介子的质量为 m_π 并使用使 $\hbar=c=1$ 的单位，则可把波动方程写成

$$\frac{\partial^2}{\partial t^2}\psi(\boldsymbol{x},t)-\nabla^2\psi(\boldsymbol{x},t)=-m_\pi^2\psi(\boldsymbol{x},t) \tag{50a}$$

其中 ∇^2 表示拉普拉斯算符

$$\nabla^2\equiv\frac{\partial^2}{\partial x_1^2}+\frac{\partial^2}{\partial x_2^2}+\frac{\partial^2}{\partial x_3^2} \tag{50b}$$

波动方程（50a）描述无源情况下介子的德布罗意波的行为. 按照我们的方案，现在要尝试寻找描述位于原点的核子外的介子场的方程式的静态和球对称的解. 这种情况下的源是一个点源，就是原点处的核子，不要求波动方程（50a）在原点成立，但必须在原点以外各处都成立. 我们把解看作势函数，并用 $V(r)$ 表

㊀ C. M. G. Lattes, H. Muirhead, G. P. S. Occhialini and C. F. Powell, “Processes involving charged mesons”, *Nature* **159**, 694 (1947) 以及 C. M. G. Lattes, G. P. S. Occhialini and C. F. Powell, “Observations on the tracks of slow mesons in photographic emulsions”, *Nature* **160**, 453 (1947).

㊁ 这并不会使我们有资格成为得到诺贝尔奖的人。其实，做那些我们知道可以做，并且以前已经做过的事是很容易的，而困难就在于第一个做这件事。汤川的理论发表在论文：“On the Interactions of Elementary Particles”, *Proceedings of the Physico-Mathematical Society of Japan* **17**, 48 (1935) 中.

示．于是这个解与时间无关，从而可略去方程（50a）中包含时间的二次导数项．方程就成为

$$\nabla^2 V(r) = m_\pi^2 V(r) \tag{50c}$$

§9.51　函数 $V(r)$ 仅是 $r=\sqrt{x_1^2+x_2^2+x_3^2}$ 的函数，下面要求拉普拉斯微分算符对这个函数的作用．首先注意到

$$\frac{\partial r}{\partial x_1} = \frac{x_1}{r} \tag{51a}$$

由微分的链式法则，得

$$\frac{\partial V(r)}{\partial x_1} = \frac{\mathrm{d}V(r)}{\mathrm{d}r}\frac{\partial r}{\partial x_1} = \frac{x_1}{r}\frac{\mathrm{d}V(r)}{\mathrm{d}r} \tag{51b}$$

对 x_1 再微分一次，得

$$\begin{aligned}\frac{\partial^2 V(r)}{\partial x_1^2} &= \frac{\partial}{\partial x_1}\left[\frac{x_1}{r}\frac{\mathrm{d}V(r)}{\mathrm{d}r}\right]\\ &= \frac{1}{r}\frac{\mathrm{d}V(r)}{\mathrm{d}r} + \frac{x_1^2}{r}\frac{\mathrm{d}}{\mathrm{d}r}\left[\frac{1}{r}\frac{\mathrm{d}V(r)}{\mathrm{d}r}\right]\end{aligned} \tag{51c}$$

由此可得

$$\nabla^2 V(r) = \frac{3}{r}\frac{\mathrm{d}V(r)}{\mathrm{d}r} + r\frac{\mathrm{d}}{\mathrm{d}r}\left[\frac{1}{r}\frac{\mathrm{d}V(r)}{\mathrm{d}r}\right] \tag{51d}$$

对右边略加整理后可将式（51d）写成如下的形式

$$\nabla^2 V(r) = \frac{1}{r^2}\frac{\mathrm{d}}{\mathrm{d}r}\left[r^2\frac{\mathrm{d}V(r)}{\mathrm{d}r}\right] \tag{51e}$$

这个重要的方程描述了拉普拉斯微分算符对仅含 r 的函数 $V(r)$ 的作用．

§9.52　现在我们的微分方程是一个二阶线性常微分方程，具有如下的形式

$$\frac{1}{r^2}\frac{\mathrm{d}}{\mathrm{d}r}\left[r^2\frac{\mathrm{d}V(r)}{\mathrm{d}r}\right] = m_\pi^2 V(r) \tag{52a}$$

恰巧可以用基本函数求得此方程的闭合形式的解．读者可以求出微分来验证两个线性独立的解分别是

$$\frac{1}{r}\exp(-rm_\pi),\frac{1}{r}\exp(+rm_\pi) \tag{52b}$$

通解是上述两个特解的线性组合．我们注意到第二个解相应于势随 r 的增加而无限增加，这样的解描述随距离增加的核子间的力．显然，物理上对此不能接受．可以得到结论，势必定与式（52b）中的第一个解成正比，所以我们有

$$V(r) = C'\frac{1}{r}\exp(-rm_\pi) \tag{52c}$$

其中 C' 是常数．

我们抛弃第二个解再次说明一个以前遇到过的重要原理：并不是量子力学波动方程的每一个解都有物理意义．有物理意义的波函数不仅必须满足波动方程，而且

还必须满足一些边界条件，其中之一就是解不能在无限远处无限地增大.

§9.53　现在，我们的目的已经达到：两个相距为 r 的静止核子的势能 $U(r)$ 由下式给出

$$U(r)=\frac{C}{r}\exp\left(-\frac{r}{\lambda_\pi}\right) \tag{53a}$$

其中 $\lambda_\pi=\frac{1}{m_\pi}$，$C$ 是描述耦合强度的常数.

势 $U(r)$ 由于指数因子随 r 增大而迅速衰减. 可以很粗略地说势的范围就是 λ_π：当超过这个距离很多时，最终势可以完全被忽略. 在第二章第38节中我们已通过一些数值例子验证了这一点.

今天知道 π 介子的质量是 140MeV. 量 $\lambda_\pi=\frac{1}{m_\pi}$不是别的. 正是 π 介子的康普顿波长（在 cgs 单位制中 $\lambda_\pi=\frac{\hbar}{m_\pi c}$）. 数值上我们有 $\lambda_\pi=1.4\times10^{-15}$ m，这就是核力场的“范围”. 在汤川预言的时候，他从种种实验知道核力场的范围约为 10^{-15}m，从而他才能预言设想的介子质量应约为 100 MeV，约为电子质量的 200 倍.

应当注意，力程与粒子（在这里是介子）的质量成反比. 一个无质量的粒子，如光子，所传递的力的力程是“无限大”：由方程（53a）给出的势就变成库仑势. 当然这个势仍然随距离而减小，但它不是指数式地减小，这样我们有理由说，我们已经对 π 介子与核力场性质间的联系有了一定的了解.

§9.54　我们利用这个机会说明一下一个通常惯用的术语. 很多物理学家常说两个核子间的相互作用是通过交换 π 介子而引起. 同样，他们也说两个带电粒子的相互作用是通过交换光子而引起. 这些说法实际上只意味着能够发现两个核子间的相互作用就像我们已经发现了它那样：这就是说，描述自由 π 介子（或光子）传播的同一波动方程也描述 π 介子（或光子）传递的力. 当听到这个术语时，读者并不需要想象在两个核子间有任何弹子在交换：它仅仅是一种表述方式. 只要了解到这一点，也就不妨说成“交换粒子”；这是一个普遍的作法. 按照习惯，我们可以描述我们的发现如下，通过与第三个粒子相互作用而产生相互作用的两个粒子间的力可以说成是通过交换第三个粒子引起的. 这样产生的力的力程反比于所交换的粒子的质量.

§9.55　有一点应该澄清，否则会把读者弄糊涂. 在本章的前面，曾谈了不少关于量子场论方程式的非线性性质. 但是我们是通过解线性波动方程得到由表达式（53a）给出的汤川势. 所以读者会怀疑我们做得是否正确. 事实上，这些怀疑在一定程度上是有道理的. 应把我们所学的线性化理论看作是一种近似，只有当介子场或势 $V(r)$ 不太大时才成立. 所以汤川势在大的距离，亦即 π 介子的康普顿波长之外时应该是正确的，但在很小距离上可能是错误的. 真相在于目前我们不知道在很小距离内相互作用是什么样，但我们也没有理由怀疑在距离大于例如 10^{-15}m 时有效力具有同汤川势同样的普遍形式. 事实上，采用线性近似并不会使我们的主要结论失效，主要结论仍然还是力程与用作交换粒子的质量成反比.

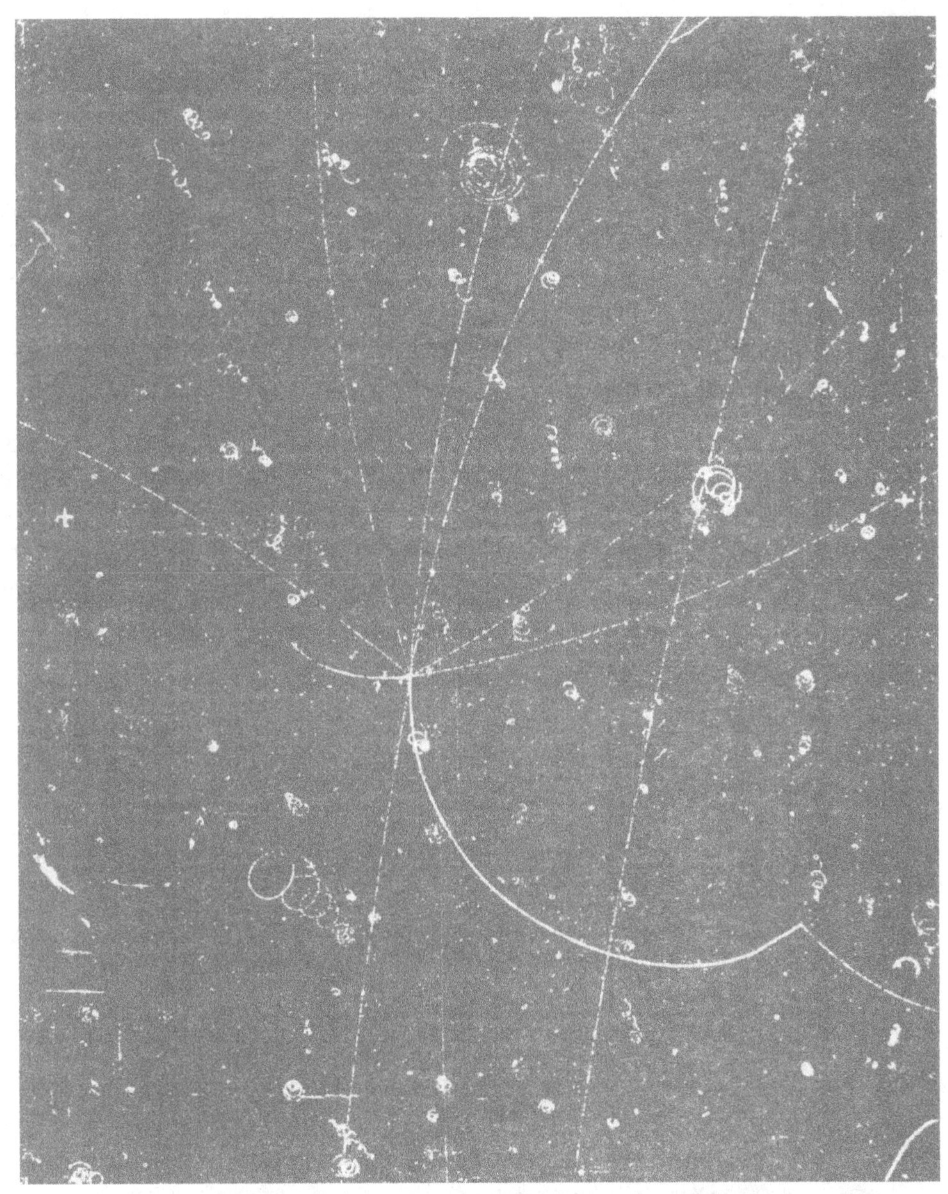

显示一个质子和一个反质子湮没为 π 介子的气泡室照片．主要事件发生在视野的中部．反质子从下面射入，其路径显示为几乎是直线的“点状”径迹．在湮没过程中产生了 8 个带电 π 介子．其中的一个，即径迹方向最初是指向入射反质子者，衰变为一个 μ 子和一个中微子．μ 子随后衰变为一个正电子和二个中微子．很难区别出 μ 子的径迹与 π 介子的径迹，但可以清楚地看出正电子径迹的起点．

气泡室在垂直于照片的磁场内．负电荷粒子的径迹按顺时针方向弯转，正电荷粒子的径迹则反方向弯转．低速粒子留下粗浓的径迹，而高速粒子的径迹常常有“点线状”外貌．（照片承蒙伯克利劳伦斯辐射实验室惠允．）

五、结束语

§9.56　在前几章中我们已经学习了如何从量子力学的角度来考虑很多物理现象．我们的讨论肯定很不完全，但这并不令人奇怪，因为我们就是打算写成一本介绍性的书．有很多重要的普遍原理我们一点也没有讨论，对于所学的原理的系统应用的讨论在广度和深度两方面也都存在不足．然而我们应记住，量子物理学是近40～50年来深入研究的课题，在这个领域中已经积累了大量的知识．这个广阔的领域绝不是一本介绍性的书所能概括的，所以听课和阅读等简单的过程完成以后还有更加多得多的知识要学习．读者不应对这种说法感到沮丧或不愉快：这里所说的纯粹是事实．

然而我们已经有了一个好的开端．我们已学过了关于所有物理粒子的波动性质．我们已看到很多在经典物理学的基础上无法理解的物理现象是怎样在波动图像的基础上得到解释的．我们还对物理学的经典定律如何可以从量子力学定律的极限情形得出有了一定的了解．我们学习了与每个物理系统相联系的能级以及在量子力学范围内如何解释这些能级的出现．在学习过程中我们对（初看起来）奇异的微观物理学已有了一个梗概．我们也知道了一些关于微观物理学中物理量的数量级大小．我们还学了怎样根据简单模型来做简单的估算．

认真读完本书直至最后一章结束的读者已瞥见某些近代物理学中最核心的问题，他知道了物理学还不是已完成的学科：存在目前还看不出解的很多基本问题．

在结束本书时祝读者将来学习量子物理学时愉快．

译者注

本书第一版出版于1967年，到本书的这一版中文翻译出版已经过去了四十多年．在这段时间内粒子物理学又有了很大的发展．

现在粒子物理学通常定义为研究基本的粒子和基本场．所谓基本粒子是指那些还没有发现它们有内部结构，或者说它们不是由其他粒子组成．

基本粒子分为费米子和玻色子两大类．费米子包括各种夸克和轻子，是基本的物质粒子，它们都具有半整数的自旋，服从费米-狄拉克统计．玻色子的自旋为整数（包括零），它们要用玻色-爱因斯坦统计．玻色子还分两类．规范玻色子是强作用、弱作用和电磁相互作用等三种基本相互作用的中介粒子．另一种是希格斯粒子，希格斯粒子是各种粒子质量的源泉．每一种粒子都有相应的反粒子．反粒子带有和粒子相反的电荷，只是有些粒子的反粒子就是它自己．

下面列出各种粒子．

1　基本费米子或物质粒子

(a) 夸克

一个夸克带有正或负的1/3或2/3电子电荷，下列表中，每一种夸克后面的

$-1/3$或$+2/3$表示所带电荷数（括弧中是它们的符号）.

第一代：上夸克(u)，$+2/3$．下夸克(d)，$-1/3$.

第二代：粲夸克(c)，$+2/3$．奇异夸克（s），$-1/3$.

第三代：顶夸克（t），$+2/3$．底夸克(b)，$-1/3$.

(b) 轻子

第一代：电子，电子中微子.

第二代：μ 子，μ 中微子.

第三代：τ 子，τ 中微子.

夸克和轻子都有对应的反粒子：反夸克、反轻子．例如电子的反粒子就是正电子.

2　基本玻色子

(a) 规范玻色子

光子

胶子（有 8 种胶子）.

W^+、W^-、Z^0 玻色子.

引力子（尚未发现）.

(b) 希格斯粒子

强子（包括质子和中子等）由三个夸克组成，介子由两个夸克组成．例如：

质子由两个上夸克加一个下夸克组成

$$p = u + u + d.$$

质子的电荷为

$$2/3e + 2/3e - 1/3e = e.$$

中子由一个上夸克加两个下夸克组成

$$n = u + d + d.$$

中子的电荷为

$$+2/3e - 1/3e - 1/3e = 0.$$

介子由正、反两个夸克组成，例如正 π 介子由一个上夸克和一个反下夸克组成

$$p = u + \bar{d}.$$

它的电荷为

$$+2/3e + 1/3e = e$$

夸克之间的作用是强作用，强作用的媒介粒子是胶子．强作用的最大特点是：随着相互强作用的粒子之间的距离增大而增大．所以不可能通过粒子的碰撞分离出独立的夸克.

W 和 Z 粒子在弱作用中起作用．例如原子核的衰变．希格斯粒子是所有粒子质量的来源.

基本粒子的标准模型中 61 种粒子的存在和作用已得到实验证实．2012 年 7 月 4 日欧洲核子研究中心宣布，实验证实了希格斯粒子的存在，从而完全证实了标准模型中所有 62 种粒子的存在．标准模型也还有不足之处．例如其中一些参数就带

有很大的任意性．粒子物理学的理论和实验的发展前途是非常广阔的．有人进一步提出把强相互作用和弱电相互作用统一起来，甚至更进一步要统一引力场．粒子物理学和天体物理学以及宇宙的形成和演化也有密切的关联．我们面前还有许多深奥的谜，等待一代又一代的科学家去解开．

在本书即将付印出版之际，传来了 2015 年诺贝尔物理学奖颁发给梶田隆章和麦克唐纳的消息，以表彰他们实验证实了中微子振荡，即三种中微子之间不断变换形态，由此得出中微子必定具有质量的推论．这一发现揭露了标准模型的缺陷，不仅改变了我们对物质最内部机理的认识观念，也将对我们对宇宙演化和结构的认识产生深刻的影响．

进一步学习的参考资料

1） D. H. Frish and A. M. Thomdike：*Elementary Particles*（D. van Nostrand Co., Inc., 1964）．这本只有 148 页的小书提供了简略的最新记述．并且对所介绍的这一领域中的实验技术有很精彩的描述．

2） 留心《科学美国人》杂志中的下列文章：

a） F. J. Dyson：“Field Theory”，April 1953，p. 57.

b） G. F. Chew，M. Gell-Mann and A. H. Rosenfeld：“Strongly Interacting Particles”，February 1964，p. 74.

c） M. Gell-Mann and E. P. Rosenbaum：“Elementary Particles”，July 1957，p. 72.

d） G. Feinberg and M. Goldhaber：“The Conservation Laws of Physics”，Oct. 1963，p. 36.

e） F. J. Dyson：“Mathematics in the Physical Sciences”，September 1964，p. 128.

f） W. B. Fowler and N. P. Samios：“The Omega-Minus Experiment”，October 1964，p. 36.

g） K. W. Ford：“Magnetic Monopoles”，December 1963，p. 122.

h） G. W. Gray：“The Ultimate Particles”，June 1948，p. 26.

i） H. A. Bethe：“What holds the Nucleus Together?”，September 1953，p. 58.

j） R. E. Marshak：“The Nuclear Force”，March 1960，p. 98.

k） S. Penman：“The Muon”，July 1961，p. 46.

习　　题

1 （a）计算能量为 0. 1 eV，垂直入射到厚度为 10^{-4} m 的镉箔上的中子的透射概率。镉的密度是 8 700 kg/m^3。由图 6A 求出中子截面的数值．

（b）同样计算能量为 1 eV，垂直入射到厚度为 10^{-2} m 的镉片上的中子的透射概率．

2　当K^+介子（入射到一个静止的质子上）的能量为400 MeV时，K^+介子与质子相互作用的总截面约为15 mb．问一个这种能量的K介子通过液氢（在气泡室中）时每厘米路程的平均相互作用数目是多少？液氢密度为71 kg/m^3。

3　当一个能量为10 MeV的γ量子与一个铅原子碰撞时，产生一个电子-正电子对的截面是14b．试问这种能量的γ射线垂直入射到厚度为2.5 mm的铅板上时，产生一个电子-正电子对的概率是多少？铅的密度为11 300 kg/m^3。

4　在某一实验中测得能量为100 keV的γ射线的康普顿散射截面是0.49b。对这种远比一个电子的静止能量小的能量，简单的非相对论性的经典计算结果与正确值接近．试完成这种计算来看一下能取得怎样的接近程度．在康普顿散射中，γ射线被原来静止的电子所散射．（我们在第四章中讨论过康普顿效应，但我们并未讨论它的散射截面．）假定一个振幅为A、频率为ω的平面波入射到一个原来静止的电子上．电子开始沿波的电场矢量方向振动．令x表示这种振动的振幅．显然，x的数值正比于波的振幅A，此外x依赖于频率ω以及电子的质量和电荷．振动的电子的作用像一个偶极矩为ex的电偶极子．这个偶极子以总速率W发射电磁辐射（第三章第48节中我们引用了这个速率的公式．）这样，你就可以计算出入射到（包含电子的）单位面积上的能量有多大的比例被电子散射．再将你的结果用散射截面来表示：这就是康普顿截面．一个原子的康普顿截面就是一个电子的截面与该原子中的电子数的乘积．

5　（a）在第17节中我们曾提出了一个散射是球对称的情况下最大截面的简单理论．将这个理论与图24B中所示的π^+-p截面的实验测量值比较是有意义的，为了简化问题，我们认为质子无限重．那么与散射有关的能量就是正π介子的能量，在标记为$N^*_{3/2}$的突出共振处，其值约为195 MeV（实验室参考系）．试进行这一比较，你会发现数量级是对的，但截面的实验值与理论值相差“一单位量级的因子”。二者不符合可简单解释为散射不是球对称的．必须修正我们的简单理论使之包含其他可能的角分布．做了这种修正后我们会发现截面在极大处的实验值与理论的预言符合得很好．

（b）根据图24B所示的曲线，估计N^*“粒子”的平均寿命．

6　利用第17～18节的共振散射的简单理论，估计能量为14.4 keV的γ射线被Fe^{57}原子核共振吸收的截面．（这个估计同第四章图16A中的实验结果有关）若吸收γ射线的铁原子核处于1 mil（密耳，英制长度单位mil = 0.025 40 mm）厚的箔叶之中，求γ射线穿过此箔叶的概率．

注意，我们的简单理论并不能真正应用到光子上，原因之一是光子的自旋角动量为1．因此不能期望得到截面的正确数值．然而我们的理论正确地给出最大截面对波长的依赖关系，因此这个估计作为数量级的估计是有用的．

7　由于可见光的波长较长，光被原子共振散射的最大截面显然可能会非常大．我们来考虑波长为5 896 Å的黄光被钠原子共振散射的情形．

（a）根据上题的思路估计共振时的最大截面.

（b）在实际的实验中，可将玻璃容器中的钠蒸气作为散射实验的“靶”（例如可考虑第三章习题3中所描述的实验装置）. 钠原子的速度不会都一样，结果是多普勒频移使吸收线增宽. 钠在 $3P_{1/2}$态的平均寿命约为 10^{-8} s. 由此你可以计算静止的孤立钠原子的线宽. 假定入射光具有这样的线宽. 再假定吸收容器中的原子具有相当于200℃的平均无规速度. 试估计容器中原子对入射束中的光子的有效散射截面.

（c）利用上面（b）中得出的有效截面的估计，求为了使入射光通过 10^{-2} m 厚的一层蒸汽后光的强度减少一半时，容器中每立方厘米所必须具有的钠原子数目. 无需说，这种气体对除共振波长以外任何其他波长的光是完全透明的.

8　考虑质量谱如图27B所示、而八正法对称图如图29B所示的构成重子八重态中的粒子. 这些粒子中有一个是稳定的. 其余不稳定粒子中有一个通过电磁相互作用而衰变（它具有比其他粒子显著短的寿命），而其他粒子通过弱相互作用而衰变. 你能否根据我们曾经提到的重子数、电荷和超荷的守恒定律来说明八重态的这些特性. 若要这样做，你应该研究你能想到的衰变成本教程中已经讲到过的粒子的所有可能过程，并考虑到这些粒子实验测定的质量. 例如：你开始可以想一想 Σ^+ 粒子是否能够衰变为一个 K^+ 介子和别的粒子. 你立即会发现，可能性非常有限，要考虑的情况并不太多.

这样，本问题从细节上表明，我们讨论过的守恒定律暗示，没有任何粒子能通过强相互作用而衰变，且只有一种粒子可以通过电磁相互作用而衰变.

9　图29A～图29D的对称图给出各种粒子的所谓的同位旋第三分量（用 I_3 表示）的数值. 我们已经说过这个量在所有强相互作用和电磁相互作用中也守恒.

研究一下这个守恒定律是否暗中包含超出我们说过的电荷、超荷和重子数守恒等其他定律的意义.

10　在基本粒子的文献中常用一个称为“奇异性”的性质来表示强相互作用粒子的特性. 对每一个这种粒子可以指定一个奇异性量子数 S，我们可以把它定义为 $S=Y-B$，其中 Y 是超荷数，B 是重子数. 根据这个规则，π介子和核子的奇异性为零；它们并不奇异而是“熟悉的”.

（a）在何种相互作用中总奇异性守恒？

（b）在奇异性 S、电荷 Q、重子数 B、和同位旋第三分量 I_3 之间有一个简单的线性关系. 试找出这个关系（它本身显示在图29A～图29D的对称图中）.

11　我们想要在质子-质子碰撞中产生 Λ 粒子. 如果有这种可能性，入射到静止质子上的一个质子的最小动能是多少？

12　（a）在本章第11节中，我们曾猜测散射波到离开散射中心很远的距离时，有如下的形式

$$\psi_s(\boldsymbol{x},t) = Cf(\theta)\frac{1}{x}\exp(\mathrm{i}xp - \mathrm{i}\omega t) \qquad (*)$$

试证明在$f(\theta) = f$，即不依赖于散射角θ的球对称散射的特殊情形下，由式（*）给出的波函数实际上是克莱因-戈尔登方程（除$x=0$点之外）在真空中的一个解.考虑一下第51节和第52节的讨论对此将有所帮助.

（b）试证明对任意的$f(\theta)$，式（*）是克莱因-戈尔登方程的一个近似解.你应该证明如果将这个波函数代入克莱因-戈尔登方程，那么除了当x趋向无限大而以$1/x^2$方式趋向于零的误差项以外，方程是被满足的.

附　　录

表 A　一般物理常量㊀

普朗克常量：　$h=2\pi\hbar=(6.625\ 59\pm0.000\ 15)\times10^{-34}\ \mathrm{J\cdot s}$

$\hbar=\frac{h}{2\pi}=(1.054\ 49\pm0.000\ 03)\times10^{-34}\ \mathrm{J\cdot s}$

光速：　$c=(2.997\ 925\pm0.000\ 001)\times10^{8}\ \mathrm{m\cdot s^{-1}}$

电子电荷：　$e=(4.802\ 98\pm0.000\ 06)\times10^{10}\ \mathrm{esu}$

$=(1.602\ 10\pm0.000\ 02)\times10^{-19}\ \mathrm{C}$

引力常量：　$G=(6.670\pm0.005)\times10^{-11}\ \mathrm{N\cdot m^{2}\cdot kg^{-2}}$

精细结构常量：　$\alpha=\frac{1}{4\pi\epsilon_0}\frac{e^2}{\hbar c}=(7.297\ 20\pm0.000\ 03)\times10^{-3}$

$\frac{1}{\alpha}=137.038\ 8\pm0.000\ 6$

阿伏伽德罗常量：　$N_0=(6.022\ 52\pm0.000\ 09)\times10^{23}\ \mathrm{mol^{-1}}$

玻耳兹曼常量：　$k=(1.380\ 54\pm0.000\ 06)\times10^{-23}\ \mathrm{J\cdot K^{-1}}$

法拉第常量：　$N_0 e=(96\ 487.0\pm0.5)\ \mathrm{C\cdot mol^{-1}}$

普适气体常量：　$R=N_0k=8.314\times10^{7}\ \mathrm{erg(K)^{-1}mol^{-1}}=8.3\ \mathrm{J\cdot K^{-1}\cdot mol^{-1}}=1.986\ \mathrm{cal\cdot K^{-1}\cdot mol^{-1}}$

电子质量：　$m=(9.109\ 08\pm0.000\ 13)\times10^{-31}\ \mathrm{kg}$

$=(5.485\ 97\pm0.000\ 03)\times10^{-4}\ \mathrm{amu}$

$=(0.511\ 006\pm0.000\ 002)\ \mathrm{MeV}/c^2$

原子质量单位：　$(\mathrm{amu})=(1.660\ 43\pm0.000\ 02)\times10^{-27}\ \mathrm{kg}$

$=(931.478\pm0.005)\ \mathrm{MeV}/c^2$

质子质量：　$M_p=(1.672\ 52\pm0.000\ 03)\times10^{-27}\ \mathrm{kg}$

$=(1.007\ 276\ 63\pm0.000\ 000\ 08)\ \mathrm{amu}$

$=(938.256\pm0.005)\ \mathrm{MeV}/c^2$

中子质量：　$M_n=(1.008\ 665\ 4\pm0.000\ 000\ 4)\ \mathrm{amu}$

$=(939.550\pm0.005)\ \mathrm{MeV}/c^2$

电子的康普顿波长：　$\lambda_e=\frac{h}{mc}=(2.426\ 21\pm0.000\ 02)\times10^{-12}\ \mathrm{m}$

$\lambda\!\!\!^{-}_e=\frac{\hbar}{mc}=(3.861\ 44\pm0.000\ 03)\times10^{-13}\ \mathrm{m}$

第一玻尔半径：

$$a_0=\frac{4\pi\varepsilon_0\hbar^2}{me^2}=\alpha^{-1}\lambda\!\!\!^{-}_e=(5.291\ 67\pm0.000\ 02)\times10^{-11}\ \mathrm{m}$$

电子的“经典半径”：

㊀ 本表中的大多数数据取自文章 E. R. Cohen and J. W. M. Dumond，“Our Knowledge of the Fundamental Constant of Physics and Chemistry in 1965”，/*Reviews of Modern Physics* **37**，537（1965）. 译者注：这些数字和最新的测量结果相比，有些数值略有出入. 读者如要知道最新的准确数值，请查阅有关书籍和文献.

（续）

$$\frac{1}{4\pi\varepsilon_0}\frac{e^2}{mc^2}=\alpha\bar{\lambda}_e=(2.817\ 77\pm0.000\ 04)\times10^{-15}\ \mathrm{m}$$

无限大质子质量的氢的非相对论电离势：

$$R_\infty=\frac{1}{2}\alpha^2mc^2=(13.605\ 35\pm0.000\ 13)\mathrm{eV}$$

无限大质子质量的里德伯常量：

$$\tilde{R}_\infty=\frac{\alpha}{4\pi a_0}=\frac{R_\infty}{hc}=(10\ 973\ 731\pm1)\mathrm{m}^{-1}$$

氢的里德伯常量：

$$\tilde{R}_H=(109\ 677\ 57.6\pm1.2)\mathrm{m}^{-1}$$

玻尔磁子：

$$\mu_B=\frac{e\hbar}{2mc}=(9.273\ 14\pm0.000\ 21)\times10^{-24}\ \mathrm{J}\cdot\mathrm{T}^{-1}$$

与 1eV 相联系的频率：

$$(2.418\ 04\pm0.000\ 02)\times10^{14}\ \mathrm{Hz}$$

与 1eV 相联系的波数：

$$(806\ 573\pm8)\ \mathrm{m}^{-1}$$

与 1eV 相联系的温度：

$$(11\ 604.9\pm0.5)\ \mathrm{K}$$

表 B　最稳定的基本粒子①

粒子	自旋	质量 /MeV	平均寿命/s	重要的衰变②		
				部分方式	分支比	QMeV
γ　光子	1	0	稳定	稳定		
轻子 ν_e　e-中微子 ν_μ　μ-中微子	1/2	0(<0.2 keV) 0(<2 MeV)	稳定	稳定		
$e^\mp$　电子-正电子	1/2	0.511 006	稳定	稳定		
$\mu^\mp$　μ子	1/2	105.659	2.20×10^{-6}	evv	100%	105
重子③ p　质子	1/2	938.256	稳定	稳定		
n　中子		939.550	1.01×10^3	$pe^-\nu$	100%	0.78
Λ　Λ超子	1/2	1 115.58	2.51×10^{-10}	$p\pi^-$ $n\pi^0$ $p\mu\nu$ $pe\nu$	66% 34% 1.4×10^{-4} 0.88×10^{-3}	30 41 72 177
Σ^+	1/2	1 189.47	0.81×10^{-10}	$p\pi^0$ $n\pi^+$ $p\gamma$	53% 47% 1.9×10^{-3}	116 110 251
Σ^0　Σ超子		1 192.56	$<1.0\times10^{-14}$	$\Lambda\gamma$	100%	77
Σ^-		1 197.44	1.65×10^{-10}	$n\pi^-$ $ne^-\nu$ $n\mu^-\nu$ $\Lambda e^-\nu$	100% 1.3×10^{-3} 0.6×10^{-3} 0.6×10^{-4}	118 257 152 81

（续）

粒子	自旋	质量/MeV	平均寿命/s	重要的衰变②		
				部分方式	分支比	QMeV
Ξ^0 级联粒子	1/2	1 314.7	3.0×10^{-10}	$\Lambda\pi^0$	100%	7
Ξ^-	1/2	1 321.2	1.74×10^{-10}	$\Lambda\pi^-$ $\Lambda e^-\nu$	100% 3.0×10^{-3}	5 205
Ω^-　负 Ω 粒子	3/2	1 674	1.5×10^{-10}	$\Xi\pi$ $\Lambda\overline{K}$	~50% ~50%	221 66
介子 $\pi^\pm$　带电 π 介子	0	139.58	2.608×10^{-8}	$\mu\nu$ $e\nu$ $\mu\nu\gamma$ $\pi^0 e\nu$	100% 1.24×10^{-4} 1.24×10^{-4} 1.0×10^{-8}	34 139 34 4.08
π^0　中性 π 介子	0	134.98	0.89×10^{-16}	$\gamma\gamma$ γe^+e^-	98.8% 1.2%	135 134
$K^\pm$　带电 K 介子	0	493.8	1.235×10^{-8}	$\mu\nu$ $\pi^\pm\pi^0$ $\pi^\pm\pi^-\pi^+$ $\pi^\pm\pi^0\pi^0$ $\mu^\pm\pi^0\nu$ $e^\pm\pi^0\nu$	63.4% 21.0% 5.6% 1.7% 3.4% 4.8%	388 219 75 84 253 358
K^0　中性 K 介子	0	497.9				
K_1			0.87×10^{-10}	$\pi^+\pi^-$ $\pi^0\pi^0$	69.3% 30.7%	219 228
K_2			5.68×10^{-8}	$\pi^0\pi^0\pi^0$ $\pi^+\pi^-\pi^0$ $\pi\mu\nu$ $\pi e\nu$ $\pi^+\pi^-$ $\pi^0\pi^0$	23.5% 11.5% 27.5% 37.4% 0.15% 0.36%	93 84 253 358 219 228
η　η 介子	0	548.6	$<7\times10^{-20}$ $>0.7\times10^{-20}$	$\gamma\gamma$ $\pi^0\pi^0\pi^0$ $\pi^0\gamma\gamma$ $\pi^+\pi^-\pi^0$ $\pi^+\pi^-\gamma$	31.4% 21.0% 20.5% 22.4% 4.6%	549 144 414 135 269

① 本表中的数据取自 A. H. Rosenfeld 等人的评论性文章 “Data on Particles and Resonant States,” *Reviews of Modern Physics* **39**, 1 (1967). 这篇文章中提供了更多粒子的数据. 也给出了特别稳定的粒子的另外的资料. 对于某些人们较少知道的衰变方式本表从略.

② Q 代表衰变中释放的动能.

③ 每一种重子有一个相应反重子，未分别列出.

表 C 化学元素

元素	符号	原子序数	原子质量①/amu	元素	符号	原子序数	原子质量①/amu
氢	H	1	1.007 97	碘	I	53	126.904 4
氦	He	2	4.002 6	氙	Xe	54	131.30
锂	Li	3	6.939	铯	Cs	55	132.905
铍	Be	4	9.012 2	钡	Ba	56	137.34
硼	B	5	10.811	镧	La	57	138.91
碳	C	6	12.011 15	铈	Ce	58	140.12
氮	N	7	14.006 7	镨	Pr	59	140.907
氧	O	8	15.999 4	钕	Nd	60	144.24
氟	F	9	18.998 4	钷	Pm	61	(145)
氖	Ne	10	20.183	钐	Sm	62	150.35
钠	Na	11	22.9898	铕	Eu	63	151.96
镁	Mg	12	24.312	钆	Gd	64	157.25
铝	Al	13	26.981 5	铽	Tb	65	158.924
硅	Si	14	28.086	镝	Dy	66	162.50
磷	P	15	30.973 8	钬	Ho	67	164.930
硫	S	16	32.064	铒	Er	68	167.26
氯	Cl	17	35.453	铥	Tm	69	168.934
氩	Ar	18	39.948	镱	Yb	70	173.04
钾	K	19	39.102	镥	Lu	71	174.97
钙	Ca	20	40.08	铪	Hf	72	178.49
钪	Sc	21	44.956	钽	Ta	73	180.948
钛	Ti	22	47.90	钨	W	74	183.85
钒	V	23	50.942	铼	Re	75	186.2
铬	Cr	24	51.996	锇	Os	76	190.2
锰	Mn	25	54.938 0	铱	Ir	77	192.2
铁	Fe	26	55.847	铂	Pt	78	195.09
钴	Co	27	58.933 2	金	Au	79	196.967
镍	Ni	28	58.71	汞	Hg	80	200.59
铜	Cu	29	63.54	铊	Tl	81	204.37
锌	Zn	30	65.37	铅	Pb	82	207.19
镓	Ga	31	69.72	铋	Bi	83	208.980
锗	Ge	32	72.59	钋	Po	84	(209)
砷	As	33	74.921 6	砹	At	85	(210)
硒	Se	34	78.96	氡	Rn	86	(222)
溴	Br	35	79.909	钫	Fr	87	(223)
氪	Kr	36	83.80	镭	Ra	88	226.0254
铷	Rb	37	85.47	锕	Ac	89	(227)
锶	Sr	38	87.62	钍	Th	90	232.038
钇	Y	39	88.905	镤	Pa	91	(231)
锆	Zr	40	91.22	铀	U	92	238.03
铌	Nb	41	92.906	镎	Np	93	(237)
钼	Mo	42	95.94	钚	Pu	94	(244)
锝	Tc	43	(98)	镅	Am	95	(243)
钌	Ru	44	101.07	锔	Cm	96	(247)
铑	Rh	45	102.905	锫	Bk	97	(247)
钯	Pd	46	106.4	锎	Cf	98	(251)
银	Ag	47	107.870	锿	Es	99	(254)
镉	Cd	48	112.40	镄	Fm	100	(253)
铟	In	49	114.82	钔	Md	101	(256)
锡	Sn	50	118.69	锘	No	102	(255)
锑	Sb	51	121.75	铹	Lr	103	(257)
碲	Te	52	127.60				

① 原子质量一栏中加括号的数字是最稳定的放射性同位素的质量数.

表 D　单位和转换因子

长度：1 μm = 10^{-6}m　1 nm = 10^{-9} m = 10^{-7} cm

　　1 Å = 10^{-10} m　1 fm = 10^{-15} m

面积：1 b = 10^{-28} m^2　1 mb = 10^{-31} m^2

时间：1 年 = 3.156 × 10^7 s

力：1 N = 10^5 dyn

能量：1 J = 10^7 erg ≈ (0.238 9 = 1/4.186) cal

　　1 eV = (1.602 19 ± 0.000 02) × 10^{-19} J

质量：1amu = (1.660 43 ± 0.000 02) × 10^{-27} kg

电量：1C = (2.997 925 ± 0.000 01) × 10^9 esu = 0.1 电磁单位

电势：1 esu = (299.792 5 ± 0.000 1) V

磁感应强度：1 T = 10^4 Gs

原子质量对应的能量：

$$(1\ \text{amu}) \times c^2 = (9.314\ 78 \pm 0.000\ 05) \times 10^8\ \text{eV}$$

放射性样品的活性：1 居里(Ci)① = 3.7 × 10^{10} 贝克勒尔(Bq)

与 1eV 联系的频率：(2.418 04 ± 0.000 02) × 10^{14} Hz^{-1}

与 1eV 联系的波长：(1.239 810 ± 0.000 013) × 10^{-6} m

与 1eV 联系的波数：(8.065 73 ± 0.000 08) × 10^5 m^{-1}

① 放射性活度的原用单位，符号 Ci，为纪念居里夫人而命名，现已废止。

表 E　重要物理常量的非精确值

这里列出表 A 中一部分重要常量的非精确值，以供一般简单的计算使用.

阿伏伽德罗常量：	$N_0 \approx 6 \times 10^{23}\,\text{mol}^{-1}$
光速：	$c \approx 3 \times 10^8$ m/s
电子电荷：	$e \approx 1.6 \times 10^{-19}$ C
精细结构常量：	$\alpha \approx 1/137$
电子静止能量：	$mc^2 \approx 0.5$ MeV $\approx 9.1 \times 10^{-31}$ kg
质子静止能量：	$M_p c^2 \approx 940$ MeV $\approx 1.7 \times 10^{-27}$ kg
质子与电子的质量比：	$M_p/m \approx 1\,800$
氢的电离能：	$R_\infty = \frac{1}{2}\alpha^2 mc^2 \approx 13.6$eV
玻尔半径：	$a_0 = \lambda\!\!\!^{-}/\alpha \approx 0.5$ Å $= 0.5 \times 10^{-10}$ m
玻尔磁子：	$(e\hbar\ )/(2mc) \approx 5.8 \times 10^{-9}$ eV/Gs
原子核半径(质量数 A)：	$r \approx A^{1/3} \times (1.2 \times 10^{-15}$ m)
原子核结合能/核子数：	≈8 MeV
“室温”：	$k \times (293$ K$) \approx (1/40)$ eV
“光学区域”：	4 000 Å ~ 7 000 Å 3.0 ~ 1.8 eV

1eV 相当于：

- 温度 ≈ 12 000 K
- 频率 ≈ 2.4 × 10^{14} 周/s
- 整体能 ≈ 23 000 cal/mol
- 波数 ≈ 8 000 cm^{-1} = 800 000 m^{-1}
- 波长 ≈ 12000 Å

索　　引

（符号 § 表示所在章节）

A

B

C

D

德拜-谢勒法 . Debye-Scherrer method. §5. 14

F

H

J

M

N

Q

R

S

T

W

X

Y

Z

译 者 后 记

本书中文版的第 1 版出版于 1978 年 9 月，距现在已经 30 多年了. 在当时的社会背景下，译者署名是“复旦大学物理系译”，书中没有出现任何一位译者或校阅者的姓名. 那些可能参加当年翻译的教师有的已定居国外，有的已经去世. 具体是谁翻译或校阅了哪一章现已不能准确回忆起来. 我只记得自己当时翻译的是第四章和第六章，谢希德先生曾校阅过我翻译的两章及其他几章的译稿. 这次，我重新校对了全书，进一步作了修订和统一. 所有物理学名词都按照 2002 年版赵凯华主编的《英汉物理学词汇》改定. 例如，“测不准原理”改为“不确定原理”，“普朗克常数”改为“普朗克常量”，“气体分子运动论”改为“气体动理论”，等等. 译者在重新校订的过程中感到，比起三十多年前，自己对物理学的理解和英语翻译的水平又有不少的长进. 这次修订，虽然尽了最大努力，但译文中肯定还有不恰当和错误的地方，请读者批评指正.

老的译本中有意地删去了原书中的物理学家照片和小传，以及一些有趣的漫画和每一章后面的进一步学习的参考资料. 这次重译都恢复了，只是有些参考资料稍显陈旧，特别是所列的《科学美国人》杂志中的文章都是上世纪五六十年代的. 有兴趣的教师和读者只好自己去找新的参考材料了.

这本书和常规的量子物理教材有很大的不同，不仅叙述的顺序独特，内容也深得多. 作者特别着重讲解了量子物理的基本概念和基本规律，反复强调物理量数量级的意义以及量子物理学与经典物理学的差别和关系. 这些原则都始终贯穿整个教材. 作者在第二章就引进了精细结构常量，介绍它在量子物理学中的意义. 书中对光和实物的波粒二象性和不确定关系都作了相当深入的讨论. 本书对克莱因-戈尔登方程以及能级和谱线的宽度的介绍也是常规量子物理学教材没有的. 书的最后一章介绍了当时基本粒子研究的新成果，但 30 多年来，这方面的研究又有了不少进展. 所以，译者在第九章后面加了一段注解，简单介绍了基本粒子的标准模型，希望能给读者一些启发，领会量子物理学是还在不断发展着的学科.

总之，这本书作为学生基础课的教材恐怕偏深，教师也不容易驾驭，它更适合用作物理教师及优秀学生的提高和深入学习的参考书.

2015 年 10 月

图书在版编目(CIP)数据

伯克利物理学教程：SI 版. 第 4 卷，量子物理学：翻译版/(美)威切曼(Wichmann，E. H.) 著；潘笃武译. —北京：机械工业出版社，2015. 11(2024. 11 重印)
书名原文：Quantum Physics (Berkeley Physics Course，Vol. 4)
"十三五"国家重点出版物出版规划项目
ISBN 978-7-111-50668-3

Ⅰ. ①伯… Ⅱ. ①威…②潘… Ⅲ. ①量子论-教材 Ⅳ. ①O4

中国版本图书馆 CIP 数据核字（2015）第 144832 号

机械工业出版社（北京市百万庄大街 22 号 邮政编码 100037）
策划编辑：张金奎 责任编辑：张金奎 陈崇昱 任正一
版式设计：霍永明 责任校对：杜雨霏
封面设计：张 静 责任印制：单爱军
北京虎彩文化传播有限公司印刷
2024 年 11 月第 1 版第 9 次印刷
169mm×239mm · 24. 75 印张 · 2 插页 · 487 千字
标准书号：ISBN 978-7-111-50668-3
定价：98. 00 元

电话服务	网络服务
客服电话：010-88361066	机 工 官 网：www. cmpbook. com
010-88379833	机 工 官 博：weibo. com/cmp1952
010-68326294	金 书 网：www. golden-book. com
封底无防伪标均为盗版	机工教育服务网：www. cmpedu. com